Andreas Blank, Heinz Hagel, Helge Meyer

Allgemeine Wirtschaftslehre

Bürokaufmann/Bürokauffrau
Kaufmann/Kauffrau für Bürokommunikation

8. Auflage, korrigierter Nachdruck

Bestellnummer 31500

Bildungsverlag EINS

Haben Sie Anregungen oder Kritikpunkte zu diesem Produkt?
Dann senden Sie eine E-Mail an 31500_008@bv-1.de
Autoren und Verlag freuen sich auf Ihre Rückmeldung.

Legende der verwendeten Symbole:

Rechnungswesen — REWE ▶

Spezielle Wirtschaftslehre — SWL ▶

www.bildungsverlag1.de

Bildungsverlag EINS GmbH
Sieglarer Straße 2, 53842 Troisdorf

ISBN 978-3-441-**31500**-1

Vorwort

Dieses Lehr- und Arbeitsbuch erfüllt die Anforderungen der Lehrpläne für das Fach Allgemeine Betriebswirtschaftslehre der Bürokaufleute und der Kaufleute für Bürokommunikation für die AKA-Länder[1].

Um den Schülerinnen und Schülern die Lerninhalte zu veranschaulichen, wird bei der Erarbeitung sämtlicher Lerninhalte ein Modellunternehmen, die „Bürodesign GmbH", zugrunde gelegt. Dies unterstützt die Anschauung und bietet einen Fundus an konkreten betrieblichen Handlungssituationen.

Die Kapitel 1 bis 12 sind in sachlogisch strukturierte Unterrichtseinheiten gegliedert. Jede Unterrichtseinheit ist folgendermaßen aufgebaut:
1. Handlungssituation
2. Sachinhalt
3. Zusammenfassung
4. Aufgaben

Der Umfang der einzelnen Kapitel entspricht den Stundenrichtwerten der Richtlinien. Das Prinzip der Handlungsorientierung sowie die Orientierung am Erfahrungshorizont der Schülerinnen und Schüler ist durchgehend verwirklicht, um die geforderte Fach-, Methoden-, Sozial- und Humankompetenz zu vermitteln.

Jede Unterrichtseinheit (= Gliederungspunkt im Buch) wird mit einer unternehmenstypischen Handlungssituation eingeleitet. Über Arbeitsaufträge werden die Schüler zur eigenständigen Lösung aufgefordert. Mit der verständlichen und anschaulichen Darstellung und Erläuterung der Inhalte anhand einer Vielzahl von Beispielen werden Hilfen zur selbstständigen Lösung konkreter Probleme angeboten. Dabei verzichten die Autoren bewusst auf die Darstellung von Spezialkenntnissen. Stattdessen vermitteln sie betriebswirtschaftliche Zusammenhänge als Grundstruktur des Faches und beachten das exemplarische Prinzip.

Jedes Kapitel schließt mit einer Zusammenfassung der Lerninhalte und einem Aufgabenteil. Bei den Aufgaben wird unterschieden zwischen Übungs-, Prüfungsaufgaben (Normtestaufgaben), Aufgaben, die in erster Linie der Entwicklung von Methoden-, Sozial- und Handlungskompetenz dienen, und Aufgaben, die mithilfe eines PC fächerübergreifend zu lösen sind. Jedes der zwölf Kapitel wird mit einer zusammenfassenden Wiederholung abgeschlossen.

Im Lehrerhandbuch sind alle Aufgaben ausführlich gelöst. Ferner wird zu jedem Kapitel eine handlungsorientierte Unterrichtsskizze vorgestellt. Darüber hinaus sind eine Vielzahl von Kopiervorlagen für den Lehrer, z.B. zum Zahlungsverkehr, enthalten. Das Lehrerhandbuch wird durch eine CD-ROM (Bestellnummer 31597) mit weiteren Aufgaben und Belegmasken zum Modellunternehmen und dessen Lieferern und Kunden ergänzt.

Der kaufmännische Schriftverkehr ist in die Kapitel integriert. Ein Verzeichnis der Gesetzesabkürzungen sowie ein ausführliches Sachwortverzeichnis am Schluss des Buches erleichtern das Auffinden der gesuchten Sachinhalte.

Die Verfasser

---

[1] *AKA = Aufgabenstelle für die kaufmännische Abschlussprüfung*

Inhaltsverzeichnis

Verzeichnis der Gesetzesabkürzungen

AktG	Aktiengesetz
AO	Abgabenordnung
ArbZG	Arbeitszeitgesetz
BBankG	Bundesbankgesetz
BBiG	Berufsbildungsgesetz
BetrVerfG	Betriebsverfassungsgesetz
BGB	Bürgerliches Gesetzbuch
BImSchG	Bundes-Immissionsschutzgesetz
EStG	Einkommensteuergesetz
GebrMG	Gebrauchsmustergesetz
GenG	Genossenschaftsgesetz
GeschmMG	Geschmacksmustergesetz
GewO	Gewerbeordnung
GewStG	Gewerbesteuergesetz
GG	Grundgesetz
GmbHG	GmbH-Gesetz
GPSG	Geräte- und Produktsicherheitsgesetz
GWB	Gesetz gegen Wettbewerbsbeschränkungen
HGB	Handelsgesetzbuch
InsO	Insolvenzordnung
JArbSchG	Jugendarbeitsschutzgesetz
KreislWG	Kreislaufwirtschaftsgesetz
KSchG	Kündigungsschutzgesetz
KStG	Körperschaftsteuergesetz
MarkenG	Markengesetz
MitbestG	Mitbestimmungsgesetz
PAngV	Preisangabenverordnung
PatG	Patentgesetz
ProdHaftG	Gesetz über die Haftung für fehlerhafte Produkte
SchG	Scheckgesetz
SchulG	Schulgesetz
SigG	Signaturgesetz
StabG	Stabilitätsgesetz
StGB	Strafgesetzbuch
UmweltHG	Umwelthaftungsgesetz
UStG	Umsatzsteuergesetz
UVPG	Gesetz über die Umweltverträglichkeit
UWG	Gesetz gegen den unlauteren Wettbewerb
VerpackV	Gesetz über die Vermeidung von Verpackungsabfällen
VVG	Gesetz über Versicherungsvertrag
ZPO	Zivilprozessordnung

Bildquellenverzeichnis

Beiersdorf AG, Hamburg, S. 165 oben links
Bundesverband der Deutschen Binnenschifffahrt e.V., Duisburg-Ruhrort, S. 168
Daimler AG/Mercedes Car Group, Stuttgart, S. 165 oben 2. von links
Deutsche Bahn AG, Kommunikation – Bahn im Bild, Berlin, S. 168
Deutsche Bank AG, Bonn, S. 257
Deutsche Post AG, Bonn, S. 165 Mitte links, 170, 171, 250, 251 oben,
dpa-infografik GmbH, Hamburg, S. 59, 64, 66, 67, 70, 74 beide, 91, 96, 147, 181, 282, 300, 303, 311, 351, 373, 374, 380, 412, 417, 418, 419, 437, 438, 439, 440, 441, 442 beide, 374
Elisabeth Galas, Köln, S. 10
Erich Schmidt Verlag GmbH & Co., Berlin, S. 21, 146, 164, 284
Fotolia Deutschland GmbH, Berlin, S. 43 (Willie-rossin), S. 69 (Natalia Bratslavsky), 212 (Sally), 225 (DWP)
Lufthansa Cargo AG, Frankfurt/Main, S. 168
MAN Nutzfahrzeuge Vertrieb GmbH, München, S. 168
MEV Verlag GmbH, Augsburg, S. 11 beide, 43 beide, 48, 173, 188, 263, 273, 306, 369, 407
Nova Development Corporation, Calabasas, USA, S. 166, 200, 203
Office-discount GmbH, Neufahrn bei München, S. 152 unten
Payback GmbH, München, S. 260
Postbank, Bonn, S. 250, 263 oben links und rechts,
Project Photos GmbH & Co. KG, Augsburg, S. 56 beide,
Stollfuß Medien GmbH & Co. KG, Bonn, S. 290
TUI AG, Hannover, S. 165 oben rechts

Ein Unternehmen stellt sich vor

Die Betriebswirtschaftslehre beschäftigt sich mit dem Verhalten von Unternehmen im Markt. Jedes Unternehmen ist gleichzeitig Kunde bei anderen Unternehmen (Lieferanten) und hat selbst Abnehmer (Kunden). Industrieunternehmen beschaffen Werkstoffe und produzieren unter Einsatz von menschlicher Arbeitskraft, Maschinen und Werkstoffen neue Güter, die sie ihren Kunden anbieten.

Damit Sie die vielfältigen Probleme und Methoden der Betriebswirtschaftslehre leichter kennen lernen, haben wir in diesem Buch für Sie ein mittelständisches Unternehmen als Modellbetrieb gewählt, die **Bürodesign GmbH**. An typischen Situationen dieses Unternehmens lernen Sie die wesentlichen Themen kennen, mit der sich die Betriebswirtschaftslehre beschäftigt. Sie erfahren, wie betriebswirtschaftliche Entscheidungen zustande kommen und welche Methoden eingesetzt werden, damit ein Unternehmen Erfolg hat.

Betrachten Sie die Bürodesign GmbH als „Ihren Ausbildungsbetrieb", um betriebswirtschaftliches Denken und Handeln zu lernen. Hierzu wollen Sie sicher einige Details über dieses Unternehmen erfahren. Auf den nächsten Seiten wird Ihre Neugier gestillt.

Sie erfahren, wo die Bürodesign GmbH ihren Sitz hat, wie das Unternehmen aufgebaut ist, welche Abteilungen vorhanden sind und welche Menschen in diesem Unternehmen arbeiten. Einigen der Mitarbeiter werden Sie in diesem Buch häufig begegnen. Sie beobachten sie in typischen betrieblichen Situationen.

Weiter finden Sie einen Auszug aus dem Katalog der Produkte, die von der Bürodesign GmbH hergestellt und vertrieben werden, sowie einen Auszug aus der Kunden- und Liefererdatei. Außerdem wird der Gesellschaftsvertrag der Bürodesign GmbH vorgestellt. Schließlich erfahren Sie, in welchen Verbänden die Bürodesign GmbH Mitglied ist und wie ihr Betriebsrat und ihre Jugendvertretung zusammengesetzt sind.

Auf diese Informationen werden Sie bei Ihrer Arbeit häufiger zurückgreifen. Deshalb haben wir sie zusammengefasst und als Vorspann vor das erste Kapitel gesetzt.

● Der Standort

Produktionsstätte und Büroräume der Bürodesign GmbH liegen in Aurich, einer Kreisstadt in Ostfriesland, in der Dieselstraße 10. Hier hat das Unternehmen Werkstätten für die Fertigung angemietet. Die Büroräume befinden sich in einem Nebengebäude, das Eigentum der Bürodesign GmbH ist.

Über die Bundesstraße 72 ist die Bürodesign GmbH von Leer/Ostfriesland und über die Bundesstraße 210 von Wilhelmshaven zu erreichen. Das Industriegelände verfügt über einen Gleisanschluss, der bis auf das Betriebsgelände der Bürodesign GmbH führt.

Arbeitnehmerinnen und Arbeitnehmer müssen mit dem Pkw anfahren, da das Gelände nicht durch den öffentlichen Nahverkehr erschlossen ist.

● **Niederlassungen**

Die Bürodesign GmbH unterhält Zweigniederlassungen in 50933 Köln, Stolberger Str. 188, und in 04347 Leipzig, Brahestraße 30–32

● **Telefon, Telefax, E-Mail und Internet**

Telefon: 04941 3494-40   E-Mail: info@buerodesign-online.de
Telefax: 04941 3495   Internet: www.buerodesign-online.de

● **Die Abteilungen**

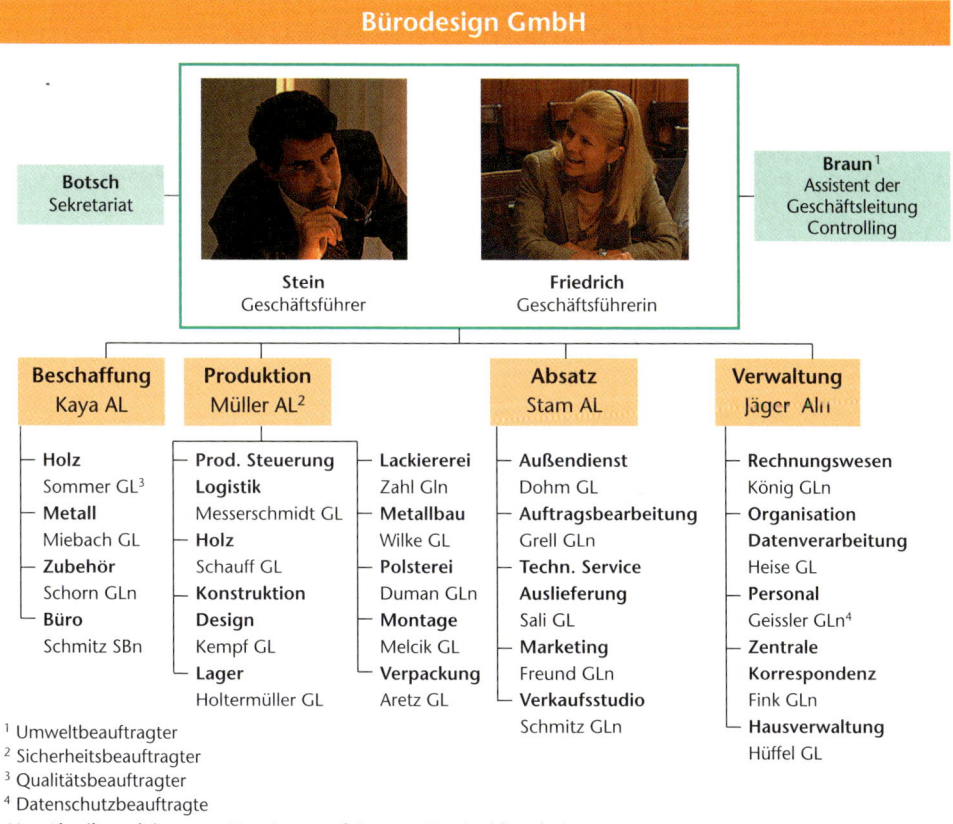

| | | **Bürodesign GmbH** | | |

Botsch
Sekretariat

Braun[1]
Assistent der
Geschäftsleitung
Controlling

Stein
Geschäftsführer

Friedrich
Geschäftsführerin

Beschaffung	**Produktion**		**Absatz**	**Verwaltung**
Kaya AL	Müller AL[2]		Stam AL	Jäger AL

Beschaffung
- **Holz**
  Sommer GLn[3]
- **Metall**
  Miebach GLn
- **Zubehör**
  Schorn GLn
- **Büro**
  Schmitz SBn

Produktion
- **Prod. Steuerung**
- **Logistik**
  Messerschmidt GL
- **Holz**
  Schauff GL
- **Konstruktion**
- **Design**
  Kempf GL
- **Lager**
  Holtermüller GL

- **Lackiererei**
  Zahl Gln
- **Metallbau**
  Wilke GL
- **Polsterei**
  Duman GLn
- **Montage**
  Melcik GL
- **Verpackung**
  Aretz GL

Absatz
- **Außendienst**
  Dohm GL
- **Auftragsbearbeitung**
  Grell GLn
- **Techn. Service**
- **Auslieferung**
  Sali GL
- **Marketing**
  Freund GLn
- **Verkaufsstudio**
  Schmitz GLn

Verwaltung
- **Rechnungswesen**
  König GLn
- **Organisation**
  Datenverarbeitung
  Heise GL
- **Personal**
  Geissler GLn[4]
- **Zentrale**
  Korrespondenz
  Fink GLn
- **Hausverwaltung**
  Hüffel GL

[1] Umweltbeauftragter
[2] Sicherheitsbeauftragter
[3] Qualitätsbeauftragter
[4] Datenschutzbeauftragte

AL = Abteilungsleiter   GL = Gruppenleiter   SB = Sachbearbeiter

● **Die Verbände**

Gemäß § 1 IHK-Gesetz ist die Bürodesign GmbH Zwangsmitglied in der Industrie- und Handelskammer. Als Handwerksbetrieb ist sie ebenfalls Mitglied in der Handwerkskammer. Frau Friedrich und der Tischlermeister Schauff sind Mitglied in Prüfungsausschüssen der IHK und der Handwerkskammer. Das Unternehmen ist im Landesverband Holzindustrie und Kunststoffverarbeitung Nordwest e.V. organisiert, die organisierten Arbeitnehmer sind Mitglieder in der Gewerkschaft Holz- und Kunststoff.

● **Der Betriebsrat und die Jugend- und Auszubildendenvertretung**

Vorsitzender des Betriebsrates der Bürodesign GmbH ist Frank Messerschmidt, seine Stellvertreterin Sabine Schmitz. Darüber hinaus gehören dem Betriebsrat die Mitarbeiterinnen und Mitarbeiter Sonja Geissler, Vera Botsch und Werner Horn an.
Jugend- und Auszubildendenvertreterin ist Silvia Land, Stellvertreterin ist Renate Becker.

● **Die Produkte**

Auszug aus dem Katalog der Bürodesign GmbH:

Die Stärke eines Unternehmens liegt im Rückgrat seiner Mitarbeiter!

Deshalb ist unser Ziel:

Ihre Mitarbeiter sollen gut sitzen, damit sie ein besseres Stehvermögen haben!

Alle unsere Büromöbel sind miteinander kombinierbar und geben Ihren Arbeitsplätzen ein modernes und funktionelles Flair. Ihre Mitarbeiter sollen sich wohl fühlen.

Ein wichtiges Anliegen ist uns die Ergonomie am Arbeitsplatz.

Büromöbel sollen sich den Bedürfnissen Ihrer Mitarbeiter anpassen und nicht umgekehrt!

Hierzu berücksichtigen wir stets die neuesten Erkenntnisse der Arbeitsmedizin und der Vorschriften der Berufsgenossenschaften für die Gestaltung von Büroarbeitsplätzen.

Ein weiteres Prinzip unseres Unternehmens ist die ökologische Produktion von umweltverträglichen Büromöbeln. Wir verwenden ausschließlich Materialien, die frei von Schadstoffen und recyclebar sind. Deshalb erhalten Sie zu jedem Produkt eine Aufstellung der verwendeten Materialien. Zusätzlich sind die verwendeten Stoffe auf unseren Produkten besonders gekennzeichnet. Übrigens, es versteht sich von selbst, dass wir keine Tropenhölzer verwenden.

Sie sehen, uns liegt die Umwelt am Herzen, genau wie Ihnen!

Die Palette unserer Erzeugnisse umfasst folgende Produktgruppen:

● **Arbeiten am Schreibtisch**
● **Warten und Empfang**
● **Konferenzen und Schulung**

Unser Katalog gibt Ihnen nur einen kleinen Überblick über unser Angebot. Bei Bedarf stehen Ihnen unsere qualifizierten Einrichtungsberater zur Verfügung. Rufen Sie uns einfach an, wir vereinbaren gerne einen Besuchstermin.

BÜRODESIGN GMBH

Dieselstraße 10 · 26607 Aurich · Tel.: 04941 349-40 · Fax: 04941 3495
Internet: www.buerodesign-online.de

Auszug aus der Produktliste:

Produktgruppe „Arbeiten am Schreibtisch"

Produkt	Beschreibung	Maße in cm	Material, Farbe
– **Chef 2000**	Schreibtisch mit Winkelkombination, Oberfläche versiegelt, auf Wunsch mit Glas, Sicherheitsschlösser	Standard: 120 x 80, Höhe: regulierbar von 68 – 75, Sondermaße auf Wunsch	Eiche, Birke, Esche (furniert)
– **Stardesign**	Schreibtisch, Stahlrohrrahmen mit wahlweise Glas, Holz- oder Kunststoffplatte	Standard: 180 x 95, Höhe: regulierbar von 68 – 76, Sondermaße auf Wunsch	Rahmen in Chrom, Platte nach Wunsch
– **Container-Serie Volumen**	Unterbau mit Rollen für alle Modelle, mit Schubladen, Hängeregistratur, Aktenablage, Sicherheitsschlösser	135 x 42 x 164	passend zu Schreibtischen
– **Integra**	Stellwände zur Gestaltung von Bürolandschaften	80 x 80 x 122	passend zu Schreibtischen
– **ergo-design-natur**	Arbeitssessel, höhen- und neigungsverstellbar, mit Rollen		Leder, Textil (nach Farbmuster)
– **Xama 2000**	Bürotisch, Höhe regulierbar von 68–75, Sondermaße auf Wunsch	Standard: 150 x 70	Esche, Birke, Kiefer (furniert)
– **Modulo**	Kombinationsschreibtisch, erweiterbar zu Arbeitsinseln, Ergänzungsmodul	160 x 80 x 68–75, 120 x 80 x 68–75	Eiche, Birke, Esche (furniert)

Chef 2000

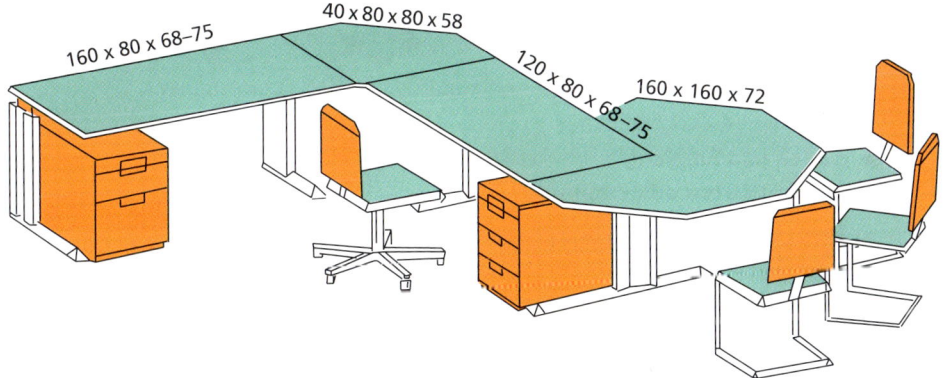

Produktgruppe „Konferenzen und Schulung"

Produkt	Beschreibung	Maße in cm	Material, Farbe
– Logo	Konferenztisch kombinierbar mit Eckstücken, Rahmen aus Holz oder Stahlrohr	180 x 95 x 68–75	Eiche, Birke, Esche, Kiefer (furniert)
– Stapler	Stapelstühle klappbar		Kunststoff auf Stahlrohr
– Konzentra	Konferenzstühle mit Armlehnen		Leder, Textil (nach Farbmuster)
– Projekt	Vortragstisch mit Fach für Tageslichtprojektor	120 x 80 x 68–80	Eiche, Birke, Esche (furniert)
– Wikinger	Regalsystem	180 x 90 x 30	Eiche, Birke, Esche (furniert), Kiefer (massiv)

LOGO-Kombinationen

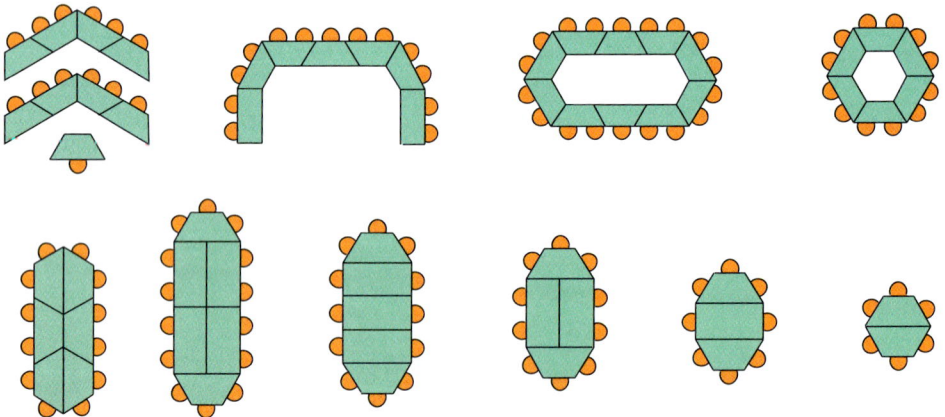

Produktgruppe „Warten und Empfang"

Produkt	Beschreibung	Maße in cm	Material, Farbe
– Intro	Empfangstheke kombinierbar mit Eckteilen	160 x 80 x 220 Thekenbreite 35	Eiche, Esche, Birke
– Waiter	Sessel für den Warteraum, kombinierbar zu Sofa		Leder, Textil, (nach Farbmuster)
– Stand	Ablagetisch für Warteraum, Stahlrohr mit Glasplatte	80 x 80 x 50	Rahmen in Chrom Platte in Glas

INTRO + VOLUMEN als Kombination

● Die Hauptkunden

Auszug aus der Kundendatei der Bürodesign GmbH:

Kunden-/ Debi- toren-Nr.	Name	Anschrift	Tel./ Fax	Bank	Umsatz lfd. Jahr	Offene Posten	Mah- nun- gen
L-5681 D 24001	Bürobedarfs- großhandel Schneider & Co. OHG	Laarstr. 19 58636 Iserlohn	02371 342311 02371 342415	Commerzbank Hagen BLZ 445 400 22 Kto.-Nr. 45 623 468	160 000,00	1	0
L-5677 D 24002	Klassik 2000 GmbH	Palmstr. 130 80469 München	089 98546 089 98541	Postbank München BLZ 700 100 80 Kto.-Nr. 342176	320 000,00	2	1
L-5621 D 24003	Bodo Lukas KG Fachgeschäft für Büroein- richtungen	Ohmstr. 16 76229 Karlsruhe	0721 45112 0721 451128	Postbank Ludwigshafen BLZ 545 100 67 Kto.-Nr. 91 723 146	185 000,00	1	2
L-5641 D 24008	Büromöbel GmbH Europa	Lahnstr. 168 28199 Bremen	0421 88663 0421 88664	Sparkasse Bremen BLZ 290 501 01 Kto.-Nr. 554 436 278	95 000,00	0	0
L-5610 D 24009	Klaus Oswald e. K. Büromöbel- großhandel	Magazinstr. 98 01099 Dresden	0351 76340 0351 76343	Deutsche Bank Dresden BLZ 870 700 00 Kto.-Nr. 097 683 214	70 000,00	0	0

● Die Hauptlieferer

Auszug aus der Liefererdatei der Bürodesign GmbH:

Lieferer-/ Kredi-toren-Nr.	Name	Anschrift	Tel./Fax	Bank	Produkte	Lieferbe-dingungen	Zahlungs-bedin-gungen	Umsatz lfd. Jahr
H-0082 K 70001	Vereinigte Span-platten AG	Ulmer Str. 12 86154 Augsburg	0821 34785 0821 34679	Commerz-bank Augsburg BLZ 72040046 Kto.-Nr. 127890	Spanplat-ten Sperrholz Furnierholz	ab Werk zzgl. Fracht	30 Tage netto 12 Tage 3 % Skonto	862000,00
H-0345 K 70002	Furnierwerk Dobber-stein OHG	Pfaustr. 16 67063 Ludwigs-hafen	0621 56781 0621 56788	Postbank Ludwigs-hafen BLZ 54510067 Kto.-Nr. 346891	Furniere Umleimer Kanten-schoner	nur Selbst-abholung mögl.	40 Tage netto 10 Tage 2 % Skonto	126000,00
M-0126 K 70003	Stammes Stahlrohr GmbH	Logenstr. 70 15230 Frank-furt/Oder	0335 89451 0335 75689	Deutsche Bank BLZ 12070000 Kto.-Nr. 758493	Stahlrohre roh, verzinkt, verchromt alle Maße	frei ver-einbar bisher frachtfrei	30 Tage netto 10 Tage 3 % Skonto Mindest-bestellwert 25000,00 EUR	476850,00
Z-0012 K 70004	Abels, Wirtz & Co. KG	Industrie-str. 124 42653 Solingen	0212 72114 0212 72119	Stadt-sparkasse Solingen BLZ 34250000 Kto.-Nr. 123452234	Schlösser Schlüssel Schließ-anlagen Beschläge	Selbstab-holung, Deutsche Post AG, UPS unfrei	10 Tage mit 2 % Skonto oder in 30 Tagen netto Kasse	168900,00
B-00126 K 70005	Hanckel & Cie GmbH	Augusta-str. 8 40477 Düsseldorf	0211 345234 0211 345100	Commerz-bank Düsseldorf BLZ 30040000 Kto.-Nr. 1340000	Klebstoffe Leime Lasuren Lacke Farben Beize Polster-stoffe	ab Lager	10 Tage netto	287560,00

● Die Bankverbindungen

Die Bürodesign GmbH unterhält Konten bei folgenden Kreditinstituten:

Kreditinstitut	Bankleitzahl	Kontonummer
Deutsche Bank Aurich	28470091	2520348 8
Kreissparkasse Aurich	28451050	85313948
Postbank Hannover	25010030	15545308

● Der Gesellschaftsvertrag (Auszug)

Gesellschaftsvertrag der Bürodesign GmbH

durch die Gesellschafterversammlung am 1. April.. in 26607 Aurich, Dieselstraße 10, festgelegt:

§ 1 Die Firma der Gesellschaft lautet Bürodesign GmbH.

§ 2 Der Geschäftssitz der Gesellschaft ist in 26607 Aurich.

§ 3 Die Gesellschaft betreibt die Herstellung und den Vertrieb von Büromöbeln, der Handel mit einem bürowirtschaftlichen Zubehör und entsprechenden Dienstleistungen. Nach Möglichkeit sollen umweltverträgliche Materialien und Produktionsverfahren berücksichtigt werden.

§ 4 Das Produktionsprogramm kann um ergänzende Produkte erweitert werden. Hierzu ist der einstimmige Beschluss der Geschäftsführer erforderlich. Änderungen des Betriebszweckes und der Branche sind nur mit einer 3/4-Mehrheit der Gesellschafter möglich.

§ 5 Das Stammkapital der Gesellschaft beträgt 600 000,00 EUR.

§ 6 Das Stammkapital wird aufgebracht:

1. Gesellschafterin Dipl.-Ing. Helma Friedrich mit einem Nennbetrag der Geschäftsanteile in Höhe von 300 000,00 EUR.
2. Gesellschafter Dipl.-Kfm. Klaus Stein mit einem Nennbetrag der Geschäftsanteile in Höhe von 300 000,00 EUR. Die Nennbeträge der Geschäftsanteile sind in bar oder in Sachwerten zu leisten. Sie sind sofort in voller Höhe fällig.

§ 7 Der Mindestnennbetrag der Geschäftsanteile muss 500,00 EUR betragen. Jeder andere Geschäftsanteil muss durch 100,00 EUR teilbar sein.

§ 8 Die Gesellschafterversammlung beruft einstimmig die Geschäftsführung.

§ 9 Die Gesellschaft hat einen oder mehrere Geschäftsführer. Sie wird von der Geschäftsführung geleitet und gerichtlich und außergerichtlich vertreten. Die Geschäftsführung hat das Recht der unbeschränkten Einzelvertretung und ist vom Selbstkontrahierungsverbot des § 181 BGB befreit. Sie kann nur aus wichtigem Grund durch die Gesellschafterversammlung aus ihrem Amt entlassen werden.

§ 10 Die Gesellschafter treten jährlich einmal zu einer ordentlichen Versammlung zusammen. Der Geschäftsführer lädt mit einwöchiger Frist unter Angabe von Tagungsort, Tagungszeit und Tagesordnung ein. Die Gesellschafterversammlung findet regelmäßig am Gesellschaftssitz statt.

§ 16 Bekanntmachungen der Gesellschaft nach den gesetzlichen Bestimmungen erfolgen ausschließlich im Unternehmensregister.

§ 17 Zuständiges Gericht für alle Streitigkeiten aus diesem Vertrag ist das Gericht am Sitz der Gesellschaft.

§ 20 Außerhalb des Gesellschaftsvertrages wurde folgender Beschluss gefasst:
Als Geschäftsführer gemäß § 9 des Gesellschaftsvertrages werden bestimmt:

1. Frau Dipl.-Ing. Helma Friedrich
2. Herr Dipl.-Kfm. Klaus Stein

§ 21 Vorstehendes Protokoll wurde den Gesellschaftern vom Notar vorgelesen, von ihnen genehmigt und eigenhändig wie folgt gegengezeichnet:

zu 1.   *Helma Friedrich*

zu 2.   *Klaus Stein*   Aurich, 1. April ..

1 Die Berufsausbildung

1.1 Berufliche Handlungskompetenz und das System der dualen Berufsausbildung

Die Geschäftsführerin der Bürodesign GmbH, Frau Friedrich, führt die neuen Auszubildenden Renate Becker, Elke Grau und Silvia Land durch das Unternehmen. Sie stellt sie den Abteilungsleitern vor und bittet diese, die Aufgabe ihrer jeweiligen Abteilung zu erläutern. Im Anschluss an den Rundgang bittet sie die neuen Auszubildenden zu einer Tasse Kaffee in ihr Büro. Auch Herr Stein, der zweite Geschäftsführer der Bürodesign GmbH, ist dabei. Frau Friedrich tritt an ein Flipchart und zeichnet eine x- und eine y-Achse. Die x-Achse benennt sie mit „Wissen", die y-Achse mit „Zeit". „Nach Auskunft von Wissenschaftlern sinkt die Halbwertzeit des Wissens ständig", führt Frau Friedrich aus. Sie zeichnet in ihr Koordinatensystem eine Kurve ein. „So liegt die Halbwertzeit des beruflichen Fachwissens bei ca. 5 Jahren. Das heißt, dass die Hälfte des Wissens, das Sie am ersten Tag Ihrer Ausbildung erlernen, in 5 Jahren bereits veraltet ist. Beim EDV- und Technologiewissen ist die Halbwertzeit sogar noch kürzer." Frau Friedrich ergänzt ihr Koordinatensystem um zwei weitere Kurven. „So gehen wir im EDV-Bereich davon aus, dass die Halbwertzeit unter zwei Jahren liegt. Was heute noch neu ist, kann morgen schon vergessen sein." Schwungvoll schreibt sie den Titel über ihre Skizze:

Halbwertzeit des Wissen sinkt!

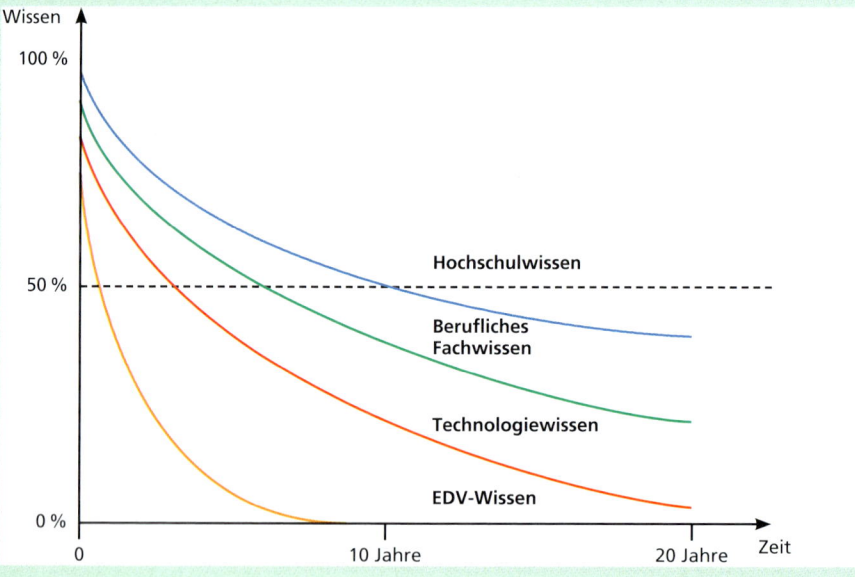

Arbeitsaufträge

◆ Interpretieren Sie die Flipchart-Skizze von Frau Friedrich.
◆ Diskutieren Sie, welche Folgen die dargestellte Entwicklung für Ihre betriebliche und schulische Ausbildung haben muss.

● Schlüsselqualifikationen und berufliche Handlungskompetenz

Die Welt, in der wir leben, unterliegt einem immer schneller werdenden **Wandel**. Insbesondere im Bereich der informationsverarbeitenden Berufe haben sich in den letzten Jahren Veränderungen ergeben, die eine Anpassung der schulischen und betrieblichen Ausbildung erforderlich machten.

Um die Auszubildenden zu befähigen, heute und in Zukunft auf neue Entwicklungen flexibel reagieren zu können, steht neben der fachlichen Qualifikation die Vermittlung sogenannter **Schlüsselqualifikationen** im Vordergrund.
Schlüsselqualifikationen sind fachübergreifende Qualifikationen, die den Auszubildenden befähigen, auch in veränderten Situationen sachgerecht, persönlich durchdacht und verantwortlich zu handeln.

Sie sind somit der Schlüssel zur Lösung der Aufgaben von morgen.
Wer über Schlüsselqualifikationen verfügen will, muss folgende **Kompetenzen** erwerben:

◆ **Fachkompetenz**, d. h. umfassendes berufsbezogenes und berufsübergreifendes Wissen.

   Beispiel Im nächsten Kapitel werden Sie die Rechtsgrundlagen der Berufsausbildung kennen lernen. Wesentliche Paragraphen, z. B. aus dem Berufsbildungsgesetz (BBiG), müssen Sie kennen. Sie gehören zum Fachwissen eines Kaufmanns.

◆ **Methodenkompetenz**, d. h. die Fähigkeit, Probleme auch bei sich ändernden Rahmenbedingungen selbstständig zu lösen und das erworbene Wissen zu aktualisieren.

   Beispiel Einige Paragraphen des BBiG werden Ihnen im Buch vorgestellt. Andere müssen Sie sich selbstständig erarbeiten. Die hierzu erforderlichen Methoden lernen Sie im Rahmen Ihrer Ausbildung kennen. Ändern sich Teile des Gesetzes oder werden neue Verordnungen eingeführt, sind Sie so in der Lage, sich auch neues Wissen selbstständig anzueignen.

◆ **Sozialkompetenz**, d. h. Konfliktfähigkeit und die Fähigkeit zur Problemlösung im Team.

   Beispiel Kaum eine der Aufgaben, die Sie im Rahmen Ihrer Ausbildung lösen müssen, werden Sie allein bewältigen können. Sie müssen mit Ihren Kolleginnen und Kollegen partnerschaftlich in der Gruppe zusammenarbeiten. So können z. B. Rechte der Auszubildenden aus dem BBiG im Rahmen einer Jugend- und Auszubildendenvertretung (JAV) durchgesetzt werden.

◆ **Humankompetenz**, d. h. die Fähigkeit, selbstbestimmt und in sozialer Verantwortung zu handeln.

   Beispiel Im BBiG sind Rechte und Pflichten des Auszubildenden aufgeführt. Das Abwägen zwischen dem Einfordern dieser Rechte und dem bewussten Verzicht darauf erfordert eine positive Einstellung zum Beruf und zum Ausbildungsbetrieb und die selbstbewusste Wahrnehmung der eigenen Interessen.

Nur der gleichwertige Erwerb aller vier Kompetenzbereiche sichert **berufliche Handlungskompetenz**. Sie muss durch **lebenslanges Lernen** ständig aktualisiert werden. Ist der Auszubildende dazu bereit, kann er kreativ und selbstbewusst im Team Aufgaben lösen. Er hat Freude am Beruf und als guter Mitarbeiter einen sicheren Arbeitsplatz in einem zukunftsträchtigen Bereich der Wirtschaft.

● Das System der dualen Berufsausbildung

◆ Auszubildende werden in der Bundesrepublik Deutschland an **zwei Lernorten** ausgebildet: im Ausbildungsbetrieb und in der Berufsschule. Da zwei Einrichtungen bei der Berufsausbildung zusammenwirken, bezeichnet man diese Art der Ausbildung als „**Duales Berufsausbildungssystem**".

◈ Im **Ausbildungsbetrieb** findet die fachpraktische Ausbildung statt. Hier gelten folgende bundeseinheitliche Rechtsvorschriften:
  – Verordnung über die Berufsausbildung zum Kaufmann für Bürokommunikation/zur Kauffrau für Bürokommunikation vom 13. Februar 1991
  – Verordnung über die Berufsausbildung zum Bürokaufmann/zur Bürokauffrau vom 30. Juli 1992
  – Berufsbildungsgesetz

◈ In der **Berufsschule** werden den Auszubildenden berufsübergreifende und berufsbezogene Inhalte vermittelt. Rechtsgrundlage sind hier der Rahmenlehrplan und die Richtlinien und Lehrpläne der Kultusminister der Länder.

Beispiel Auszug aus dem Lehrplan Kaufmann/Kauffrau für Bürokommunikation in Schleswig-Holstein. Unterrichtsfach: Allgemeine Wirtschaftslehre.

Lernziele	Lerninhalte
1. Berufsausbildung Rechtliche Regelungen der Ausbildung kennen und über die Pflichten und Rechte des Auszubildenden und des Ausbildenden informiert sein.	1. Berufsausbildung Duales Ausbildungssystem Berufsbildungsgesetz Ausbildungsordnung Ausbildungsvertrag Jugendarbeitsschutzgesetz

Die **Fächer des berufsübergreifenden Bereichs** sind z. B. in Nordrhein-Westfalen Deutsch/Kommunikation, Religionslehre, Sport/Gesundheitsförderung und Politik/Gesellschaftslehre. Der Unterricht dient einer Erweiterung und Vertiefung der Allgemeinbildung.

Die **Fächer des berufsbezogenen Bereichs** sind Betriebswirtschaftslehre, Bürowirtschaft, Rechnungswesen, Wirtschaftsinformatik/Organisationslehre, Textverarbeitung und für den Kaufmann/Kauffrau für Bürokommunikation Kurzschrift. Im **Wahlbereich** kann z. B. Englisch angeboten werden.

Der Berufsschulunterricht kann in Teilzeitform oder als Blockunterricht erteilt werden. Beim **Teilzeitunterricht** besuchen die Auszubildenden an ein oder zwei Tagen in der Woche die Berufsschule. An den anderen Arbeitstagen werden sie im Betrieb ausgebildet. Beim **Blockunterricht** besuchen sie z. B. drei Monate hintereinander die Berufsschule und arbeiten anschließend, z. B. neun Monate, im Betrieb, ohne in dieser Zeit die Berufsschule zu besuchen. Schülerinnen und Schüler, die die Berufsschule erfolgreich besucht haben, erhalten das **Abschlusszeugnis der Berufsschule**. Voraussetzung hierfür sind z. B. in Nordrhein-Westfalen mindestens ausreichende Leistungen in allen Fächern bzw. mangelhafte Leistungen in nur einem Fach. Die Noten der Fächer werden zu einer Berufsschulabschlussnote zusammengefasst.

◆ Der Berufsschulabschluss ist z. B. dem Sekundarabschluss I – **Hauptschulabschluss nach Klasse 10** – gleichwertig.

◆ Mit dem Berufsschulabschluss erwerben die Schülerinnen und Schüler den Sekundarabschluss I – **Fachoberschulreife** –, wenn sie
  – eine Berufsschulabschlussnote von mindestens 3,0 erreichen,
  – die Berufsabschlussprüfung bestanden haben und
  – die für die Fachoberschulreife notwendigen Englischkenntnisse nachweisen.

Die **Berufsschulpflicht** regeln die Kultusminister der Länder.

Beispiel In Nordrhein-Westfalen ist ein Auszubildender für die gesamte Dauer der Berufsausbildung berufsschulpflichtig, wenn er vor Vollendung des 21. Lebensjahres einen Ausbildungsvertrag unterschreibt.

Finanziert wird die betriebliche Ausbildung durch die Ausbildungsbetriebe. Die Kosten der schulischen Ausbildung tragen die Schulträger und die Länder.

◆ **Gemeinsames Ziel** von Ausbildungsbetrieb und Berufsschule ist es, den Auszubildenden die Fertigkeiten und Kenntnisse zu vermitteln, die zum Erreichen des Ausbildungszieles erforderlich sind. Die betriebliche Ausbildung wird von den **Kammern**, die schulische Ausbildung von der **Schulaufsicht** der Kultusminister der Länder **überwacht**.

Berufliche Handlungskompetenz und das System der dualen Berufsausbildung

▪ **Berufliche Handlungskompetenz** ist die Fähigkeit und Bereitschaft, in beruflichen Situationen sach- und fachgerecht, persönlich durchdacht und in gesellschaftlicher Verantwortung zu handeln. Sie umfasst die Dimensionen:
  – **Fachkompetenz:** Fähigkeit und Bereitschaft, Aufgabenstellungen selbstständig, fachlich richtig und methodengerecht zu bearbeiten und das Ergebnis zu beurteilen.
    Beispiel   Kenntnis von Gesetzestexten
  – **Methodenkompetenz:** Fähigkeit und Bereitschaft, zu zielgerichtetem, planmäßigem Vorgehen bei der Bearbeitung beruflicher Aufgaben.
    Beispiel   selbstständiges Lernen
  – **Sozialkompetenz:** Fähigkeit und Bereitschaft, soziale Beziehungen und Interessenlagen, Zuwendungen und Spannungen zu erfassen sowie sich verantwortungsbewusst auseinanderzusetzen und zu verständigen.
    Beispiel   Kommunikationsfähigkeit
  – **Humankompetenz:** Fähigkeit und Bereitschaft, als Individuum Entwicklungschancen in Beruf, Familie zu beurteilen, eigene Begabungen zu entfalten sowie Lebenspläne zu erfassen und fortzuentwickeln.
    Beispiel   Verantwortungsbewusstsein
▪ **Das System der dualen Berufsausbildung**

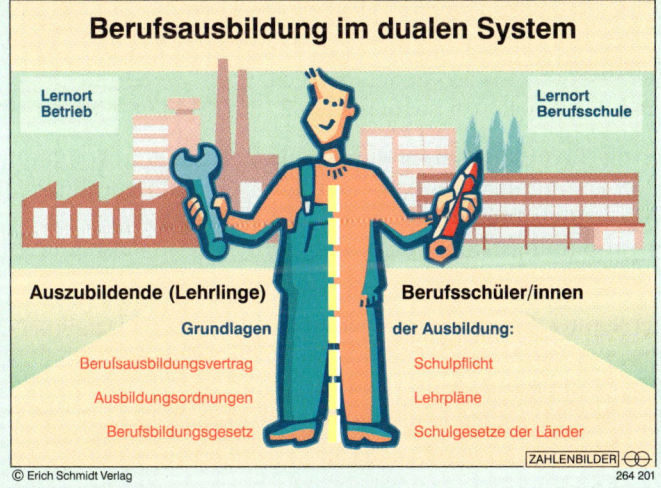

Berufsausbildung im dualen System

Lernort Betrieb · Lernort Berufsschule

Auszubildende (Lehrlinge) · Berufsschüler/innen

Grundlagen · der Ausbildung:

Berufsausbildungsvertrag · Schulpflicht
Ausbildungsordnungen · Lehrpläne
Berufsbildungsgesetz · Schulgesetze der Länder

© Erich Schmidt Verlag

ZAHLENBILDER
264 201

1. Die Arbeitswelt befindet sich in einem raschen Wandel. Befragen Sie Ihre Eltern, welche Veränderungen in den letzten Jahren an deren Arbeitsplatz durchgeführt wurden.

2. Ordnen Sie die folgenden Qualifikationen den Kompetenzbereichen zu: logisches Denken, Entscheidungsfähigkeit, Kritikfähigkeit, Kommunikationsfähigkeit, Fairness, wirtschaftliches Denken, Identifikation mit der Arbeit, Sprachkenntnisse, Planungsfähigkeit, Toleranz, Mobilität. Tragen Sie zu jedem der folgenden Themen des Kapitels 1 (Abschnitte 1.1 bis 1.4) ein, welche Kompetenzen erworben wurden.

3. Erläutern Sie, unter welchen Voraussetzungen die Fachoberschulreife im Rahmen einer betrieblichen Ausbildung erworben werden kann.

4. Die Rechtsgrundlagen der Berufsausbildung sind für die gesamte Dauer Ihrer Ausbildung wichtige Nachschlagewerke. Beschaffen Sie für Ihre Klasse die Ausbildungsordnung, das Berufsbildungsgesetz, das Jugendarbeitsschutzgesetz und den Lehrplan und legen Sie einen Ordner mit diesen Unterlagen an.

5. Der Berufsschulunterricht kann als Teilzeitunterricht oder als Blockunterricht stattfinden. Diskutieren Sie Vor- und Nachteile der unterschiedlichen Regelungen aus der Sicht der Auszubildenden und aus der Sicht der Betriebe.

1.2 Die Ausbildungsordnung

Renate Becker, Auszubildende zur Bürokauffrau bei der Bürodesign GmbH, sitzt mit ihrer ehemaligen Klassenkameradin Helga zusammen. Helga macht nach der Hauptschule ein Berufsgrundbildungsjahr im Berufsfeld Wirtschaft und Verwaltung. Sie erzählt Renate begeistert, dass sie nach dem Abschluss auch Bürokauffrau lernen möchte. „Und stell dir vor, für mich dauert die Ausbildung nur zwei Jahre!" Renate ist empört. Die Ausbildung zur Bürokauffrau dauert drei Jahre, da ist sie sich ganz sicher, denn sie hat doch gerade erst den Ausbildungsvertrag unterschrieben.

Arbeitsaufträge

◆ Klären Sie, unter welchen Voraussetzungen Ihre Ausbildung verkürzt werden kann und welche Möglichkeiten einer Verlängerung der Ausbildung bestehen.

◆ Erläutern Sie den Zusammenhang von Ausbildungsberufsbild, Ausbildungsrahmenplan und betrieblichem Ausbildungsplan.

◆ Die Verordnung über die Berufsausbildung zum Kaufmann für Bürokommunikation/zur Kauffrau für Bürokommunikation bzw. zum Bürokaufmann/zur Bürokauffrau (**Ausbildungsordnung**) enthält Regelungen über die Ausbildungsdauer, das Ausbildungsberufsbild, den Ausbildungsrahmenplan, den betrieblichen Ausbildungsplan, das Berichtsheft und die Prüfungen.

◆ Die **Ausbildungsdauer** beträgt drei Jahre. Bei überdurchschnittlichen Leistungen oder aufgrund vorausgegangener Schul- und Ausbildungszeiten kann das Unternehmen oder der Auszubildende bei der Industrie- und Handelskammer bzw. bei der Handwerkskammer einen Antrag auf **Verkürzung** der Ausbildungszeit stellen.

Beispiel Die Auszubildende Elke Grau ist die beste Schülerin der Klasse. Auch ihr Ausbildungsbetrieb ist mit ihr zufrieden. Aus diesem Grund beantragt der Ausbildende nach Rücksprache mit Elke bei der Industrie- und Handelskammer eine Verkürzung der Ausbildung auf 2,5 Jahre.

Hat der Auszubildende vor Beginn der Ausbildung ein Berufsgrundbildungsjahr im Berufsfeld Wirtschaft und Verwaltung erfolgreich abgeschlossen, **muss** die Ausbildung um ein Jahr **verkürzt** werden.

Grundsätzlich ist auch eine **Verlängerung** der Ausbildung möglich, wenn diese erforderlich ist, um das Ziel der Ausbildung zu erreichen. Der Antrag auf Verlängerung kann nur vom Auszubildenden selbst gestellt werden.

Beispiel Eine Auszubildende versäumt wegen einer langen Krankheit ein halbes Jahr ihrer Ausbildung. Sie stellt bei der zuständigen Kammer den Antrag, die Ausbildung um diesen Zeitraum zu verlängern.

◆ Das **Ausbildungsberufsbild** beschreibt die Fertigkeiten und Kenntnisse, die Gegenstand der Berufsausbildung sind.

Beispiel Auszug aus dem Ausbildungsberufsbild Bürokaufmann/Bürokauffrau:

1	Der Ausbildungsbetrieb
1.1	Stellung des Ausbildungsbetriebes in der Gesamtwirtschaft
1.2	Berufsbildung
1.3	Arbeitssicherheit, Umweltschutz und rationelle Energieverwendung
2	Organisation und Leistung
2.1	Leistungserstellung und Leistungsverwertung
2.2	Betriebliche Organisation und Funktionszusammenhänge
3	Bürowirtschaft und Statistik
3.1	Organisation des Arbeitsplatzes
3.2	Arbeits- und Organisationsmittel
3.3	Bürowirtschaftliche Abläufe
3.4	Statistik

◆ Die sachliche und zeitliche Gliederung der Berufsausbildung erfolgt im **Ausbildungsrahmenplan**. Hier ist genau aufgeführt, in welchem Ausbildungsabschnitt dem Auszubildenden welche Fertigkeiten und Kenntnisse vermittelt werden sollen.

Beispiel Auszug aus dem Ausbildungsrahmenplan **Bürokaufmann/Bürokauffrau**

**Ausbildungsrahmenplan
für die Berufsausbildung
zum Bürokaufmann/zur Bürokauffrau**
– Sachliche Gliederung –

Lfd.-Nr.	Teil des Ausbildungsberufsbildes	Zu vermittelnde Fertigkeiten und Kenntnisse
1	Der Ausbildungsbetrieb (§ 3 Nr. 1)	
1.1	Stellung des Ausbildungsbetriebes in der Gesamtwirtschaft (§ 3 Nr. 1.1)	a) Aufgaben und Stellung des Ausbildungsbetriebes im gesamtwirtschaftlichen Zusammenhang beschreiben b) Aufgaben der für den Ausbildungsbetrieb wichtigen Behörden und Organisationen der Arbeitgeber und Arbeitnehmer darstellen c) Art und Rechtsform des Ausbildungsbetriebes erläutern d) Betriebs- oder Arbeitsordnung des Ausbildungsbetriebes anwenden

Lfd.-Nr.	Teil des Ausbildungsbe-rufsbildes	Zu vermittelnde Fertigkeiten und Kenntnisse
1.2	Berufsbildung (§ 3 Nr. 1.2)	a) rechtliche Vorschriften der Berufsbildung nennen b) die Ausbildungsordnung mit dem betrieblichen Aus-bildungsplan vergleichen c) die Inhalte des Berufsausbildungsvertrages, insbeson-dere die Rechte und Pflichten des Ausbildenden und des Auszubildenden, beschreiben d) die Notwendigkeit weiterer beruflicher Qualifizierung begründen e) wichtige berufliche Fortbildungsmöglichkeiten nennen sowie berufliche Aufstiegsmöglichkeiten beschreiben

◆ Auf der Grundlage des Ausbildungsrahmenplanes erstellt der Ausbildungsbetrieb für je-den Auszubildenden einen **betrieblichen Ausbildungsplan**. Er hat so die Möglichkeit, die gesetzlichen Vorgaben auf die konkreten betrieblichen Bedingungen zu übertragen. Der Ausbildungsplan ist dem Auszubildenden zu Beginn der Ausbildung auszuhändi-gen. Er beinhaltet

  ◆ einen in zeitlicher und sachlicher Hinsicht vollständigen Überblick über den Ablauf der Ausbildung und

  ◆ einen Umsetzungs- und Schulungsterminplan, der die Abfolge der Ausbildung in den einzelnen Abteilungen festlegt.

  Beispiel Auszug aus dem betrieblichen Ausbildungsplan der Bürodesign GmbH für den Aus-bildungsberuf Bürokaufmann/Bürokauffrau

1. Ausbildungsjahr		Vermittlung vorgesehen	
Lfd.-Nr. Berufs-bild (§ 3)	Teile des Ausbildungsberufsbildes, die schwer-punktmäßig zu vermitteln sind	in Abteilung	von – bis
	Zeitrahmen 2 bis 4 Monate		
1.2	Berufsbildung		
6.1	Grundlagen des betrieblichen Personalwesens		
6.2	Aufgaben der bereichsbezogenen Personal-verwaltung		
	Zeitrahmen 3 bis 5 Monate		
4.1	Textverarbeitung		
4.2	Schreibtechnische Qualifikationen, Text-formulierung und -gestaltung		
4.3	Bürokommunikationstechniken		
4.4	Automatisierte Textverarbeitung		

◆ Um den ordnungsgemäßen Ablauf der Ausbildung überprüfen zu können, führt der Auszubildende ein **Berichtsheft**. Es wird in Form eines Ausbildungsnachweises geführt und ist vom Ausbildenden (vgl. S. 27) regelmäßig durchzusehen. Dem Auszubildenden soll Gelegenheit gegeben werden, das Berichtsheft während der Ausbildungszeit zu führen.

◆ Im Rahmen seiner Ausbildung legt der Auszubildende eine **Zwischen- und eine Abschlussprüfung** ab. Die Prüfungen werden von den zuständigen Kammern (Industrie- und Handelskammer, Handwerkskammer) abgenommen. Die **Zwischenprüfung** soll bei dreijährigen Ausbildungsberufen in der Mitte des zweiten Ausbildungsjahres stattfinden. Sie erstreckt sich auf die bis dahin in Schule und Betrieb vermittelten Fertigkeiten und Kenntnisse und wird als bundeseinheitliche Prüfung durchgeführt (120 Minuten Prüfungszeit, 60 Aufgaben).

Im Einzelnen gelten folgende Regelungen:

◆ Auszubildende in einem dreijährigen Ausbildungsberuf mit vorgesehener voller oder auf zweieinhalb Jahre verkürzter Ausbildungszeit legen ihre Zwischenprüfung im Frühjahr des zweiten Ausbildungsjahres ab.

◆ Auszubildende in einem dreijährigen Ausbildungsberuf mit vereinbarter zweijähriger Ausbildungsdauer legen ihre Zwischenprüfung im Frühjahr des ersten Ausbildungsjahres ab.

◆ Auszubildende in zweijährigen Ausbildungsberufen legen ihre Zwischenprüfung im Herbst ab.

Die Teilnahme an der Zwischenprüfung, nicht das Bestehen, ist Voraussetzung für die Zulassung zur Abschlussprüfung.

Auch die **Abschlussprüfung** erstreckt sich auf die im Ausbildungsbetrieb vermittelten Fertigkeiten und Kenntnisse und den im Berufsschulunterricht vermittelten Lernstoff, soweit dieser für die Berufsausbildung wesentlich ist. Sie besteht aus einem schriftlichen und einem praktischen Teil.

Schriftliche Prüfung

Kaufmann/Kauffrau für Bürokommunikation	Bürokaufmann/Bürokauffrau
1. Spezielle Wirtschaftslehre 2. Betriebslehre 3. Wirtschafts- und Sozialkunde	1. Spezielle Wirtschaftslehre 2. Rechnungswesen 3. Wirtschafts- und Sozialkunde

Praktische Prüfung

Kaufmann/Kauffrau für Bürokommunikation	Bürokaufmann/Bürokauffrau
1. Informationsverarbeitung 2. Sekretariats- und Fachaufgaben	1. Auftragsbearbeitung und Büroorganisation 2. Informationsverarbeitung

Bei der Ermittlung des Ergebnisses der praktischen Prüfung haben die Prüfungsfächer Informationsverarbeitung (Kaufmann/Kauffrau für Bürokommunikation) bzw. Auftragsbearbeitung und Büroorganisation (Bürokaufmann/Bürokauffrau) gegenüber dem anderen Prüfungsfach das **doppelte Gewicht**.

Die Prüfung ist **bestanden**, wenn im Gesamtergebnis sowie in zwei der schriftlichen Prüfungsfächer und in der praktischen Prüfung mindestens ausreichende Leistungen erzielt wurden. Werden die Prüfungsleistungen in einem Prüfungsfach mit ungenügend bewertet, ist die Prüfung nicht bestanden.

Die Ausbildungsordnung
- Die **Ausbildungsordnung** enthält Regelungen über:
  - **Ausbildungsdauer:** drei Jahre
  - **Ausbildungsberufsbild:** Fertigkeiten und Kenntnisse, die Gegenstand der Berufsausbildung sind
  - **Ausbildungsrahmenplan:** sachliche und zeitliche Gliederung der Berufsausbildung
  - **betrieblicher Ausbildungsplan:** zeitlicher und sachlicher Überblick über den Ablauf der Ausbildung
  - **Berichtsheft:** Nachweis über den ordnungsgemäßen Ablauf der Ausbildung
  - **Prüfungen:** Zwischenprüfung und Abschlussprüfung

1. Beschaffen Sie sich die Verordnung über die Berufsausbildung für Ihren Ausbildungsberuf. Sie kann über die zuständige Kammer bezogen werden. Verschaffen Sie sich einen Überblick über die Fertigkeiten und Kenntnisse, die Gegenstand Ihrer Berufsausbildung sind.
   a) Stellen Sie für den Themenkreis 1.2. „Berufsbildung" fest, welche Fertigkeiten und Kenntnisse im Ausbildungsrahmenplan vorgesehen sind.
   b) Prüfen Sie, wann diese Themen in Ihrem betrieblichen Ausbildungsplan vorgesehen sind und in welcher Abteilung Sie dazu ausgebildet werden.
   c) Stellen Sie fest, in welchem Unterrichtsfach und wann dieses Thema im Lehrplan der Berufsschule vorgesehen ist.

2. Stellen Sie für Ihren Ausbildungsberuf fest, wann Prüfungen im Rahmen der Ausbildung vorgesehen sind, wer diese Prüfungen abnimmt, welche Themen Gegenstand der Prüfung sind und unter welchen Voraussetzungen die Prüfung bestanden ist.

3. Bringen Sie Ihr Berichtsheft in die Schule mit. Stellen Sie Ihren Mitschülern den ersten Ausbildungsnachweis vor und diskutieren Sie Unterschiede.

1.3   Das Berufsbildungsgesetz (BBiG)

Lehrvertrag aus dem Jahre 1864
Eduard Groos in Grünberg einerseits und Philipp Walther in Biedenkopf andererseits haben folgende Übereinkunft getroffen:
1. Groos nimmt den Sohn des Philipp Walther mit Namen Georg auf vier Jahre, und zwar vom 15ten Oktober 1864 bis dahin 1868, als Lehrling in sein Geschäft auf.
2. Groos macht sich verbindlich, seinen Lehrling in allen dem, was in seinem Geschäft vorkommt, gewissenhaft zu unterrichten, ein wachsames Auge auf sein sittliches Betragen zu haben und ihm Kost und Logis in seinem Hause freizugeben.
3. Groos gibt seinem Lehrling alle 14 Tage des Sonntags von 12 Uhr bis 5 Uhr frei, dabei ist es gestattet, dass er auch an dem Sonntage, wo er seinen Ausgang nicht hat, einmal den Gottesdienst besuchen kann.
4. Groos verzichtet auf ein Lehrgeld, hat aber dagegen die Lehrzeit auf vier Jahre ausgedehnt.
5. Walther hat während der Lehrzeit seines Sohnes denselben in anständiger Kleidung zu erhalten und für dessen Wäsche besorgt zu sein.

6. Walther hat für die Treue seines Sohnes einzustehen und allen Schaden, den derselbe durch bösen Willen, Unachtsamkeit und Nachlässigkeit seinem Lehrherrn verursachen sollte, ohne Einrede zu ersetzen.

7. Der junge Walther darf während der Dauer seiner Lehrzeit kein eigenes Geld führen, sondern die Ausgaben, welche nicht von seinem Vater direkt bestritten werden, gehen durch die Hände des Lehrherrn und der Lehrling hat solche zu verzeichnen.

8. Hat der junge Walther seine Kleidungsstücke und sonstige Effekten auf seinem Zimmer zu verschließen, aber so, dass sein Lehrherr davon Kenntnis hat und dieser solche von Zeit zu Zeit nachsehen kann, sooft es diesem gewährt ist, um ihn gehörig zu überwachen.

9. Darf der Lehrling während seiner Lehrzeit kein Wirtshaus oder Tanzbelustigung besuchen, er müsste denn ausdrücklich die Erlaubnis hierzu von seinem Vater oder Lehrherrn erhalten haben und dann besonders darf er auch nicht rauchen im Geschäft und außer demselben, es bleibt ganz untersagt.

10. Wenn der junge Walther das Geschäft des Groos verlässt, so darf dieser in kein Geschäft in Grünberg eintreten, ohne dass Groos seine Erlaubnis dazu gibt.

11. Zur Sicherstellung, dass beide Teile diese Übereinkunft treulich halten und erfüllen wollen, ist dieser Contract doppelt ausgefertigt. Jedem ein Exemplar eingehändigt und unterschrieben worden.

Grünberg und Biedenkopf, den 27. November 1864

(Quelle: Informationen zur Politischen Bildung Nr. 175, Bundeszentrale für politische Bildung [Hrsg.])

Arbeitsaufträge

◆ Stellen Sie in einem Lernplakat Rechte und Pflichten des Auszubildenden gegenüber.
◆ Vergleichen Sie diesen Lehrvertrag mit den nachfolgenden Regelungen des Berufsbildungsgesetzes und stellen Sie fest, wo Gemeinsamkeiten zwischen den Verträgen bestehen.

Die berufliche Ausbildung, Fortbildung und Umschulung ist im **Berufsbildungsgesetz** geregelt.

● Der Ausbildungsvertrag

Vor Beginn der Ausbildung muss zwischen Ausbildendem und Auszubildendem ein **Ausbildungsvertrag** abgeschlossen werden.

Auszubildender ist derjenige, der ausgebildet wird. Minderjährige Auszubildende benötigen zum Abschluss des Ausbildungsvertrages die Zustimmung des gesetzlichen Vertreters.

Beispiel Renate Becker hat vor vier Wochen einen Ausbildungsvertrag abgeschlossen. Sie ist Auszubildende. Da sie noch nicht volljährig ist, haben auch Vater und Mutter als Erziehungsberechtigte unterschrieben.

Ausbildender ist derjenige, der einen anderen zur Berufsausbildung einstellt.

Beispiel Renate wird von der Bürodesign GmbH ausgebildet. Die Bürodesign GmbH ist Ausbildender.

Ausbilder ist derjenige, der vom Ausbildenden mit der Durchführung der Ausbildung betraut ist.

Beispiel Renate wird zunächst in der Personalabteilung eingesetzt. Hier wird sie von Frau Geissler ausgebildet. Frau Geissler ist Ausbilderin.

Der Ausbildungsvertrag muss vor Beginn der Ausbildung schriftlich niedergelegt werden. Hierfür wird in der Praxis meist ein Vordruck der Industrie- und Handelskammern (IHK) oder der Handwerkskammer verwendet. Der Vertrag muss folgende **Mindestangaben** enthalten:

1. Art, sachliche und zeitliche Gliederung sowie Ziel der Berufsausbildung
2. Beginn und Dauer der Berufsausbildung
3. Ausbildungsmaßnahmen außerhalb der Ausbildungsstätte
4. Dauer der täglichen Ausbildungszeit
5. Dauer der Probezeit
6. Zahlung und Höhe der Vergütung
7. Dauer des Urlaubs
8. Voraussetzungen, unter denen der Vertrag gekündigt werden kann

Der Ausbildungsvertrag muss der Industrie- und Handelskammer bzw. der Handwerkskammer zur Eintragung in das **Verzeichnis der Berufsausbildungsverhältnisse** vorgelegt werden.

Mit Abschluss des Ausbildungsvertrages übernehmen Ausbildender und Auszubildender Pflichten, die gleichzeitig die Rechte der anderen Vertragspartei sind.

● Pflichten des Ausbildenden

◆ Der Ausbildende hat dafür zu sorgen, dass dem Auszubildenden die **Fertigkeiten und Kenntnisse vermittelt werden**, die zum Erreichen des Ausbildungszieles erforderlich sind.

Beispiel Der Ausbildungsrahmenplan für den Bürokaufmann/Bürokauffrau sieht vor, dass die Auszubildenden rechtliche Vorschriften der Berufsausbildung kennen lernen (vgl. den Auszug aus dem Ausbildungsrahmenplan im Lehrbuch auf S. 23 f). Lt. betrieblichem Ausbildungsplan wird Renate Becker die ersten drei Monate ihrer Ausbildung in der Personalabteilung eingesetzt.

◆ Die Ausbildung muss entweder vom **Ausbildenden selbst oder von persönlich und fachlich geeigneten Ausbildern** durchgeführt werden.

Beispiel Als Ausbilder setzt der Ausbildende den zuständigen Abteilungsleiter ein. Alle Abteilungsleiter haben vor der Industrie- und Handelskammer eine Prüfung als Ausbilder abgelegt.

◆ Dem Auszubildenden müssen die **Ausbildungsmittel kostenlos zur Verfügung gestellt werden**.

Beispiel Berichtshefte, Fachbücher und Schreibmaterial für die Ausbildung im Ausbildungsbetrieb (nicht in der Schule).

Vorgeschriebene Berufskleidung, z. B. Blaumann oder Kittel, werden vom Ausbildenden zur Verfügung gestellt.

◆ Der Auszubildende ist **zum Besuch der Berufsschule und zum Führen der Berichtshefte anzuhalten**. Das ordnungsgemäß geführte Berichtsheft ist Voraussetzung für die Zulassung zur Abschlussprüfung.

Beispiel Renate Becker muss ihr Berichtsheft einmal im Monat dem jeweiligen Abteilungsleiter vorlegen.

◆ Der Ausbildende muss dafür sorgen, dass dem Auszubildenden nur **Tätigkeiten** übertragen werden, **die dem Ausbildungszweck dienen und seinen körperlichen Kräften angemessen sind**.

Beispiel Renate Becker ist als Auszubildende der Bürodesign GmbH in der Personalabteilung eingesetzt. Alle hier anfallenden Arbeiten hat sie auszuführen. Als der Sachbearbeiter Krause sie auffordert, für ihn private Besorgungen zu erledigen, schreitet Frau Geissler ein und teilt Herrn Krause mit, dass Renate nur Tätigkeiten übertragen werden dürfen, die dem Ausbildungszweck dienen.

◆ Der Auszubildende muss **für die Teilnahme am Berufsschulunterricht und an Prüfungen freigestellt werden**. Dies gilt auch für andere schulische Veranstaltungen.

Beispiel Die Berufsbildende Schule führt einmal im Jahr einen Wandertag durch. Frau Geissler ist der Meinung, dies habe nichts mit der Ausbildung zu tun. Frau Geissler ist im Irrtum; der Wandertag ist eine schulische Veranstaltung, für die sie ihre Auszubildende freistellen muss.

◆ Dem Auszubildenden muss **bei Beendigung des Ausbildungsverhältnisses ein Zeugnis ausgestellt werden**. Der Auszubildende kann dabei zwischen dem einfachen Arbeitszeugnis und dem qualifizierten Arbeitszeugnis wählen.

Beispiel Das einfache Arbeitszeugnis enthält Angaben über Art, Dauer und Ziel der Berufsausbildung sowie die erworbenen Fertigkeiten und Kenntnisse. Das qualifizierte Arbeitszeugnis enthält zusätzlich Angaben über Führung, Leistung und besondere fachliche Fähigkeiten.

◆ Dem Auszubildenden ist eine **angemessene Vergütung** zu zahlen.

Beispiel Die Höhe der Ausbildungsvergütung ist in den Tarifverträgen festgelegt. Ist ein Betrieb nicht an den Tarifvertrag gebunden, darf die Ausbildungsvergütung nicht mehr als 20 % unter den tariflichen Sätzen liegen.

◆ Die **Vergütung muss spätestens am letzten Arbeitstag des Monats gezahlt werden**. Eine über die regelmäßige Ausbildungszeit hinausgehende Beschäftigung ist besonders zu vergüten. Erkrankt der Auszubildende, wird die Vergütung bis zur Dauer von sechs Wochen durch den Ausbildenden weitergezahlt, danach erhält er von der zuständigen Krankenversicherung **Krankengeld** (vgl. S. 304).

● **Pflichten des Auszubildenden**

◆ Der Auszubildende hat sich zu bemühen, die **Fertigkeiten und Kenntnisse zu erwerben**, die zur Erreichung des Ausbildungsziels erforderlich sind.

Beispiel Die Auszubildende Kirsten Schorn besucht regelmäßig die Berufsschule, macht die Hausaufgaben und arbeitet im Unterricht mit. Trotzdem ist das Ergebnis der Zwischenprüfung in allen drei Fächern mangelhaft. Ihr Ausbilder droht daraufhin mit Kündigung. Eine Kündigung ist in diesem Fall nicht zulässig, da die Auszubildende sich bemüht hat, das Ziel der Ausbildung zu erreichen.

◆ Der Auszubildende muss alle ihm **im Rahmen der Ausbildung aufgetragenen Tätigkeiten sorgfältig ausführen**.

Beispiel Frau Schorn verliert den ihr vom Betrieb zur Verfügung gestellten Taschenrechner. Sie ist zum Ersatz des Schadens verpflichtet, da sie gegen die Sorgfaltspflicht verstoßen hat.

◆ Der Auszubildende muss **an Ausbildungsmaßnahmen**, für die er freigestellt ist, teilnehmen.

Beispiel Eine Auszubildende schwänzt mehrfach die Berufsschule. Hierbei handelt es sich um eine grobe Pflichtverletzung der Auszubildenden, die zu einer Kündigung führen kann.

◆ **Weisungen**, die ihm im Rahmen der Berufsausbildung erteilt werden, muss der Auszubildende **befolgen**.

Beispiel   Kirsten ist im Rahmen ihrer Ausbildung als Bürokauffrau in der Verkaufsabteilung eingesetzt, in der auch Kunden empfangen werden. Kirstens Ausbilderin erteilt ihr die Weisung, nicht in Jeans oder Turnschuhen in den Betrieb zu kommen. Sie muss diese Weisung befolgen, da ein solches Erscheinungsbild von den Kunden nicht akzeptiert würde und geschäftsschädigende Folgen hätte.

◆ Die für die Ausbildungsstätte **geltende Ordnung ist zu beachten**.

Beispiel   In allen Räumen des Ausbildungsbetriebes gilt striktes Rauchverbot. Hieran muss sich jeder Auszubildende halten.

◆ **Werkzeuge, Maschinen und Einrichtungen sind pfleglich zu behandeln.**

Beispiel   Eine Auszubildende benutzt eine vom Betrieb überlassene Schere zum Öffnen einer Getränkeflasche. Die Schere bricht ab. Kirsten muss das Werkzeug ersetzen.

◆ **Über Betriebs- und Geschäftsgeheimnisse ist Stillschweigen zu wahren.**

Beispiel   Kirstens Freund ist kaufmännischer Angestellter in einem Konkurrenzbetrieb. Sie berichtet ihm von der bevorstehenden Einführung eines neuen Produktes. Damit verstößt sie gegen die ihr auferlegte Schweigepflicht.

● Beginn und Beendigung der Ausbildung

◆ Das Berufsausbildungsverhältnis beginnt mit der **Probezeit**. Sie muss mindestens einen Monat und darf höchstens vier Monate betragen. In der Probezeit prüft der Auszubildende, ob ihm der Beruf gefällt, und der Ausbildende, ob der Auszubildende für den Beruf geeignet ist.

◆ Das Ausbildungsverhältnis endet mit Ablauf der Ausbildungszeit. Besteht der Auszubildende die Prüfung zu einem früheren Zeitpunkt, so endet das Ausbildungsverhältnis mit Bestehen der Abschlussprüfung.

Beispiel   Kirstens Ausbildungsvertrag endet am 31. August. Am 15. Juni schließt sie vor dem Prüfungsausschuss der Industrie- und Handelskammer erfolgreich die Kaufmannsgehilfenprüfung ab. Mit diesem Tag endet das Ausbildungsverhältnis und ihr steht im Falle der Übernahme das entsprechende Tarifgehalt zu.

◆ Eine **Kündigung** des Ausbildungsverhältnisses ist in folgenden Fällen möglich:

◆ **während der Probezeit** jederzeit ohne Einhaltung einer Frist und Angabe von Gründen. Die Kündigung muss schriftlich erfolgen.

Beispiel   Silke stellt während der Probezeit fest, dass ihr die Ausbildung zur Bürokauffrau nicht zusagt. Sie teilt dies ihrem Chef mit und kündigt das Ausbildungsverhältnis.

◆ **nach der Probezeit**
  – **aus einem wichtigen Grund** ohne Einhaltung einer Kündigungsfrist. Die fristlose Kündigung muss spätestens zwei Wochen nach Bekanntwerden des Grundes erfolgen.
    Beispiel   Ein Auszubildender wird bei einem Diebstahl ertappt. Der Chef kündigt ihm fristlos.
  – vom Auszubildenden **mit einer Frist von vier Wochen**,
    • wenn er die Berufsausbildung aufgeben will.
      Beispiel   Kirsten findet den Mann fürs Leben. Sie möchte heiraten und Hausfrau und Mutter sein. Mit einer Frist von vier Wochen kann sie ihren Ausbildungsvertrag kündigen.

- wenn er sich für einen anderen Beruf ausbilden lassen will.

  Beispiel   Ein Jahr nach Beginn der Ausbildung zum Bürokaufmann kann ein Auszubildender eine Ausbildung in seinem Traumberuf als Goldschmied antreten. Er kündigt mit einer Frist von vier Wochen.

Die Kündigung muss **schriftlich und unter Angabe der Kündigungsgründe** erfolgen.

● Einhaltung des Berufsbildungsgesetzes

Die Einhaltung des Berufsbildungsgesetzes wird von der Industrie- und Handelskammer oder der Handwerkskammer überwacht. Hier stehen **Ausbildungsberater** zur Verfügung, die Auskünfte erteilen und den Auszubildenden bei allen die Berufsausbildung betreffenden Fragen beraten. Darüber hinaus kann er sich an seinen Betriebsrat oder Jugendvertreter, die zuständigen Gewerkschaften, Arbeitgeberverbände und Lehrer und Schülervertreter der Berufsbildenden Schule wenden.

Das Berufsbildungsgesetz

- Der **Berufsausbildungsvertrag** muss vor Beginn der Berufsausbildung schriftlich abgeschlossen werden.
- **Auszubildender** ist derjenige, der ausgebildet wird.
- **Ausbildender** ist derjenige, der einen anderen zur Berufsausbildung einstellt.
- **Ausbilder** ist derjenige, der vom Ausbildenden mit der Durchführung der Ausbildung betraut ist.
- Der Berufsausbildungsvertrag muss bestimmte **Mindestangaben** enthalten.

Pflichten des Ausbildenden	Pflichten des Auszubildenden
Ausbildungspflicht	Lernpflicht
Freistellung des Auszubildenden zum Besuch der Berufsschule	Besuch der Berufsschule
	Gehorsamspflicht
Bereitstellung von Arbeitsmitteln	Sorgfaltspflicht
Zeugnispflicht	Einhaltung der Betriebsordnung
Vergütung	Schweigepflicht

- Die **Probezeit** muss mindestens einen Monat und darf höchstens vier Monate betragen.

---

1.   Während einer Grippewelle fällt die Hälfte der Mitarbeiter der Personalabteilung aus. Die Abteilungsleiterin verbietet der Auszubildenden daraufhin den Besuch der Berufsschule und fordert sie stattdessen auf, im Betrieb auszuhelfen. Ist dieses Verhalten zulässig? Begründen Sie Ihre Entscheidung.

2.   Fritz soll einen Monitor in einen Nebenraum tragen. Auf dem Weg dorthin stolpert er über ein Kabel und der Monitor fällt zu Boden. Begründen Sie, ob er den Schaden ersetzen muss.

3.   Markus Rother beginnt seine Ausbildung zum Bürokaufmann in einem Großhandelsbetrieb. Nachdem ihn der Ausbildungsleiter durch die Abteilungen geführt hat, erklärt er ihm, dass er als jüngster Auszubildender in der Frühstückspause für alle Kaffee zu kochen habe. Markus ist empört. Er ist der Meinung, dass er als Bürokaufmann und nicht als Kaffeekoch ausgebildet wird. Führen Sie das Gespräch des Ausbildungsleiters mit dem Auszubildenden in Form eines Rollenspiels.

4. a) Erstellen Sie eine Übersicht mit den Rechten und Pflichten des Auszubildenden. Schlagen Sie dazu im Berufsbildungsgesetz nach. Fertigen Sie die Übersicht auf einem großen Bogen Papier an und hängen Sie diesen in der Klasse auf.

    b) In § 14 Berufsbildungsgesetz heißt es: „Dem Auszubildenden dürfen nur Arbeiten übertragen werden, die dem Ausbildungszweck dienen und ihren körperlichen Kräften angemessen sind". Befragen Sie Ihre Mitschüler, welche Tätigkeiten sie in der vergangenen Woche ausgeführt haben, die dem Ausbildungszweck dienen, und welche Tätigkeiten nicht im Sinne der Ausbildung waren. Diskutieren Sie, warum es sinnvoll sein könnte, auch die eine oder andere Tätigkeit auszuführen, die nicht im Sinne der Regelung des Berufsbildungsgesetzes ist.

5. Renates Freund Daniel ist seit einem Jahr als Auszubildender im Beruf Bürokaufmann in der Papiergroßhandlung Schneider. Als er eine Lehrstelle in seinem Traumberuf als Fotograf angeboten bekommt, will er das Ausbildungsverhältnis kündigen.

    a) Erarbeiten Sie die Möglichkeiten der Kündigung eines Ausbildungsverhältnisses.

    b) Stellen Sie fest, unter welchen Bedingungen Jan seinen Ausbildungsvertrag kündigen kann.

1.4 Das Jugendarbeitsschutzgesetz (JArbSchG)

Renate Beckers Freund, der 18-jährige Auszubildende Daniel Haak aus Emden, hat an zwei Tagen in der Woche Berufsschule. Im Gespräch mit Renate erfährt er, dass diese am langen Berufsschultag nach der Schule arbeitsfrei habe und dass dieser Tag mit acht Stunden auf die Wochenarbeitszeit angerechnet wird. Als Daniel seinen Ausbilder darauf anspricht, ist dieser anderer Meinung. Der freie Nachmittag sei eine Regelung des Jugendarbeitsschutzgesetzes und das gelte bekanntlich nur für Jugendliche.

Arbeitsaufträge
◆ Stellen Sie fest, welche Regelungen das JArbSchG zum Berufsschulbesuch enthält.
◆ Prüfen Sie, ob Daniel am langen Berufsschultag nach der Schule arbeitsfrei hat, und begründen Sie Ihre Entscheidung.

Das **Jugendarbeitsschutzgesetz** soll jugendliche Arbeitnehmer und Auszubildende vor Überforderung im Berufsleben schützen. Es enthält neben allgemeinen Vorschriften Regelungen zu den Themen Beschäftigung von Kindern und Jugendlichen, Beschäftigungsverbote und -beschränkungen, Berufsschulbesuch und Prüfungen und Aussagen über die gesundheitliche Betreuung der Auszubildenden.

● Allgemeine Vorschriften

Das Jugendarbeitsschutzgesetz gilt für die Beschäftigung von **Personen, die noch nicht 18 Jahre alt sind**. Von 15 bis 18 Jahren ist man Jugendlicher, unter 15 Jahren ist man Kind.

● Beschäftigung von Kindern und Jugendlichen

◆ Die **Beschäftigung von Kindern ist grundsätzlich verboten**. Kinder unter 15 Jahren dürfen nur in einem Ausbildungsverhältnis oder mit leichten Tätigkeiten (ab 13 Jahren maximal 2 Stunden täglich oder 10 Stunden wöchentlich) beschäftigt werden.

Beispiel   Renates Schwester Petra ist 15 Jahre alt. Sie möchte sich ihr Taschengeld selbst verdienen. Deshalb verteilt sie für den Supermarkt an der Ecke jeden Mittwoch Handzettel. Da es sich hierbei um eine leichte Tätigkeit handelt, verstößt dies nicht gegen das JArbSchG.

◆ **Jugendliche** dürfen **nicht mehr als 8 Stunden täglich** und **nicht mehr als 40 Stunden wöchentlich** beschäftigt werden. Die tägliche Arbeitszeit ist die Zeit vom Beginn bis zum Ende der Beschäftigung ohne Pausen.

Beispiel   Renate arbeitet von 08:00 bis 12:00, von 12:30 Uhr bis 15:00 Uhr und von 15:30 bis 17:00 Uhr. Die Arbeitszeit beträgt 8 Stunden.

◆ Die **Arbeitszeit, die an einem Werktag infolge eines gesetzlichen Feiertages ausfällt, wird auf die wöchentliche Arbeitszeit angerechnet.**

Beispiel   Der Tag der Deutschen Einheit fällt auf einen Mittwoch. An diesem Tag hätte Renate 8 Stunden arbeiten müssen. Da der Arbeitstag ausfällt, muss sie in der restlichen Woche nur noch ihre regelmäßige Wochenarbeitszeit abzüglich 8 Stunden arbeiten (z. B. 40 Std. – 8 Std. = 32 Std.).

◆ Wenn an einzelnen Werktagen **die Arbeitszeit auf weniger als 8 Stunden verkürzt ist, können Jugendliche an den übrigen Tagen der Woche 8,5 Stunden arbeiten.**

Beispiel   Renate arbeitet an drei Tagen in der Woche 8,5 Stunden, da sie am Freitag bereits um 14:00 Uhr frei hat.

◆ Jugendlichen müssen im Voraus feststehende **Ruhepausen** von mindestens 15 Minuten Dauer gewährt werden. Die Pausen betragen:

  ◆ bei einer Arbeitszeit von 4,5 bis 6 Stunden 30 Minuten
  ◆ bei einer Arbeitszeit von mehr als 6 Stunden 60 Minuten

◆ Nach **Beendigung der täglichen Arbeitszeit** dürfen Jugendliche **nicht vor Ablauf von mindestens 12 Stunden** beschäftigt werden.

Beispiel   Die 17-jährige Auszubildende Erika arbeitet an einem Auftrag bis 20:00 Uhr. Sie darf am nächsten Tag frühestens um 08:00 Uhr zur Arbeit eingesetzt werden.

◆ **Jugendliche dürfen nur in der Zeit von 06:00 bis 20:00 Uhr beschäftigt werden.** Von dieser Regelung gibt es jedoch Ausnahmen, so z. B. für Bäckereien und Konditoreien, die Gastronomie und die Landwirtschaft.

◆ **Jugendliche dürfen nur an fünf Tagen in der Woche beschäftigt werden.** Als Arbeitstage gelten auch die Berufsschultage. Die beiden beschäftigungsfreien Tage (Ruhetage) sollten nach Möglichkeit aufeinander folgen.

Beispiel   Die 17-jährige Renate hat Montag ihren langen Berufsschultag. Dienstag und Mittwoch arbeitet sie im Betrieb. Donnerstag hat sie wieder Berufsschule und anschließend geht sie in den Betrieb. Soll sie am Samstag im Betrieb eingesetzt werden, muss der Freitag arbeitsfrei bleiben, da sonst gegen das Gebot der 5-Tage-Woche verstoßen würde.

◆ An **Sonntagen und am 24. und 31. Dezember nach 14:00 Uhr** dürfen Jugendliche nicht beschäftigt werden.

◆ Der **gesetzliche Urlaubsanspruch** für Jugendliche beträgt

  ◆ 30 Werktage, wenn der Jugendliche noch nicht 16 Jahre alt ist
  ◆ 27 Werktage, wenn der Jugendliche noch nicht 17 Jahre alt ist
  ◆ 25 Werktage, wenn der Jugendliche noch nicht 18 Jahre alt ist

Es gilt jeweils das Alter des Jugendlichen zu Beginn des Kalenderjahres.

Beispiel   Renate wird am 30. Januar 18 Jahre alt. Da sie zu Beginn des Kalenderjahres noch nicht18 Jahre alt ist, hat sie einen Urlaubsanspruch von 25 Werktagen.

Der Urlaub soll den Auszubildenden während der Berufsschulferien gewährt werden. Ist dies nicht der Fall, ist für jeden Berufsschultag, an dem die Schule während des Urlaubs besucht wird, ein weiterer Urlaubstag zu gewähren.

Beispiel   Eine Auszubildende möchte eine Woche Urlaub vor der Zwischenprüfung nehmen. Sie besucht in dieser Woche an zwei Tagen die Berufsschule. Diese beiden Tage werden nicht auf den Urlaub angerechnet.

● Berufsschulbesuch und Prüfungen

§ 9 JArbSchG:

(1) Der Arbeitgeber hat Jugendliche für die Teilnahme am Berufsschulunterricht freizu-stellen. Er darf Jugendliche nicht beschäftigen
  1. vor einem vor 09:00 Uhr beginnenden Unterricht
  2. an einem Berufsschultag mit mehr als fünf Unterrichtsstunden von mindestens je 45 Minuten, einmal in der Woche
  3. in Berufsschulwochen mit einem planmäßigen Blockunterricht von mindestens 25 Stunden an mindestens fünf Tagen; zusätzliche betriebliche Ausbildungsveran-staltungen bis zu zwei Stunden wöchentlich sind zulässig.
(2) Auf die Arbeitszeit werden angerechnet
  1. Berufsschultage (nach AbS. 1 Nr. 2) mit acht Stunden
  2. Berufsschulwochen (nach AbS. 1 Nr. 3) mit 40 Stunden
  3. im Übrigen die Unterrichtszeit einschließlich der Pausen.

Beispiel   Renate, die noch nicht volljährig ist, hat am Montag ihren langen Berufsschultag mit sechs Unterrichtsstunden. Dieser Tag wird mit 8 Stunden auf die wöchentliche Arbeitszeit angerechnet. Am Mittwoch dauert der Unterricht von 08:00 bis 09:30 und von 09:50 bis 11:20 Uhr. Dieser Berufs-schultag wird mit 3 Stunden und 20 Minuten auf die Arbeitszeit angerechnet.

(3) Ein Entgeltausfall darf durch den Berufsschulunterricht nicht eintreten.

Beispiel   Ein 17-jähriger Auszubildender beginnt in Münster eine Ausbildung zum Bürokaufmann. In Nordrhein-Westfalen ist er bis zur Vollendung des 21. Lebensjahres berufsschulpflichtig. Da er zu Beginn der Ausbildung berufsschulpflichtig ist, muss er für die Dauer der gesamten Ausbildung die Berufsschule besuchen.

§ 10 Prüfungen und außerbetriebliche Ausbildungsmaßnahmen. (1) Der Arbeitgeber hat den Jugendlichen
  1. für die Teilnahme an Prüfungen und Ausbildungsmaßnahmen, die aufgrund öffent-lich-rechtlicher oder vertraglicher Bestimmungen außerhalb der Ausbildungsstätte durchzuführen sind,
  2. an dem Arbeitstag, der der schriftlichen Abschlußprüfung unmittelbar vorangeht, freizustellen.

Der Arbeitgeber hat den Jugendlichen **für Prüfungen freizustellen**. Dies gilt auch für den Arbeitstag unmittelbar vor der schriftlichen Abschlussprüfung.

Beispiel   Die schriftliche Abschlussprüfung beginnt am Montag. Hier entfällt der Freistellungs-anspruch, da dem Prüfungstag kein Arbeitstag unmittelbar vorangeht.

● Beschäftigungsverbote und -beschränkungen

Jugendliche dürfen nicht beschäftigt werden

◆ mit Arbeiten, die ihre Leistungsfähigkeiten übersteigen,
◆ mit Arbeiten, bei denen sie sittlichen Gefahren ausgesetzt sind,
◆ mit Arbeiten, die mit Unfallgefahren verbunden sind und
◆ mit Arbeiten, die ihre Gesundheit gefährden.

● Gesundheitliche Betreuung

◆ **Vor Beginn der Ausbildung** müssen alle Jugendlichen **von einem Arzt untersucht** worden sein. Die Untersuchung darf nicht mehr als 14 Monate zurückliegen. Ein Jahr nach Aufnahme der Beschäftigung müssen sich alle Jugendlichen einer **ärztlichen Nachuntersuchung** unterziehen. Die Untersuchungen sind kostenlos.

◆ Die Einhaltung des Jugendarbeitsschutzgesetzes wird von der zuständigen Behörde überwacht. In der Regel sind dies die **Gewerbeaufsichtsämter (Amt für Gewerbeschutz)**.

Das Jugendarbeitsschutzgesetz

▪ **Allgemeine Vorschriften:** Das JArbSchG gilt für die Beschäftigung von Personen, die noch nicht 18 Jahre alt sind.
▪ **Beschäftigung von Kindern und Jugendlichen:**
  – die Beschäftigung von Kindern ist grundsätzlich verboten
  – die tägliche Arbeitszeit beträgt 8 Stunden
  – die wöchentliche Arbeitszeit 40 Stunden
  – für Jugendliche gilt die 5-Tage-Woche
  – es müssen festgelegte Ruhepausen gewährt werden
  – die tägliche Freizeit beträgt mindestens 12 Stunden
  – von 20 bis 6 Uhr dürfen Jugendliche nicht beschäftigt werden
  – keine Sonntagsarbeit
  – festgelegter Urlaubsanspruch
▪ **Berufsschulbesuch und Prüfungen:**
  – arbeitsfrei
    • vor einem vor 09:00 Uhr beginnenden Unterricht
    • an einem Berufsschultag mit mehr als fünf Unterrichtsstunden (gilt nur bei minderjährigen Auszubildenden)
    • in Berufsschulwochen mit mehr als 25 Unterrichtsstunden an 5 Tagen
    • an dem Arbeitstag, der der schriftlichen Abschlussprüfung vorangeht
    • Ein Berufsschultag mit mehr als fünf Unterrichtsstunden wird mit acht Stunden auf die wöchentliche Arbeitszeit angerechnet.
▪ **Beschäftigungsverbote und -beschränkungen:**
  – Arbeiten, die die Leistungsfähigkeit überschreiten
  – Arbeiten, bei denen Jugendliche sittlichen Gefahren ausgesetzt sind
  – gesundheitsgefährdende und mit Unfallgefahren verbundene Arbeiten
▪ **Gesundheitliche Betreuung:**
  – Erstuntersuchung
  – Nachuntersuchung ein Jahr nach Aufnahme der Beschäftigung

1. Renate Becker ist seit einer Woche als Auszubildende in der Personalabteilung eingesetzt. Als erste selbstständige Aufgabe soll sie ihren Wocheneinsatzplan erstellen. Helfen Sie Renate bei der Lösung dieser Aufgabe. Berücksichtigen Sie folgende Bedingungen:
   a) Die Geschäftszeiten der Bürodesign GmbH sind werktags von 08:00 bis 12:00 und 13:00 bis 17:00 Uhr.
   b) Renate hat am Dienstag von 08:00 bis 14:00 und am Donnerstag von 08:00 bis 12:30 Uhr Berufsschule.
   c) Am Montag soll Renate ganztägig im Büro sein.
   d) Die tarifvertragliche Arbeitszeit ist zu berücksichtigen. Erfragen Sie die für Sie geltende tarifvertragliche Wochenarbeitszeit in der Personalabteilung oder bei Ihrem Jugendvertreter oder Betriebsrat.
   e) Berücksichtigen Sie die Regelungen des Jugendarbeitsschutzgesetzes zur täglichen und wöchentlichen Arbeitszeit, zur Festlegung der Pausen und zum Berufsschulbesuch.

2. Erstellen Sie Ihren eigenen Wochenarbeitsplan und vergleichen Sie diesen mit den Einsatzplänen Ihrer Mitschüler. Diskutieren Sie Unterschiede, Gemeinsamkeiten und klären Sie Abweichungen von den gesetzlichen Regelungen.

3. Das Jugendarbeitsschutzgesetz enthält Regelungen über die Beschäftigung von Kindern und Jugendlichen, Beschäftigungsverbote und -beschränkungen, Berufsschulbesuch und Prüfungen und Aussagen über die gesundheitliche Betreuung der Auszubildenden. Erläutern Sie jede dieser Regelungen an einem Beispiel, das Sie persönlich betrifft.

Wiederholung: Die Berufsausbildung

Übungsaufgaben

1. Im Urlaub lernt Renate Becker eine Auszubildende aus der Schweiz kennen. Sie unterhalten sich über die Ausbildung in beiden Ländern. Als Renate von der Ausbildung in der Bundesrepublik Deutschland spricht, wird ihre Gesprächspartnerin neugierig. Renate kann jedoch nicht alle Fragen beantworten. Helfen Sie ihr bei der Beantwortung folgender Fragen:
   a) Erläutern Sie das System der dualen Berufsausbildung.
   b) Stellen Sie die Aufgaben der Berufsschule und des Betriebes gegenüber.
   c) Welche Rechtsgrundlagen gelten für die Berufsschule und den Ausbildungsbetrieb?

2. Die 19-jährige Auszubildende Petra hat eine Wochenarbeitszeit von 40 Stunden. Am Montag besucht sie die Berufsschule von 08:00 bis 13:10 und am Mittwoch von 08:00 bis 11:20 Uhr. Wie viel Stunden steht sie ihrem Ausbildungsbetrieb noch zur Verfügung?

3. Als Renate am Montagmorgen zur Arbeit kommt, ist Frau Geissler nicht da. Herr Kronenberg aus der Buchhaltung legt ihr einen Haufen Rechnungen auf den Tisch und fordert sie auf, diese nach dem Eingangsdatum zu sortieren. Anschließend soll sie aus dem Lager die Lieferscheine der vergangenen Woche holen und für Herrn Kronenberg beim Bäcker zwei Brötchen mit Schinken. Renate ist ärgerlich! Sie ist doch kein Laufbursche! Und eigentlich ist sie doch in den nächsten drei Monaten in der Abteilung von Frau Geissler eingesetzt.
   a) Begründen Sie, ob Renate Becker die ihr übertragenen Aufgaben ausführen muss.
   b) Wie würden Sie sich an Stelle von Renate Becker verhalten?
   c) Führen Sie das Gespräch zwischen Renate Becker und Herrn Kronenberg in Form eines Rollenspiels in der Klasse durch.

4. Bringen Sie Ihren Ausbildungsvertrag in den Unterricht mit.
    a) In Ihrem Ausbildungsvertrag ist eine Probezeit vorgesehen. Diskutieren Sie den Sinn einer solchen Regelung.
    b) Überlegen Sie, warum die Dauer der Probezeit auf höchstens vier Monate begrenzt ist.
    c) Sind in Ihrem Ausbildungsvertrag Ausbildungsmaßnahmen außerhalb der Ausbildungsstätte vorgesehen? Falls dies nicht der Fall ist, erkundigen Sie sich bei Auszubildenden anderer Berufe, ob es bei ihnen solche Ausbildungsmaßnahmen gibt.
    d) Bekommen alle Schülerinnen und Schüler Ihrer Klasse die gleiche Ausbildungsvergütung? Überlegen Sie, warum es zu Unterschieden kommen kann.
    e) Stellen sie anhand eines Kalenders fest, wie viel Tage Urlaub Sie mit Ihrem Urlaubsanspruch für das kommende Jahr machen können. Benutzen Sie den Urlaub im Zusammenhang mit Feiertagen als sog. „Brückentage". Denken Sie daran, dass Sie den Urlaub in den Schulferien nehmen sollen.

5. Beurteilen Sie folgende Sachverhalte vor dem Hintergrund der Regelungen des Berufsbildungsgesetzes:
    a) Eine Auszubildende wird von ihrem Chef aufgefordert, seiner Frau im Haushalt zu helfen.
    b) Der Ausbildungsbetrieb schreibt die Anschaffung eines Fachbuches vor. Der Ausbilder ist der Meinung, die Kosten müssten selbstverständlich vom Auszubildenden getragen werden.
    c) Eine Auszubildende weigert sich, das Berichtsheft zu führen.
    d) An der Berufsschule werden die Wahlen zum Schülerrat durchgeführt. Renate Becker ist als Klassensprecherin hierzu eingeladen. Ihr Ausbilder weigert sich, sie dafür freizustellen.
    e) Eine Auszubildende Bürokauffrau kündigt fristgerecht, um eine Ausbildung als Goldschmiedin zu beginnen. Ihr Chef ist darüber so erbost, dass er die Ausstellung eines Zeugnisses verweigert.
    f) Renate Becker erkrankt ernsthaft. Sie macht sich Sorgen, dass der Betrieb die Ausbildungsvergütung kürzen könnte.

6. Die 17-jährige Auszubildende Sonja Biet kündigt ohne Wissen der Eltern den Ausbildungsvertrag. Der Ausbildende will die Kündigung nicht annehmen, da sie nur die Unterschrift der Auszubildenden enthält. Erläutern Sie, ob die Kündigung rechtskräftig ist.

Prüfungsaufgaben

1. Wer schließt bei Minderjährigen den Ausbildungsvertrag ab?
    1) Der Auszubildende und sein gesetzlicher Vertreter
    2) Ausbildender und Auszubildender und dessen gesetzlicher Vertreter
    3) IHK, Ausbilder und Erziehungsberechtigte
    4) Ausbilder, Auszubildender und dessen gesetzlicher Vertreter

2. Welche tägliche Arbeitszeit darf laut Jugendarbeitsschutzgesetz bei Jugendlichen nicht überschritten werden?
    1) 9,5 Stunden   2) 9 Stunden   3) 8,5 Stunden   4) 8 Stunden   5) 7,5 Stunden

3. Das Jugendarbeitsschutzgesetz gilt für die Beschäftigung folgender Personengruppen:
    1) Jugendliche Berufstätige (bis 21 Jahre)   4) Personen unter 18 Jahre
    2) Heranwachsende (18 bis 21 Jahre)   5) Kinder bis 14 Jahre
    3) Jugendliche (14 bis 18 Jahre)

4. Welche Angaben über die Probezeit und die Ausbildungszeit werden im Ausbildungsvertrag festgelegt?
    1) Höchstens 6 Monate Probezeit, Dauer der täglichen Arbeitszeit
    2) Höchstens 6 Monate Probezeit, Dauer der wöchentlichen Arbeitszeit
    3) Höchstens 4 Monate Probezeit, Dauer der regelmäßigen täglichen Ausbildungszeit
    4) Höchstens 4 Monate Probezeit, Dauer der monatlichen Ausbildungszeit
    5) Höchstens 4 Monate Probezeit, Höhe der Leistungsvergütung, Dauer der monatlichen Ausbildungszeit

5. Welche der nachfolgenden Vereinbarungen in einem Berufsausbildungsvertrag ist nichtig?
    1) Der Auszubildende verpflichtet sich, nach Abschluss der Ausbildungszeit nicht bei der Konkurrenz zu arbeiten.
    2) Der Auszubildende verpflichtet sich, Werkzeuge und Maschinen pfleglich zu behandeln.
    3) Der Ausbildende überlässt die Ausbildung einer anderen Person, die persönlich und fachlich dazu geeignet ist.
    4) Die Vertragspartner vereinbaren eine Probezeit von sechs Wochen.
    5) Der Ausbildende will drei Monate vor der Abschlussprüfung mit dem Auszubildenden einen Arbeitsvertrag von drei Jahren abschließen.

6. Stellen Sie fest, welche der folgenden Aussagen zum Arbeitszeugnis eines Auszubildenden richtig sind.
    1) Jeder Auszubildende hat nach Beendigung seiner Ausbildung Anspruch auf ein Zeugnis.
    2) Ein Arbeitszeugnis muss alle für die Gesamtbeurteilung wesentlichen Angaben enthalten.
    3) Die Ehrlichkeit des Auszubildenden muss in einem Arbeitszeugnis grundsätzlich hervorgehoben werden.
    4) Außerdienstliches Verhalten ist grundsätzlich nicht im Zeugnis aufzuführen.
    5) Bei vorzeitiger Beendigung der Ausbildung besteht kein Anspruch auf ein Zeugnis.

7. Ab wann steht dem Auszubildenden, der die Abschlussprüfung bestanden hat, gesetzlich Gehalt zu?
    1) Nach Unterschrift des Arbeitsvertrages durch Arbeitgeber und Arbeitnehmer
    2) Nach Beendigung der vertraglich vereinbarten Ausbildungszeit
    3) Nach Ablauf des Monats, in dem die Prüfung vor der Kammer bestanden wurde
    4) Mit dem Tag der bestandenen Abschlussprüfung

8. Welche der unten stehenden Aussagen über den Berufsausbildungsvertrag ist zutreffend?
    Der Berufausbildungsvertrag …
    1) wird zwischen dem Ausbildenden, der zuständigen Industrie- und Handelskammer, dem Auszubildenden und, wenn dieser minderjährig ist, dem gesetzlichen Vertreter abgeschlossen.
    2) muss spätestens während der ersten drei Monate nach Beginn der Ausbildung schriftlich niedergelegt werden.
    3) wird bei der zuständigen Industrie- und Handelskammer in das Verzeichnis der Berufsausbildungsverhältnisse eingetragen.
    4) kann von den Vertragspartnern auch nach der Probezeit unter Einhaltung einer vierwöchigen Kündigungsfrist ohne Angabe von Gründen gekündigt werden.

2   Grundlagen des Wirtschaftens

2.1   Bedürfnis, Bedarf, Nachfrage

Renate Becker ist unzufrieden! Sie hat ihre Ausbildung bei der Bürodesign GmbH zwar erst vor zwei Monaten begonnen, aber eines weiß sie genau: Das Absatzprogramm sollte ganz anders aussehen. Sie würde ausschließlich ökologisch vertretbare Produkte anbieten, keine Kunststoffe, keine Lacke und Lösungsmittel und dafür ausschließlich mit Naturfarben gefärbte textile Bezugsstoffe. Dass das Bedürfnis nach umweltverträglichen Produkten ständig zunehme, könne man ja jeden Tag im Fernsehen verfolgen und die Kunden seien auch bereit, dafür tiefer in die Tasche zu greifen. Als sie Herrn Stam, den Leiter der Abteilung Absatz, darauf anspricht, entgegnet ihr dieser, das Bedürfnis nach ökologisch einwandfreien Produkten sei bei Teilen der Zielgruppe vielleicht vorhanden. Mit einer entsprechenden Nachfrage sei bei den sehr stark preis- und modeorientierten Kunden aber nicht zu rechnen.

Arbeitsaufträge
◆ Stellen Sie fest, welcher Zusammenhang zwischen den Begriffen Bedürfnis, Bedarf und Nachfrage besteht.
◆ Diskutieren Sie, wie die Bürodesign GmbH den von Renate Becker festgestellten Wandel der Bedürfnisse berücksichtigen könnte.

● Bedürfnis

Ausgangspunkt allen Wirtschaftens sind die **Wünsche** der Menschen. Diese Wünsche sind i. d. R. unbegrenzt. Jeder hat das Gefühl, dass ihm noch etwas fehlt. Eine eigene Wohnung, Anerkennung im Beruf oder Ferien in der Sonne. Dieses Gefühl eines Mangels, verbunden mit dem Bestreben, ihn zu beseitigen, bezeichnet man als **Bedürfnis**.

◆ **Nach der Dringlichkeit der Bedürfnisbefriedigung** kann man in Existenz-, Kultur- und Luxusbedürfnisse unterscheiden.

◆ **Existenzbedürfnisse** sind lebensnotwendige Bedürfnisse. Sie müssen i.d.R. kurzfristig befriedigt werden, um das Leben der Menschen nicht zu gefährden.

Beispiele   Wunsch nach Grundnahrungsmitteln, Kleidung, Wohnung

◆ **Kulturbedürfnisse** werden durch die Umwelt oder Kultur geprägt. Sie müssen weitgehend befriedigt werden, wenn der Mensch in seiner sozialen Umwelt anerkannt werden will.

Beispiele   Wunsch nach Bildung, modischer Kleidung, Hobbys.

◆ **Luxusbedürfnisse** sind übersteigerte Ansprüche. Sie können vom Großteil der Bevölkerung nicht befriedigt werden.

Beispiele   Wunsch nach Modellkleidern, Champagner, einer eigenen Yacht

Eine genaue Abgrenzung zwischen den Bedürfnissen ist nicht immer möglich. Sie ist von der persönlichen Situation des Einzelnen abhängig und **verändert sich im Laufe der Zeit**. So ist eine ausreichende und abwechslungsreiche Ernährung für uns ein Existenzbedürfnis, für weite Teile der Dritten Welt hingegen ein Luxusbedürfnis. Und der Wunsch nach Erholung in der Sonne, der für unsere Eltern noch ein Luxusbedürfnis war, ist heute für viele ein Existenzbedürfnis.

◆ **Nach der Möglichkeit der Bedürfnisbefriedigung** kann unterschieden werden:

◈ **Individualbedürfnisse**, die von einem einzelnen Menschen, dem Individuum, ausgehen.

Beispiel Wunsch nach einem Auto

◈ **Kollektivbedürfnisse**, die aus dem Zusammenleben der Menschen entstehen und nur in der Gemeinschaft befriedigt werden können.

Beispiel ein gut ausgebautes Straßennetz

◆ **Nach dem Gegenstand der Bedürfnisse** kann man in materielle und immaterielle Bedürfnisse gliedern.

◈ **Materielle Bedürfnisse** richten sich auf sachliche Güter.

Beispiel modische Kleidung, Auto, Möbel

◈ **Immaterielle Bedürfnisse**, d. h. nicht greifbare Bedürfnisse, richten sich auf Dienstleistungen oder geistige Belange.

Beispiel Haarschnitt, Kinobesuch, Freundschaft, Anerkennung, Geborgenheit

◆ **Nach dem Grad der Bewusstheit** unterscheidet man akute und latente Bedürfnisse.

◈ **Akute (offene) Bedürfnisse**: Sie sind den Menschen bewusst und verlangen nach Befriedigung.

Beispiel Wunsch nach einer Reise in den Süden

◈ **Latente (schlummernde) Bedürfnisse** sind den Menschen nicht bewusst. Sie können durch die Werbung geweckt werden.

Beispiel Die Marketingabteilung der Bürodesign GmbH stellt im Rahmen der Marktforschung fest, dass das Bedürfnis nach Sicherheit eine immer größere Rolle spielt. Die Geschäftsleitung diskutiert, ob der Bereich der Sicherheitstechnik im Büro in das Produktionsprogramm aufgenommen werden soll.

● Bedarf

Der Teil der Bedürfnisse, der sich mit Mitteln der Wirtschaft befriedigen lässt und der mit entsprechender **Kaufkraft** ausgestattet ist, wird **Bedarf** genannt.

Beispiel Renate hat von ihrer Ausbildungsvergütung 300,00 EUR gespart, um sich einen DVD-Player zu kaufen.

● Nachfrage

Wird der Bedarf am Markt wirksam, d. h., wird für ein bestimmtes Gut tatsächlich Geld ausgegeben, so wird er zur **Nachfrage**.

Beispiel Renate geht in ein Fachgeschäft und kauft den ausgesuchten DVD-Player.

Ziel jedes Unternehmers ist es, aus den allgemeinen Bedürfnissen seiner möglichen **(potenziellen) Kunden** eine konkrete Nachfrage nach den Leistungen seines Unternehmens zu machen. Um dies zu erreichen, versucht er im Rahmen der Marktforschung (vgl. S. 125), die Bedürfnisse seiner Kunden zu ermitteln, sein Absatzprogramm (vgl. S. 130 ff) darauf abzustellen und den Bedarf der Kunden durch die Kommunikationspolitik (vgl. S. 150 ff) zu wecken.

Beispiel   Die Marketingabteilung der Bürodesign GmbH hat im Rahmen der Marktforschung festgestellt, dass das Bedürfnis nach Anerkennung und Sicherheit bei den potenziellen Kunden zunimmt. Aus diesem Grund wird die Produktgruppe „Arbeiten am Schreibtisch" um ein repräsentatives Modell erweitert und es werden Wandtresore in das Absatzprogramm aufgenommen. Eine groß angelegte Werbekampagne macht die Kunden mit den neuen Produkten vertraut.

Die genaue Kenntnis der Bedürfnisse seiner Kunden gibt dem Unternehmer die Möglichkeit, unbewusst vorhandene **(latente) Bedürfnisse in offene Bedürfnisse umzuwandeln**. Mithilfe der **Werbung** wird der Kunde angeregt, Produkte zu kaufen, die ihm bisher nicht notwendig erschienen oder die er nicht kannte.

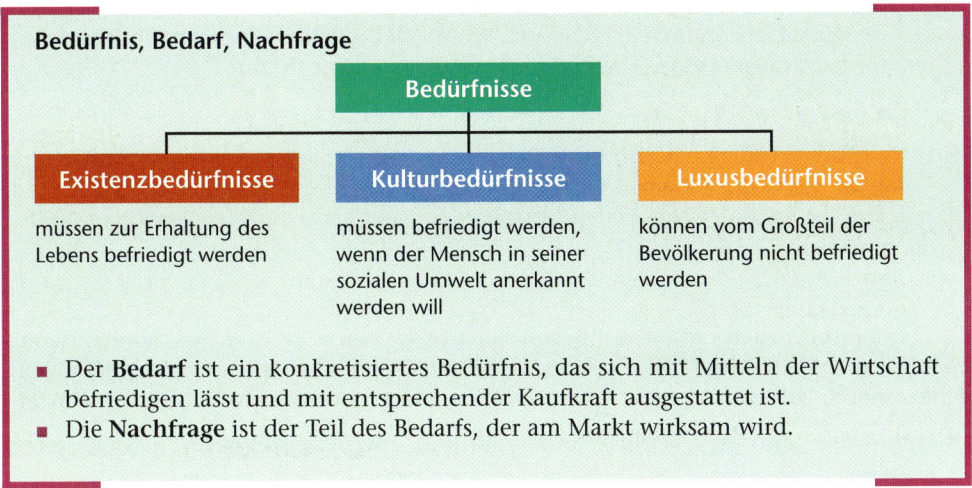

Bedürfnis, Bedarf, Nachfrage

Bedürfnisse

Existenzbedürfnisse	**Kulturbedürfnisse**	**Luxusbedürfnisse**
müssen zur Erhaltung des Lebens befriedigt werden	müssen befriedigt werden, wenn der Mensch in seiner sozialen Umwelt anerkannt werden will	können vom Großteil der Bevölkerung nicht befriedigt werden

- Der **Bedarf** ist ein konkretisiertes Bedürfnis, das sich mit Mitteln der Wirtschaft befriedigen lässt und mit entsprechender Kaufkraft ausgestattet ist.
- Die **Nachfrage** ist der Teil des Bedarfs, der am Markt wirksam wird.

1. a) Nennen Sie je drei Beispiele für
    – Existenzbedürfnisse
    – Kulturbedürfnisse
    – Luxusbedürfnisse
    b) Stellen Sie den Bedürfnissen den entsprechenden Bedarf gegenüber.

2. Erläutern Sie, wie es zu erklären ist, dass ein Luxusbedürfnis zu einem Existenzbedürfnis wird.

3. Mithilfe der Werbung werden latente Bedürfnisse der potenziellen Kunden in Nachfrage nach Leistungen eines Unternehmens umgewandelt.
    a) Diskutieren Sie die Rolle der Werbung in unserer Gesellschaft.
    b) Werten Sie Anzeigen in Illustrierten aus und stellen Sie fest, wo in erster Linie latente Bedürfnisse angesprochen werden.

4. Erläutern Sie, wie die Bürodesign GmbH das zunehmende Bedürfnis nach einer sauberen Umwelt und Gesundheit nutzen könnte.

5. Erläutern Sie den Zusammenhang der Begriffe Bedürfnis, Bedarf, Nachfrage anhand je eines Beispiels

2.2   Güter als Mittel der Bedürfnisbefriedigung

Renate Becker ist empört! „Stellen Sie sich vor", berichtet sie der Gruppenleiterin Frau Freund nach einem Gang durch die Produktion, „bei uns wird jedes Möbelstück in eine Folie eingeschweißt, die Metallteile werden mit Wellpappe umwickelt und empfindliche Kleinteile werden in Styropor verpackt! Wenn ich an die Müllberge denke, die da entstehen, wird mir ganz schlecht!" „Und mir wird schlecht, wenn ich an die vielen Reklamationen wegen zerkratzter und beschädigter Produkte denke, wenn wir die Möbel nicht transportsicher verpacken", entgegnet Frau Freund. Renate hält ihr entgegen, dass es höchste Zeit sei, mit den Schätzen der Erde sparsamer umzugehen, da sie nur noch für begrenzte Zeit reichen. Und nicht nur das. Viele Güter, die früher im Überfluss vorhanden waren, müssen heute mit viel Mühe und Kosten wiederaufbereitet werden. Frau Freund wird nachdenklich. Sie bittet Renate, doch einmal zu überlegen, wie man bei der Verpackung den Verbrauch von Rohstoffen einschränken könne. „Und wenn Sie eine gute Idee haben, geben wir sie im Rahmen des betrieblichen Vorschlagswesens weiter. Vielleicht gibt es da sogar eine Prämie!"

Arbeitsaufträge

◆ Unterstützen Sie Renate Becker bei ihrer Aufgabe und überlegen Sie, wie die Bürodesign GmbH bei der Verpackung den Verbrauch von Rohstoffen einschränken kann.
◆ Erläutern Sie die unterschiedlichen Güterarten anhand von Beispielen aus Ihrem Ausbildungsbetrieb.

Die Mittel, mit denen die menschlichen Bedürfnisse befriedigt werden können, nennt man **Güter**. Indem sie das Bedürfnis des Verwenders befriedigen, stiften sie einen **Nutzen**. Jeder Mensch wird sich für das Gut entscheiden, das ihm den höchsten Nutzen stiftet.

◆ **Freie Güter** sind im Überfluss vorhanden und ihre Bereitstellung verursacht keine Kosten.

Beispiele   Luft, Meerwasser, Sonne, Wind.

◆ **Knappe (wirtschaftliche) Güter** sind nur begrenzt vorhanden. Ihre Bereitstellung verursacht Kosten, deshalb haben sie am Markt einen Preis.

Beispiele   Fuhrpark der Bürodesign GmbH, Lacke für die Produktion, Arbeitskleidung, Lebensmittel.

Im Laufe der Zeit sind immer **mehr freie Güter zu knappen Gütern** geworden. So sind z. B. sauberes Wasser und klare Luft in vielen Gegenden nur noch unter großem Kostenaufwand zu erhalten.

Beispiel   Die Bürodesign GmbH hat in der Lackiererei eine Filteranlage zum Preis von 140 000,00 EUR installiert. Dadurch gelangen keine Schadstoffe mehr in die Luft. Die Bürodesign GmbH berücksichtigt die anteiligen Kosten in ihren Verkaufspreisen, die Produkte werden infolgedessen teurer.

Bei vielen knappen Gütern wird deutlich, dass die für die Herstellung erforderlichen Rohstoffe nur noch für wenige Jahre reichen. Die Konsequenz muss der sparsamere Umgang mit diesen Stoffen und ihre Wiederverwertung **(Recycling)** sein.
Jeder kann Hilfe bei der Wiederverwertung von Rohstoffen und bei ihrem sparsameren Einsatz leisten. **Haushalte** können Glas, Altpapier und Wertstoffe **getrennt sammeln** und entsorgen. **Unternehmen** können Verpackungen **einschränken oder vermeiden** und wiederverwertbare Rohstoffe in der Produktion einsetzen.

Wie die Bedürfnisse können auch die knappen (wirtschaftlichen) Güter in verschiedene **Güterarten** unterschieden werden.

◆ Nach der **Dringlichkeit** in **Existenz-, Kultur- und Luxusgüter:**

Beispiele

   ◆ **Existenzgüter:** Nahrung, Kleidung, Wohnung
   ◆ **Kulturgüter:** Theater, Kino, Bücher
   ◆ **Luxusgüter:** Goldbarren, Privatflugzeug

◆ Nach den **Besitzverhältnissen** in **private und öffentliche Güter:**

Beispiele

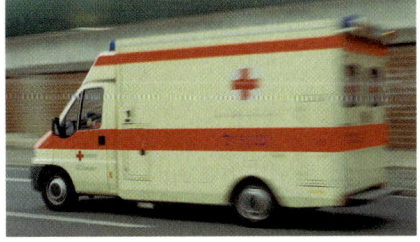

   ◆ **private Güter:** Kleidung, Auto
   ◆ **öffentliche Güter:** Schule, Polizei, Krankenhaus

◆ Nach dem **Gegenstand** in **materielle und immaterielle Güter:**

   ◆ **Materielle** (fassbare) **Güter** sind **Sachgüter,**

   Beispiele Schokoriegel, CD-Player, Damenbluse, Kombinationsschreibtisch „Modulo" der Bürodesign GmbH

   ◆ **immaterielle** (nicht fassbare) **Güter** sind Dienstleistungen, Rechte und Informationen.
       – **Dienstleistungen** sind Arbeitsleistungen, durch die ein Wert oder Nutzen entsteht.
         Beispiele Beratung eines Rechtsanwaltes, die Planung einer Büroeinrichtung für eine Versicherung durch die Techniker der Bürodesign GmbH
       – **Rechte** sind Ansprüche oder Befugnisse.
         Beispiele
         Das Recht, einen bestimmten Markennamen zu führen oder ein Grundstück zu nutzen.
         Die Bürodesign GmbH stellt Stuhlrollen nach dem Patent eines Erfinders her. Sie hat mit ihm einen Vertrag geschlossen und das Recht erworben, die von ihm entwickelte Rolle zu produzieren.
       – **Informationen** sind Voraussetzung jeder Art von Entscheidungsfindung.
         Beispiele Zugriff auf das Wissen in Datenbanken, Abonnement einer Fachzeitschrift.

◆ Nach der **Art der Verwendung** können Sachgüter, Dienstleistungen, Rechte in Konsum- und Produktionsgüter eingeteilt werden.

   ◆ **Konsumgüter** dienen der unmittelbaren Bedürfnisbefriedigung. Sie werden vom Endverbraucher verwendet.

Beispiele

Sachgut als Konsumgut	Ein Hammer im Hobbykeller.
Dienstleistung als Konsumgut	Renate Becker fährt mit dem Taxi von der Diskothek nach Hause.
Recht als Konsumgut	Renates Eltern haben einen Schrebergarten gepachtet.
Information als Konsumgut	Renate kauft sich eine Computerzeitschrift.

◆ **Produktions- oder Investitionsgüter** dienen zur Herstellung anderer Güter.

Beispiele

Sachgut als Produktionsgut	Ein Hammer in der Holzwerkstatt der Bürodesign GmbH.
Dienstleistung als Produktionsgut	Die Geschäftsführerin der Bürodesign GmbH, Frau Friedrich, fährt mit dem Taxi zu einer Besprechung mit einem Kunden.
Recht als Produktionsgut	Die Bürodesign GmbH hat ein Grundstück als Lagerplatz gepachtet.
Information als Produktionsgut	Frau Friedrich beantragt bei einer Wirtschaftsauskunftei eine Auskunft über einen möglichen Kunden.

Da bei der Einteilung in Konsum- und Produktionsgüter nicht die Art des Gutes, sondern die **Art der Verwendung** den Ausschlag für die Zuordnung gibt, kann ein und dasselbe Gut sowohl Konsum- als auch Produktionsgut sein.

◆ **Nach der Nutzungsdauer** können Güter in Gebrauchs- und Verbrauchsgüter eingeteilt werden.

◆ **Gebrauchsgüter** können mehrmals verwendet werden und nutzen sich erst allmählich ab.

Beispiele Büromöbel, Kleidung, Maschinen

◆ **Verbrauchsgüter** können nur einmal zum Zwecke der Bedürfnisbefriedigung bzw. Produktion eingesetzt werden.

Beispiele Farbe in der Lackiererei der Bürodesign GmbH, Benzin für Geschäftswagen

◆ **Nach der Beziehung der Güter zueinander** kann man in Komplementärgüter und Substitutionsgüter unterscheiden.

◆ **Komplementärgüter** ergänzen sich gegenseitig. Sie können nur in Kombination miteinander ein Bedürfnis befriedigen.

Beispiele Kfz und Treibstoff, CD-Player und CD

◆ **Substitutionsgüter** ersetzen sich, sie sind gegeneinander austauschbar.

Beispiele Lkw oder der Transport mit der Deutsche Bahn AG, Butter oder Margarine

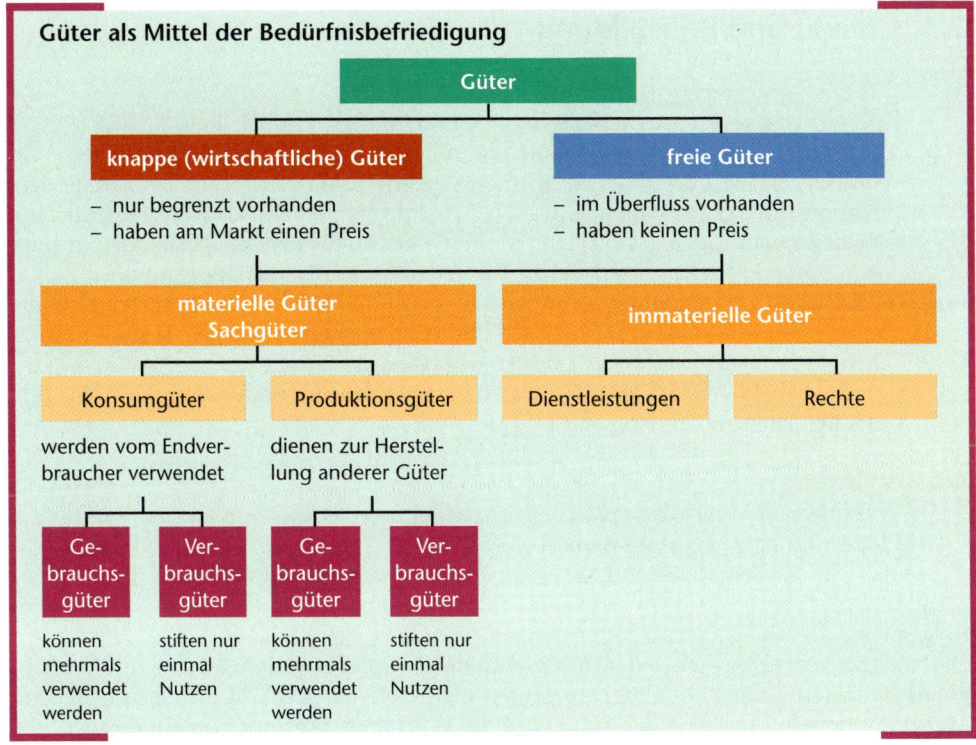

1. Beschreiben Sie einen Fall, in dem Wasser und Luft zu wirtschaftlichen Gütern werden.

2. Haushalte und Unternehmen können gemeinsam dazu beitragen, dass nicht noch mehr freie Güter zu wirtschaftlichen Gütern werden.
   a) Erläutern Sie diese Bemühungen anhand von fünf Beispielen aus Ihrem Haushalt.
   b) Stellen Sie fünf Beispiele aus Ihrem Ausbildungsbetrieb dar.

3. Erläutern Sie fünf Fälle, wie in Ihrem Ausbildungsbetrieb Verbrauchsgüter gegen mehrmals verwendbare Gebrauchsgüter ausgetauscht werden können.

4. Welche der nachfolgenden Verwendungsarten treffen auf unten stehende Sachverhalte zu?

   Verwendungsarten wirtschaftlicher Güter:
   1) Produktionsgut als Gebrauchsgut   5) Recht als Produktionsgut
   2) Produktionsgut als Verbrauchsgut   6) Recht als Konsumgut
   3) Dienstleistung als Produktionsgut   7) Konsumgut als Gebrauchsgut
   4) Dienstleistung als Konsumgut

   a) Ein Kaufmann lässt sich in geschäftlicher Angelegenheit durch einen Rechtsanwalt vertreten.
   b) Überlassung von Geschäftsräumen gegen Entgelt.
   c) Verwendung eines Taschenrechners in der Buchhaltung des Kaufmanns.
   d) Verwendung eines Taschenrechners durch den Auszubildenden in der Schule.
   e) Verwendung von Heizöl zur Beheizung eines Bürohauses.

5. Überlegen Sie, wie Sie in Ihrer Klasse durch Veränderung Ihrer Einkaufsgewohnheiten sparsamer mit den begrenzten Rohstoffen umgehen können. Formulieren Sie einen ÖKO-Pakt, in dem Sie sich verpflichten, auf bestimmte umweltschädliche Produkte zu verzichten oder den Gebrauch einzuschränken.

2.3 Markt und Preisbildung

Krisensitzung der Geschäftsleitung der Bürodesign GmbH! Renate Becker wird gebeten, Kaffee und belegte Brötchen in das Konferenzzimmer zu bringen. „Wir müssen unsere Produktivität deutlich steigern", sagt Herr Stein, als Renate den Raum betritt. „In fast allen Bereichen ist es im vergangenen Quartal zu deutlichen Kostensteigerungen gekommen. Wenn ich nur an die Personalkosten denke, plus 4 %!" Frau Friedrich unterbricht: „Ganz so schlimm ist die Lage nun doch nicht. Zumindest bei den Holzpreisen wird es durch die Sturmschäden im Frühjahr zu einer Zunahme des Angebots und damit zu Kostensenkungen kommen." Als Renate den Raum verlässt, ist sie verwirrt. Dass die Bürodesign die Kosten senken muss, hat sie verstanden. Aber was haben die Sturmschäden vom Frühjahr mit der Reduzierung der Holzpreise zu tun?

Arbeitsaufträge
◆ Stellen Sie den Zusammenhang zwischen der Ausweitung des Angebots und den Reaktionen der Preise in einem Koordinatensystem grafisch dar.
◆ Erläutern Sie den Angebots- und Nachfrageüberhang anhand eines Beispiels.

Die **Nachfrage** der Haushalte oder Unternehmen, die Güter erwerben wollen, und das **Angebot** der Unternehmen, die Güter absetzen wollen, treffen in der Volkswirtschaft auf dem **Markt** zusammen. Aus diesem Grund wird die Wirtschaftsordnung der Bundesrepublik Deutschland als Marktwirtschaft bezeichnet.

● Marktarten

Da jedes Gut seinen eigenen Markt hat, kann man verschiedene Marktarten unterscheiden. Nach der **Art der gehandelten Güter** lassen sich die Märkte folgendermaßen einteilen:

◆ **Faktormärkte**

　◆ Auf dem **Arbeitsmarkt** werden Arbeitsleistungen gegen Entgelt gehandelt.

　　Beispiel　Die Bürodesign GmbH sucht in einer Stellenanzeige einen Mitarbeiter für das Lager.

　◆ Auf dem **Immobilienmarkt** findet der Handel mit Grundstücken und Gebäuden statt.

　　Beispiel　Die Bürodesign mietet eine Lagerhalle.

　◆ Auf dem **Kapitalmarkt** findet die Vermittlung von Krediten statt.

　　Beispiel　Die Kreissparkasse Aurich bietet der Bürodesign GmbH ein Darlehen zu einem Zinssatz von 8 % an.

◆ **Gütermärkte**

　◆ **Konsumgütermarkt:** Nachfrager sind die privaten Haushalte, Anbieter die Unternehmen.

　　Beispiel　Renate kauft im Supermarkt einen Jogurt.

　◆ **Investitionsgütermarkt:** Nachfrager und Anbieter sind hier die Unternehmen.

　　Beispiel　Der Geschäftsführer der Bürodesign GmbH verhandelt mit einem Hersteller über den Kauf einer Maschine für die Holzverarbeitung.

● Marktformen

Nach der **Zahl der Marktteilnehmer** lassen sich die Märkte in folgende Marktformen einteilen:

Anbieter	Nachfrager		
	viele	wenige	einer
viele	Polypol	Nachfrageoligopol	Nachfragemonopol
wenige	Angebotsoligopol	zweiseitiges Oligopol	beschränktes Nachfrage-monopol
einer	Angebotsmonopol	beschränktes Angebots-monopol	zweiseitiges Monopol

(griechisch monos = allein, oligos = wenige, pollos = viele)

Beispiele
– **Polypol:** der Markt für Süßwaren
– **Angebotsoligopol:** der Markt für Mineralöl
– **Angebotsmonopol:** der Markt für die Beförderung von Briefen durch die Deutsche Post AG

Der Markt erfüllt zwei wichtige Aufgaben (**Funktionen**):

◆ Er dient der **Vermittlung** der Güter zwischen Anbietern und Nachfragern und

◆ er dient der **Bewertung** der Güter, d. h., auf dem Markt wird der Preis für die gehandelten Güter ermittelt.

● Die Preisbildung auf dem Markt

Das Modell der Preisbildung geht von folgenden Annahmen (**Prämissen**) aus:
1. Auf dem Markt stehen sich viele Anbieter und viele Nachfrager gegenüber (**Polypol**).
2. Es handelt sich um einen **vollkommenen Markt**. Dieser Idealmarkt ist durch folgende Merkmale gekennzeichnet:

◆ Die Güter sind **homogen**, d. h., sie gleichen sich in Art, Aufmachung und Qualität völlig.

Beispiel Landeier der Güteklasse A Extra.

◆ Es besteht vollkommene **Markttransparenz**, d. h., alle Marktteilnehmer haben die vollständige Übersicht über den Markt und reagieren sofort auf Veränderungen.

Beispiel Eine Kundin auf dem Wochenmarkt kennt die Mengen, die Qualität und die Preise aller angebotenen Eier.

◆ Käufer und Verkäufer orientieren sich bei Angebot und Nachfrage ausschließlich am Preis der Ware. Die Käufer haben **keine Präferenzen** (Vorlieben) für bestimmte Anbieter oder Waren. So zahlen sie z. B. keinen höheren Preis, weil
– die Verkäuferin in einem Geschäft freundlicher ist (**persönliche** Präferenz)
– der Kundendienst bei einem bestimmten Markenartikel besser ist (**sachliche** Präferenz)
– ein Einzelhändler im Gegensatz zu seinen Konkurrenten bis 20:00 Uhr geöffnet hat (**zeitliche** Präferenz)
– der „Tante-Emma-Laden" gleich um die Ecke liegt (**räumliche** Präferenz)

Um diese Preisbildung zu erklären, ist es zunächst notwendig, das Angebot der Unternehmen und die Nachfrage der Haushalte näher zu betrachten.

◆ Die **Nachfrage der Haushalte** zeigt im Hinblick auf Preis und Menge folgende typische Merkmale:
  ◆ Je niedriger der Preis für ein Gut ist, desto höher ist die Nachfrage.
  ◆ Je höher der Preis für ein Gut ist, desto niedriger ist die Nachfrage.

Die Nachfrager sind also bestrebt, ein Gut so preiswert wie möglich einzukaufen. Dieses Verhalten bezeichnen wir als **Nutzenmaximierung**.

Beispiele   In Neustadt, einer Stadt mit 20 000 Einwohnern, lassen sich im Hinblick auf die wöchentliche Nachfrage nach Eiern auf dem Wochenmarkt folgende Preis-Mengen-Verhältnisse ermitteln:

Preis je Ei in EUR	0,25 EUR	0,20 EUR	0,15 EUR	0,10 EUR	0,05 EUR
Nachfrage in Stück	15 000	20 000	25 000	30 000	35 000

◆ Das **Angebot der Unternehmen** zeigt im Hinblick auf Preis und Menge folgende typische Merkmale:
  ◆ Je niedriger der Preis für ein Gut ist, desto geringer ist das Angebot.
  ◆ Je höher der Preis für ein Gut ist, desto größer ist das Angebot.

Die Anbieter verfolgen das Ziel der **Gewinnmaximierung**. Bei hohen Marktpreisen bieten sie große Mengen an Gütern an, um entsprechend hohe (maximale) Gewinne zu erwirtschaften. Sinken die Preise, weichen sie auf andere Märkte aus oder scheiden ganz aus dem Markt aus.

Beispiel   Der Neustädter Wochenmarkt wird von drei Hühnerfarmen beliefert. In Abhängigkeit vom Preis ergeben sich folgende Preis-Mengen-Verhältnisse:

Preis je Ei in EUR	0,25 EUR	0,20 EUR	0,15 EUR	0,10 EUR	0,05 EUR
Nachfrage in Stück	35 000	30 000	25 000	20 000	15 000

Angebots- und Nachfragekurve können in einem Koordinatensystem **zusammengefasst** werden.

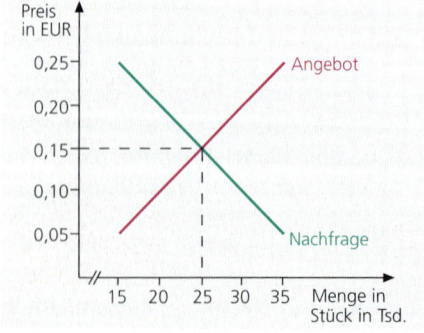

Angebots- und Nachfragekurve schneiden sich beim Preis von 0,15 EUR. Zu diesem Preis werden 25 000 Eier angeboten und 25 000 Eier nachgefragt. Alle Anbieter, die bereit sind, zu diesem Preis zu verkaufen, können ihre gesamte Produktion absetzen. Alle Nachfrager, die bereit sind, diesen Preis zu zahlen, können die gewünschte Menge Eier erwerben.

Da der Preis für die angebotene und nachgefragte Menge in dieser Situation genau gleich ist, wird er als **Gleichgewichtspreis** bezeichnet. Liegt der Marktpreis über dem Gleichgewichtspreis, ist das Angebot größer als die Nachfrage. Es entsteht ein **Angebotsüberhang**. Diese Situation wird auch als **Käufermarkt** bezeichnet.

Liegt der Marktpreis unter dem Gleichgewichtspreis, ist die Nachfrage größer als das Angebot. Es entsteht ein **Nachfrageüberhang**. Diese Situation wird auch als **Verkäufermarkt** bezeichnet.

Beispiel

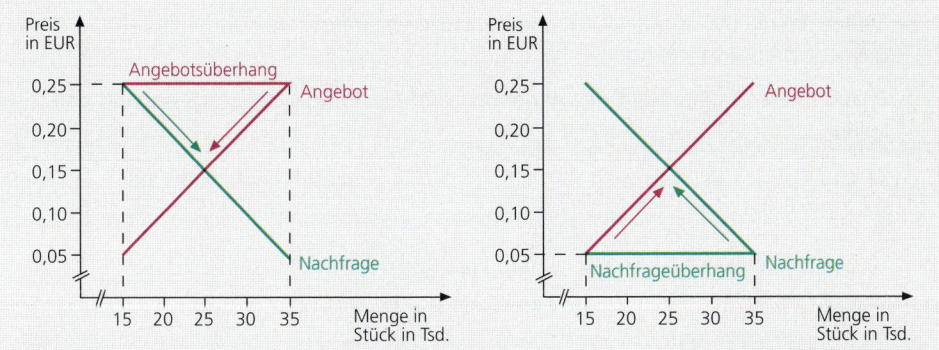

Beim Preis von 0,25 EUR sind die Anbieter bereit, 35 000 Eier zu liefern. Diesem Angebot steht aber lediglich eine Nachfrage von 15 000 Eiern gegenüber. Es besteht ein **Angebotsüberhang** von 20 000 Eiern. Da die Anbieter nur einen Teil ihrer Ware absetzen können, werden sie die Preise senken. Bei einer Preissenkung auf 0,20 EUR werden noch 30 000 Eier angeboten. Die Nachfrage steigt auf 20 000 Stück, d. h. der Angebotsüberhang beträgt nur noch 10 000 Eier. Senken die Anbieter ihre Preise ein weiteres Mal auf 0,15 EUR, sind angebotene und nachgefragte Menge genau gleich groß, der Gleichgewichtspreis ist erreicht.

Beim Preis von 0,05 EUR beträgt die Nachfrage 35 000 Eier. Dieser Nachfrage steht aber lediglich ein Angebot von 15 000 Eiern gegenüber. Es besteht ein **Nachfrageüberhang** von 20 000 Eiern. Da die Nachfrage größer ist als das Angebot, werden die Anbieter ihre Preise erhöhen. Beim Preis von 0,10 EUR erhöht sich das Angebot auf 20 000 Eier, die Nachfrage sinkt jedoch auf 30 000 Eier, d. h. der Nachfrageüberhang verringert sich auf 10 000 Stück. Erhöhen die Anbieter die Preise ein weiteres Mal auf 0,15 EUR, ist der Gleichgewichtspreis erreicht.

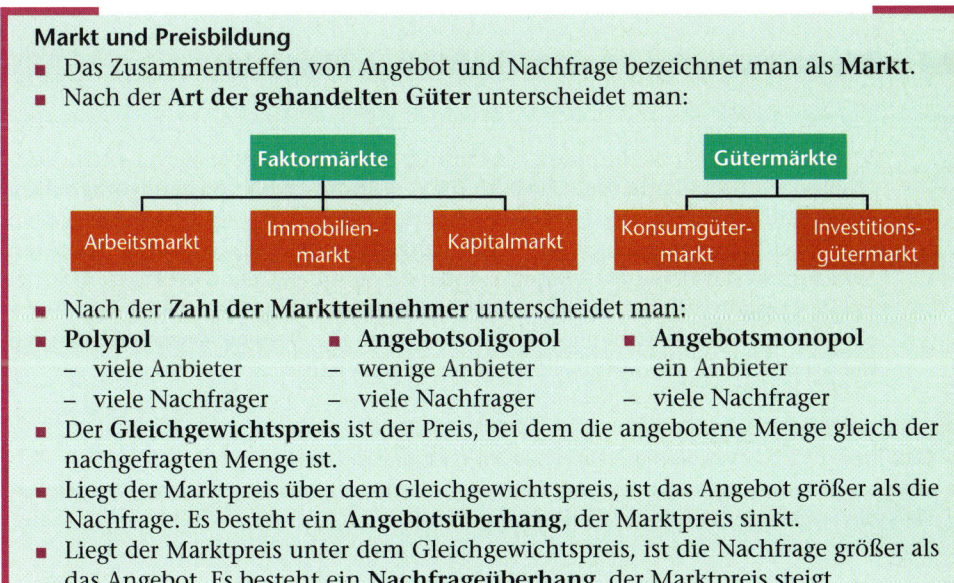

Markt und Preisbildung
- Das Zusammentreffen von Angebot und Nachfrage bezeichnet man als **Markt**.
- Nach der **Art der gehandelten Güter** unterscheidet man:

Faktormärkte			Gütermärkte	
Arbeitsmarkt	Immobilien-markt	Kapitalmarkt	Konsumgüter-markt	Investitions-gütermarkt

- Nach der **Zahl der Marktteilnehmer** unterscheidet man:
- **Polypol**
  - viele Anbieter
  - viele Nachfrager
- **Angebotsoligopol**
  - wenige Anbieter
  - viele Nachfrager
- **Angebotsmonopol**
  - ein Anbieter
  - viele Nachfrager
- Der **Gleichgewichtspreis** ist der Preis, bei dem die angebotene Menge gleich der nachgefragten Menge ist.
- Liegt der Marktpreis über dem Gleichgewichtspreis, ist das Angebot größer als die Nachfrage. Es besteht ein **Angebotsüberhang**, der Marktpreis sinkt.
- Liegt der Marktpreis unter dem Gleichgewichtspreis, ist die Nachfrage größer als das Angebot. Es besteht ein **Nachfrageüberhang**, der Marktpreis steigt.

1.   Erläutern Sie anhand von Beispielen, durch welche Merkmale der vollkommene Markt gekennzeichnet ist.

2.   Führen Sie Beispiele aus der Praxis an, in denen die Bedingungen des vollkommenen Marktes nicht erfüllt sind.

3.   Stellen Sie die Bildung des Gleichgewichtspreises grafisch dar und erläutern Sie Gleichgewichtspreis und -menge.

4.   Erläutern Sie die Situation des Angebots- und Nachfrageüberhangs anhand eines Beispiels.

5.   In unten stehender Grafik ist das Verhalten von Anbietern und Nachfragern am Markt dargestellt. Ermitteln Sie
      a) Gleichgewichtspreis und Menge,
      b) den Nachfrageüberhang bei einem Preis von 30,00 EUR,
      c) den Angebotsüberhang bei einem Preis von 80,00 EUR.

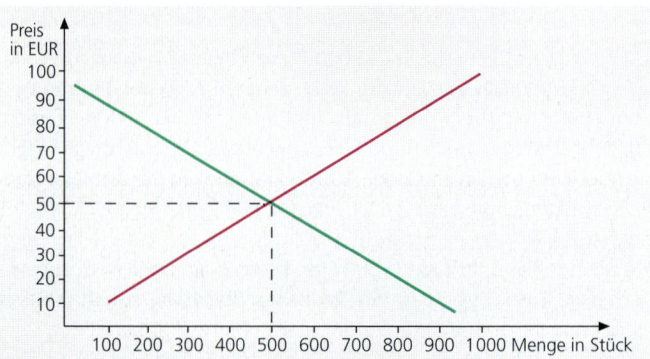

2.4   Die Notwendigkeit wirtschaftlichen Handelns

Vier Wochen nach Beginn ihrer Ausbildung bekommt Renate Becker einen Kontoauszug von der Bank. Ihre Ausbildungsvergütung ist überwiesen worden, ihre ersten selbst verdienten 550,00 EUR. Renate überlegt, wofür sie das Geld ausgeben soll. Eigentlich wünscht sie sich schon lange einen CD-Player. Auf der anderen Seite träumt sie von einer Lederjacke und neue Schuhe wären auch langsam fällig. Für den Urlaub sollte sie auch etwas zurücklegen und zum Geburtstag der Mutter will sie noch ein Geschenk kaufen. Als Renate die Beträge zusammenrechnet, merkt sie schnell, dass ihr Geld dafür nicht ausreicht.

Arbeitsaufträge
◆ Diskutieren Sie, was Renate tun kann, um ihr Problem zu lösen.
◆ Erstellen Sie einen Haushaltsplan Ihrer Einnahmen und Ausgaben eines Monats. Vergleichen Sie Ihren Haushaltsplan mit denen Ihrer Mitschüler.

● Das ökonomische Prinzip

Die **Bedürfnisse** der Menschen sind i.d.R. **unbegrenzt. Wirtschaftsgüter** hingegen sind **knapp**. Sie sind nur begrenzt vorhanden und ihre Bereitstellung verursacht Kosten.

Private Haushalte und Unternehmen lösen dieses Problem, indem sie mit den knappen Wirtschaftsgütern sparsam umgehen, das heißt, sie **wirtschaften**. Dieses planvolle Handeln nennt man das **ökonomische (wirtschaftliche)** Prinzip. Es zeigt sich in zwei Erscheinungsformen:

◆ Beim **Minimalprinzip** wird versucht, ein gegebenes Ziel mit möglichst wenig (minimalen) Mitteln zu erreichen. Dieses Prinzip wird i.d.R. in den Unternehmen angewandt.

   Beispiel   Herr Kaya, Abteilungsleiter Beschaffung der Bürodesign GmbH, versucht, Lacke für die Produktion so preiswert wie möglich einzukaufen.

◆ Beim **Maximalprinzip** wird versucht, mit gegebenen Mitteln einen größtmöglichen (maximalen) Erfolg zu erreichen. Dieses Prinzip wird i.d.R. in den Haushalten angewandt.

   Beispiel   Renate versucht, sich mit ihrer Ausbildungsvergütung so viele Wünsche wie möglich zu erfüllen.

● Das ökologische Prinzip

Lange Zeit stand die **Umwelt für jedermann kostenlos** zur Verfügung. Luft und Wasser waren als freie Güter (vgl. S. 42) im Überfluss vorhanden, die Vorräte an **Rohstoffen (Ressourcen) schienen unendlich**.

Die zunehmende Industrialisierung und das ungebremste Bevölkerungswachstum belasten das ökologische System inzwischen so stark, dass die **Selbstreinigungskräfte der Natur nicht mehr ausreichen**, um das ökologische Gleichgewicht zu erhalten. Darüber hinaus weiß man, dass die natürlichen **Ressourcen der Erde nur noch für begrenzte Zeit ausreichen**.

Mit den Beziehungen der Menschen zu ihrer Umwelt befasst sich die **Ökologie**, deren Ziel es ist, die Belastungen der Umwelt zu mindern oder gänzlich zu vermeiden.

Wenn private Haushalte wie Unternehmen bei allen wirtschaftlichen Tätigkeiten so handeln, dass die Umwelt so wenig wie möglich belastet wird, handeln sie nach dem **ökologischen Prinzip**.

Beim Handeln nach dem ökologischen Prinzip sind **folgende Möglichkeiten** denkbar:

◆ **Sparsamer Verbrauch von Rohstoffen und Energie.**

   Beispiel   Frau Friedrich, Geschäftsführerin der Bürodesign GmbH, denkt über die Anschaffung einer Windenergieanlage nach. Sie weiß aus dem Jahresbericht der Industrie- und Handelskammer für Ostfriesland und Papenburg, dass im Kammerbezirk 272 Windenergieanlagen in Betrieb sind. Diese erzeugen ohne Verbrauch von Rohstoffen etwa 100 Megawatt, das ist der Jahresbedarf von 40 500 Einfamilienhäusern

◆ **Aufarbeitung gebrauchter Rohstoffe (Recycling).**

   Beispiel   Die Bürodesign GmbH gibt eine Rücknahmegarantie für von ihr gelieferte Verpackungen. Die so zurückgewonnenen Rohstoffe werden bei der Herstellung neuer Verpackungen verwendet.

◆ **Herstellung umweltfreundlicher Produkte.**

   Beispiel   Die Bürodesign GmbH bietet mit dem Arbeitssessel „ergo-design-natur" einen Bürostuhl an, der ausschließlich aus umweltverträglichen Rohstoffen gefertigt ist.

◆ **Anwendung umweltfreundlicher Produktionstechniken.**

Beispiel Die Lackiererei der Bürodesign GmbH wurde auf wasserlösliche Lacke umgestellt, die keine umweltschädlichen Lösungsmittel enthalten.

● Das Spannungsverhältnis zwischen Ökonomie und Ökologie

Zwischen Ökonomie und Ökologie kann es zu Zielkonflikten kommen. Dies ist immer dann der Fall, wenn ökologisch sinnvolle Entscheidungen mit **höheren Kosten** für das einzelne Unternehmen oder den privaten Haushalt verbunden sind.

Beispiel Frau Friedrich erfährt vom Energieberater der Energieversorgung Weser-Ems (EWE), dass der Durchschnittspreis pro Kilowatt Windenergie-Strom 0,1490 EUR beträgt. Der Durchschnittspreis für Tarifkunden der EWE beträgt 0,1755 EUR je kW/h.

Da Unternehmen und Haushalte sich oft am kurzfristigen Erfolg wirtschaftlichen Handelns orientieren, greift hier der **Staat** regelnd ein. Dabei sind folgende staatliche Maßnahmen im Sinne der **Umweltpolitik** denkbar:

◆ **Beeinflussung der öffentliche Meinung durch Aufklärung und Erziehung**

Beispiele
– Die Stadt Aurich schafft ein Schadstoffmobil an, das kostenlos Sondermüll der privaten Haushalte abholt.
– Der Bundesumweltminister gibt eine Broschüre zum Thema „Windenergie" heraus.

◆ **Gewährung von Subventionen für ökologisch sinnvolle Maßnahmen**

Beispiele
– Frau Friedrich erfährt, dass der Bund Fotovoltaikanlagen zur Stromerzeugung subventioniert.
– Das Land Niedersachsen zahlt beim Einbau isolierverglaster Fenster einen Zuschuss.

◆ **Erhebung von Steuern und Abgaben für die Verursacher von Umweltbelastungen**

Beispiele
– Die Kfz-Steuer beträgt für schadstoffarme Pkw in der Emissionsgruppe EURO 4 6,75 EUR je angefangene 100 ccm Hubraum. Fahrzeuge ohne Schadstoffreinigung (Katalysator) zahlen 25,36 EUR. Elektrofahrzeuge sind für fünf Jahre von der Kfz-Steuer befreit.
– Einige Gemeinden erheben eine Steuer auf Einweggeschirr.

◆ **Gesetze und Verordnungen zum Umweltschutz**

Beispiel

§ 1 Bundes-Immissionsschutzgesetz: Zweck dieses Gesetzes ist es, Menschen, Tiere und Pflanzen, den Boden, das Wasser, die Atmosphäre sowie Kultur- und sonstige Sachgüter vor schädlichen Umwelteinwirkungen zu schützen und dem Entstehen schädlicher Umwelteinwirkungen vorzubeugen.

● Wirtschaftsprinzipien

Die grundsätzliche Zielsetzung der Unternehmen in einer Volkswirtschaft richtet sich zunächst nach der Aufgabe, die diese zu erfüllen haben.

◆ In **erwerbswirtschaftlichen Betrieben** wird Kapital investiert, um **Gewinn** zu erwirtschaften. Die Aussicht auf Gewinn veranlasst den Unternehmer, sein Kapital in dem

Bereich einzusetzen, in dem er die höchste Verzinsung (Rentabilität) erwartet. So lenkt der erwartete Gewinn das Kapital in den rentabelsten Bereich und wirkt als „Motor der Wirtschaft".

Beispiel   Die Bürodesign GmbH investiert in eine neue Produktionsanlage für die Herstellung des Bürostuhls „ergo-design-natur", da sie durch den Absatz eines ökologisch vertretbaren Produktes maximale Gewinne erwartet.

◆ In **gemeinwirtschaftlichen Betrieben** steht nicht die Gewinnerzielung, sondern die bestmögliche **Versorgung der Bevölkerung** mit Waren und Dienstleistungen im Vordergrund. Man unterscheidet hier zwischen **Kostendeckungsbetrieben** und **Zuschussbetrieben**.

Beispiele   Städtische Nahverkehrsbetriebe, Stadtwerke (Kostendeckungsbetriebe), Krankenhäuser, Theater (Zuschussbetriebe).

● Einzel-, Volks- und Weltwirtschaft

Unter **Wirtschaft** versteht man alle Tätigkeiten und Einrichtungen, die sich auf die Produktion und den Konsum knapper Güter beziehen.

◆ **Einzelwirtschaft:** Als Einzelwirtschaften werden das Wirtschaftswesen der einzelnen Unternehmung **(Betriebswirtschaft)** und das Wirtschaftswesen der einzelnen Haushalte **(Hauswirtschaft)** bezeichnet.

◆ **Volkswirtschaft:** Als Volkswirtschaft bezeichnet man die Wirtschaft eines Staates, die eine bestimmte rechtliche Ordnung hat (**Wirtschaftsordnung**, vgl. S. 398 ff).

◆ **Weltwirtschaft:** Die Volkswirtschaften der einzelnen Staaten sind durch den **Außenhandel**, durch Import und Export (vgl. S. 420 ff) miteinander verbunden. Durch diese außenwirtschaftlichen Beziehungen entsteht die Weltwirtschaft.

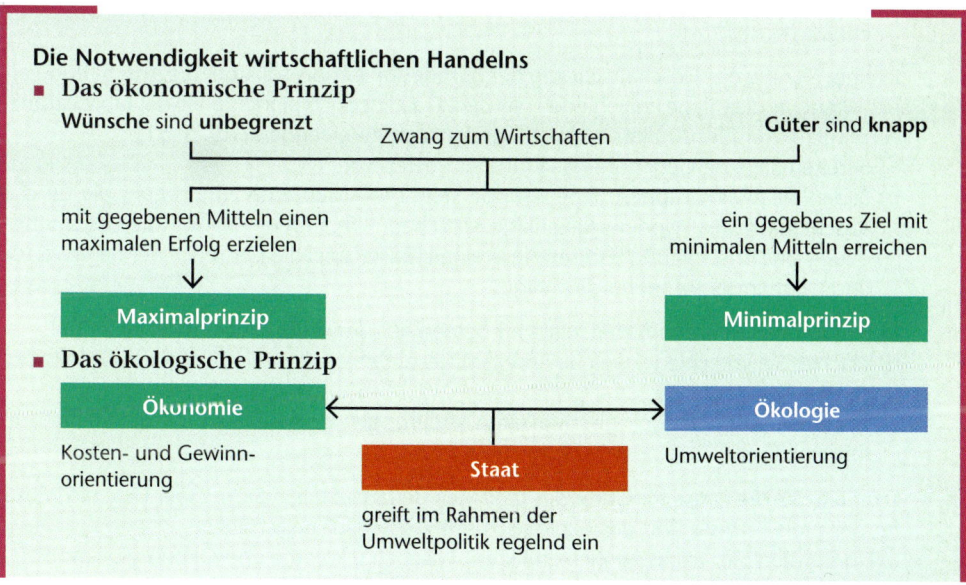

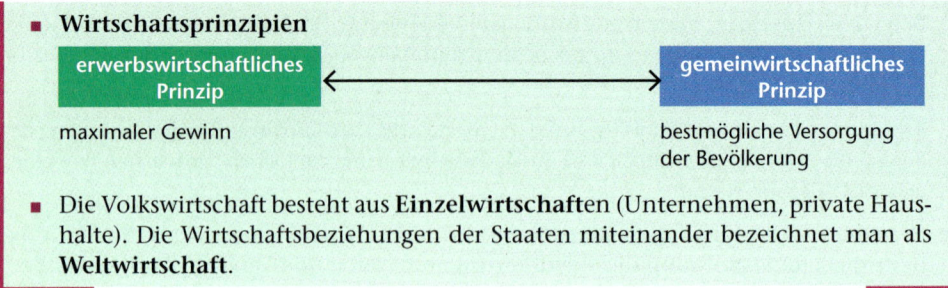

- **Wirtschaftsprinzipien**

erwerbswirtschaftliches Prinzip	gemeinwirtschaftliches Prinzip
maximaler Gewinn	bestmögliche Versorgung der Bevölkerung

- Die Volkswirtschaft besteht aus **Einzelwirtschaft**en (Unternehmen, private Haushalte). Die Wirtschaftsbeziehungen der Staaten miteinander bezeichnet man als **Weltwirtschaft**.

1. Stellen Sie fest, nach welchen Grundsätzen in den folgenden Fällen gehandelt wird:
   a) Die wirtschaftlichen Entscheidungen im Haushalt werden so getroffen, dass der größtmögliche Nutzen für die Familie erreicht wird.
   b) Ein festgelegtes Produktionsziel soll mit möglichst geringem Materialeinsatz erreicht werden.
   c) Ein Schüler versucht, eine bestimmte CD so günstig wie möglich zu kaufen.
   d) Eine Hausfrau versucht, durch Preisvergleich den Lebensmittelbedarf der Familie so preiswert wie möglich zu decken.
   e) Ein Unternehmer versucht, das festgelegte Umsatzziel mit minimalen Gesamtkosten zu verwirklichen.
   f) Ein Schüler versucht, mit möglichst geringem Einsatz die Versetzung zu erreichen.
   g) Ein Unternehmer möchte mit dem vorhandenen Personal den größtmöglichen Umsatz erzielen.

2. Renate möchte am Wochenende mit dem Auto in die Niederlande fahren.
   a) Erläutern Sie anhand der Kriterien Kilometerleistung und Benzinverbrauch das Maximal- und das Minimalprinzip.
   b) Diskutieren Sie, wie Renate sich verhalten sollte, wenn sie nach dem ökologischen Prinzip handeln will.

3. In einer Sitzung der Geschäftsleitung der Bürodesign GmbH soll über die Anschaffung einer Windenergieanlage entschieden werden. Frau Friedrich plant, 20 % des Jahresstromverbrauchs von 250 000 kW/h durch Windenergie zu erzeugen (vgl. S. 51).
   a) Bereiten Sie eine Gegenüberstellung der Kosten vor.
   b) Bilden Sie zwei Gruppen. Eine Gruppe stellt die Argumente zusammen, die für die Anschaffung der Windenergieanlage sprechen, die andere Gruppe die Argumente gegen eine Anschaffung. Führen Sie in einem Rollenspiel das Gespräch der Befürworter und Gegner der Windenergieanlage.

4. a) Überprüfen Sie Ihren Arbeitsplatz im Betrieb auf umweltschädliche Arbeitsmittel.
   b) Machen Sie Vorschläge, welche Arbeitsmittel gegen ökologisch sinnvolle ausgetauscht werden können.
   c) Stellen Sie fest, wo ökologisch ratsame Änderungen zu Konflikten mit der Ökonomie führen können.

5. Ermitteln Sie die Preise für Güter des täglichen Bedarfs. Stellen Sie in einer Liste die Preise für das preiswerteste und das ökologisch sinnvollste Gut gegenüber.
   a) Überprüfen Sie, wo es zu Zielkonflikten zwischen Ökologie und Ökonomie kommt.
   b) Stellen Sie für sich persönlich fest, in welchen Fällen Sie trotz höherer Preise das ökologisch sinnvollste Gut wählen würden.

6. Erläutern Sie anhand von Beispielen Kostendeckungs- und Zuschussbetriebe.

2.5   Die Produktionsfaktoren im Wirtschaftsprozess

Große Aufregung in der Geschäftsleitung der Bürodesign GmbH! Zwei Herren der Unternehmensberatung Kienapfel sind im Haus. Als die Auszubildende Renate Becker im Büro von Frau Friedrich Kaffee serviert, hört sie folgenden Dialog:

Unternehmensberater: „Sie können rechnen, wie Sie wollen, Frau Friedrich, die Personalkosten Ihres Betriebes sind einfach zu hoch!"

Friedrich: „Im Augenblick trifft das sicher zu, aber denken Sie an die Überstunden nach der Messe!"

Unternehmensberater: „Das gebe ich ja zu, trotzdem müssen wir die Personalproduktivität steigern. Und das geht nur, wenn wir den Produktionsfaktor Arbeit gegen Kapital substituieren ..."

Als Renate das Büro verlassen hat, ist sie nachdenklich. „Arbeit gegen Kapital substituieren". Renate versteht nicht, was das bedeutet, aber sie hat das Gefühl, dass das etwas mit ihr zu tun haben könnte.

Arbeitsaufträge

◆ Stellen Sie fest, was sich hinter der Formulierung „Arbeit gegen Kapital substituieren" verbirgt.
◆ Erläutern Sie die Substitution anhand möglicher Beispiele aus Ihrem Ausbildungsbetrieb.

● Die volkswirtschaftlichen Produktionsfaktoren

Nur ein kleiner Teil der Güter wird den Menschen von der Natur konsumreif zur Verfügung gestellt. In der Regel müssen Güter produziert werden. Zur **Produktion** zählt dabei nicht nur die Herstellung von Gütern, sondern auch die Bereitstellung von Dienstleistungen. Alle an der Produktion beteiligten Menschen und die eingesetzten Güter kann man auf drei grundlegende Faktoren zurückführen, die man als **volkswirtschaftliche Produktionsfaktoren** bezeichnet:

Arbeit	Boden (Natur)	Kapital

◆ Zum **Produktionsfaktor Arbeit** zählt jede geistige und körperliche Tätigkeit, die auf die Erzielung eines Einkommens gerichtet ist.

Beispiel   Wischt eine Putzhilfe in einem Büro der Bürodesign GmbH die Böden, handelt es sich um Arbeit im volkswirtschaftlichen Sinne. Erledigt sie die gleiche Arbeit in ihrer Wohnung, zählt diese Tätigkeit nicht zum Produktionsfaktor Arbeit, da kein Einkommen erzielt wird.

Der Produktionsfaktor Arbeit kann nach verschiedenen Gesichtspunkten unterteilt werden:

Nach der **Weisungsgebundenheit**:

◆ **leitende (dispositive) Arbeit**

Beispiel   Die Geschäftsführer der Bürodesign GmbH, Frau Friedrich und Herr Stein

◆ **ausführende Arbeit**

Beispiel   Der Kundendienstmitarbeiter der Bürodesign, Herr Evers

Nach der **Ausbildung**:

- **gelernte Arbeit** (Voraussetzung ist eine abgeschlossene Berufsausbildung)

  Beispiele Kaufmann/Kauffrau für Bürokommunikation, Bürokauffrau-/kaufmann

- **angelernte Arbeit** (Voraussetzung ist eine kurze Anlernzeit)

  Beispiel Aushilfe auf der Möbelmesse

- **ungelernte Arbeit**

  Beispiel Reinigungskraft

Beispiel Geistige Arbeit

Nach den **Anforderungen**:

- **geistige Arbeit**

  Beispiel Die Gruppenleiterin des Rechnungswesens der Bürodesign GmbH, Frau König

- **körperliche Arbeit**

  Beispiel Die Facharbeiter in der Produktion der Bürodesign GmbH

Beispiel Körperliche Arbeit

Nach der **Selbstständigkeit**:

- **selbstständige Arbeit**

  Beispiel Der Steuerberater der Bürodesign GmbH, Herr Degen

- **nicht selbstständige Arbeit**

  Beispiel Alle Arbeitnehmer der Bürodesign GmbH

- Der **Produktionsfaktor Boden** (Natur) umfasst die zu wirtschaftlichen Zwecken genutzte Natur. Er ist nicht vermehrbar und nicht transportierbar. Da er nicht transportierbar ist, bezeichnet man ihn auch als Immobilie. Der Produktionsfaktor Boden wird in dreifacher Weise genutzt:

  - **Anbauboden** ist der land- und forstwirtschaftlich genutzte Boden. Da der Produktionsfaktor Boden nicht vermehrbar ist, ist eine Steigerung der Erträge in der Landwirtschaft nur durch intensivere Nutzung, z.B. durch Einsatz von Pflanzenschutz- und Düngemitteln, möglich. Die damit verbundenen Probleme führen jedoch zu einer Störung des ökologischen Gleichgewichts und damit zu einem Zielkonflikt zwischen Ökonomie und Ökologie.

  - **Abbauboden** ist der bergbaulich genutzte Boden, aus dem die Bodenschätze gewonnen werden. Hauptproblem ist hier die Knappheit der Rohstoffe, die oft nur noch für wenige Jahre reichen. Da Rohstoffe und Energieträger nicht erneuerbar sind, kommt dem Recycling immer größere Bedeutung zu.

  - **Standortboden** ist der baulich genutzte Boden, auf dem z.B. ein Unternehmer seinen Betrieb errichtet. Dabei sucht der Unternehmer anhand bestimmter Standortfaktoren den Ort, der ihm die größten Ertrags- und Kostenvorteile bringt.

    Betriebe der Urproduktion, z.B. ein Kohlebergwerk, wählen ihren Standort anhand der Rohstoffvorkommen. Industriebetriebe wählen ihren Standort aufgrund günstiger Verkehrsverbindungen, z. B. in der Nähe von Autobahnen, Eisenbahnanschlüssen oder Wasserwegen. Bestimmte Fertigungsbetriebe, die hoch spezialisierte Arbeiter benötigen, siedeln sich in Gegenden an, in denen diese Arbeitskräfte zur Verfügung stehen. Die Standortwahl eines Einzelhändlers orientiert sich am Absatzgebiet, d. h. an der Nähe zum Kunden.

Beispiel Für die Standortwahl der Bürodesign GmbH waren mehrere Faktoren ausschlaggebend. So spielten die Kosten des Grundstücks, die günstigen Verkehrsverbindungen und die ausreichende Zahl von Facharbeitern in der Region eine Rolle.

Arbeit und Boden bezeichnet man als **ursprüngliche (originäre) Produktionsfaktoren**. Sie ermöglichen die Herstellung von Gütern und Dienstleistungen.

Beispiel Ein Gärtner kann mithilfe der Produktionsfaktoren Arbeit (d. h. seiner Arbeitskraft) und Boden (d. h. eines Grundstücks) Gemüse anbauen und Blumen züchten.

◆ Der **Produktionsfaktor Kapital** entsteht durch Konsumverzicht, d. h durch Sparen.

Beispiel Um sich die Arbeit zu erleichtern und die Erträge zu steigern, könnte der Gärtner ein Gewächshaus bauen. Voraussetzung hierfür ist das erforderliche Kapital. Dies entsteht, indem der Gärtner nur einen Teil der Ernte verzehrt. Bei dem anderen Teil der Ernte verzichtet er auf den Konsum und bringt ihn auf den Wochenmarkt, um ihn zu verkaufen. Das Geld legt er auf ein Sparbuch.

Gesparte Mittel, die für produktive Zwecke bereitgestellt werden, heißen **Geldkapital**. Wird das Geldkapital in Produktionsmitteln angelegt, d. h. **investiert**, entsteht **Sach- oder Realkapital**.

Beispiel Sobald das Kapital vorhanden ist, beauftragt der Gärtner einen Bauunternehmer mit dem Bau des Gewächshauses.

Da der Produktionsfaktor Kapital nicht von Anfang an vorhanden ist, sondern erst durch den Einsatz der ursprünglichen Produktionsfaktoren Arbeit und Boden entsteht, bezeichnet man ihn als **abgeleiteten (derivativen) Produktionsfaktor**.
Bewahrt ein Haushalt sein Geld im „Sparstrumpf" auf, handelt es sich nicht um Sparen im volkswirtschaftlichen Sinne, da das Geld dem Wirtschaftskreislauf entzogen wird. Dieses Verhalten bezeichnet man als „**Horten**".

● Die betriebswirtschaftlichen Produktionsfaktoren

Die volkswirtschaftlichen Produktionsfaktoren Arbeit, Boden und Kapital werden im Betrieb durch die betriebswirtschaftlichen Produktionsfaktoren

Arbeitskräfte	Betriebsmittel	Werkstoffe

dargestellt (vgl. S. 80). Die leitenden Mitarbeiter eines Unternehmens setzen die betriebswirtschaftlichen Produktionsfaktoren so ein, dass das angestrebte Unternehmensziel erreicht wird. Ihre Aufgabe ist die Leitung, Planung und Organisation der Unternehmung. Aufgrund ihrer Bedeutung für das Unternehmen werden sie zu einem eigenständigen betriebswirtschaftlichen Produktionsfaktor, dem **dispositiven Faktor**.

Beispiel Frau Friedrich und Herr Stein sind als Geschäftsführer leitende Mitarbeiter der Bürodesign GmbH, sie werden dem dispositiven Faktor zugeordnet.

● Die Kombination der Produktionsfaktoren

Für die Produktion von Gütern und Dienstleistungen müssen die Produktionsfaktoren Arbeit, Boden und Kapital sinnvoll miteinander **kombiniert** werden. Das Ergebnis des Produktionsprozesses bezeichnet man als **Produktionsertrag**.

Beispiel Der Umsatz der Bürodesign GmbH betrug im vergangenen Jahr 4,35 Mio. EUR.

Die Menge der eingesetzten Produktionsfaktoren, multipliziert mit dem Preis je Einheit, sind die **Kosten der Produktion**.

Beispiel   Die Personalkosten der Bürodesign GmbH betrugen im vergangenen Jahr 1,12 Mio. EUR.

Ziel jedes Unternehmers ist es, die Produktionsfaktoren so einzusetzen, dass ein bestimmter Produktionsertrag mit den geringstmöglichen Kosten erreicht wird. Diese Faktorkombination bezeichnet man als **Minimalkostenkombination**.

Bei vielen Produktionsprozessen ist das Einsatzverhältnis der Produktionsfaktoren vorgegeben, d. h., sie können nicht gegeneinander ausgetauscht werden. Ist dies der Fall, handelt es sich um **limitationale** Produktionsfaktoren (limitational = begrenzt). Hier stellt sich das Problem der Minimalkostenkombination nicht, da das Einsatzverhältnis der Produktionsfaktoren technisch bedingt ist.

Beispiel   Ein Lkw der Bürodesign GmbH kann maximal 24 Stunden täglich eingesetzt werden. Ist dies der Fall, benötigt man bei einer Arbeitszeit von acht Stunden drei Fahrer. Der zusätzliche Einsatz eines Fahrers erhöht lediglich die Kosten der Produktion. Wird ein Fahrer weniger eingesetzt, verringert sich der Produktionsertrag, da der Lkw nicht ausgelastet ist.

Sind bei einem Produktionsprozess die Produktionsfaktoren gegeneinander austauschbar, kann z. B. der Produktionsfaktor Arbeit gegen den Produktionsfaktor Kapital ersetzt werden, handelt es sich um **substitutionale** Produktionsfaktoren (substituieren = ersetzen). Hier bestimmen die Kosten der Produktionsfaktoren die Wahl der Faktorkombination. Gewählt wird die Faktorkombination mit den niedrigsten Gesamtkosten, die Minimalkostenkombination.

Beispiel   Im Rahmen der Arbeitsvorbereitung sollen in der Bürodesign GmbH Hölzer zugeschnitten werden. Der Produktionsertrag lässt sich durch folgende Faktorkombinationen erzielen:

	Arbeit (Angestellte)	Kapital (Maschinen)
Kombination 1	1	8
Kombination 2	2	4
Kombination 3	4	2
Kombination 4	8	1

Der Preis für den Faktor Arbeit beträgt 1 250,00 EUR je Einheit. Der Preis für den Faktor Kapital beträgt 2 500,00 EUR je Einheit. Es entstehen folgende Gesamtkosten:

	Arbeit	Arbeitskosten in EUR	Kapital	Kapitalkosten in EUR	Gesamtkosten in EUR
Kombination 1	1	1 250,00	8	20 000,00	21 250,00
Kombination 2	2	2 500,00	4	10 000,00	12 500,00
Kombination 3	4	5 000,00	2	5 000,00	10 000,00
Kombination 4	8	10 000,00	1	2 500,00	12 500,00

Die Kombination 3 hat die geringsten Gesamtkosten. Sie ist die Minimalkostenkombination.

Handelt ein Unternehmer nach dem **ökonomischen Prinzip** (vgl. S. 51), wird er bei Kostensteigerungen des Produktionsfaktors Arbeit diesen durch den Produktionsfaktor Kapital ersetzen, d. h. substituieren. Der Mensch als Produktionsfaktor wird also durch die Maschine ersetzt, er wird **arbeitslos**.

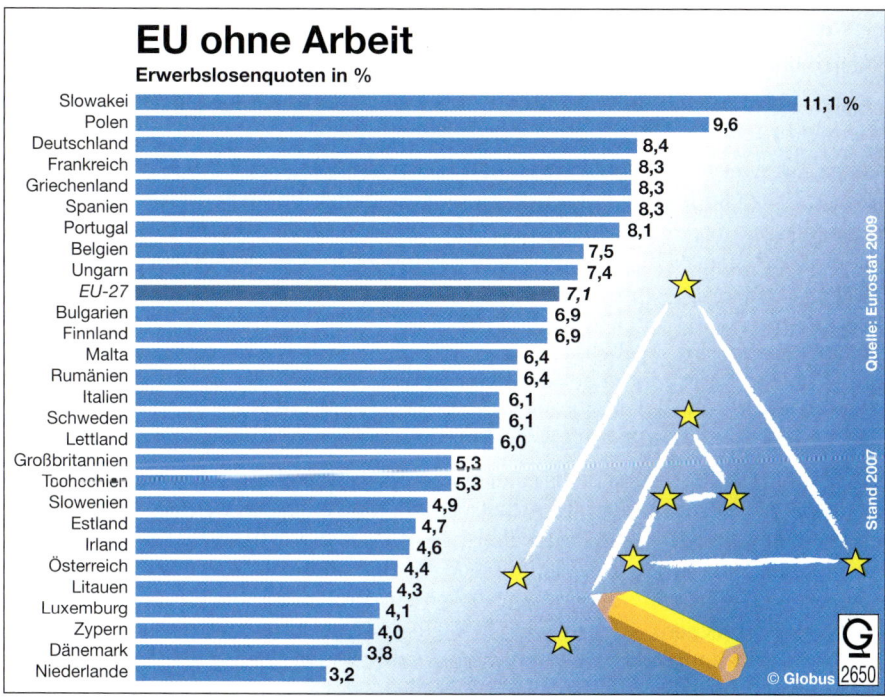

EU ohne Arbeit
Erwerbslosenquoten in %

Slowakei	11,1 %
Polen	9,6
Deutschland	8,4
Frankreich	8,3
Griechenland	8,3
Spanien	8,3
Portugal	8,1
Belgien	7,5
Ungarn	7,4
EU-27	7,1
Bulgarien	6,9
Finnland	6,9
Malta	6,4
Rumänien	6,4
Italien	6,1
Schweden	6,1
Lettland	6,0
Großbritannien	5,3
Tschechien	5,3
Slowenien	4,9
Estland	4,7
Irland	4,6
Österreich	4,4
Litauen	4,3
Luxemburg	4,1
Zypern	4,0
Dänemark	3,8
Niederlande	3,2

Quelle: Eurostat 2009
Stand 2007
© Globus 2650

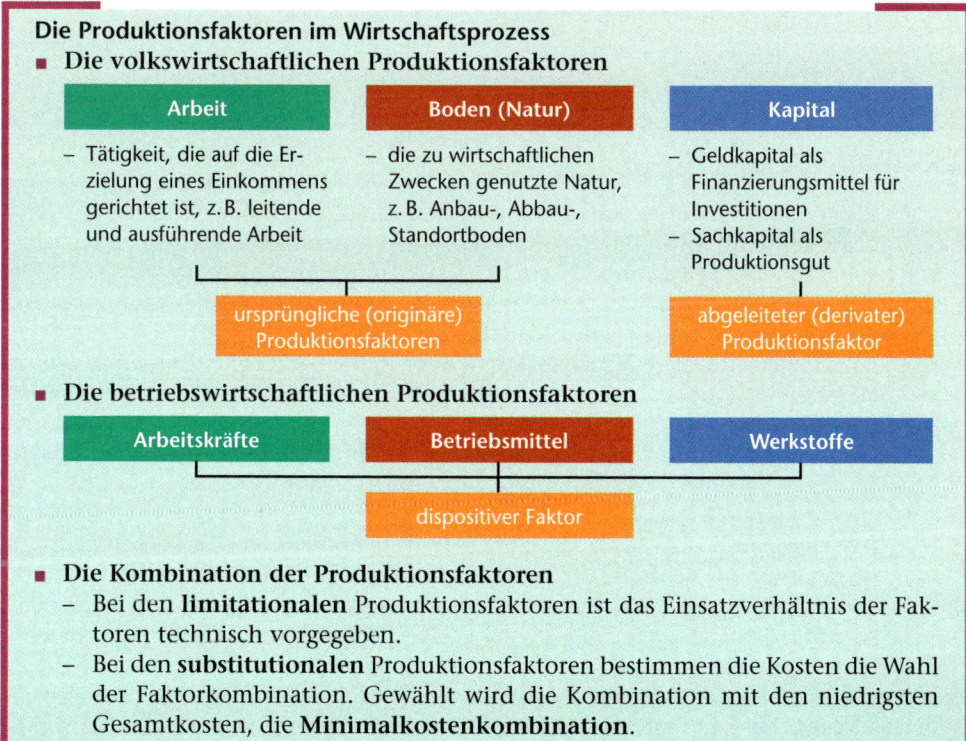

Die Produktionsfaktoren im Wirtschaftsprozess
■ **Die volkswirtschaftlichen Produktionsfaktoren**

Arbeit	Boden (Natur)	Kapital
– Tätigkeit, die auf die Erzielung eines Einkommens gerichtet ist, z.B. leitende und ausführende Arbeit	– die zu wirtschaftlichen Zwecken genutzte Natur, z.B. Anbau-, Abbau-, Standortboden	– Geldkapital als Finanzierungsmittel für Investitionen – Sachkapital als Produktionsgut

ursprüngliche (originäre) Produktionsfaktoren

abgeleiteter (derivater) Produktionsfaktor

■ **Die betriebswirtschaftlichen Produktionsfaktoren**

Arbeitskräfte	Betriebsmittel	Werkstoffe

dispositiver Faktor

■ **Die Kombination der Produktionsfaktoren**
  – Bei den **limitationalen** Produktionsfaktoren ist das Einsatzverhältnis der Faktoren technisch vorgegeben.
  – Bei den **substitutionalen** Produktionsfaktoren bestimmen die Kosten die Wahl der Faktorkombination. Gewählt wird die Kombination mit den niedrigsten Gesamtkosten, die **Minimalkostenkombination**.

1. Beschreiben Sie den Vorgang der Kapitalbildung.

2. Wodurch unterscheiden sich das Sparen im volkswirtschaftlichen Sinne und das Horten?

3. Beschreiben Sie anhand von zehn Gütern Ihrer Wahl, wie die Produktionsfaktoren Arbeit, Boden und Kapital bei ihrer Herstellung zusammenwirken.

4. Erläutern Sie, welche der unten stehenden Sachverhalte man den Produktionsfaktoren
   1) Arbeit   2) Boden   3) Kapital   4) keinem der Produktionsfaktoren
   zuordnen kann.
   a) Einkommen, das nicht für Konsumgüter ausgegeben wird und in einen Sparvertrag fließt
   b) ein Grundstück, das ein Unternehmer erwirbt
   c) Braunkohle, die im Tagebau gewonnen wird
   d) Halle, in der Warenvorräte gelagert werden
   e) Schülerarbeit während der Ferien bei der Bürodesign GmbH
   f) im Sparstrumpf gehortetes Geld

5. Auf der Grundlage des Gutachtens einer Unternehmensberatung sollen bei der Bürodesign GmbH vier Facharbeiter in der Arbeitsvorbereitung entlassen werden. An ihrer Stelle wird eine computergesteuerte Zuschnittanlage im Wert von 150 000,00 EUR angeschafft. Frau Friedrich und Herr Stein wollen diese Maßnahme mit dem Betriebsrat diskutieren.
   a) Stellen Sie die Argumente der Geschäftsleitung zusammen, die für die Anschaffung der Anlage sprechen.
   b) Stellen Sie Argumente des Betriebsrates zusammen, die gegen die Entlassung der Mitarbeiter sprechen.
   c) Führen Sie das Gespräch in Form eines Rollenspiels durch.
   d) Fassen Sie den Verlauf des Gesprächs in einem Protokoll zusammen.

2.6   Der Wirtschaftskreislauf

Renate Becker möchte sich ein Auto kaufen. 1 000,00 EUR hat sie selbst, den Rest des Kaufpreises sollen ihr die Eltern geben. Der Vater ist jedoch nicht zu überzeugen. „Für ein zweites Auto ist kein Geld da. Unsere Einnahmen decken gerade die Ausgaben." Um Renate zu überzeugen, stellt er mit ihr Einnahmen und Ausgaben in Form eines Haushaltskontos zusammen:

Einnahmen	Haushaltskonto der Familie Becker		Ausgaben
Einkommen „Vater"	2 000,00	Lebensmittel	1 000,00
Einkommen „Renate"	550,00	Wohnung	700,00
Pacht für ein Grundstück	150,00	Kleidung	500,00
		Auto, Urlaub, Sonstiges	500,00
	2 700,00		2 700,00

Renate ist enttäuscht. Aber sie sieht ein, dass man nicht mehr ausgeben kann als man einnimmt. Als sie in der Schule etwas über den Wirtschaftskreislauf erfährt, überlegt sie, ob dieser Grundsatz vielleicht auch auf die ganze Volkswirtschaft zutrifft.

Arbeitsaufträge
◆ Stellen Sie fest, bei welcher Modellbetrachtung Renates Überlegungen zutreffen.
◆ Erläutern Sie, wo die Mängel dieses Modells liegen und um welche Annahmen es ergänzt werden muss, um der Realität nahe zu kommen.

Um die Volkswirtschaft als Ganzes betrachten zu können, bedient man sich eines **Modells**, d. h. einer Abbildung der Wirklichkeit. So wie ein Globus eine vereinfachte Wiedergabe der Erde und ein Stadtplan eine vereinfachte Abbildung einer Stadt ist, versucht ein volkswirtschaftliches Modell die wesentlichen Zusammenhänge der Volkswirtschaft in vereinfachter Form wiederzugeben. Da die Volkswirtschaft aus einer Vielzahl sehr komplizierter Beziehungen besteht, ist es erforderlich, das Modell auf wenige Grundannahmen (Prämissen) zu beschränken. Die am Wirtschaftsgeschehen Beteiligten werden zu den Gruppen Haushalte, Unternehmen, Staat, Banken und Ausland zusammengefasst und als **Wirtschaftssubjekte** bezeichnet.

● Die stationäre Wirtschaft

◆ Dem Modell eines einfachen Wirtschaftskreislaufs in einer stationären Wirtschaft werden folgende Annahmen **(Prämissen)** zugrunde gelegt:

  ◆ Es gibt nur zwei Gruppen von Beteiligten **(Wirtschaftssubjekte)** am Wirtschaftsgeschehen: die privaten Haushalte und die Unternehmen.

  ◆ Alle privaten Haushalte und alle Unternehmen werden zu je einem **Sektor** zusammengefasst.

  ◆ Die **Haushalte** stellen den Unternehmen die Produktionsfaktoren Arbeit, Boden und Kapital zur Verfügung (vgl. S. 55).

  ◆ Die **Unternehmen** zahlen den Haushalten für die Nutzung der Produktionsfaktoren Einkommen in Form von Lohn (für Arbeit), Miete und Pacht (für Boden) und Zinsen (für Kapital).

  ◆ Die Unternehmen stellen durch die Kombination der Produktionsfaktoren (vgl. S. 57 f) alle in der Volkswirtschaft benötigten Konsumgüter her.

  ◆ Alle in den Unternehmen produzierten Konsumgüter werden an die Haushalte abgesetzt.

  ◆ Die Haushalte verwenden ihr gesamtes Einkommen für die Beschaffung der Konsumgüter.

Das vereinfachte **Modell einer Volkswirtschaft** lässt sich grafisch darstellen:

◆ Anhand dieses Modells einer Volkswirtschaft lassen sich jetzt folgende **Aussagen** machen:

  ◆ Im Modell lässt sich ein **geschlossener Wirtschaftskreislauf** erkennen, der von einem Geldstrom und einem Güterstrom gebildet wird.

  ◆ Der **Geldstrom** besteht aus den Einkommen der Haushalte und ihren Ausgaben für Konsumgüter.

  ◆ Der **Güterstrom** besteht aus den von den Haushalten bereitgestellten Produktivgütern und den von den Unternehmen produzierten Konsumgütern.

◆ Jedem Güterstrom läuft ein Geldstrom von gleichem Wert entgegen, d.h., **Güter und Geldkreislauf sind wertmäßig gleich**.

Das Modell des geschlossenen Wirtschaftskreislaufs zeigt, dass zwischen den Sektoren der Volkswirtschaft, also zwischen Haushalten und Unternehmen, eine ständige Wiederholung von Produktion und Konsum stattfindet. Da sich Geld und Güterstrom wertmäßig entsprechen, kann nur das konsumiert werden, was auch produziert wurde. Es kann ebenfalls nur das ausgegeben werden, was auch an Einkommen erzielt wurde. Das heißt:

> **Summe der Faktoreinkommen = Gesamtausgaben für Konsumgüter**

Da der einfache Wirtschaftskreislauf eine Volkswirtschaft beschreibt, in der es keine Veränderungen gibt, spricht man auch von einer statischen Betrachtung oder von einer **stationären Wirtschaft**.

● **Die evolutorische Wirtschaft**

◆ Das Modell des Kreislaufs einer evolutorischen (wachsenden) Wirtschaft wird um folgende **Prämissen** erweitert:

◆ Die Haushalte geben nicht ihr gesamtes Einkommen für Konsumgüter aus, sondern **sparen** einen Teil.

◆ Die gesparten Beträge werden auf Konten bei **Kreditinstituten** (Banken, Sparkassen) angelegt, die zu einem eigenen Sektor zusammengefasst werden.

◆ Die Kreditinstitute stellen den Unternehmen das Geldkapital für **Investitionen** zur Verfügung.

Beispiel   Frau Friedrich hat 50 000,00 EUR als Festgeld angelegt. Die Bank gibt in Höhe der Anlage abzüglich Mindestreserve einen Kredit an ein Unternehmen.

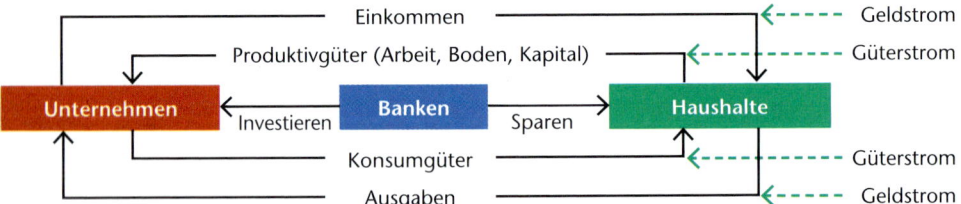

◆ Das Einkommen der Haushalte in der evolutorischen Wirtschaft wird zum Teil für den Konsum ausgegeben und zum Teil gespart. Es gilt:

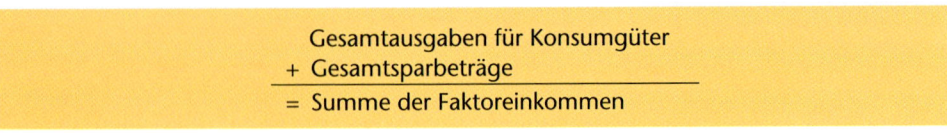

Da die Unternehmen ihre Produktionsanlagen durch die **Investition** erweitern, können sie in der folgenden Periode mehr Konsumgüter produzieren. Eine Volkswirtschaft, die sich durch Investitionen vergrößert, bezeichnet man als dynamische oder **evolutorische Wirtschaft**.

> **Der Wirtschaftskreislauf**
> - In der **stationären Wirtschaft** gibt es zwei Sektoren, die Haushalte und die Unternehmen.
> - Aufgabe der **Unternehmen** ist die Erzeugung von Sachgütern und Dienstleistungen.
> - Die **Haushalte** verwenden ihr gesamtes Einkommen für die Beschaffung der Güter bei den Unternehmen.
> - In der **evolutorischen Wirtschaft** geben die Haushalte nicht ihr gesamtes Einkommen für Konsumgüter aus, sondern **sparen** einen Teil.
> - Die Sparguthaben werden bei den Kreditinstituten angelegt, die sie den Unternehmen für **Investitionen** zur Verfügung stellen.

1. Erläutern Sie, warum man bei der Erklärung der Volkswirtschaft von stark vereinfachten Modellen ausgeht.

2. Erläutern Sie die Prämissen, die dem einfachen Wirtschaftskreislauf zugrunde gelegt werden.

3. Stellen Sie das Modell der evolutorischen Wirtschaft grafisch dar und erläutern Sie die Geld- und Güterströme.

2.7   Inlandsprodukt und Volkseinkommen

Nachdem Renate Becker in der Berufsschule den ‚Kreislauf der evolutorischen Wirtschaft‘ kennen gelernt hat, ist sie beeindruckt. Wenn man so ein Modell für die Bürodesign GmbH hätte, wären Entscheidungen viel einfacher zu treffen. Als sie Frau König, der Leiterin des Rechnungswesens, von ihrer Idee berichtet, lacht diese. „So ein Modell haben wir doch, das ist unser Organisationsplan. Aber um ein Unternehmen steuern zu können, braucht man Zahlen, und die kommen aus dem Rechnungswesen.“

Arbeitsaufträge
- Stellen Sie fest, wo Gemeinsamkeiten zwischen der Ermittlung von Inlandsprodukt und Volkseinkommen und dem betrieblichen Rechnungswesen bestehen.
- Erläutern Sie die Kritik am Inlandsprodukt als Wohlstandsindikator anhand konkreter Beispiele.

Die Aufgaben der Buchführung für die gesamte Volkswirtschaft erfüllt die **volkswirtschaftliche Gesamtrechnung**. Sie ist die Grundlage für die Berechnung des **Inlandsprodukts** und des **Volkseinkommens** der Bundesrepublik Deutschland.

> Das **Inlandsprodukt** ist der Gesamtwert aller in einer Volkswirtschaft in einem Jahr produzierten Güter und Dienstleistungen.
> Das **Volkseinkommen** ist die Summe aller Einkommen, die bei der Herstellung der Güter und Dienstleistungen in einer Volkswirtschaft in einem Jahr erzielt wurden.

Mithilfe des Inlandsprodukts können Rückschlüsse auf die Leistungsfähigkeit einer Volkswirtschaft gezogen werden.

◆ Die im Inlandsprodukt erfassten Güter und Dienstleistungen werden mit ihren **Marktpreisen** bewertet und zum **Bruttoinlandsprodukt** (= Bruttonationaleinkommen) zusammengefasst.

Beispiel   Der Bürostuhl „ergo-design-natur" hat einen Listenpreis von 476,50 EUR. Er geht im Jahr der Herstellung mit diesem Betrag in das Bruttoinlandsprodukt ein.

Güter, die **keinen Marktpreis** haben, werden nicht durch das Inlandsprodukt erfasst.

Beispiele   Schwarzarbeit, Hausarbeit.

◆ Bei der Produktion von Gütern wird der Wert der zu ihrer Erstellung benötigten Maschinen durch ständige Abnutzung verringert. Der jeweilige Werteverzehr einer Periode wird im Rahmen der **Abschreibungen** erfasst. Werden die Abschreibungen vom Bruttoinlandsprodukt abgezogen, erhält man das **Nettoinlandsprodukt** (= Nettonationaleinkommen).

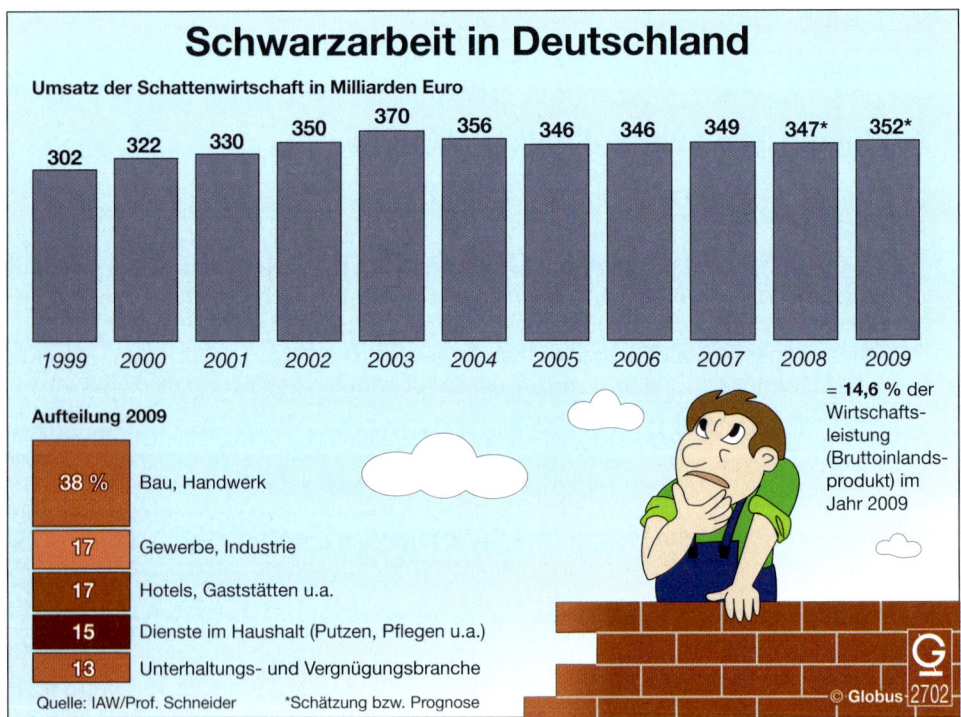

Bruttoinlandsprodukt zu Marktpreisen – Abschreibungen	
= Nettoinlandsprodukt zu Marktpreisen	

Beispiel   Im Rahmen der Kalkulation des Arbeitssessels „ergo-design-natur" wurden 42,50 EUR für anteilige Abschreibungen berücksichtigt. Nach Abzug der Abschreibungen geht der Sessel mit 434,00 EUR in das Nettoinlandsprodukt zu Marktpreisen ein.

◆ Der Staat erhebt **Steuern** und zahlt **Subventionen**. Diese Einflüsse wirken sich preiser-höhend (Steuern) bzw. preisdämpfend (Subventionen) aus und müssen berücksichtigt werden, wenn man die realistische Leistung der Volkswirtschaft ermitteln will. Wird der Wert des Nettoinlandsprodukts zu Marktpreisen um die indirekten Steuern verringert und die Subventionen vermehrt, erhält man das **Nettoinlandsprodukt zu Faktorkosten**. Faktorkosten sind die Einkommen der Produktionsfaktoren Arbeit, Boden und Kapital. Diese Einkommen bezeichnet man als **Volkseinkommen**.

> **Nettoinlandsprodukt zu Marktpreisen – indirekte Steuern + Subventionen =**
> **Nettoinlandsprodukt zu Faktorkosten = Volkseinkommen**

Beispiel Die für die Produktion des „ergo-design-natur" erforderlichen Rohstoffe sind mit indirekten Steuern in Höhe von 24,00 EUR belastet. Will man die realistische Leistung der Bürodesign GmbH ermitteln, muss man das Nettoinlandsprodukt um diesen Betrag verringern, da in dieser Höhe keine Werte erstellt, sondern lediglich Aufschläge auf bestimmte Waren und Leistungen erhoben wurden.

Aufgrund der hohen Arbeitslosigkeit in Ostfriesland zahlt die Arbeitsverwaltung der Bürodesign GmbH Lohnkostenzuschüsse, die in die Kalkulation des „ergo-design-natur" mit weiteren 35,00 EUR eingehen. Der Arbeitssessel kann deshalb um 35,00 EUR preiswerter angeboten werden. Um die realistische Leistung der Bürodesign GmbH zu ermitteln, muss das Nettoinlandsprodukt um diesen Betrag vermehrt werden.

Es ergibt sich folgende Rechnung:

	Nettoinlandsprodukt zu Marktpreisen	434,00 EUR
–	indirekte Steuern	24,00 EUR
+	Subventionen	35,00 EUR
=	Nettoinlandsprodukt (Nettonationaleinkommen) zu Faktorkosten = Volkseinkommen	445,00 EUR

◆ Da die Güter mit ihren Marktpreisen bewertet werden, wirken sich Preissteigerungen in Form von Erhöhungen des **nominalen Inlandsproduktes** aus.

Beispiel Der Bürostuhl „ergo-design-natur" geht mit dem Listenpreis von 476,50 EUR in das Bruttoinlandsprodukt der Volkswirtschaft ein. Die Bürodesign GmbH erhöht den Preis im Folgejahr um ca. 5 % auf 500,00 EUR. Das Bruttoinlandsprodukt erfährt eine Steigerung um 23,50 EUR, ohne dass dafür ein entsprechender Gegenwert erstellt wurde.

◆ Um den tatsächlichen Zuwachs des Inlandsproduktes erfassen zu können, bezieht man die Preise auf ein Basisjahr und erhält so das **reale Inlandsprodukt**.

Beispiel Wird das Vorjahr als Basisjahr festgelegt, beträgt der Beitrag des Bürostuhls „ergo-design-natur" zum Bruttoinlandsprodukt der Bundesrepublik Deutschland weiterhin 476,50 EUR.

◆ Seit 1999 gilt in Deutschland das Europäische System Volkswirtschaftlicher Gesamtrechnung (ESVG). Darin wird der Begriff Inlandsprodukt durch die Bezeichnung Nationaleinkommen ersetzt. Das **Nationaleinkommen** ist die Gesamtheit aller in einem Jahr produzierten und statistisch erfassten Sachgüter, Dienstleistungen, Rechte und Informationen zu Marktpreisen.

Der Anteil des Staates am Bruttoinlandsprodukt, z. B. für die Besoldung des öffentlichen Bediensteten, wird als **Staatsverbrauch** oder **Staatsquote** bezeichnet. Die Staatsquote nimmt in den letzten Jahren ständig zu. 2008 betrug sie 18,2 % des Bruttoinlandsproduktes.

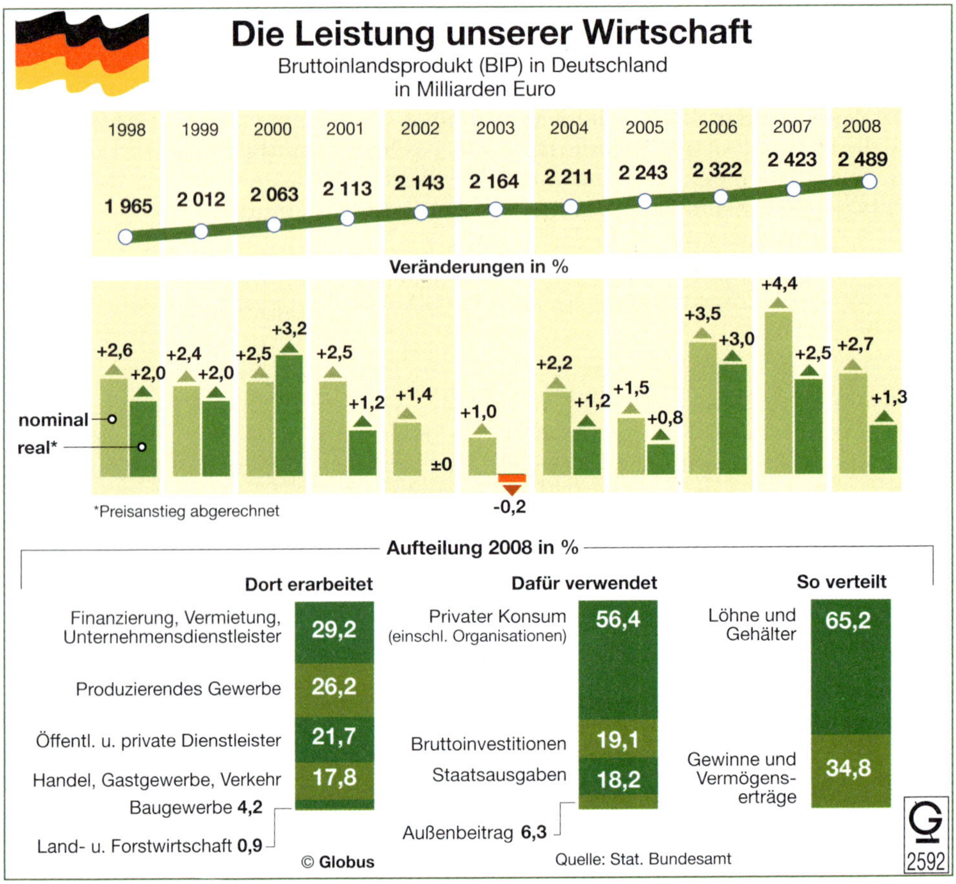
Die Leistung unserer Wirtschaft
Bruttoinlandsprodukt (BIP) in Deutschland
in Milliarden Euro
1998 1999 2000 2001 2002 2003 2004 2005 2006 2007 2008
1 965 2 012 2 063 2 113 2 143 2 164 2 211 2 243 2 322 2 423 2 489
Veränderungen in %
nominal
real*
+2,6 +2,0 +2,4 +2,0 +2,5 +3,2 +2,5 +1,2 +1,4 ±0 +1,0 -0,2 +2,2 +1,2 +1,5 +0,8 +3,5 +3,0 +4,4 +2,5 +2,7 +1,3
*Preisanstieg abgerechnet
Aufteilung 2008 in %
Dort erarbeitet
Finanzierung, Vermietung, Unternehmensdienstleister 29,2
Produzierendes Gewerbe 26,2
Öffentl. u. private Dienstleister 21,7
Handel, Gastgewerbe, Verkehr 17,8
Baugewerbe 4,2
Land- u. Forstwirtschaft 0,9
Dafür verwendet
Privater Konsum (einschl. Organisationen) 56,4
Bruttoinvestitionen 19,1
Staatsausgaben 18,2
Außenbeitrag 6,3
So verteilt
Löhne und Gehälter 65,2
Gewinne und Vermögens-erträge 34,8
© Globus
Quelle: Stat. Bundesamt
2592

Beispiel Die deutsche Wirtschaft ist im Jahr 2008 nochmals gewachsen. Das BIP erhöhte sich gegenüber 2007 nominal um 2,7 5. Real, also nach Abzug der Preissteigerungsrate erhöhte sich das BIP um 1,3 %.

- Das Inlandsprodukt ist ein wichtiger Indikator für die Leistungsfähigkeit einer Volkswirtschaft. Aussagen über den Wohlstand einer Volkswirtschaft sind jedoch nur bedingt möglich. Die **Kritik am Inlandsprodukt als Wohlstandsindikator** wird wie folgt begründet:
  - **Das Bruttoinlandsprodukt wird zu gering ausgewiesen,** da Vorgänge vernachlässigt werden, die nicht über den Markt abgewickelt werden.

    Beispiel Der Wert der monatlichen Hausarbeit für eine Familie mit zwei Kindern kann mit 1898,00 EUR monatlich veranschlagt werden. Da diese Leistung nicht über den Markt abgewickelt wird, erfasst man sie nicht im Bruttoinlandsprodukt.
  - **Das Bruttoinlandsprodukt wird zu hoch ausgewiesen,** da Vorgänge erfasst werden, die keine Wohlstandsmehrung bedeuten.

    Beispiel Ein Auslieferungsfahrer der Bürodesign GmbH verursacht schuldhaft einen Verkehrsunfall. Die Reparaturkosten für den Lkw und die Krankenhauskosten in Höhe von insgesamt 6650,00 EUR mehren das Bruttoinlandsprodukt.

Inlandsprodukt und Volkseinkommen

- Das **Inlandsprodukt** ist der Gesamtwert aller in einer Volkswirtschaft in einem Jahr produzierten Güter und Dienstleistungen.
- Bruttoinlandsprodukt (Bruttonationaleinkommen) zu Marktpreisen
  - Abschreibungen
  = Nettoinlandsprodukt (Nettonationaleinkommen) zu Marktpreisen
  - indirekte Steuern
  + Subventionen
  = **Nettoinlandsprodukt (Nettonationaleinkommen) zu Faktorkosten = Volkseinkommen**
- Das **Volkseinkommen** ist die Summe aller Einkommen, die bei der Herstellung der Güter und Dienstleistungen in einer Volkswirtschaft in einem Jahr erzielt werden.
- Das **Bruttoinlandsprodukt** erfasst alle innerhalb der Staatsgrenzen erbrachten Leistungen, d. h. das Inlandseinkommen der Inländer und das Inlandseinkommen der Ausländer.

---

1. Erklären Sie den Unterschied zwischen realem und nominalem Bruttoinlandsprodukt.

2. Erläutern Sie anhand von vier Beispielen die Kritik am Inlandsprodukt als Wohlstandsindikator.

3. Begründen Sie, welche der folgenden Positionen zum Volkseinkommen zählen:
   a) Arbeit eines Maurers im Rahmen der Nachbarschaftshilfe
   b) Erdbeeren aus dem eigenen Garten
   c) Mieteinnahmen eines Hauseigentümers
   d) Pension eines nicht mehr erwerbstätigen Beamten
   e) Zinseinnahmen aus einem Festgeldkonto
   f) Zahlung von Ausbildungsförderung (Bafög)

4. Erläutern Sie
   a) Bruttoinlandsprodukt zu Marktpreisen   d) nominales Bruttoinlandsprodukt
   b) Nettoinlandsprodukt zu Marktpreisen   e) reales Inlandsprodukt
   c) Nettoinlandsprodukt zu Faktorkosten   f) Bruttoinlandsprodukt.

5. Erläutern Sie den Zusammenhang von Nettoinlandsprodukt zu Faktorkosten und Volkseinkommen.

6.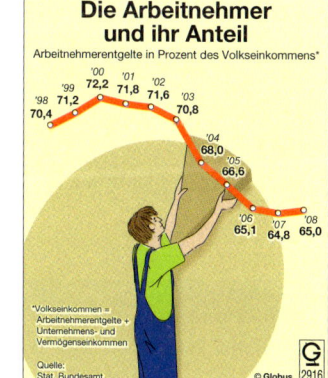

   Diskutieren Sie die in der nebenstehenden Grafik dargestellte Veränderung des Volkseinkommens.

2.8 Die Arbeitsteilung

Renate Becker und ihre Freundin Helga, beide Auszubildende zur Bürokauffrau, unterhalten sich in der Berufsschule über ihre Arbeit.

Helga: „Mir macht es Spaß, in einem kleinen Betrieb zu arbeiten. Wir sind im Büro nur zu viert und alle machen alles. Ich hole die Post, schreibe Rechnungen, helfe bei der Personalabrechnung, der Buchführung und bei der Kalkulation von Angeboten."

Renate: „Für mich wäre das nichts. In der Bürodesign GmbH haben wir für jeden Bereich entsprechende Spezialisten. Zurzeit bin ich in der Personalabteilung eingesetzt, da beschäftigen wir uns ausschließlich mit Auswahl und Einsatz von Mitarbeitern und berechnen Löhne und Gehälter."

Arbeitsaufträge
◆ Erläutern Sie anhand der unterschiedlichen Formen der Arbeitsteilung, worin sich die Tätigkeiten von Helga und Renate unterscheiden.
◆ Erläutern Sie das Zusammenwirken von Zulieferbetrieben im Rahmen der internationalen Arbeitsteilung an einem Beispiel ihrer Wahl.

Im Modell des Wirtschaftskreislaufs wurden die Unternehmen zu einem einheitlichen Sektor zusammengefasst, der alle in der Volkswirtschaft benötigten Güter herstellt. In der Realität wird diese Tätigkeit von einer Vielzahl von Unternehmen ausgeführt, die sich jeweils auf bestimmte Tätigkeiten spezialisiert und die Arbeit untereinander **aufgeteilt** haben.

◆ Der Ursprung der **beruflichen Arbeitsteilung** geht weit zurück in die Zeit, als die Menschen noch in geschlossenen Hauswirtschaften lebten und es keinen Austausch von Gütern und Leistungen gab. Mit der Zeit entwickelten einzelne Menschen ein besonderes Geschick für bestimmte Tätigkeiten. Da sie in ihrem Spezialgebiet mehr produzieren konnten als ihre Mitmenschen, widmeten sie sich nur noch dieser Tätigkeit und tauschten die Überschüsse. Die **Berufsbildung** hatte stattgefunden. Die Grundberufe wie der des Schmieds, des Landwirts oder des Fischers waren entstanden.

Als Folge der Berufsbildung war man darauf angewiesen, die Güter auszutauschen. Der Schmied musste seine Werkzeuge gegen Getreide und der Bauer sein Getreide gegen Fisch eintauschen. Als Mittler zwischen den Tauschpartnern entstand der Beruf des **Kaufmanns**.

Im Laufe der Zeit spezialisierten sich die in den Berufen Tätigen auf einzelne Teilbereiche. Ein Kaufmann beschaffte z. B. nur noch Waren aus dem Ausland, ein anderer belieferte nur Großabnehmer und ein dritter spezialisierte sich auf die Arbeit im Büro. Diese Aufgliederung von Arbeitsfeldern in kleinere Arbeitsgebiete bezeichnet man als **Berufsspaltung**.

Beispiele Kaufmann/Kauffrau im Groß- und Außenhandel, Bürokaufmann/-kauffrau, Bankkaufmann/-kauffrau

Berufliche Arbeitsteilung

Vorteil	Nachteil
Spezielle Begabungen und Geschicklichkeiten können besser gefördert werden.	Mitarbeiter mit hoher Spezialisierung sind weniger mobil.

◆ Die **betriebliche Arbeitsteilung** findet in der Organisationsstruktur der Unternehmen ihren Niederschlag. Hier werden anhand der unterschiedlichen Aufgaben Abteilungen gebildet (**Abteilungsbildung**) und Arbeitsabläufe in Teilverrichtungen zerlegt (**Arbeitszerlegung**), die jeweils getrennt ausgeführt werden. Die Abteilungsbildung wird im **Organisationsplan** eines Unternehmens dargestellt.

Betriebliche Arbeitsteilung

Vorteile	Nachteile
– Die Effektivität der Arbeit wird gesteigert. – Die Qualität der Güter steigt.	– Einseitige körperliche und geistige Belastung führt zu gesundheitlichen Schäden. – Die Einsicht in den Sinn der Arbeit und die Arbeitsfreude gehen verloren.

◆ Mit der Entstehung der Berufe entwickelten sich die ersten Unternehmen (Werkstätten, Manufakturen, Fabriken), die sich drei großen Wirtschaftsbereichen oder Produktionsstufen (**Sektoren**) zuordnen lassen. Die Einteilung der Wirtschaft anhand der unterschiedlichen Wirtschaftsstufen bezeichnet man als **volkswirtschaftliche Arbeitsteilung**.

◆ Dem **primären Sektor** werden die Unternehmen der Urerzeugung zugeordnet. Sie beschäftigen sich mit dem landwirtschaftlichen Anbau und dem Abbau der Bodenschätze und sorgen damit für die Voraussetzung der Produktion.

Beispiele Betriebe der Landwirtschaft, der Forstwirtschaft, der Fischerei, des Bergbaus und der Öl- und Gasgewinnung

◆ Zum **sekundären Sektor** gehören die Unternehmen der Weiterverarbeitung. Hierbei kann es sich um Handwerksbetriebe oder Industriebetriebe handeln. Der Bereich der Industrie wird in die Grundstoff-, die Investitionsgüter- und die Konsumgüterindustrie gegliedert.

Beispiele Metallgießerei, Maschinenbaubetrieb, Molkerei, Büromöbelhersteller

◆ Dem **tertiären Sektor** lassen sich die Dienstleistungsbetriebe zuordnen.

Beispiele Großhandel, Einzelhandel, Kreditinstitute, Versicherungen, Verkehrsbetriebe, Transportunternehmen

Der Anteil der Beschäftigten in den drei Wirtschaftsstufen kennzeichnet die **Erwerbsstruktur** einer Volkswirtschaft. In der Wirtschaft der Bundesrepublik Deutschland vollzieht sich ein stetiger **Strukturwandel** vom primären zum tertiären Sektor. Immer weniger Menschen arbeiten in den Bereichen Urerzeugung und Weiterverarbeitung und immer mehr Menschen sind im Bereich von Handel und Dienstleistungen beschäftigt.

Volkswirtschaftliche Arbeitsteilung

Vorteil	Nachteil
Die Arbeitsproduktivität wird gesteigert.	Durch den Strukturwandel der Wirtschaft kann es zu Krisen ganzer Branchen kommen.

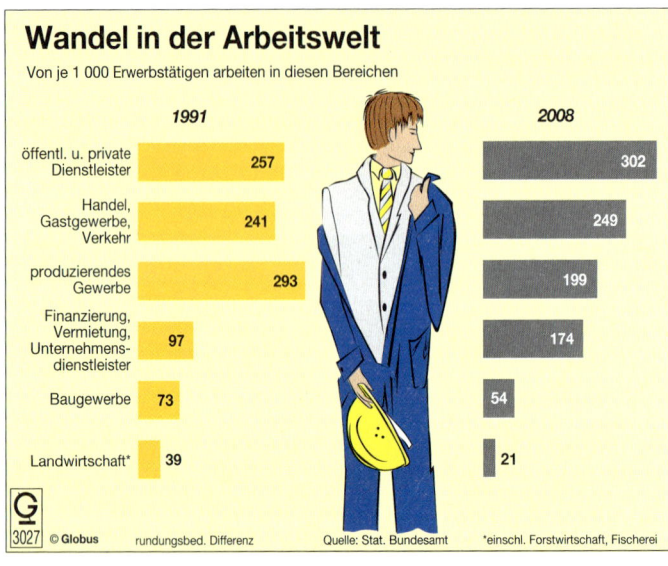

Wandel in der Arbeitswelt

Von je 1 000 Erwerbstätigen arbeiten in diesen Bereichen

	1991	2008
öffentl. u. private Dienstleister	257	302
Handel, Gastgewerbe, Verkehr	241	249
produzierendes Gewerbe	293	199
Finanzierung, Vermietung, Unternehmens- dienstleister	97	174
Baugewerbe	73	54
Landwirtschaft*	39	21

G 3027 © Globus   rundungsbed. Differenz   Quelle: Stat. Bundesamt   *einschl. Forstwirtschaft, Fischerei

◆ Bei der Betrachtung der Volkswirtschaft im Modell (vgl. S. 61 f) kann man feststellen, dass die Volkswirtschaft der Bundesrepublik Deutschland in ein System vielfältiger **internationaler Arbeitsteilung** (vgl. S. 81) eingebettet ist. Die internationale Arbeitsteilung wird auch **Globalisierung** genannt. Folgende Gründe sind für die Beteiligung am internationalen Handel ausschlaggebend:

◆ Bestimmte Rohstoffe müssen importiert werden, da sie im Inland nicht oder nicht in ausreichender Menge vorhanden sind.

  Beispiele   Mineralöl, Erdgas, Erz, Uran

◆ Klimatische Unterschiede ermöglichen den Anbau landwirtschaftlicher Produkte nur in bestimmten Regionen.

  Beispiele   Kaffee in Brasilien, Bananen in Mittelamerika, Baumwolle in den USA

◆ Jedes Land wird sich auf die Produktion der Güter konzentrieren, deren Herstellungskosten niedriger sind als in anderen Ländern, und die Überschüsse gegen Güter tauschen, deren Herstellung im eigenen Land höhere Kosten verursacht.

  Beispiele   Die Bundesrepublik Deutschland importiert Textilien aus Singapur und exportiert hochwertige Maschinen

◆ Spezielle berufliche Fachkenntnisse in einzelnen Volkswirtschaften.

  Beispiele   Maschinenbau in der Bundesrepublik Deutschland, Computerindustrie in Japan und den USA

Vorteile internationaler Arbeitsteilung:

◆ Da sich jede Volkswirtschaft auf die Produktion der Güter konzentriert, die sie am günstigsten herstellen kann, wird die bestmögliche Versorgung der Weltbevölkerung gesichert.

◆ Die Staaten der Weltgemeinschaft wachsen wirtschaftlich und in der Folge auch politisch und kulturell zusammen.

Nachteile der internationalen Arbeitsteilung:

◆ Arbeitsplätze im Inland sind gefährdet, wenn die Produktion z. B. aus Kostengründen ins Ausland abwandert.

◆ Die Beschäftigten der Exportindustrie sind direkt von der Höhe der Auslandsaufträge abhängig.

Die Arbeitsteilung
- **berufliche Arbeitsteilung:** Spezialisierung auf bestimmte Berufe und Arbeitsgebiete
  - Berufsbildung
  - Berufsspaltung
- **betriebliche Arbeitsteilung:** Organisationsstruktur eines Unternehmens
  - Abteilungsbildung
  - Arbeitszerlegung
- **volkswirtschaftliche Arbeitsteilung:** Einteilung der Wirtschaft in Wirtschaftsstufen
  - primärer Sektor (Urerzeugung)
  - sekundärer Sektor (Industrie und Handwerk)
  - tertiärer Sektor (Handel und Dienstleistungsbetriebe)
- **internationale Arbeitsteilung**
  - Im- und Export von Waren und Dienstleistungen

1. Erläutern Sie die Entwicklung der Berufsbildung und der Berufsspaltung anhand eines Beispiels.

2. Beschreiben Sie die Herstellung von je zwei Konsum- und Produktionsgütern durch alle drei Sektoren der Volkswirtschaft.

3. Die Wirtschaftsstruktur der Bundesrepublik Deutschland wandelt sich. Erörtern sie, welche Folgen dies für die Nachfrage nach einzelnen Berufen hat.

4. Erläutern Sie die Abteilungsbildung und Arbeitszerlegung anhand eines Beispiels aus Ihrem Ausbildungsbetrieb.

5. Erstellen Sie eine Liste der Unternehmen, die mit Ihrem Ausbildungsbetrieb zusammenarbeiten, und ordnen Sie diese den Sektoren der Volkswirtschaft zu.

Wiederholung: Grundlagen des Wirtschaftens

Übungsaufgaben

1. Auf dem Wochenmarkt in Warendorf werden Äpfel zu folgenden Preisen und in folgenden Mengen angeboten und nachgefragt:

Preis je kg in EUR	Nachfrage in kg	Angebot in kg
4,00	1500	4500
3,00	2000	4000
2,00	3000	3000
1,50	4000	2000
1,00	5000	1000

a) Ermitteln Sie Gleichgewichtspreis und -menge.

b) Erläutern Sie die Situation des Käufer- und Verkäufermarktes anhand je eines Beispiels.

2. Sie erhalten von der Unternehmensleitung den Auftrag, ein Konzept für die Ausstattung Ihrer Büroräume mit modernen Geräten der Bürokommunikation zu erarbeiten.
   a) Erstellen Sie das Konzept unter dem Gesichtspunkt des Minimalprinzips.
   b) Erstellen Sie das Konzept unter dem Gesichtspunkt des Maximalprinzips.
   c) Erstellen Sie das Konzept unter dem Gesichtspunkt des ökologischen Prinzips.

3. Erkundigen Sie sich in Ihrem Ausbildungsbetrieb, welche Gründe für die Standortwahl ausschlaggebend waren, und erläutern Sie diese Ihren Mitschülerinnen und Mitschülern.

4. In der Bundesrepublik Deutschland vollzieht sich ein stetiger Strukturwandel vom primären und sekundären zum tertiären Sektor. Diskutieren Sie Chancen und Risiken, die sich aus dieser Entwicklung für die Arbeitnehmer ergeben.

5. „Durch die internationale Arbeitsteilung wird die bestmögliche Versorgung der Weltbevölkerung gesichert!" Nehmen Sie zu dieser Behauptung Stellung.

6. Wirtschaftsgüter sind nur begrenzt vorhanden und viele Rohstoffe reichen nur noch für wenige Jahre. Überlegen Sie, wie Ihr Ausbildungsbetrieb einen Beitrag zur Wiederverwertung von Rohstoffen leisten kann und wie Sie dieses Konzept den Kunden nahebringen können.

7. Erläutern Sie anhand von je drei Beispielen, wie Ihr Ausbildungsbetrieb
   a) nach dem Minimalprinzip,   b) nach dem Maximalprinzip
   wirtschaften kann.

8. Zeigen Sie am Beispiel Ihres Ausbildungsbetriebes auf, wie der Produktionsfaktor Arbeit durch Kapital substituiert werden kann.

Prüfungsaufgaben

1. Stellen Sie fest, welche der nachfolgenden Begriffe auf unten stehende Sachverhalte zutreffen
   1) Bedürfnis,   2) Bedarf,   3) Nachfrage
   a) Eine Auszubildende hat den Wunsch, weniger Zeit auf dem Weg zur Arbeit zu verbringen.
   b) Fritz sucht sich im Warenhaus eine CD aus und geht damit zur Kasse.
   c) Eine Auszubildende hat gespart und plant den Kauf eines Mofas.
   d) Ehepaar Weber hat für den Jahresurlaub gespart. Im Katalog des Reiseveranstalters wird der passende Urlaub ausgesucht.
   e) Eine Auszubildende bestellt sich bei einem Versandhaus ein Mofa.

2. Wirtschaftsgüter können wie folgt verwendet werden:
   1) Konsumgut als Verbrauchsgut,   4) Produktionsgut als Verbrauchsgut,
   2) Konsumgut als Gebrauchsgut,   5) Dienstleistung als Produktionsgut,
   3) Produktionsgut als Gebrauchsgut,   6) Dienstleistung als Konsumgut.
   Welche dieser Verwendungsarten treffen auf unten stehende Sachverhalte zu:
   a) Ein Hausmann kauft einen Fruchtjogurt.
   b) Ein Kaufmann bestellt Papierrollen für ein Faxgerät.
   c) Ein Unternehmer gibt seine Belege zum Steuerberater.
   d) Eine Hausfrau kauft einen Wasserkessel.
   e) Die Bürodesign GmbH bestellt einen neuen Gabelstapler.
   f) Die Auszubildende Gaby lässt sich die Haare schneiden.

3. Stellen Sie fest, welche der nachfolgenden Aussagen auf den Begriff „Nachfrage" zutrifft.
   1) … ist ein unbestimmtes Mangelgefühl
   2) … ist eine reine Wunschvorstellung
   3) … wird nur durch den Kaufentschluss am Markt wirksam
   4) … ist planbar und mit Kaufkraft ausgestattet

4. Ordnen Sie unten stehende Sachverhalte den Produktionsfaktoren
   1) Arbeit, 2) Boden, 3) Kapital, 4) kein Produktionsfaktor im volkswirtschaftlichen Sinne zu.
   a) die Warenvorräte der Bürodesign GmbH
   b) die Tätigkeit der Mutter im Haushalt
   c) die Leistung eines Amateursportlers
   d) die Halle, in der sich das Lager der Bürodesign GmbH befindet
   e) Fisch, der von einem Fischer gefangen wird
   f) Sand, der aus einer Grube gewonnen wird

5. Welche der unten stehenden Definitionen trifft auf den Begriff „Inlandsprodukt" zu?
   1) Der Wert aller Güter und Dienstleistungen, die in einer Volkswirtschaft produziert werden
   2) Das gesamte Güterangebot einer Volkswirtschaft
   3) Der Wert aller Güter, die in einer Volkswirtschaft in einem Jahr produziert werden
   4) Das Handelsvolumen einer Volkswirtschaft
   5) Der Wert aller Sachgüter und Dienstleistungen, die in einem Kalenderjahr in einer Volkswirtschaft produziert werden

6. Welche der folgenden Aussagen über die Bildung des Gleichgewichtspreises ist richtig?
   1) Sinkt bei gleich bleibendem Angebot die Nachfrage, so steigt der Preis des Gutes.
   2) Sinkt bei gleich bleibender Nachfrage das Angebot, so steigt der Preis des Gutes.
   3) Steigt bei gleich bleibendem Angebot die Nachfrage, so steigt der Preis des Gutes.
   4) Steigt bei gleich bleibender Nachfrage das Angebot, so steigt der Preis des Gutes.

7. In welchen der nachfolgenden Situationen ist
   1) ein überhöhtes Angebot,
   2) eine überhöhte Nachfrage,
   3) das Marktgleichgewicht
   beschrieben?
   a) In dieser Situation kommt es zu Preissteigerungen.
   b) Diese Situation wird als Käufermarkt bezeichnet.
   c) In dieser Situation kommt der größtmögliche Umsatz zustande.

8. Was versteht die Wirtschaftslehre unter „Bedarf"?
   1) Bedürfnisse, denen ein Angebot gegenübersteht
   2) Bedürfnisse, die durch Werbung geweckt werden
   3) Bedürfnisse, für deren Befriedigung die Mittel zur Verfügung stehen
   4) Bedürfnisse, die von der Konjunktur abhängig sind
   5) Bedürfnisse, die von den individuellen Ansprüchen abhängig sind

9. Was ist die Folge der innerbetrieblichen Arbeitsteilung?
   1) Die gegenseitige Abhängigkeit der Arbeitnehmer nimmt ab.
   2) Der einzelne Arbeitnehmer gewinnt einen besseren Überblick über den gesamten Produktionsablauf.
   3) Die Güterqualität nimmt im Normalfall ab.
   4) Der organisatorische Aufwand erhöht sich.
   5) Der Lebensstandard der Arbeitnehmer nimmt im Normalfall ab.

10. Eine Maschinenfabrik stellt ihren Arbeitern Werkzeuge zur Verfügung. Zu welchem betriebswirtschaftlichen Produktionsfaktor gehören sie?

Sie gehören zum Produktionsfaktor …
1) Werkstoffe, weil sie als Hilfsstoffe zur Bearbeitung des herzustellenden Werkstückes eingesetzt werden.
2) Werkstoffe, weil sie als Betriebsstoffe zur Bearbeitung des herzustellenden Werkstückes eingesetzt werden.
3) Betriebsmittel, weil sie als Bestandteil der produktionstechnischen Ausrüstung des Betriebes eingesetzt werden.
4) Ausführende Arbeit, weil sie zur Ausführung von angeordneten Arbeiten eingesetzt werden.
5) Betriebsmittel, weil sie aufgrund einer Entscheidung der Geschäftsleitung eingesetzt werden.

11. In welchen der folgenden Fälle handeln die Personen nach
1) dem Minimalprinzip,
2) dem Maximalprinzip,
3) keinem der beiden Prinzipien?
a) Bei gleich bleibendem Personaleinsatz strebt der Leiter eines Supermarktes eine deutliche Umsatzsteigerung an.
b) Der Geschäftsführer der Großhandlung will ein gesetztes Umsatzziel mit möglichst geringen Handlungskosten erreichen.
c) Zum Zweck der Kostensenkung wird der Standort einer Großhandelsunternehmung an den Stadtrand verlegt.
d) Dem Geschäftsführer der Großhandlung steht ein bestimmter Geldbetrag für eine Sonderaktion zur Verfügung. Er führt Angebotsvergleiche durch, um möglichst viel dieser Ware ordern zu können.

12.

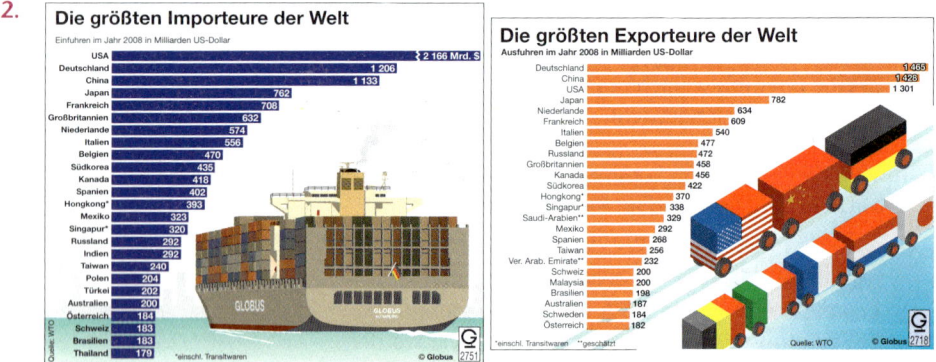

Erläutern Sie anhand der Abbildungen „Die größten Importeure der Welt" und „Die größten Exporteure der Welt" Vor- und Nachteile der internationalen Arbeitsteilung.

3   Der betriebliche Leistungsprozess

3.1   Unternehmensziele und Arten von Unternehmen

Frau Friedrich und Herr Stein überlegen zusammen mit Frau Jaeger, der Leiterin der Personalabteilung, wie viele Auszubildende im kommenden Jahr eingestellt werden sollen. Frau Friedrich meint: „Eigentlich möchte ich möglichst vielen jungen Leuten einen Ausbildungsplatz bieten." Herr Stein wirft ein: „Die ganze Ausbildung kostet uns zu viel Geld, unsere Sachbearbeiter werden durch die Auszubildenden doch nur von ihrer eigentlichen Arbeit abgehalten. Wenn wir Mitarbeiter brauchen, dann besorgen wir uns fertig ausgebildete Fachkräfte auf dem Arbeitsmarkt! Wir sind doch ein Wirtschaftsunternehmen und unser Ziel ist letztlich ein vernünftiger Gewinn!" Frau Jaeger entgegnet: „Wenn jeder Unternehmer so dächte wie Sie, dann gäbe es bald keine ausgebildeten Fachkräfte mehr. Als Unternehmer haben Sie auch soziale Ziele zu berücksichtigen!"

Arbeitsauftrag
◆ Erstellen Sie eine Liste von Zielen, die von einem Unternehmen verfolgt werden können. Stellen Sie fest, ob sich diese Ziele gegenseitig beeinflussen können.

● Unternehmensziele

Alle Wirtschaftsbetriebe verfolgen Ziele, die sie mit unterschiedlichen Methoden und Maßnahmen erreichen wollen.

◆ **Sachziele:** Unter einem Sachziel versteht man den sachlichen Inhalt bzw. den sachlichen Zweck eines Unternehmens, der bei der Gründung eines Unternehmens im **Handelsregister** (= Verzeichnis aller Unternehmen in einem Bezirk, vgl. S. 321) angegeben werden muss.

Beispiele
- Die Bürodesign GmbH in Aurich sieht ihre Aufgabe darin, Büromöbel herzustellen und zu verkaufen. Dies ist ihr Sachziel.
- Die Vereinigte Spanplatten AG ist ein wichtiger Lieferer der Bürodesign GmbH. Ihr Sachziel ist die Herstellung und der Vertrieb von Spanplatten.
- Mit der Kreissparkasse Aurich arbeitet die Bürodesign GmbH eng zusammen, ihr Sachziel ist die Bereitstellung und die Anlage von Kapital sowie die Beratung in Geldgeschäften.

◆ **Wirtschaftliche Ziele:** Das Sachziel eines Unternehmens ist letztlich nur ein Mittel zur Erreichung anderer, nämlich wirtschaftlicher Ziele, wie angemessener Gewinn und Verzinsung des eingesetzten Kapitals.

Beispiel   Die Bürodesign GmbH möchte Gewinne erwirtschaften, Kosten senken, rentabel arbeiten, Marktanteile sichern und ausweiten.

◆ **Soziale Ziele:** Unternehmen verfolgen auch soziale Ziele, die sich vorwiegend auf ihre Mitarbeiter beziehen.

Beispiele
- Die Arbeitsplätze der Mitarbeiter sollen gesichert werden.
- Die Arbeitsbedingungen der Mitarbeiter sollen verbessert werden.
- Die im Unternehmen ausgebildeten Nachwuchskräfte sollen in ein festes Arbeitsverhältnis übernommen werden.

Zu den sozialen Zielen gehört jedoch auch die Übernahme von sozialer Verantwortung, insbesondere gegenüber sozial benachteiligten Gruppen.

Beispiele
– Die Bürodesign GmbH beschäftigt drei Rollstuhlfahrer in ihrem Betrieb. Zwei sind in der Datenerfassung der Buchhaltung an einem Computer-Arbeitsplatz eingesetzt, einer arbeitet in der Polsterei als Qualititätsprüfer.
– Einige Unternehmen haben für ihre älteren Mitarbeiter einen flexiblen Übergang in den Ruhestand geschaffen. Diese Mitarbeiter können ab dem 58. Lebensjahr eine Reduzierung ihrer wöchentlichen Arbeitszeit beantragen.
– Die Bürodesign GmbH plant, Praktikantenplätze für Hausfrauen einzurichten, die zurück in den Beruf möchten. Ferner wird überlegt, inwiefern Telearbeitsplätze für Menschen, die in ihrer Mobilität eingeschränkt sind, eingerichtet werden können.
– Die Bürodesign GmbH gewährt sozialen Institutionen einen Sonderrabatt, z. B. Blindenwerkstätten, Heimen für Behinderte usw.

◆ **Ökologische Ziele:** Sie werden im Zielsystem eines Unternehmens zunehmend wichtiger. Das Anstreben ökologischer Ziele drückt die Verantwortung von Unternehmen gegenüber ihrer **Umwelt** aus (vgl. S. 52).

Beispiele
– Die Bürodesign GmbH setzt bei der Produktion nur umweltverträgliche Werkstoffe ein.
– Alle ihre Produkte sind recyclebar und nach Aufbereitung als Rohstoffe wiederzuverwenden.
– Bei der Produktion wird auf umweltschonende Verfahren geachtet, damit Umweltbelastungen so weit wie möglich vermieden werden.

◆ **Zielbündel bzw. Zielsystem:** Jedes Unternehmen verfolgt gleichzeitig mehrere Ziele. So hat jedes Unternehmen ein ganzes Zielbündel bzw. Zielsystem, das erreicht werden soll.

Beispiel

Zielbündel der Bürodesign GmbH			
Sachziele	**Wirtschaftliche Ziele**	**Soziale Ziele**	**Ökologische Ziele**
– Herstellen und Vertreiben von Büromöbeln – Beraten von Abnehmern – Bereitstellen von Ersatzteilen – Kundendienst und Service	– Erwirtschaften von Gewinn – Rentabilität des eingesetzten Kapitals – Sichern und Ausweiten von Marktanteilen	– Schaffen und Sichern von Arbeitsplätzen – Menschengerechte Gestaltung von Arbeitsplätzen – Gerechte Entlohnung von Mitarbeitern	– Vermeiden von Umweltbelastungen – Einsatz umweltfreundlicher Werkstoffe – Produktion von recyclingfähigen Produkten – Einsparen von Rohstoffen

Das Zielsystem eines Unternehmens verändert sich mit den sich wandelnden Einflussfaktoren auf das Unternehmen aus Politik, Gesellschaft, von Konkurrenz und Kunden. Neue Ziele werden erkannt oder die Bedeutung einiger Ziele kann sich ändern.

Beispiel Noch vor 25 Jahren hatten ökologische Ziele bei vielen Unternehmen keinen hohen Stellenwert. Heute hingegen werden diese Ziele mit hoher Priorität verfolgt.

◆ **Zielharmonie, Zielkonflikte:** Das Erreichen von wirtschaftlichen Zielen ist nur in Verbindung mit sozialen und ökologischen Zielen denkbar. Wenn betriebliche Ziele sich gegenseitig ergänzen, liegt **Zielharmonie** vor.

Beispiel Die Bürodesign GmbH beschließt, nur noch kostengünstiges und wiederverwertbares Verpackungsmaterial einzusetzen. Hierdurch wird das wirtschaftliche Ziel der Kostensenkung durch das ökologische Ziel der Wiederverwendbarkeit von Material ergänzt.

Wenn gleichzeitig verschiedene Ziele angestrebt werden, kann es zu **Zielkonflikten** kommen. Ein Zielkonflikt entsteht, wenn sich zwei oder mehrere Ziele gegenseitig behindern oder ausschließen.

Beispiel Um die Gesundheit ihrer Mitarbeiter zu schonen, setzt die Bürodesign GmbH in der Lackiererei nur noch Farben ein, die frei von gefährlichen Lösungsmitteln sind (soziales Ziel). Gleichzeitig soll damit ein Beitrag zur Verringerung der Umweltbelastung erbracht werden (ökologisches Ziel). Bis hierhin besteht Zielharmonie. Die gewünschten Farben sind aber teurer und erfordern eine längere Trockenzeit der lackierten Möbel. Dadurch entstehen höhere Kosten, die den Gewinn des Unternehmens schmälern (wirtschaftliches Ziel). Hierdurch entsteht ein Zielkonflikt.

● Unternehmensplanung als Instrument zur Zielerreichung

Um die vielfältigen Maßnahmen zur Erreichung der Unternehmensziele zu realisieren, erstellt das Management **kurz-, mittel- und langfristige Pläne**. Ein wichtiges Instrument zur Zielerreichung ist somit eine flexible Unternehmensplanung. Nur wenn eine Unternehmensleitung weiß, was sie will, kann sie Maßnahmen ergreifen, um die gesetzten Ziele zu erreichen. Grundlage jeder Planungsarbeit sind Informationen und Daten. Bei marketingorientierten Unternehmen sind das die Daten des jeweiligen Marktes.

Beispiele
- **Marktdaten des Absatzmarktes:** Anzahl der möglichen Kunden (Abnehmer), Verhalten der Abnehmer (Modetrends), Bereitschaft zu Investitionen, Kaufkraft der Abnehmer usw.
- **Marktdaten des Beschaffungsmarktes:** Anzahl der Lieferer für bestimmte Produkte, Lieferungs- und Zahlungsbedingungen, Einkaufspreise usw.
- **Marktdaten des Personal- bzw. Arbeitsmarktes:** Anzahl und Qualifikation der benötigten Mitarbeiter je Abteilung oder Gruppe, Gehaltstarife, Arbeitszeiten usw.
- **Marktdaten des Finanzmarktes (Geld- und Kapitalmarkt):** Zinssätze der Banken für Kredite und Einlagen usw.

REWE

Die Mitarbeiter der einzelnen Unternehmensbereiche, z. B. Abteilungen, Filialen usw., tragen durch ihre Arbeit dazu bei, die Pläne zu erfüllen. Aufgabe des Managements ist dabei, Abweichungen zu erkennen und nach einer Ursachenforschung Maßnahmen zur Korrektur einzuleiten, damit die angestrebten Ziele erreicht werden und das Unternehmen weiter erfolgreich auf dem Markt bestehen kann.

● Arten von Unternehmen

Je nach der erbrachten Leistung, dem Verwendungszweck der Leistung, dem Wirtschaftszweig und den betrieblichen Zielen können Unternehmen in verschiedene Arten eingeteilt werden.

◆ Art der erbrachten Leistung

Sachleistungsbetriebe	Maschinenfabriken, Möbelfabriken, Bergbau, Schreinereien
Dienstleistungsbetriebe	Groß- und Einzelhandel, Banken, Versicherungen, Verkehrsbetriebe, Reinigungsunternehmen, Speditionen, Steuerberater

◆ **Verwendungszweck der Leistungen**

Konsumgüterbetriebe	Betriebe, die Güter herstellen, die von privaten Haushalten zum Ge- oder Verbrauch gekauft werden (Lebensmittel, Elektrogeräte, Möbel)
Produktivgüterbetriebe (Investitionsgüterbetriebe)	Betriebe, die Güter herstellen, die von anderen Unternehmen zu ihrer eigenen Leistungserstellung gekauft werden (Maschinen, Büromöbel)

◆ **Wirtschaftszweig**

Industriebetriebe	– **Grundstoffindustrie** (Elektrizitätswerke, Bergbau, Erdölraffinerien) – **Investitionsgüterindustrie** (Maschinenbau, Fahrzeugbau, Stahlwerk) – **Konsumgüterindustrie** (Nahrungs- und Genussmittel-, Textilindustrie)
Handwerksbetriebe	Bäckerei, Friseur, Uhrmacherei, Dachdeckerei, Kfz-Reparaturbetrieb
Handelsbetriebe	– **Großhandel** bezieht Güter von Herstellern und verkauft sie an den Einzelhandel und Großverbraucher – **Einzelhandel** verkauft Güter an den Endverbraucher – **Außenhandel** importiert aus anderen Staaten Güter oder exportiert sie in andere Staaten
Verkehrsbetriebe	Speditionen, Reedereien, Deutsche Bahn AG, Lufthansa
Kreditinstitute	Banken, Sparkassen
Versicherungsbetriebe	Lebensversicherungen, Sachversicherungen
Sonstige Dienstleister	Steuerberater, Makler, Unternehmensberater, Werbeagenturen

◆ **Zielsetzung**

Erwerbswirtschaftliche Betriebe	Ziel ist die Erwirtschaftung von **Gewinn** (Bürodesign GmbH)
Gemeinwirtschaftliche Betriebe	Ziel ist die Versorgung der Bevölkerung mit Gütern und Dienstleistungen, wobei lediglich **Kostendeckung** und keine Gewinnerzielung angestrebt wird. (Städtische Straßenbahn, kommunales Wasserwerk)

Unternehmensziele und Arten von Unternehmen

■ **Zielsystem von Unternehmen**

Sachziele	Wirtschaftliche Ziele	Soziale Ziele	Ökologische Ziele
– Herstellen und Vertreiben von Sachgütern – Erbringen von Dienstleistungen	– Erwirtschaften von Gewinn – Kapitalverzinsung – Festigung und Ausweitung der Marktstellung	– Sicherung von Arbeitsplätzen – Menschengerechte Gestaltung von Arbeitsplätzen – Soziale Verantwortung	– Verantwortungsbewusster Umgang mit Ressourcen – Vermeidung von Umweltbelastungen

■ Betriebliche Ziele können sich gegenseitig behindern (**Zielkonflikt**) oder günstig beeinflussen (**Zielharmonie**).

■ **Arten von Betrieben**

Art der erbrachten Leistungen	Verwendungszweck der Leistungen	Wirtschaftszweig	Zielsetzung
– Sachleistungsbetriebe – Dienstleistungsbetriebe	– Konsumgüterbetriebe – Produktivgüterbetriebe (Investitionsgüterbetriebe)	– Industriebetriebe – Handwerksbetriebe – Handelsbetriebe – Verkehrsbetriebe – Kreditinstitute – Versicherungsbetriebe – sonstige Dienstleistungsbetriebe	– erwerbswirtschaftliche Betriebe – gemeinwirtschaftliche Betriebe

1. Formulieren Sie das Sachziel Ihres Ausbildungsbetriebes.

2. Erstellen Sie eine Liste der wirtschaftlichen Ziele Ihres Ausbildungsbetriebes und vergleichen Sie Ihr Ergebnis mit dem Ihrer Mitschüler.

3. Formulieren Sie soziale Ziele für ein Unternehmen aus der Sicht des Arbeitnehmers.

4. Erstellen Sie einen Katalog von ökologischen Zielen für Ihren Ausbildungsbetrieb und erläutern Sie, wie diese Ziele erreicht werden können.

5. Nehmen Sie Stellung zu der These: „Ökologische und soziale Ziele lassen sich nicht mit wirtschaftlichen Zielen vereinbaren. Der Zielkonflikt ist nicht lösbar."

6. Ordnen Sie die Ausbildungsbetriebe Ihrer Klasse den verschiedenen Arten von Unternehmen zu.

7. Formulieren Sie für folgende Arten von Betrieben jeweils ein Beispiel:
   a) erwerbswirtschaftlicher Sachleistungsbetrieb,
   b) gemeinwirtschaftlicher Dienstleistungsbetrieb,
   c) Industriebetrieb, der auch Dienstleistungen anbietet,
   d) Konsumgüterbetrieb als Handwerksbetrieb.

3.2 Betriebliche Grundfunktionen

Die Auszubildenden des Berufsbildes „Bürokaufmann/Bürokauffrau" der Bürodesign GmbH beschweren sich bei Frau Friedrich: „In unserer Berufsschulklasse sitzen Auszubildende aus Versicherungs-, Großhandels-, Handwerksbetrieben und von der Stadtverwaltung. Wir sind die Einzigen, die bei einem Industriebetrieb beschäftigt sind! Wie können denn so unterschiedliche Betriebe für den gleichen Beruf ausbilden?" Frau Friedrich antwortet: „Bei allen Betrieben sind die Grundfunktionen gleich, deshalb sind auch Auszubildende aus verschiedenen Wirtschaftszweigen in einer Klasse."

Arbeitsaufträge
◆ Stellen Sie fest, welche betrieblichen Grundfunktionen es gibt.
◆ Erläutern Sie diese Grundfunktionen mit Beispielen aus Ihrem Ausbildungsbetrieb.

Durch den betrieblichen Leistungsprozess werden die betrieblichen Ziele verwirklicht. Der betriebliche Leistungsprozess aller Betriebe vollzieht sich in drei Stufen: Beschaffung, Produktion, Absatz. Diese Stufen können durch den Einsatz von Lagern verbunden sein, die mengenmäßige Schwankungen im Beschaffungs-, Produktions- und Absatzprozess ausgleichen sollen.

● Beschaffung der Produktionsfaktoren

Auf dem Beschaffungsmarkt werden die Mittel zur Leistungserstellung beschafft. Dies sind die **betrieblichen Produktionsfaktoren**. Bei der Beschaffung werden die Instrumente des Beschaffungsmarketing (vgl. S. 182 ff) eingesetzt.

Produktionsfaktoren	Erläuterungen	Beispiele
Arbeitskräfte	– Leitende Arbeit – Ausführende Arbeit	Geschäftsführer, Abteilungsleiter Verkäufer, Lagerarbeiter
Betriebsmittel	Sie werden über einen längeren Zeitraum genutzt	Maschinen, Fuhrpark, Werkzeuge
Werkstoffe	Sie werden zur Herstellung der Sachleistungen benötigt: – Rohstoffe (Hauptbestandteile von Produkten) – Hilfsstoffe (Nebenbestandteile von Produkten) – Betriebsstoffe (Keine Bestandteile von Produkten)	Bei der Schreibtischherstellung: Spanplatten, Stahlrohre, Holz Farbe, Leim Energie, Schleifpapier

Einige Produktionsfaktoren sind lagerfähig. Sie werden in Eingangslagern bzw. Vorratslagern bis zu ihrem Verbrauch gelagert.

Beispiele
– Die Bürodesign GmbH beschafft Roh-, Hilfs- und Betriebsstoffe und lagert sie, bis sie in den Produktionsabteilungen benötigt werden.
– Eine Bank als Dienstleistungsbetrieb beschafft Büromaterial (Papier, Druckerbänder, Toner für Fotokopierer usw.) und lagert es, bis es von den einzelnen Abteilungen angefordert wird.
– Ein Handelsunternehmen lagert seine Waren, bis sie an die Kunden verkauft bzw. ausgeliefert werden.

● Produktion (Leistungserstellung)

Aus der Kombination von betrieblichen Produktionsfaktoren, von Informationen über die Märkte und der Nutzung von Rechten (Lizenzen, Patente) entstehen betriebliche Leistungen. Hierzu gehören **Sachleistungen** und **Dienstleistungen**.

Beispiel Die Bürodesign GmbH produziert Büromöbel (Sachleistung). Ferner berät sie Kunden bei der Einrichtung ihrer Büros, hält Ersatzteile bereit und liefert ihre Produkte mit eigenem Fuhrpark (Dienstleistungen) an den Kunden.

Sachleistungen können als unfertige (**Zwischenlager**) oder fertige Erzeugnisse (**Absatzlager**) gelagert werden, bis sie in den Absatz gelangen.

● Absatz (Leistungsverwertung)

Am Ende des betrieblichen Leistungsprozesses steht der Absatz (Verkauf) der erstellten Leistungen auf dem Absatzmarkt durch den Einsatz des **absatzpolitischen Instrumentariums** (vgl. S. 130 ff). Sachleistungsbetriebe können auf Vorrat produzieren und unterhalten hierzu Lager für fertige und unfertige Produkte. Ihre Leistungsverwertung folgt also zeitlich nach der Leistungserstellung. Dienstleistungen sind nicht lagerfähig, bei Dienstleistungsbetrieben erfolgt die Leistungserstellung deshalb zeitgleich mit dem Absatz.

● Zusammenwirken von Produktions- und Dienstleistungsbetrieben bei der Leistungserstellung

Im Wirtschaftsalltag sind Unternehmen aufeinander angewiesen. Sie tauschen Güter und Dienstleistungen aus, um ihre jeweiligen Ziele zu erreichen (**volkswirtschaftliche Arbeitsteilung**, vgl. S. 68f). Bei der Leistungserstellung arbeiten somit Sachleistungs- und Dienstleistungbetriebe unterschiedlicher Wirtschaftsstufen zusammen. Die auf dem Markt angebotenen Sach- und Dienstleistungen des einen Unternehmens können Beschaffungsobjekte von anderen Unternehmen sein. Hierdurch entsteht ein weites Netz des Güteraustausches und der Arbeitsteilung.

Beispiel   Damit die Bürodesign GmbH das Regalsystem „Wikinger" herstellen kann, werden verschiedene Güter- und Dienstleistungen benötigt. Somit sind letztlich auch verschiedene Sach- und Dienstleistungsbetriebe aus unterschiedlichen Wirtschaftszweigen mittelbar an der Herstellung eines Regals beteiligt.

Das Zusammenwirken von Produktions- und Dienstleistungsbetrieben wird als **volkswirtschaftliche Arbeitsteilung** bezeichnet und ist eine Folge der Spezialisierung von Betrieben auf bestimmte Märkte. Wurden zwischen Staaten Produktions- und Dienstleistungen (Außenhandel) ausgetauscht, so kommt es zur **internationalen Arbeitsteilung** (vgl. S. 70).

Hilfsstoffe
Chemische Industrie
(Farben, Leime),
Furnierwerk,
Schraubenfabrik

Betriebsstoffe
Wasser-,
Elektrizitätswerk, Raffinerien
(Öle, Schmierstoffe), Hersteller
von Schleifmitteln,
Papierwerk (Verpackung,
Büromaterial)

Rohstoffe
Forstwirtschaft,
Sägewerk,
Holzgroßhandel

BÜRODESIGN GMBH
Herstellung des Regals „WIKINGER"

Betriebsmittel
Erz-, Kohlebergwerk,
Stahlwerk, Walzwerk,
Maschinenfabrik, Werkzeug-
hersteller, Computerhersteller,
Elektroindustrie,
Kfz-Hersteller

Dienstleistungen
Großhandel, Transport
unternehmen, Werbeagentur, Steuerberater,
Software-Entwickler, Druckerei (Prospekte,
Kataloge), Reparaturwerkstätten (Kfz, Maschinen),
Agentur für Arbeit, Personalleasingunternehmen,
Banken (Zahlungsverkehr, Finanzierung),
Versicherung, Immobilienmakler,
Telekom (Telefon, Fax)
Deutsche Post AG (Briefe, Pakete)

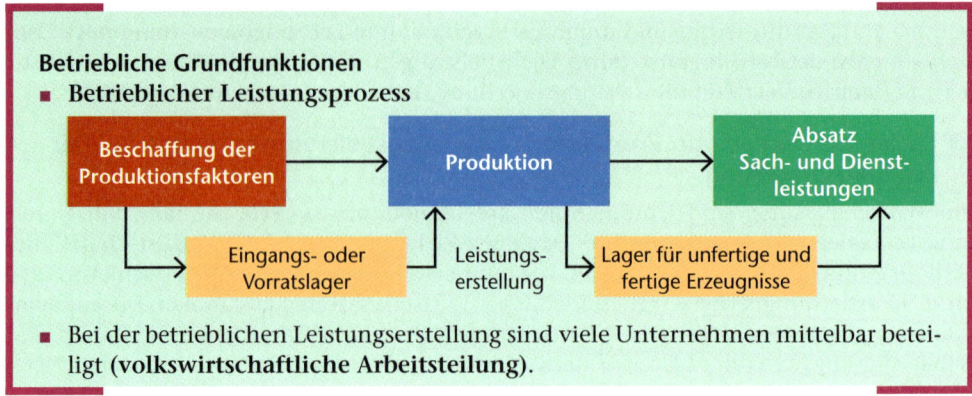

Betriebliche Grundfunktionen
- **Betrieblicher Leistungsprozess**

Beschaffung der Produktionsfaktoren → Produktion → Absatz Sach- und Dienstleistungen

Eingangs- oder Vorratslager → Leistungserstellung → Lager für unfertige und fertige Erzeugnisse

- Bei der betrieblichen Leistungserstellung sind viele Unternehmen mittelbar beteiligt (**volkswirtschaftliche Arbeitsteilung**).

1. Beschreiben Sie den Leistungsprozess Ihres Ausbildungsbetriebes.
   a) Erstellen Sie eine Liste aller Produktionsfaktoren, die in Ihrem Ausbildungsbetrieb beschafft werden.
   b) Fertigen Sie eine Aufstellung aller Sach- und Dienstleistungen an, die von Ihrem Ausbildungsbetrieb erstellt und auf dem Absatzmarkt angeboten werden.
   c) Beschreiben Sie die Bedeutung der Funktion „Lager" in Ihrem Ausbildungsbetrieb.

2. Erläutern Sie an zwei selbst gewählten Beispielen, weshalb die betrieblichen Grundfunktionen sowohl in Sachleistungs- als auch in Dienstleistungsbetrieben vorkommen.

3. Zu welchem Produktionsfaktor zählen in der Bürodesign GmbH?
   a) Lagerregale
   b) Ersatzteile   f) vollautomatische Lackiermaschine
   c) Handelswaren   g) Meister
   d) Schmieröl   h) Auszubildender
   e) Schraubenzieher   i) Computer-Software

4. Erläutern Sie am Beispiel einer Bank, dass in einem Dienstleistungsunternehmen Leistungserstellung und -absatz gleichzeitig stattfinden.

5. Erläutern Sie das Zusammenwirken von verschiedenen Produktions- und Dienstleistungsbetrieben am Beispiel der Herstellung eines Bleistiftes.

3.3   Leistungserstellung in Produktionsbetrieben

Bei der Bürodesign GmbH geht eine Anfrage eines großen Dentallabors über die Sonderanfertigung für eine Schrankwand ein. Von den Maßen und den gewünschten Materialien weicht die Schrankwand von den serienmäßig angebotenen Produkten der Bürodesign GmbH völlig ab. Obwohl das Dentallabor bereits seit mehreren Jahren Kunde der Bürodesign GmbH ist und das Auftragsvolumen beträchtlich wäre, entscheidet die Geschäftsführung nach Rücksprache mit der Produktionsleitung, dem Kunden eine Absage zu erteilen. Der Außendienstmitarbeiter, der diesen Auftrag eingeholt hat, ist wütend: „Schafft unsere Produktionsabteilung nicht einmal eine Sonderanfertigung? Können die nur ihre Standardprodukte fertigen? Mit gutem Willen wären die Maschinen doch umzurüsten!"

Darauf antwortet der Produktionsleiter: „Wir sind auf Sorten- und Serienfertigung eingestellt, selbst mit bestem Willen können wir uns Einzelfertigungen nicht erlauben. Der Wunsch Ihres Kunden ist so, als ob er von einem Pkw-Produzenten verlangt, mal nebenbei einen Traktor herstellen zu lassen!"

Arbeitsaufträge

◆ Finden Sie heraus, welche Fertigungsverfahren angesprochen werden.
◆ Erstellen Sie eine Liste der Vor- und Nachteile der Einzel- und Mehrfachfertigung.

● Fertigungsverfahren (Produktionstypen)

Hinsichtlich der Menge der gleichartigen Erzeugnisse und der Wiederholung des Fertigungsvorgangs wird in folgende Produktionstypen unterschieden:

Produktionstyp	Erläuterungen	Beispiele
Einzelfertigung	Jedes Erzeugnis wird nur ein einziges Mal hergestellt, es ist also ein Unikat.	Sonderanfertigung eines Schreibtisches mit Schnitz- und Intarsienarbeiten, Maßanzug, Kleid vom Schneider
Mehrfachfertigung	Erzeugnisse werden mehrfach hergestellt.	
Serienfertigung	Mehrere Erzeugnisse mit gleichen Roh-, Hilfs- und Betriebsstoffen werden gemeinsam als Serie hergestellt. Wird die Serie verändert, so werden Maschinen umgerüstet und gegebenenfalls einzelne Bauteile des Produktes verändert.	– **Großserien:** Automobilproduktion, Herstellung von Computern – **Kleinserien:** Maschinenanlagen, Fernsehkameras
Sortenfertigung	Von der Zusammensetzung her gleichartige Erzeugnisse werden mit geringen Variationen in verschiedenen Sorten produziert. Die Änderung einer Sorte führt nicht zu Umrüstungen der Maschinen.	– Brauerei mit den Sorten Pils, Starkbier, Light-Bier, alkoholfreies Bier – Farben mit verschiedenen Tönungen
Massenfertigung	Über einen längeren Zeitraum wird ein Produkt in großen Stückzahlen hergestellt.	– Elektrizitätswerk – Herstellung von Schrauben

● Organisationstypen der Fertigung

Bei der industriellen Fertigung ist der organisatorische Ablauf der einzelnen Produktionsschritte zu planen und festzulegen. Dabei kommt es darauf an, dass der Einsatz der Betriebsmittel und der Durchlauf der Werkstücke durch die einzelnen Arbeitsplätze der Fertigung so organisiert ist, dass

◆ die **Durchlaufzeiten** so kurz wie möglich sind,
◆ die **innerbetrieblichen Transporte** möglichst gering sind,
◆ die **Kapazitäten der Maschinen** möglichst optimal ausgelastet werden,
◆ der **Personaleinsatz** flexibel gestaltet wird.

Nur so kann ein reibungsloser Ablauf der Produktion garantiert werden. Hierzu gibt es verschiedene Organisationstypen der Fertigung:

Organisationstypen	Erläuterungen	Beispiele
Werkstattfertigung	Gleichartige Arbeitsgänge werden räumlich in einer Werkstatt zusammengefasst. Hier befinden sich gleichartige Maschinen und Werkzeuge und alle zusammengehörigen Arbeiten werden in dieser Werkstatt vollzogen. Das Werkstück wird von Werkstatt zu Werkstatt transportiert.	– **Produktion einer Empfangstheke:** Schreinerei, Bohrerei, Lackiererei, Montage
Gruppenfertigung	Verschiedene Mitarbeiter bilden eine Gruppe. Sie fertigen mit unterschiedlichen Maschinen und Werkzeugen ein Erzeugnis. Die Gruppe ist für Planung, Personal- und Maschineneinsatz sowie für die Kontrolle und Qualitätssicherung eigenverantwortlich.	– **Schreibtischproduktion:** In einer Gruppe werden alle Arbeitsgänge bis zur Fertigmontage zusammengefasst.
Fließfertigung	Die Werkstücke werden auf einem Fließband an die einzelnen Arbeitsstationen (Mitarbeiter) in bestimmten Zeittakten transportiert. Die Mitarbeiter vollziehen nur wenige, stets gleich bleibende Handgriffe. Der Produktionsprozess ist somit in kleinste Arbeitstakte zergliedert.	– **Bürostuhlproduktion:** Ein Fließband wird in einem bestimmten Zeittakt an den verschiedenen Arbeitsplätzen vorbeigeführt, wo jeweils nur wenige Handgriffe an dem Werkstück ausgeführt werden.
Vollautomatische Fertigung	Weitgehend ohne menschliche Arbeitskraft werden Güter von maschinellen Anlagen produziert (Roboter).	– **Regalproduktion:** Holzplatten werden in die Maschinenanlage eingeführt, der Zuschnitt der einzelnen Elemente, Grundieren, Lackieren und Trocknen und Stapeln werden vollautomatisch durchgeführt.

Je höher der Anteil an Maschinen und maschinellen Anlagen (**Grad der Automation**) im Vergleich zum Anteil der menschlichen Arbeit ist, je mehr also der Produktionsfaktor Arbeit durch Betriebsmittel ersetzt wird, desto größer ist die Gefahr sozialer Konflikte, da Arbeitsplätze gefährdet werden.

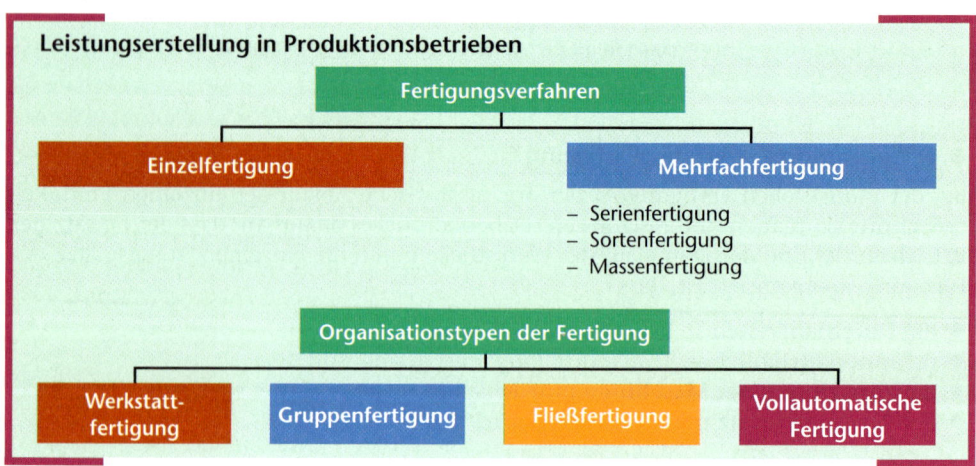

1.　Nennen Sie Betriebe mit ihren jeweiligen Produkten für
　　a) Einzelfertigung,　　　　　　　　　c) Sortenfertigung,
　　b) Serienfertigung,　　　　　　　　　d) Massenfertigung.

2.　Nehmen Sie Stellung zu der Aussage: „Einzelfertigung ist nur als Werkstattfertigung möglich."

3.　Beschreiben Sie, welche Gesichtspunkte bei der Organisation der Fertigung zu berücksichtigen sind.

4.　Erläutern Sie, welche Auswirkungen die Automation in der Fertigung auf ungelernte Arbeitskräfte und ausgebildete Fachkräfte haben kann.

5.　Welche der folgenden Aussagen treffen auf die verschiedenen Organisationstypen der Fertigung zu?
　　a) Werkstattfertigung　　　　　　　c) Fließfertigung
　　b) Gruppenfertigung　　　　　　　　d) vollautomatische Fertigung
　　1) Es werden verschiedene Maschinen und Werkzeuge an einem Arbeitsplatz eingesetzt.
　　2) Das Werkstück wird zu den verschiedenen Arbeitsplätzen auf einem Band transportiert.
　　3) Das Werkstück wird zu den verschiedenen Arbeitsplätzen transportiert.
　　4) Mehrere Mitarbeiter bearbeiten das Werkstück in einer Gruppe.
　　5) Der Mensch übernimmt nur noch Kontrollarbeiten.
　　6) Es wird nur in bestimmten kurzen Zeittakten gearbeitet.

3.4　Leistungserstellung in Dienstleistungsbetrieben

In der Berufsschule kommt es zu einer interessanten Diskussion. Die Auszubildenden der Bürodesign GmbH sind der Meinung, dass nur in einem Industriebetrieb eine echte Leistungserstellung möglich ist. Sie sagen: „Die Leistungserstellung in unserer industriellen Produktion führt zu konkreten Ergebnissen, z.B. Schreibtischen, Regalen, Stühlen. Aber wie sieht es mit der Leistungserstellung in einem Dienstleistungsbetrieb aus? Hier sieht man ja kein konkretes Ergebnis." Die Auszubildenden aus Handel-, Versicherungs- und sonstigen Dienstleistungsbetrieben wehren sich sofort: „Selbstverständlich erbringen wir auch Leistungen, letztlich wäre die gesamte Industrie ohne uns Dienstleister doch gar nicht möglich!"

Arbeitsaufträge
◆ Widerlegen Sie die Behauptung der Auszubildenden der Bürodesign GmbH.
◆ Beschreiben Sie den Leistungsprozess eines Dienstleistungsbetriebes.

Da der Dienstleistungssektor sehr unterschiedliche Leistungen erstellt, sind auch die Organisationsformen und die Arten der Leistungserstellung in diesen Betrieben sehr verschieden.

● Handelsbetriebe

Handelsbetriebe kaufen Güter in großen Mengen ein und verkaufen sie meist unverändert in kleineren Mengen. Die Dienstleistung für ihre Kunden besteht u.a. in den nachfolgenden Funktionen.

Funktionen	Erläuterungen
– Kundenberatung	Informationen über Eigenschaften und Verwendungsmöglichkeiten von Waren, über Produktneuerungen und Trends.
– Sortimentsbildung	Auswahl und Bereithaltung von Gütern nach kundenorientierten Gesichtspunkten (Markterschließung).
– Warenverteilung	Mengenausgleichsfunktion durch Einkauf großer Mengen und Verkauf in kundengerechten Mengen.
– Lagerhaltung	Bevorratung von Gütern in großen Mengen für Kunden mit geringer Vorratshaltung oder geringer Lagerkapazität.
– Raumüberbrückung	Ware wird in die Nähe des Verbrauchers gebracht.

Häufig übernehmen Handelsbetriebe zusätzliche Dienstleistungen für ihre Kunden, wie Finanzierung, **Garantie** und **Sachmängelhaftung** (vgl. S. 232) und Anlieferung von Waren.

◆ **Einzelhandelsbetriebe** kaufen bei Herstellern oder Großhändlern Ware ein und verkaufen sie an den Endverbraucher. Der Einzelhandel kommt in verschiedenen Vertriebsformen vor.

Beispiele
- **Ladenhandel:** Fachgeschäft, Warenhaus, Verbrauchermarkt, Einkaufszentrum
- **Ambulanter Handel:** Markthandel (Wochenmarkt, Flohmarkt)
- **Versandhandel:** Über Kataloge, Teleshopping, Internet

◆ **Großhandelsbetriebe** kaufen Waren von Herstellern und verkaufen sie an Einzelhändler oder Großabnehmer bzw. Wiederverkäufer.

◆ **Außenhandelsbetriebe** importieren Waren aus anderen Staaten bzw. exportieren Waren in andere Staaten. Sie übernehmen für den Hersteller den Absatz an ausländische Kunden und ermöglichen inländischen Kunden den Bezug von ausländischen Produkten.

Der **Leistungsprozess** von Handelsbetrieben besteht aus folgenden Stufen:

Leistungsstufen	Erläuterungen
– Erfassen von Kundenwünschen und Zusammenstellung eines Sortiments	Kundenbefragungen, Sammeln von Kundenwünschen, Festlegung des Sortiments
– Beschaffung von Waren	Verschaffen von Marktübersicht über benötigte Produkte, Ermitteln von Bezugsquellen, Kauf von Waren in benötigter Menge, zu günstigen Preisen, zu erforderlichen Terminen
– Lagerung von Waren	Berücksichtigung der Lieferbereitschaft und der Lagerkosten
– Beratung von Kunden und Verkauf	Information u.a. über Verwendungsmöglichkeiten der Ware, Preis usw.
– Service und Kundendienst	Auslieferung und Aufbau der Ware, Finanzierungshilfen usw.

● **Versicherungsbetriebe**

Versicherungsunternehmen übernehmen gegen Zahlung von Prämien Risiken (vgl. S. 297 ff). Ihr Leistungsprozess ist folgendermaßen organisiert:

Leistungsstufen	Erläuterungen
– Anwerben von Kunden (Akquisition)	Angestellte oder freiberufliche Versicherungsvertreter stellen bei Kunden den Versicherungsbedarf fest und beraten sie über die Absicherung möglicher Risiken.
– Antragsannahme und Antragsprüfung	Der Antrag des Versicherungsnehmers wird auf Vollständigkeit und Richtigkeit aller Angaben geprüft. Das Risiko des Schadensfalles wird untersucht und die Versicherungsprämie wird festgesetzt.
– Vertragsverwaltung	Die Versicherungsverträge werden verwaltet und die Daten bei Bedarf geändert (neue Anschrift eines Versicherungsnehmers, Erhöhung des Risikos und neue Prämienfestsetzung), Einzug der Versicherungsprämien
– Schadensregulierung	Im Schadensfall wird die Höhe des Schadens festgestellt und geprüft, ob die Versicherung zahlungspflichtig ist und die Schadenssumme an den Versicherungsnehmer überwiesen.

● Kreditinstitute

Das Leistungsangebot von Kreditinstituten ist sehr vielfältig. Hierzu gehört insbesondere

◆ die Abwicklung des **Zahlungsverkehrs** (vgl. S. 244 ff),
◆ die Beratung bei der Anlage von Vermögen,
◆ das Abwickeln von Wertpapiergeschäften an der Börse,
◆ die Beratung bei der Finanzierung von **Investitionen** (vgl. S. 348 ff),
◆ die Abwicklung von Auslandsgeschäften,
◆ die Vergabe von Krediten,
◆ die Vermittlung von Geschäftsbeziehungen,
◆ der Ankauf und Verkauf von ausländischen Zahlungsmitteln.

Bei ihrem **Leistungsprozess** sind die Kreditinstitute stark von gesamtwirtschaftlichen Strömungen abhängig. Deshalb ist eine zentrale Voraussetzung für ihre Leistungserbringung eine permanente Erfassung und Auswertung von Wirtschaftsdaten des In- und Auslandes. Ihr Leistungsprozess ist folgendermaßen organisiert:

Leistungsstufen	Erläuterungen
– Erfassen von Wirtschaftsdaten	Preisniveauentwicklungen, Wirtschaftswachstum, Arbeitslosenquote, wirtschaftspolitische Entscheidungen der Bundesregierung, Entwicklung des europäischen Binnenmarktes, Entwicklung von außenwirtschaftlichen Aktivitäten
– Aufbereitung und Auswerten der Wirtschaftsdaten	Feststellen von Trends in der Geldwertstabilität (vgl. S. 412 ff), Beurteilen und Vorhersagen von Entwicklungen (Branchen, Wirtschaftszweige, Auslandsaktivitäten)
– Beschaffung von Geld	Kurz-, mittel- und langfristige Einlagen von Anlegern durch Angebot von attraktiven Zinsen; Provisionen und Entgelte für Wertpapiergeschäfte und Beratungen; Erwirtschaften von Zinserträgen durch Anlage eigener liquider Mittel; Zinserträge durch Vergabe von Krediten.
– Kundengerechte Abwicklung der Dienstleistungen	Beratung bei der Geldanlage, Kleinkredite, Dispositionskredite (vgl. S. 249), Hypotheken (vgl. S. 369), Electronic Banking, Schalterverkehr, Zahlungsvereinfachungen bei halbbarer und bargeldloser Zahlung

● Öffentliche Verwaltung

Zur öffentlichen Verwaltung gehören Behörden (z. B. Stadtverwaltung) und öffentliche Betriebe (Städtische Müllabfuhr, Straßenbahn, Wasserwerk usw.). Sie erbringen für die Bürger Dienstleistungen, die z. T. von privaten Betrieben nicht erbracht werden können oder aufgrund gesetzlicher Bestimmungen nicht erbracht werden dürfen.

Beispiele

– Das Führen des **Handelsregisters** (vgl. S. 321) bei den Amtsgerichten ist eine öffentliche Aufgabe, die nicht von einem privaten Unternehmen geleistet werden kann.

– Die Finanzämter ziehen die **Steuern** (vgl. S. 293 ff) von natürlichen und juristischen Personen für Bund, Länder und Kommunen ein. Die entsprechenden Verfahren sind gesetzlich geregelt.

Der **Leistungsprozess** in der öffentlichen Verwaltung ist wegen der Vielzahl der verschiedenen Aufgaben bei den einzelnen Institutionen sehr unterschiedlich.

Beispiel **Leistungsprozess bei einer städtischen Müllabfuhr**

– Erfassen des Müllaufkommens in der Kommune

– Beratung der Bürger bei der Trennung von Abfall (Kunststoffe, Metalle, Glas, Papier usw.)

– Umweltgerechtes Deponieren des Restmülls

– Beratung der Bürger bei der Abfallvermeidung

– Abholung des Mülls beim Bürger (Entsorgung)

– Aufbereitung, Recycling und Verwertung der Abfälle

Leistungserstellung in Dienstleistungsbetrieben

■ Leistungsprozess von **Handelsbetrieben** (Groß- und Außenhandel, Einzelhandel)
- – Erfassen von Kundenwünschen
- – Zusammenstellung eines Sortiments
- – Beschaffung von Waren
- – Lagerung von Waren
- – Kundenberatung
- – Verkauf von Waren

■ Leistungsprozess von **Versicherungsbetrieben**
- – Anwerben von Kunden
- – Antragsannahme und Antragsprüfung
- – Vertragsverwaltung
- – Schadensregulierung

■ Leistungsprozess von **Kreditinstituten**
- – Erfassen von Wirtschaftsdaten
- – Aufbereiten und Auswerten der Wirtschaftsdaten
- – Kundengerechtes Abwickeln der Dienstleistungen
- – Beschaffung von Geld

■ Leistungsprozess der **öffentlichen Verwaltung** umfasst gesetzlich geregelte Aufgaben von Behörden für die Bürger.

---

1. Unterscheiden Sie die verschiedenen Formen der Handelsbetriebe.

2. Aus Ihrer persönlichen Erfahrung kennen Sie verschiedene Einzelhandelsbetriebe. Erstellen Sie eine Liste aller Dienstleistungen, die von diesen Betrieben angeboten werden.

3. Beschreiben Sie den Leistungsprozess
   a) eines Reisebüros, c) eines Steuerberaters, e) eines Immobilienmaklers,
   b) einer Spedition, d) eines Handwerksbetriebes, f) eines Industriebetriebes.

4. Geben Sie an, wodurch sich die Leistungsprozesse bei Kreditinstituten und Versicherungsbetrieben unterscheiden.

5. Beschreiben Sie den Leistungsprozess in der öffentlichen Verwaltung anhand eines eigenen Beispiels.

6. Beschreiben Sie den Leistungsprozess Ihres Ausbildungsbetriebes.

3.5　Ökologische Aspekte bei der Leistungserstellung

Die Bürodesign GmbH erhält von der Stadtverwaltung Aurich einen Brief, in dem eine Erhöhung der Gebühren für die Müll- und Abfallbeseitigung für das kommende Jahr angekündigt wird. Die Geschäftsleitung ist empört: „Die Stadt will künftig die Gebühren um 15 % erhöhen, außerdem sollen wir künftig unseren Müll sortieren und in gesonderten Behältern deponieren. Das führt bei uns zu höheren Kosten!", sagt Herr Stein. Frau Friedrich meint: „So schlimm ist das doch nicht, zu Hause sortieren wir unseren Abfall doch auch. Ich z. B. habe drei Mülltonnen, eine für Kunststoffe, eine für kompostierbare Abfälle und eine für Metall. Papier und Glas sammele ich getrennt und bringe es zu den entsprechenden Containern. In unserem Betrieb müssen wir auch so verfahren. Damit leisten wir einen Beitrag zur Verringerung der Belastung unserer Umwelt." „Das verstehe ich ja alles, aber dann sollten wir uns überlegen, wie wir Müll vermeiden können! Das fängt bereits bei der Beschaffung an und zieht sich durch den gesamten Leistungsprozess. Denn wenn die Abfallbeseitigung teurer wird, dann müssen diese Kosten durch Müllvermeidung eingespart werden."

Arbeitsaufträge

◆ Neben der Müllvermeidung bei der Beschaffung kann sich ein Industriebetrieb auf allen Stufen des Leistungsprozesses umweltverträglich verhalten. Geben Sie hierzu Beispiele an für den Produktions-, Lager- und Absatzbereich.

◆ Erarbeiten Sie Vorschläge des Recyclings und der Schadstoffvermeidung für die Bürodesign GmbH.

● Durchlaufstrategie

Die traditionelle Beschaffungspolitik eines Unternehmens betrachtete Beschaffungsobjekte ausschließlich als Input für den Produktionsprozess. Dabei wurde nicht daran gedacht, welche ökologischen Folgen die Beschaffung eines Gutes haben kann. Bei der Auswahl von Roh-, Hilfs- und Betriebsstoffen und der Entscheidung für Lieferer wurden allein produktionstechnische und wirtschaftliche Aspekte zugrunde gelegt. Die Auswahl von Betriebsmitteln und von Lieferanten berücksichtigte selten die Umweltverträglichkeit der Güter, ihrer Verpackung und ihrer Transportwege.

Beispiele

– Vor 30 Jahren bestellte die Bürodesign GmbH Produkte, ohne zu berücksichtigen, wie die Verpackungen zu entsorgen waren. Styropor und Kunststofffolien wurden mit den anderen Abfällen durch die städtische Müllabfuhr auf der Mülldeponie entsorgt. Dort lagern diese z. T. nicht abbaufähigen Materialien noch heute und belasten durch Gifte das Grundwasser und den Boden.

– Die Anlieferung der Rohstoffe erfolgt meist mit Lkw. Quer durch Deutschland fahren Lieferer, belasten die Luft durch Abgase und tragen zum Waldsterben bei. Ferner verbrauchen sie große Mengen an Treibstoff. Umweltverträgliche Anlieferungen, z. B. durch Bahnfracht, sind auch bei der Bürodesign GmbH erst seit kurzem ein wichtiges Auswahlkriterium für Lieferer.

Diese „**Durchlaufstrategie**" ist unter ökologischen Maßstäben nicht vertretbar.

> „Die jährlich in der Bundesrepublik Deutschland weggeworfene Menge Abfall füllt einen Güterzug von Berlin bis nach Zentralafrika, 250 Millionen Tonnen, darunter 40 Millionen Tonnen Hausmüll. Das bedeutet: Statistisch gesehen erzeugt jeder Bundesbürger – vom Säugling bis zum Greis – rund 365 kg Müll im Jahr (zum Vergleich: USA 864 kg; Niederlande 467 kg; Portugal 231 kg). Darunter sind ein Drittel Verpackungsabfälle. Seit 1950 hat sich der Verpackungsmüll in den alten Bundesländern vervierfacht.“

(Quelle: Presse- und Informationsamt der Bundesregierung: Umweltpolitik – Chancen für unsere Zukunft, Bonn.)

Unternehmen können durch gezielte Maßnahmen im Beschaffungsmarketing dazu beitragen, dass das Aufkommen von Müll reduziert wird und dass unvermeidbarer Müll entweder verwertet oder umweltverträglich entsorgt wird.

● Kreislaufstrategie

Bereits bei der Beschaffung von Gütern muss über deren ökologische Bedeutung nachgedacht werden. Statt einer „Durchlaufstrategie“ wird eine „Kreislaufstrategie“ verfolgt.

◆ Das **Kreislaufwirtschaftsgesetz** von 1994 legt hierzu Rahmenbedingungen und Ziele für einen Übergang von der Abfall- bzw. Durchlaufwirtschaft zu einer Kreislaufwirtschaft fest. Kern des Gesetzes sind verursachergerechte Pflichten zur Vermeidung, Verwertung und Beseitigung von Abfällen (§§ 5, 11 KreislWG). Die Wirtschaft soll lernen, künftig „vom Abfall her zu denken“. Dies bedeutet, dass

  ◆ Produkte nach ihrem Gebrauch **wiederverwendbar** sind

  ◆ nach einer Aufbereitung einem weiteren Produktionsprozess zugeführt werden können ( ) oder

  ◆ zur Energieerzeugung verwendbar sind (**thermische Verwertung**).

Dadurch entsteht ein **Kreislauf der Stoffe** und ein sparsamer Verbrauch von Ressourcen.

Beispiel Die Bürodesign GmbH verpflichtet sich, gebrauchte Büromöbel von ihren Kunden zurückzunehmen. Bei der Produktion wurde bereits darauf geachtet, dass ausschließlich recyclingfähiges Material verwendet wurde. Das Holz wird weiterverarbeitet, indem es als Rohstoff für die Herstellung von Spanplatten verwendet wird. Hierüber hat die Bürodesign GmbH mit ihrem Hauptlieferer für Spanplatten einen entsprechenden Vertrag abgeschlossen. Metalle, wie Schlösser, Beschläge, Schrauben und Scharniere, werden demontiert, sortiert und an Metallverwertungsbetriebe verkauft, die es einschmelzen und so eine Weiterverwendung ermöglichen.

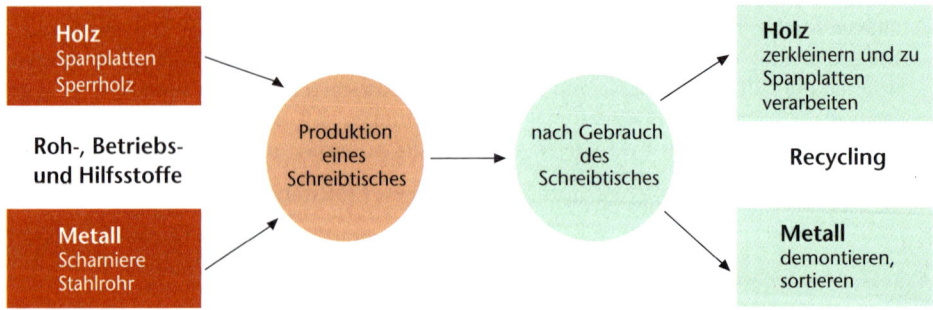

◆ Nicht nur die Roh-, Hilfs- und Betriebsstoffe müssen ökologisch vertretbar sein, auch deren Verpackung muss bei konsequenter Anwendung der Kreislaufstrategie recyclingfähig oder wiederverwendbar sein. Hierzu hat der Gesetzgeber durch Erlass der **Verpackungsverordnung** weitere Rahmenbedingungen geschaffen. Danach müssen Handel und Hersteller Verpackungen zurücknehmen und dem Recyclingprozess zuführen.

Beispiel Die Bürodesign GmbH hat als Bewertungskriterium für Lieferer den Aspekt der Verpackung in die Bewertungsliste aufgenommen. Bevorzugt werden Lieferer, die mehrfach verwendbare Verpackungen einsetzen, z. B. kleine Container. Verpackungsmaterial wie Holzwolle, Pappe usw. erhält den Vorzug gegenüber Kunststofffolien und Styropor. Auch die Entsorgung von Verpackungsmaterial wird berücksichtigt.

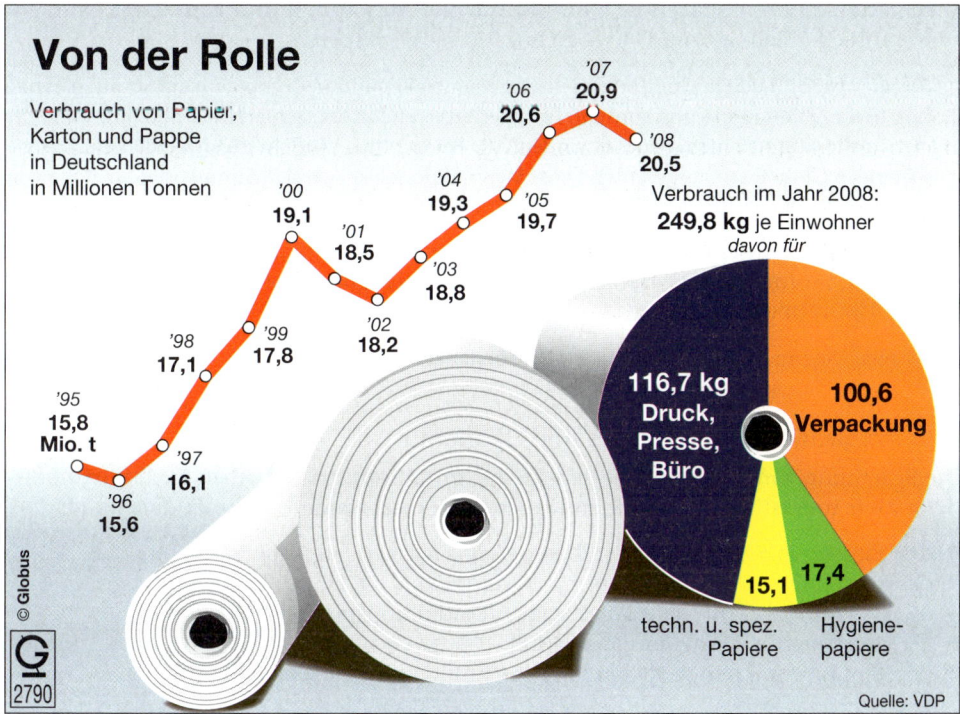

Von der Rolle

Verbrauch von Papier, Karton und Pappe in Deutschland in Millionen Tonnen

'07 **20,9**
'06 **20,6**
'08 **20,5**
'00 **19,1**
'04 **19,3**
'01 **18,5**
'05 **19,7**
'03 **18,8**
'99 **17,8**
'02 **18,2**
'98 **17,1**
'95 **15,8 Mio. t**
'97 **16,1**
'96 **15,6**

Verbrauch im Jahr 2008: **249,8 kg** je Einwohner *davon für*

116,7 kg Druck, Presse, Büro

100,6 Verpackung

15,1 techn. u. spez. Papiere

17,4 Hygienepapiere

© Globus

2790

Quelle: VDP

◆ Ein weiteres Gesetz zur Umweltvorsorge ist das **Gesetz über die Umweltverträglichkeitsprüfung (UVPG):**

§ 1 Gesetz über die Umweltverträglichkeitsprüfung: „Zweck dieses Gesetzes ist es, sicherzustellen, dass bei … (bestimmten) … Vorhaben … 1. die Auswirkungen auf die Umwelt frühzeitig und umfassend ermittelt, beschrieben und bewertet werden."

§ 2 Gesetz über die Umweltverträglichkeitsprüfung: „ … Die Umweltverträglichkeitsprüfung … (bezieht sich) … auf 1. Menschen, Tiere und Pflanzen, … 2. Boden, Wasser, Luft, Klima und Landschaft, 3. Kultur- und sonstige Sachgüter…"

◆ Das **Bundes-Immissionsschutzgesetz (BImSchG)** liefert Rechtsgrundlagen über die Vermeidung von Umweltbelastungen durch Luftverunreinigungen durch Abgase, Lärmbelästigung und Abwasserbelastung.

◆ Ökologische Aspekte im betrieblichen Leistungsprozess umfassen auch die Bewertung der **Transportmittel** für die Anlieferung der Materialien und die Auslieferung von fertigen Erzeugnissen. Die umweltverträgliche Bahnfracht ist bei langen Anfahrtswegen dem Lkw-Transport vorzuziehen. Im Rahmen des **Totalen Qualitätsmanagement (TQM, Total Quality Management)** unterziehen sich Unternehmen zunehmend auf freiwilliger Basis einer **Umweltbetriebsprüfung (Ökoaudit)**. Wird diese EU-Umwelt-Audit-Verordnung erfüllt, erhält das Unternehmen ein **Zertifikat** über die erfolgreiche Teilnahme.

◆ Bei Beschaffung und Einsatz von **Maschinen und Fahrzeugen** sind ebenfalls ökologische Aspekte zu berücksichtigen. Maschinen in der Produktion benötigen zum Betrieb meist elektrische Energie, Fahrzeuge benötigen Treibstoff. Durch gezielte Beschaffung **Energie sparender und abgasarmer Maschinen und Fahrzeuge** kann ein wesentlicher Beitrag zum Umweltschutz erbracht werden.

Beispiel   Die Bürodesign GmbH rüstet ihren gesamten Bestand an Computern auf Strom sparende Geräte um. Bildschirme und sonstige Peripheriegeräte schalten sich automatisch aus, wenn sie mehr als 15 Minuten nicht benutzt wurden. Alle Beleuchtungseinrichtungen werden mit Energie sparenden Glühbirnen ausgestattet. Diese Maßnahme erspart jährlich Stromkosten in Höhe von 2000,00 EUR und entlastet gleichzeitig das örtliche Elektrizitätswerk.

◆ Ein zusätzlicher Beitrag zur Umweltschonung ist die Nutzung **alternativer Energiequellen**. Sie entlasten die traditionelle Ernergieerzeugung (Kohle, Erdgas) und vermindern Umweltbelastungen.

Beispiele   Sonne (Solartechnik), Wind (Windräder zur Erzeugung von Strom), Wasser (Gezeitenkraftwerk), Biogasanlagen

● Verträglichkeit von Ökologie und Ökonomie

Die Beachtung von ökologischen Aspekten kann in Industriebetrieben auch **wirtschaftliche Ziele** unterstützen. Es können Kosten eingespart werden, insbesondere durch

◆ den Einsatz von wieder verwendbaren Verpackungen bei Anlieferung
◆ das Recycling von Abfallstoffen
◆ die Rückführung von Materialien in den Produktionsprozess
◆ die konsequente Vermeidung von Müll
◆ den Einsatz von Energie sparenden Maschinen und Fahrzeugen

Ökologische Aspekte bei der Leistungserstellung

■ Statt einer Strategie des **Materialdurchlaufs** sollte die Strategie des **Materialkreislaufs** beschritten werden. Hierbei ist zu beachten:
   – Recyclingfähigkeit (Wiederverwendbarkeit) von Material
   – Vermeidung umweltschädlicher Abfallstoffe
   – umweltgerechte Entsorgung von Verpackung und Materialresten
   – Einsatz umweltschonender Transportmittel bei der Beschaffung
   – Beschaffung von Energie sparenden und abgasarmen Maschinen und Fahrzeugen
■ **Gesetzliche Maßnahmen:** Kreislaufwirtschaftsgesetz, Verpackungsverordnung, Bundesemissionsschutzgesetz, Gesetz über die Umweltverträglichkeitsprüfung
■ **Ökologische** Ziele können **wirtschaftliche Ziele** unterstützen, u. a. durch **Kosteneinsparung**.

1. Finden Sie heraus, was mit dem Begriff „Ökologie" beschrieben wird. Verwenden Sie hierzu Lexika, Wörterbücher usw.

2. Erörtern Sie die traditionelle Beschaffungsstrategie des Materialdurchlaufs. Welche Gesichtspunkte werden hierbei besonders betont?

3. Beschreiben Sie die Strategie des Materialkreislaufs und erläutern Sie, weshalb ökologische Aspekte bei der Materialbeschaffung besonders wichtig sind.

4. „Die Verpackungsverordnung führt in Betrieben zu höheren Kosten!". Nehmen Sie kritisch Stellung zu dieser Aussage.

5. Bearbeiten Sie in Ihrer Klasse gruppenweise als **Projekt** das Thema „Ökologische Aspekte in der Schule". Präsentieren Sie Ihre Ergebnisse in einer Ausstellung in der Schule.
   Gruppe 1 „Materialien und Produkte": Erstellen Sie eine Liste aller Materialien und Produkte, die von Ihren Mitschülern für die Schule benötigt werden (Hefte, Schreibmaterial, Schultasche usw.). Bewerten Sie alle Materialien nach ökologischen Gesichtspunkten (Recyclingfähigkeit, Verpackung, Möglichkeiten zur Einsparung und Entsorgung usw.). Geben Sie zu allen Produkten Alternativen an, die umweltverträglicher als die bisher verwendeten sind.
   Gruppe 2 „Anfahrtswege": Untersuchen Sie die Anfahrtswege Ihrer Mitschüler und Lehrer zur Schule. Bewerten Sie sie unter ökologischen Aspekten. Überlegen Sie sich Alternativen, wie Anfahrten zur Schule durch Veränderung der Gewohnheiten unter ökologischen Gesichtspunkten verbessert werden können.
   Gruppe 3 „Müll": Untersuchen Sie das Müllaufkommen in Ihrer Schule unter folgenden Leitfragen: Wer verursacht Müll (Schüler, Lehrer, Verwaltung, Reinigungskräfte)? Welche Arten und Mengen an Müll „produziert" Ihre Schule in einem Jahr? Welche Möglichkeiten der Müllvermeidung und -verwertung können genutzt werden?
   Gruppe 4: „Energie": Untersuchen Sie, welche Energie Ihre Schule pro Jahr verbraucht! Berücksichtigen Sie Heizung, Licht, Wasserverbrauch usw. und führen Sie Möglichkeiten an, Energie einzusparen.

Wiederholung: Der betriebliche Leistungsprozess

Übungsaufgaben

1. Erläutern Sie, welche Sachziele folgende Unternehmen verfolgen.
   a) Bürodesign GmbH   e) Deutsche Bahn AG
   b) Reisebüro   f) Steuerberatungsbüro
   c) Telekom AG   g) Werbeagentur
   d) Kreissparkasse Aurich   h) Walzwerk

2. Entwickeln Sie einen Katalog von wirtschaftlichen Zielen, die von der Bürodesign GmbH verfolgt werden können.

3. Beschreiben Sie
   a) welche sozialen Ziele ein Unternehmen verfolgen kann,
   b) weshalb ein Unternehmen auf soziale Ziele nicht verzichten kann.

4. Erstellen Sie eine Liste von ökologischen Zielen für Ihren Ausbildungsbetrieb und einen Katalog von Maßnahmen, diese Ziele zu verfolgen.

5. Nennen Sie jeweils zwei Beispiele für Ziele, die sich gegenseitig ergänzen (Zielharmonie), und für Ziele, die in Konkurrenz zueinander stehen (Zielkonflikt). Geben Sie an, mit welchen Maßnahmen die Zielkonflikte gelöst werden können.

6. Beschreiben Sie mit Beispielen, auf welche Marktdaten die Bürodesign GmbH zurückgreifen muss, wenn sie mit dem Instrument der Unternehmensplanung ihre Zielerreichung durchführen möchte.

7. Nennen Sie jeweils drei Beispiele für folgende Betriebe:
    a) Sachleistungs-, Dienstleistungsbetrieb   b) Konsum-, Produktionsgüterbetrieb
    c) Industrie-, Handels-, Handwerksbetrieb   d) Erwerbs-, gemeinwirtschaftlicher Betrieb

8. Beschreiben Sie die einzelnen Stufen des Leistungsprozesses eines Industriebetriebes am Beispiel der Bürodesign GmbH. Gehen Sie dabei auf die Bedeutung von Eingangs-, Zwischen- und Absatzlager ein.

9. Erläutern Sie am Beispiel der Herstellung eines Schreibtisches das Zusammenwirken verschiedener Betriebe von der Urproduktion über Industrie bis zu Handels- und sonstigen Dienstleistungsbetrieben.

10. Geben Sie für die Bürodesign GmbH typische Produkte an, die
    a) in Einzelfertigung produziert werden können,
    b) in Serien-, Sorten-, Massenfertigung produziert werden können.

11. Sie haben die Wahl, als Mitarbeiter der Produktion in der Werkstattfertigung, der Gruppenfertigung oder der Fließfertigung eingesetzt zu werden.
    a) Begründen Sie, in welchem Organisationstyp Sie am liebsten eingesetzt würden.
    b) Bei welchem Organisationstyp werden an die Mitarbeiter die höchsten Anforderungen gestellt? Begründen Sie Ihre Antwort.
    c) Erläutern Sie, weshalb bei der vollautomatischen Fertigung die Gefahr sozialer Konflikte gegeben ist.

12. Beschreiben Sie den Leistungsprozess für folgende Dienstleistungsbetriebe:
    a) Reisebüro   c) Transportunternehmen
    b) Versicherungsbetrieb   d) Sparkasse

13. a) Erläutern Sie die unterschiedlichen Ansätze der „Durchlauf-" und der „Kreislaufstrategie".
    b) Geben Sie Beispiele aus der Bürodesign GmbH und Ihrem Ausbildungsbetrieb an für Maßnahmen, die Gedanken der Kreislaufstrategie umzusetzen.
    c) Beschreiben Sie, weshalb die Kreislaufstrategie unter ökologischen Gesichtspunkten in jedem Falle der Durchlaufstrategie vorzuziehen ist.

14. „Ökonomie und Ökologie stehen im Widerspruch zueinander." Sammeln Sie Argumente, um diese Aussage zu widerlegen.

Prüfungsaufgaben

1. Ordnen Sie die folgenden Stufen des Leistungsprozesses eines Industriebetriebes in der richtigen Reihenfolge an.
    a) Lagerung der Fertigerzeugnisse   e) Lagerung der halbfertigen Erzeugnisse
    b) Beschaffung der Produktionsfaktoren   f) Fertigungsstufe I
    c) Lagerung der Rohstoffe   g) Fertigungsstufe II
    d) Verkauf der Fertigerzeugnisse

2. Ordnen Sie die folgenden Maßnahmen (a bis f) den Beispielen (1. bis 3.) zu.
    a) Abfallvermeidung   d) Abfallbeseitigung
    b) Abfalltrennung   e) Energieeinsparung
    c) Recycling   f) Restmülldeponierung
    1) Im Betrieb werden für die Steuerung der Heizkörper Zeituhren und Raumthermostate
       eingebaut.
    2) Eine Papierfabrik verwendet zur Papierherstellung 50% Altpapier.
    3) Ein Betrieb verkauft seine Produkte nur noch ohne Verpackung.

3. Bei welcher Recycling-Maßnahme handelt es sich um Wiederverwertung?
    1) Eine leere Batterie wird als Sondermüll gelagert.
    2) Das Gewicht einer Getränkedose wird um 40 % gesenkt.
    3) Das in Containern gesammelte Altglas wird bei der Herstellung von neuen Flaschen
       verwendet.
    4) Das im Einzelhandel anfallende Altpapier wird zur Stromerzeugung in einer Müllver-
       brennungsanlage verbrannt.
    5) Leere Bierflaschen werden von der Brauerei zurückgenommen und nach der Reinigung
       wieder mit Bier gefüllt.

4. Welche der folgenden Aussagen kennzeichnet vollständig das Sachziel eines Automobil-
    herstellers?
    1) Herstellung von Kraftfahrzeugen
    2) Verkauf und Finanzierung von Kraftfahrzeugen
    3) Herstellung und Verkauf von Kraftfahrzeugen sowie Ersatzteilbevorratung
    4) Verkauf von Neufahrzeugen und Ankauf von Gebrauchtfahrzeugen
    5) Sicherung von Arbeitsplätzen

5. Ordnen Sie die Produkte (a bis e) den Fertigungsverfahren (1. bis 4.) zu.
    a) Personenkraftwagen   d) CD-ROM
    b) Maßanzug   e) Wegwerffeuerzeuge
    c) Produktion von Bier in drei Ausführungen
    1) Massenfertigung   3) Serienfertigung
    2) Sortenfertigung   4) Einzelfertigung

6. Ordnen Sie die Betriebe (1. bis 3.) den typischen Grundfunktionen (a bis f) zu.
    1) Handelsbetrieb   3) Industriebetrieb
    2) Versicherung   4) Kreditinstitut
    a) Abwicklung des Zahlungsverkehrs   d) Fertigung
    b) Sortimentsbildung   e) Devisenhandel
    c) Handel mit Wertpapieren   f) Risikoübernahme

7. Welche Funktionen haben Handelsbetriebe im Rahmen des volkswirtschaftlichen Leis-
    tungsprozesses?
    1) Produktion von Verbrauchs- und Gebrauchsgütern
    2) Anlage von Geld und Vermögen
    3) Erschließung neuer Rohstoffe
    4) Abwicklung von Zahlungsverkehr und Kreditwesen
    5) Markterschließung und Raumüberbrückung

8. Welche Tätigkeit ist eine Aufgabe des Einzelhandels?
    1) Verarbeitung von Fertigerzeugnissen   4) Lagerhaltung von Konsumgütern
    2) Verkauf an Wiederverkäufer   5) Herstellung von Verbrauchsgütern
    3) Verbrauch von Dienstleistungen

9. Welche Feststellung über die Fließfertigung ist richtig?
   1) Lange Wartezeiten zwischen den Arbeitsverrichtungen
   2) Hoher Kapitaleinsatz für die Investitionen
   3) Schwer zu überblicken und zu kontrollieren
   4) Schwierige Planung der Liefertermine
   5) Langsamer Durchlauf der Werkstücke

10. Sie sind in der Fertigungsabteilung der Bürodesign GmbH beschäftigt und haben das Fertigungsverfahren für neue Konferenzstühle zu planen. Welches Fertigungsverfahren liegt den ersten 1 000 Bürostühlen zugrunde?
    1) Serienfertigung   3) Auftragsfertigung   5) Massenfertigung
    2) Einzelfertigung   4) Sortenfertigung

11. Welche Vorteile hat der Großhandel 1) für Hersteller, 2) für den Einzelhandel?
    a) Sicherung kurzfristiger Belieferung   c) Entlastung der Vertriebsorganisation
    b) Kredithilfe durch Gewährung von   d) Erleichterung der Einkaufsorganisation
       kurzfristigen Zahlungszielen   e) Bereitstellung eines Sortimentes

12. Welche Definiton erläutert den Begriff Dienstleistungen?
    1) Dienstleistung ist eine andere Bezeichnung für Handel.
    2) Unter Dienstleistungen versteht man nur die Tätigkeiten, die von den Arbeitnehmern geleistet werden, die beim Bund, den Ländern oder den Kommunen beschäftigt sind.
    3) Unter Dienstleistungen versteht man nur die Tätigkeiten, die von Paketzustellern verrichtet werden.
    4) Zu den Dienstleistungen zählen die Tätigkeiten, die nicht nur auf die Produktion von Waren ausgerichtet sind.
    5) Zu den Dienstleistungen zählen nur die Tätigkeiten, die von Großhändlern getätigt werden.

13.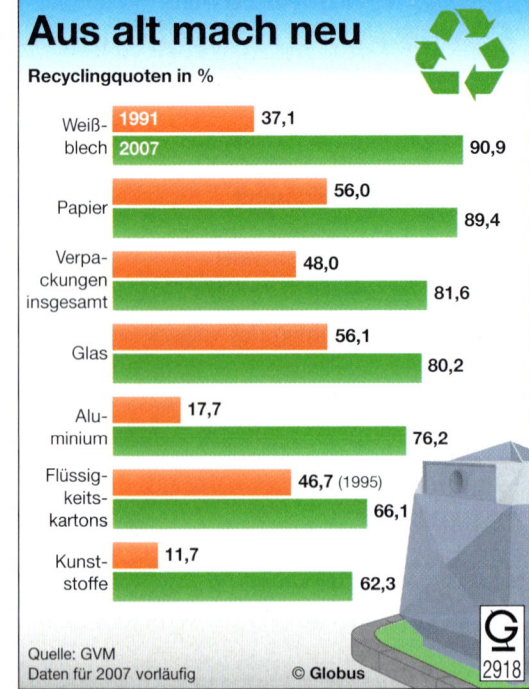

Die Recyclingquote hat sich in den vergangenen Jahren deutlich erhöht. Erörtern Sie, welche Ursachen Ihrer Meinung nach dabei eine Rolle spielen.

4 Rechtliche Grundlagen für das Funktionieren des Güter- und Geldstromes im Wirtschaftsprozess (Vertragsrecht)

4.1 Rechtsordnung

Die Bürodesign GmbH plant, ihr dreigeschossiges Verwaltungsgebäude um ein viertes Geschoss zu erweitern. Zu diesem Zweck reicht sie beim zuständigen Bauamt in Aurich einen Bauantrag ein. Nach drei Monaten erhält sie eine Ablehnung des Antrags, da die Bebauungsordnung nur eine dreigeschossige Bebauung zulässt. Hiergegen legt die Bürodesign GmbH Widerspruch ein. Auch dieser wird vom Bauamt abgelehnt. Geschäftsführer Stein ist verärgert. Er beauftragt Sven Braun, den Assistenten der Geschäftsleitung, beim Gericht gegen diesen Bescheid Klage einzureichen. Sven Braun geht zum Amtsgericht Aurich und will gegen den Bescheid des Bauamtes Klage einlegen. Ein Angestellter des Amtsgerichts lehnt die Entgegennahme der Klage jedoch ab.

Arbeitsaufträge
◆ Überlegen Sie, warum das Amtsgericht die Entgegennahme der Klage der Bürodesign GmbH ablehnt.
◆ Erstellen Sie ein Referat zum Thema „Die Rechtsordnung in Deutschland".

Das **Recht** soll die Ordnung im Zusammenleben der Menschen auf der Grundlage von Regeln sichern. In der **Rechtsordnung** ist das Verhalten des Staates und der Bürger zueinander geregelt. Diese Rechtsordnung umfasst eine Vielzahl von Regelungen, die sogenannten **Rechtsnormen**, die in Gesetzen und Verordnungen niedergelegt sind.
In der **Rechtsordnung unterscheidet man zwei Bereiche**, das öffentliche Recht und das Privatrecht.

● Öffentliches Recht

Es regelt die **Rechtsbeziehungen zwischen dem Staat (Bundesrepublik Deutschland), den öffentlichen Körperschaften (Länder, Gemeinden, Verwaltungsbehörden) und dem einzelnen Bürger**. Zum öffentlichen Recht gehören u. a.

◆ Staatsrecht (z. B. Grundgesetz)
◆ Verwaltungsrecht (z. B. Bau-, Gewerbe-, Schulordnung)
◆ Steuerrecht (z. B. Einkommensteuergesetz)
◆ Straf- und Prozessrecht (z. B. Strafgesetzbuch)
◆ Schulgesetz (SchulG)

Das öffentliche Recht wird vom **Grundsatz der Über- und Unterordnung** beherrscht, d. h., die Bundesrepublik Deutschland, die Länder und die Kommunen sind als übergeordnete Institutionen berechtigt, den ihnen untergeordneten Bürgern Steuern aufzuerlegen. Öffentliches Recht ist **somit zwingendes Recht**. Jeder Bürger muss sich diesem Recht unterwerfen.

Beispiele Ein Unternehmen stellt einen neuen Mitarbeiter ein und vereinbart mit diesem eine Kündigungsfrist von einer Woche. Laut Kündigungsschutzgesetz ist aber eine Kündigungsfrist von 30 Tagen vorgeschrieben. Die Vereinbarung verstößt gegen zwingendes Recht und ist somit ungültig.

◆ Im Interesse der Allgemeinheit werden dem einzelnen Bürger **Verbote** auferlegt.

Beispiele

> **Art. 12 GG** (1) Alle Deutschen haben das Recht, Beruf, Arbeitsplatz und Ausbildungs-
> stätte frei zu wählen …
> (2) Niemand darf zu einer bestimmten Arbeit gezwungen werden …
> **§ 242 StGB** (1) Wer eine fremde bewegliche Sache einem anderen in der Absicht weg-
> nimmt, dieselbe Sache sich rechtswidrig zuzueignen, wird mit Freiheitsstrafe bis zu
> fünf Jahren oder mit Geldstrafe bestraft.
> **§ 99 SchulG (NRW)** … (2) Im Übrigen ist Werbung, die nicht schulischen Zwecken
> dient, in der Schule grundsätzlich unzulässig …

◆ Neben den Verboten muss der einzelne Bürger **Gebote** (Pflichten) beachten.

Beispiele

> **Art. 12a GG** (1) Männer können vom vollendeten achtzehnten Lebensjahr an zum
> Dienst in den Streitkräften, im Bundesgrenzschutz oder in einem Zivilschutzverband
> verpflichtet werden.
> **§ 1 Einkommensteuergesetz** (1) Natürliche Personen, die im Inland einen Wohnsitz
> oder ihren gewöhnlichen Aufenthalt haben, sind unbeschränkt einkommensteuer-
> pflichtig …
> **§ 43 SchulG (NRW)** (1) Schülerinnen und Schüler sind verpflichtet, regelmäßig am
> Unterricht und an den sonstigen verbindlichen Schulveranstaltungen teilzunehmen.
> Die Meldung zur Teilnahme an einer freiwilligen Unterrichtsveranstaltung verpflichtet
> zur regelmäßigen Teilnahme mindestens für ein Schulhalbjahr.

Verstöße gegen Gebote und Verbote lässt der Staat durch seine Judikative (Gerichte)
verfolgen und ahnden. Streitigkeiten des öffentlichen Rechts werden durch die **Verwal-
tungsgerichte** entschieden.

● Privatrecht

Es regelt die **Rechtsbeziehungen der Bürger untereinander**, die sich als gleichberechtigte
Partner (**Grundsatz der Gleichordnung**) gegenüberstehen.
Privatrecht ist weitgehend **nachgiebiges Recht**, d.h., die Vertragspartner können ihre
Rechtsbeziehungen abweichend von den gesetzlichen Regelungen frei gestalten.

Beispiel Wurde zwischen einem Käufer und einem Verkäufer nichts über die Frachtkosten vereinbart,
dann hat nach § 448 BGB der Käufer die Kosten zu tragen. Vertraglich kann vereinbart werden, dass
der Verkäufer die gesamten Frachtkosten trägt.

Zum Privatrecht gehören u.a.:

◆ **Bürgerliches Recht:** Es enthält Vorschriften des Bürgerlichen Gesetzbuches (BGB) und
regelt die Rechtsbeziehungen der Bürger allgemein, wie Vertrags-, Familien-, Sachen-
und Eherecht.

Beispiel

> **§ 433 BGB** (1) Durch den Kaufvertrag wird der Verkäufer einer Sache verpflichtet, dem
> Käufer die Sache zu übergeben und das Eigentum zu verschaffen …
> (2) Der Käufer ist verpflichtet, dem Verkäufer den vereinbarten Kaufpreis zu zahlen
> und die gekaufte Sache abzunehmen.

◆ **Handels- und Gesellschaftsrecht:** Es enthält u. a. Vorschriften des Handelsgesetz-buches (HGB), des Gesellschafts-, Scheck-, Wertpapier- und Wettbewerbsrechts.

Beispiele

> **§ 84 HGB** (1) Handelsvertreter ist, wer als selbstständiger Gewerbetreibender ständig damit betraut ist, für einen anderen Unternehmer Geschäfte zu vermitteln oder in dessen Namen abzuschließen. Selbstständig ist, wer im Wesentlichen frei seine Tätigkeit gestalten und seine Arbeitszeit bestimmen kann.

◆ **Urheber- und Patentrecht** (vgl. S. 164): Es begründet die Ansprüche an Geisteswerken und aus Erfindungen.

Beispiele

> **§ 10 Patentgesetz** (1) Das Patent dauert zwanzig Jahre, die mit dem Tag beginnen, der auf die Anmeldung der Erfindung folgt.

Streitigkeiten des Privatrechts werden vor dem **Amts- oder Landgericht** entschieden.

● Gewohnheitsrecht

Jeder Bereich des öffentlichen Rechts und des Privatrechts enthält eine Fülle von Gesetzen. Einige Regeln und Normen sind jedoch nicht in Gesetzen geregelt, sondern durch Gewohnheit zur **Verkehrssitte, zum Brauch,** geworden. In diesen Fällen spricht man von Gewohnheitsrecht.

Beispiele
– Gewohnheitsrecht der Gemeinden über Straßenreinigung oder Streupflicht im Winter bei Eis- oder Schneeglätte;
– Handelsbräuche § 346 HGB „Unter Kaufleuten ist in Ansehen der Bedeutung und Wirkung von Handlungen … auf die im Handelsverkehre geltenden Gewohnheiten und Gebräuche Rücksicht zu nehmen", z. B. ein briefliches Angebot an einen Kunden gilt für die Dauer von etwa 5 Tagen (vgl. S. 196).

Rechtsordnung
- Der Staat schafft die Rahmenbedingungen für das Zusammenleben der Menschen durch die **Rechtsordnung**.
- Das **öffentliche Recht** regelt die Rechtsbeziehungen zwischen der öffentlichen Gewalt (Staat, Bund, Länder, Gemeinden) und dem einzelnen Bürger.
- Das **Privatrecht** regelt die Rechtsbeziehungen der einzelnen Bürger untereinander.
- **Gewohnheitsrecht:** Einige Regeln und Normen sind Verkehrssitte geworden.

---

1. Erläutern Sie, wodurch sich öffentliches Recht und Privatrecht unterscheiden.

2. Zählen Sie auf, welche Bereiche zum Privatrecht gehören.

3. Geben Sie jeweils zwei Beispiele für Gebote und Verbote, die den Bürgern vom Staat oder den öffentlichen Körperschaften auferlegt werden können.

4. „Privatrecht ist weitgehend nachgiebiges Recht". Erläutern Sie diese Aussage.

5. Listen Sie alle Gesetze auf, die Sie kennen, und ordnen Sie diese dem öffentlichen Recht und dem Privatrecht zu.

4.2 Rechtsgeschäfte, Willenserklärungen und Vertragsarten

Die Bürodesign GmbH benötigt zur Erweiterung ihrer Lagerkapazitäten einen zusätzlichen Lagerraum. Bei Durchsicht der Rubrik „Mietangebote für gewerbliche Lagerräume" im Auricher Stadt-Anzeiger findet Sven Braun eine Anzeige. Aus Sorge, dass ihm ein anderer Mieter zuvorkommen könnte, teilt er dem Vermieter Klaus Lage nach Besichtigung des Lagerraums telefonisch mit, dass die Bürodesign GmbH den Lagerraum zu den vereinbarten Konditionen mieten möchte. Einen Tag später wird der Mietvertrag mit einer Laufzeit von fünf Jahren unterschrieben, wobei eine Miete von 3 250,00 EUR pro Monat vereinbart wird. Zwei Tage später erhält Herr Braun von einem Immobilienmakler ein wesentlich günstigeres Angebot. Umgehend schreibt er dem Vermieter Lage, dass er kein Interesse mehr an dem Lagerraum habe, da ihm ein wesentlich günstigeres Angebot eines anderen Vermieters vorliege. Der Vermieter besteht aber auf der Einhaltung des Mietvertrages.

Arbeitsaufträge
◆ Überprüfen Sie, ob die Bürodesign GmbH von der getroffenen Mietvereinbarung zurücktreten kann, um das günstigere Angebot des Immobilienmaklers anzunehmen.
◆ Stellen Sie fest, welche Verträge Sie bisher abgeschlossen haben.

● Willenserklärungen und Rechtsgeschäfte

Rechtsgeschäfte, z. B. Mietverträge, kommen durch Willenserklärungen einer oder mehrerer Personen zustande. Unter einer **Willenserklärung** versteht man die rechtlich wirksame Äußerung einer geschäftsfähigen Person, durch welche bewusst eine Rechtsfolge herbeigeführt werden soll.

Beispiel Mietvertrag

Vermieter: *„Ich will diesen Lagerraum für 3 250,00 EUR pro Monat vermieten."* Mieter: *„Ich will diesen Lagerraum für 3 250,00 EUR mieten."*

Willenserklärungen können
◆ schriftlich,
◆ mündlich oder
◆ durch bloßes schlüssiges Handeln abgegeben werden.

> *Beispiel* Kauf einer Zeitung am Kiosk, ohne dass Käufer und Verkäufer miteinander reden.

● Arten von Rechtsgeschäften

Man unterscheidet **einseitige und zweiseitige Rechtsgeschäfte**.

◆ Bei den **einseitigen Rechtsgeschäften** ist die Willenserklärung **einer** Person erforderlich.

> *Beispiele* Abfassung eines Testaments, Mahnung, Kündigung eines Arbeitsvertrages.

Einseitige Rechtsgeschäfte können empfangsbedürftig oder nicht empfangsbedürftig sein. Zu den **nicht empfangsbedürftigen Rechtsgeschäften** zählen die Aufgabe eines Eigentumsanspruchs und das Testament, d. h., die Willenserklärung einer Person ist hier gültig, ohne dass sie einer anderen Person zugegangen sein muss.

Beispiel Als beim Tennisschläger von Sven Braun mehrere Saiten reißen, lässt er den Schläger in einem Mülleimer auf dem Tennisplatz zurück. Heinz, der dies sieht, nimmt den Tennisschläger an sich und lässt ihn neu bespannen. Später sieht Sven den reparierten Schläger und wirft Heinz vor, er habe sich sein Eigentum angeeignet. Er verlangt den Schläger zurück. Heinz lehnt dieses ab, da Sven in dem Moment seinen Eigentumsanspruch an dem Schläger aufgegeben hat, als er ihn in den Mülleimer geworfen hat.

Zu den **empfangsbedürftigen Rechtsgeschäften** zählen die Kündigung eines Arbeitsvertrages, die Anfechtung und die Mahnung. Die Willenserklärung wird erst dann wirksam, wenn sie einer anderen Person zugeht.

Beispiel Eine Auszubildende möchte innerhalb der Probezeit ihren Ausbildungsvertrag bei der Bürodesign GmbH kündigen. Sie muss dafür Sorge tragen, dass ihrem Arbeitgeber die Kündigung auch tatsächlich zugeht, da es sich um ein empfangsbedürftiges Rechtsgeschäft handelt. Es empfiehlt sich, die Kündigung per Einschreiben zu versenden.

◆ **Zwei- oder mehrseitige Rechtsgeschäfte (= Verträge)**, bei der die Willenserklärungen zweier oder mehrerer Personen erforderlich sind, werden nur durch **übereinstimmende Willenserklärungen** aller beteiligten Personen rechtswirksam (§ 151 BGB).

Alle Verträge haben gemeinsam, dass sie durch **Antrag und Annahme** zustande kommen. Die zuerst abgegebene Willenserklärung heißt Antrag, wobei sie von jedem Vertragspartner ausgehen kann. Die zustimmende Willenserklärung nennt man Annahme. Im Vertragsrecht gilt der **Grundsatz: Verträge müssen eingehalten werden.**

◆ Folgende **zweiseitigen Rechtsgeschäfte** (= Verträge), die im Wirtschaftsleben eine wichtige Rolle spielen, können unterschieden werden:

Vertragsart	Vertragsgegenstand	Beispiele aus der Praxis	Gesetzliche Regelung §§
– **Kaufvertrag**	Entgeltliche Veräußerung und Kauf von Sachen und Rechten (vgl. S. 112).	Die Bürodesign GmbH verkauft an die Bürobedarfsgroßhandlung Schneider & Co. OHG 20 Schreibtische.	BGB §§ 433–514
– **Mietvertrag**	Entgeltliche Überlassung von Sachen zum Gebrauch (vgl. S. 100).	Die Bürodesign GmbH mietet Büroräume.	BGB §§ 535–580
– **Leasingvertrag**	Mietvertrag, bei dem Leasingnehmer oft Kaufoption hat (vgl. S. 372).	Die Bürodesign GmbH least einen Farbkopierer von einem Büromaschinenhersteller.	BGB § 535 ff.
– **Leihvertrag**	Unentgeltliche Überlassung von beweglichen Sachen oder Grundstücken zum Gebrauch; Rückgabe derselben Sachen.	Die Bürodesign GmbH überlässt für zwei Wochen einem Großhändler einen Verpackungsbehälter.	BGB §§ 598–605

Vertragsart	Vertragsgegenstand	Beispiele aus der Praxis	Gesetzliche Regelung §§
– Pacht-vertrag	Entgeltliche Überlassung von Sachen zum Gebrauch und Fruchtgenuss.	Die Bürodesign GmbH pachtet ein Grundstück für die Abstellung des betriebseigenen Fuhrparks. Die sich auf dem Grundstück befindlichen Obstbäume dürfen von der Bürodesign GmbH abgeerntet werden.	BGB §§ 581–597
– Darlehens-vertrag (Kredit-vertrag)	Entgeltliche oder unentgeltliche Überlassung von (vertretbaren, vgl. S. 362) Sachen zum Verbrauch; Rückgabe gleichartiger Sachen	Die Bürodesign GmbH nimmt gegen Zahlung von 9 % Zinsen ein Darlehen für ein Jahr bei der Bank auf. Frau Helma Friedrich „leiht" sich bei ihrer Nachbarin zum Backen vier Eier. Am nächsten Tag bringt sie vier andere Eier zurück.	BGB §§ 607–610
– Reise-vertrag	Reiseveranstalter muss dem Reisenden als Leistung eine Reise erbringen.	Renate Becker bucht bei einem Reiseveranstalter eine 14-tägige Reise nach Mallorca.	BGB § 651a – k
– Arbeits-vertrag	Entgeltliche Leistung von Arbeitnehmern.	Die Bürodesign GmbH stellt einen neuen Mitarbeiter für die Polsterei ein.	BGB §§ 611–630
– Dienst-vertrag	Entgeltliche Leistung von Diensten.	Die Bürodesign GmbH nimmt die Leistung eines Rechtsanwalts in Anspruch, um gegen einen Kunden auf Zahlung des Kaufpreises zu klagen.	BGB § 611
– Berufsaus-bildungs-vertrag	Ausbildung in einem anerkannten Ausbildungsberuf (vgl. S. 27).	Die Bürodesign GmbH stellt eine Auszubildende für die Ausbildung zur Bürokauffrau ein.	BBiG §§ 3–16
– Werk-vertrag	Herstellung eines Werkes (= versprochener Erfolg) gegen Vergütung, zu dem der Besteller das Material liefert.	Die Bürodesign GmbH stellt einen Spezialschreibtischstuhl (= versprochener Erfolg) her, zu dem der Käufer den Lederbezugsstoff liefert.	BGB §§ 631–650
– Beförde-rungs-vertrag	Werkvertrag, mit der Verpflichtung, eine Beförderungsleistung zu erbringen (vgl. S. 168)	Die Bürodesign GmbH beauftragt einen Frachtführer mit der Lieferung von Büromöbeln an einen Kunden.	BGB § 631 HGB § 460
– Werkliefe-rungs-vertrag[1]	Herstellung eines Werkes gegen Vergütung, zu dem der Hersteller das Material liefert.	Die Bürodesign GmbH stellt eine Regalwand aus den von ihr beschafften Materialien her, die später beim Besteller eingebaut wird.	BGB § 651 BGB § 433 ff.
– Versiche-rungs-vertrag	Ersatz des Vermögensschadens bzw. Zahlung eines vereinbarten Betrags oder einer Rente nach Eintritt des Versicherungsfalls gegen vorherige Prämienzahlung.	Die Bürodesign GmbH versichert das Verwaltungsgebäude gegen Feuer.	§ 1 ff. Gesetz über den Versicherungsvertrag (VVG)

---

[1] Der Begriff „Werklieferungsvertrag" wir im § 651 BGB nicht mehr genannt, wird aber hier weiterverwendet, da sich inhaltlich nichts geändert hat.

Vertragsart	Vertragsgegenstand	Beispiele aus der Praxis	Gesetzliche Regelung §§
– Gesell-schafts-vertrag	Regelung der Zusammenarbeit von Gesellschaftern in einem Unternehmen.	Die Bürodesign GmbH hat in ihrem Gesellschaftsvertrag die Zuständigkeiten der beiden Gesellschafter Stein und Friedrich geregelt.	BGB §§ 705–740 AktG § 16 GmbHG § 2 usw.
– Schen-kungs-vertrag	Unentgeltliche Zuwendung aus dem Vermögen des Schenkers zur Bereicherung des Beschenkten.	Geschäftsführer Stein schenkt dem Kinderheim in Aurich sechs Bürostühle.	BGB § 516 ff.

Rechtsgeschäfte, Willenserklärungen und Vertragsarten
- **Rechtsgeschäfte** kommen durch Willenserklärungen zustande.
- **Willenserklärungen** können schriftlich, mündlich und stillschweigend abgegeben werden.

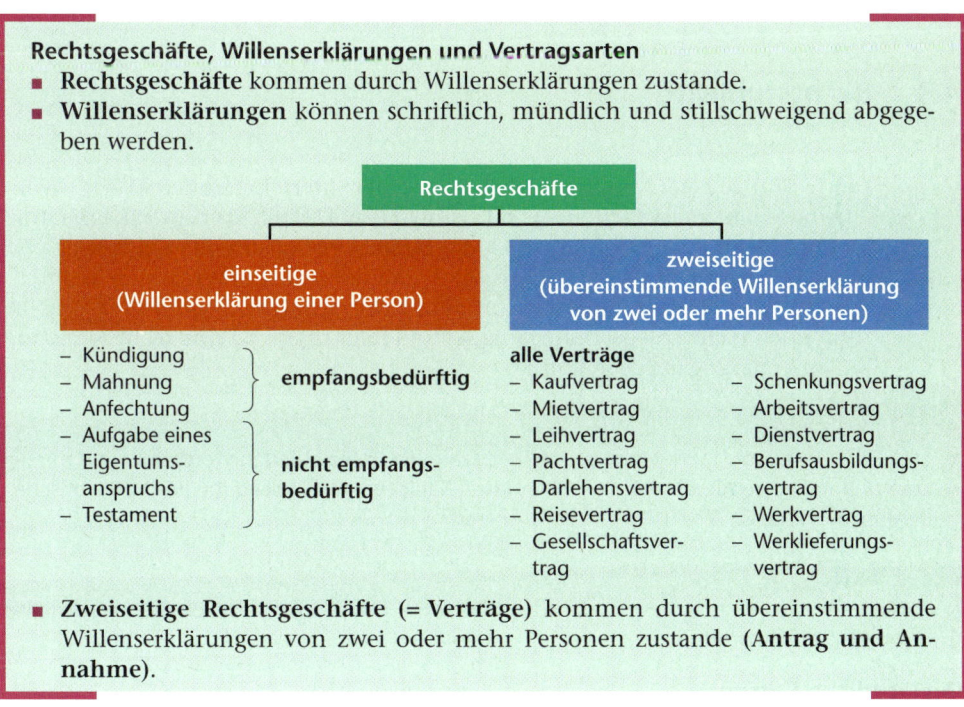

- **Zweiseitige Rechtsgeschäfte (= Verträge)** kommen durch übereinstimmende Willenserklärungen von zwei oder mehr Personen zustande (**Antrag und Annahme**).

1. Beschreiben Sie am Beispiel des Kaufes einer CD, wie ein Vertrag zustande kommt.

2. Erklären Sie a) Kauf-, b) Leih-, c) Miet-, d) Pacht-, e) Darlehensvertrag.

3. Beurteilen Sie folgende Fälle danach, um welche Vertragsarten es sich handelt:
   a) Karin Weber „leiht" sich für eine Woche gegen Zahlung von 1,50 EUR im „Videoshop 2000" eine DVD.
   b) Ein Küchenmöbelstudio verarbeitet beim Einbau einer Küche Eichenbalken, die der Kunde gestellt hat.
   c) Ein Schneider stellt für eine Kundin ein Hochzeitskleid her und stellt den dazugehörigen Stoff zur Verfügung.
   d) Die Auszubildende Doris erwirbt am Kiosk die neueste Ausgabe der Zeitschrift „Mädchen".

4. Auf welche Art können Willenserklärungen abgegeben werden? Geben Sie jeweils ein Beispiel an.

5. Nennen Sie Beispiele für einseitige Rechtsgeschäfte.

6. Begründen Sie, warum das Testament zu den nicht empfangsbedürftigen Rechtsgeschäften zählt.

7. Edmund Klein besucht den Verbrauchermarkt „Preiskauf". Da er nur wenig Zeit hat, stellt er drei leere Pfandflaschen an der Leergutannahme auf dem Boden ab, da ihm die Warteschlange vor der Annahmestelle zu lang ist. Am nächsten Tag erscheint Edmund Klein wieder bei der Leergutannahme und verlangt die Herausgabe des Pfandbetrages. Begründen Sie, ob Edmund Klein einen Rechtsanspruch auf die Herausgabe des Pfandbetrages hat.

4.3   Rechtssubjekte

Der 15-jährige Peter Kurscheid erhält von seinen Eltern im Monat 50,00 EUR Taschengeld. Im Verkaufsstudio der Bürodesign GmbH schließt er einen Kaufvertrag für einen Schreibtischstuhl über 350,00 EUR ab. Peter zahlt den Kaufbetrag von seinem gesparten Taschengeld. Als seine Eltern von dem Kaufvertrag erfahren, widerrufen sie bei der Bürodesign GmbH den Vertrag mit der Begründung, dass ihr Sohn noch nicht voll geschäftsfähig sei und folglich auch keine rechtswirksame Willenserklärung abgeben könne.

Arbeitsaufträge
◆ Stellen Sie fest, welche Stufen der Geschäftsfähigkeit unterschieden werden.
◆ Überprüfen Sie, ob die Bürodesign GmbH den Kaufpreis nach Rückgabe des Schreibtisches herausgeben muss.

Rechtssubjekte im rechtlichen Sinne sind Personen. Das Recht unterscheidet natürliche und juristische Personen.

● Natürliche Personen

Alle Menschen sind natürliche Personen im Sinne des § 1 BGB. Sie sind rechtsfähig und – abgesehen von Ausnahmen – mit dem Erreichen bestimmter Altersstufen unbeschränkt oder beschränkt geschäftsfähig.

◆ **Rechtsfähigkeit** ist die **Fähigkeit von Personen, Träger von Rechten und Pflichten zu sein**.

Beispiele   Recht, ein Vermögen zu erben; Pflicht, Steuern zu zahlen.

Alle **natürlichen Personen** sind mit Vollendung der Geburt bis zum Tod (§ 1 BGB) rechtsfähig.

◆ **Geschäftsfähigkeit** ist die **Fähigkeit von Personen, Rechtsgeschäfte wirksam abschließen** zu können, somit Rechte zu erwerben und Pflichten einzugehen. Der Gesetzgeber hat wegen der unterschiedlichen Einsichtsfähigkeit in die Rechtsfolgen von Willenserklärungen drei Stufen der Geschäftsfähigkeit vorgesehen.

Stufen der Geschäftsfähigkeit

| Geschäftsunfähigkeit | beschränkte Geschäftsfähigkeit | unbeschränkte Geschäftsfähigkeit |

◆ **Geschäftsunfähig** (§ 104 BGB) sind:
- alle natürlichen Personen unter 7 Jahren
- Personen mit andauernder, krankhafter Störung der Geistestätigkeit

Die Willenserklärungen geschäftsunfähiger Personen sind unwirksam (nichtig), folglich kann ein Geschäftsunfähiger auch keine rechtswirksamen Verpflichtungen eingehen. Für die Geschäftsunfähigen handelt ein gesetzlicher Vertreter (bei Kindern unter 7 Jahren meistens die Eltern, für alle anderen ein Vormund oder ein Betreuer; vgl. S. 106).

Beispiele
- Ein 5-jähriges Mädchen „kauft" eine Tüte Bonbons.
- Der 20-jährige Edmund, der geistig behindert ist, „kauft" eine CD.

In beiden Fällen ist kein Vertrag zustande gekommen.

Geschäftsunfähige können im Auftrag des gesetzlichen Vertreters für diesen Geschäfte als Bote wirksam abschließen, der Bote ist in diesem Fall Erfüllungsgehilfe des Auftraggebers.

Beispiel Der 6-jährige Klaus wird von seiner Mutter zum Bäcker geschickt, um 20 Brötchen zu kaufen. Die Mutter gibt Klaus abgezähltes Geld mit. Da Klaus im Auftrag der Mutter als Bote handelt, kommt zwischen der Mutter und dem Bäcker ein Kaufvertrag über 20 Brötchen zustande.

◆ **Beschränkt geschäftsfähig** (§ 106 BGB) sind alle Personen vom vollendeten 7. bis zum vollendeten 18. Lebensjahr.

Beschränkt Geschäftsfähige können Rechtsgeschäfte mit Einwilligung des gesetzlichen Vertreters abschließen. Ihre Rechtsgeschäfte sind bis zur Zustimmung des gesetzlichen Vertreters schwebend unwirksam, d.h., ein von einem beschränkt Geschäftsfähigen abgeschlossener Vertrag wird erst durch die nachträgliche Genehmigung des gesetzlichen Vertreters, die auch stillschweigend erfolgen kann, rechtskräftig. Wenn der gesetzliche Vertreter die ausdrückliche Zustimmung verweigert, ist der Vertrag nichtig (§ 108 BGB).

Beispiel Die 16-jährige Angelika kauft einen DVD-Player, ohne dass sie ihre Eltern um Erlaubnis gefragt hat. Als die Eltern vom Kauf des DVD-Players erfahren, erheben sie keine Einwände. Somit ist der Kaufvertrag durch die stillschweigende Billigung der Eltern zustande gekommen.

Die **Zustimmung des gesetzlichen Vertreters ist in folgenden Fällen nicht erforderlich:** Der beschränkt Geschäftsfähige
- **bestreitet den Kauf** mit Mitteln, die ihm zu diesem Zweck oder zur freien Verfügung vom gesetzlichen Vertreter überlassen worden sind, wobei man von einem normalerweise üblichen, dem Alter entsprechenden Betrag auszugehen hat (**Bewirkung der Leistung mit eigenen Mitteln** § 110 BGB); nicht gedeckt sind durch § 110 BGB Raten- und Kreditgeschäfte Minderjähriger.
  Beispiele
  - Die 15-jährige Julia kauft von ihrem Taschengeld die neue CD einer Hardrockgruppe. Die Eltern sind von diesem Kauf nicht begeistert. Der Kaufvertrag ist zustande gekommen, auch wenn die Eltern nicht einverstanden sind.

   – Der 17-jährige Peter kauft von seinem Taschengeld ein gebrauchtes Mofa. Da sich aus dem Kauf des Mofas für Peter eine Reihe von Verpflichtungen ergeben (Versicherung, Kraftstoff usw.), ist die Zustimmung der Eltern für das Zustandekommen des Kaufvertrages erforderlich.

– erlangt durch das Rechtsgeschäft nur **einen rechtlichen Vorteil** (§ 107 BGB)

   Beispiel   Der 13-jährige Frank erhält von seiner Tante ein Geldgeschenk über 3 000,00 EUR. Die Eltern von Frank lehnen dieses Geschenk der Tante ab, weil sie seit Jahren mit der Tante zerstritten sind. Frank kann das Geld auch gegen den Willen der Eltern annehmen.

– schließt **Geschäfte im Rahmen eines Dienst- oder Arbeitsverhältnisses** ab, die der gesetzliche Vertreter genehmigt hat (§ 113 BGB)

   Beispiel   Die 17-jährige Diana Schmitz ist noch Schülerin und schließt mit Einwilligung der Eltern für die Sommerferien einen Arbeitsvertrag über vier Wochen mit der Bürodesign GmbH ab. Diana darf jetzt ohne Zustimmung der gesetzlichen Vertreter Arbeitskleidung kaufen oder ein Gehaltskonto bei einem Geldinstitut eröffnen, da sie zur Erfüllung aller sich aus dem Arbeitsverhältnis ergebenden Verpflichtungen ermächtigt worden ist. Nach dem Gesetz gilt diese Regelung nicht für Ausbildungsverhältnisse.

◆ **Unbeschränkt geschäftsfähig** sind **alle natürlichen Personen ab 18 Jahren**, sofern sie nicht zum Personenkreis der Geschäftsunfähigen gehören.

Für volljährige Personen kann vom Vormundschaftsgericht ein sog. **Betreuer** bestellt werden (§ 1896 BGB). **Voraussetzungen** für die Bestellung des Betreuers sind

– Vorliegen einer psychischen Krankheit oder einer körperlichen, geistigen oder seelischen Behinderung **und**

– Unfähigkeit zur Besorgung eigener Angelegenheiten **und**

– Notwendigkeit einer Betreuung.

Der Betreuer ist gesetzlicher Vertreter des Betreuten.

– Der Betreute ist im Regelfall voll geschäftsfähig, d. h., er ist **ohne Einwilligungsvorbehalt** des Betreuers zur Abgabe rechtswirksamer Willenserklärungen berechtigt.

   Beispiel   Der 54-jährige Michael Lenz hat einen Schlaganfall erlitten, wodurch er halbseitig gelähmt und dauernd bettlägrig ist. Hieraus ergibt sich die Notwendigkeit der Betreuung. Das Vormundschaftsgericht bestellt einen Betreuer, der für ihn rechtswirksam Willenserklärungen abschließen kann.

– Wenn es für die Abwendung einer erheblichen Gefahr für die Person oder das Vermögen des Betreuten erforderlich ist, kann das Vormundschaftsgericht anordnen, dass die Willenserklärungen des Betreuten der Einwilligung des Betreuers bedürfen **(Einwilligungsvorbehalt)**. In diesem Fall hat der Betreute den **Status eines beschränkt Geschäftsfähigen**.

   Beispiel   Der 35-jährige Dieter ist aufgrund jahrelangen übermäßigen Alkoholkonsums und der sich daraus ergebenden Verwirrtheit nicht mehr in der Lage, mit dem ihm zur Verfügung stehenden Geld umzugehen. Sobald er Bargeld in Händen hält, verschenkt er dieses an zufällig vorbeigehende Passanten. Er erhält vom Vormundschaftsgericht einen Betreuer und darf Rechtsgeschäfte nur noch mit Einwilligung des Betreuers abschließen.

● **Juristische Personen**

Juristische Personen (§ 21ff. BGB) werden vom Gesetz wie natürliche Personen behandelt. Sie haben volle Handlungsfreiheit, d. h., sie sind rechts- und unbeschränkt geschäftsfähig. Zu den juristischen Personen zählen die juristischen Personen des öffentlichen Rechts und des Privatrechts.

Juristische Personen

des Privatrechts	**des öffentlichen Rechts**

Beispiele
- Gesellschaft mit beschränkter Haftung (GmbH, vgl. S. 332)
- Aktiengesellschaft (AG, vgl. S. 337)
- eingetragene Genossenschaften (eG, vgl. S. 341)
- eingetragene Vereine (e. V.)

Beispiele
- Gemeinden
- Kreise
- Länder
- Bundesrepublik Deutschland
- Industrie- und Handelskammer
- Krankenkassen
- Stiftungen

Bei juristischen Personen beginnt die Rechtsfähigkeit mit der Eintragung in das jeweilige Register (z. B.: Handels-, Vereinsregister) und endet mit Löschung in diesem Register. Juristische Personen sind immer über ihre Organe (z. B. bei der AG durch Vorstand, bei der GmbH durch Geschäftsführer) geschäftsfähig. Sie handeln durch die Organe, die in der Satzung oder in der jeweiligen Rechtsvorschrift festgelegt sind.

Beispiel Bei der Bürodesign GmbH handeln die Geschäftsführer, Frau Friedrich und Herr Stein, für die GmbH.

Rechtssubjekte
- Rechtssubjekte sind natürliche und juristische Personen.
- **Rechtsfähigkeit ist die Fähigkeit, Träger von Rechten und Pflichten zu sein.** Sie beginnt bei natürlichen Personen mit der Geburt und endet mit dem Tod. Bei juristischen Personen beginnt sie mit der Eintragung in ein öffentliches Register und endet mit der Löschung in diesem Register.

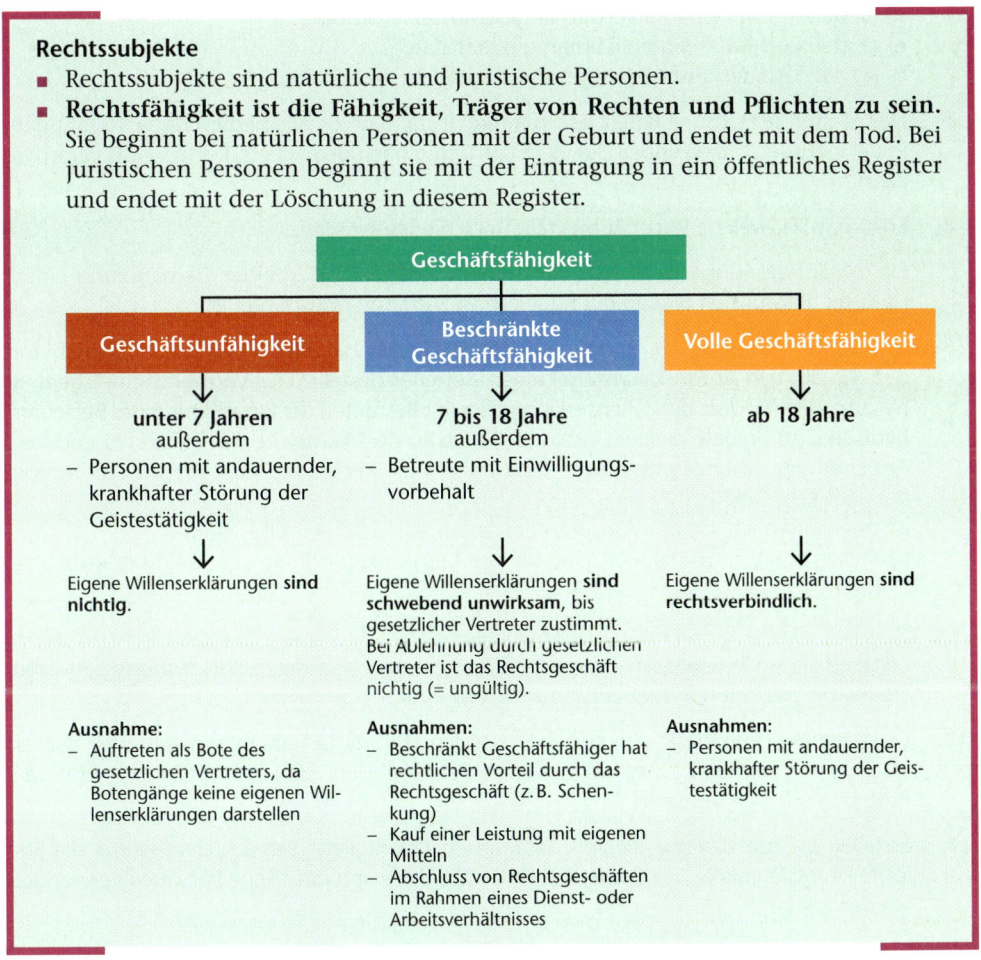

Geschäftsfähigkeit

Geschäftsunfähigkeit	**Beschränkte Geschäftsfähigkeit**	**Volle Geschäftsfähigkeit**
unter 7 Jahren außerdem	**7 bis 18 Jahre** außerdem	**ab 18 Jahre**
– Personen mit andauernder, krankhafter Störung der Geistestätigkeit	– Betreute mit Einwilligungsvorbehalt	
Eigene Willenserklärungen **sind nichtig**.	Eigene Willenserklärungen **sind schwebend unwirksam**, bis gesetzlicher Vertreter zustimmt. Bei Ablehnung durch gesetzlichen Vertreter ist das Rechtsgeschäft nichtig (= ungültig).	Eigene Willenserklärungen **sind rechtsverbindlich**.
Ausnahme: – Auftreten als Bote des gesetzlichen Vertreters, da Botengänge keine eigenen Willenserklärungen darstellen	**Ausnahmen:** – Beschränkt Geschäftsfähiger hat rechtlichen Vorteil durch das Rechtsgeschäft (z. B. Schenkung) – Kauf einer Leistung mit eigenen Mitteln – Abschluss von Rechtsgeschäften im Rahmen eines Dienst- oder Arbeitsverhältnisses	**Ausnahmen:** – Personen mit andauernder, krankhafter Störung der Geistestätigkeit

1. Die 15-jährige Tina bekommt von ihrem Onkel einen CD-Player geschenkt. Ihre Eltern verbieten ihr die Annahme des Gerätes, da sie seit Jahren mit dem Onkel zerstritten sind. Begründen Sie, ob Tinas Eltern ihrer Tochter die Annahme des Geschenkes verwehren können.

2. Erläutern Sie, warum unter Umständen auch Erwachsene beschränkt geschäftsfähig oder geschäftsunfähig sein können.

3. Erklären Sie Rechtsfähigkeit.

4. Der 6-jährige Karl kauft ohne Wissen der Eltern im benachbarten Schreibwarengeschäft von seinem Taschengeld ein Malbuch. Die Eltern sind mit dem Kauf des Malbuches nicht einverstanden und verlangen vom Einzelhändler die Herausgabe des Kaufpreises. Muss der Einzelhändler unter Beachtung der gesetzlichen Bestimmungen das Buch zurücknehmen und den Kaufpreis erstatten? Nehmen Sie zu den folgenden Aussagen Stellung.
   a) Nein, denn das Buch ist bereits bemalt worden und daher nicht mehr verkäuflich.
   b) Nein, mit 6 Jahren ist der Junge beschränkt geschäftsfähig. Er kann im Rahmen des Taschengeldes ohne Einwilligung der Erziehungsberechtigten rechtswirksam Rechtsgeschäfte abschließen.
   c) Nein, denn die Eltern hätten im Rahmen ihrer Sorgfaltspflicht verhindern müssen, dass das Kind alleine das Schreibwarengeschäft aufsucht.
   d) Ja, denn es ist kein Kaufvertrag abgeschlossen worden.
   e) Ja, denn erst ab 7 Jahren ist man geschäftsfähig.
   f) Ja, denn Kinder unter 7 Jahren sind noch nicht rechtsfähig.

5. Die 75-jährige Hermine Bauer hat in ihrem Testament als Alleinerben ihren 10-jährigen Pudel eingesetzt. Begründen Sie, ob man Tieren nach deutschem Recht etwas vererben kann.

6. Erläutern Sie, welche Rechtssubjekte unterschieden werden.

7. Ein 14-jähriger Junge kauft sich von seinem Taschengeld in einer Tierhandlung einen Hamster. Begründen Sie, ob ein Kaufvertrag zustande gekommen ist.

8. Aufgrund ständiger Trunk- und Verschwendungssucht hat das Vormundschaftsgericht für den 45-jährigen Anton Dachziegel einen Betreuer bestellt. Das Vormundschaftsgericht hat angeordnet, dass die Willenserklärungen des Betreuten der Einwilligung des Betreuers bedürfen. Anton hält in einer Gastwirtschaft zehn Zechkumpane den ganzen Abend frei. Am Ende des Abends präsentiert der Wirt ihm die Rechnung über 455,00 EUR. Anton hat aber kein Geld.
   a) Überprüfen Sie, ob der Wirt vom Betreuten das Geld einklagen kann.
   b) Stellen Sie fest, ob der Wirt eine andere Möglichkeit hat, an sein Geld heranzukommen.
   c) Nennen Sie weitere beschränkt geschäftsfähige Personen.

9. Erstellen Sie ein Referat zum Thema „Die Rechtssubjekte in der Rechtsordnung". Nutzen Sie hierbei geeignete Visualisierungsmöglichkeiten.

10. Der 6-jährige Peter erhält von seinen Eltern den Auftrag, bei einem benachbarten Bäcker 10 Brötchen zu holen. Überprüfen Sie, ob Peter mit dem Bäcker einen Vertrag über die Brötchen abschließen kann.

11. Erstellen Sie zum Thema „Rechts- und Geschäftsfähigkeit" Lernkarteien, wobei die Begriffe Rechtsfähigkeit, Geschäftsfähigkeit, natürliche und juristische Personen verwendet werden sollten.

4.4 Rechtsobjekte

Die Auszubildende Elke Grau verleiht ihr Rechnungswesenbuch an ihren Klassenkameraden Roland Weiß. Nach einer Woche verlangt Elke das Buch von ihrem
Klassenkameraden zurück, da sie es selbst zur Vorbereitung auf eine Klassenarbeit
benötigt. Roland lehnt die Herausgabe des Buches mit der Begründung ab, er sei
noch nicht fertig mit den Aufgaben, die er machen wollte, und außerdem habe
Elke bei der Übergabe des Buches keinen Termin für die Rückgabe genannt.

Arbeitsaufträge
◆ Stellen Sie fest, ob Elke die sofortige Herausgabe des Buches verlangen kann.
◆ Überprüfen Sie, worin der Unterschied zwischen Besitz und Eigentum besteht.

Rechtsobjekte im rechtlichen Sinne sind Sachen und Rechte.

● Sachen und Rechte

Als **Rechtsobjekte** bezeichnet man die Gegenstände des Rechtsverkehrs. Hierbei unterscheidet man körperliche Rechtsobjekte (Sachen) und nichtkörperliche Rechtsobjekte
(Rechte). **Sachen** werden in unbewegliche (Immobilien) und bewegliche (vertretbare
und nicht vertretbare Sachen) unterschieden. **Vertretbare Sachen** sind untereinander
austauschbar, **nicht vertretbare Sachen** können nicht durch andere ersetzt werden (z. B.
ein Originalbild von Picasso). Im Vertragsleben spielt diese Unterscheidung eine große
Rolle, weil in Fällen der Unmöglichkeit der Leistung die vertretbare Sache durch eine
artgleiche ausgetauscht werden kann.

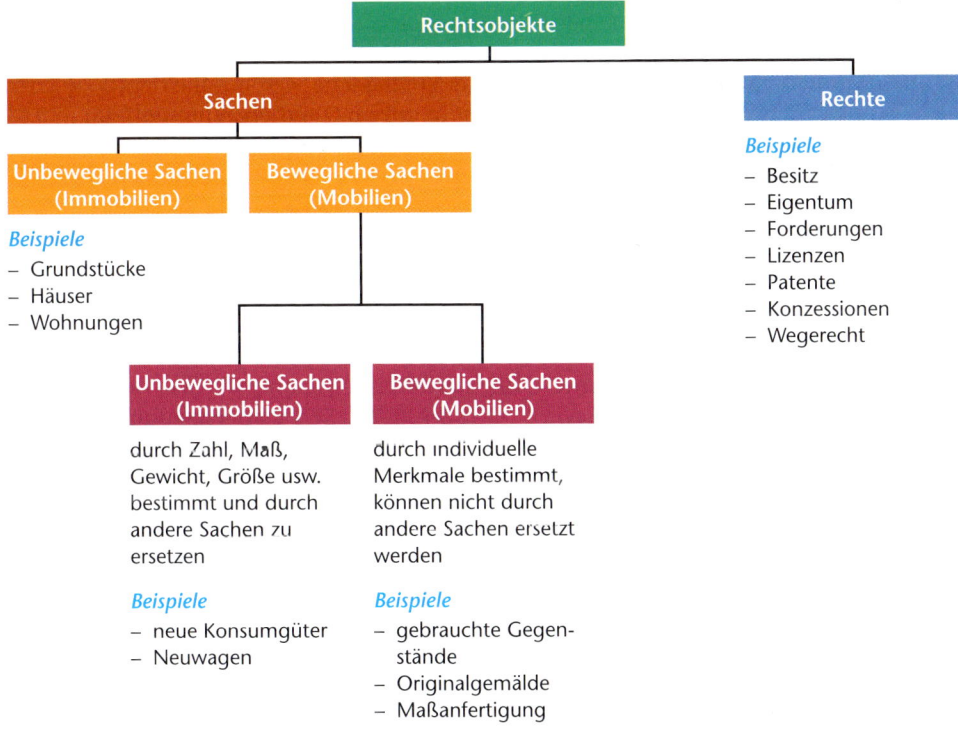

● Besitz und Eigentum als Rechte

Zu den nichtkörperlichen Rechtsobjekten zählen die Rechte Besitz und Eigentum. **Besitz ist die tatsächliche Herrschaft über eine Sache (§ 854 BGB).** Jemand benutzt eine Sache, die ihm nicht gehört. **Eigentum ist die rechtliche Herrschaft über eine Sache.** Dem Eigentümer gehört die Sache, er kann damit nach Belieben verfahren (§ 903 BGB).

Beispiele	Besitzer ist der	Eigentümer ist der
– Miete eines Autos	Mieter	Vermieter
– Leihe eines Buches	Leiher	Verleiher
– Pacht eines Grundstückes	Pächter	Verpächter
– Kauf einer CD	Käufer	Käufer

Die Eigentumsübertragung ist bei beweglichen und unbeweglichen Sachen unterschiedlich geregelt.

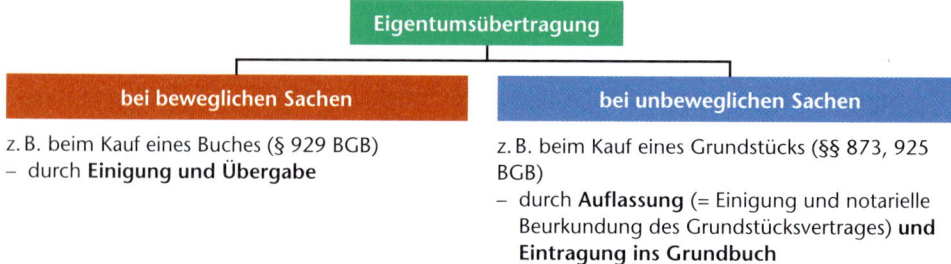

Eigentumsübertragung

bei beweglichen Sachen	bei unbeweglichen Sachen
z. B. beim Kauf eines Buches (§ 929 BGB) – durch **Einigung und Übergabe**	z. B. beim Kauf eines Grundstücks (§§ 873, 925 BGB) – durch **Auflassung** (= Einigung und notarielle Beurkundung des Grundstücksvertrages) **und Eintragung ins Grundbuch**

Beispiel Ein Kunde kauft im Verkaufsstudio der Bürodesign GmbH ein Holzregal. Der Verkäufer übergibt dem Kunden das zerlegte Regal. Im Moment der Übergabe ist das Eigentum an dem Regal von der Bürodesign GmbH auf den Kunden übergegangen.

Im **Ausnahmefall** kann man auch Eigentümer einer Sache werden, die dem Verkäufer nicht gehört. Voraussetzung ist, dass **der Käufer in gutem Glauben gehandelt hat (§ 932 BGB).** Unter gutgläubig ist zu verstehen, dass man den Verkäufer den Umständen nach für den Eigentümer halten darf.

Beispiel Der Auszubildende Peter Kant hat seit einem halben Jahr ein Surfbrett von einem Bekannten geliehen. Peter bietet seinem Freund Matthias dieses Surfbrett zum Kauf an. Zum Beweis, dass er Eigentümer ist, legt er eine gut gefälschte Kaufquittung vor. Matthias, der nicht wusste, dass das Surfbrett nicht Eigentum von Peter Kant ist, zahlt den gewünschten Kaufpreis und wird Eigentümer des Surfbrettes, da er in gutem Glauben gehandelt hat.

Ein **Dieb kann niemals Eigentümer einer gestohlenen Sache werden**, sondern nur dessen Besitzer. An gestohlenen Sachen kann grundsätzlich kein Eigentum erworben werden, selbst wenn der Käufer die gestohlene Sache in gutem Glauben gekauft hat. Normalerweise kann also nur der Eigentümer einer Sache das Eigentum auf eine andere Person übertragen.

Jeder hat das Recht, mit seinem Eigentum nach Belieben zu verfahren, solange nicht die Rechte Dritter verletzt werden (Art. 14/1 GG). Nach Art. 14/2 des Grundgesetzes ist das Eigentum dem Allgemeinwohl verpflichtet, d.h., „sein Gebrauch soll zugleich dem Wohle der Allgemeinheit dienen" (**Sozialbindung des Eigentums**). Die **soziale Verpflichtung des Eigentums** wird durch eine Vielzahl von gesetzlichen Beschränkungen konkretisiert. So schränken Vorschriften über die Mitbestimmung, des Naturschutzes, des Baurechts und des Nachbarschaftsrechts die Verfügungsmöglichkeiten des privaten Eigentums ein.

Beispiele

– Ein Hauseigentümer vermietet kleine Zimmer mit 8 m² zu einem Monatsmietpreis von 600,00 EUR an ausländische Arbeitnehmer (§ 138 BGB Wucher).

– Der Betriebsrat ist in Betrieben mit mehr als 20 Arbeitnehmern insbes. bei Einstellung, Umgruppierung, Versetzung und Entlassung von Arbeitnehmern zu beteiligen. Ein Mitbestimmungsrecht in sozialen Angelegenheiten hat er in allen Betrieben bei Festlegung der Arbeitszeit, Pausen, Urlaubszeit, von Akkordsätzen usw. (§ 99ff. BetrVerfG).

– Früchte, die von einem Baume oder einem Strauche auf ein Nachbargrundstück fallen, gelten als Früchte dieses Grundstücks (§ 911 BGB).

Rechtsobjekte

■ Zu den Rechtsobjekten zählen Sachen und Rechte.

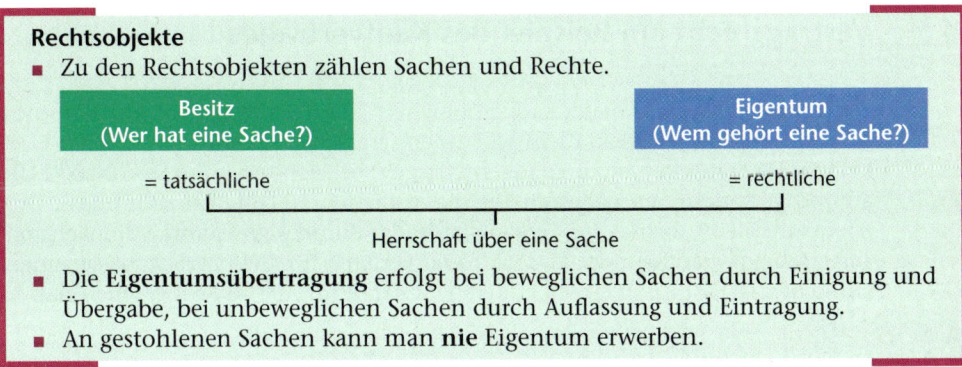

■ Die **Eigentumsübertragung** erfolgt bei beweglichen Sachen durch Einigung und Übergabe, bei unbeweglichen Sachen durch Auflassung und Eintragung.

■ An gestohlenen Sachen kann man **nie** Eigentum erwerben.

---

1. Erläutern Sie den Unterschied zwischen Besitz und Eigentum.

2. Erläutern Sie die Eigentumsübertragung bei unbeweglichen Sachen.

3. Die Bürodesign GmbH überlässt einem Kunden für drei Tage probeweise einen Schreibtischstuhl. Nach drei Tagen ruft der Kunde an und teilt der Bürodesign GmbH mit, dass er den Stuhl kaufen wolle, da ihm dieser sehr gut gefalle. Am nächsten Tag kommt der Kunde in das Verkaufsstudio der Bürodesign GmbH und zahlt den geforderten Kaufpreis.
   a) Erläutern Sie die Besitz- und Eigentumsverhältnisse am Stuhl bis zum Anruf des Kunden.
   b) Beschreiben Sie, wie in obigem Fall die Eigentumsübertragung stattfindet.
   c) Erklären Sie, wann der Kunde Eigentümer des Stuhls wird.

4. Stellen Sie in den unten stehenden Fällen fest, welche Person
   1) nur Eigentümer ist,
   2) nur Besitzer ist,
   3) Eigentümer und Besitzer ist,
   4) weder Eigentümer noch Besitzer ist.
   a) Ein Kfz-Händler verkauft im Kundenauftrag einen Pkw an Wilhelm Straub.
   b) Die Hans Krämer OHG mietet für ein Jahr von einem Büromaschinenhersteller vier Fotokopierer.
   c) Eine Kundin kauft in einem Textilfachgeschäft ein Halstuch. Auf dem Nachhauseweg verliert sie das Halstuch, ein Spaziergänger findet es.
   d) Ein Kunde kauft in einem Radio- und Fernsehgeschäft einen DVD-Player, den der Hersteller dem Einzelhändler zu Vorführzwecken leihweise überlassen hatte.
   e) Eine Industriekauffrau schließt mit ihrem Nachbarn einen nicht notariell beurkundeten Kaufvertrag über ein Grundstück ab.

5. Peter kauft von einem guten Bekannten ein gebrauchtes Fahrrad. Nach zwei Wochen wird Peter bei einer Polizeikontrolle darauf aufmerksam gemacht, dass das Fahrrad vor zwei Monaten gestohlen wurde. Peter argumentiert, dass er das Fahrrad in gutem Glauben von seinem Bekannten gekauft hat, er sei damit rechtmäßiger Eigentümer des Fahrrades. Begründen Sie, ob Peter Recht hat.

6. Erläutern Sie, welche Rechtsobjekte sich unterscheiden lassen, und nennen Sie jeweils drei Beispiele.

4.5   Vertragsrecht am Beispiel des Kaufvertrages

Die Bürodesign GmbH bietet Endverbrauchern in ihrem Verkaufsstudio Büromöbel an. Die Kundin Gisela Klein will einen Drehstuhl im Wert von 260,00 EUR kaufen. Da Frau Klein nicht genügend Bargeld bei sich hat, zahlt sie 100,00 EUR an und verspricht, am nächsten Tag die restlichen 160,00 EUR zu bringen. Der Drehstuhl bleibt solange im Verkaufsraum der Bürodesign GmbH. Am nächsten Tag erscheint Frau Klein im Geschäft und verlangt ihr Geld zurück, da sie einen ähnlichen Drehstuhl in einem anderen Geschäft für 220,00 EUR gesehen hat.

Arbeitsaufträge
◆ Stellen Sie fest, welche Pflichten die Kundin übernommen hat.
◆ Überprüfen Sie, ob die Kundin Klein ihr Geld zurückverlangen kann.

● Zustandekommen des Kaufvertrages

Der Kaufvertrag (§ 433ff. BGB) des Verkäufers mit dem Käufer kommt durch **zwei übereinstimmende Willenserklärungen** zustande. Dabei kann die Initiative zum Abschluss des Kaufvertrages (**Antrag**) sowohl vom Verkäufer als auch vom Käufer ausgehen. Die Zustimmung zum Kaufvertrag erfolgt durch die **Annahme** des Käufers bzw. des Verkäufers. Folgende Möglichkeiten des Zustandekommens eines Kaufvertrages sind denkbar:

◆ **Der Verkäufer macht den Antrag:**

Der Kaufvertrag kommt zustande, wenn die **Bestellung (Annahme) des Käufers** inhaltlich mit dem **Angebot (Antrag) des Verkäufers** übereinstimmt.

◆ **Der Käufer macht den Antrag**

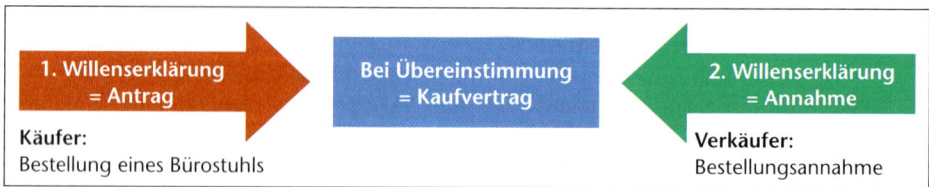

Der Kaufvertrag kommt zustande, wenn der Verkäufer (**Annahme**) die Bestellung des Käufers (**Antrag**) annimmt.

● Verpflichtungs- und Erfüllungsgeschäft

Aus dem Kaufvertrag entstehen für die Vertragsparteien Pflichten und Rechte. Mit dem Vertragsabschluss (**Verpflichtungsgeschäft**) verpflichten sich die Vertragsparteien, den Vertrag zu erfüllen (**Erfüllungsgeschäft**). Die Pflichten des Verkäufers entsprechen den Rechten des Käufers und umgekehrt.

Pflichten des Verkäufers	Pflichten des Käufers
– Übergabe und Übereignung der mangelfreien Ware zur rechten Zeit und am rechten Ort – Annahme des Kaufpreises	– Annahme der ordnungsgemäß gelieferten Ware – rechtzeitige Zahlung des vereinbarten Kaufpreises

Die Vertragspartner können den Kaufvertrag erfüllen, indem sie ihren jeweiligen Verpflichtungen nachkommen. Zeitlich können zwischen dem Abschluss (Verpflichtungsgeschäft) und der Erfüllung (Erfüllungsgeschäft) des Kaufvertrages oft mehrere Wochen oder Monate liegen.

Beispiel   Die Bürodesign GmbH bestellt bei der Stammes Stahlrohr GmbH 300 m verchromte, rechteckige Stahlrohre, die erst in acht Wochen lieferbar sind. Nach acht Wochen liefert die Stammes Stahlrohr GmbH die bestellten Stahlrohre, die Bürodesign GmbH zahlt bei Lieferung. Die **Verpflichtung** beider Vertragspartner entstand beim Abschluss des Kaufvertrages, der Vertrag wurde von der Stammes Stahlrohr GmbH durch die rechtzeitige und mangelfreie Lieferung und die Annahme des Kaufpreises und von der Bürodesign GmbH durch die Annahme der bestellten Stahlrohre und rechtzeitige Bezahlung **erfüllt**.

Vertragsrecht am Beispiel des Kaufvertrages
- Der **Kaufvertrag** kommt durch **übereinstimmende Willenserklärungen** von zwei oder mehr Personen zustande (**Antrag und Annahme**).
- Der **Verkäufer verpflichtet sich,**
  - rechtzeitig und mangelfrei zu liefern und
  - dem Käufer das Eigentum an der Ware zu verschaffen.
- Der **Käufer verpflichtet sich,**
  - die ordnungsgemäß gelieferte Ware anzunehmen und
  - den Kaufpreis rechtzeitig zu zahlen.
- Beide **Vertragspartner** müssen ihre **Pflichten erfüllen.**

---

1. Erläutern Sie, wodurch sich Verpflichtungs- und Erfüllungsgeschäft unterscheiden.

2. Erklären Sie anhand von drei Beispielen, wie Verpflichtungs- und Erfüllungsgeschäft zeitlich auseinanderfallen können.

3. Welche der nachfolgenden Maßnahmen
    1) führen zum Abschluss des Kaufvertrages,
    2) gehören zur Erfüllung des Kaufvertrages?
    a) fristgemäße Bezahlung
    b) Bestellung
    c) Auftragsbestätigung
    d) Eigentumsübertragung
    e) fristgemäße Annahme der Ware
    f) ordnungsgemäße Lieferung

4. Welche Aussage über den Kaufvertrag ist richtig?
    a) Die Eigentumsübertragung ist immer mit der Übergabe der Sache verbunden.
    b) Die Eigentumsübertragung an beweglichen Sachen erfolgt in der Regel durch Einigung und Übergabe.
    c) Beim Kaufvertrag geht die Initiative zum Abschluss des Kaufvertrages immer vom Verkäufer aus.
    d) Der Kaufvertrag kommt schon durch den Antrag des Käufers an den Verkäufer zustande.
    e) Beim Kaufvertrag über gestohlene Waren kann der Käufer das Eigentum gutgläubig erwerben.

5. Beschreiben Sie, wie ein Kaufvertrag zwischen einem Verkäufer und einem Käufer zustande kommt.

4.6 Vertragsfreiheit und Form der Rechtsgeschäfte

Geschäftsführer Stein hat sich mit Dieter Schnell, dem Eigentümer eines Nachbargrundstückes, zusammengesetzt, um über den Kauf des Grundstückes zu verhandeln. Nach einer Stunde hat man sich über den Preis geeinigt. Zur Sicherheit lässt sich Herr Stein von Dieter Schnell eine schriftliche Bestätigung über die getroffene Vereinbarung geben. Nach vier Tagen teilt Herr Schnell der Bürodesign GmbH mit, dass er nicht mehr gewillt sei, das Grundstück zu den vereinbarten Konditionen zu verkaufen.

Arbeitsauftrag
◆ Überprüfen Sie, ob Herr Stein auf dem Verkauf des Grundstückes zu den vereinbarten Konditionen bestehen kann.

● Vertragsfreiheit

In der Bundesrepublik Deutschland gilt der Grundsatz der **Vertragsfreiheit**, d. h., es kann niemand zum Abschluss eines Vertrages gezwungen werden (**Abschlussfreiheit**). Jeder kann seinen Vertragspartner selbst aussuchen. Ein Kaufmann kann jederzeit den Kaufantrag eines Kunden ablehnen. Außerdem kann der Inhalt der Verträge frei bestimmt werden (**Gestaltungsfreiheit**), solange dieser nicht gegen bestehende Gesetze verstößt (vgl. S. 117).
Vorteil der Vertragsfreiheit ist, dass die Vertragspartner die Möglichkeiten haben, Verträge so abzufassen, dass sie genau auf den Einzelfall passen. Vertragsfreiheit ist somit Voraussetzung für einen funktionierenden Wettbewerb. **Nachteil der Vertragsfreiheit** ist, dass jeder Vertrag, wenn er nicht gegen bestehende Gesetze verstößt, von den Vertragspartnern eingehalten werden muss.

Beispiel Elke Grau nimmt an einer Verkaufsfahrt nach Helgoland teil. Diese kostet nur 29,00 EUR. Während der Überfahrt nach Helgoland nimmt sie auf dem Schiff an einer Verkaufsveranstaltung teil und bestellt für 1 200,00 EUR Ware. Als sie die Waren nach vier Wochen zugesandt bekommt, stellt sie fest, dass diese wesentlich teurer als in jedem Einzelhandelsgeschäft sind. Sie muss die Ware trotzdem abnehmen, da sie sich mit dem Vertragsabschluss dazu verpflichtet hat.

In einigen Fällen muss ein Unternehmen kraft Gesetz einen Vertrag mit einem Antragsteller schließen, sobald diese Person einen Antrag an dieses Unternehmen stellt (**Kontrahierungszwang). Dieser **Abschlusszwang** gilt gesetzlich u. a. für die Briefbeförderung der Deutschen Post AG, die Personenbeförderung der Deutschen Bahn AG, die Energieversorgung der Haushalte durch die Gas- und Elektrizitätswerke.

● Form der Rechtsgeschäfte

Die meisten Rechtsgeschäfte können formlos abgeschlossen werden **(Formfreiheit)**. Bei einigen Rechtsgeschäften besteht der Gesetzgeber auf der Einhaltung bestehender Formvorschriften **(Formzwang)**. Hier liegen die Grenzen der Vertragsfreiheit. Bei Nichtbeachtung dieser Formvorschriften ist das Rechtsgeschäft nichtig (§ 125 BGB), d. h., der Vertrag ist von Anfang an nicht zustande gekommen (vgl. S. 117).

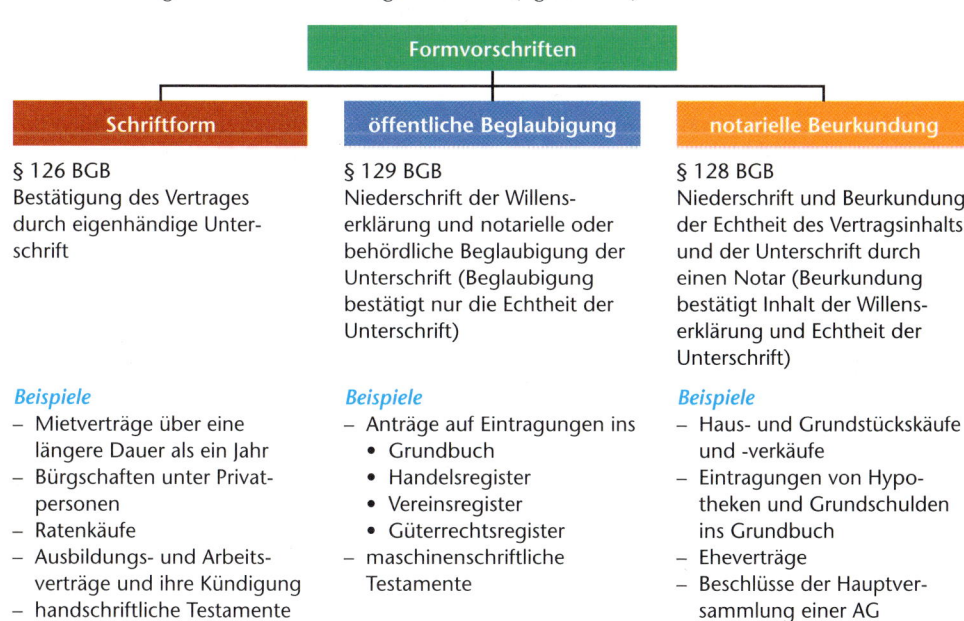

Formvorschriften		
Schriftform	**öffentliche Beglaubigung**	**notarielle Beurkundung**
§ 126 BGB Bestätigung des Vertrages durch eigenhändige Unterschrift	§ 129 BGB Niederschrift der Willenserklärung und notarielle oder behördliche Beglaubigung der Unterschrift (Beglaubigung bestätigt nur die Echtheit der Unterschrift)	§ 128 BGB Niederschrift und Beurkundung der Echtheit des Vertragsinhalts und der Unterschrift durch einen Notar (Beurkundung bestätigt Inhalt der Willenserklärung und Echtheit der Unterschrift)

Beispiele
– Mietverträge über eine längere Dauer als ein Jahr
– Bürgschaften unter Privatpersonen
– Ratenkäufe
– Ausbildungs- und Arbeitsverträge und ihre Kündigung
– handschriftliche Testamente
	Beispiele
	– Anträge auf Eintragungen ins
	  • Grundbuch
	  • Handelsregister
	  • Vereinsregister
	  • Güterrechtsregister
	– maschinenschriftliche Testamente
		Beispiele
		– Haus- und Grundstückskäufe und -verkäufe
		– Eintragungen von Hypotheken und Grundschulden ins Grundbuch
		– Eheverträge
		– Beschlüsse der Hauptversammlung einer AG

Der Gesetzgeber verfolgt mit dem **Formzwang** bei bestimmten Rechtsgeschäften das Ziel, die Vertragspartner vor leichtfertigem und übereiltem Handeln zu bewahren und erhöhte Sicherheit und leichte Beweisbarkeit zu gewährleisten.

Viele Verträge werden heutzutage über das **Internet** abgeschlossen. Hierbei kann die schriftliche Form durch die **elektronische Form** ersetzt werden, solange sich aus dem Gesetz nicht etwas anderes ergibt.

Beispiel Bürgschaftserklärungen von Nichtkaufleuten dürfen nur schriftlich verfasst werden.

Soll die elektronische Form statt der üblichen Schriftform verwendet werden, sind einige **Voraussetzungen** zu berücksichtigen (Signaturgesetz – SigG):

◆ Die Vertragsparteien müssen diese Form ausdrücklich vereinbaren.

◆ Es ist ein entsprechendes Dokument zu erstellen, das beim Adressaten auf einem geeigneten Speichermedium (z. B. Festplatte) gespeichert werden kann.

◆ Der Aussteller muss seinen Namen auf einer qualifizierten Signatur hinzufügen, damit er eindeutig identifiziert werden kann (§ 2 Nr. 3 SigG).

Vertragsfreiheit und Form der Rechtsgeschäfte
- Bei der **Gestaltung** gegenseitiger **Vereinbarungen** sind die Vertragspartner **frei**.
- Niemand kann zum Abschluss eines Vertrages gezwungen werden.
- Jeder kann seinen Vertragspartner selbst aussuchen.
- **Die meisten Rechtsgeschäfte** des täglichen Lebens können **formfrei** abgeschlossen werden.
- Einige Rechtsgeschäfte müssen **schriftlich abgeschlossen**, einige **öffentlich beglaubigt oder notariell beurkundet** werden.

1. Erläutern Sie den Begriff der Vertragsfreiheit.

2. Die Geschäftsführer Stein und Friedrich besuchen an einem Mittwochabend gegen 20:00 Uhr ein Restaurant, um den Arbeitstag mit einem schönen Essen zu beschließen. Der Restaurantinhaber erklärt ihnen aber, er wolle nach Hause gehen, um im Fernsehen das Endspiel der UEFA Champions League zu sehen. Auf einem Schild im Schaufenster steht aber, dass die Küche bis 23:00 Uhr geöffnet sei. Begründen Sie, ob das Restaurant Herrn Stein und Frau Friedrich noch eine Mahlzeit zubereiten muss.

3. Im Verkaufsstudio der Bürodesign GmbH erscheint der den Mitarbeitern bekannte Chefdesigner des Hauptkonkurrenten Büro 2000 Schmitt OHG als Kunde. Dieser will den gerade neu entwickelten Bürostuhl „Hanseatic" kaufen. Frau Grell erklärt dem Chefdesigner, dass sie nicht bereit sei, ihm etwas zu verkaufen. Begründen Sie, ob der Kunde einen rechtlichen Anspruch darauf hat, dass ihm die Bürodesign GmbH etwas verkauft.

4. Erläutern Sie an je einem Beispiel den Unterschied zwischen öffentlicher Beglaubigung und notarieller Beurkundung.

5. Welche Formvorschriften sind in den folgenden Fällen vorgeschrieben?
    a) Kauf eines gebrauchten Pkw.
    b) Aufstellung eines handgeschriebenen Testaments.
    c) Eine Gruppe von 20 Freizeitjoggern beschließt, einen Sportverein zu gründen.
    d) Ein Kunde kauft eine Wohnzimmereinrichtung in einem Möbelhaus mit der Vereinbarung einer Ratenzahlung.
    e) Die 18-jährige Andrea schließt einen Ausbildungsvertrag mit einem Industriebetrieb ab.
    f) Hans Huber schließt mit Theodor Körner einen dreijährigen Mietvertrag für eine Appartmentwohnung ab.

6. Der 70-jährige Anton Schmitz möchte ein Testament aufstellen. Geben Sie an, welche Formvorschriften Herr Schmitz beachten muss.

4.7   Nichtigkeit und Anfechtbarkeit von Rechtsgeschäften

Die Auszubildende Renate kommt in guter Stimmung an einem heißen Sommerabend in ihr Stammlokal. Sie verspricht demjenigen, ihr neues Auto zu schenken, der ihr am schnellsten ein kaltes Bier bringt. Ihr Freund Klaus bringt ihr sofort ein Bier und verlangt die Herausgabe der Autopapiere und des Schlüssels.

Arbeitsaufträge

◆ Begründen Sie, ob Renate ihrem Freund das Auto überlassen muss.

◆ Stellen Sie Nichtigkeit und Anfechtbarkeit von Verträgen in einer Übersicht dar.

● Nichtigkeit von Rechtsgeschäften

Rechtsgeschäfte können von Anfang an nichtig (= ungültig) sein, d.h., das Rechtsgeschäft hat keine Rechtsfolgen. Folgende Gründe können **zur Nichtigkeit** von Rechtsgeschäften **führen**:

◆ **Geschäfte mit geschäftsunfähigen Personen (§ 105 BGB)**

◆ **Geschäfte mit beschränkt geschäftsfähigen Personen ohne Zustimmung der Erziehungsberechtigten oder des Betreuers (§ 108 BGB)**

◆ **Geschäfte, die gegen die guten Sitten verstoßen (§ 138 BGB)**

Beispiel Ein Einzelhändler verlangt von einer Kundin bei einem Ratenvertrag einen Zinssatz von 50 %. In diesem Fall liegt ein Wucherzins vor, der Vertrag ist nichtig. (Ein Wucherzins liegt vor, wenn der dreifache Marktzins überschritten wird.)

◆ **Geschäfte, die gegen ein gesetzliches Verbot verstoßen (§ 134 BGB)**

Beispiel Ein Kaufmann schließt mit einem Dieb einen Vertrag über gestohlene Waren.

◆ **Geschäfte, die gegen gesetzliche Formvorschriften verstoßen (§ 125 BGB)**

Beispiel Kaufvertrag über ein Grundstück ohne notarielle Beurkundung

◆ **Scherzgeschäfte:** Verträge, die im Scherz abgeschlossen werden.

Beispiel Ein Fußballanhänger des 1. FC Köln erklärt scherzhaft in einem Gespräch, er würde jedem Fan 50 000,00 EUR zahlen, wenn der 1. FC Köln den FC Bayern München schlagen würde. Der 1. FC Köln gewinnt das Fußballspiel 2 : 0. Für jedermann war ersichtlich, dass die Erklärung zum Scherz abgegeben wurde. Somit ist das Rechtsgeschäft nichtig.

Ausnahme: Bei einem Scherzgeschäft muss für jedermann erkennbar sein, dass es sich um einen Scherz handelt.

Beispiel Der 20-jährige Adrian will seiner 17-jährigen Freundin Ursula auf einem Pferdemarkt in Hannover imponieren. Er verspricht seiner Freundin, dass er es schaffen werde, ein bestimmtes Pferd bei einem Händler für 3 000,00 EUR zu kaufen. Er schafft es tatsächlich in zähen Verhandlungen mit dem Pferdehändler, den Kaufpreis von 6 000,00 EUR auf 3 000,00 EUR runterzuhandeln, und besiegelt den Kaufvertrag mit einem Handschlag. Anschließend erklärt er dem Pferdehändler, dass es sich um einen Scherz gehandelt habe. Der Pferdehändler verlangt die Abnahme des Pferdes und Zahlung der 3 000,00 EUR. Der Pferdehändler konnte nicht ersehen, dass es sich um einen Scherz handelt. Somit ist ein Kaufvertrag zustande gekommen.

◆ **Scheingeschäfte (§ 117 BGB):** Verträge, die zum Schein abgeschlossen werden.

Beispiel Der Kaufmann Peter Schneller lässt im notariellen Kaufvertrag über ein Grundstück einen geringeren Kaufpreis mit Einwilligung des Verkäufers eintragen, um einen Teil der Grunderwerbsteuer zu sparen. Der Kaufvertrag ist nichtig.

● Anfechtbarkeit von Rechtsgeschäften

Rechtsgeschäfte können durch besondere Erklärungen gegenüber dem Vertragspartner nachträglich ungültig werden. Man nennt diese Erklärung Anfechtung. **Anfechtbare**

Rechtsgeschäfte sind bis zur Anfechtung gültig. Folgende Gründe können zur Anfechtung von Rechtsgeschäften führen:

◆ **Anfechtung wegen Irrtum in der Erklärung (§ 119 BGB)**

Beispiel   Der Reisende der Bürodesign GmbH, Klaus Barrig, bietet im Verkaufsgespräch einem Kunden irrtümlich einen Artikel für 795,00 EUR statt des tatsächlichen Preises von 995,00 EUR an.

◆ **Anfechtung wegen Irrtum in der Übermittlung (§ 120 BGB)**

Beispiel   Herr Barrig bietet einem Kunden telefonisch einen Artikel für 1 999,00 EUR an. Durch die schlechte Telefonleitung versteht der Kunde aber 999,00 EUR.

Ausnahme: Bei einem **Motivirrtum (Irrtum im Beweggrund)** liegt kein Grund zur Anfechtung vor.

Beispiel   Eine Kundin hat in Anbetracht ihrer bevorstehenden Hochzeit einen Kaufvertrag über ein teures Porzellanservice unterschrieben. Zwei Tage später erscheint die Kundin und erklärt, ihr Verlobter hätte die Verlobung gelöst und sie wolle das Porzellanservice nicht mehr haben. Der Kaufvertrag bleibt aber bestehen, da ein Irrtum im Motiv rechtlich unerheblich ist, d.h., für die Verbindlichkeit des Kaufvertrages ist es ohne Bedeutung, aus welchem Grund (= Motiv „Hochzeit") die Kundin das Service bestellt hat.

Eine wirksame Anfechtung wegen Irrtums (§ 119 BGB) und wegen unrichtiger Übermittlung (§ 120 BGB) kann nur unverzüglich nach Entdecken des Irrtums erfolgen (§ 121 BGB). Die fristgemäße Anfechtung einer nach 118 123 BGB anfechtbaren Willenserklärung kann nur binnen Jahresfrist erfolgen.

◆ **Anfechtung wegen arglistiger Täuschung (§ 123 BGB)**

Beispiel   Der Autohändler Franz Foltz bietet einem Kunden einen ausdrücklich unfallfreien Gebrauchtwagen für 6 000,00 EUR an. Der Käufer erwirbt den Wagen, stellt aber nach zwei Monaten fest, dass der Wagen einen Unfall hatte. Der Käufer kann den Kaufvertrag anfechten und sein Geld zurückverlangen.

◆ **Anfechtung wegen widerrechtlicher Drohung (§ 123 BGB)**

Beispiel   Ein Angestellter droht seinem Arbeitgeber mit einer Anzeige beim Ordnungsamt wegen eines Umweltvergehens, falls er seine Forderung nach einer Gehaltserhöhung ablehnt. Auch wenn sich der Arbeitgeber damit einverstanden erklärt, ist er zwar an die Abmachung gebunden, er kann sie aber anfechten.

Nichtigkeit und Anfechtbarkeit von Rechtsgeschäften

Nichtigkeit von Rechtsgeschäften	Anfechtbarkeit von Rechtsgeschäften
– Vertrag mit Geschäftsunfähigen – Vertrag mit beschränkt Geschäftsfähigen ohne Zustimmung der Erziehungsberechtigten oder des Betreuers – Verstoß gegen die guten Sitten – Verstoß gegen gesetzliches Verbot – Verstoß gegen die Formvorschriften – Scherzgeschäfte – Scheingeschäfte	– wegen Irrtum in der Erklärung – wegen Irrtum in der Übermittlung – wegen arglistiger Täuschung – wegen widerrechtlicher Drohung
↓	↓
Rechtsgeschäfte sind von Anfang an ungültig.	**Bis zur Anfechtung sind die Rechtsgeschäfte gültig.**

1. Erläutern Sie die wesentlichen Unterschiede zwischen Nichtigkeit und Anfechtbarkeit von Rechtsgeschäften.

2. Beschreiben Sie, wovon das Zustandekommen von Verträgen mit beschränkt Geschäftsfähigen abhängt.

3. Der Industriekaufmann Hilbig verkauft an einen guten Bekannten ein Grundstück für ein Wochenendhaus, ohne dass ein Notar in Anspruch genommen und der Verkauf ins Grundbuch eingetragen wird, da beide Vertragspartner die Notargebühren sparen wollen. Begründen Sie, ob ein rechtswirksamer Vertrag zustande gekommen ist.

4. Beurteilen Sie nachfolgende Fälle danach, ob sie rechtsgültig, anfechtbar oder nichtig sind.
   a) Der Auszubildende Peter erwirbt in einer Discothek eine Pistole, obwohl er keinen Waffenschein besitzt.
   b) Die 5-jährige Nicole kauft sich in einer Bäckerei ein Stück Kuchen.
   c) Der 19-jährige Hermann erwirbt bei einem Bekannten eine neue Hi-Fi-Anlage, die einen Wert von 1 500,00 EUR hat, für 1 000,00 EUR.
   d) Ein Hersteller bietet einem Kunden telefonisch einen Artikel für 59,00 EUR an. Der Kunde versteht aber 49,00 EUR.
   e) Der 16-jährige Engelbert erwirbt mit seinem Taschengeld eine CD. Die Eltern sind mit diesem Kauf nicht einverstanden.
   f) Eine Verkäuferin verkauft eine Kunststoffjacke mit dem Hinweis, dass die Jacke aus Leder gefertigt sei.

5. Stellen Sie bei nachstehenden Willenserklärungen fest,
   1) ob sie von Anfang an wirksam sind,
   2) schwebend unwirksam sind, solange die Zustimmung des gesetzlichen Vertreters fehlt,
   3) von Anfang an unwirksam sind.
   a) Ein 6-jähriger Junge kauft ein Spielzeugauto. Er zahlt den Kaufpreis mit seinem Taschengeld, das ihm seine Eltern zur freien Verfügung gegeben haben.
   b) Ein 14-jähriges Mädchen nimmt gegen den Willen ihrer Eltern von ihrer Tante ein Geldgeschenk an.
   c) Eine 16-Jährige schließt ohne Wissen ihrer Eltern mit einem Industriebetrieb einen Ausbildungsvertrag ab.
   d) Ein 18-Jähriger beantragt bei seiner Bank ein Kleindarlehen zur Anschaffung eines Gebrauchtwagens.
   e) Ein 11-Jähriger kauft von seinem Taschengeld ein gebrauchtes Fahrrad.

Wiederholung: Rechtliche Grundlagen für das Funktionieren des Güter- und Geldstromes im Wirtschaftsprozess (Vertragsrecht)

Übungsaufgaben

1. Klaus Stein, Geschäftsführer der Bürodesign GmbH, kauft im Orientteppichgeschäft M. Paul OHG für das Besprechungszimmer einen echten Perserteppich für 3 500,00 EUR. Herr Stein nimmt den Teppich sofort gegen Zahlung mit einem Barscheck mit.
   a) Begründen Sie, in welchem Moment Herr Stein das Eigentum an dem Teppich erworben hat.

b) Nach einer Woche erscheint die Kriminalpolizei bei Herrn Stein und verlangt die Herausgabe des Teppichs, da dieser gestohlen worden sei. Erläutern Sie die Rechtslage.

c) Wie ändert sich die Sachlage, wenn Herr Stein den Teppich bei einem befreundeten Ehepaar gekauft hat und der Teppich bei einem befreundeten Ehepaar bereits zwei Jahre im Wohnzimmer gelegen hat? Der Teppich ist ebenfalls vor fünf Jahren gestohlen worden.

2. Der 16-jährige Auszubildende Alfons Pfaff kauft sich beim Musikhaus Klinger ein neues Keyboard zum Kaufpreis von 1 400,00 EUR. Alfons vereinbart mit dem Musikhaus, den Kaufpreis in vier monatlichen Raten zu je 350,00 EUR zu zahlen.

   a) Die Eltern von Alfons erfahren von dem Kauf und verlangen von ihrem Sohn, das Keyboard an das Musikhaus zurückzugeben. Überprüfen Sie, ob das Musikhaus das Keyboard zurücknehmen und den Kaufpreis erstatten muss.

   b) Ändert sich die Sachlage, wenn Alfons das Keyboard von seiner Ausbildungsvergütung, die ihm von seinen Eltern zur freien Verfügung überlassen wurde, in einer Summe bezahlen würde?

3. Die 17-jährige Auszubildende Edith Schiefen, die mit Zustimmung ihres Vaters einen Ausbildungsvertrag mit der Bürodesign GmbH abgeschlossen hat, beabsichtigt die Ausbildungsstelle zu wechseln und das derzeitige Ausbildungsverhältnis zu kündigen. Ihr Vater ist als gesetzlicher Vertreter von Edith dagegen.

   a) Erläutern Sie Arbeits- und Ausbildungsvertrag.

   b) Beschreiben Sie, wodurch sich die Kündigung und das Testament unterscheiden.

   c) Begründen Sie, ob Edith den Ausbildungsvertrag ohne Zustimmung des Erziehungsberechtigten kündigen kann.

   d) Geben Sie an, ob Edith einen neuen Ausbildungsvertrag ohne Zustimmung des Erziehungsberechtigten abschließen kann.

4. Der Landwirt Alois Schindler verkauft ein Grundstück an die Klaus Siebert GmbH für 200 000,00 EUR. Im notariellen Vertrag geben beide Vertragspartner als Kaufpreis nur 120 000,00 EUR an, um Grunderwerbsteuern zu sparen. Der Eigentumsübergang wird im Grundbuch eingetragen.

   a) Begründen Sie, ob ein Kaufvertrag über das Grundstück zustande gekommen ist.

   b) Geben Sie an, wer Eigentümer des Grundstückes ist.

   c) Erläutern Sie die Formvorschriften beim Kauf und Verkauf von Grundstücken und Gebäuden.

   d) Die GmbH überweist nach Vertragsabschluss nur 120 000,00 EUR an den Landwirt. Sie weigert sich, die mündlich vereinbarten weiteren 80 000,00 EUR zu zahlen. Begründen Sie, ob die GmbH die 80 000,00 EUR noch zahlen muss.

   e) Führen Sie einige Beispiele für die Nichtigkeit von Verträgen an.

Prüfungsaufgaben

1. Welche Aussage über das Privatrecht ist richtig?

   1) Das Privatrecht regelt die Rechtsverhältnisse zwischen Privatpersonen und dem Staat als Hoheitsträger.

   2) Das Privatrecht regelt die Beziehungen eines Einzelnen zu den Körperschaften des öffentlichen Rechts.

   3) Das Privatrecht umfasst ausschließlich geschriebenes Recht.

   4) Für das Privatrecht gilt das Prinzip der Gleichordnung der Beteiligten.

   5) Ein Teil des Privatrechts ist das Strafrecht.

2. Stellen Sie fest, ob bei nachstehenden Tatbeständen ein Vertrag

1) schwebend unwirksam   3) nichtig

2) anfechtbar   4) wirksam (gültig) ist!

a) Ein Vertrag kam durch widerrechtliche Drohung zustande.

b) Ein Vertrag verstößt gegen gesetzliche Formvorschriften.

c) Beim Kauf einer Stereoanlage wurde die Willenserklärung von einer beschränkt geschäftsfähigen Person abgegeben.

d) Ein Vertrag kam durch arglistige Täuschung zustande.

e) Ein 11-Jähriger kauft von seinem Taschengeld eine CD.

f) Ein 14-jähriges Mädchen nimmt von ihrem Onkel ein Geldgeschenk an.

g) Eine 16-jährige Schülerin schließt mit einem Industriebetrieb ohne Wissen der Eltern einen Ausbildungsvertrag ab.

h) Ein sechsjähriger Junge kauft ein Spielzeugauto. Er zahlt den Kaufpreis mit Mitteln, die ihm von den Eltern zur freien Verfügung überlassen wurden.

i) Ein18-jähriger Auszubildender beantragt ein Darlehen zur Anschaffung eines gebrauchten Pkw.

3. Stellen Sie in den folgenden Fällen fest, ob ein

1) Werkvertrag   3) Kaufvertrag   5) Leihvertrag

2) Werklieferungsvertrag   4) Mietvertrag   6) Pachtvertrag abgeschlossen wird.

a) Ein Unternehmer zahlt für die Dauer der Reparatur seines Geschäftsautos für ein ihm überlassenes Ersatzfahrzeug 50,00 EUR am Tag.

b) Eine Näherei fertigt 5 000 Mäntel an. Der Stoff wird vom Besteller – einer Textilfabrik – geliefert.

c) Ein Großhändler erhält vom Hersteller eine bestellte Lieferung Waschmaschinen.

d) Die Auszubildende Gerda erwirbt für 14,00 EUR eine CD.

e) Die Bürodesign GmbH erstellt für einen Kunden ein Regal für einen Direktionsraum, wobei der Kunde das erforderliche Massivholz geliefert hat.

f) Ein Landwirt überlässt einem Betonwerk eine Kiesgrube zur gewerblichen Nutzung gegen Entgelt.

4. Bei welcher der nachstehenden Vertragsarten handelt es sich um kein zweiseitiges Rechtsgeschäft?

1) Berufsausbildungsvertrag   4) Testament

2) Kaufvertrag   5) Kündigung eines Ausbildungsvertrages

3) Mietvertrag

5. Welche Aussage über den rechtswirksamen Abschluss von Verträgen ist richtig?

1) Ein Kaufvertrag muss immer schriftlich abgeschlossen werden.

2) Ausbildungsverträge sind auch mündlich gültig.

3) Kaufverträge über Grundstücke bedürfen der notariellen Beurkundung.

4) Darlehensverträge sind nur gültig, wenn sie schriftlich abgeschlossen werden.

5) Jeder per Telefon vereinbarte Kauf muss schriftlich bestätigt werden.

6. Geben Sie an, ob es sich bei unten stehenden Sachverhalten um

1) einen Antrag   3) Teile des Erfüllungsgeschäftes handelt.

2) die Annahme eines Antrages

a) Ein Kunde bestellt einen Schreibtisch aufgrund einer Zeitungsanzeige.

b) Beim Abholen des neuen Bürostuhls zahlt der Kunde mit Scheck.

c) Die Bürodesign GmbH sendet dem Kunden, der ohne Angebot bestellt hatte, eine Auftragsbestätigung.

d) Nach dem Ausprobieren mehrerer Bürostühle sagt der Kunde: „Diesen Stuhl nehme ich!"

7. Stellen Sie fest, ob für die nachfolgenden Verträge
   1) Schriftform erforderlich ist,
   2) notarielle Beurkundung erforderlich ist,
   3) Formfreiheit besteht.
   a) Bürgschaftsvertrag zwischen zwei Nichtkaufleuten
   b) Kaufvertrag über einen Personal-Computer im Wert von 2 000,00 EUR
   c) Berufsausbildungsvertrag
   d) Grundstückskaufvertrag
   e) Arbeitsvertrag

8. Ordnen Sie folgende Aussagen den unten stehenden Rechtsgeschäften zu,
   1. wenn sie trotz beschränkter Geschäftsfähigkeit eines Vertragsparteners wirksam sind.
   2) wenn sie wegen beschränkter Geschäftsfähigkeit eines Vertragspartners schwebend unwirksam sind.
   3) wenn sie trotz der Geschäftsunfähigkeit eines Kindes wirksam sind.
   4) wenn sie wegen Geschäftsunfähigkeit eines Vertragspartners unwirksam wird.
   a) Der 17-jährige Klaus kauft ohne Wissen seiner Eltern von seinen Ersparnissen ein Mofa für 680,00 EUR.
   b) Der Großvater schenkt seiner 11-jährigen Enkelin ohne Rücksprache mit deren Eltern eine Armbanduhr. Die Eltern sind damit nicht einverstanden.
   c) Die 6-jährige Mareike kauft ein Spielzeugauto. Sie zahlt mit dem Geld, das ihr ihre Eltern als Taschengeld überlassen haben.
   d) Der 6-jährige Udo kauft am Kiosk mit abgezähltem Geld eine Fernsehzeitschrift. Der Verkäufer weiß, dass Udo im Auftrag seines Vaters handelt.
   e) Die 17-jährige Stefanie kündigt ihr Arbeitsverhältnis, das sie mit Zustimmung ihres gesetzlichen Vertreters abgeschlossen hatte.

9. Kennzeichnen Sie die Tätigkeiten, die zum Abschluss eines Kaufvertrages führen (können), mit 1., die zur Erfüllung des Kaufvertrages führen, mit 2.
   a) Annahme der bestellten Ware
   b) Pflicht zur Eigentumsübertragung
   c) fristgerechte Bezahlung der gelieferten Ware
   d) Annahme des Kaufpreises
   e) Erteilung einer Bestellung
   f) Lieferung der Ware

10. Welche Aussage über Besitz und Eigentum ist richtig?
    1) Eigentumsübertragung ist immer mit der Übergabe der Sache verbunden.
    2) Eigentum ist die tatsächliche Gewalt über eine Sache, Besitz die rechtliche Gewalt über eine Sache.
    3) Der gutgläubige Käufer erwirbt in der Regel das Eigentumsrecht an gestohlenen Waren.
    4) Die Eigentumsübertragung an beweglichen Sachen erfolgt in der Regel durch Einigung und Übergabe.
    5) Bei unbeweglichen Sachen erfolgt die Eigentumsübertragung durch die Einigung zwischen Käufer und Verkäufer.

11. Stellen Sie fest, ob nachfolgende Rechtssubjekte
    1) natürliche
    2) juristische Personen sind.
    a) Stadtsparkasse Siegburg GmbH
    b) Möbeleinzelhandel Josef Klein e.K.
    c) Warenhaus AG
    d) Bürodesign GmbH
    e) Sportverein e.V. München
    f) Dr. Hans Hahn, Steuerberater

5 Absatzwirtschaft

5.1 Marketing als Grundlage der Absatzwirtschaft

Frau Friedrich ist bei der IHK zu einer Fachtagung eingeladen. Sie soll dort einen Vortrag über die Entwicklung der Büromöbelindustrie halten. Sie bittet Renate Becker, an dieser Tagung teilzunehmen. Vorher erhält diese das Manuskript der Rede von Frau Friedrich, um sich vorzubereiten. Dabei fällt ihr auf, dass sehr häufig der Begriff Marketing auftaucht. Unter anderem liest sie:

„Wir sind froh, dass wir uns seit Beginn der Siebziger Jahre konsequent mit den Grundsätzen des Marketing beschäftigt haben. **Marketing** bedeutet, dass ein Unternehmen ‚vom Markt her' geführt wird, d.h., dass alle Maßnahmen und Entscheidungen des Unternehmens vom Marktgeschehen und von Marktdaten bestimmt werden. Zur Erreichung unserer Ziele bedienen wir uns aller Instrumente im Marketing-Mix, ohne die betriebswirtschaftliches Arbeiten nicht mehr möglich ist: …"

Renate ist zunächst wegen der vielen neuen Begriffe verwirrt. Frau Friedrich aber sagt: „Wichtig ist, dass Sie die Bedeutung des Marketing für unser Unternehmen begreifen lernen. Wenn Sie Fragen haben, helfe ich Ihnen gerne."

Arbeitsauftrag

◆ Finden Sie heraus, was Frau Friedrich unter Marketing versteht, und erarbeiten Sie die Bedeutung des Marketing und seiner Instrumente im Rahmen der Absatzwirtschaft für ein Unternehmen.

● Marketing als Prinzip der Unternehmungsführung

Unter **Marketing** versteht man die Konzeption einer Unternehmensführung, bei der alle Aktivitäten konsequent auf die gegenwärtigen und künftigen Erfordernisse der Märkte ausgerichtet werden. Dabei sind systematisch gewonnene Informationen über die Märkte die Grundlage aller Entscheidungen.

Marketing ist also ein Prinzip der Unternehmensführung, das sich an **Marktdaten** (insbesondere Kunden- und Konkurrenzverhalten) orientiert. Jedes Unternehmen ist Teilnehmer auf mehreren Märkten. Unter **Markt** versteht man den Ort, an dem sich Angebot und Nachfrage treffen und regulieren (vgl. S. 46).

Beispiel Die Bürodesign GmbH ist u.a. Teilnehmer auf folgenden Märkten:

- **Absatzmarkt:** Die Bürodesign GmbH bietet Büromöbel und Beratung bei Büroeinrichtungen an (Anbieter von Gütern und Leistungen).
- **Beschaffungsmarkt:** Die Bürodesign GmbH kauft Hölzer als Rohstoffe ein. Sie muss Werkstoffe, wie Spanplatten, Stahlrohre, textile Stoffe usw., beschaffen. Sie benötigt Maschinen, Werkzeuge usw., braucht Hilfsstoffe, wie Leim, Schrauben, Energie (Nachfrager nach Gütern und Leistungen).
- **Arbeitsmarkt:** Die Bürodesign GmbH benötigt qualifizierte Mitarbeiter (Nachfrager nach Arbeitskräften).
- **Kapitalmarkt:** Die Bürodesign GmbH benötigt Kapital zur Beschaffung von Investitionen in Maschinen, Gebäude, Fuhrpark usw. (Nachfrager für Kapital). Sie sucht nach Anlagemöglichkeiten für kurz- und mittelfristiges Barvermögen (Anbieter von Kapital).

Die **Marktorientierung** umfasst die Kunden- und die Wettbewerberorientierung.

Kundenorientierung	Wettbewerbsorientierung
Gezielte Analyse der Wünsche, Bedürfnisse und Ansprüche der Kunden. **Ziel:** Optimale Befriedigung der sich wandelnden Kundenansprüche.	Analyse der jeweiligen Wettbewerbssituation und Vergleichen eigener Leistungen mit denen der Konkurrenten. **Ziel:** Eigene Wettbewerbsvorteile pflegen und ausbauen.

Marketing bezieht sich nicht nur auf den Absatzmarkt, sondern umfasst Maßnahmen auf allen Märkten, in denen ein Unternehmen aktiv ist. Dazu können Schwerpunkte einiger Unternehmensaktivitäten besonders herausgestellt werden:

◆ **Absatzmarketing:** Aktivitäten, um Produkte, Waren und Dienstleistungen abzusetzen bzw. zu verkaufen.

◆ **Beschaffungsmarketing:** Aktivitäten, um Rohstoffe, Werkstoffe, Maschinen usw. zu beschaffen bzw. einzukaufen.

◆ **Personalmarketing:** Aktivitäten, um geeignete Mitarbeiter für ein Unternehmen zu gewinnen und zu halten.

◆ **Finanzmarketing:** Aktivitäten, um Finanzmittel günstig zu erhalten (Kredite) und Kapital außerhalb des Unternehmens sinnvoll anzulegen.

● **Instrumente der Absatzpolitik (Marketinginstrumente)**

Zur Erreichung der Ziele werden vom Management spezielle absatzpolitische Instrumente eingesetzt. Sie wirken sich nicht nur im Bereich Absatz aus, sondern wirken in alle Unternehmensbereiche (Abteilungen) hinein.

Marketinginstrumente	Entscheidungen (Beispiele)
– **Produkt- und Sortimentspolitik** – **Preispolitik** – **Konditionen- und Servicepolitik**	Welche Produkte sollen hergestellt und angeboten werden? Zu welchem Preis sollen die Produkte angeboten werden? Zu welchen Liefer- und Zahlungsbedingungen sollen die Produkte angeboten werden? Welcher Service soll den Kunden geboten werden?
– **Distributionspolitik**	Über welche Absatzwege sollen die Produkte angeboten werden?
– **Kommunikationspolitik**	Wie soll geworben werden, damit der Absatz unterstützt wird?

Die Kombination der Marketinginstrumente wird als **Marketing-Mix** bezeichnet. Alle Instrumente müssen dabei zielorientiert aufeinander abgestimmt werden.
Werden beim Marketing-Mix Telekommunikationseinrichtungen bzw. das **Internet** genutzt, spricht man von **Online-Marketing**.

Marketing als Grundlage der Absatzwirtschaft
- **Marketing** umfasst alle auf den Markt gerichteten Tätigkeiten eines Unternehmens: Beschaffungsmarketing, Absatzmarketing, Personalmarketing, Finanzmarketing
- Marketingarbeit beinhaltet die Schwerpunkte **Kundenorientierung** und **Wettbewerbsorientierung**.
- **Absatzpolitische Instrumente:** Produkt-, Sortiments-, Preis-, Konditionen-, Service-, Distributions-, Kommunikationspolitik
- **Marketing-Mix** ist die optimale Kombination der Marketinginstrumente.

1. Marketing ist die Grundlage der Absatzwirtschaft. Erläutern Sie, weshalb auch in anderen betrieblichen Bereichen (Beschaffung, Personalwirtschaft) Marketingarbeit geleistet werden muss.

2. a) Nennen Sie die Märkte, in denen die Bürodesign GmbH tätig ist.
   b) Nennen Sie die Märkte, in denen Ihr Ausbildungsbetrieb tätig ist.

3. Erläutern Sie die einzelnen absatzpolitischen Instrumente anhand von Beispielen.

4. Beschreiben Sie die Schwerpunkte der Marketingarbeit und erläutern Sie die Ziele, die damit erreicht werden sollen.

5. Beschreiben Sie, wie Ihr Ausbildungsbetrieb Kundenorientierung und Wettbewerbsorientierung durchführt.

5.2 Marktforschung als Grundlage von Marketingkonzeptionen

Die Bürodesign GmbH ist bestrebt, sich ständig an den veränderten Kundenansprüchen zu orientieren. Dabei unterliegt das Angebot an Büromöbeln einem stetigen Wechsel. Im Büromöbelmarkt wird zwischen folgenden Produktgruppen (Teilmärkte) unterschieden:

Arbeiten am Schreibtisch	Konferenz, Besprechung, Schulung	Warten und Empfang
Schreibtische, Arbeitsstühle und -sessel mit Rollen, Aktenschränke, Regale	Kombinationstische, Besprechungstische, Stühle ohne Rollen, Stapelstühle, Funktionstische	Möbel für Empfangs- und Warteräume, Stühle, Sessel, Ablagetische, Sitzgruppen, Empfangstheken

Die Bürodesign GmbH ist zurzeit mit ihren Produkten in allen Teilmärkten aktiv. Über diese Strategie gibt es schon seit Jahren heftige Auseinandersetzungen, sowohl bei der Geschäftsleitung als auch in den nachgeordneten Instanzen (Abteilungsleiter, Gruppenleiter, Sachbearbeiter).
So ist z. B. der Abteilungsleiter der Produktion folgender Ansicht: „Wir sollten uns auf einen einzigen Teilmarkt, nämlich Schreibtische, beschränken, dadurch könnten wir kostengünstiger produzieren." Der Abteilungsleiter Absatz jedoch möchte am liebsten noch mehr Teilmärkte erschließen. „Wir sollten noch weitere Teilmärkte bearbeiten, z. B. Kantinenmöbel, Schulmöbel, Lagermöbel usw."

Arbeitsauftrag
◆ Untersuchen Sie, welche Marktdaten die Geschäftsleitung der Bürodesign GmbH benötigt, um die Frage auf die Beschränkung oder Ausweitung von Teilmärkten zu beantworten, und machen Sie Vorschläge, wie sie an die erforderlichen Marktdaten gelangen kann.

● Ziele und Aufgaben der Marktforschung

Um die marketingpolitischen Instrumente so einzusetzen, dass die verfolgten Unternehmensziele erreicht werden, ist es erforderlich, dass über den Markt Informationen gewonnen werden. Je genauer und aktueller die Informationen sind, desto sicherer kann eine Entscheidung getroffen werden. Die **Beschaffung** und **Aufbereitung von Markt-informationen** ist Aufgabe der Marktforschung. Sie umfasst die Absatz- und Konkur-renzmarktforschung und soll einem Unternehmen Daten liefern, die aktuell, genau und zuverlässig sind. Ferner soll die Datenbeschaffung schnell und kostengünstig erfolgen. Die Marktforschung umfasst folgende Bereiche:

◆ **Marktanalyse (zeitpunktorientiert):** Hier werden zu einem bestimmten **Zeitpunkt** alle Einflussfaktoren eines Marktes ermittelt.

  Beispiel Die Bürodesign GmbH stellt zum Ende des 1. Quartals fest, wie viel Konkurrenten auf den einzelnen Teilmärkten vorhanden sind, welchen Marktanteil sie haben und welche neuen Produkte sie auf den Markt bringen. Ferner untersucht sie ihre Kunden bezüglich Neu- und Er-satzbedarf, Bestell- und Zahlungsgewohnheiten usw.

◆ **Marktbeobachtung (zeitraumorientiert):** Hier wird die Entwicklung des Marktes über einen **Zeitraum** untersucht. Dabei sollen Trends festgestellt werden.

  Beispiel Die Bürodesign GmbH befragt regelmäßig ihre Groß- und Einzelhändler sowie ihr Ver-kaufspersonal über die sich wandelnden Kundenwünsche.

◆ **Marktprognose (zukunftsorientiert):** Sie baut auf den Ergebnissen der Marktanalyse und der Marktbeobachtung auf. Sie soll Aussagen über künftige Marktsituationen ermöglichen.

  Beispiel Aus einer Marktanalyse hat die Bürodesign GmbH erfahren, dass einige Konkurrenten ver-stärkt im Teilmarkt Bürostühle Neuentwicklungen anbieten. Durch Marktbeobachtung konnte ein Trend zu Bürostühlen festgestellt werden, die aus umweltverträglichen Materialien gefertigt wurden. Es kann prognostiziert (vorausgesagt) werden, dass dieser Trend sich künftig verstärken wird.

● **Informationsquellen der Marktforschung**

◆ **Betriebsinterne Quellen:** Das auszuwertende Datenmaterial in der Marktforschung entstammt den Aufzeichnungen der verschiedenen Abteilungen eines Unternehmens, insbesondere dem Rechnungswesen. Hier werden alle betrieblichen Aktivitäten, wie Einkäufe von Material und Rohstoffen sowie Verkäufe an Kunden, in einem **Daten-banksystem** erfasst. Sie können dann von der Marketingabteilung abgerufen und aufbereitet werden. Somit ist Marktforschung und letztlich Marketing ohne ein funk-tionierendes Rechnungswesen, das in ein **computergestütztes Informationssystem** eingebunden ist, undenkbar. Mit diesem Datenbanksystem arbeiten also die Mitarbeiter des Rechnungswesens ebenso wie die Mitarbeiter in Marketing und Verkauf. Gleich-zeitig ist es Grundlage für Entscheidungen des Managements. Ein computergestütztes Informationssystem, das allen Beteiligten Zugriff auf diese Daten ermöglicht, ist somit eine Voraussetzung für eine effiziente Marktforschung.

  Beispiel Das Management der Bürodesign GmbH benötigt eine Aufstellung über die Kundenstruk-tur. Es möchte z.B. wissen, aus welchen Gebieten der Bundesrepublik seine Kunden stammen, wie hoch der durchschnittliche Umsatz je Kunde ist, wie viel Bestellungen die Kunden durch-schnittlich in den letzten sechs Jahren bei der Bürodesign GmbH getätigt haben, wie hoch der durchschnittliche Umsatz je Bestellung und Kunde ist, wie viel Kunden bereits seit mehr als 20, 15, 10, 5 Jahren Büromöbel bei der Bürodesign GmbH beziehen usw. Die Daten hierzu wurden aus den Belegen (Rechnungen, Lieferscheine usw.) vom Rechnungswesen zur späteren Auswertung in die Datenbank eingegeben. Man stelle sich vor, dass zur Beantwortung der obigen Fragen alle Aktenordner mit Belegen, Korrespondenz usw. ausgewertet werden müssen. Der Zeitaufwand und die Kosten wären nicht vertretbar.

◆ **Betriebsexterne Quellen:** Oft ist es erforderlich, dass in der Marktforschung Daten ausgewertet werden müssen, die nicht betriebsintern angefallen sind. Soll beispielsweise die konjunkturelle Entwicklung eingeschätzt werden, so müssen Berichte der Bundesbank und von Ministerien (Wirtschafts-, Finanz-, Arbeitsministerium) sowie Pressemitteilungen ausgewertet werden. Diese Arbeit ist häufig zeitraubend und kostenintensiv. Jedoch sind auch hier moderne Informations- und Kommunikationsmedien, insbesondere auch das **Internet**, eine große Hilfe.

Beispiel Die Mitarbeiter in der Marketingabteilung der Bürodesign GmbH haben die Möglichkeit, von einem Computerarbeitsplatz online externe Datenbanken abzufragen. Es wurden z. B. Verträge mit Betreibern von kommerziellen Datenbanken abgeschlossen. So können in den „elektronischen Archiven" der führenden Wirtschaftszeitungen (Handelsblatt, Wirtschaftswoche) Recherchen durchgeführt werden. Ferner ist die Bürodesign GmbH registrierter Benutzer der Datenbank „Parlament" des Deutschen Bundestages. Besonders spezielle Datenwünsche vergibt sie als Auftrag an Datenbankinstitute, die gegen Entgelt recherchieren. Ferner wird das Internet genutzt.

◆ **Sekundärdaten:** Die bisher genannten Daten (betriebsintern oder -extern) wurden nicht speziell für Marktforschungszwecke erhoben, es handelt sich um Daten, die für andere Zwecke erfasst wurden, z. B. für Zwecke des Rechnungswesens. Für die Marktforschung und für sonstige Entscheidungszwecke müssen sie jeweils neu aufbereitet (sortiert, selektiert, verknüpft) werden. Hierbei handelt es sich um sogenannte Sekundärdaten.

◆ **Primärdaten:** Sind aus Sekundärdaten die gewünschten Information nicht zu gewinnen, müssen die Daten erstmalig erhoben werden. Man spricht dann von Primärdaten.

Für die Erhebung der Primärdaten werden folgende **Methoden** eingesetzt:

◆ **Befragung:** schriftliche, mündliche oder fernmündliche Befragung zur Erhebung eines Meinungsbildes

◆ **Beobachtung:** Beobachtung des Verhaltens von Personen in bestimmten Situationen ohne Befragung

◆ **Test:** Meinungserhebung bei einen bestimmten Personenkreis über ein bestimmtes Produkt anhand von neutral verpackten Warenproben

◆ **Experiment:** Sonderform der Beobachtung oder Befragung von Reaktionen auf unterschiedliche Produktmerkmale

◆ **Panel:** regelmäßige Befragung einer gleichbleibenden Zielgruppe über einen längeren Zeitraum über ihr Konsumverhalten

Beispiel Die Bürodesign GmbH benötigt Informationen über den Teilmarkt „Private Schulen". Hierzu muss sie einen entsprechenden Fragebogen entwerfen, in dem sie gezielt ihre Fragen formuliert. Der Fragebogen muss dann verschickt und nach Rücklauf ausgewertet werden.

● Marketingplanung, Marketingkonzeption

Ein Marketingplan hat immer das Zielsystem eines Unternehmens als Grundlage. Er legt fest, in welchem Zeitraum die Ziele zu verwirklichen sind und welche Maßnahmen zur Zielerreichung eingesetzt werden sollen.

Beispiele Die Bürodesign GmbH hat folgenden Marketingplan als bisherige Arbeitsgrundlage:
– Kurzfristig (ein Jahr): Festigung des Marktanteils in allen Teilmärkten, Sicherung des Qualitätsstandards der Produkte, Stabilität der Verkaufspreise bis Jahresende.
– Mittelfristig (fünf Jahre): Bekanntheitsgrad des Unternehmens auf 25 % steigern, Image des Unternehmens verbessern, Marktnischen ergründen und ausbauen.

– Langfristig (zehn Jahre): Marktanteil steigern, Absatz um 100 % erhöhen, Errichtung einer zweiten Produktionsstätte.

Jedes einzelne Ziel wird möglichst messbar formuliert, sodass Zielabweichungen erkannt und Maßnahmen zur Zielerreichung eingeleitet werden können. Ebenso werden die Maßnahmen so konkret wie möglich festgelegt.

Beispiel   Teilzielkatalog der Bürodesign GmbH (Auszug):

Ziele	kurzfristig (etwa ein Jahr)	mittelfristig (höchstens fünf Jahre)	langfristig (höchstens zehn Jahre)
– Erhöhung des Umsatzes bei allen Teilmärkten – Sicherung der Unternehmensgewinne	Teilmarkt „Arbeiten am Schreibtisch": Steigerung des Marktanteils um 18 % **Maßnahmen:** • Einstellung von drei zusätzlichen Verkäufern • Erhöhung des Werbeetats um 5 % vom Umsatz • Unterstützung der Groß- und Fachhändler durch Einführungsrabatte bis 12 %	Steigerung der Marktanteile in allen Teilmärkten um durchschnittlich 15 % jährlich **Maßnahmen:** • Verstärkung des Verkaufspersonals um jährlich drei Mitarbeiter • jährliche Steigerung des Werbeetats um höchstens 7 % • stärkere Bindung des Facheinzelhandels an die Bürodesign GmbH durch Rabatte bis höchstens 18 %	Steigerung der Marktanteile in allen Teilmärkten um durchschnittlich 10 % **Maßnahmen:** • intensive Marktstudien • stabile Verkaufspreise

Der Marketingplan wird unter Einsatz der Marketinginstrumente (vgl. S. 130) realisiert. Dabei darf ein Plan nicht zu starr sein, denn es muss auf unvorsehbare Marktveränderungen reagiert werden können (**Flexibilität der Planung**). Aus dem Marketingplan ergibt sich die Auswahl der Strategien.

● Marketingstrategien

Unter einer Marketingstrategie versteht man zeitlich festgelegte Verhaltensgrundsätze auf dem Markt, mit denen ein Unternehmen erfolgreich sein will.

◆ **Strategie der Anpassung:** Ein Unternehmen versucht, sich an seine **Konkurrenten anzupassen**.

Beispiel   Die drei größten Büromöbelhersteller in Deutschland bringen Schreibtische auf den Markt, die keine eingebauten Schubladen haben. Die Schubfächer befinden sich in einem Rollcontainer, der unter dem Schreibtisch frei verschoben werden kann. Die Bürodesign GmbH passt sich an und produziert ebenfalls solche Schreibtische.

◆ **Strategie der Differenzierung:** Ein Anbieter möchte sich bewusst mit seinen Produkten von seinen **Konkurrenten abheben**.

Beispiel   Die meisten Büromöbelhersteller liefern ihre Aktenschränke und Schreibtische in dezenten Farben. Ein Hersteller möchte sich bewusst von diesem Trend abheben und bietet Schreibtische in modischen Neonfarben an.

◆ **Strategie der Marktdurchdringung:** Ein Unternehmen möchte mit seinen vorhandenen Produkten den **bestehenden Markt** möglichst umfassend durchdringen und beherrschen.

Beispiel Ein Büromöbelhersteller belieferte bisher vorwiegend Behörden. In diesem „Behörden-markt" möchte das Unternehmen weiter eindringen und noch mehr Produkte absetzen.

◆ **Strategie der Markterschließung:** Ein Unternehmen möchte mit seinen vorhandenen Produkten neue Märkte erschließen.

Beispiel Ein Büromöbelhersteller, der bisher hauptsächlich an Unternehmen geliefert hat, möchte seine Möbel zusätzlich an Behörden, Schulen und an Privatpersonen absetzen.

◆ **Strategie der Marktsegmentierung:** Ein Unternehmen teilt seinen Markt in Teilmärkte auf. Dadurch können die Bedürfnisse der einzelnen Zielgruppen (Abnehmer) besser erfasst und gezielter bearbeitet werden. **Teilmärkte** oder **Marktsegmente** können nach verschiedenen Kriterien gebildet werden.

Marktsegmente	Beispiele
– Produktgruppen	Arbeiten am Schreibtisch, Warten und Empfang, Konferenz und Schulung
– Preisgruppen	Produkte des unteren, mittleren und gehobenen Preisniveaus
– Abnehmergruppen	Privatwirtschaft, Behörden, Groß- und Kleinabnehmer
– Regionale Gruppen	Inlandskunden, Auslandskunden

Die aufgezählten Strategien werden in der Praxis meist nicht in klarer Form angewandt, es gibt **Mischformen, Kombinationen** und **betriebsindividuelle Strategien**. Ferner ist es möglich, dass für verschiedene Produkte oder Teilmärkte unterschiedliche Strategien beschritten werden.

Beispiel Die Bürodesign GmbH hat bisher erfolgreich die Marketingstrategie verfolgt, den Gesamt-markt „Büromöbel" zu bedienen. Alle Aktivitäten bezogen sich darauf, den Kunden „aus einer Hand" zu beliefern und möglichst alle Abnehmer des Marktes anzusprechen (Strategie der Marktdurchdrin-gung). Wenn eine neue Produktlinie eingeführt wird (z. B. Öko-Möbel), wird damit die Strategie der Differenzierung befolgt. Gleichzeitig kann eine Spezialisierung auf Teilmärkte erfolgen, wenn z. B. Schreibtische für Behinderte produziert werden (Strategie der Marktsegmentierung). Wenn zusätzlich neue Abnehmergruppen (z. B. Privatkunden) angesprochen werden sollen, ist auch die Strategie der Markterschließung einbezogen.

Marktforschung als Grundlage von Marketingkonzeptionen

■ **Aufgabe der Marktforschung ist die Beschaffung und Aufbereitung von Markt-daten.** Sie ist Grundlage der **Marketingplanung** (kurz-, mittel-, langfristig). Sie umfasst
  – **Marktanalyse** (zeitpunktbezogen)
  – **Marktbeobachtung** (zeitraumbezogen)
  – **Marktprognose** (zukunftsbezogen)
■ Sie bedient sich **betriebsinterner und -externer Quellen** und stützt sich auf
  – **Sekundärdaten** (bereits vorhandene Daten) oder gewinnt
  – **Primärdaten** (erstmalige Erhebung)
■ **Marketingstrategien**
  – **Anpassung** an die Konkurrenz
  – **Differenzierung** von der Konkurrenz
  – **Marktdurchdringung**
  – **Marktsegmentierung** (Aufteilung in Teilmärkte)
  – **Markterschließung** neuer Märkte

1. Der Verband der Büromöbelhersteller veröffentlicht jährlich eine Statistik der Absatzzahlen seiner Branche. Erläutern Sie, wie diese Daten für die Zwecke der Marktforschung von der Bürodesign GmbH genutzt werden können.

2. Eine Fahrradfabrik möchte die Strategie der Marktsegmentierung konsequent durchführen. Bilden Sie hierzu vier Beispiele für Marktsegmente.

3. Welche Möglichkeiten hat ein Reisebüro, das vorwiegend Gruppenreisen für Sportvereine anbietet, mit seinem vorhandenen Angebot die Strategie der Markterschließung durchzuführen?

4. Erstellen Sie eine Checkliste für die Marktforschungsabteilung der Bürodesign GmbH
   a) für betriebsinterne,
   b) für betriebsexterne Quellen.

5. Unterscheiden Sie Marktanalyse, -beobachtung und -prognose anhand von Beispielen.

6. a) Entwerfen Sie einen Fragebogen für die Untersuchung der Kaufgewohnheiten Ihrer Mitschüler/Mitschülerinnen für Schreibwaren. Stellen Sie fest, welche Produkte sie kaufen, wie oft sie diese kaufen, über welche Kaufkraft sie verfügen, bei welchen Geschäften (Fachgeschäft, Warenhaus) sie kaufen usw..
   b) Überlegen Sie sich Maßnahmen, die dazu führen, dass möglichst viele Mitschüler/Mitschülerinnen den Fragebogen ausfüllen (Preisausschreiben o. Ä.).
   c) Führen Sie eine Befragung durch, entscheiden Sie sich für eine Voll- oder Teilerhebung.
   d) Werten Sie die Fragebögen aus und präsentieren Sie die gewonnenen Ergebnisse.
   e) Machen Sie Vorschläge, wie die Ergebnisse für den Kiosk-, Geschäftsinhaber nutzbar gemacht werden können, und entwickeln Sie entsprechende Marketingstrategien für das Geschäft.

5.3 Marketinginstrumente und Marketing-Mix

5.3.1 Produktpolitik und Sortimentsgestaltung

Das Management der Bürodesign GmbH hat sich entschlossen, sich auf die Produktgruppen „Arbeiten am Schreibtisch" und „Konferenzen und Schulung" zu spezialisieren. Die bisherigen Produkte dieser Gruppen sollen weiterhin hergestellt werden, jedoch sollen zusätzlich neue Möbel entwickelt werden, die ökologischen und ergonomischen[1] Anforderungen besonders entsprechen. Damit soll dem Bedürfnis der Kunden zur Verbesserung ihrer Arbeitsplätze entgegengekommen werden. Herr Stein sagt dazu: „Eine neue Produktlinie wird geboren, eine alte stirbt. So ist das Leben!"

Arbeitsauftrag
◆ Interpretieren Sie diese Aussage von Herrn Stein.

---

[1] **Ergonomie** *ist die Lehre von der menschengerechten Gestaltung von Arbeitsplätzen. So müssen z. B. Arbeitsstühle gesundheitlichen Gefahren (Haltungsschäden) am Arbeitsplatz vorbeugen. Sie müssen sich den individuellen Bedürfnissen des einzelnen Mitarbeiters anpassen lassen, d. h., sie müssen in Höhe und Neigung verstellbar sein, sichere Rollen und atmungsaktive Bezüge haben, die Sitz- und Rückenmuskulatur unterstützen usw.*

● Produktlebenszyklus

Jedes Produkt unterliegt einem sogenannten Lebenszyklus. Er umfasst die Zeitdauer zwischen der Einführung des Produktes auf dem Markt und seiner Herausnahme aus dem Markt. Ein Produkt „lebt", solange es einen wirtschaftlichen Umsatz auf dem Markt erzielt.

Neue Produkte kommen auf den Markt (**Produktinnovation**) und bereits eingeführte Produkte werden den ständig wechselnden Marktverhältnissen angepasst (**Produktvariation**), wirtschaftlich nicht mehr tragfähige Produkte werden aus dem Markt genommen (**Produktelimination**). Diese drei Tatbestände umfassen die Hauptaufgaben der **Produktpolitik**.

Der **Lebenszyklus eines Produktes** lässt sich vereinfacht wie nachstehend darstellen:

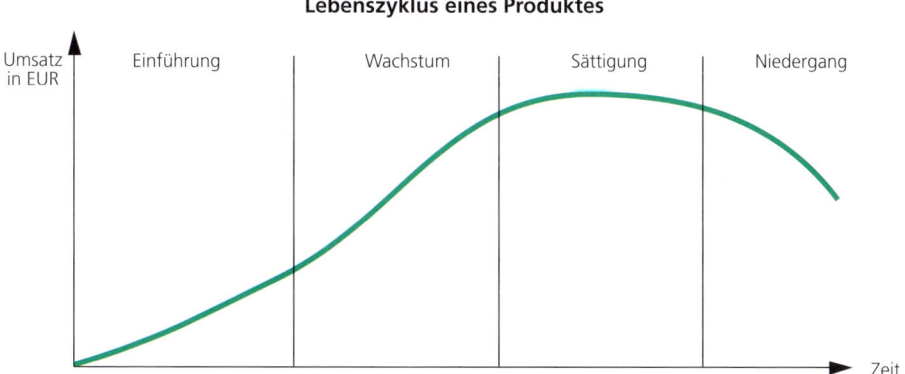

Lebenszyklus eines Produktes

● Produktentwicklung

Vor der Markteinführung steht die **Produktentwicklung**. Sie kann beträchtliche Zeit in Anspruch nehmen und erhebliche Kosten verursachen. In den letzten Jahren ist zu beobachten, dass die durchschnittliche **Entwicklungszeit von Produkten** immer mehr zunimmt, die durchschnittliche **Lebensdauer eines Produktes** jedoch abnimmt.

Für Unternehmen erwächst aus dieser Tatsache ein Problem:

◆ Einerseits soll die Entwicklungszeit möglichst kurz sein, damit das neue Produkt möglichst schnell auf den Markt gebracht werden kann, um wirtschaftliche Erfolge zu erzielen,

◆ andererseits soll das Produkt so lange wie möglich unverändert produziert werden können.

Deshalb ist viel Zeit und Arbeit (somit Geld) in die optimale Entwicklung von Produkten zu investieren.

Die Schnelllebigkeit der Märkte erfordert somit eine intensive Auswertung aller vorhandenen Marktdaten (Marktforschung, vgl. S. 125), um auf die Bedürfnisse der Märkte reagieren zu können.

◆ Die Produktentwicklung umfasst zunächst die rein **technische Entwicklung**, das Ergebnis ist meist eine Reihe von **Modellen** oder **Prototypen**. Hier kommt es wesentlich auf die Auswahl des Materials und die kundengerechte Konstruktion des Produktes an.

● Marktentwicklung

Darüber hinaus muss die **Marktentwicklung** durchgeführt werden. Die Bestimmung der **Zielgruppe** des Produktes (Teilmarkt) ist hier die zentrale Aufgabe. Hierauf stützen sich alle folgenden Entscheidungen.

◆ **Design**, **Form** und **Farbe** eines Produktes müssen marktgerecht bestimmt werden.

> *Beispiel* Für bestimmte Produkte hat der Verbraucher bestimmte Vorstellungen, die er verwirklicht sehen möchte. So erwartet die Mehrzahl der Verbraucher, dass Trinkgefäße rund sind (dreieckige Tassen wären lediglich ein kurzfristiger Verkaufsgag), Zahncreme muss weiß oder zumindest hell sein (schwarze oder braune Zahnpasta würde vom Markt abgelehnt).

◆ **Qualität des Produktes:** Fast alle Produkte gibt es in unterschiedlichen Qualitätsstufen, die letztlich auch im Preis des Produktes zum Ausdruck kommen.

> *Beispiel* Es gibt Bürostühle mit Kunststoff- oder Lederbezug, mit Naturfaser oder Kunstfaser usw. Hier entscheidet die Bestimmung der Zielgruppe über den Qualitätsstandard.

◆ Die **Namensgebung** spielt für die Vermarktung eines Produktes eine große Rolle.

> *Beispiel* Zu einem sportlichen Auto passt nicht der Name „PUCKI GTI", er wäre besser geeignet für ein Kinderfahrrad.

◆ **Verpackung:** Sie soll das Produkt bei Transport und Lagerung nicht nur schützen, sondern auch zu Werbe- und Informationszwecken verwendet werden können.

> *Beispiel* Was hielten Sie davon, wenn edler Wein in Dosen verpackt angeboten würde? Das wäre für Verbraucher ebenso unverständlich, wie Schreibblocks aus Umweltpapier in Plastikfolie einzuschweißen.

● Produktnutzen

Verbraucher kaufen Güter, weil sie sich davon einen Nutzen versprechen. Dabei unterscheidet man zwischen dem **Grundnutzen** eines Produktes und seinem **Zusatznutzen**.

Beispiel Der Grundnutzen eines Autos liegt in der Möglichkeit, Personen oder Gegenstände schnell und bequem zu beliebigen Orten zu transportieren. Diesen Grundnutzen kann jedes beliebige Modell erbringen. Der Zusatznutzen eines Autos liegt u. a. darin, dass der Besitzer damit sein Prestige heben kann, d. h., dass er sein Auto als Statussysmbol betrachtet, ein besonders sparsames Modell fährt, ein besonders sicheres Auto besitzt usw.

Weil viele Produkte in ihrem Grundnutzen austauschbar sind, wird der Kampf der Unternehmen um Marktanteile heute im Bereich des Zusatznutzens von Produkten ausgefochten, denn nur hier unterscheiden sich die Produkte wesentlich. So versucht man im Rahmen der Produktpolitik, den Zusatznutzen von Produkten herauszustellen bzw. immer neue Zusatznutzen zu erfinden, um sich von der Konkurrenz abzusetzen. Der Zusatznutzen kann sich aber auch in der Befriedigung von speziellen Kundenansprüchen ausdrücken.

Beispiele
- Die Umweltverträglichkeit eines Produktes als Zusatznutzen ist für umweltbewusste Verbraucher eine wichtige Entscheidungsgröße beim Kauf. So werden von ihnen Strom sparende Haushaltsgeräte, umweltverträgliche Waschmittel usw. gekauft.
- Gesundheitliche und medizinische Ansprüche von Kunden haben Lebensmittelhersteller zur Einführung von „Bio-Kost" veranlasst.

● Sortimentsgestaltung

Handelsunternehmen (Groß- und Einzelhandel) entwickeln i.d.R. keine eigenen Produkte, sie beschaffen Ware, um sie unverändert an ihre Kunden zu verkaufen. Die Gesamtheit der angebotenen Waren wird als **Sortiment** bezeichnet. Ein Sortiment besteht aus verschiedenen Warenarten (Textilien, Elektrogeräte, Möbel, Lebensmittel usw.). Die **Sorte** ist die kleinste Einheit des Sortiments. Sorten, die sich nur nach Farbe, Größe, Gewicht unterscheiden, werden zu **Artikeln** zusammengefasst. Ähnliche Artikel bilden eine **Warengruppe**.

Beispiel In dem Verkaufsstudio der Bürodesign GmbH werden schwarze Klappstühle angeboten, sie sind als Sorte zu bezeichnen. Die Klappstühle einer Bauart bilden einen Artikel, wenn sie in weiteren Farben angeboten werden. Sie gehören zur Warengruppe Sitzmöbel, zu denen auch Bürostühle und Konferenzstühle zählen.

◆ **Sortimentsumfang:** Er wird danach bemessen, wie viele Artikel und Warengruppen angeboten werden.

Begriffe	Erläuterungen
Sortimentstiefe – flaches Sortiment	wenige Artikel einer Warengruppe, z. B. in einem Supermarkt werden nur drei verschiedene Kugelschreiber angeboten (= kleine Auswahl)
– tiefes Sortiment	viele Artikel einer Warengruppe, z. B. in einem Fachgeschäft für Schreibwaren werden 70 verschiedene Kugelschreiber angeboten (= große Auswahl).
Sortimentsbreite – enges (schmales) Sortiment	nur eine oder wenige Warengruppen, z. B. Fachgeschäft für Herrenausstattung, Fachmarkt für Gartenbedarf
– breites Sortiment	viele Warengruppen, z. B. Warenhaus mit Textilien, Lebensmittel, Elektrogeräten, Parfümerie, Fotoartikel usw.

◆ **Sortimentsaufbau:** Ein Handelsunternehmen unterscheidet zwischen Kern-, Rand-, Rahmen-, Probe- und Auslaufsortiment.

Beispiel

Sortiment eines Lebensmittel-Supermarktes

Kernsortiment (Musssortiment) = typische Artikel für den Hauptumsatz (Lebensmittel)			
+	+	+	
Randsortiment (Sollsortiment) = Waren fremder Branchen (Sonnenbrillen, Bücher, Spielzeug, Textilien)	**Rahmensortiment (Kann-, Füllsortiment)** = wenig gängige Waren (Saisonartikel wie Weihnachtsschmuck, Grillkohle)	**Probesortiment** = Einführung neuer Artikel (Tiernahrung, Geschirr)	**Auslaufsortiment** = Restbestände von Artikeln, die nicht mehr verkauft werden (Ölofenanzünder)

sie ergänzen das Sortiment sinnvoll

◆ **Sortimentspflege:** Ein Handelsunternehmen muss sein Sortiment so gestalten, dass es für seine Kunden bedarfsgerecht ist. Ein zu umfangreiches Warenangebot (**Übersortiment**) verursacht eine hohe Kapitalbindung, denn die Ware muss bezahlt und gelagert werden. Ist das Warenangebot dauerhaft zu gering (**Untersortiment**), wird es zu Umsatzrückgängen kommen. Im Rahmen der Sortimentspflege werden somit unrentable Artikel aus dem Sortiment gestrichen (**Sortimentsbereinigung**), um für neue Produkte Platz zu schaffen.

Produktpolitik und Sortimentsgestaltung

- **Produktpolitik:**
  - **Produktinnovation** (Entwicklung neuer Produkte)
  - **Produktvariation** (Veränderung bestehender Produkte)
  - **Produktelimination** (Entfernen nicht wirtschaftlicher Produkte aus dem Angebot)
- Der **Produktlebenszyklus** durchläuft die Phasen Einführung, Wachstum, Sättigung des Marktes, Niedergang des Produktes. Er wird an den Umsätzen gemessen, die ein Produkt erzielt.
- Die **technische Produktentwicklung** bezieht sich vorwiegend auf die Auswahl des Materials und der Rohstoffe des Produktes. Die **Marktentwicklung** umfasst Design, Farbe, Qualität, Geschmack, Name und Verpackung des Produktes.
- Der **Produktnutzen** teilt sich in den **Grundnutzen** (eigentlicher Zweck) und den **Zusatznutzen** (z. B. Image eines Produktes).
- **Sortimentsumfang:**
  - breit = viele Warenarten
  - schmal = eine oder wenige Warenarten
  - tief = viele Artikel einer Warenart
  - flach = wenige Artikel einer Warenart
- **Sortimentsaufbau:** Kern-, Rand-, Rahmen-, Probe- und Auslaufsortiment
- **Sortimentspflege:** Vermeidung von Über- und Untersortiment durch Sortimentsbereinigung

---

1. Erläutern Sie die Phasen des Produktlebenszyklus an einem selbst gewählten Beispiel.

2. Machen Sie für die Bürodesign GmbH Vorschläge zur Produktentwicklung ihrer neuen Produktlinie für ökologisch und ergonomisch orientierte Büromöbel.
   a) Finden Sie fünf schlagkräftige Namen für diese Produktlinie.
   b) Machen Sie Vorschläge für die Verpackung dieser Produkte.
   c) Welche Materialien sollen für Bürostühle, Schreibtische, Büroschränke verwendet werden?
   d) Machen Sie Vorschläge zur Farbgebung der Schreibtische, Schränke und Bürostühle.
   e) Beschreiben Sie das Design-Konzept für diese Büromöbel, indem Sie Wortgruppen bilden, z. B. „bequem und natürlich sitzen", „Sitzkomfort auf natürliche Weise" u. Ä. Arbeiten Sie in Gruppen. Schreiben Sie die Ergebnisse auf Plakate und hängen Sie sie in Ihrem Klassenraum auf. Vergleichen und diskutieren Sie die Arbeitsergebnisse der Gruppen.

3. Beschreiben Sie, worin der Grund- und der Zusatznutzen bei folgenden Produkten bestehen kann: Büromöbel, HiFi-Anlage, Mantel, Kugelschreiber.

4. Überlegen Sie Möglichkeiten, wie die Gedanken des Recyclings von Produkten in der Büromöbelindustrie und deren umweltverträgliche Entsorgung bereits bei der Produktentwicklung berücksichtigt werden können.

5. Geben Sie aus Ihrer persönlichen Erfahrung Beispiele für breite und schmale sowie flache und tiefe Sortimente bei Einzelhandelsunternehmen an.

6. a) Erläutern Sie, weshalb ein Handelsunternehmen sowohl Über- als auch Untersortimente vermeiden muss.
    b) Geben Sie an, welche Hilfen hierzu die Marktforschung bietet.

5.3.2 Preispolitik

Soll ein neues Produkt auf den Markt gebracht werden, so stellt sich automatisch die Frage, zu welchem Preis es angeboten werden soll. Diese Überlegung ergibt sich auch bei der Bürodesign GmbH. Im Rahmen der neuen Produktlinie „ergo-design-natur" ist ein neuer Bürodrehstuhl entwickelt worden. Die Abteilungs- und Gruppenleiter sowie die Geschäftsführer sitzen in einer Besprechung. Frau König, die Gruppenleiterin des Rechnungswesens, sagt: „Auf alle Fälle muss der Preis so hoch angesetzt werden, dass unsere Kosten gedeckt sind und zusätzlich ein ordentlicher Gewinn erzielt wird." Der Abteilungsleiter Absatz, Herr Stam, meint: „Wir müssen vorsichtig sein, am besten orientieren wir uns an der Konkurrenz und unterbieten sie im Preis, dann – ich übertreibe einmal – können wir so viel verkaufen wie wir wollen." Frau Freund, die Marketingleiterin, gibt zu bedenken: „Wir müssen erst einmal herausfinden, wie viel unsere Kunden bereit sind, für einen „ergo-design-natur-Stuhl" zu bezahlen. Wenn dieser Preis bekannt ist, können wir kalkulieren, ob wir zu diesem Preis produzieren können. Falls nicht, müssen wir preiswertere Produktionsverfahren einführen." Hier meldet sich sofort Herr Müller, der Produktionschef: „Unsere Produktionsverfahren sind vorgegeben, da lässt sich nichts ändern, wir können doch nicht einfach alle unsere Maschinen verschrotten und neue kaufen oder sogar Mitarbeiter entlassen!"

Arbeitsaufträge
◆ Bestimmen Sie Kriterien, woran man sich bei der Preisgestaltung eines Produktes orientieren kann.
◆ Erläutern Sie einige Preisstrategien.

Die Preisbildung eines Produktes ist von folgenden Faktoren abhängig, die alle genau untersucht und berücksichtigt werden müssen: **Kosten, Konkurrenz, Nachfrage**. Hierbei sind Preisuntergrenzen zu berücksichtigen (langfristige Deckung der Kosten) und Preisobergrenzen zu beachten (Kaufkraft der Kunden, Preise der Mitbewerber).

● Kostenorientierte Preisbildung
Bei dem Verkauf von Produkten müssen die angefallenen **Kosten** gedeckt werden. Die genaue Untersuchung der Kosten ist Aufgabe der Kostenrechnung. Hier zeigt sich die enge **Verzahnung des Marketing mit dem Rechnungswesen**.

Beispiel   Bei der Produktion eines Bürostuhls in der Bürodesign GmbH fallen **variable Kosten** an, die abhängig von der produzierten Menge sind (Materialkosten, Löhne). Kosten wie Abschreibung von Maschinen, Miete von Produktionshallen usw. sind nicht von der Produktionsmenge abhängig, sie werden als **fixe Kosten** bezeichnet. Der Verkaufspreis muss beide Kosten decken. Es gilt, herauszufinden, ab welcher Absatzmenge sich eine Kostendeckung ergibt. Hierzu müssen fixe und variable Kosten bekannt sein. Für verschiedene Verkaufspreise kann nun festgestellt werden, ab welcher Absatzmenge die Gewinnzone erreicht wird. Hierzu bedient man sich einer „Break-even-Point-Analyse". Dabei berechnet man für verschiedene Produktionsmengen die Gesamtkosten und die Verkaufserlöse. Die Ergebnisse werden in einer Tabelle aufgelistet. Dabei bildet die geplante Absatzmenge die Obergrenze für die Produktionsmenge. Der Break-even-Point (BEP) ist der Punkt, bei dem die Gesamtkosten genau so hoch sind wie die Verkaufserlöse.

Break-even-Point-Analyse für einen Bürostuhl, variable Kosten/Stück 200,00 EUR, fixe Kosten 250 000,00 EUR, Verkaufspreis 450,00 EUR.

Produktions-mengen x	Fixe Kosten in EUR K_f	Variable Kosten in EUR K_v	Gesamt-Kosten in EUR K_g	Verkaufs-erlöse in EUR E	Gewinn/Ver-lust in EUR $E - K_g$
0	250 000,00	0,00	250 000,00	0,00	− 250 000,00
200	250 000,00	40 000,00	290 000,00	90 000,00	− 200 000,00
400	250 000,00	80 000,00	330 000,00	180 000,00	− 150 000,00
600	250 000,00	120 000,00	370 000,00	270 000,00	− 100 000,00
800	250 000,00	160 000,00	410 000,00	360 000,00	− 50 000,00
1 000	250 000,00	200 000,00	450 000,00	450 000,00	+ 0,00
1 200	250 000,00	240 000,00	490 000,00	540 000,00	+ 50 000,00
1 400	250 000,00	280 000,00	530 000,00	630 000,00	+ 100 000,00
1 600	250 000,00	320 000,00	570 000,00	720 000,00	+ 150 000,00
1 800	250 000,00	360 000,00	610 000,00	810 000,00	+ 200 000,00
2 000	250 000,00	400 000,00	650 000,00	900 000,00	+ 250 000,00

Bei einer Produktionsmenge von 1 000 Stück sind die Gesamtkosten und die Verkaufserlöse gleich groß, es entsteht weder ein Gewinn noch ein Verlust. Werden mehr als 1 000 Stück verkauft, so wird Gewinn gemacht, denn die Verkaufserlöse sind größer als die Gesamtkosten. Diese Berechnung muss für verschiedene Verkaufspreise wiederholt werden, bis der „optimale" Verkaufspreis gefunden wurde. Hierzu werden Computer mit Tabellenkalkulationssoftware eingesetzt.

Die Tabellenform ist zwar sehr übersichtlich, jedoch kann der Break-even-Point auch rechnerisch mit einfachen Gleichungen bestimmt werden.

BEP: Erlöse = Gesamtkosten	BEP: $P \cdot x = k_v \cdot x + K_f$
Die Erlöse ergeben sich aus: Verkaufspreis (P) · Menge (x). Die Gesamtkosten setzen sich zusammen aus: variable Stückkosten (k_v) · Menge (x) + fixe Kosten (K_f).	$450 \cdot x = 200 \cdot x + 250 000$ $450 \cdot x - 200 \cdot x = 250 000$ $250 \cdot x = 250 000$ $x = 250 000/250$ Somit ergibt sich: $x = 1 000$ Stück

Besonders anschaulich werden die Daten, wenn sie grafisch dargestellt werden. Der Break-even-Point liegt genau bei der Produktionsmenge, bei der sich die Kosten- und Erlösgerade schneiden. Diese Analyse muss mit mehreren Verkaufspreisen durchgerechnet werden. Per Hand wäre diese Arbeit sicherlich möglich, aber extrem zeitaufwendig. Deshalb bedient man sich eines Computers mit einer Tabellenkalkulationssoftware (z. B. Excel). Die Kosten-, Erlös- und Gewinntabellen sind schnell erstellt und als Grafik auszugeben.

Die computergestützte Bestimmung des Break-even-Point ermöglicht es, Veränderungen der Kosten- und Erlösstruktur schnell und einfach auf ihre Auswirkungen hin zu untersuchen. Es müssen hierzu in der Tabellenkalkulation lediglich die Werte für K_f, K_v bzw. E neu eingegeben werden. Die Rechenergebnisse und die Grafik werden daraufhin automatisch angepasst.

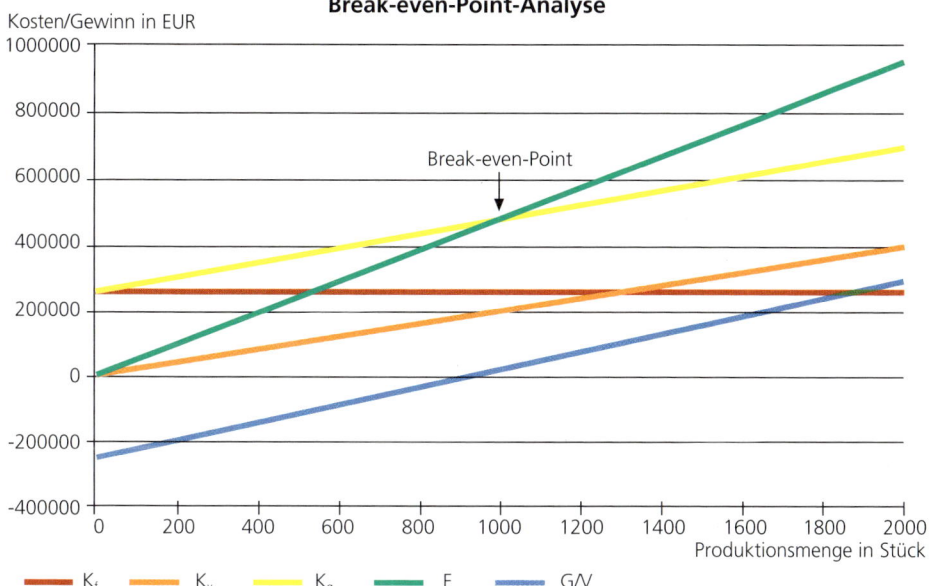

Break-even-Point-Analyse

● **Nachfrageorientierte Preisbildung**

Die Preisbildung darf nicht auf Kosten- und Gewinnberechnungen verzichten, sie muss sich aber vor allem an der Nachfrage orientieren. Hier sind die Preisvorstellungen möglicher Kunden zu berücksichtigen. Informationen hierzu muss die Marktforschung (vgl. S. 125) liefern. Man geht in vielen Fällen von der Annahme aus, dass die Kunden eher einen niedrigen als einen hohen Preis akzeptieren. Jedoch sind Kunden auch bereit, einen hohen Preis zu zahlen, wenn sie ein akzeptables Verhältnis zwischen dem Preis eines Produktes und ihrer individuellen Einschätzung des Nutzens (insbesondere des Zusatznutzens) erkennen können. Man sagt: „Das **Preis-Leistungsverhältnis** muss stimmen". Ein hoher Preis ist oft nur durch besondere Betonung des Zusatznutzens eines Produktes durchzusetzen. Jedoch sind hierzu erhebliche Investitionen in die Kommunikationspolitik für Produkte zu leisten. Die hierfür entstandenen Kosten werden in den Verkaufspreis der Produkte einkalkuliert.

Beispiel Zur Körperpflege benötigt der Mensch eigentlich pro Monat nur ein Stück einfache Kernseife zum Preis von 1,00 EUR (vielleicht kommen noch die Ausgaben für einen Waschlappen hinzu). Durch Betonung des Zusatznutzens (angenehmer Duft, Prestige, Imagegewinn usw.) konnte die „Seifenindustrie" in den letzten Jahrzehnten Milliarden Umsätze erzielen. So ist es nicht verwunderlich, wenn heute einige Menschen monatlich mehr als 100,00 EUR für ihre Körperpflege ausgeben, z.B. für Duschgels, Shampoos, Badeöle, Duftwässer, Cremes, Sprays, Parfüms usw. Ausschließlich durch die Fixierung der Kunden auf den Zusatznutzen der Körperpflege war es möglich, dass für Produkte, deren Materialkosten einige Pfennige betragen, bis zu dreistellige Preise auf dem Markt realisiert werden konnten.

Immer mehr Menschen sind bereit, für umweltverträgliche und „gesunde" oder „natürliche" Produkte tiefer in die Tasche zu greifen. Diese Bereitschaft wird von Unternehmen aufgegriffen und bei der Bestimmung der Preise berücksichtigt. Entscheidend ist hier, durch Marktforschung herauszufinden, welche Vorstellungen über Preisobergrenzen die jeweiligen Zielgruppen (Teilmärkte) haben.

● Konkurrenzorientierte Preisbildung

Außer an Kosten- und Nachfragegesichtspunkten orientiert man sich bei der Preisbildung an den Preisen der Konkurrenz. Zwei Formen sind üblich:

◆ **Orientierung am Branchenpreis** (durchschnittlicher Marktpreis): Diese Preisbildung setzt folgende Marktsituation voraus:
1. Die **Produkte** sind weitgehend **homogen** (gleichartig).
2. Es gibt viele **Konkurrenten** (Polypol, vgl. S. 47).

Beispiel Die Preise für Bürostühle der Mitbewerber der Bürodesign GmbH liegen zwischen 450,00 und 540,00 EUR. Somit beschließt sie, ebenfalls in diesem Bereich ihren Preis festzulegen.

◆ **Orientierung am Preisführer:** Ein Preisführer ist ein Anbieter, dem sich die übrigen Konkurrenten aufgrund seiner starken Marktposition weitgehend anschließen, wenn er seine Preise variiert. Oft ist der Preisführer derjenige Anbieter mit dem größten Marktanteil. Preisführer können auch mehrere Anbieter gemeinsam sein.

Beispiel Wenn die großen Mineralölkonzerne den Preis für Benzin erhöhen, schließen sich kleinere Produzenten häufig an und erhöhen ihren Preis ebenfalls.

● Preisstrategien

Bisher wurden nur **Preisunter- und obergrenzen** betrachtet. Eine Preisstrategie ist ein Verhalten des Anbieters auf dem Markt, das kurzfristig diese Grenzen unberücksichtigt lässt, um jedoch langfristig einen Umsatzzuwachs oder eine Erhöhung des Marktanteils zu erreichen.

◆ **Preisdifferenzierung:** Hierbei wird für ein und dasselbe Produkt von verschiedenen Abnehmern bzw. Abnehmergruppen ein unterschiedlicher Preis verlangt.

Beispiele Die Geschäftsleitung der Bürodesign GmbH möchte für ihren neuen „ergo-design-natur-Stuhl" diese Strategie verfolgen, um möglichst viele Abnehmer individuell ansprechen zu können, und praktiziert folgende Preisdifferenzierungen:

Arten	Beispiele
– **Mengenmäßige Preisdifferenzierung**	Es wird eine Mengenrabatt-Staffel erstellt. Ein Bürostuhl kostet 450,00 EUR, ab 100 Stück 410,00 EUR und ab 500 Stück nur noch 380,00 EUR.
– **Zeitliche Preisdifferenzierung**	Der Listenverkaufs- oder Katalogpreis des neuen Stuhls beträgt 450,00 EUR, während der Einführungsphase (sechs Monate) wird jedoch ein Sonderpreis von 399,00 EUR festgelegt.
– **Personelle Preisdifferenzierung**	Besondere Abnehmergruppen erhalten einen Sonderpreis von 405,00 EUR. Hierzu zählen z. B. karitative und soziale Einrichtungen (Rotes Kreuz, Behindertenwerkstätten, Jugendeinrichtungen).
– **Räumliche Preisdifferenzierung**	Inlandskunden zahlen den Normalpreis, Auslandskunden einen Zu- oder Abschlag, je nach Marktsituation.

◆ **Mischkalkulation (Ausgleichskalkulation):** Um ein Produkt auf dem Markt platzieren zu können, muss aus Konkurrenzgründen manchmal der Preis so niedrig angesetzt werden, dass kaum noch ein Gewinn übrigbleibt. Dann müssen andere Produkte zur Gewinnsicherung des Unternehmens beitragen. Fehlende Gewinne bzw. Verluste bei einigen Produkten (Ausgleichsnehmer) werden durch höhere Gewinne anderer Produkte (Ausgleichsgeber) ausgeglichen.

◆ **Psychologische Preisfestsetzung:** Der Preis wird so festgesetzt, dass der Abnehmer den Eindruck einer knappen Preiskalkulation erhält.

Beispiele
- In Supermärkten findet man sehr häufig Preise wie 0,79 EUR, 1,98 EUR usw. Sie erwecken den Eindruck einer besonderen Preiswürdigkeit.
- Die Bürodesign GmbH bietet einen Bürostuhl für 449,00 EUR an.

◆ **Hochpreispolitik (Premiumpolitik):** Das Produktionsprogramm eines Unternehmens zielt auf Abnehmer mit gehobenen Ansprüchen. Die Produkte werden als besonders exklusiv herausgestellt, um einen hohen Marktpreis erzielen zu können. Motto „Es war schon immer etwas teurer, einen besonderen Geschmack zu haben!"

◆ **Niedrigpreispolitik (Promotionspolitik):** Das Produktionsprogramm zielt auf preisbewusste Abnehmer. Extrem niedrige Preise (Discountpreise) sollen zu hohen Absatzzahlen verhelfen.

◆ **Marktabschöpfungspolitik (Skimmingpolitik):** Es wird versucht, bei der Markteinführung möglichst hohe Preise zu realisieren, damit bereits in der Einführungsphase hohe Umsätze zu erzielen sind. Wenn später die Konkurrenz mit vergleichbaren Produkten auf den Markt kommt, kann das Preisniveau gesenkt werden.

◆ **Marktdurchdringungspolitik (Penetrationspolitik):** In der Einführungsphase werden besonders niedrige Preise verlangt, damit das Produkt sich möglichst schnell auf dem Markt festigen kann. Später werden die Preise dann angehoben. Meist ist damit eine Produktvariation verbunden.

Die preispolitischen Maßnahmen müssen immer mit den übrigen Instrumenten des Marketing abgestimmt werden, damit eine optimale Wirkung erzielt wird.

Preispolitik
- **Kostenorientierte Preisbildung** setzt eine genaue Analyse der Kostenstruktur eines Unternehmens voraus. Die Kosten werden unterteilt in fixe und variable Kosten, in Stück- und Gesamtkosten, in Einzel- und Gemeinkosten. Mit der Break-even-Point-Analyse wird für verschiedene Verkaufspreise ermittelt, ab welcher Absatzmenge die Gewinnzone erreicht wird.
- **Nachfrageorientierte Preisbildung** berücksichtigt zunächst die Preisvorstellungen der Abnehmer. Ein hoher Preis wird durch Betonung des Zusatznutzens des Produktes begründet.
- **Konkurrenzorientierte Preisbildung** richtet sich am Branchenpreis oder am Preisführer aus.
- **Preisstrategien:**
  - **Preisdifferenzierung:** zeitlich, räumlich, Abnehmergruppen
  - **Mischkalkulation:** Produkte mit hohem Gewinn gleichen niedrige Gewinne bzw. Verluste bei anderen Produkten aus.
  - **Psychologische Preisfestsetzung:** Eindruck der knappen Kalkulation wird erweckt.
  - **Hochpreispolitik:** Produktionsprogramm zielt auf Abnehmer mit gehobenen Ansprüchen.
  - **Niedrigpreispolitik:** Produktionsprogramm zielt auf preisbewusste Abnehmer.
  - **Marktabschöpfungspolitik:** Hohe Preise bei Markteinführung.
  - **Marktdurchdringungspolitik:** Niedrige Preise bei Markteinführung.

1. Das Rechnungswesen der Bürodesign GmbH liefert Daten für die kostenorientierte Preisbildung. Erläutern Sie mit Beispielen
   a) fixe und variable Kosten,
   b) Gesamt- und Stückkosten,
   c) Einzel- und Gesamtkosten.

2. Vervollständigen Sie die folgende Tabelle.

Produkte	Produzierte Menge Stück	Anteilige fixe Kosten EUR	Variable Kosten EUR	Gesamtkosten EUR	Variable Kosten je Stück EUR	Fixe Kosten je Stück EUR	Gesamtkosten je Stück EUR
Tische	4500	250 000,00	980 000,00				
Stühle	7000	450 000,00	130 000,00				
Schränke	3000	300 000,00	720 000,00				
Summen		1 000 000,00	1 830 000,00				

3. Es muss festgestellt werden, ab welcher Produktionsmenge der Aktenschrank „archivo" Gewinn erzielt. Dabei soll unterstellt werden, dass alle produzierten Schränke auch verkauft werden können. Folgende Daten liegen aus dem Rechnungswesen vor: variable Stückkosten 400,00 EUR, fixe Kosten 300 000,00 EUR, Verkaufspreis 1 000,00 EUR.
   a) Erstellen Sie eine Break-even-Point-Analyse (BEP) in Tabellenform. Beginnen Sie mit der Menge 0 und erhöhen Sie um jeweils 100 Einheiten.
   b) Übertragen Sie Ihre Ergebnisse in eine Grafik.
   c) Berechnen Sie den BEP mithilfe von Gleichungen.
   d) Erläutern Sie, was der BEP für die Preisbildung aussagt.

4. Erläutern Sie die Aussage: „Das Preis-Leistungsverhältnis muss stimmen!" anhand von Beispielen aus Ihrem eigenen Erfahrungsschatz.

5. Beschreiben Sie die unterschiedlichen Strategien von Preisdifferenzierung und Mischkalkulation.

6. Herr Stein von der Bürodesign GmbH möchte bei der Markteinführung des „ergo-design-natur-Stuhls" die Hochpreispolitik verfolgen. Frau Friedrich ist für die Niedrigpreispolitik.
   a) Erläutern Sie beide Strategien.
   b) Finden Sie Argumente für Herrn Stein und für Frau Friedrich.
   c) Entscheiden Sie sich für eine der beiden Strategien und begründen Sie Ihre Entscheidung.

7. Herr Gerhards ist ein erfahrener Außendienstmitarbeiter bei der Bürodesign GmbH. Er sagt: „Wir müssen das Eisen schmieden, solange es heiß ist. Deshalb sollten wir den Markt abschöpfen, solange uns die Konkurrenz noch nicht im Nacken sitzt." Sein Kollege, Herr Haupt, meint hingegen: „Meine Erfahrung sagt mir, dass wir erstmal den Markt durchdringen sollten, danach können wir den Rahm abschöpfen."
   a) Erläutern Sie, welche Preisstrategien die beiden Herren verfolgen möchten.
   b) Zu welcher Strategie raten Sie? Begründen Sie bitte Ihre Entscheidung.

8. Erstellen Sie mithilfe eines Tabellenkalkulationsprogrammes eine Break-even-Point-Analyse und testen Sie Ihre Tabelle mit verschiedenen Werten für variable Kosten, fixe Kosten und Verkaufspreise. Werten Sie Ihre Ergebnisse grafisch aus.

5.3.3   Konditionen- und Servicepolitik

„Wenn wir die neue Kollektion von „ergo-design-natur" auf den Markt bringen, müssen wir uns überlegen, ob wir nicht mal ganz neue Wege beschreiten. Insbesondere unsere Zahlungsbedingungen sollten wir neu gestalten. Ich denke da an eine Möglichkeit, für unsere Produkte einen besonderen Kaufanreiz zu bieten, indem wir den Abnehmern die Möglichkeiten bieten, die Büromöbel sofort zu erhalten, aber erst nach fünf Monaten zu bezahlen", sagte Frau Freund, die Gruppenleiterin Marketing. „Halt, so geht das aber nicht!", ruft sofort Frau König dazwischen. „Wir haben enorme Kosten, und die können wir nur tragen, wenn die Kunden möglichst schnell bezahlen. Sollen die doch einen Kredit aufnehmen, wenn sie kein Bargeld haben. Außerdem beklagen wir ohnehin schon die schleppenden Zahlungseingänge unserer Kunden. Wenn wir schon die Zahlungsbedingungen ändern, dann so, dass unsere Kunden schneller bezahlen."

Arbeitsauftrag
◆ Beschreiben Sie, wie die Zahlungsbedingungen von der Bürodesign GmbH gestaltet werden können, sodass sie einerseits für Kunden einen Kaufanreiz bieten, aber andererseits den Wunsch der Bürodesign GmbH auf schnelle Zahlung erfüllen.

● **Konditionenpolitik**

Beim Absatz von Produkten legt der Produzent Konditionen (Bedingungen) fest, zu denen er seine Produkte verkaufen möchte. Dabei ist entscheidend, dass bei der Gestaltung der Konditionen **Kaufanreize** gegeben werden. Diese Kaufanreize müssen sich positiv von den Konditionen anderer Anbieter unterscheiden. Häufig liegen die Verkaufspreise für Produkte durch Marktgegebenheiten fest (Konkurrenzpreise). Gerade dann bleibt meist nur noch ein Gestaltungsspielraum im Rahmen der Konditionenpolitik für den Anbieter übrig. Sofern durch die Konditionen Kosten für den Anbieter anfallen, müssen sie in der Preiskalkulation berücksichtigt werden.

◆ **Lieferbedingungen:** Die Gestaltung der Lieferbedingungen ist ein wichtiges Instrument des Marketings. Oft sind für Abnehmer die Produkte verschiedener Hersteller austauschbar bezüglich Preis, Ausstattung und Qualität. Die Entscheidung für einen bestimmten Lieferer hängt dann z. B. von den Lieferkonditionen ab.

  ◆ **Beförderungskosten:** Nach der gesetzlichen Regelung muss sich ein Käufer seine Waren beim Lieferer auf eigene Kosten abholen (§ 447 BGB, vgl. S. 201). Im Rahmen der Konditionenpolitik kann jedoch ein Unternehmen seinen Kunden entgegenkommen, indem es einen Teil oder die gesamten Beförderungskosten übernimmt. Dies gilt ebenfalls für die Verpackungskosten und die Kosten für eine Transportversicherung.

  Beispiel   Die Bürodesign GmbH gewährt allen Abnehmern im Umkreis von 100 km die Lieferung frei Haus.

  ◆ **Lieferzeit:** Für Käufer ist häufig entscheidend, dass sie die Lieferzeit selbst bestimmen können. So wünschen manche Abnehmer, dass die Lieferung sofort, zu einem festgelegten späteren Zeitpunkt oder in bestimmten Teillieferungen erfolgen soll. Durch eine kundengerechte Gestaltung der Lieferbedingungen können Kaufentscheidungen von Abnehmern günstig beeinflusst werden.

Beispiel Die Bürodesign GmbH vereinbart mit ihren Abnehmern flexible Lieferzeiten, bei Bedarf kann ein fester Lieferzeitpunkt gewählt werden.

♦ **Zahlungsbedingungen:** Wenn über den Zahlungszeitpunkt im Kaufvertrag nichts ausgesagt ist, so gilt die gesetzliche Regelung, d.h., der Käufer hat sofort bei Übergabe der Ware zu zahlen. Auch hier kann eine großzügige Erweiterung dieser Regelung Kaufanreize geben.

♦ **Zahlungsziel:** Ein Zahlungsziel liegt vor, wenn ein Verkäufer Ware liefert und dem Käufer einräumt, erst zu einem bestimmten späteren Zeitpunkt zu zahlen. Dies kann beim Käufer zu erheblichen Kosteneinsparungen führen, insbesondere dann, wenn er den Kaufpreis mit Fremdkapital finanzieren muss.

Beispiel Die Bürodesign GmbH liefert der Colonius Versicherungs AG Möbel für einen Schulungsraum im Wert von 85 000,00 EUR. Sie gewährt ein Zahlungsziel von drei Monaten. Obwohl die Colonius Versicherungs AG das Geld zur Bezahlung zur Verfügung hat, nutzt sie das Zahlungsziel aus, da sie vorübergehend eine gute kurzfristige Anlage für Barkapital hat (Verzinsung zu 8 %). Hieraus ergibt sich für sie ein Zinsvorteil von 1 700,00 EUR.

Berechnung: $\text{Zinsen} = \dfrac{\text{Kapital} \cdot \text{Monate} \cdot \text{Zinssatz}}{100 \cdot 12} = \dfrac{85\,000,00 \cdot 3 \cdot 8}{100 \cdot 12} = \underline{\underline{1\,700,00 \text{ EUR}}}$

♦ **Skonto:** Skonto ist ein Nachlass für vorzeitige Zahlung. Zwar wird ein Zahlungsziel vereinbart, jedoch wird dem Kunden erlaubt, z.B. 2 % vom Rechnungspreis abzuziehen, wenn er innerhalb der kürzeren Skontofrist die Rechnung bezahlt.

Beispiel Die Bürodesign GmbH liefert an das Ingenieurbüro Hartmann & Co. OHG am 30. September Büromöbel über einen Rechnungsbetrag von 13 600,00 EUR. Als Zahlungsziel ist vermerkt: „Zahlbar in 30 Tagen nach Rechnungserhalt netto Kasse oder innerhalb von 10 Tagen abzüglich 2 % Skonto". Hartmann & Co. haben zurzeit kein Barvermögen in dieser Höhe, jedoch wird in sechs Wochen eine größere Ausgangsrechnung fällig. Um den Skontobetrag in Höhe von 272,00 EUR (2 % von 13 600,00 EUR) ausnutzen zu können, überlegen sie, ob sie den notwendigen Betrag als Kredit bei ihrer Bank aufnehmen sollen. Die Bank verlangt 12 % Zinsen.

Die Hartmann & Co. OHG braucht erst am 10. Oktober zu zahlen, um den Skonto auszunutzen. Also nehmen sie erst am 10. Tag den erforderlichen Bankkredit auf.

Wenn die Hartmann & Co. OHG bei vorzeitiger Zahlung 2 % Skonto von 13 600,00 EUR abzieht, braucht sie bei ihrer Bank nur noch 13 328,00 EUR als Kredit aufzunehmen.

$\text{Zinsen} = \dfrac{\text{Kapital} \cdot \text{Zeit} \cdot \text{Zinssatz}}{100 \cdot 360} = \dfrac{13\,328 \cdot 20 \cdot 12}{100 \cdot 360} = 88,85 \text{ EUR}$

Die Kosten des Bankkredits betragen 88,85 EUR. Somit ergibt sich folgende Ersparnis:

Skonto	272,00 EUR
– Kosten des Bankkredits	88,85 EUR
= Ersparnis	183,15 EUR

♦ **Rabatte (Preisnachlässe):** Preisnachlässe werden gewährt, um die Preise möglichst flexibel auf die Abnehmer abstellen zu können.

Rabattart	Erläuterungen
Mengenrabatt	Bei Abnahme von großen Mengen einer Ware erhält der Käufer einen Nachlass auf den Listenpreis. Der Käufer soll dadurch zum Kauf größerer Mengen veranlasst werden.

Rabattart	Erläuterungen
Naturalrabatt	Dieser Rabatt ist eine Sonderform des Mengenrabattes. Er wird in Form von Waren gewährt. – **Draufgabe:** Der Käufer erhält statt zehn Artikeln einen Artikel zusätzlich ohne Berechnung. – **Dreingabe:** Der Käufer erhält zehn Artikel, es werden ihm aber nur neun berechnet.
Treuerabatt	Dieser Rabatt wird von Lieferern bei bestimmten Anlässen langjährigen Kunden gewährt, damit sollen Stammkunden an einen Lieferer gebunden werden.
Einführungsrabatt	Dieser Rabatt wird insbesondere von Herstellern den Groß- und Einzelhändlern gewährt, um die Einführungsphase eines neuen Produktes zu verkürzen.
Wiederverkäuferrabatt	Hersteller gewähren Händlern (= Wiederverkäufern) einen Preisnachlass.
Bonus	Er stellt einen nachträglich gewährten Rabatt dar, bei dem dem Käufer nach einer bestimmten Periode (Quartal, Halbjahr, Jahr) bei Erreichung eines bestimmten Mindestumsatzes ein Nachlass auf den Gesamtbetrag, z. B. in Höhe von 2 %, gewährt wird.

◆ **Finanzierung:** Viele Industrieunternehmen bieten ihren Kunden Finanzierungshilfen an. Diese beinhalten insbesondere den Ratenkauf sowie den Kauf auf Kredit. Häufig werden die Kredite über bestimmte Kreditinstitute abgewickelt, mit denen die Unternehmen zusammenarbeiten.

Beispiel   Die Bürodesign GmbH entschließt sich, ihren Abnehmern die Möglichkeit einzuräumen, Büromöbel auf Kredit zu kaufen. Hierbei arbeitet sie mit der Stadtsparkasse Aurich zusammen, die den Kunden der Bürodesign GmbH bei Bedarf einen Kredit zur Verfügung stellt.

◆ **Garantie, Kulanz:** Die Sachmängelhaftung für die Lieferung mangelfreier Produkte beträgt nach gesetzlicher Regelung zwei Jahre. Durch eine Garantie des Herstellers kann die gesetzliche Sachmängelhaftung auf mehrere Jahre erweitert werden. Sollte ein Mangel nach zwei Jahren auftreten, wird der Artikel für den Kunden kostenfrei repariert oder der Kunde erhält einen Ersatz. Häufig verlängern Lieferer auf dem Kulanzwege diese Frist, um ihren Kunden entgegenzukommen und sich von dem Angebot der Konkurrenz abzuheben. Im Rahmen der Kulanz kann ein Unternehmen auch Leistungen erbringen, zu denen es gesetzlich oder vertraglich nicht verpflichtet ist (Kulanz).

Beispiel   Ein Rechtsanwalt kauft bei der Bürodesign GmbH eine Schreibtischkombination in Eiche. Nach einer Woche bittet er um Umtausch in eine Kombination in Esche. Die Bürodesign GmbH ist rechtlich zu diesem Umtausch nicht verpflichtet. Im Wege der Kulanz liefert sie jedoch die neue Kombination und nimmt die alte zurück.

● Service, Kundendienst

Service- und Kundendienstleistungen sind ein wichtiges Instrument des Marketing. Hierin kann für die Abnehmer ein entscheidendes Auswahlkriterium für die Wahl des Lieferanten bestehen. Diese Leistungen können für die Kunden entweder kostenfrei sein oder in Rechnung gestellt werden.

Beispiele   Die Bürodesign GmbH bietet beim Verkauf ihrer Möbel folgende Leistungen an:
– Ersatzteilgarantie für zehn Jahre (z. B. für Schubladenschlösser, Rollen für Drehstühle)

– Einrichtungsberatung durch qualifizierte Innenarchitekten (Gestaltung von Arbeitsräumen, Beratung bei der Auswahl von Büromöbeln)
– Lieferung der Möbel und fachmännischer Aufbau
– Rücknahme und Entsorgung von alten Büromöbeln

Konditionen- und Servicepolitik

■ Die **Gestaltung der Konditionen** muss darauf abgestimmt sein, dass für die Kunden Kaufanreize entstehen. Sofern durch die Konditionen Kosten verursacht werden, müssen sie in der Preiskalkulation berücksichtigt werden.

  – Die **Lieferbedingungen** umfassen die Beförderungskosten und die Lieferzeit.
  – Die **Zahlungsbedingungen** regeln das **Zahlungsziel, Skonto, Rabatte** und **Finanzierungshilfen**.
  – Die **Garantie** kann über den gesetzlichen Rahmen der Sachmängelhaftung (zwei Jahre) hinausgehen (**Kulanz**).

■ **Service und Kundendienst** können kostenfrei oder kostenpflichtig sein.

---

1. Überlegen Sie sich Gründe, weshalb Lieferer ihren Kunden ein Zahlungsziel einräumen.

2. Es ist verständlich, dass Kunden lieber eine Garantiefrist haben, die die gesetzlich vorgeschriebene Frist von zwei Jahren übersteigt. Für den Lieferer können dadurch langfristige Verpflichtungen und ggf. Kosten entstehen. Zählen Sie Gründe auf, weshalb sich die Bürodesign GmbH trotzdem zu längeren Garantiefristen entschließen könnte.

3. Geben Sie an, welche Vorteile die Bürodesign GmbH und ein Kunde von ihr durch die Ausnutzung von Skonto haben.

4. Ein Kunde erhält eine Rechnung über 12 000,00 EUR, das Zahlungsziel beträgt zwei Monate, innerhalb von zehn Tagen können 2 % Skonto in Anspruch genommen werden. Der Kunde möchte über einen Kredit (Zinssatz 9 %) von seiner Bank den Skonto ausnutzen. Berechnen Sie, ob sich dieser Entschluss lohnt.

5. Überlegen Sie sich, welche Kundendienst- und Serviceleistungen Sie als Privatverbraucher bereits in Anspruch genommen haben, und sammeln Sie die Ergebnisse in einer Liste.

6. Werten Sie Anzeigen in Zeitungen bezüglich der Angabe von Liefer- und Zahlungsbedingungen aus, beschaffen Sie sich Liefer- und Zahlungsbedingungen von Unternehmen (Geschäftsbedingungen bei Kaufverträgen) und stellen Sie Unterschiede heraus.

7. a) Erstellen Sie eine Liste von Service- und Kundendienstleistungen, die die Bürodesign GmbH ihren Kunden anbieten kann.
   b) Formulieren Sie für die Bürodesign GmbH konkrete Konditionen für die Bezahlung und die Lieferung von Produkten.

8. Erstellen Sie mit einem Tabellenkalkulationsprogramm eine Entscheidungshilfe für die Ausnutzung eines Zahlungsziels oder den Abzug von Skonto. Ziel ist es, ein praktikables Instrument zu entwickeln, bei dem ein Rechnungsbetrag, ein Skontosatz und der marktübliche Zinssatz einzugeben sind. Aus diesen Werten ist eine eventuelle Kosteneinsparung bei Skontoausnutzung zu berechnen.

9. Erläutern Sie die verschiedenen Rabattarten und geben Sie an, wie Finanzierungshilfen des Lieferers kaufanreizend wirken können.

5.3.4 Distributionspolitik

Ein großer Teil der Entscheidungen für die Markteinführung des „ergo-design-natur-Stuhls" ist gefallen. Nun steht wieder eine Besprechung an, zu der die Geschäftsführer alle erforderlichen Abteilungs- und Gruppenleiter eingeladen haben. Herr Braun, der Assistent der Geschäftsleitung, ist schon gespannt auf diesen Termin, denn er hat – wie er meint – eine bombige Idee für die Vermarktung ausgeklügelt. Bei der Besprechung meldet er sich sofort zu Wort: „Meine Damen und Herren, bisher haben wir unsere Produkte einerseits an den Groß- und Facheinzelhandel verkauft. Andererseits beliefern wir unsere Großkunden direkt. Schließlich verkaufen wir in unserem Verkaufsstudio an Selbstabholer. Interessant ist dabei, dass der Verkauf im Facheinzelhandel und in unserem Verkaufsstudio in den letzten Jahren zugenommen hat, der Umsatz mit Großhändlern jedoch zurückgegangen ist. Was halten Sie davon, wenn wir mit unserem neuen Programm verstärkt den Einzelhandel beliefern? Ich denke da z. B. an große Warenhauskonzerne und an Einkaufszentren. Das wäre doch ein Knüller, wir könnten dadurch ganz neue Zielgruppen ansprechen."
Herr Stein antwortet sofort: „Solange ich hier etwas zu sagen habe, kommt das gar nicht infrage! Wir sind ein seriöses Haus und haben einen guten Ruf zu verlieren. Wir können unsere Produkte nicht einfach an jeder Straßenecke anbieten." Herr Braun ist entsetzt, mit einer solchen Reaktion hatte er nicht gerechnet. Ist seine Idee wirklich so schlecht, wie Herr Stein meint?

Arbeitsauftrag
◆ Sammeln Sie Argumente für die Standpunkte von Herrn Braun und Herrn Stein.

Die Distributionspolitik (Distribution = Verteilung) beschäftigt sich mit Entscheidungen über Absatzformen und Absatzwege.

● Absatzformen

Es werden zwei Absatzformen unterschieden:

◆ **Absatz über unternehmenszugehörige Einrichtungen:** Der Absatz der Produkte wird vom **Hersteller allein**, ohne Einschaltung weiterer Unternehmen, durchgeführt. Der Hersteller steuert somit seinen Absatz, ohne die Dienstleistung anderer Unternehmen zu beanspruchen.

   Beispiele Reisende (Verkäufer im Außendienst), eigene Verkaufsabteilung, Verkaufsniederlassung

◆ **Absatz über unternehmensfremde Einrichtungen:** Für den Absatz seiner Produkte bedient sich der Hersteller der Dienstleistung fremder Unternehmen, mit denen er entsprechende Verträge abschließt. Hierzu gehören **Absatzmittler** und **Absatzhelfer**. Sie übernehmen für den Hersteller ganz oder teilweise den Absatz seiner Produkte an die Endverbraucher.

   Beispiele Absatzmittler: Großhandel und Einzelhandel; Absatzhelfer: Handelsvertreter (vgl. S. 148), Kommissionäre (vgl. S. 148), Makler (vgl. S. 148)

● Absatzwege

Mit Absatzwegen sind alle Wege gemeint, die die hergestellten Produkte an die Endverbraucher bringen.

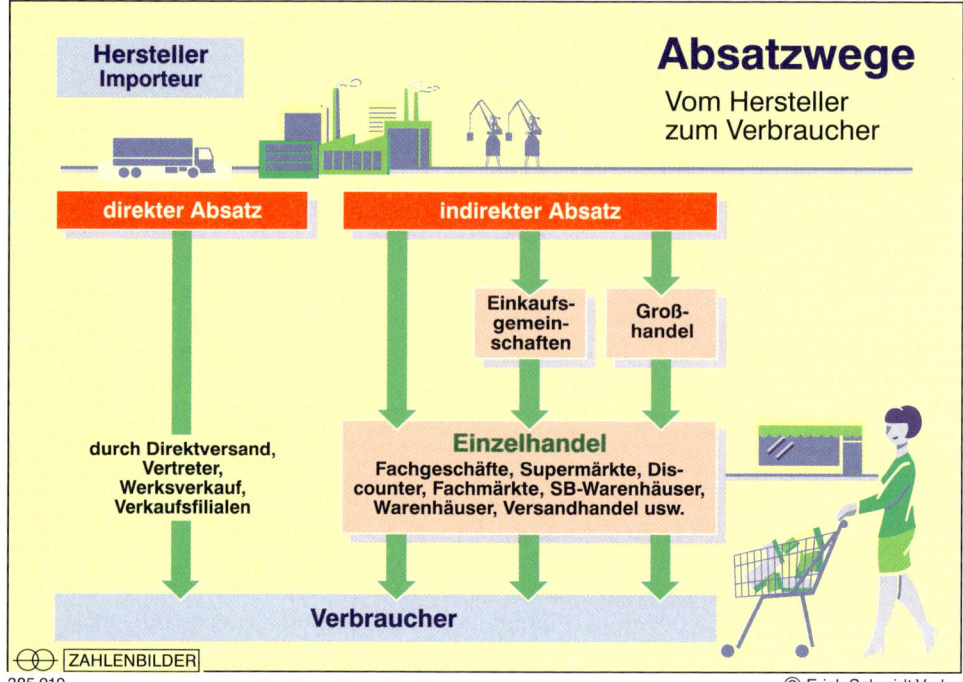

◆ **Direkter Absatz:** Beim direkten Absatz beliefert ein Industrieunternehmen den End-abnehmer direkt. Das ist nur möglich, wenn zu den Endabnehmern auch Kontakt hergestellt werden kann. Für den Direktabsatz sind verschiedene Formen denkbar:

  ◆ **Verkauf über eigenen Außendienst:** Ein Industrieunternehmen beschäftigt Mit-arbeiter **(Reisende)**, die im Außendienst Kunden beraten und Vertragsabschlüsse herbeiführen. Oft erhalten sie neben einem Grundgehalt und ihren Reisekosten zu-sätzlich Verkaufsprovision. Sie besuchen die Kunden in deren Geschäftsräumen und präsentieren dort ihre Produkte über Kataloge, CD- oder DVD-Vorführungen bzw. mit Mustern oder Modellen. Der Kontakt zu den Kunden kann auf verschiedenen Wegen hergestellt werden.

  Beispiele
  – Gezielte Werbebriefe
  – Anzeigen in Fachzeitschriften, auf die Kunden mit der Aufforderung zu einem „Vertreter-besuch" reagieren
  – Anfragen von Kunden (vgl. S. 195)
  – Versenden von Angeboten
  – Kontakte auf Messen und Ausstellungen
  – Gezielte Anrufe bei Kunden **(Telefonmarketing)**
  – Internet

  ◆ **Verkauf in betriebseigenen Einrichtungen:** Um eine größere Nähe zu den Ab-nehmern zu erreichen, werden häufig **Verkaufsniederlassungen** (Verkaufsfilialen, -büros) errichtet. Hierbei kommt der Kunde zum Hersteller und kann Produkte betrachten, ggf. ausprobieren und nach einer Beratung auswählen.

  Beispiel Die Bürodesign GmbH hat am Sitz ihres Werkes in Aurich und in Köln, München und Leipzig Verkaufsstudios eingerichtet. Hier wird die gesamte Kollektion aller Büromöbel ausgestellt.

◆ **Indirekter Absatz:** Viele Industriebetriebe beliefern den Endverbraucher indirekt. Sie vertreiben ihre Produkte über selbstständige Handelsunternehmen, d. h. über betriebsgebundene oder betriebsfremde Einrichtungen, wobei auch hier Absatzhelfer wie Makler, Handelsvertreter usw. eingesetzt werden können.

  ◆ **Großhandel:** Großhändler beziehen bei Industrieunternehmen Güter, die sie entweder an gewerbliche Kunden oder an Einzelhändler weiterverkaufen.

   Beispiel Die Bürodesign GmbH beliefert 20 Großhändler im Bundesgebiet.

  ◆ **Einzelhandel:** Einzelhändler beziehen ihre Waren entweder bei Herstellern oder bei Großhändlern und verkaufen direkt an den Endverbraucher. Der Facheinzelhandel beschränkt sich dabei auf ein bestimmtes Sortiment (vgl. S. 133).

   Beispiel Die Bürodesign GmbH beliefert 72 Facheinzelhandelsbetriebe für Büromöbel.

  ◆ **Verkauf in betriebsgebundenen Einrichtungen:** Hierzu gehören Vertragshändler und das Franchising.

   Vertragshändler: Ein Industriebetrieb und ein Handelsbetrieb schließen miteinander einen Vertrag, in dem sich der Händler verpflichtet, die Produkte des Herstellers nach dessen Marketingkonzept anzubieten. Der Vertragshändler ist rechtlich selbstständiger Unternehmer und vertreibt seine Produkte unter eigenem Namen. Er benutzt aber seinen Kunden gegenüber Markenzeichen des Herstellers. Deshalb wirkt er auf einige Kunden wie eine Filiale (Außenstelle) des Industriebetriebes.

   Beispiel Automobilhersteller vertreiben ihre Kraftfahrzeuge häufig über Vertragshändler.

   – **Franchising:** Hierbei handelt es sich um eine enge Kooperationsform, bei der der Franchisegeber (Franchisor = Kontraktgeber) aufgrund einer langfristigen Bindung dem Franchisenehmer (Franchise = Kontraktnehmer) das Recht einräumt, bestimmte Waren oder Dienstleistungen unter Verwendung der Firma, der Marke, der Ausstattung und der technischen und wirtschaftlichen Erfahrungen des Franchisegebers zu nutzen. Der Franchisenehmer tritt seinen Kunden gegenüber nicht in eigenem Namen auf, er verwendet den Namen seines Franchisegebers. Der Franchisegeber vergibt eine Konzession für ein von ihm entwickeltes Marketingprogramm, das sich bereits im Praxiseinsatz bewährt hat. Er erhält dafür in der Regel ein einmaliges Entgelt und/oder eine Umsatzbeteiligung. Hierdurch kann er ein Vertriebsnetz ohne großen Investitionsaufwand errichten, hohe Marktnähe erreichen und schnell expandieren.

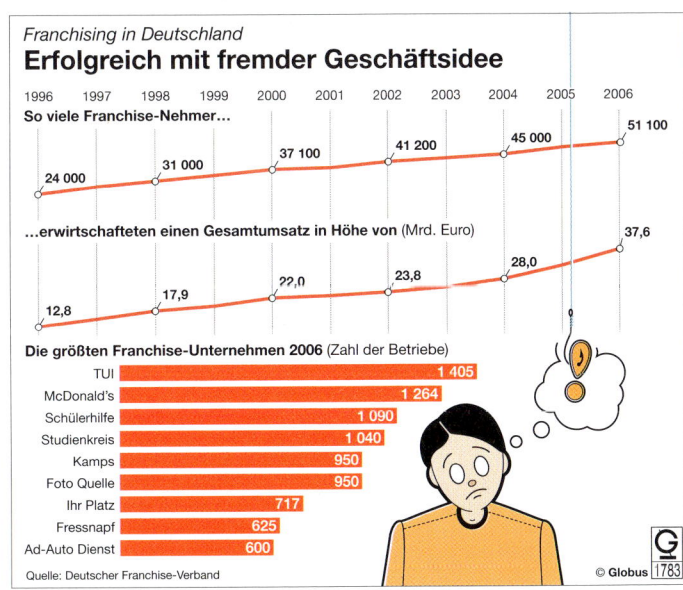

Franchising in Deutschland
Erfolgreich mit fremder Geschäftsidee

1996 1997 1998 1999 2000 2001 2002 2003 2004 2005 2006

So viele Franchise-Nehmer...

24 000   31 000   37 100   41 200   45 000   51 100

...erwirtschafteten einen Gesamtumsatz in Höhe von (Mrd. Euro)

12,8   17,9   22,0   23,8   28,0   37,6

Die größten Franchise-Unternehmen 2006 (Zahl der Betriebe)

TUI   1 405
McDonald's   1 264
Schülerhilfe   1 090
Studienkreis   1 040
Kamps   950
Foto Quelle   950
Ihr Platz   717
Fressnapf   625
Ad-Auto Dienst   600

Quelle: Deutscher Franchise-Verband

© Globus 1783

Beispiele für Franchising: McDonalds (Fast Food), benetton (Textilien), Obi (Baumarkt), mobau (Baumarkt), Nordsee (Fisch), ASKO (Möbel), Lekkerland (Süßwaren), Ihr Platz (Drogerie), Coca-Cola (Getränke), Holiday Inn (Hotels).

Vorteile für den Franchisenehmer	Nachteile für den Franchisenehmer
– Weitgehende Selbstständigkeit im Rahmen des Vertrages – Nutzung des Know-hows des Franchisegebers – Förderung des Absatzes durch einheitliche Verkaufsraumgestaltung, Werbung, Verkaufsförderung (vgl. S. 155) sowie ein abgerundetes Sortiment – Nutzung von Dienstleistungen des Franchisegebers, wie zentrales Rechnungswesen, Kalkulation	– Langfristige Bindung an ein Sortiments- und Präsentationskonzept – Keine selbstständigen Sortimentsentscheidungen – Hohe Kosten durch Eintritts- oder Franchiseentgelt – Insolvenzrisiko liegt bei Franchisenehmer

◆ **Verkauf über Handelsvertreter:** Ein Handelsvertreter ist ein selbstständiger Kaufmann (vgl. S. 315), der für andere Unternehmen Kontakte zu Kunden herstellt und Geschäfte vermittelt oder abschließt (§ 84 ff. HGB). Hierfür erhält er eine **Provision**.

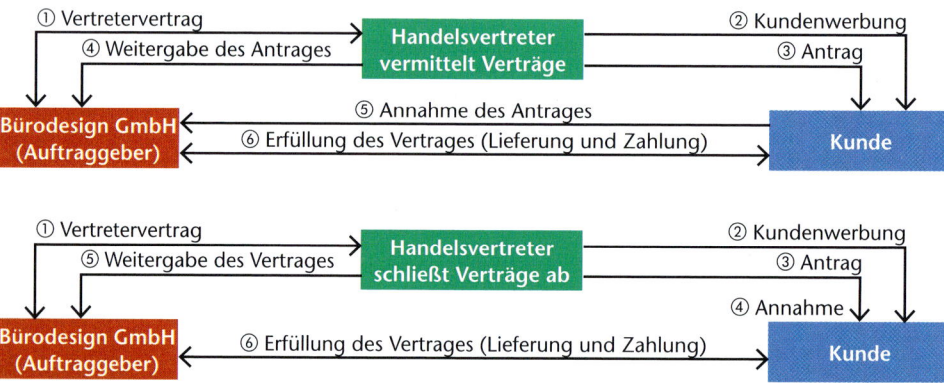

◆ **Verkauf über Makler:** Ein Makler (§§ 93 bis 104 HGB) vermittelt nur von Fall zu Fall den Abschluss von Verträgen. Er erhält für seine Dienstleistung eine **Courtage** (Maklerlohn). Sie ist i. d. R. je zur Hälfte von Käufer und Verkäufer zu tragen.

◆ **Verkauf über Kommissionär:** Der Kommissionär ist ein selbstständiger Kaufmann, der Waren auf Rechnung eines anderen im eigenen Namen verkauft (§ 383ff. HGB). Beim Kommissionsgeschäft schließt der Käufer (Kommissionär) mit seinem Lieferer einen Kommissionsvertrag ab, wobei der Lieferer (Kommittent) Eigentümer der Ware bleibt. Der Kommissionär wird lediglich Besitzer der Ware. Er verkauft sie in seinem Namen, d. h., sein Kunde weiß nicht, dass die Ware dem Kommissionär nicht gehört. Die verkaufte Ware rechnet der Kommissionär mit seinem Lieferer ab und behält eine Provision ein. Nicht verkaufte Ware gibt er an den Lieferer zurück.

Beispiel   Die Bürodesign GmbH schließt mit dem Kommissionär Hermann Schulz einen Kommissionsvertrag ab. Die Bürodesign GmbH wird dadurch zum Kommittenten. Schulz erhält von der Bürodesign GmbH Waren, die er erst zu bezahlen braucht, wenn er selbst die Waren verkauft hat.

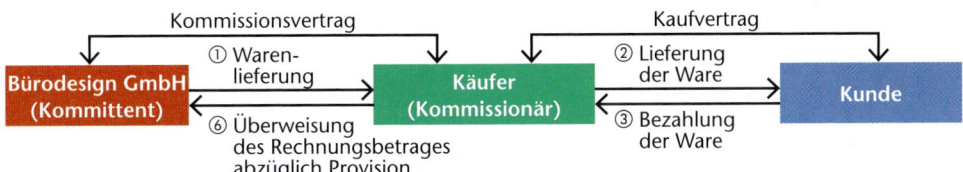

Distributionspolitik

■ Distributionspolitik umfasst die **Auswahl und Kombination von Absatz- oder Vertriebswegen**.

■ **Absatzformen:** Absatz über unternehmenszugehörige oder unternehmensfremde Einrichtungen

■ **Absatzwege:**

Direkter Absatz (Verkauf direkt an Endabnehmer)	Indirekter Absatz (Verkauf über den Handel)	
– Reisende (angestellte Mitarbeiter im Verkaufsaußendienst) – Eigene Verkaufsräume – Verkaufsniederlassungen	– Großhandel – Facheinzelhandel – Waren- und Kaufhäuser – Versandhandel – SB-Märkte – Fachmärkte	– Handelsvertreter (Absatzmittler) – Kommissionäre, – Makler, – Vertragshändler – Franchising

1. Für viele Hersteller von Konsumartikeln (Lebensmittel, Gegenstände des täglichen Gebrauchs) ist der Einzelhandel der bedeutendste Absatzweg. Begründen Sie, weshalb die Hersteller diesen Absatzweg bevorzugen.

2. a) Beschreiben Sie die Vor- und Nachteile des Franchisingsystems aus der Sicht des Franchisegebers und -nehmers.
   b) Erläutern Sie den Absatz über Handelsvertreter und nennen Sie Vor- und Nachteile für den Hersteller.

3. a) Erläutern Sie, weshalb es für Unternehmen sinnvoll ist, mehrere Absatzwege zu kombinieren.
   b) Erläutern Sie, welche Gesichtspunkte zu berücksichtigen sind, wenn ein Unternehmen verschiedene Absatzwege kombiniert.

4. Erstellen Sie mithilfe einer Tabellenkalkulation eine Entscheidungshilfe für den Kostenvergleich zwischen Handelsvertretern und Reisenden. Berücksichtigen Sie beim Reisenden Jahresgehalt, Reisekosten, Personalnebenkosten (vgl. S. 302ff), Betreuungskosten für Schulungen, Kataloge, Prospekte usw. und Umsatzprovision. Für den Handelsvertreter sind zu berücksichtigen: Umsatzprovision und Kosten für Schulungen, Prospekte, Kataloge usw.

5. Die Bürodesign GmbH möchte den Verkauf in ihrem Verkaufsstudio intensivieren. Die Geschäftsleitung möchte hierzu Rechtsanwälte, Notare und Steuerberater im Bremer Raum als Zielgruppe anschreiben. Entwerfen Sie einen Werbebrief.

6. Beschreiben Sie die Bedeutung des Großhandels für Industriebetriebe und für Endverbraucher.

7. Erläutern Sie die Unterschiede zwischen Handelsvertreter und Kommissionär sowie zwischen Franchising und Vertragshändler.

5.3.5   Kommunikationspolitik

Die Markteinführung des „ergo-design-natur-Stuhles" geht gut voran. Viele Vorüberlegungen sind schon angestellt, wie die Bestimmung der Absatzwege, die Preisfestlegung usw. Herr Kempf, der Chef-Konstrukteur und Designer, hat einen Prototyp in seiner Werkstatt erstellt und ihn der Geschäftsleitung und den Abteilungsleitern präsentiert. Stolz sagt er: „Dies ist der beste Stuhl, den wir je entworfen haben!" Er schwärmt: „Dieser Stuhl verkauft sich von selbst, jeder, der ihn sehen wird, will ihn sofort haben! Einfach absolute Spitzenklasse, super!" Der Verkaufschef, Herr Stam, bremst ihn in seiner Schwärmerei: „Nun mal halblang! Kein Produkt verkauft sich von selbst, mag es noch so toll sein. Bisher weiß doch noch niemand, dass es dieses neue Modell überhaupt gibt. Damit auch der letzte mögliche Abnehmer von „ergo-design-natur" erfährt, liegt noch eine Menge Arbeit vor uns." „Genau!", meldet sich Herr Braun, „Wir müssen ordentlich die Werbetrommel rühren, jeder im Lande soll von unserer Neuentwicklung erfahren, wir bringen Fernsehspots, wir lassen Zeppeline über ganz Deutschland fliegen, die Prospekte abwerfen, in allen Zeitungen erscheinen Anzeigen über „ergo-design-natur"". Versonnen schließt er die Augen und träumt bereits davon, in einem Werbespot selbst aufzutreten. Frau Friedrich holt ihn wieder in die Wirklichkeit zurück. „Das ist doch dummes Zeug! Wir engagieren eine solide Werbeagentur, die macht für uns die Arbeit, denn dort sitzen Spezialisten." Frau König, Gruppenleiterin des Rechnungswesens, mischt sich sofort ein: „Bedenken Sie aber die Kosten, wir müssen sparsam mit unseren Finanzen umgehen." Herr Braun denkt bei sich: „Die sitzt auf dem Geld, als ob es ihr eigenes wäre." Herr Stam meldet sich wieder: „Jedes Mal die gleiche Zankerei, wenn wir ein neues Produkt auf den Markt bringen. Wir wissen doch alle, dass Werbung alleine nicht genügt. Wir müssen unser gesamtes Unternehmen in ein positives Licht setzen, die Öffentlichkeit schaut auf uns, wir müssen zusätzlich unser Image pflegen und unseren Außendienst vernünftig unterstützen."

Arbeitsaufträge
◆ Begründen Sie, weshalb ein gutes Produkt sich nicht „alleine" verkauft.
◆ Stellen Sie fest, wozu ein Unternehmen ein positives Image in der Öffentlichkeit braucht.

Die Kommunikationspolitik umfasst die Koordination von Werbung, Verkaufsförderungsmaßnahmen und Öffentlichkeitsarbeit.

● Werbung

Die **Werbung** informiert über Produkte und Dienstleistungen eines Unternehmens. Sie ist ein **Bindeglied zwischen Anbietern und Nachfragern** von Produkten und nimmt gezielt Einfluss auf Kaufentscheidungen von Abnehmern.

◆ **Ziele der Werbung**

  ◈ **Bekanntmachung von Produkten bei den Abnehmern:** Nur durch Werbung können Abnehmer von der Existenz eines Produktes erfahren. Die Werbung informiert über den Grund- und Zusatznutzen (vgl. S. 132) eines Produktes bzw. einer Dienstleistung. Dadurch können ein **bestehendes Marktpotenzial** (= die Menge aller möglichen Abnehmer eines Produktes) ausgeschöpft und **neue Abnehmer** gewonnen werden. Außerdem sollen bereits vorhandene Abnehmer, z. B. **Stammkunden**, gehalten werden.

Beispiele

– Die Motoren-AG in Würzburg stellt Heimwerker-Bohrmaschinen her. Ihr Marktpotenzial entspricht der Anzahl aller Haushalte in Deutschland, also etwa 50 Mio. Im letzten Jahr hat sie 650 000 Maschinen verkauft, also das Marktpotenzial nur zu 13 % ausgeschöpft. Einerseits benötigt nicht jeder Haushalt eine Bohrmaschine, andererseits wurden Konkurrenzprodukte gekauft. Durch Werbung möchte die Motoren-AG ihre Produkte bekannt machen, um mehr Maschinen absetzen zu können. Sie stellt in der Werbung z. B. heraus, dass ihre Bohrmaschinen leicht zu bedienen und geräuscharm sind, dass sie besonders preisgünstig sind, eine Garantie von drei Jahren haben usw.

– Die Bürodesign GmbH vertreibt ihre Büromöbel u. a. über den Groß- und Facheinzelhandel. Diese Unternehmen müssen von Bürodesign GmbH über die Produkte informiert werden, damit sie Endverbrauchern angeboten werden können. Den bisherigen Stammkunden müssen ebenfalls neue Produkte bekannt gemacht werden, damit sie bei Neuanschaffungen informiert sind.

◆ **Weckung von neuen Bedürfnissen:** Einen großen Teil der heute existierenden Produkte hat es vor 20 Jahren noch nicht gegeben. Die Bedürfnisse nach ihnen wurden erst durch Werbung geweckt. Es entstand ein Bedarf, da ein großer Teil der Bevölkerung bereit war, für diese Produkte Teile des Einkommens auszugeben. Durch das Wecken neuer Bedürfnisse entsteht ein neues Marktpotenzial und eine Nachfrage, die von Anbietern entsprechender Produkte befriedigt werden kann.

Beispiele

– **MP3-Player:** Die Unterhaltungsindustrie hat durch Werbung das Bedürfnis geweckt, jederzeit und überall, unabhängig von einer Steckdose bequem und individuell Musik hören zu können, ohne Mitmenschen durch eine Geräuschkulisse zu stören. Es entstand der Bedarf für MP3-Player.

– **Faxgeräte:** Die Telekommunikationsindustrie weckte durch Werbung das Bedürfnis, schnell und kostengünstig schriftliche Mitteilungen zu versenden. Heute ist aus Unternehmen ein Faxgerät nicht mehr wegzudenken. Man wundert sich, wie noch vor zwanzig Jahren ein Unternehmen ohne „Faxen" existieren konnte. Heute werden Faxgeräte zunehmend durch den Datenaustausch per E-Mail im Internet ersetzt.

◆ **Grundsätze der Werbung:**

  ◆ **Wahrheit:** In erster Linie soll die Werbung der sachlichen Information der Kunden dienen. Zwar wird mit einer Werbebotschaft häufig versucht, bestimmte Assoziationen beim Kunden zu erwecken oder eine Scheinwelt mit Sachinhalten zu vermischen, um ihn zu einem Kauf zu bewegen. Jedoch darf die Werbung keine Unwahrheiten beinhalten (vgl. S. 162).

  ◆ **Klarheit:** Der Werbezweck ist eindeutig und unmissverständlich anzustreben. Der Kunde soll eindeutig über die Vorzüge eines Produktes informiert werden.

  ◆ **Wirksamkeit:** Die Art und Weise der Werbung muss den Werbezweck unterstützen und den Marketingzielen dienen, sie muss wirksam sein.

  ◆ **Wirtschaftlichkeit:** Die finanziellen Aufwendungen für die Werbemaßnahmen müssen in einem angemessenen Verhältnis zu ihrem möglichen Erfolg stehen.

  ◆ **Stetigkeit, Einheitlichkeit, Einprägsamkeit:** Ein Unternehmen sollte in seiner Werbung stets einen einheitlichen Stil verfolgen. Damit sichert er sich bei seinen Kunden einen **Wiedererkennungseffekt**. Ferner erhöhen regelmäßige **Wiederholungen** der Werbebotschaft den Erfolg der Werbemaßnahme, indem sie dem Umworbenen besonders gut in Erinnerung bleiben.

◆ **Arten von Werbung:**

◆ **Einzelwerbung:** Werbung eines Unternehmens für seine Waren.

Beispiel   Die Bürodesign GmbH wirbt für ihren Bürostuhl „ergo-design-natur" in einer Zeitungsanzeige.

◆ **Sammel-, Verbundwerbung:** Mehrere Unternehmen unterschiedlicher Branchen werben gemeinsam mit Angabe ihrer Firmen.

Beispiel   Als Anzeige werden in der Tageszeitung die Namen aller am Bau eines Einkaufszentrums beteiligten Unternehmen genannt.

◆ **Gemeinschaftswerbung:** Mehrere Unternehmen derselben Branche werben gemeinsam für ihre Belange.

Beispiel   Im Werbefernsehen wird ein Spot eingeblendet mit dem Text: „Aus deutschen Landen frisch auf den Tisch".

◆ **Werbeplan:** Es ist nicht sinnvoll, Werbung ohne sorgfältige Zielbestimmung, ohne Koordination mit den übrigen Marketinginstrumenten und ohne genaue Planung durchzuführen. In einem **Werbeplan** müssen deshalb folgende Punkte festgelegt werden:

Inhalt des Werbeplans	Beispiele
① **Streukreis** Das ist die Personengruppe, die umworben werden soll, sie kann in spezielle Zielgruppen unterteilt werden. Der Streukreis wird durch Marktforschung festgestellt.	– Ein Hersteller von Anrufbeantwortern möchte seinen Absatz vergrößern. Sein Marktpotenzial sind alle Besitzer eines Telefonanschlusses. Die Anzahl ist bei den Telefongesellschaften zu erfahren. Der Streukreis der Werbung umfasst somit die Zielgruppen private Haushalte und Unternehmen. Diese beiden Zielgruppen können weiter unterteilt werden, z. B. private Haushalte mit 1, 2, 3, 4 oder mehr Personen, Haushalte mit Zweitanschluss usw. – Die Bürodesign GmbH hat als Marktpotenzial alle Unternehmen und Freiberufler, die Büromöbel benötigen. Sie verkauft ihre Produkte an Großhändler, Facheinzelhändler und direkt an Endabnehmer. Die Werbung der Bürodesign GmbH umspannt somit einen großen Streukreis mit unterschiedlichen Zielgruppen.
② **Werbebotschaft** Hier wird festgelegt, **was** in der Werbung der Zielgruppe mitgeteilt werden soll. Durch die Werbung soll ein Produkt vom Nachfrager eindeutig identifiziert werden können, z. B. durch einen einprägsamen Namen, durch ein Markenzeichen, ein Logo, ein Symbol usw.	– Botschaft: „Der neu entwickelte Bürostuhl der Bürodesign GmbH berücksichtigt neben formschönem Design die ergonomischen Bedürfnisse von Menschen. Ferner besteht er vorwiegend aus Naturstoffen, die umweltverträglich sind. Als Produktname wurde „ergo-design-natur" gewählt."

Inhalt des Werbeplans	Beispiele
Gleichzeitig muss in der Werbebotschaft der Zielgruppe ein besonderer Nutzen (Grund- und Zusatznutzen) des Produktes mitgeteilt werden. Ferner wird bestimmt, **wie** die Botschaft präsentiert wird, z.B. durch Auswahl geeigneter Sprache, Farben, Sounds, Aktionsformen usw.	– Eine Werbung für Rasierwasser für sportliche, junge, dynamische Männer könnte folgende Botschaften enthalten: „Prickelnd, erfrischend, jung, klar, echt, rein ..." – Wenn für dasselbe Produkt die Zielgruppe älterer gut verdienender Männer (Managertyp) geworben wird, könnten folgende Attribute verwendet werden: „Verführerischer Duft, exklusiv, edel ..." – Die Bürodesign GmbH wählt für die Präsentation ihres neuen Bürostuhls „ergo-design-natur" eine klare informative Sprache, sie stellt den ergonomischen und ökologischen Aspekt des neuen Produktes heraus.
③ Bestimmung der **Werbemittel** Mit Werbemitteln werden die **Werbebotschaften** an die Abnehmer herangetragen. Die Medien, die die Werbemittel an die Zielgruppen herantragen, heißen **Werbeträger**. Durch sie soll die in den Werbemitteln enthaltene Werbebotschaft gestreut werden.	– Anzeigen, Inserate, Beilagen in Zeitungen, Internetseite – Fernseh-, Kino-, Rundfunkspots – Plakate, Prospekte, Kataloge, Flugblätter – Schaufensterwerbung – Werbegeschenke – Werbebriefe – Bandenwerbung bei Sportveranstaltungen – Productplacement (Produkte werden in Kino- oder Fernsehfilmen eingesetzt. In einer Krimi-Serie benutzt ein Detektiv immer ein Fernglas eines bestimmten Herstellers, ein Schauspieler trinkt ein bestimmtes Bier usw.) – Zeitungen, Fachzeitschriften, Anzeigenblätter – Fernseh- und Rundfunkanstalten – Plakatwände, Litfaßsäulen, Schaufenster – Adressbücher, Datenbanken, Internet – Direktwerbung (Werbebriefe, Drucksachen, Wurfsendungen)
④ **Streuzeit** Hier werden Beginn und Dauer der Werbung kalendermäßig festgelegt. Meist wird in einem Ablaufplan auch bestimmt, in welchem zeitlichen Umfang die Vorbereitungsarbeiten für die Werbung stattfinden (Fristen für Anzeigen in Zeitungen, Fristen für die Erstellung von Werbespots usw.).	– Die Lebkuchenfabrik Schmitz & Co. KG in Erlangen möchte für ihren neuen Geschenkkarton „Lebkuchen – die leckere Auswahl" im Weihnachtsgeschäft werben. Bereits im März werden hierzu Sendezeiten bei den Fernsehanstalten gebucht, die Mitte November täglich fünfmal ausgestrahlt werden sollen. Im Mai werden zusammen mit einer Werbeagentur die Werbespots gedreht. – Die Bürodesign GmbH möchte für ihr neues Produkt „ergo-design-natur" in Fachzeitschriften werben. Hierzu muss festgelegt werden, zu welchem Zeitpunkt die Anzeigen erscheinen sollen. Die Werbeabteilung entschließt sich, die Anzeigen erstmalig im Monat September zu schalten, weil die Unternehmen häufig zum Jahresende die Budgetplanung für Büroausstattung festlegen.
⑤ **Streugebiet** Hier wird der geografische Raum für die Werbung festgelegt. Häufig bestimmt das Streugebiet die Auswahl der Werbemittel.	– Die Bürodesign GmbH hat bei ihrer Werbung als Streugebiet Deutschland und wirbt u.a. in Fachzeitschriften mit Anzeigen. Für bestimmte Produkte kann sie kleinere Gebiete festlegen, z.B. Verkaufsbezirk Nordrhein-Westfalen.

Inhalt des Werbeplans	Beispiele
⑥ **Werbeintensität** Sie ergibt sich als Verhältnis der eingesetzten Werbemittel zum Streugebiet und zur Zielgruppe und legt die Häufigkeit der Werbung fest. Wenn die Auswahl der Werbemittel und -träger nicht auf das Streugebiet und die Zielgruppe abgestimmt ist, kommt es zu Streuverlusten.	– Ein kleines Fachgeschäft für Büromöbel in München inseriert einmal pro Woche in einer bundesweiten Fernsehzeitschrift. Es muss mit einem enormen Streuverlust rechnen, da die allermeisten Leser nicht im direkten Umfeld des Geschäftes ansässig sind und auch nicht mögliche Abnehmer von Büromöbeln sind. Eine Anzeige in einer Regionalzeitung oder gezielte Direktwerbung mit Werbebriefen führte zu einer höheren Werbeintensität.

◆ **Das Werbebudget:** Das Werbebudget bzw. der Werbeetat ist der Betrag in EUR, der für Werbezwecke ausgegeben werden kann. Dieser Betrag kann für einzelne Produktgruppen, Produkte oder spezielle Werbeaktionen aufgeteilt werden. Häufig wird er als Prozentanteil am Umsatz angegeben. Die Aufwendungen für Werbung werden in die Preiskalkulation der Produkte einbezogen.

Beispiel   Die Bürodesign GmbH hat in den vergangenen Jahren regelmäßig etwa 4 % vom Jahresumsatz für Werbezwecke ausgegeben. Durch die Vermarktung des neuen Bürostuhls werden im ersten Jahr etwa 1 Mio. EUR Umsatz erwartet. Da es sich um eine Neueinführung handelt, sollen die Werbeausgaben 6 % vom Umsatz betragen, also 60 000,00 EUR. Für diesen Betrag können z. B. Anzeigen geschaltet, Sonderprospekte, Plakate und Poster gedruckt und versandt werden.

◆ **Die Werbeerfolgskontrolle:** Mit Werbemaßnahmen und -aktionen werden wirtschaftliche Ziele angestrebt. Sie verursachen Kosten. Deshalb ist es erforderlich, diese Maßnahmen auf ihren Erfolg hin zu kontrollieren. In jedem Unternehmen kann es geschehen, dass Produktentwicklungen nicht vermarktet werden können und zu einem „Flop" werden. Die Ursachen hierfür können im Produkt selbst liegen, z. B. wenn kein Bedarf für dieses Produkt auf dem Markt vorhanden ist oder der Preis zu hoch angesetzt war. Es kann aber auch eine „falsche Werbung" verantwortlich sein, wenn z. B. die Zielgruppe nicht richtig angesprochen wurde.

Beispiele
– Ein Softwarehersteller hat ein Programm entwickelt, das alle Finanzgerichtsurteile gespeichert hat. Der Benutzer gibt ein Stichwort ein, z. B. Abschreibung auf Fuhrpark, und erhält alle dazu gesprochenen Urteile, die er sich bei Bedarf ausdrucken lassen kann. Das Softwarehaus wirbt in allen Computerzeitschriften. Das Produkt wurde ein Flop, weil die Zielgruppe mit der Auswahl der Werbeträger nicht getroffen wurde.
– Ein Konkurrent der Bürodesign GmbH wollte mit exklusiven Küchenstühlen in den Markt der privaten Endverbraucher eindringen. Für ein Stuhl wurde ein Preis von 1 298,00 EUR angesetzt. Dieser Preis war zu hoch, deshalb wurde das Produkt ein Flop.

Der wirtschaftliche Erfolg einer Werbeaktion ist durch Umsatz- bzw. Absatzsteigerungen messbar.

Beispiel   Die Bürodesign GmbH hatte mit der Produktgruppe Schulungsmöbel einen Umsatz von 1,2 Mio. EUR. Innerhalb eines Jahres wurden in einer Aktion 2000 ausgesuchte Unternehmen angeschrieben, die hausinterne Kurse durchführen. Die gesamte Aktion verursachte Kosten in Höhe von 60 000,00 EUR (Kosten für Schreibkräfte, Porto, Prospekte, Besuche des Außendienstes usw.). Nach einem Jahr ergab sich ein Umsatz mit Schulungsmöbeln von 1,66 Mio. EUR, also eine Steigerung um 38 %.

Neben den messbaren Größen und Absatz muss bei jeder Werbemaßnahme auch die psychologische Werbewirkung ermittelt werden. Hierzu zählt die Erhöhung des Bekanntheitsgrades des Unternehmens in der Öffentlichkeit.

◆ **Einschalten einer Werbeagentur:** Viele Unternehmen überlassen die Werbung Spezialisten einer Werbeagentur. Sie haben i. d. R. eine höhere **Fachkompetenz** und sind **Experten** für spezielle Probleme, z. B. die Auswahl geeigneter Werbeträger, die Gestaltung von Werbemitteln usw. Außerdem haben sie **gute Kontakte zu den Medien** und arbeiten mit Marktforschungsinstituten zusammen, deren Ergebnisse sie mehrfach und somit kostengünstiger nutzen können. Sie beraten das Unternehmen in allen Fragen der Werbung gegen ein vereinbartes Honorar.

● Verkaufsförderung (Salespromotion)

Die Verkaufsförderungsmaßnahmen dienen der Motivation, Information und Unterstützung aller Beteiligten am Absatzprozess, den Verkäufern im Innen- und Außendienst, dem Groß- und dem Einzelhandel. Ferner sollen sie die Werbung unterstützen, die sich an den Endverbraucher richtet. Gemessen an den Gesamtausgaben für die Kommunikationspolitik nahmen die Ausgaben für Verkaufsförderung in den letzten Jahren erheblich zu. In einigen Bereichen und Branchen, z. B. der Lebensmittelindustrie, haben sie einen Anteil von etwa 50 %. Die Maßnahmen der Verkaufsförderung lassen sich einteilen in Verkaufs-, Händler- und Verbraucherpromotion.

◆ **Verkaufspromotion:** Diese Maßnahmen richten sich an das **Verkaufspersonal im Innen- und Außendienst**, dessen Leistungsfähigkeit und -bereitschaft verbessert werden soll.

Beispiele
– **Schulungen:** Die Bürodesign GmbH veranstaltet für ihre Verkaufsmitarbeiter folgendes Lehrgangsprogramm:
  • **Produktschulung:** Hier wird den Mitarbeitern das gesamte Erzeugnisprogramm ihres Unternehmens vorgestellt, damit sie bei Verkaufsverhandlungen über die Funktionen und die Nutzenbreite ihrer Produkte Bescheid wissen.
  • **Grund- und Aufbaukurs für Inneneinrichtung von Büros:** In einer Seminarreihe werden den Mitarbeitern Grund- und Fachkenntnisse der Innenarchitektur, der Ergonomie, der Farbgestaltung und der unterschiedlichen Gestaltung verschiedener Büroformen (Großraumbüro, Chefbüro usw.) vermittelt.
  • **Verkaufstraining und Rhetorik:** Hier werden Fähigkeiten der Gesprächsführung, der Argumentationstechnik, Techniken der Kundenansprache und -betreuung, Telefonverkaufstechniken u. Ä. trainiert.
  • **Info-Dienst:** Die Mitarbeiter erhalten monatlich eine geeignete Auswahl aus Presseberichten, Fachaufsätzen und Fachliteratur zum eigenen Studium.
– **Motivation:** Insbesondere die Mitarbeiter des Verkaufsaußendienstes werden durch gezielte Motivationsmaßnahmen zu Leistungssteigerungen angeregt. Hierzu gehören Provisions- und Prämiensysteme, Verkäuferwettbewerbe mit attraktiven Preisen und sonstige finanzielle Anreize. Ebenfalls zählt hierzu die private Benutzung eines repäsentativen Geschäftswagens.
– **Verkaufsunterstützung:** Alle Außendienstmitarbeiter der Bürodesign GmbH erhalten einen repräsentativen Aktenkoffer für ihre Preislisten, Kataloge und Prospekte. Ferner haben sie ein Diensthandy, damit sie jederzeit mit der Zentrale in Verbindung treten können. Sie verfügen über ein leistungsstarkes Notebook mit einem Drucker und einem mobilen Internetzugang, womit sie über den Telefonanschluss Texte, Tabellen und Notizen empfangen und versenden können. Für Demonstrations- und Präsentationszwecke können sie über eine mobile DVD-Anlage verfügen, auf der sie ihre Produktpalette vorführen können. Diese Filme können sie potenziellen Kunden kostenlos überlassen.

◆ **Händlerpromotion:** Bei den Absatzwegen über Groß- und Einzelhandel müssen die Händler durch geeignete Maßnahmen bewegt werden, die vom Hersteller angebotenen Produkte in ihr Sortiment aufzunehmen und zu verkaufen. Hierzu werden folgende Promotionsaktivitäten eingesetzt:

Art der Händlerpromotion	Erläuterungen	Beispiele
– Ausbildung und Information des Handels	Das Personal der Groß- und Einzelhändler wird von den Herstellern geschult und ständig mit Produktinformationen versorgt.	Spezielle Händlerzeitschriften, die vom Hersteller herausgegeben werden, Händler-Meetings oder -Tagungen, Ausbildung von Verkäufern des Händlers (Herstellerseminare mit hauseigenen Zertifikaten)
– Beratung bei der Gestaltung der Verkaufsräume und der Kundenbetreuung	Der Hersteller gibt dem Händler konkrete Hilfen für den Verkauf seiner Produkte in seinen Verkaufsräumen und für seine Werbung.	Hilfen bei der Einteilung der Verkaufsfläche, der Warenplatzierung, Bereitstellen von Regalen, Vitrinen, Displays (Verkaufsständer, Poster, Schaufensterdekoration u. Ä.), Verpackungsmaterial, Druck von Prospekten und Katalogen für Händler usw.
– Preis- und Kalkulationshilfen	Der Hersteller empfiehlt den Händlern Verkaufspreise.	Einführungs- und Mengenrabatte, Verkaufsaktionen mit Sonderrabatten
– Motivation des Handels	Die Hersteller motivieren durch Anreize den Handel, seine Produkte zu verkaufen.	Händlerpreisausschreiben, Händlerwettbewerbe, Produktdemonstrationen beim Händler, Ausrichten von Verkaufsshows beim Händler, Schaufensterwettbewerbe usw.

◆ **Verbraucherpromotion:** Maßnahmen der Verbraucherpromotion beziehen sich auf den Ort des Verkaufes an den Endverbraucher, den sogenannten **POS (Point of Sale)**, also den Verkaufsraum. Das Ziel besteht darin, den Verbraucher auf bestimmte Produkte des Herstellers aufmerksam zu machen, ihn mit den Produkten in Kontakt zu bringen und einen Kaufanreiz zu schaffen.

Beispiele   Preisausschreiben für Kunden, Produktproben (z. B. Lebensmittel), Modenschauen bei Textilien, Aktionen mit Prominenten (Autogrammstunden im Warenhaus), Displays im Verkaufsraum usw.

Alle Maßnahmen der Verkaufsförderung müssen mit den übrigen Marketinginstrumenten abgestimmt sein. Die Maßnahmen müssen finanziell und im Ablauf geplant sein und ständig auf ihren Erfolg hin kontrolliert werden.

● Öffentlichkeitsarbeit (Public Relations)

Maßnahmen der Öffentlichkeitsarbeit (PR-Arbeit) eines Unternehmens beziehen sich nicht auf ein bestimmtes Produkt oder eine Produktreihe, sondern auf das Bild des Unternehmens, sein Image in der Öffentlichkeit. Sie sind getragen durch den Gedanken

„Tue Gutes und sprich darüber!"

◆ **Wirksamkeit der PR-Arbeit:** Für die PR-Arbeit wird wie für die Werbung und die Verkaufsförderung ein Etat bereitgestellt. Eine exakte Kontrolle der Wirksamkeit ist jedoch nicht immer möglich, da mit Öffentlichkeitsarbeit kein direkter Umsatzzuwachs bei einzelnen Produkten angestrebt wird. Jedoch kann eine gezielte PR-Arbeit auch **wirtschaftliche Erfolge** erzielen, wenn das Image eines Unternehmens in der Öffentlichkeit verbessert wird. Letztlich kann gute PR-Arbeit zum Überleben eines Unternehmens beitragen und seine Wettbewerbsfähigkeit stärken.

Beispiel Das Bild von Lebensversicherungsgesellschaften in der Öffentlichkeit war jahrelang geprägt durch Begriffe wie „Sterbegeld, Todesfall, Witwen, Waisen usw.". Umsatzzuwächse waren nur in bescheidenem Maße zu erzielen, weil Lebensversicherungen mit einem negativen Image belastet waren. Durch aktive Öffentlichkeitsarbeit verschiedener Unternehmen konnte dieses Image teilweise korrigiert werden. Heute verbindet man mit einer Lebensversicherung (wie Umfragen ergeben haben) die Begriffe „Sicherheit, Sparen für den Ruhestand, Finanzierungshilfe usw.". Dadurch konnte die Zahl der abgeschlossenen Verträge erheblich gesteigert und der Bestand der Gesellschaften gesteigert werden.

◆ **Maßnahmen der PR-Arbeit:** Der Katalog möglicher PR-Arbeit ist unerschöpflich, es liegt an der Kreativität des einzelnen Unternehmens, sinnvolle PR-Aktivitäten zu initiieren. Häufig sind PR-Effekte auch recht preisgünstig zu erzielen. In jedem Fall ist es aber wichtig, die **Öffentlichkeit über diese Aktivitäten zu informieren.** Deshalb sind gute Kontakte zur Presse und zu den Medien Basis jeder PR-Arbeit. Auch hierbei können sich Unternehmen der Hilfe von Experten (PR-Agenturen) bedienen.

Beispiel Die Bürodesign GmbH hat im Rahmen ihrer Öffentlichkeitsarbeit folgende Maßnahmen und Aktivitäten durchgeführt:

– Einrichtung einer **Pressestelle**: Diese Funktion nimmt der Assistent der Geschäftsleitung, Herr Braun, in Zusammenarbeit mit der Abteilung Marketing wahr. Er informiert Journalisten über die Geschäftstätigkeit des Unternehmens, berichtet ihnen von Umstellungen bei Produktionsverfahren, von größeren Investitionen, Mitarbeiterjubiläen usw.

– Jedes Jahr wird ein **Tag der offenen Tür** durchgeführt. Eingeladen sind neben der Presse alle Bürger, die sich für die Fertigung von Büromöbeln interessieren. Sie werden kostenlos bewirtet und erhalten einen Firmenprospekt sowie einen Katalog. Für Kinder werden Spielstände aufgestellt.

– Die Bürodesign GmbH fördert einen örtlichen Fußballverein **(Sponsoring)**. Es werden Trikots mit Firmenaufschrift und Bälle zur Verfügung gestellt. Jährlich wird ein Fußballturnier ausgerichtet, das bereits Charakter eines kleinen Volksfestes hat. Ausgespielt wird der begehrte „Bürodesign-Pokal".

– Die Geschäftsführung der Bürodesign GmbH stiftet jährlich einen beträchtlichen Betrag für Kindergärten. Ebenfalls werden **Geld- und Sachspenden** für karitative Zwecke bereitgestellt.

– Frau Friedrich ist als Prüferin für die Ausbildungsberufe Industrie- und Bürokaufmann bei der IHK bestellt, sie schreibt regelmäßig Artikel zur beruflichen Aus- und Fortbildung mit Nennung ihres Unternehmens **(Veröffentlichungen)**.

– Die Bürodesign GmbH legt großen Wert auf **gute Ausbildung** in ihrem Hause. Über ihre Aus- und Fortbildungsaktivitäten berichtet sie regelmäßig in der Presse. Einige Schulungsveranstaltungen sind auch für betriebsfremde Interessenten zugänglich.

– Die Bürodesign GmbH gibt Studenten und Schülern die Möglichkeit zur Absolvierung von **Betriebspraktika**. Es ist ein Fonds eingerichtet worden, aus dem jährlich eine herausragende Examensarbeit prämiert wird.

– Die Bürodesign GmbH informiert über die Presse die Öffentlichkeit, dass sie ausschließlich umweltschonende Materialien verwendet und ökologisch vertretbare Produktionsverfahren einsetzt (**Umweltschutz**).

◆ **Corporate Identity (CI):** Die Palette an Produkten und Dienstleistungen auf den Märkten wird immer größer. Gleichzeitig verwischen aber immer mehr die Unterschiede zwischen den einzelnen Produkten. Für Unternehmen, die sich auf dem Markt behaupten wollen, wird es daher zunehmend wichtiger, sich durch **klare Image- und Profilgebung** voneinander abzuheben.

Eine Möglichkeit, das Unternehmen in der Öffentlichkeit als geschlossene Einheit zu präsentieren, ist das Konzept der Corporate Identity. Hierbei handelt es sich um das Bestreben, eine eindeutige Identifizierung (Erkennung) des Unternehmens durch die Kunden, Lieferer und Mitbewerber zu ermöglichen. Corporate Identity zielt dabei auf eine Außenwirkung auf dem Markt. Dort sollen die Produkte mit dem Qualitätsmerkmal „made by-…" erkennbar sein. Vor allem bei Konsumgütern vermitteln Image und Wertigkeit eines Produktes einen für den Verbraucher erstrebenswerten Lebensstil. Zwischen zwei gleich bekannten Unternehmen wird der Kunde i. d. R. Produkte desjenigen Unternehmens bevorzugt kaufen, welches das bessere Image hat.

Beispiel Die Bürodesign GmbH hat ihre Arbeitsabläufe und Verantwortlichkeiten in einem Qualitätsmanagement-Handbuch beschrieben und durch ein Autorisierungsunternehmen[1] zertifizieren (bescheinigen) lassen (**Qualitätsaudit ISO 9002**). Mit diesem Zertifikat wirbt die Bürodesign GmbH auf allen Briefköpfen und Prospekten.

Die gewünschte Außenwirkung wird durch das visuelle Erscheinungsbild des Unternehmens erreicht. Hierzu gehören z. B. einheitliche Firmenfarben und -symbole oder -logos, die sich von der Einrichtung der Gebäude, der Kleidung der Mitarbeiter bis hin zur Gestaltung von Briefköpfen und Vordrucken erstreckt (Corporate Design).

Beispiel Die Bürodesign GmbH präsentiert ihr Firmenlogo auf allen Briefen, Rechnungen, Lieferscheinen, Lkw, Visitenkarten usw.

Corporate Identity zielt auch auf unternehmensinterne Wirkungen. Angestrebt wird eine Identifizierung der Mitarbeiter mit dem Unternehmen. Hierzu gehören ein einheitlicher Führungsstil in allen Abteilungen und Maßnahmen der Personalförderung und -entwicklung. Gut ausgebildete und motivierte Mitarbeiter sind ein wesentlicher Wettbewerbsfaktor für Unternehmen. In den Ausbildungsstand der Mitarbeiter müssen große Summen investiert werden. Durch die Identifizierung der Mitarbeiter mit ihrem Unternehmen soll erreicht werden, dass diese Ausgaben sich lohnen und qualifiziertes Personal nicht zu Mitbewerbern „abwandert".

◆ **Kooperation in der PR-Arbeit:** Manchmal schließen sich Unternehmen zusammen, um gemeinsam PR-Arbeit zu betreiben. Nach dem Motto „Einigkeit macht stark!" vertreten sie ihre Interessen in der Öffentlichkeit, obwohl sie auf dem Markt Konkurrenten sind.

Beispiele
– Verschiedene Möbelhersteller weisen in Anzeigen und Fernsehspots darauf hin, dass sie bei ihrer Produktion keine gefährdeten Tropenhölzer verwenden. Sie wollen damit der Öffentlichkeit mitteilen, dass sie sich nicht am Raubbau in den tropischen Regenwäldern beteiligen und ein positives Image der Branche erreichen.
– Die Automobilindustrie beteiligt sich an den Aktivitäten der Deutschen Verkehrswacht e. V., hier werden Veranstaltungen zur allgemeinen Verkehrserziehung und -sicherheit durchgeführt.

---

[1] *TÜV-Cert, VDE*

Kommunikationspolitik

■ **Werbung**

– Die Werbung ist ein **Bindeglied zwischen Anbietern und Nachfragern** von Produkten. Werbung bietet **für Unternehmen** eine Möglichkeit der **Bestandssicherung** und **für Verbraucher** die Möglichkeit, sich **über** ein vielfältiges **Warenangebot zu informieren**.

– **Ziele der Werbung:**
  • **Ausschöpfen eines bestehenden Marktpotenzials** durch Bekanntmachung von Produkten bei den Abnehmern
  • **Schaffung eines neuen Marktpotenzials** durch Weckung neuer Bedürfnisse
  • **Gewinnung neuer Kunden, Halten vorhandener Kunden**

– Im **Werbeplan** wird festgelegt:
  • **Werbemittel** (Anzeige, Fernsehspot)
  • **Werbeträger** (Zeitung, Fernsehanstalt)
  • **Streuzeit** (Beginn und Dauer der Werbung)
  • **Streugebiet** (geografischer Werbebereich)
  • **Streukreis** (umworbene Personengruppe)
  • **Werbebotschaft** (Inhalte der Werbung für Zielgruppe)
  • **Werbeintensität** (Häufigkeit der Werbung)

– Das **Werbebudget** legt die Höhe der Ausgaben für die Werbung fest.

– Die **Werbeerfolgskontrolle** überprüft, ob die Werbemaßnahmen zu einem Umsatzzuwachs geführt haben.

– **Werbeagenturen** übernehmen gegen Entgelt Planung und Realisation von Werbemaßnahmen. Sie helfen durch Fachkompetenz und Kontakten zu den Medien.

■ **Verkaufsförderung (Salespromotion):** Diese Maßnahmen dienen der **Motivation, Information und Unterstützung** aller Beteiligten am Absatzprozess.

– **Verkaufspromotions** beziehen sich auf das eigene **Verkaufspersonal**.
  • **Schulungen** (Produktkunde und Verkaufstechnik)
  • **Motivationsmaßnahmen** (finanzielle Anreize)
  • **Verkaufsunterstützung** (Prospekte, Präsentationsmedien)

– **Händlerpromotions** richten sich an **Groß- und Einzelhändler sowie an Handelsvertreter**.
  • Ausbildung und Information
  • Beratung bei Verkaufsraumgestaltung und Kundenbetreuung
  • Preis- und Kalkulationshilfen
  • Motivationshilfen (Verkaufswettbewerbe)

– **Verbraucherpromotion** richtet sich an den **Endverbraucher** am Ort des Verkaufsgeschehens **(POS)**.
  • Preisausschreiben
  • Displays im Verkaufsraum
  • Produktproben

■ Die **Öffentlichkeitsarbeit (Public Relations)** eines Unternehmens bezieht sich nicht auf einzelne Produkte, sondern soll ein **positives Bild bzw. Image des Unternehmens in der Öffentlichkeit erzeugen** und verstärken.

– **Maßnahmen** sind z. B.: Sponsoring, Spenden, Kundenzeitschriften, Berichte über erfolgreichen Umweltschutz usw.

– **Corporate Identity** umfasst Maßnahmen, die das Unternehmen in der Öffentlichkeit als geschlossene Einheit präsentiert und Mitarbeitern hilft, sich mit ihrem Unternehmen zu identifizieren.

– Eine **Kooperation** mehrerer Unternehmen **bei der PR-Arbeit** ist sinnvoll, wenn das Image einer ganzen Branche in der Öffentlichkeit verbessert werden soll.

1. Beschreiben Sie das Marktpotenzial von Herstellern für
   a) Kühlschränke
   b) Autoradios
   c) Büroschreibtische
   d) DVD-Player
   e) CD-Laufwerke für Computer.

2. Die Bürodesign GmbH benötigt für die Vermarktung ihres neuen Bürostuhls „ergo-de-sign-natur" einen Werbeplan. Sie sollen dabei behilflich sein. Als Werbebudget wird von der Bürodesign GmbH ein Betrag von 160 000,00 EUR zur Verfügung gestellt. Dokumentieren Sie alle Ihre Arbeiten in einer hierfür angelegten „Werbeplan-Mappe". Machen Sie sich für alle Arbeiten einen zeitlichen Ablaufplan.
   a) Legen Sie den Streukreis fest. Dabei können Sie auch verschiedene Zielgruppen bestimmen.
   b) Formulieren Sie die Werbebotschaft. Stellen Sie den Nutzen des Produktes für die Zielgruppe(n) heraus, wählen Sie eine geeignete Sprache. Entwerfen Sie ein Werbeposter.
   c) Geben Sie an, welche Werbemittel und Werbeträger ausgewählt werden sollen. Entwerfen Sie eine Anzeige in einer Fachzeitschrift, skizzieren Sie den Ablauf eines Werbespots im Fernsehen (etwa 30 Sekunden).
   d) Legen Sie die Streuzeit fest.
   e) Bestimmen Sie das Streugebiet.
   f) Machen Sie Vorschläge, wie der Erfolg Ihrer Werbekampagne gemessen werden kann.

3. Erläutern Sie, welche Vorteile Sie durch die Einschaltung einer Werbeagentur haben.

4. Der Inhaber einer großen Werbeagentur behauptet: „Wir sind der Motor der Wirtschaft!" Sammeln Sie Argumente für und gegen diese Aussage und stellen Sie sie in einer Liste gegenüber.

5. Frau Jaeger, die Abteilungsleiterin Verwaltung, spricht mit Herrn Stam, dem Verkaufsleiter. Sie sagt: „Ist es eigentlich nötig, dass für Ihre Verkäufer jährlich Tausende von EUR ausgegeben werden, um sie in Verkaufstechnik zu schulen? Reicht es nicht aus, wenn jeder Verkäufer ein Buch erhält, das er dann selbst lesen kann?" Herr Stam antwortet: „Die Ausgaben für die Verkäuferschulung sind gut angelegt, sie rentieren sich." Erläutern Sie, was Herr Stam damit meint.

6. Reisende erhalten ein festes Monatsgehalt und zusätzlich Verkaufsprovision. Zwei Möglichkeiten sind denkbar: 1. Hohes Gehalt und niedriger Provisionssatz, 2. Niedriges Gehalt und hoher Provisionssatz. Nehmen Sie Stellung zu beiden Alternativen
   a) aus der Sicht eines Angestellten,
   b) aus der Sicht seines Arbeitgebers.

7. Erstellen Sie für die Bürodesign GmbH ein ausführliches Konzept für die Händlerpromotion. Alle Arbeitsergebnisse sind schriftlich zu dokumentieren, legen Sie hierzu eine Mappe „Verkaufsförderung" an. Arbeiten Sie in Gruppen und vergleichen Sie anschließend die Arbeitsergebnisse. Berücksichtigen Sie folgende Aspekte:
   a) Ausbildung und Schulung des Handels (Schulungsinhalte, Formen der Information)
   b) Hilfen bei der Gestaltung der Verkaufsräume (Entwerfen Sie Displays, Vorschläge für Dekorationen)
   c) Hilfen bei der Kundenbetreuung (Werbegeschenke, Kundenlisten)
   d) Preis- und Kalkulationshilfen (Rabatte)
   e) Motivation des Händlers (Verkaufsshow, Händlerwettbewerbe)

8. Erläutern Sie den Grundgedanken der PR-Arbeit „Tue Gutes und sprich darüber!"

9. Im Rahmen der Verbraucherpromotion möchte die Bürodesign GmbH ein Preisausschreiben durchführen. Entwickeln Sie hierzu ein Konzept. Bedenken Sie, dass das Preisausschreiben letztlich einen Kaufanreiz für Produkte der Bürodesign GmbH ausüben soll, zumindest aber die Produkte den Kunden näherbringen soll.

10. Zählen Sie aus Ihrem Erfahrungsbereich Marktpotenziale auf, die vor fünf Jahren noch nicht vorhanden waren, und erläutern Sie, welche neuen Bedürfnisse damit geweckt wurden.

11. Beschreiben Sie an selbst gewählten Beispielen, weshalb der Erfolg der PR-Maßnahme nicht exakt gemessen werden kann.

12. Untersuchen Sie den Katalog für PR-Arbeiten der Bürodesign GmbH (vgl. S. 157).
    a) Welche Maßnahmen sind Ihrer Meinung nach besonders wirksam, welche sind weniger wirksam? Begründen Sie jeweils Ihre Meinung.
    b) Machen Sie Vorschläge zur Ergänzung von PR-Maßnahmen, die kostengünstig, aber wirksam sind.

5.4 Rechtliche Rahmenbedingungen in der Absatzwirtschaft

Die Bürodesign GmbH hat viel Geld in die Entwicklung des neuen Bürostuhls „ergo-design-natur" investiert. Aus diesem Grunde möchte sie sich davor schützen, dass Konkurrenten dieses Produkt kopieren und damit an den Markt gehen. „Wir haben den Stuhl doch nicht neu erfunden, deshalb können wir auch kein Patent anmelden", meint Herr Braun. „Aber den Namen können wir zumindest schützen lassen", antwortet Frau Friedrich.

Arbeitsaufträge
◆ Stellen Sie fest, ob es möglich ist, den Namen eines Produktes schützen zu lassen.
◆ Untersuchen Sie weitere Möglichkeiten, wie die Bürodesign GmbH die Entwicklung des „ergo-design-natur" vor Nachahmung schützen kann.

● Gesetz gegen den unlauteren Wettbewerb

Um sicherzugehen, dass es im Kampf um Marktanteile fair zugeht, hat der Gesetzgeber eine Reihe von Gesetzen und Verordnungen erlassen, die Verbraucher und Mitbewerber vor unlauteren Maßnahmen schützen. Die wichtigste Rechtsgrundlage ist das **Gesetz gegen den unlauteren Wettbewerb (UWG)**.

§ 1 Zweck des Gesetzes. [1] Dieses Gesetz dient dem Schutz der Mitbewerber, der Verbraucherinnen und der Verbraucher sowie der sonstigen Marktteilnehmer vor unlauteren geschäftlichen Handlungen. [2] Es schützt zugleich das Interesse der Allgemeinheit an einem unverfälschten Wettbewerb.
§ 3 Verbot unlauteren Wettbewerbs: Unlautere Wettbewerbshandlungen, die geeignet sind, den Wettbewerb zum Nachteil der Mitbewerber, der Verbraucher oder der sonstigen Marktteilnehmer nicht nur unerheblich zu beeinträchtigen, sind unzulässig.

Aufgrund dieses Gesetzes sind u. a. **folgende Handlungen** verboten:

Handlungen	Beispiele
– Ruinöser Wettbewerb	Gegenüber der Bäckerei Bach eröffnet ein Supermarkt. Bach verlangt für ein Brötchen 0,25 EUR. Der Supermarkt bietet für ein Brötchen 0,15 EUR an. Nachdem Bach seinen Preis auf 0,10 EUR senkt, setzt der Supermarkt seinen Brötchenpreis auf 0,05 EUR und bietet seine Ware so lange zu diesem Preis an, bis Bach sein Geschäft schließen muss.
– Benutzung fremder Firmen- und Geschäftsbezeich- nungen	Ein Großhändler kopiert das Firmenlogo der Bürodesign GmbH, um von deren guten Ruf zu profitieren.
– Herabsetzen oder Anschwär- zen eines Konkurrenten	Ein Unternehmer behauptet wider besseren Wissens Kunden gegenüber, sein Hauptkonkurrent stehe kurz vor der Insolvenz.
– Bestechung von Angestell- ten	Einkäufer des Kunden werden mit Schmiergeldern oder Ge- schenken bestochen.

Vergleichende Werbung ist durch Anpassung an EU-Recht grundsätzlich zulässig, wenn der Vergleich nicht irreführend ist, nachprüfbare und typische Eigenschaften miteinander verglichen werden und der Mitbewerber nicht herabgesetzt oder verunglimpft wird. Ferner dürfen Imitationen nicht mit dem Original verglichen werden.

Beispiele   **Erlaubt:** „Leistungsstarke Bohrmaschinen – ab sofort 20 % billiger als beim Baumarkt XYZ"
Verboten: „Bei uns steht der Kunde im Mittelpunkt – beim Baumarkt XYZ steht er nur im Weg!"

In der Vergangenheit hat die Rechtssprechung folgende Verhaltensweisen als wettbe- werbswidrig verboten:

◆ **Zusendung unbestellter Ware** (vgl. S. 196) mit dem Hinweis, die Waren entweder zu bezahlen oder zurückzusenden.

Beispiel   Das Versandhaus Wuttke e. K. schickt allen Brautpaaren ein Aussteuerpaket im Wert von 400,00 EUR zu. In einem beiliegenden Schreiben wird jedes Brautpaar aufgefordert, das Paket innerhalb von sieben Tagen zurückzuschicken. Geschieht dies nicht, ist der Rechnungsbetrag innerhalb von 30 Tagen fällig.

◆ **Psychologischer Kaufzwang**

Beispiel   Hermine Harms wird kostenlos in ein Ausflugslokal gefahren und zum Mittagessen eingeladen. Anschließend wird ihr im Rahmen einer Verkaufsveranstaltung eine Rheumadecke angeboten. Als Frau Harms kein Interesse zeigt, erinnert sie der Verkäufer an die Einladung zum Essen und die kostenlose Busfahrt und bringt sie so in eine peinliche Situation.

◆ **Anlocken mit übermäßigen Vorteilen**, die mit der angebotenen Ware nichts zu tun haben.

Beispiel   Das Kaufhaus Klein OHG bietet allen Kunden im hauseigenen Friseursalon einen kos- tenlosen Haarschnitt an.

Wer gegen die genannten Tatbestände verstößt, muss mit folgenden **Rechtsfolgen** rech- nen:

◆ **Unterlassung:** Auf Antrag der Konkurrenz, von Verbraucherverbänden oder der Indus- trie- und Handelskammer, ergeht ein Gerichtsurteil, in dem der Beklagte aufgefordert wird, z. B. irreführende Angaben über seine geschäftlichen Verhältnisse zu unterlassen **(Abmahnung)**. Verstößt er hiergegen, muss er mit einer Geldstrafe rechnen.

◆ **Schadenersatz:** Wer z. B. wissentlich irreführende Angaben über die Ware oder Leistung macht, muss den entstandenen Schaden ersetzen.

◆ **Freiheits- oder Geldstrafe:** Der Verrat von Geschäfts- und Betriebsgeheimnissen kann mit einer Freiheitsstrafe bis zu drei Jahren bestraft werden.

Damit es bei Verstößen gegen das UWG nicht immer gleich zu Prozessen kommt, gibt es bei den Industrie- und Handelskammern **Einigungsstellen**, die sich um eine gütliche Einigung der Beteiligten bemühen.

Zu den wichtigsten Kontrollinstanzen der Werbung zählen der Bundesverband der **Verbraucherzentralen** (ca. 350 bundesweit), die **Verbraucherverbände** (Interessenverbände der Verbraucher/-innen gegenüber Wirtschaft und Gesetzgeber) und die **Stiftung Warentest**. Sie arbeiten unabhängig und haben sich zum Ziel die Information und Aufklärung der Verbraucher gesetzt. Alle haben das Ziel, Transparenz über Produkte, Qualität und Eigenschaften von Waren und Dienstleistungen zu schaffen.

● Preisangabenverordnung

> **§ 2 Preisangabenverordnung:** Waren, die in Schaufenstern, Schaukästen innerhalb oder außerhalb des Verkaufsraumes auf Verkaufsständern oder in sonstiger Weise ausgestellt werden, und Waren, die vom Verbraucher unmittelbar entnommen werden können, sind durch Preisschilder oder Beschriftung der Ware auszuzeichnen.

Durch die Pflicht zur Preisauszeichnung soll für den Verbraucher die Möglichkeit eines klaren Preisvergleichs geschaffen werden. Ein Preisschild muss gesetzliche und kann freiwillige Angaben enthalten.

Gesetzliche Angaben	Freiwillige Angaben
– Bruttoverkaufspreis (einschl. Umsatzsteuer) – Bezeichnung der Ware – Verkaufs- oder Leistungseinheit – Grundpreis bei loser Ware (Preis je kg usw.) – Handelsübliche Gütebezeichnung (Handelsklasse)	– Eingangsdatum – Lieferanten-Nr. – Artikel-Nr. – Größe, Farbe (bei Textilien)

Die Preisauszeichnungspflicht entfällt bei

◆ Kunstgegenständen, Sammlerstücken oder fertigen Waren, die bei Werbevorführungen angeboten werden, sofern der Preis bei der Vorführung oder unmittelbar vor dem Verkaufsabschluss genannt werden.

◆ Waren bei Versteigerungen.

◆ Blumen und Pflanzen, die unmittelbar vom Beet verkauft werden.

Anbieter müssen in Katalogen, im Fernsehen oder im Internet die Umsatzsteuer, Versandkosten und andere Preisbestandteile in das Angebot einberechnen bzw. deutlich ausweisen. Die Einhaltung der Preisangabenverordnung wird vom staatlichen **Amt für Gewerbeschutz und Sicherheitstechnik (Gewerbeaufsichtsamt)** überwacht. Bei Zuwiderhandlungen kann eine Geldbuße verhängt werden.

● Gewerblicher Rechtsschutz

Bestimmte Leistungen genießen den Rechtsschutz durch den Gesetzgeber, um sie vor Missbrauch zu schützen.

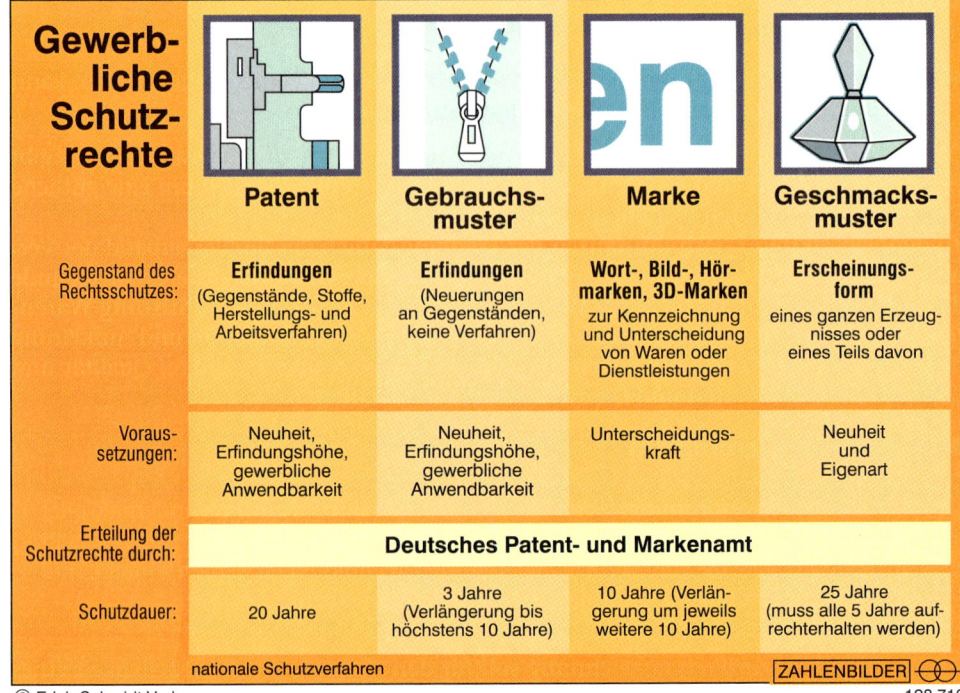

Gewerb-liche Schutz-rechte	Patent	Gebrauchs-muster	Marke	Geschmacks-muster
Gegenstand des Rechtsschutzes:	**Erfindungen** (Gegenstände, Stoffe, Herstellungs- und Arbeitsverfahren)	**Erfindungen** (Neuerungen an Gegenständen, keine Verfahren)	**Wort-, Bild-, Hör-marken, 3D-Marken** zur Kennzeichnung und Unterscheidung von Waren oder Dienstleistungen	**Erscheinungs-form** eines ganzen Erzeug-nisses oder eines Teils davon
Voraus-setzungen:	Neuheit, Erfindungshöhe, gewerbliche Anwendbarkeit	Neuheit, Erfindungshöhe, gewerbliche Anwendbarkeit	Unterscheidungs-kraft	Neuheit und Eigenart
Erteilung der Schutzrechte durch:	**Deutsches Patent- und Markenamt**			
Schutzdauer:	20 Jahre	3 Jahre (Verlängerung bis höchstens 10 Jahre)	10 Jahre (Verlän-gerung um jeweils weitere 10 Jahre)	25 Jahre (muss alle 5 Jahre auf-rechterhalten werden)

nationale Schutzverfahren   ZAHLENBILDER

© Erich Schmidt Verlag

128 710

◆ **Patentschutz:**

§ 1 Patentgesetz: Patente werden für Erfindungen erteilt, die neu sind, auf einer er-finderischen Tätigkeit beruhen und gewerblich anwendbar sind.

Patente werden im Patentblatt bekannt gemacht. Bei einem **Sach- oder Erzeugnispatent** wird die erfundene Sache geschützt, bei einem **Verfahrenspatent** wird ein Herstellungs-verfahren geschützt. Ein Patentinhaber kann seine Erfindung einem anderen überlassen, indem er ihm gegen eine Entschädigung eine **Lizenz** erteilt.

Beispiel Die Bürodesign GmbH hat ein Verfahren zur schraublosen Verbindung von Regalbrettern entwickelt und als Patent angemeldet. Sie hat dieses Verfahren drei Unternehmen in den USA über-lassen und erhält dafür regelmäßig Lizenzgebühren.

Der Patentschutz dauert höchstens 20 Jahre, danach kann jedermann die bisher ge-schützte Erfindung verwerten.

◆ **Markengesetz:**

§ 1 Markengesetz: Geschützte Marken und sonstige Kennzeichen. Nach diesem Gesetz werden geschützt:
1. Marken, 2. geschäftliche Bezeichnungen, 3. geografische Herkunftsangaben.

Marken dienen dazu, in Wort und Bild, eigene Erzeugnisse von denen anderer Hersteller oder Händler zu unterscheiden. Sie sind ein wichtiges Werbemittel auf Geschäftsbriefen, in Anzeigen und Katalogen. Nach der Anmeldung beim Patentamt werden sie zehn Jahre lang geschützt.

Beispiele

◆ **Gütezeichenschutz:**

Sie werden von verschiedenen Herstellern als Garantie für bestimmte Mindestquali-
täten ihrer Produkte verwendet und von Verbänden und Organisationen vergeben. Die
Überwachung der Gütezeichen wird durch eine Einrichtung des Deutschen Normen-
ausschuss, dem Ausschuss für Lieferbedingungen und Gütesicherung (RAL), durchgeführt.

Beispiele

◆ **Gebrauchsmusterschutz:**

> **§ 1 Gebrauchsmusterschutzgesetz:** Als Gebrauchsmuster werden Erfindungen ge-
> schützt, die auf einem erfinderischen Schritt beruhen und gewerblich anwendbar
> sind.

Geschützt werden Neuerungen an Arbeitsgerätschaften und Gebrauchsgegenständen
(Werkzeuge, Haushaltsgeräte), jedoch keine Verfahren.

Beispiel Die Bürodesign GmbH setzt in ihren Schreibtischen bei Bedarf einen kleinen Safe ein,
dessen Gebrauch nur während der vorher eingestellten Zeiten möglich ist und deshalb mit einer
Zeitschaltuhr gekoppelt ist. Dieses Gebrauchsmuster reicht **sie beim Patentamt zum gewerblichen
Schutz ein.**

◆ **Geschmacksmusterschutz:**

> **§ 2 Geschmacksmusterschutz.** (1) Als Geschmacksmuster wird ein Muster geschützt,
> das neu ist und Eigenart hat.
> (2) [1] Ein Muster gilt als neu, wenn vor dem Anmeldetag kein identisches Muster
> offenbart worden ist. [2] Muster gelten als identisch, wenn sich ihre Merkmale nur in
> unwesentlichen Einzelheiten unterscheiden.

Als **Muster** werden Darstellungen in der Fläche (zweidimensional) einschließlich der verwendeten Farbkombinationen bezeichnet.

Beispiele   Tapeten-, Stoffmuster, Schriftzeichen

Modelle sind dreidimensionale Erzeugnisse. Hier können Formen und Farbkombinationen geschützt werden.

Beispiele   Geschirr, Möbel, Schmuck

● Produkthaftungsgesetz

> **§ 1 Produkthaftungsgesetz:** Wird durch den Fehler eines Produktes jemand getötet, sein Körper oder seine Gesundheit verletzt oder eine Sache beschädigt, so ist der Hersteller des Produktes verpflichtet, dem Geschädigten den daraus entstehenden Schaden zu ersetzen.

Der Hersteller eines Produktes haftet für alle Schäden, die aus dem Ge- oder Verbrauch fehlerhafter Ware entstehen. Er ist zu Schadenersatz verpflichtet. Die Haftung ist auf 85 Mio. EUR begrenzt.

Beispiel   Wenn die Bürodesign GmbH einen fehlerhaften Bürostuhl ausliefert und ein Benutzer dieses Stuhles damit einen Unfall erleidet, so haftet sie für den entstandenen Schaden.

Gegen das Risiko der Produkthaftpflicht können Versicherungsverträge abgeschlossen werden.

● Geräte- und Produktsicherheitsgesetz

> **§ 1 Geräte- und Produktsicherheitsgesetz:** Zweck dieses Gesetzes ist es, im Rahmen der Herstellung gleicher Wettbewerbsbestimmungen im Europäischen Wirtschaftsraum zu bewirken,
> 1. dass Hersteller und Händler dem Verbraucher nur sichere Produkte zur privaten Nutzung überlassen, ...

Mit diesem Gesetz wird der vorbeugende Verbraucherschutz gestärkt. Die Behörden können bei Vorliegen von Produktgefahren Warnungen an die Bevölkerung veranlassen oder selbst aussprechen, den Rückruf unsicherer Produkte anordnen und den weiteren Verkauf untersagen. Grundsätzlich ist der Hersteller der primär Verantwortliche für die Produktsicherheit. Gleichwohl verpflichtet das Geräte- und Produktsicherheitsgesetz auch den Händler dazu beizutragen, dass nur **sichere Produkte in den Verkehr gebracht** werden dürfen. Der Händler darf somit kein Produkt verkaufen, von dem er wisse oder anhand der ihm vorliegenden Informationen oder aufgrund seiner Tätigkeit als Händler wissen müsse, dass das Produkt nicht sicher ist. Für den Fall, dass der Hersteller oder der Händler wissentlich ein unsicheres Produkt in den Verkehr bringen, sieht das Gesetz eine Ahndung als Ordnungswidrigkeit bis zu 30 000,00 EUR vor.

Beispiel   Die Bürodesign GmbH erfährt, dass bei einem von ihr vertriebenen Kopiergerät Brandgefahr besteht. Sofort informiert sie alle Kunden, die dieses Gerät gekauft haben.

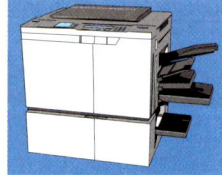

Sonderregelungen für Verbraucherprodukte: Der Hersteller, Importeur oder Händler muss beim In-Verkehr-Bringen eines Produktes

◆ sicherstellen, dass der Verbraucher die erforderlichen Informationen erhält, um die Gefahren eines Produktes zu kennen,

Beispiel Gebrauchsanleitung in deutscher Sprache

◆ Name und Adresse des Herstellers oder Importeurs sind auf dem Produkt anzugeben und eindeutige Kennzeichnung des Verbrauchsproduktes,

Beispiel Typen-, Seriennummer

◆ bei Gefahren geeignete Maßnahmen treffen.

Beispiel Rückrufaktionen

Rechtliche Rahmenbedingungen in der Absatzwirtschaft

■ **Gesetz gegen den unlauteren Wettbewerb:** Verboten sind u. a. Handlungen, die gegen die guten Sitten verstoßen, irreführende Angaben, ruinöser Wettbewerb.

■ Wer gegen die Tatbestände des UWG verstößt, kann auf **Unterlassung** verklagt und für **Schadenersatz** in Anspruch genommen werden. In bestimmten Fällen muss er sogar mit einer **Freiheitsstrafe** rechnen.

■ **Preisangabenverordnung:** Es müssen Bruttoverkaufspreis, Bezeichnung der Ware, Verkaufs- und Leistungseinheit (kg, l, m), Handelsklasse angegeben werden.

■ **Gewerblicher Rechtschutz** (Missbrauchsschutz durch gesetzliche Vorschriften):
  – Patentgesetz   – Geschmacksmustergesetz
  – Markengesetz   – Gebrauchsmustergesetz

■ **Produkthaftungsgesetz:** Der Hersteller eines Produktes haftet für alle Schäden, die aus dem Ge- oder Verbrauch fehlerhafter Ware entstehen.

■ **Geräte- und Produktsicherheitsgesetz:** Es dürfen nur sichere Produkte in den Verkehr gebracht werden.

---

1. a) Erläutern Sie den Sinn des Gesetzes gegen den unlauteren Wettbewerb.
    b) Bilden Sie fünf eigene Beispiele für Verstöße gegen das Gesetz gegen den unlauteren Wettbewerb.

2. Ein Mitbewerber der Bürodesign GmbH wirbt mit folgender Aussage: „Jeder, der einen Schreibtisch kauft, erhält gratis einen Bürostuhl!" Begründen Sie, ob der Mitbewerber gegen das UWG verstößt.

3. a) Nennen Sie die gesetzlichen Bestandteile eines Preisschildes.
    b) Entwerfen Sie ein Preisschild zum Bürostuhl „ergo-design-natur" für das Verkaufsstudio der Bürodesign GmbH.

4. Erläutern Sie Patent-, Marken-, Gütezeichen-, Gebrauchs- und Geschmacksmusterschutz mit je einem Beispiel.

5. Erläutern Sie, wie die Bürodesign GmbH ihre Entwicklung des Bürostuhls „ergo-design-natur" vor Missbrauch schützen kann.

6. Erläutern Sie an selbst gewählten Beispielen das Problem der Produkthaftpflicht
    a) für die Bürodesign GmbH,
    b) für Ihren Ausbildungsbetrieb.

5.5 Verkehrsträger und ihre Einsatzmöglichkeiten

Renate Becker ist aufgeregt. Sie sitzt in der Abteilung „Auftragsbearbeitung". Am Telefon hat sie Herrn Lustig, den Einkäufer der Klassik 2000 GmbH aus München. Dieser bestellt 500 Schreibtische „Stardesign" mit Holzplatte. Endlich kann sie auch einmal einen großen Auftrag für die Bürodesign GmbH an Land ziehen. Nach Beendigung des Telefongesprächs geht sie stolz zu Herrn Stam und berichtet diesem von der entgegengenommenen Bestellung. „Sehr schön", sagt Herr Stam, „aber jetzt kümmern Sie sich auch um das geeignete Transportmittel. Unser eigener Fuhrpark ist momentan nicht in der Lage, die bestellten Waren auszuliefern." In diesem Moment stürmt Herr Dohm, der Gruppenleiter des Außendienstes, in das Büro: „Wir müssen umgehend dem Kunden Schneider & Co. OHG in Iserlohn 400 Rollen für den Arbeitssessel „ergo-design-natur" zukommen lassen. Sie sind bei der Auslieferung vergessen worden." „Kein Problem", sagt Herr Stam, „Frau Becker, kümmern Sie sich doch bitte um die geeignete Beförderungsmöglichkeit für die 400 Rollen." „Das hat man davon, dass man sich für das Unternehmen einsetzt. Nichts als Arbeit", denkt Renate ärgerlich.

Arbeitsauftrag
◆ Suchen Sie für Renate Becker geeignete Verkehrsträger für die Auslieferung der Schreibtische und der Rollen aus.

● Träger der Güterbeförderung

Die heutige arbeitsteilige Wirtschaft funktioniert nur noch durch eine Vielzahl geeigneter Transportmöglichkeiten. Die Träger der Güterbeförderung haben die Aufgabe, die räumliche Distanz zwischen den Wirtschaftsstufen zu überbrücken und Güter zu verteilen. Große Unternehmen unterhalten meistens eigene Versandabteilungen. Je nach

Verkehrsweg kann man eine Land-, Wasser- und Luftbeförderung unterscheiden. Bei den **Verkehrsträgern** kann unterschieden werden in

◆ Eisenbahnverkehr

◆ Güterkraftverkehr

◆ Binnen- und Seeschifffahrt

◆ Luftfahrt

Zu den Trägern der Güterbeförderung zählt man Frachtführer, Spediteure und Lagerhalter.

◆ **Frachtführer (HGB § 425 ff.):** Unternehmen versenden ihre Güter oft nicht mit eigenen Transportmitteln, sondern beauftragen damit Frachtführer. Frachtführer ist, wer gewerbsmäßig die Beförderung von Gütern zu Lande, auf Binnengewässern und in der Luft übernimmt (HGB § 425).

Beispiele Deutsche Bahn AG, Unternehmen des Lkw-Güterverkehrs und der Binnenschifffahrt, Deutsche Lufthansa AG

Der Hochseehandel zählt nicht zu den Frachtführern. Für ihn gibt es besondere Vorschriften im HGB (§ 484 ff.). Die Reeder sind die Schiffseigentümer und werden Verfrachter, die Auftraggeber Befrachter genannt. Frachtführer sind **selbstständige Kaufleute, die in eigenem Namen und für fremde Rechnung** handeln. Zwischen dem **Frachtführer** und dem Auftraggeber wird ein Frachtvertrag abgeschlossen, meist in Form eines **Frachtbriefes**, aus dem sich die Rechte und Pflichten des Frachtführers ergeben. Der Frachtbrief ist ein Begleitpapier für die Sendung vom Absender bis zum Empfänger. Im Frachtbrief sind folgende Angaben enthalten:

- ◆ Ort und Tag der Ausstellung
- ◆ Name und Adresse des Frachtführers
- ◆ Name des Absenders und des Empfängers und Ort der Ablieferung
- ◆ Bezeichnung des Gutes nach Menge und Art
- ◆ Höhe des Frachtentgeltes

Der Frachtvertrag ist mit der Übergabe der Waren und des Frachtbriefes erfüllt.

◆ **Spediteur (HGB § 453ff.).** Der Spediteur ist ein Kaufmann, der **gewerbsmäßig Güterversendungen durch Frachtführer für Rechnung des Versenders, aber in eigenem Namen besorgt.** Der Spediteur ist Vermittler des Güterverkehrs zwischen dem Versender und dem Frachtführer. Fast alle Spediteure sind auch Frachtführer, da sie den Transport i. d. R. selbst durchführen. Zwischen dem Spediteur und seinem Auftraggeber (Versender) wird ein **Speditionsvertrag** geschlossen. Falls der Spediteur nicht selbst Frachtführer ist, schließt er in eigenem Namen **Frachtverträge** mit dem Frachtführer ab. Für seine Tätigkeit hat der Spediteur Anspruch auf Provision und Ersatz seiner Aufwendungen.

Beispiel Die Bürodesign GmbH hat einen Großauftrag von einem Importeur in Istanbul (Türkei) erhalten und beauftragt den in Bremen ansässigen Spediteur Knut Schnell mit der Beförderung der Waren (**Speditionsvertrag**). Der Spediteur beauftragt den Frachtführer Tedex GmbH, Wilhelmshaven, der sich auf Transporte in den Nahen Osten spezialisiert hat, mit der Beförderung der Waren zum Importeur nach Istanbul (**Frachtvertrag**).

◆ **Lagerhalter (HGB § 467 ff.):** Sie übernehmen **gewerbsmäßig die Lagerung und Aufbewahrung von Gütern für andere.** Das Lagerhaltungsgeschäft wird oft zusammen mit dem Speditions- und Frachtführergeschäft betrieben. Zwischen dem Auftraggeber und dem Lagerhalter wird ein **Lagervertrag** geschlossen. Für die eingelagerten Waren wird ein Lagerschein ausgestellt.

● Versandarten

Hat ein Unternehmen keine eigene Versandabteilung oder liegen die zu beliefernden Kunden außerhalb des Umkreises der firmeneigenen Zustellung, kann er sich der Dienste von Frachtführern bedienen.

Versandarten (Frachtführer)		
– Private Paketdienste – Deutsche Bahn AG	– Güterkraftverkehr – Binnen- und Seeschiffe	– Flugzeuge – Deutsche Post AG

◆ **Warenzustellung durch die Deutsche Post AG:** Die Deutsche Post (DP) muss alle Sendungen befördern, die ihren Beförderungsbestimmungen entsprechen (**Kontrahierungszwang**, vgl. S. 115). Die Angebote der DP für die Warenzustellung sind sehr vielfältig. Die DP unterhält eine Reihe von Tochterunternehmen für die verschiedenen Sendungsarten, z. B. Deutsche Post Brief, Deutsche Post Paket DHL, Deutsche Post Euro Express.

SWL

Sendungsarten der DP

gewöhnliche Sendungen	Sendungen mit besonderer Sicherheit gegen zusätzliches Entgelt	Beschleunigte Sendungen gegen zusätzliches Entgelt

gewöhnliche Sendungen

- **Warensendungen (DP Brief)**
  - nicht verschlossene Umhüllung
  - Proben, Muster, kleine Gegenstände
  - keine persönlichen Mitteilungen
  - Höchstgewicht 500 g
  - keine Haftung
- **Büchersendungen (DP Brief)**
  - unverschlossene Umhüllung
  - Bücher und sonstige Druckerzeugnisse
  - keine persönlichen Mitteilungen
  - Höchstgewicht 1 kg
  - keine Haftung

- **Päckchen (DHL)**
  - verschlossene Umhüllung
  - Gegenstände aller Art
  - persönlichen Mitteilungen erlaubt
  - Höchstgewicht 2 kg
  - keine Haftung
- **Paket (DHL)**
  - wie Päckchen
  - Ausnahmen:
  - Höchstgewicht 20 kg
  - Haftung bis 500,00 EUR
- **ePaket (DHL)**
  - wie Paket
  - verbilligte Standardpaketsendungen von Selbstbuchern, d. h. von Unternehmen, die ihre Sendungen per Internet für den Postversand vorbereiten
  - Ausnahmen:
  - Höchstgewicht 31,5 kg

Sendungen mit besonderer Sicherheit gegen zusätzliches Entgelt

- **Einschreiben**
  - Warensendungen, Briefe, Postkarten
  - Empfänger erhält Sendung nur gegen Empfangsbestätigung
  - Haftung höchstens 25,00 EUR
- **Nachnahme**
  - Empfänger erhält Sendung nur gegen Zahlung des Nachnahmebetrages
  - Höchstbetrag bei Päckchen und Paketen 3 500,00 EUR
  - Haftung je nach Sendungsart

- **Wertangabe**
  - Empfänger erhält Sendung nur gegen Empfangsbestätigung
  - DP garantiert besonders sichere Übermittlung zum Empfänger
  - Wertangabe bei Post-Paketen, bei Express-Briefen bis 25 000,00 EUR
  - Haftung in Höhe des unmittelbaren Schadens (höchstens 25 000,00 EUR)
- **Rückschein**
  - Der Absender erhält ein vorbereitetes Dokument (Rückschein) mit der Bestätigung durch Unterschrift eines Empfangsberechtigten, dass die Sendung abgeliefert wurde.
- **Eigenhändig**
  - Die Sendung wird nur an den Empfänger persönlich oder an einen besonders Bevollmächtigten übergeben.

Beschleunigte Sendungen gegen zusätzliches Entgelt

- **Express-Sendungen (Deutsche Post Express GmbH)**
  - **Express-Briefe** (bis 2 000 g) und **Express-Pakete** (bis 20 kg) werden am Tag nach der Einlieferung zugestellt.
  - Gegen zusätzliches Beförderungsentgelt erfolgt eine Früh-Zustellung (Montag bis Samstag) vor 09:00 Uhr, vor 10:00 Uhr bzw. vor 12:00 Uhr, ebenso an Sonn- und Feiertagen.
  - Transportversicherung erfolgt gegen Aufpreis auf Wunsch 25 000,00 EUR
  - Sendung darf äußerlich keinen Hinweis auf Inhalt oder Wert tragen.

- **OFFICEPAK (Deutsche Post Express GmbH)**
  - Wichtige Dokumente, Muster oder sonstige Unterlagen bis 3 000 g werden für eilige Sendungen von heute auf morgen bis 12:00 Uhr dem Empfänger in ganz Deutschland zugesandt, gegen zusätzliches Beförderungsentgelt auch vor 12:00 Uhr und an Sonn- und Feiertagen.
- **Luftpost**
  - Beförderung mit Flugzeug

Für die optimale Auswahl der entsprechenden Sendungsart ist die jeweilige gültige Preisliste der Deutschen Post AG heranzuziehen.

Beispiel Versandschein/Versendeschein für Postpakete (Paketschein)

◆ **Haftung der DP**

◆ Die DP haftet
- ohne zusätzliche Transportversicherung bei Verlust oder Beschädigung eines gewöhnlichen Paketes bis zum Höchstbetrag von 500,00 EUR je Paket

- bei Verlust eingeschriebener Sendungen pauschal mit 25,00 EUR

- bei Verlust oder Beschädigung von Sendungen mit Wertangaben für den entstandenen Schaden bis zur Höhe der Wertangabe

- bei Verlust oder Beschädigung von Nachnahmesendungen in derselben Weise wie bei entsprechenden Sendungen ohne Nachnahme.

◆ **Die DP haftet nicht**, wenn der Schaden
- durch den Absender verursacht wurde,
  Beispiel Das Versandhaus „Bauermann" versendet Porzellangeschirr an einen Kunden per Paket. Das Geschirr wurde im Paket nur mit Zeitungspapier verpackt.

- der zuständigen Postniederlassung nicht unmittelbar nach Entdecken mitgeteilt wird,

- durch höhere Gewalt entstanden ist.
  Beispiel Aufgrund eines unverschuldeten Verkehrsunfalls kann eine Terminware nicht zugestellt werden.

Die DP haftet grundsätzlich nicht bei Beschädigung oder Verlust von Päckchen, Warensendungen oder Postgütern.

◆ **Warenzustellung durch private Kurier-, Express- und Paketdienste:** Insbesondere Großversender des Handels (z. B. Versandhäuser) nutzen aus Kostengründen die Dienste privater Kurier-, Express- und Pakettransportunternehmen.

Während die DP keine Sendungen, die den Zulassungsbestimmungen entsprechen, ablehnen darf, können private Kurier-, Express- und Paketdienste Warensendungen ablehnen, z. B., wenn diese für sie nicht gewinnbringend sind. Die privaten Kurier-, Express- und Paketdienste kommen nach Vereinbarung an jedem Werktag zur festgelegten Zeit mit ihren Fahrzeugen beim Unternehmen vorbei, um versandfertige Pakete abzuholen und den jeweiligen Empfängern zuzustellen.

Private Kurier-, Express- und Paketdienste haben folgende **Vorteile**:

- ◆ Beförderung von Paketen über 20 kg

- ◆ Transport von Haus zu Haus

- ◆ höhere Haftung als bei der DP

- ◆ oft kostengünstiger und schneller als die Deutsche Post AG

◆ **Warenzustellung durch Werkverkehr und Unternehmen des gewerblichen Güterkraftverkehrs:** Für die Warenzustellung kann ein Unternehmen auf eigene Fahrzeuge und Mitarbeiter (firmeneigener Werkverkehr) und auf die Dienste gewerbsmäßiger Unternehmer des Güterverkehrs (firmenfremde Zustellung) zurückgreifen.

- ◆ **Werkverkehr:** Mittlere und große Unternehmen unterhalten oft eine **eigene Versandabteilung** mit Fuhrpark. In manchen Branchen ist es üblich, dass die betriebseigenen Fahrzeuge nach einem genau festgelegten Fahrplan bestimmte Routen abfahren, um die Waren den Kunden „frei Haus" zu liefern. Hierdurch erhöhen sich die Handlungskosten des Betriebes, sie sind daher bei der Kalkulation des Listenverkaufspreises zu berücksichtigen.

  Die Ware wird dem Kunden mit einem **Lieferschein** ausgehändigt. Der Kunde muss auf einer Kopie des Lieferscheins mit seiner Unterschrift bescheinigen, dass ihm die Ware ordnungsgemäß zugestellt wurde. Der **Verkäufer haftet für Verlust und Beschädigung der Ware bis zur Übergabe an den Kunden.**

  Bei firmeneigener Warenzustellung ergeben sich **folgende Vor- und Nachteile für den Verkäufer:**

Vorteile	Nachteile
– Kunden können schnell und flexibel beliefert werden – Fahrzeuge können für speziellen Bedarf ausgerüstet werden – Verbesserung des Firmenimages durch geschultes Personal (z. B. bei Aufstellung, Installation, Montage) – zusätzliche Werbewirkung durch Einsatz eigener, mit Firmenwerbung versehener Fahrzeuge	– erhöhte Handlungskosten für Kosten des Fuhrparks, Personal usw. – höheres Risiko durch Haftung für Verlust und Beschädigung der Ware bis zur Warenübergabe – bei Lieferung auf Lieferschein erhöhtes Forderungsausfallrisiko

- ◆ **Gewerblicher Güterkraftverkehr:** Wenn ein Unternehmen die Ware nicht selbst zustellen kann oder will, kann es dem Kunden die Ware durch die Dienste von Fuhrunternehmen des Güterverkehrs zukommen lassen. Der gewerbliche Güterkraftverkehr ist die geschäftsmäßige oder entgeltliche Beförderung von Gütern mit Kraftfahrzeugen ab einem Gesamtgewicht von 3,5 Tonnen. Er ist erlaubnispflichtig.

Die Erlaubnis wird von der jeweiligen Erlaubnisbehörde eines Bundeslandes für fünf Jahre erteilt.

– **Versandarten:** Im Güterkraftverkehr unterscheidet man:

Stückgut	Ladungsgut
Es handelt sich um in Kisten, Säcken, Paketen usw. verpackte Güter. Sie werden beim Güterkraftverkehrsunternehmen aufgegeben oder durch einen Frachtführer gegen zusätzliches Rollgeld abgeholt.	Beladung eines vorher bestellten Lkw oder von Containern mit einem Mindestfrachtberechnungsgewicht von 5 t.

– **Haftung:** Beim Güterverkehr haftet der Frachtführer nur bei Verschulden für den Schaden, der durch Verlust oder Beschädigung des Gutes in der Zeit von der Annahme bis zur Ablieferung entsteht.

– **Versandpapiere:** Bei den Versandpapieren sind Warenbegleit- und Warenwertpapiere zu unterscheiden. **Warenbegleitpapiere** dienen nur der Abwicklung der Güterbeförderung. Die Aushändigung dieses Papiers an einen Dritten verschafft diesem kein Eigentum an dem Transportgut. Als **Warenwertpapiere** bezeichnet man diejenigen Handelspapiere, die Rechte an Waren verbriefen. Durch die Übergabe dieser Papiere wird das Eigentum an der Ware übergeben, ohne dass die Waren bewegt und übergeben werden müssen. Wesentliche Versandpapiere sind der **Frachtbrief** und die **Ladeliste** (Warenbegleitpapiere).

◆ **Warenzustellung durch die Deutsche Bahn AG:** Die Deutsche Bahn AG (DB) nimmt alle Güter zur Beförderung an, wenn sie den Beförderungsbedingungen entsprechen und die Beförderung mit den regelmäßigen Beförderungsmitteln möglich ist.

◆ Der Versender schließt mit der DB einen **Frachtvertrag**, indem er einen **Frachtbrief** ausfüllt und der DB übergibt.

Der **Bahnfrachtbrief** (Warenbegleitpapier) besteht aus:

– Empfangsblatt (für den Bestimmungsbahnhof)
– Frachtbrief (für den Empfänger, begleitet die Sendung)
– Versandblatt (bleibt beim Versandbahnhof)
– Der Auftraggeber erhält eine Quittung des Auftrages als Fax (Auftragsquittung zu Auftrags-Nr.). Für nationale Schienentransporte gibt es keine beförderungsbegleitenden Transportdokumente mehr.

Am Versandbahnhof wird der Frachtvertrag dadurch abgeschlossen, dass auf dem Frachtbrief der Tagesstempel aufgedruckt wird. Der abgestempelte Frachtbrief ist ein Beweismittel für den Inhalt des Frachtvertrages. Der Frachtbrief ist aber kein Warenwertpapier.

Die DB bietet unterschiedliche Versandarten an. Sie können nach dem Umfang der Warensendung und nach der Schnelligkeit der Beförderung unterschieden werden.

◆ **Haftung der DB:**
  – **Die DB haftet** für Schäden
    • durch Verlust und Beschädigung der Güter
    • durch Überschreitung der Lieferfrist

Beispiel   Bahnfrachtbrief

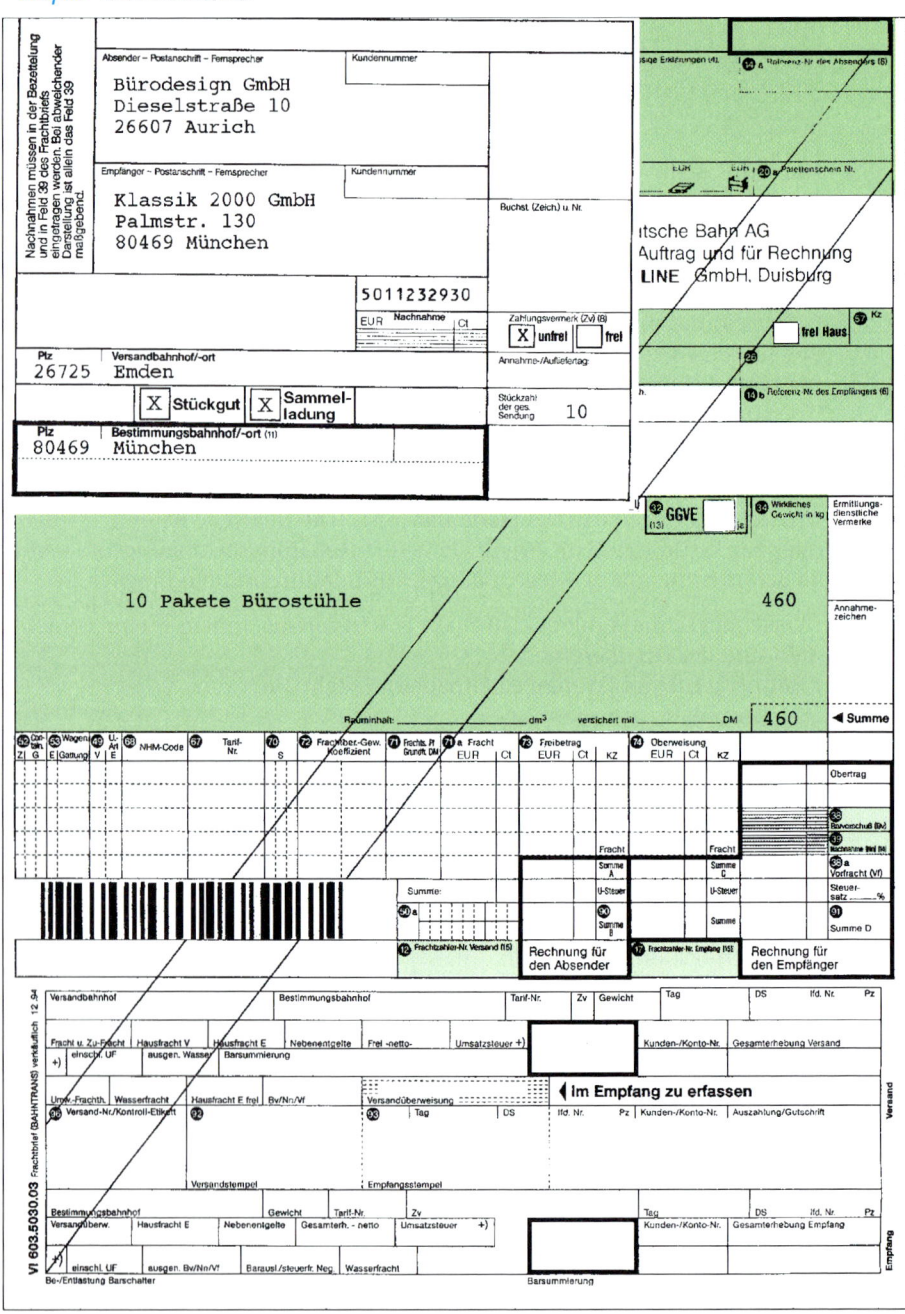

◆ **Die DB haftet nicht** bei
  – höherer Gewalt (Unwetter, Überschwemmungen, Schneeverwehungen)
  – Schäden, die sich aus der Beschaffenheit des Gutes ergeben (z. B. Schwund, Verderb usw.)
  – mangelhafter Verpackung
  – sonstigem Verschulden des Absenders (z. B. mangelhafte Verladung des Absenders)

Der Gütertransport durch die DB wird zum einen durch die **DB Logistics** für den Stückgutverkehr und die **DB CARGO** für den Wagenladungsverkehr durchgeführt.

Für den Stückgutverkehr mit der Deutschen Bahn AG, der teilweise mit der Bahn und mit Lkw durchgeführt wird, gibt es bei Anlieferung zwischen Montag und Freitag folgende Angebote:

Die DB Logistics ist heute in verschiedenen Geschäftsfeldern weltweit tätig:	Die CargoLine GmbH bietet folgende Produkte als Versandarten an:
– **Railion:** europaweiter Schienengüterverkehr für den Transport großer oder gebündelter Gütermengen auf langen Strecken im Einzelwagenverkehr, durch Ganzzüge oder im kombinierten Verkehr. – **Stinnes Freight Logistics:** verkehrsträgerübergreifende Logistik- und Servicelösungen durch Vertrieb und Organisation des europaweiten Transportes von Massengütern aus dem Bereich Montan, Chemie, Mineralöl, Düngemittel, Agrarprodukte, Konsumgüter, Baustoffe, Entsorgung – **Schenker:** Anbieter von integrierten Logistikdienstleistungen für Stückgut-, Teil- und Komplettladungsverkehre im Landverkehr (europaweit), Luft- und Seetransport (weltweit) – **BAX Global:** multimodale Logistikleistungen für Industriekunden weltweit und globales Supply Chain Management – **Kombinierter Verkehr mit Stinnes Intermodal:** europaweites Zugnetz im kombinierten Verkehr (KV) durch Vor- und Nachlauf mit Lkw (Transportkette)	– **NightLine:** Stückgut-Service in Deutschland mit 24 Stunden Regellaufzeit – **NightLine NextDay:** Garantierte Zustellung am nächsten Tag – **NightLinePlus:** Garantieverkehr mit Zustelloptionen (Zustellung nach Wahl 08:00, 10:00 oder 12:00 Uhr sowie zwischen 18:00 und 22:00 Uhr – **OrderLine:** zeit- und zielgenaue Anlieferung von europaweit bestellten Zulieferteilen und Rohstoffen – **ServiceLine:** CargoLine-Produkte mit Value-added Services wie Abtragen, Auspacken, Rücknahme der Verpackung und Aufstellen – **EuroLine:** (europäische Systemverkehre): europaweite Distribution durch Hub-, Gate- und Direktverkehre – **Warehouse & Logistics:** Lagern, Kommissionieren und Verteilen mit Value-added Services

● **Optimale Güterbeförderung**

Aus den verschiedenen Versandarten ist es oft schwierig, ein geeignetes Transportmittel auszuwählen. Hierzu bieten Transportunternehmen **ausgereifte, computerunterstützte Logistiklösungen** als Dienstleistung an. Sie stellen außerdem Kunden bzw. Logistikberater (Transportberater) zur Verfügung, die nach individuellen Lösungen suchen. Die optimale Auswahl der Güterbeförderung hängt von einer Reihe von **Kriterien** ab:

◆ **Art der Güter und deren Eigenschaften (Gewicht, Sperrigkeit, Verderb):**

  ◆ Im **Kleingüterverkehr bis 20 kg** bieten sich die Deutsche Post AG und private Paketdienste (bis 30 kg) an. Die Deutsche Post lehnt die Beförderung besonders sperriger Waren ab.

  ◆ Im **Stückgutverkehr bis 20 kg** stehen der gewerbliche Güterkraftverkehr, Flugzeug- und Schiffsunternehmen zur Verfügung.

- ◆ Für **Massengüter** eignen sich besonders die Deutsche Bahn AG und Schiffsunternehmen.

- ◆ **Leicht verderbliche Waren** sollten je nach Entfernung mit Flugzeugen oder dem gewerblichen Güterkraftverkehr transportiert werden.

◆ **Transportkosten:** Der Transport mit dem Flugzeug ist am teuersten, mit dem Schiff und der Bahn im Massengutverkehr am preisgünstigsten. Für kleine und leichte Warensendungen sind die Deutsche Post AG und private Paketdienste am preiswertesten.

◆ **Schnelligkeit der Beförderung:** Die schnellste Beförderung dürfte auf längeren Strecken der Transport mit dem Flugzeug sein. Der wesentliche Vorteil des gewerblichen Güterkraftverkehrs dürfte die große Beweglichkeit sein, da fast alle Orte und Städte problemlos erreicht werden können. Die langsamste Beförderung erfolgt mit Schiffen (Charterung oder Stückgut).

◆ **Verpackung und Sicherheit der Beförderung:** Die Transportgefahren für die Güter können durch den Einsatz verschiedener Behälter gemindert werden:

- ◆ **Collicobehälter:** zusammenklappbare Alubehälter
- ◆ **Kleincontainer:** bahneigene Lademittel mit einem Fassungsvermögen bis 3 m³
- ◆ **Mittel- und Großcontainer:** teils private und teils bahneigene Lademittel ab 4 m³

Ferner ermöglichen diese Transportbehälter einen **kombinierten Güterverkehr**, d.h. die Beförderung von Gütern mit verschiedenen Transportmitteln (Lkw, Bahn, Schiff, Flugzeug), ohne dass der Transportbehälter ausgeladen oder gewechselt werden muss. Die Deutsche Post bietet für wertvolle Warensendungen besondere Versendungsarten an. Flugzeuggesellschaften sind besonders für hochwertige, hochempfindliche und eilbedürftige Güter geeignet.

◆ **Haftungsumfang:** Frachtführer haften i.d.R. für die ordnungsgemäße Beförderung einer Warensendung. Allerdings ist die Haftung oft eingeschränkt.

Beispiel Die Deutsche Bahn AG haftet höchstens mit 8,33 Sonderziehungsrechten (SZR)[1] je kg Bruttogewicht, der Lkw-Fernverkehr ebenfalls mit höchstens 8,33 SZR je kg Bruttogewicht.

> HGB § 431 (4): „Die ... genannte Rechnungseinheit ist das **Sonderziehungsrecht des Internationalen Währungsfonds (IWS)**. Der Betrag wird in Euro entsprechend dem Wert des Euro gegenüber dem Sonderziehungsrecht am Tag der Übernahme oder an dem von den Parteien vereinbarten Tag umgerechnet. Der Wert des Euro gegenüber dem Sonderziehungsrecht wird nach der Berechnungsmethode ermittelt, die der Internationale Währungsfonds an dem betreffenden Tag für seine Operationen und Transaktionen anwendet.“

Durch den Abschluss einer Transportversicherung oder die Vereinbarung einer besonderen Versendungsart (Deutsche Post) kann ein Versender vollen Schadensersatz erlangen.

◆ **Umweltgesichtspunkte:** Aufgrund der zunehmenden Verkehrsdichte auf den Straßen und den damit verbundenen Umweltbelastungen entstehen durch Transporte des Güterkraftverkehrs verstärkt Probleme. Ähnliches trifft für den Transport mit Flugzeugen auf Kurzstrecken zu (zudem ergeben sich Einschränkungen durch das Nachtflugverbot an bestimmten Flughäfen).

---

[1] *1 SZR entspricht zurzeit 1,0634 EUR.*

Verkehrsträger und ihre Einsatzmöglichkeiten

- **Frachtführer** sind selbstständige Kaufleute, die die Beförderung von Gütern durchführen.
- **Spediteure** sind Kaufleute, die auf Rechnung des Versenders, aber in eigenem Namen, die Güterversendung durch Frachtführer vermitteln.
- **Lagerhalter** sind selbstständige Kaufleute, die gewerbsmäßig die Lagerung und Aufbewahrung von Gütern übernehmen.

Versandarten (Frachtführer)		
– Private Paketdienste	– Deutsche Bahn AG	– Flugzeuge
– Güterkraftverkehr	– Binnen- und Seeschiffe	– Deutsche Post AG

- Die **Deutsche Post AG** befördert alle Sendungen, die ihren Beförderungsbedingungen entsprechen.
- **Private Kurier-, Express- und Paketdienste** unterliegen keiner Beförderungspflicht. Entgelthöhe und Berechnung sind denen der Deutschen Post AG angeglichen.

Sendungsarten der Deutschen Post AG

Gewöhnliche Sendungen
- Warensendung
- Büchersendung
- Päckchen
- Paket
- ePaket

Besondere Sendungen

Sendung mit besonderer Sicherheit
- Einschreiben
- Wertangabe
- Nachnahme
- Rückschein
- Eigenhändig

Beschleunigte Sendungen
- Express-Brief
- Express-Paket
- OFFICEPAK
- Luftpost

- Die Warenzustellung kann auch durch Unternehmen des gewerblichen Güterkraftverkehrs erfolgen.

Versandarten

Stückgut — **Ladungsgut**

- Die **Deutsche Bahn AG** befördert alle Güter, wenn diese den Beförderungsbedingungen entsprechen.

Versandarten der Deutschen Bahn AG

Wagenladungsverkehr (DB Cargo AG) — **Teilladungen (DB Logistics)**

- Beim Güterversand mit **Schiffen** werden die Charterung und das Stückgut unterschieden.
- Der Güterversand mit **Flugzeugen** ist geeignet für eilige, empfindliche und wertvolle Ware.

1. Die Bürodesign GmbH sendet einem Kunden durch einen betriebseigenen Lkw 20 Kombinationsschreibtische „Modulo" zu.
   a) Auf welche Weise kann sich der Auslieferungsfahrer die ordnungsgemäße Anlieferung der Ware beim Kunden bestätigen lassen?
   b) Ein Schreibtisch wurde auf dem Transport zum Kunden beschädigt. Wer trägt den Schaden?
   c) Erläutern Sie, welche Möglichkeiten die Bürodesign GmbH zur Beförderung der Waren zum Kunden hätte, wenn aus innerbetrieblichen Gründen kein betriebseigener Lkw zur Verfügung stünde.

2. Unterscheiden Sie
   a) Frachtführer,   b) Spediteur,   c)   Lagerhalter.

3. Erläutern Sie anhand einer Übersicht die verschiedenen Versendungsarten von Waren der Deutschen Post AG.

4. Stellen Sie Vor- und Nachteile dar, die sich aus der firmeneigenen Zustellung von Waren für Unternehmen ergeben.

5. Welche Gesichtspunkte sollten bei der Auswahl eines Frachtführers berücksichtigt werden?

6. Erläutern Sie die Unterschiede der Sendungsarten, die die Deutsche Bahn AG anderen Unternehmen anbietet.

7. Erläutern Sie die Haftung
   a) der Deutschen Post AG,
   b) der Deutschen Bahn AG bei der Versendung von Waren.

8. Welches Warenbegleitpapier erhält ein Unternehmen bei Anlieferung einer Sendung an den Kunden durch den bahnamtlichen Spediteur?
   a) Lieferschein   c) Rechnungskopie
   b) Frachtbrief   d) Bestellungskopie

9. Welche Vorteile bieten sich für Unternehmen durch die Nutzung privater Paketdienste?

10. Beschaffen Sie sich je
    a) einen Versandschein für Post-Pakete und einen Einlieferungsschein der Deutschen Post AG,
    b) einen Frachtbrief der Deutschen Bahn AG,
    c) einen Frachtbrief des gewerblichen Güterfrachtverkehrs.
    Füllen Sie die Vordrucke nach folgenden Angaben aus. Waren nach eigener Wahl.
    Absender: Bürodesign GmbH, Dieselstraße 10, 26607 Aurich
    Empfänger: Bodo Lukas KG, Fachgeschäft für Büroeinrichtungen, Ohmstraße 16, 76229 Karlsruhe

11. Geben Sie für nachfolgende Waren und Nachrichten eine geeignete Versandart an.
    a) schriftliche Kündigung eines Arbeitnehmers
    b) eine Sendung Schrott 50 t, Entfernung 200 km
    c) Katalog 1 kg
    d) 10 Bürostühle, 400 kg, Entfernung 350 km
    e) 20 Goldmünzen, Gewicht 1 kg
    f) kleine, eilige Ersatzteile, Entfernung 600 km, Gewicht 4 kg
    g) 1 000 t Erze

Wiederholung: Absatzwirtschaft

Übungsaufgaben

1. Beschreiben Sie, wie sich die Bürodesign GmbH bei folgenden Marketingstrategien verhält:
   a) Strategie der Anpassung
   b) Strategie der Differenzierung
   c) Strategie der Marktdurchdringung
   d) Strategie der Markterschließung
   e) Strategie der Marktsegmentierung
   f) Kombination von Strategien

2. Die Bürodesign GmbH möchte den Bürostuhl „ergo-design-natur" auf den Markt bringen. Bisher gibt es noch keine nennenswerte Konkurrenz für dieses Produkt.
   a) Welche Marketingstrategie empfehlen Sie kurz- und langfristig? Begründen Sie Ihre Antwort.
   b) Welche Preispolitik empfehlen Sie? Berücksichtigen Sie Premium-, Promotion-, Skimming und Penetrationspolitik.

3. Unterscheiden Sie Marktanalyse, -beobachtung, -prognose und erläutern Sie, welche Maßnahmen ein Unternehmen für diese Teilaufgaben der Marktforschung durchführen kann.

4. Produktinnovation, -variation und -elimination stehen im Zusammenhang mit dem Lebenszyklus eines Produktes. Erläutern Sie diese Begriffe
   a) am Beispiel des Produktes „Schallplattenspieler",
   b) an einem selbst gewählten Beispiel.

5. Für einen Büroschrank liegen folgende Werte vor: variable Kosten je Stück 300,00 EUR, Verkaufserlös je Stück 650,00 EUR, fixe Kosten 360 000,00 EUR.
   a) Erstellen Sie eine Break-even-Point-Analyse rechnerisch und grafisch.
   b) Geben Sie an, welche Aussagen eine Break-even-Point-Analyse ermöglicht.

6. Erläutern Sie mit Beispielen, wie Zahlungs- und Lieferungskonditionen von der Bürodesign GmbH gestaltet werden können, damit sie für ihre Kunden einen Kaufanreiz darstellen.

7. a) Erstellen Sie eine Tabelle, in der Sie die verschiedenen Distributionswege für ein Industrieunternehmen aufführen.
   b) Führen Sie zu jedem Distributionsweg die Kosten auf, die für das Unternehmen anfallen.
   c) Betrachten Sie das Sortiment der Bürodesign GmbH und geben Sie begründete Entscheidungen für die drei Sortimentsgruppen an, welcher Distributionsweg besonders geeignet ist.

8. „Ohne Werbung würden die meisten Produkte für die Verbraucher preiswerter zu erwerben sein, Werbung verteuert die Waren nur sinnlos!" Nehmen Sie kritisch Stellung zu dieser Aussage.

9. Bilden Sie Beispiele für Werbung, die
   a) gegen gesetzliche Vorschriften verstößt,
   b) gegen den „guten Geschmack" verstößt oder ethisch-moralische Grenzen überschreitet.

10. Verkaufs- und Händlerpromotion sind Maßnahmen, die für einen Industriebetrieb mit erheblichen Kosten verbunden sind.
    a) Erstellen Sie einen Katalog dieser Maßnahmen.
    b) Welchen Erfolg erwartet ein Unternehmen von den Aktivitäten der Salespromotion?
    c) Nennen Sie Promotion-Maßnahmen Ihres Ausbildungsbetriebes.

11. Der Erfolg von Öffentlichkeitsarbeit ist nur schwer messbar. Führen Sie Gründe an, weshalb Unternehmen trotzdem Public Relations-Arbeit betreiben.

Prüfungsaufgaben

1. Welche der folgen Sachverhalte bilden einen Verstoß gegen das Gesetz gegen den unlauteren Wettbewerb?
    1) Ein Warenhaus veranstaltet ein Kinderfest und verschenkt dabei Luftballons.
    2) Ein Büromöbelgroßhändler kopiert das Geschäftssymbol eines bekannten Herstellers auf sein Geschäftspapier.
    3) Der Einkäufer einer Supermarktkette erhält von einer Wurstfabrik einen Geschenkgutschein über 25 Meter Dauerwurst.
    4) Ein Ausbilder beauftragt seinen Auszubildenden, in der Berufsschule seine Klassenkameraden über die Preiskalkulation der Konkurrenz zu befragen.
    5) Ein Großhändler gewährt allen Kunden 2,5 % Rabatt bei Zahlung innerhalb von 25 Tagen nach Rechnungseingang.

2. Welche der folgenden Gesetze gehören zum gewerblichen Rechtsschutz?
    1) Patentgesetz
    2) Kartellgesetz
    3) Geräte- und Produktsicherheitsgesetz
    4) Umsatzsteuergesetz
    5) Gewerbesteuergesetz
    6) Gebrauchsmustergesetz

3. Was vesteht man unter Marktanalyse?
    1) Die methodische Untersuchung der fortlaufenden Marktentwicklung.
    2) Die methodische Untersuchung der Marktverhältnisse zu einem bestimmten Zeitpunkt.
    3) Die methodische Untersuchung der Marktverhältnisse zurückliegender Zeiträume.
    4) Die permanente Untersuchung der Marktverhältnisse.
    5. Die langfristige Vorhersage einer zu erwartenden Marktsituation.

4. Ein Produkt soll auf dem direkten Absatzweg vertrieben werden. Welcher Sachverhalt beschreibt diese Art des Verkaufs?
    1) Erzeuger – Einzelhandel – Endverbraucher
    2) Erzeuger – Großhandel – Endverbraucher
    3) Erzeuger – Reisender – Endverbraucher
    4) Erzeuger – Handelsvertreter – Großhandel – Endverbraucher
    5) Erzeuger – Kommissionär – Endverbraucher

5. Ein Unternehmen untersucht während eines Jahres fortlaufend den Markt für eine Produkt. Wie lautet der Fachausdruck für diese Untersuchung?
    1) Markterkundung
    2) Marktanalyse
    3) Marktbeobachtung
    4) Marketing
    5) Konkurrenzbeobachtung
    6) Marktprognose

6. Welche der folgenden Marketingaktivitäten gehören nicht zu einem Werbeplan?
    1) Festlegung des Verkaufspreises
    2) Bestimmung der Zielgruppe
    3) Festlegung des Streukreises
    4) Produktvariation und -elimination
    5) Entscheidungen über Werbeträger und -mittel

7. Ordnen Sie die folgenden Entscheidungen den einzelnen marketingpolitischen Instrumenten zu.
    a) Festlegung der Verkaufspreise
    b) Festlegung von Lieferbedingungen
    e) Auswahl von Werbemitteln und -trägern
    c) Sortimentsgestaltung
    d) Festlegung der Absatzwege

    1) Kommunikationspolitik
    2) Distributionspolitik
    3) Preispolitik
    4) Produkt- und Sortimentspolitik
    5) Konditionenpolitik

8. Bei einer Güterbeförderung mit der Deutschen Bahn AG ist ein Teil der Sendung verloren gegangen, ein anderer Teil wurde erheblich beschädigt. In welchem Umfang haftet die Deutsche Bahn AG bei der Güterbeförderung? Sie haftet …
   1) nur bei Beschädigung der Sendung
   2) nur, wenn eine Zusatzversicherung abgeschlossen wurde
   3) nur bei Verlust von Waren
   4) für Schäden, die durch Verlust oder Beschädigung entstehen
   5) auch bei höherer Gewalt

9. Bei welchem Beispiel handelt es sich um Sammelwerbung?
   1) Ein Kaufmann lässt an alle Haushaltungen einen Werbebrief verteilen.
   2) An der Bushaltestelle werden Plakate angebracht mit der Aufschrift: „Fahr mit der Bahn".
   3) Im Werbefernsehen wird ein Spot eingeblendet mit dem Text: „Aus deutschen Landen frisch auf den Tisch".
   4) Als Anzeige werden in der Tageszeitung die Namen aller am Bau eines Einkaufszentrums beteiligten Unternehmen genannt.
   5) Auf einer Messe werden kostenlos Kosmetikbehandlungen mit Produkten eines Herstellers angeboten.

10. Welche Aufgaben hat ein Spediteur nach dem HGB? Der Spediteur …
    1) übernimmt gewerbsmäßig die Einlagerung und Aufbewahrung von Waren für andere.
    2) lässt gewerbsmäßig Güter im eigenen Namen und für fremde Rechnung durch Frachtführer versenden.
    3) versendet gewerbsmäßig Güter im eigenen Namen und für eigene Rechnung.
    4) versendet gewerbsmäßig Güter im fremden Namen und für fremde Rechnung.
    5) lässt gewerbsmäßig Güter im fremden Namen und für eigene Rechnung durch Frachtführer versenden.

11. Erläutern Sie die nachfolgende Abbildung:

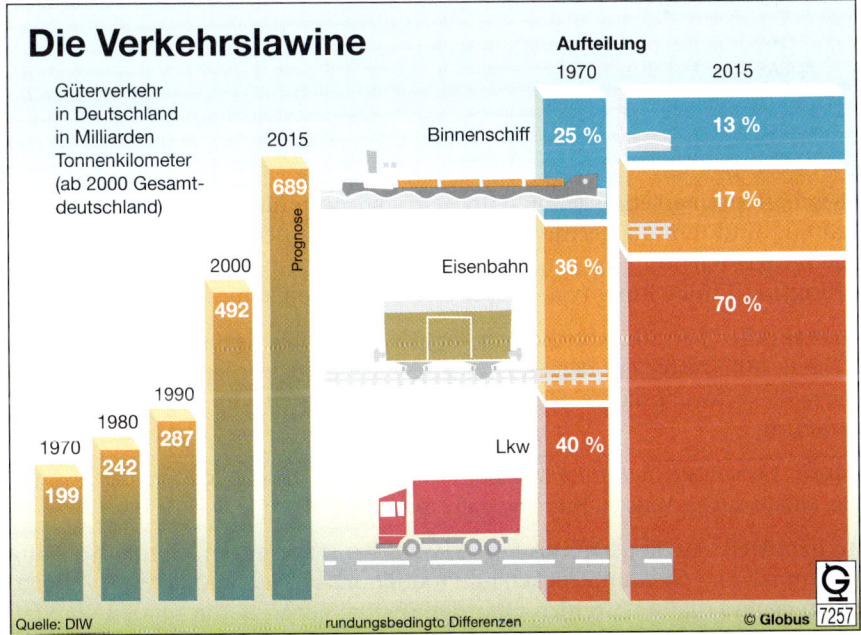

6 Beschaffungswesen

6.1 Bedeutung der Beschaffung für den betrieblichen Leistungsprozess

6.1.1 Güterbeschaffungsmarketing (Beschaffungsobjekte, Beschaffungsmarktforschung)

Auf einer Besprechung sagt Herr Stein: „Für unseren neuen Bürostuhl „ergo-design-natur" dürfen wir nur ausgesuchte Materialien verwenden. Es dürfen keine umweltschädlichen Stoffe vorkommen, sonst wirkt unsere Werbung unglaubwürdig. Herr Kaya, besorgen Sie doch bitte eine Aufstellung geeigneter Lieferer. Stellen Sie fest, was das ganze Material kostet, ich muss wissen, wie hoch die Kosten für unseren neuen „ergo-design-natur" sind!" Herr Kaya überlegt kurz und antwortet dann: „Herr Stein, eine geeignete Liefererliste kann ich innerhalb von 30 Minuten besorgen, ich brauche bloß über meinen Computer eine Marktrecherche zu starten. Nur wird uns das nicht viel nutzen, zuerst brauche ich von der Produktion möglichst genaue Stücklisten mit exakten Beschreibungen des benötigten Materials und dann brauche ich mindestens eine Woche Zeit, um alle Daten auszuwerten. Selbst dann sind die genauen Kosten noch nicht feststellbar, denn wir wissen ja nicht, ob einige Werkstücke nicht sogar günstiger von uns selbst hergestellt werden können." „Ich brauche die Zahlen aber sofort! Wir müssen endlich den Verkaufspreis für unser neues Produkt festlegen, damit wir unsere Gewinnplanung durchführen können!", entgegnet Herr Stein. Herr Kaya lächelt: „Das kenne ich, aber sauberes Beschaffungsmarketing braucht seine Zeit und wir wollen doch nichts über's Knie brechen. Sie wissen doch selbst, was eine alte Kaufmannsweisheit sagt: Im Einkauf liegt der halbe Gewinn!"

Arbeitsauftrag
◆ Erläutern Sie, was Herr Kaya mit seiner letzten Aussage meint.

● Beschaffungsobjekte

SWL Zum Beschaffungsmarketing gehören im weitesten Sinne alle Tätigkeiten, die sich auf die **Beschaffung** und termingerechte Bereitstellung der betrieblichen Produktionsfaktoren beziehen. Hierzu gehört eine genaue Kenntnis der einzelnen Teilmärkte, die durch **Beschaffungsmarktforschung** (vgl. S. 125) erreicht werden kann.

◆ **Arbeitskräfte:** Für alle Abteilungen des Unternehmens müssen entsprechend ausgebildete Mitarbeiter auf dem Arbeitsmarkt beschafft werden. Hierzu gehören auch geeignete Nachwuchskräfte. Diese Maßnahmen gehören zum **Personalbeschaffungsmarketing**.

Beispiele Facharbeiter für die Produktion, Fach- und Hilfskräfte für die kaufmännische Verwaltung. Mitarbeiter im Verkauf, Führungskräfte usw.

◆ **Finanzmittel:** Zur Beschaffung von Maschinen, Fahrzeugen, Büroausstattung usw. sowie zum Kauf von Grundstücken für Produktions-, Lager- und Verwaltungsgebäuden und zu deren Erhaltung werden finanzielle Mittel benötigt, die auf dem Kapitalmarkt beschafft werden müssen. Hiermit beschäftigt sich das **Finanzmittelbeschaffungs-marketing**.

Beispiele Kredite, Darlehen, Hypotheken.

◆ **Dienstleistungen:** Jedes Unternehmen benötigt Dienstleistungen anderer Unternehmen, um seine Ziele zu erreichen. Das **Dienstleistungsbeschaffungsmarketing** dient einer optimalen Versorgung mit Dienstleistungen.

Beispiele Versicherungen, Transportleistungen (Spediteure), Steuerberatung (Steuerberater, Wirtschaftsprüfer), Rechtsberatung (Rechtsanwälte, Notare), Gebäudereinigung, Beratung bei Werbemaßnahmen (Werbeagenturen), Geldanlage (Banken), Unternehmensberater usw.

◆ **Betriebsmittel:** Betriebsmittel werden zur Produktion von Erzeugnissen benötigt. Ihre Beschaffung ist Aufgabe des **Güterbeschaffungsmarketings**.

◄ REWE

  ◆ **Maschinen:** Maschinen und maschinelle Anlagen sind die Basis eines jeden Industriebetriebes. Ohne sie ist das Sachziel des Betriebes (Herstellung von Gütern) nicht erfüllbar. Hierzu gehören auch Computeranlagen, die zur Produktionsvorbereitung und -steuerung sowie für die Abwicklung von kaufmännischen Arbeiten (Rechnungswesen, Lohn- und Gehaltsabrechnung) benötigt werden.

  Beispiele Universal- und Spezialmaschinen, Werkzeuge, Computersysteme (PC, Monitore, Drucker).

  ◆ **Fuhrpark:** Der Fuhrpark eines Betriebes umfasst alle Fahrzeuge für den Personen- und Güterverkehr.

  Beispiele Lkw, Pkw, Gabelstapler und Hubwagen für den innerbetrieblichen Transport.

  ◆ **Werkstoffe:** Werkstoffe gehen in das produzierte Erzeugnis ein. Sie werden be- oder verarbeitet.

  Beispiele Für die Herstellung eines Bürotisches werden benötigt: **Rohstoffe** (Holz, Stahlrohre), **Hilfsstoffe** (Schrauben, Nägel, Leim, Lacke), **Betriebsstoffe** (Schmieröl, Energie).

  ◆ **Fertigteile:** Fertigteile werden ebenfalls Bestandteil eines Erzeugnisses, sie werden jedoch unverändert eingebaut bzw. montiert.

  Beispiele Schlösser für Schreibtische, Scharniere für Türen, Rollen für Stühle.

◆ **Handelswaren:** Handelswaren sind für Industriebetriebe Güter, die unverändert weiterveräußert werden und nicht Bestandteile von selbst produzierten Erzeugnissen sind.

Beispiele Ein Büromöbelhersteller vertreibt neben seinen selbst produzierten Möbeln zusätzlich Schreibtischauflagen, Schreibtischlampen, Kalender, Kugelschreiber usw. Diese Artikel sind für das Unternehmen Handelswaren.

◆ **Informationen:** Aktuelle und schnell verfügbare Informationen sind für Unternehmen ein wichtiger **Wettbewerbsfaktor**. Sie sind Basis für alle Entscheidungen in einem Unternehmen. Informationen, die nicht intern vorliegen, z. B. durch Aufzeichnungen des Rechnungswesens, müssen kostengünstig und kurzfristig beschaffbar sein, um auf Veränderungen der Marktsituationen rechtzeitig reagieren zu können. Das **Informationsbeschaffungsmarketing** nimmt deshalb in Unternehmen eine zunehmend wichtige Stellung ein.

● **Güterbeschaffung**

Das Beschaffungsmarketing im engeren Sinne bezieht sich auf die **Güterbeschaffung**. Sie ist meist in einer Abteilung (z. B. Beschaffung, Einkauf) zusammengefasst, die nach **Beschaffungsobjekten** in Arbeitsgruppen untergliedert ist. Der Vorteil besteht darin, dass die Mitarbeiter sich in den einzelnen Arbeitsgruppen auf bestimmte Beschaffungsobjekte spezialisieren können. Sie haben einerseits fundierte Kenntnisse in ihrem Materialbereich und andererseits spezialisierte Marktkenntnisse.

Grundlage des Güterbeschaffungsmarketings ist der **Absatzplan** eines Unternehmens. Hierin wird festgelegt, wie viel und welche Produkte in den Planperioden (Monat, Quartal, Jahr) herzustellen sind. Er basiert auf den Entscheidungen des Absatzmarketings.

Beispiel Absatzplan für das 2. Quartal der Bürodesign GmbH, Produktgruppe: Arbeiten am Schreibtisch

Produkt	Geplanter Absatz in Stück	Auf Lager (Stück)	Zu produzieren (Stück)
Schreibtisch „Chef 2000" Schreibtisch „Stardesign" usw.	250 350	20 50	230 300

Aus dem Absatzplan lässt sich ableiten, welche Güter (Art und Menge) beschafft werden müssen, um das Absatzziel zu erreichen. Für jedes Produkt ist aus der **Stückliste** zu entnehmen, aus welchen Einzelteilen es besteht. Die hierzu erforderlichen Roh-, Hilfs-, Betriebsstoffe und Fertigteile sind in einem **Beschaffungsplan** zu erfassen.

Beispiel Wenn im 2. Quartal 300 Schreibtische des Modells „Stardesign" zu produzieren sind, müssen hierzu die erforderlichen Roh-, Hilfs- und Betriebsstoffe rechtzeitig beschafft werden.

Beschaffungsplan für das 2. Quartal, Produkt: Schreibtisch „Stardesign"

Beschaffungsgut	für 1 Produkt	für 300 Produkte
Stahlrohr Tischlerplatte Furnier Schrauben gemäß Stückliste usw.	3,20 m etwa 1,8 m² etwa 1,8 m² 36 Stück	960 m 540 m² 540 m² 10 800 Stück

Aus den Beschaffungsplänen für einzelne Produkte bzw. Produktgruppen ist der gesamte Bedarf an Gütern abzuleiten, der für die jeweilige Planungsperiode entsteht. Die Beschaffungspläne sind Grundlage für die **Finanzbedarfspläne**. Hierin wird festgelegt, welcher Finanzmittelbedarf für die Planungsperiode entsteht. So wird sichergestellt, dass zum Beschaffungstermin die erforderlichen Mittel zur Bezahlung bereitstehen.

Um die betrieblichen Ziele zu erreichen und **wirtschaftlich vertretbare und absatzorientierte** Beschaffungsentscheidungen zu treffen, sind folgende Fragen zu klären:

Fragen	Entscheidungskriterien
– Welche Güter sind zu beschaffen?	Hierbei sind Qualität, Ausführung, Größe, Farbe usw. eines Produktes zu berücksichtigen.
– Welche Menge soll von jedem Gut beschafft werden?	Hierzu muss der geplante Absatz bekannt sein. Die verfügbare Lagerkapazität muss berücksichtigt werden. Es wird auch geklärt, wie oft (nach-)bestellt werden soll (Bestellrhythmus).

Fragen	Entscheidungskriterien
– Wann sollen die zu beschaffenden Güter zur Verfügung stehen?	Entscheidend ist, wann die Güter in der Produktion benötigt werden. Hiervon hängt ab, wann bestellt wird. Zu beachten sind die Lagerfähigkeit der Güter, die Liefer- und Transportzeiten sowie Preisentwicklungen auf dem Beschaffungsmarkt.
– Zu welchen Konditionen soll (kann) beschafft werden?	Hier sind die Liefer- und Zahlungsbedingungen zu prüfen und zu vergleichen.
– Zu welchem Preis soll (kann) beschafft werden?	Nicht immer ist der Lieferer mit dem niedrigsten Preis auch der günstigste. Alle übrigen Gesichtspunkte (Konditionen, Zuverlässigkeit, Liefertermin, ökologische Gesichtspunkte usw.) müssen in die Entscheidung einbezogen werden.
– Bei welchem Lieferer soll beschafft werden?	Hier sind u. a. Preise, Konditionen und Image der Lieferer zu vergleichen.

● Beschaffungsmarktforschung

Alle Entscheidungen des Güterbeschaffungsmarketings stützen sich auf Informationen, die im Rahmen der **Beschaffungsmarktforschung** gewonnen werden müssen. Hierbei werden Daten des Beschaffungsmarktes erhoben und ausgewertet.

Beispiele Erfassen von Preisentwicklungen bei verschiedenen Roh- und Hilfsstoffen, Beobachtung des Marktes, um Produktneuheiten zu erkennen, Erfassen und Bewerten des Marktverhaltens von Lieferern.

Wie im Rahmen der Absatzmarktforschung werden **interne und externe Informationsquellen** genutzt.

◆ **Interne Quellen:** Informationen über eigene Lieferer werden meist computergestützt gesammelt und ausgewertet. In einer **Liefererdatei** bzw. **Angebotsdatei** werden Name, Anschrift, Liefersortiment, Preise und Konditionen von Lieferern und die Einhaltung ökologischer Vorgaben erfasst. Diese Bezugsquelleninformationen können bei Bedarf zur Entscheidungsfindung herangezogen werden.

SWL

Beispiel Bei der Bürodesign GmbH ist der Stammlieferer für Schleifpapier ausgefallen. Kurzfristig muss bei einem anderen Lieferer bestellt werden, damit die Produktion und der Verkauf nicht verzögert werden. Frau Schorn, Gruppenleiterin für Zubehörbeschaffung, tippt in ihr Computer-Terminal das Suchwort „Schleifpapier" ein und erhält auf ihrem Monitor eine Aufstellung aller entsprechenden Lieferer. Per Telefon, E-Mail oder Fax kann sie nun kurzfristig anfragen, ob und zu welchen Bedingungen geliefert werden kann.

◆ **Externe Quellen:** Sie müssen genutzt werden, wenn der Informationsbedarf nicht durch interne Quellen gedeckt werden kann, z. B. bei der Suche nach Bezugsquellen für Produkte, die bisher noch nicht im Produktionsprozess benötigt wurden.

Beispiele
- Auswerten von Anzeigen in Fachzeitschriften
- Besuch von Messen und Ausstellungen
- Informationen von Banken, Geschäftsfreunden, Fachverbänden, Industrie- und Handelskammern
- Gespräche mit Handelsvertretern oder Reisenden
- Branchenadressbücher, Messekataloge
- ABC der Deutschen Wirtschaft
- Gelbe Seiten der Telekom
- Online-Datenbanken im Internet

Eine besondere Stellung bei externen Informationsquellen nehmen **Datenbanken** ein. Zunehmend lösen sie herkömmliche Printmedien wie Adressbücher ab. Ein Interessent für bestimmte Lieferer oder Produkte kann am eigenen Computer mit Datenleitungen (Telefon) auf diese Datensammlungen direkt zugreifen **(Online-Recherche)**. Er kann diese Datenrecherche aber auch bei Banken oder speziellen Datenbankbetreibern (Informationsbroker) gegen Honorar in Auftrag geben **(Offline-Recherche)**. Alle Informationsquellen müssen sorgfältig ausgewertet werden. Sind Bezugsquellen bekannt, können gezielt Angebote (vgl. S. 195), Warenproben, Muster usw. angefordert werden.

Güterbeschaffungsmarketing (Beschaffungsobjekte, Beschaffungsmarktforschung)

- **Beschaffungsmarketing** im weitereren Sinne umfasst die Versorgung eines Betriebes mit allen erforderlichen **Gütern und Dienstleistungen**.
  - Arbeitskräfte — Betriebsmittel
  - Finanzmittel — Informationen
  - Dienstleistungen
- Beschaffungsmarketing im engeren Sinne umfasst die Güterbeschaffung. Sie bezieht sich auf die **Beschaffungsobjekte** Betriebsmittel.
  - Maschinen — Fuhrpark
  - Werkstoffe (Roh-, Hilfs- und Betriebs- — Fertigteile
    stoffe) und Handelswaren
- **Grundlage** des Beschaffungsmarketings ist der **Absatzplan**. Hieraus ergibt sich der Bedarf an Gütern.
- Bei der Beschaffung sind folgende Entscheidungen zu fällen:
  - **Art und Bezeichnung der** — **Menge**
    Beschaffungsobjekte — **Liefer- und Zahlungs-**
  - **Bestellzeitpunkt** **konditionen**
  - **Beschaffungspreis** — **Lieferquelle**
- Die Beschaffungsmarktforschung bedient sich **interner** (Liefer-, Angebotsdatei) und **externer Informationsquellen** (Fachzeitschriften, Messen, Datenbanken).

---

1. Sie möchten sich eine neue HiFi-Anlage kaufen. Das Geld (1 500,00 EUR) hierfür haben Sie im Lotto gewonnen. Führen Sie eine Beschaffungsmarktforschung für dieses Produkt durch. Arbeiten Sie in Ihrer Klasse in Gruppen.
   a) Erstellen Sie eine Liste aller Bezugsquellen, z. B. Fachgeschäfte, Warenhäuser, Versandhandel, Gebrauchtwarenmarkt usw.
   b) Erfassen Sie die Preise aller Lieferer für ein bestimmtes Gerät.
   c) Erfassen Sie die Liefer-, Zahlungs- und Garantiekonditionen aller Lieferer.
   d) Entscheiden Sie sich für einen Lieferer und begründen Sie Ihre Entscheidung.
   e) Präsentieren Sie Ihre Gruppenarbeitsergebnisse.

2. a) Die Bürodesign GmbH möchte für ihre Produkte nur noch schadstofffreie bzw. -arme Lacke verwenden. Welche Möglichkeiten gibt es für den Sachbearbeiter in der Beschaffungsabteilung, die Anzahl und die Anschriften der Anbieter für diese Materialien herauszufinden? Bedenken Sie, dass nur eine möglichst vollständige Marktübersicht sinnvoll ist und dass die Informationen so schnell wie möglich bereitstehen sollen.
   b) Nehmen Sie an, dass es für die gesuchten Lacke 120 Anbieter gibt. Beschreiben Sie, wie Sie möglichst schnell die Informationen über Preise, Liefer- und Zahlungsbedingungen, Qualitäten, Farbmuster usw. der Anbieter erhalten können.

3. Erläutern Sie, weshalb der Absatzplan eines Unternehmens Grundlage des Beschaffungsmarketings ist.

4. Ein Unternehmen möchte seine Entscheidungsbasis für das Beschaffungsmarketing verbessern und eine Liefer- und Angebotsdatei aufbauen. Erstellen Sie hierzu eine Liste aller
benötigten Datenfelder.

5. Beschreiben Sie die Vorzüge von externen Datenbanken bei der Beschaffungsmarktforschung.

6.1.2 Bedarfsermittlung nach Menge und Zeit

Herr Miebach, der Gruppenleiter für die Beschaffung von Metallprodukten, grübelt
schon seit Tagen über einem Problem. Pro Tag unterschreibt er durchschnittlich 25
Bestellungen. Bei jeder Bestellung muss er kostbare Zeit opfern, um die Bestellmengen und Preise zu kontrollieren. Für jede Prüfung braucht er etwa drei Minuten.
Seine Sachbearbeiterin, Frau Michels, arbeitet zwar sehr sorgfältig, doch er weiß:
„Kontrolle ist besser! Ich kann aber auf Dauer nicht jeden Tag 75 Minuten nur mit
der Bestellprüfung zubringen!" Frau Michels kennt sein Problem, sie schlägt ihrem
Chef vor: „Herr Miebach, fast jede Woche bestellen wir Kleinteile, wie Schrauben
und Nägel, wir könnten doch einfach mal den Bedarf für ein halbes Jahr bestellen und auf Lager nehmen, dann hätte auch ich mehr Zeit für wichtigere Dinge
und Sie brauchen nicht mehr so viele Bestellungen zu unterschreiben. Wenn wir
konsequent sind, dann bestellen wir doch gleich unseren gesamten Jahresbedarf
auf einmal. Wir müssten dann höchstens noch 200 Bestellungen pro Jahr bearbeiten. Unsere ganze Arbeit hätten wir in einer Woche erledigt, den Rest des Jahres
fahren wir zusammen auf Messen und Ausstellungen, am liebsten im Ausland."
Herr Miebach antwortet ein wenig ruppig. Der Gedanke, mit Frau Michels auf
Geschäftsreise zu gehen, behagt ihm überhaupt nicht: „Das geht nicht, da spielen
die vom Lager nicht mit! Außerdem würden dadurch die Gesamtkosten enorm
steigen." Frau Michels versteht das nicht, sie denkt sich: „Ich mache Vorschläge zur
Kostensenkung und er muffelt mich an, er gönnt mir wohl keine Geschäftsreise!
Außerdem, wieso sollen durch weniger Bestellungen die Kosten steigen?"

Arbeitsauftrag

◆ Stellen Sie fest, welche Lager- und Beschaffungskosten in einem Industriebetrieb entstehen,
und erläutern Sie, in welchem Zusammenhang diese Kosten zueinander stehen.

Bei jeder Bestellung muss entschieden werden, wie viel und wie oft bestellt werden soll.
Je **größer die Bestellmengen** sind, desto mehr Kapital wird gebunden und desto höhere
Lagerkosten werden verursacht. Andererseits ermöglichen große Bestellungen das Aus-
nutzen von Preis- und Kostenvorteilen.

Beispiele
- Bei größeren Bestellmengen sind oft Mengenrabatte zu erhalten.
- Größere Bestellmengen verringern Transportkosten, da nicht so häufig angeliefert werden muss
  (ökologischer Aspekt).

Kleinere Bestellmengen binden wenig Kapital und führen zu niedrigen Lagerkosten. Sie
verursachen aber höhere Beschaffungskosten.

● Beschaffungskosten, Lagerkosten

Unter Bestellkosten oder Beschaffungskosten werden alle **Sach- und Personalkosten** verstanden, die durch eine Bestellung oder Beschaffung von Gütern verursacht werden. Hierzu zählen Kosten für Anfragen, Angebotsvergleiche, Vertragsverhandlungen usw. Diese Kosten können nicht immer einem einzelnen Produkt zugerechnet werden. Hier sind Erfahrungs- und Schätzwerte die Basis.

Beispiel Bei der Vereinigten Spanplatten AG, einem Zulieferer der Bürodesign GmbH, sind zwei Einkäufer beschäftigt. Sie bearbeiten in einem Jahr 3 000 Bestellungen. Die beiden Mitarbeiter verursachen jährlich 70 000,00 EUR Personalkosten. An Sachkosten (Büromiete, -material usw.) entstehen weitere 6 000,00 EUR. Die 3 000 Bestellungen kosten daher in einem Jahr 76 000,00 EUR. Somit verursacht eine Bestellung durchschnittlliche Kosten von etwa 25,00 EUR.

Diese Berechnung ist sehr grob und kann das Prinzip der **Kostenermittlung für Bestellungen** nur oberflächlich erklären, denn der Arbeitsaufwand bei der Warenprüfung im Lager und in der Produktion muss ebenfalls berücksichtigt werden. Ferner entstehen im Rechnungswesen bei jeder Bestellung Arbeiten (Buchung der Verbindlichkeiten, Veranlassen der Bezahlung usw.), die ebenfalls Kosten verursachen, jedoch nicht von dem Bestellwert abhängig sind **(bestellfixe Kosten)**.

Beispiel Das Schreiben einer Bestellung, die Buchung einer Verbindlichkeit, die Überweisung des Rechnungsbetrages an den Lieferer kosten im Durchschnitt immer gleich viel, egal ob eine Bestellung über 15 000,00 EUR oder 1,50 EUR ausgeführt wird.

● Optimale Bestellmenge (Mengendisposition)

Beschaffungskosten und Lagerkosten entwickeln sich gegenläufig. Je häufiger nachbestellt wird, desto geringer sind der Lagerbestand und die Lagerkosten. Je seltener nachbestellt wird, desto geringer sind die Beschaffungskosten. Die Bestellmenge, bei der die Summe beider Kostenarten (Beschaffungskosten und Lagerkosten) am geringsten ist (Minimum der Kosten), heißt **optimale Bestellmenge**. Hieraus lässt sich die **optimale Bestellhäufigkeit** ableiten.

Beispiel Bei der Bürodesign GmbH werden in der Produktion pro Jahr etwa 120 000 Messing-Scharniere verbraucht. Je Scharnier entstehen an Lagerkosten etwa 0,04 EUR. Jede Bestellung verursacht 75,00 EUR Kosten. Die Einkäuferin, Frau Michels, könnte einerseits den gesamten Jahresbedarf auf einmal bestellen und auf Lager nehmen. Sie könnte auch kleinere Mengen bestellen (im Extremfall täglich). Um die Summe beider Kosten bei unterschiedlichen Bestellhäufigkeiten zu bestimmen, erstellt sie eine Tabelle. Sie berechnet für jede Anzahl von Bestellungen die Bestellkosten, die Lagerkosten und die Summe der Kosten. Bei den durchschnittlichen Lagerkosten berücksichtigt sie, dass durchschnittlich nur die Hälfte der Bestellmenge auf Lager liegt. Um Zeit zu sparen, bedient sie sich der Hilfe eines Computers und einer Tabellenkalkulationssoftware.

Optimale Bestellmenge und -häufigkeit

Kosten für eine Bestellung in EUR: 75,00   Jahresbedarf in Stück: 120 000
Lagerkosten je Stück in EUR: 0,04

Anzahl der Bestellungen	Bestellmenge in Stück	Ø Lagerbestand in Stück	Ø Lagerkosten in EUR	Bestellkosten in EUR	Gesamtkosten in EUR
1	120 000	60 000	2 400,00	75,00	2 475,00
2	60 000	30 000	1 200,00	150,00	1 350,00
3	40 000	20 000	800,00	225,00	1 025,00
4	20 000	15 000	600,00	300,00	900,00
5	24 000	12 000	480,00	375,00	855,00
6	20 000	10 000	400,00	450,00	850,00
7	17 143	8 572	342,86	525,00	867,86
8	15 000	7 500	300,00	600,00	900,00
9	13 333	6 667	266,67	675,00	941,67
10	12 000	6 000	240,00	750,00	990,00
11	10 909	5 455	218,18	825,00	1 043,18
12	10 000	5 000	200,00	900,00	1 100,00

Optimale Bestellmenge

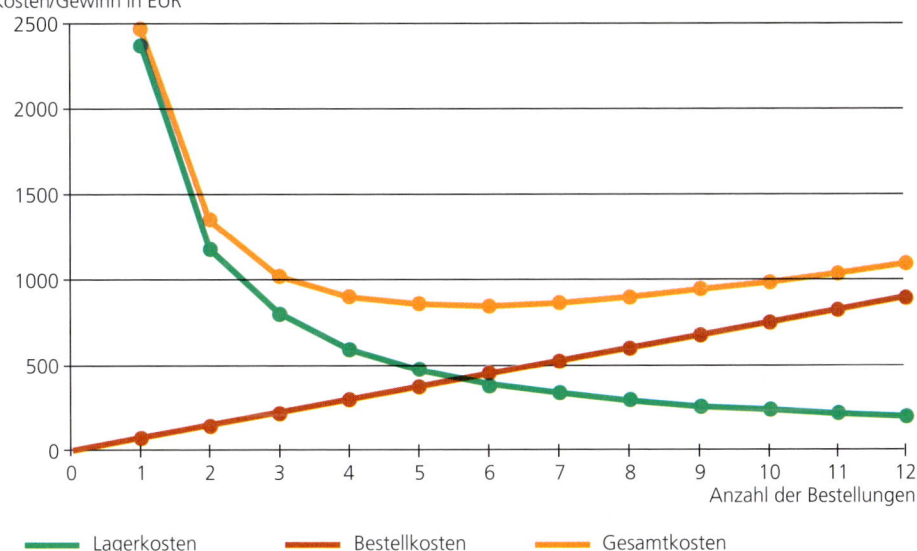

Das Minimum der Gesamtkosten ergibt sich bei sechs Bestellungen pro Jahr, d. h., Frau Michels sollte alle zwei Monate 20 000 Scharniere bestellen.

In der Praxis kann die optimale Bestellmenge aus folgenden Gründen häufig nicht verwirklicht werden:

◆ Der Lieferer schreibt Mindestabgabemengen vor.

    Beispiel   Schlösser für Schränke und Schreibtische werden nur bei einer Mindestabnahme von 100 Stück geliefert.

◆ Die Güter werden nur in festen Verpackungseinheiten geliefert.

   Beispiel   Leim wird in 30-kg-Fässern geliefert.

◆ Die Güter sind nur beschränkt lagerfähig.

   Beispiel   Lebensmittel für die Betriebskantine.

◆ Die Güter unterliegen starken Preisschwankungen.

   Beispiel   Furnierhölzer werden eingekauft und gelagert, wenn der Marktpreis niedrig ist.

Häufig ist es nicht wirtschaftlich, für jedes Beschaffungsgut die optimale Bestellmenge zu berechnen, selbst wenn Computerhilfe in Anspruch genommen werden kann. Der Arbeitsaufwand steht oft in keinem wirtschaftlichen Verhältnis zur möglichen Kosteneinsparung.

Beispiel   In der Produktion wird bei der Bürodesign GmbH Schleifpapier verwendet. Dieses Verbrauchsmaterial ist preiswert und wird je nach Bedarf unter Ausnutzung von Mengenrabatt eingekauft. Der Aufwand, die optimale Bestellmenge zu ermitteln, würde den Kostenvorteil des Mengenrabattes aufzehren.

● Bestellzeitpunkt (Zeitdisposition)

Bei der Festlegung des Bestellzeitpunktes und des geplanten Liefertermins ist zu überprüfen, ob die Lieferung der Produkte auch **Just-in-Time (JiT = gerade zur rechten Zeit)** erfolgen kann, d. h., alle Beschaffungsgüter sollen genau zu dem Zeitpunkt an dem Ort bereitgestellt werden, an dem sie benötigt werden. Als **Vorteile** ergeben sich für den Hersteller die **Vermeidung von Lagerkosten** und die damit verbundene **Verringerung der Kapitalbindung**. Der Liefertermin richtet sich bei der JiT-Belieferung nach den Bestellungen der Kunden bzw. dem Absatzplan. Folglich muss die Verkaufsabteilung der Fertigungsabteilung die benötigten Mengen mitteilen. Danach kann die Fertigungsabteilung die Lieferanten benachrichtigen, damit diese die benötigten Mengen herstellen und zur rechten Zeit liefern können. Wesentliche Voraussetzungen für die JiT-Belieferung sind der Einsatz moderner Kommunikationstechniken und eine computergestützte Auftragsbearbeitung und Lagerorganisation. Durch die JiT-Belieferung ergeben sich in einer Volkswirtschaft eine Reihe von **Nachteilen**, da das entstehende **erhöhte Verkehrsaufkommen** zu einer Belastung der Umwelt durch Energieverbrauch, Schadstoffemissionen und Lärmbelästigung führt.

Der Zeitpunkt für eine Beschaffung hängt von vielen Faktoren ab. Grundlage für die Entscheidung über den **Bestellzeitpunkt** ist der Termin, zu dem das Gut in der Produktion zur Verfügung stehen muss. Von diesem Termin muss rückwärts gerechnet werden. Zu berücksichtigen sind:

◆ **Bestelldauer innerhalb des Hauses** (die Zeit vom Feststellen des Bedarfs in der Produktion oder dem Lager bis zur Bedarfsmeldung bei der Beschaffungsabteilung, Zeit für Angebotseinholung und -auswertung, Schreiben und Versand der Bestellung)

◆ **Bearbeiten der Bestellung beim Lieferer** (Zeit für Postweg der Bestellung, Posteingang und -bearbeitung beim Lieferer, Auftragsprüfung und -planung, ggf. Produktion, Verpacken)

◆ **Lieferzeit** (Versand per Deutsche Post AG, Deutsche Bahn AG, Spediteur usw.)

◆ **Warenannahme und -prüfung** (beim Besteller)

◆ Zeit für den **innerbetrieblichen Transport** des Gutes bis zur Produktion

Ferner ist bei der Festlegung des Bestellzeitpunktes die **Lagerfähigkeit** der Güter zu berücksichtigen. Außerdem muss beim Eintreffen der bestellten Güter genügend **freie Lagerkapazität** vorhanden sein.

● ABC-Analyse

Bei Unternehmen mit einer Vielzahl verschiedener Lagergüter ist eine Bestandskontrolle besonders schwierig. Je größer die Anzahl verschiedener Lagergüter ist, desto höher sind die Kosten für Organisation, Planung und Durchführung der Beschaffung sowie der Kontrolle des Lagerwesens. Deshalb ist es für ein Unternehmen sinnvoll und wirtschaftlich, **Schwerpunkte zu bilden**. Eine Möglichkeit der Schwerpunktbildung ist die **ABC-Analyse**.

◆ **Erstellen einer ABC-Analyse.** Hier werden die gelagerten Güter hinsichtlich ihres Anteils an den Lagerkosten, der Lagerfläche oder der Kapitalbindungskosten in drei Gruppen (A-, B-, C-Gruppe) eingeteilt.

　◆ Die Güter der **A-Gruppe** haben einen Anteil von etwa 70 bis 80 % (Lagerkosten, -fläche, -wert).

　◆ Die Güter der **B-Gruppe** haben einen Anteil von etwa 15 bis 20 % (Lagerkosten, -fläche, -wert).

　◆ Die Güter der **C-Gruppe** haben einen Anteil von etwa 5 bis 10 % (Lagerkosten, -fläche, -wert).

Durch die Einteilung in A-, B- und C-Gruppen wird die Grundlage für eine wirtschaftliche Unterscheidung von Gütern gelegt. Nur diejenigen Güter, die eine hohen Lagerwert haben, hohe Lagerkosten verursachen oder große Teile der Lagerfläche beanspruchen, also die A-Güter, rechtfertigen genaue und aufwendige Planungs- und Organisationsarbeiten. Bei den B-Gütern muss im Einzelfall entschieden werden, ob ein hoher Auswertungsaufwand gerechtfertigt ist. Bei C-Gütern sind einfache und kostengünstige Kontrollen ausreichend.

Beispiel　Ein Unternehmen lagert zehn Güter. Von allen Gütern sind der Bezugs-/Einstandspreis je Stück und die Beschaffungsmenge bekannt. Daraus lässt sich der Lagerwert berechnen. Diese Lagerwerte werden in eine Reihenfolge gebracht. Das Gut mit dem höchsten Wert erhält die Rangziffer 1 usw. Danach können die Werte kumuliert werden, d. h., die einzelnen Lagerwerte werden addiert.

Artikel-Nr.	Bezugs-/Einstandspreis in EUR	Beschaffungsmenge in Stück	Lagerwert in EUR	in %	Rang	Gruppe
391	62,50	980	61 250,00	37,70	1	A
523	87,90	456	40 082,40	24,67	2	A
321	58,80	310	18 228,00	11,22	3	A
156	17,50	720	12 600,00	7,75	4	B
123	9,80	1 235	12 103,00	7,45	5	B
324	120,00	60	7 200,00	4,43	6	B
127	12,69	550	6 979,50	4,30	7	B
567	15,75	170	2 677,50	1,65	8	C
152	3,50	280	980,00	0,60	9	C
782	0,15	2 570	385,50	0,24	10	C
			162 485,90	100,00		

Die Aufstellung wird nach den gefundenen Rangziffern sortiert und der prozentuale Anteil eines jeden Gutes am gesamten Lagerwert wird bestimmt. Aus dieser Tabelle kann z. B. abgeleitet werden, dass bereits die drei Güter mit dem höchsten Lagerwert 73,85 % des gesamten Lagerwertes ausmachen, dies sind eindeutig A-Güter. Die B-Güter sind die Güter mit den Rängen 4 bis 7, sie vereinigen 23,93 % des Lagerwertes auf sich. Die C-Güter sind lediglich mit 2,49 % vertreten.

Mithilfe einer Tabellenkalkulationssoftware kann eine computergestützte ABC-Analyse erfolgen. Aus der Lagerdatei werden die erforderlichen Daten übernommen (Bezugspreis und -menge). Der Lagerwert jedes Artikels wird bestimmt, anschließend wird die Tabelle nach dem Lagerwert absteigend sortiert, um die Ränge zu ermitteln.

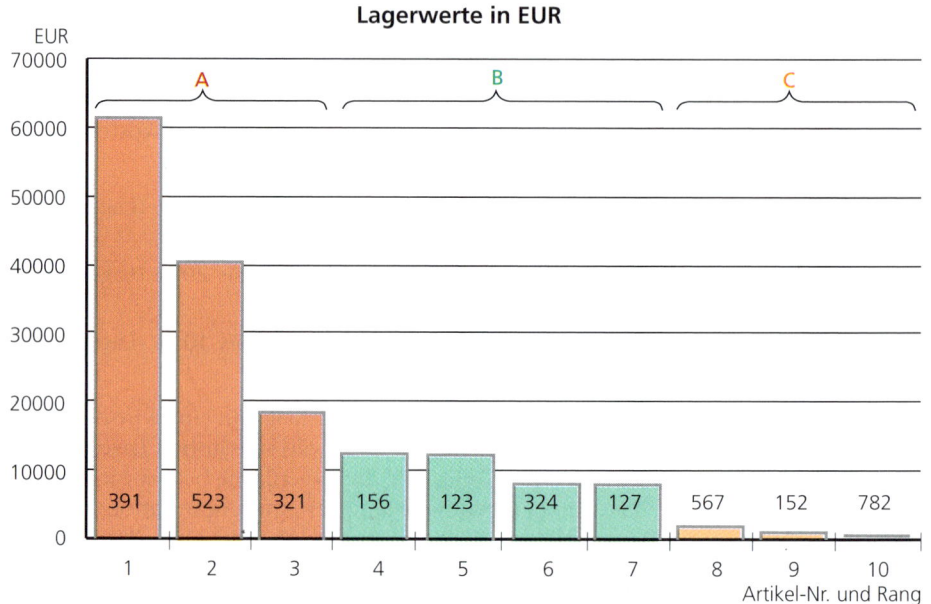

Lagerwerte in EUR

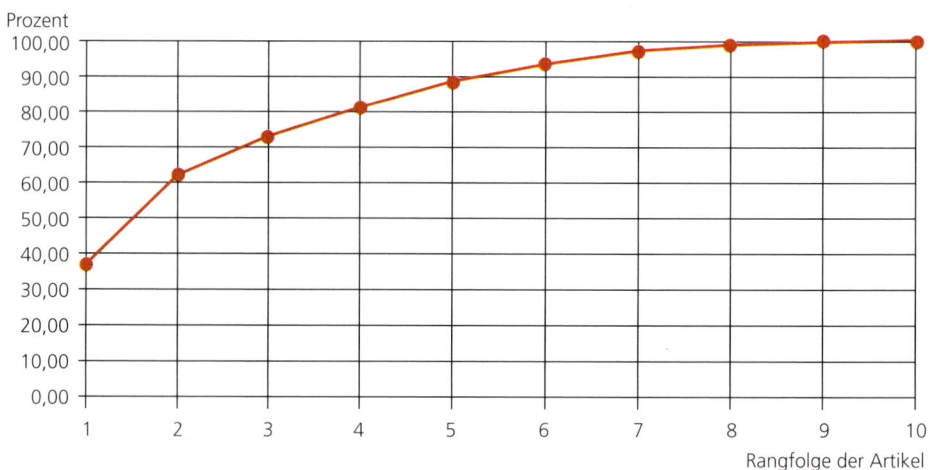

Kumulierte Lageranteile in %

◆ **Auswerten einer ABC-Analyse:** Wenn bekannt ist, welche Lagergüter den höchsten, zweithöchsten usw. Anteil am gesamten Bestellwert haben, so können die Aktivitäten des Beschaffungsmarketings sich hierauf konzentrieren. Hieraus lassen sich die nachfolgenden Grundsätze ableiten:

A-Güter	B-Güter	C-Güter
– besonders intensive Markt-analysen bei der Beschaffung – eingehende Untersuchungen von Preisen und Konditionen – genaue Bestellmengenpla-nung (optimale Bestellmen-ge) – geringe Lagerbestände – sorgfältige Lagerkosten-kontrolle – strenge Lagerkontrollen	– Hier ist im Einzelfall zu entscheiden, welche Maßnahmen im Beschaf-fungsmarketing und in der Lagerorganisation zu treffen sind. Meist wird ein Mittel-weg zwischen A-Gütern und B-Gütern beschritten.	– einfache und kostengünstige Verfahren der Marktanalyse – höhere Bestände zur Vermei-dung von Bestellkosten – einfache Bestandskontrollen

---

Bedarfsermittlung nach Menge und Zeit

- **Größere Bestellmengen** binden viel Kapital und verursachen **hohe Lagerkosten**, **kleinere Bestellmengen** verursachen **höhere Beschaffungskosten**.
- Die **optimale Bestellmenge** liegt dort, wo die Summe aus Beschaffungs- und Lagerkosten (Gesamtkosten) minimal ist.
- Die **optimale Bestellhäufigkeit** liegt im Minimum der Gesamtkosten.
- Der **Bestellzeitpunkt** hängt davon ab, wann das bestellte Gut in der Produktion benötigt wird. Zu beachten sind:
  - die Bestelldauer im Hause (= Zeit von der Bedarfsfeststellung bis zur Bestel-lung)
  - Bearbeitungs- und Produktionszeit beim Lieferer
  - Lieferzeit und die Zeit für die Warenprüfung bei Anlieferung
  - Zeit für den innerbetrieblichen Transport
- Die ABC-Analyse ist ein **Verfahren**, **um Schwerpunkte zu bilden**. Analysiert werden z.B. Lagerbestandsmengen, Lagerkosten oder -werte. Hierbei werden die Güter in A-, B- und C-Gruppen eingeteilt.
  - A-Gruppe, Anteil = 70 – 80 %, Güter mit besonders hohem Kontrollbedarf
  - B-Gruppe, Anteil = 15 – 20 %, Güter mit mittlerem Kontrollbedarf
  - C-Gruppe, Anteil = 5 – 10 %, Güter mit geringem Kontrollbedarf

---

1. Beschreiben Sie, wie die gesamten Kosten einer Bestellung berechnet werden können.

2. Erläutern Sie die Aussage „Beschaffungskosten und Lagerkosten entwickeln sich gegen-läufig".

3. Von einem Gut werden jährlich 10 000 Stück benötigt. Je Stück fallen 0,25 EUR Lager-kosten an, jede Bestellung verursacht 50,00 EUR Beschaffungskosten. Bestimmen Sie die optimale Bestellmenge und die optimale Bestellhäufigkeit. Erstellen Sie hierzu eine Tabelle und berechnen Sie die einzelnen Kosten für 1, 2, 3, …, 12 Bestellungen.

4. Bestimmen Sie den Bestellzeitpunkt für ein Gut, das am 15. Oktober (Freitag) in der Produktion benötigt wird. Folgende Zeiten sind zu berücksichtigen: Bedarfsmeldung von Produktion an Beschaffungsabteilung 1 Tag, Angebotseinholung 2 Wochen, Auswerten der Angebote 1 Woche, Bearbeitung der Bestellung 1 Tag, Postweg für Versand 2 Tage, Bearbeiten der Bestellung beim Lieferer 1 Tag, Produktion und Verpackung 5 Tage, Trans-portzeit 2 Tage, Warenannahme und -prüfung 1 Tag. Bestimmen Sie kalendermäßig den spätesten Bestellzeitpunkt, rechnen Sie dabei 4 Tage Sicherheitsreserve ein.

5. Erstellen Sie mithilfe eines Tabellenkalkulationsprogramms eine Entscheidungshilfe für die Ermittlung der optimalen Bestellmenge. Einflussgrößen sind die Bestellkosten und die Lagerkosten je Stück.

6. Erstellen Sie aus den folgenden Angaben eine ABC-Analyse und werten Sie diese aus.

Produkt	Lagermenge in Stück	Bezugs-/Einstandspreis in EUR
1	2 400	9,00
2	1 100	12,00
3	1 400	18,00
4	150	122,00
5	5 200	0,20
6	350	16,00
7	2 000	61,00
8	900	90,00
9	550	4,00
10	600	59,00

7. Beschreiben Sie Planungs- und Kontrollarbeiten, die für Güter der A-Gruppe erforderlich sind.

8. Begründen Sie, bei welchen Lagergütern höhere Bestände sinnvoll sind, um Bestellkosten zu vermeiden.

9. Erläutern Sie, welche Maßnahmen im Beschaffungsmarketing für Güter der B-Gruppe erforderlich sind.

10. Beschreiben Sie, wie mit der Hilfe von Computern ABC-Analysen durchgeführt werden können.

6.2 Vorgänge bei der Anbahnung, Durchführung und Erfüllung des Kaufvertrages

6.2.1 Anfrage und Angebot

Die Bürodesign GmbH holt im Rahmen des Beschaffungsmarketings von verschiedenen Unternehmen schriftliche Angebote für Schlösser und Schlüssel für die Herstellung von Schreibtischen ein. U.a. erhält sie ein Angebot der Abels, Wirtz & Co KG. Unter dem Angebot dieses Unternehmens steht u.a.: „Lieferung solange der Vorrat reicht". Die Bürodesign GmbH bestellt einen Tag nach Erhalt des Angebots 2 000 Schlösser und dazugehörige Schlüssel. Nach einer Woche erhält sie von der Abels, Wirtz & Co KG folgende Nachricht: „Leider müssen wir Ihnen mitteilen, dass unser gesamter Lagerbestand an Schlössern bereits verkauft worden ist." Herr Kaya, Leiter der Beschaffungsabteilung der Bürodesign GmbH, ruft empört bei der Abels, Wirtz & Co KG an und verlangt die Lieferung der bestellten Waren.

Arbeitsaufträge
◆ Stellen Sie fest, welche rechtliche Bedeutung ein Angebot für den Anbietenden hat.
◆ Überprüfen Sie, ob die Bürodesign GmbH Anspruch auf Lieferung der bestellten Waren hat.

● Anfrage

Bevor ein Kunde einen Kaufvertrag mit einem Lieferer abschließt, informiert er sich über **Preis, Qualität, Mengeneinheiten usw.** eines oder mehrerer Artikel. Diese Anfrage ist für Kunden und Lieferer unverbindlich, d. h. ohne rechtliche Wirkung. SWL

Die Anfrage ist **formfrei**. Sie kann schriftlich, mündlich, telefonisch oder fernschriftlich (Telefax, Internet) erfolgen. Käufer und Verkäufer sind nicht verpflichtet, aufgrund einer Anfrage einen Kaufvertrag abzuschließen.

Mit der Anfrage können

◆ neue Geschäftsbeziehungen angebahnt oder

◆ bekannte Lieferer zur Abgabe eines Angebotes aufgefordert werden.

◆ **Allgemeine Anfrage:** Wenn ein Kunde in seiner Anfrage nur um einen Katalog, eine Preisliste, ein Warenmuster oder um einen Vertreterbesuch bittet, so spricht man von einer allgemeinen Anfrage.

◆ **Bestimmte Anfrage:** Ein Kunde will vom Verkäufer konkrete Angaben über bestimmte Waren und Konditionen (Liefer- und Zahlungsbedingungen) erhalten, so z. B. Angaben über Güte (Qualität und Beschaffenheit) der Produkte, Mindestabnahmemengen, Preis, Lieferzeit.

● Angebot

Ein Angebot ist eine an eine **bestimmte Person gerichtete Willenserklärung** (vgl. S. 100), mit der der Anbietende zu erkennen gibt, dass er bestimmte Waren zu bestimmten Bedingungen liefern will. Das Angebot unterliegt ebenso wie die Anfrage **keinen Formvorschriften**. Es kann mündlich, schriftlich, telefonisch oder fernschriftlich abgegeben werden. Zur Vermeidung von Irrtümern sollte immer die Schriftform gewählt werden. Durch den **elektronischen Datenaustausch (EDI = Electronic Data Interchange)** von Computer zu Computer können Anfragen, Angebote, Bestellungen, Lieferscheine, Rechnungen zwischen Kunden, Lieferanten, Geldinstituten usw. über Online-Netzwerke schnell und rationell abgewickelt werden (vgl. S. 257). SWL

Ein Angebot ist nur dann **rechtsverbindlich**, wenn es **an eine bestimmte Person gerichtet ist (§ 145 BGB)**. Das **Ausstellen von Waren** in Schaufenstern, Automaten, Verkaufsräumen, ebenso das Anpreisen von Waren in Prospekten, Katalogen, Postwurfsendungen, im Internet und Anzeigen in Zeitungen sind im rechtlichen Sinne kein Angebot, sondern eine an die Allgemeinheit gerichtete **Anpreisung**. Diese beinhalten lediglich die **Aufforderung an den Kunden, selbst einen Antrag an den Verkäufer zu richten**.

◆ **Bindung an das Angebot:** Grundsätzlich sind alle Angebote verbindlich. Will der Verkäufer die Bindung des Angebots einschränken oder ausschließen, so nimmt er in sein Angebot sogenannte **Freizeichnungsklauseln** auf:

Freizeichnungsklauseln	verbindlich	unverbindlich
– solange Vorrat reicht	Preis, Lieferzeit	Menge
– freibleibend	–	alles
– ohne Gewähr, ohne Obligo	–	alles
– Preise freibleibend	Lieferzeit, Menge	Preis
– Lieferzeit freibleibend	Preis, Menge	Lieferzeit

Beinhaltet ein **schriftliches Angebot** keine Freizeichnungsklauseln, so ist der Anbietende so lange an sein Angebot gebunden, **wie er unter verkehrsüblichen Umständen mit einer Antwort rechnen kann**, d. h., der Kunde muss auf dem gleichen oder einem schnelleren Weg antworten. Zu berücksichtigen sind hierbei die Beförderungsdauer des

Angebots, eine angemessene Überlegungsfrist des Kunden und die Beförderungsdauer der Bestellung.

Beispiele
- Angebot per Brief: zweimal Postweg in 4 Tagen (vom Anbieter zum Empfänger und zurück), 1 Tag Bearbeitung, Gültigkeitsdauer höchstens 5 Tage
- Angebot per Telefax: 1 Tag

Bei einem **mündlichen Angebot** ist der Anbietende **während des Verkaufsgesprächs** an sein Angebot gebunden. Nach Beendigung des Gesprächs ist das mündliche Angebot erloschen. Angebote während eines Telefongespräches gelten ebenfalls nur für die Dauer des Gesprächs.

Der Lieferer ist nicht mehr an sein Angebot gebunden, wenn

- ◆ **das Angebot vom Kunden abgeändert wurde**,

   Beispiel   Statt zu 3,00 EUR/Stück bestellt der Kunde zu 2,80 EUR/Stück.

- ◆ **das Angebot vom Lieferer rechtzeitig widerrufen wurde**; der Widerruf muss aber spätestens gleichzeitig mit dem Angebot beim Kunden eintreffen,

   Beispiel   Ein Angebot wurde brieflich an den Kunden gesandt; nach einem Tag will der Verkäufer aufgrund eines Irrtums widerrufen, es empfiehlt sich ein Widerruf per Telefon oder Telefax, damit der Widerruf spätestens mit dem Brief eintrifft.

- ◆ **zu spät vom Kunden bestellt wurde**,

   Beispiel   Ein Kunde bestellt nach einem brieflichen Angebot ohne Fristsetzung erst nach drei Wochen.

- ◆ **der Kunde das Angebot ablehnt.**

◆ **Zusendung unbestellter Ware:**

- ◆ Erhält ein **Kaufmann** unbestellte Waren eines Lieferers (zweiseitiger Handelskauf, vgl. S. 209), dann liegt ein Angebot des Lieferers vor. Es ist zu überprüfen, ob bereits zwischen dem Lieferer und dem Käufer Geschäftsbeziehungen bestehen.
   - Unterhält ein Kaufmann mit einem Lieferer bisher noch **keine Geschäftsbeziehungen**, dann gilt sein **Schweigen** bei Zusendung unbestellter Ware als **Ablehnung des Angebots**. Der Kaufmann ist nur verpflichtet, die unbestellte Ware eine angemessene Zeit aufzubewahren, nicht aber sie zurückzuschicken.
   - Sendet ein Lieferer einem Kaufmann, mit dem er **bereits Geschäftsbeziehungen** pflegt, unbestellte Waren zu, und war das Zusenden unbestellter Ware bisher üblich (Handelsbrauch) zwischen den Vertragspartnern, dann gilt das **Stillschweigen** des Kaufmanns als **Annahme des Angebots**. Will der Kaufmann das Angebot nicht annehmen, so ist er verpflichtet, dem Lieferer **unverzüglich** eine Nachricht zukommen zu lassen (§ 362 HGB).
      Beispiel   Die Bürodesign GmbH erhält von der Abels, Wirtz & Co KG, die seit vielen Jahren die Bürodesign GmbH beliefert, einen Sonderposten Messingbeschläge zugesandt, ohne dass dieser bestellt worden war. Unterlässt es die Bürodesign GmbH, dem Lieferer unverzüglich Nachricht darüber zu geben, dass sie die Warenlieferung nicht haben möchte, dann muss die Bürodesign GmbH die Waren behalten.

- ◆ Wenn ein Verkäufer einer **Privatperson** (einseitiger Handelskauf, vgl. S. 209) unbestellte Ware zusendet, gilt das **Schweigen** der Privatperson als **Ablehnung**. Die Privatperson ist weder zur Aufbewahrung der Waren noch zu deren Rücksendung verpflichtet. Wurde die unbestellte Ware als Nachnahme versandt, und nimmt die Privatperson diese an, kommt ein Kaufvertrag zustande.

Beispiel   Eine Buchversandhandlung sendet Elke Grau unbestellt ein Buch zum Vorzugspreis von 25,00 EUR. Elke ist nicht verpflichtet, das Buch zu bezahlen. Sie muss das Buch auch nicht zurücksenden oder aufbewahren.

Anfrage und Angebot

- Durch eine **Anfrage** kann sich ein Kunde Informationsmaterial über bestimmte Waren beschaffen.
  - Bei der **unbestimmten Anfrage** bittet der Kunde um einen Katalog, einen Vertreterbesuch, eine Preisliste oder ein Muster.
  - Bei der **bestimmten Anfrage** will der Kunde konkrete Informationen zu bestimmten Artikeln, z. B. Menge, Preise, Liefer- und Zahlungsbedingungen, Lieferzeit usw.
  - Jede **Anfrage** ist **formfrei und rechtlich unverbindlich**.
- Ein **Angebot** ist eine verbindliche Willenserklärung, Waren zu den angegebenen Bedingungen zu verkaufen. Anpreisungen sind rechtlich unverbindlich.

	Angebot	Anpreisung
Zielgruppe	eine bestimmte Person	die Allgemeinheit
Form	schriftlich, mündlich	Katalog, Prospekte, Postwurfsendung, Zeitungsanzeige, Schaufenster
Rechtliche Bedeutung	Antrag	Aufforderung zur Abgabe eines Angebotes
Rechtsfolge	verbindlich	unverbindlich

- **Mündliche und telefonische Angebote** sind verbindlich, solange das Gespräch dauert (=-Angebote unter Anwesenden).
- **Schriftliche Angebote** sind so lange verbindlich, wie der Anbieter unter verkehrsüblichen Umständen mit einer Antwort rechnen kann (= Angebote unter Abwesenden).
- Durch **Freizeichnungsklauseln** werden Angebote ganz oder teilweise unverbindlich.
- Bei **Zusendung unbestellter Ware** gilt Schweigen als Ablehnung. Ausnahme: Der Empfänger ist Kaufmann und steht mit dem Absender in ständiger Geschäftsbeziehung.

---

1. Beschreiben Sie den Zweck einer Anfrage.

2. Die Bürodesign GmbH erhält von einem Kunden eine schriftliche Anfrage bezüglich der Neueinrichtung eines Büroraumes für zehn Angestellte. Der Kunde äußert in seinem Schreiben konkrete Vorstellungen über die Anzahl der erforderlichen Schreibtische, Drehstühle usw. Außerdem bittet er um einen Vertreterbesuch.
   a) Um welche Art der Anfrage handelt es sich?
   b) Geben Sie an, ob die Anfrage für den Kunden eine rechtliche Bedeutung hat.
   c) Welche Inhaltspunkte sollte das Antwortschreiben der Bürodesign GmbH haben?
   d) Schreiben Sie für die Bürodesign GmbH das Angebot an den Kunden.

3. Erläutern Sie an einem Beispiel, wie sich die allgemeine und die bestimmte Anfrage unterscheiden.

4. Beschreiben Sie anhand von Beispielen, wie lange ein Lieferer an sein schriftliches Angebot gebunden ist.

5. Erläutern Sie, welche Möglichkeiten ein Lieferer hat, um die Bindung an ein Angebot einzuschränken oder auszuschließen.

6. Erläutern Sie folgende Freizeichnungsklauseln:
    a) solange Vorrat reicht   c) ohne Obligo
    b) Preis freibleibend   d) freibleibend

6.2.2   Inhalt des Kaufvertrages

Die Bürodesign GmbH hat mit der Abels, Wirtz & Co. KG einen Kaufvertrag über die Lieferung von 1 200 Schlössern abgeschlossen. Der Lieferer verspricht, die bestellte Ware am nächsten Tag zu liefern, ohne dass dieses schriftlich festgehalten wird. Ebenfalls wurden keine vertraglichen Vereinbarungen bezüglich der Transport- und Verpackungskosten vereinbart. Da der für die Auslieferung zuständige Fahrer erkrankt, kann die Ware erst eine Woche später ausgeliefert werden.

Arbeitsaufträge
◆ Stellen Sie fest, ob die Bürodesign GmbH die sofortige Lieferung der Ware verlangen kann.
◆ Überprüfen Sie, wer die Transport- und Verpackungskosten zu tragen hat.
◆ Geben Sie an, welcher Ort bei Streitigkeiten bezüglich der Transportkosten der Gerichtsstand wäre.

Es gibt keine gesetzlichen Vorschriften über den **Inhalt des Kaufvertrages**. Dieser sollte jedoch alle wesentlichen Bestimmungen enthalten, die zur reibungslosen Erfüllung des Kaufvertrages erforderlich sind.

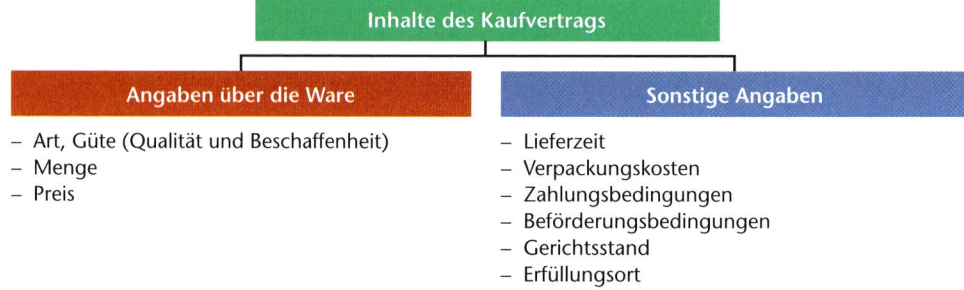

Inhalte des Kaufvertrags	
Angaben über die Ware	**Sonstige Angaben**
– Art, Güte (Qualität und Beschaffenheit) – Menge – Preis	– Lieferzeit – Verpackungskosten – Zahlungsbedingungen – Beförderungsbedingungen – Gerichtsstand – Erfüllungsort

Um nicht alle Inhaltspunkte immer wieder neu aushandeln zu müssen, verwenden die Lieferer oft vorgedruckte „Allgemeine Geschäftsbedingungen" (AGB, vgl. S. 214). Wenn weder in den AGB noch im Kaufvertrag Regelungen zu bestimmten Einzelheiten getroffen worden sind, gelten die Bestimmungen des BGB und HGB.

● Art der Ware

Die **Art der Ware** wird durch **handelsübliche Bezeichnungen festgelegt**.

Beispiele   Schreibtischsessel „ergo-design-natur", Herrenfahrrad Farvel Sprinter, Weißwein Müller Thurgau Knurrberg, Hi-Fi-Receiver Sany 2001, Schreibtisch Eldorado Eiche massiv.

● Güte der Ware

Gesetzliche Regelung: Sind **im Angebot des Lieferers keine Angaben** über die Güte der Ware gemacht worden, so ist bei Lieferung die **Ware in mittlerer Güte** zu liefern (§ 243 BGB).

Die **Güte (Qualität und Beschaffenheit) einer Ware wird bestimmt durch**

◆ **Muster und Proben**

   Beispiele   Stoffbezüge, Tapeten, Papier (Muster), Wein, Waschmittel (Proben)

◆ **Güteklassen zur Angabe von Warenqualitäten.** Sie geben Auskunft über die **Handelsklassen** (I. Wahl, II. Wahl, DIN-Normen, Auslese), über **Typen** (Weizenmehl Type 405) und **Standards** (Faserlänge von Baumwolle).

◆ **Marken** (vgl. S. 164)

◆ **Gütezeichen** (vgl. S. 165)

◆ **Herkunft der Ware,** die durch das Anbaugebiet oder Herstellungsland gekennzeichnet ist,

   Beispiele   Wein von der Mosel, Holz aus Finnland

◆ **Jahrgang der Ware,**

   Beispiele   Antiquitäten, Whiskey, Wein

◆ **Zusammensetzung der Ware,**

   Beispiele   Bestandteile bei Farben und Lacken, Fettanteile in Käse und Wurst, Silbergehalt bei Essbestecken.

● Menge der Ware

Gesetzliche Regelung: Enthält das Angebot keine Mengenangabe, die sich auf einen bestimmten Preis bezieht, dann gilt es für jede handelsübliche Menge.

Die Menge einer Ware wird in **gesetzlichen Maßeinheiten** (m, m^2, l, hl, kg), **in Stückzahlen oder in handelsüblichen Mengeneinheiten** (Stück, Dutzend, Sack, Fass, Kiste, Karton, Ballen, Ries) angegeben.

● Preis der Ware

Der Preis einer Ware bezieht sich entweder **auf eine handelsübliche Mengeneinheit oder eine bestimmte Gesamtmenge**. Von entscheidender Bedeutung für die Beurteilung der Vorteilhaftigkeit eines Angebotspreises ist die Berücksichtigung der Preisnachlässe (vgl. S. 138).

● Lieferzeit

Gesetzliche Regelung: Ist im Kaufvertrag keine Regelung über den Zeitpunkt der Lieferung vereinbart worden, so **kann der Käufer sofortige Lieferung** verlangen und der Verkäufer muss sofort liefern (§ 271 BGB). Dieser Kauf wird Tages- oder Sofortkauf genannt.

◆ Wenn der Käufer eine Ware verlangt, die nicht vorrätig ist, muss eine vertragliche Regelung über die Lieferzeit vereinbart werden. Hierbei hat der Käufer zwei Möglichkeiten:

   ◆ **Terminkauf: Lieferung innerhalb einer bestimmten Frist** (z. B. Lieferung innerhalb von 90 Tagen) oder zu einem bestimmten Zeitpunkt (Termin)

   Beispiele   Lieferung am 15. März .., Lieferung bis 30. Juni ..

◆ **Fixkauf** (vgl. S. 229): **Lieferung zu einem kalendermäßig festgelegten Zeitpunkt,** wobei die Klauseln „fest",„fix", „genau",„exakt" angegeben werden müssen.

Beispiel Lieferung am 15. März.. fix

◆ **Kauf auf Abruf:** Bei diesem Kauf wird der Zeitpunkt der Lieferung bei Abschluss des Kaufvertrages nicht festgelegt, er ist in das Ermessen des Käufers gestellt. Bei Bedarf ruft der Käufer die Ware ab, die als Ganzes oder in Teilmengen geliefert werden kann. Hieraus ergeben sich für den Käufer folgende **Vorteile:**
– geringere Lagerkosten
– Lieferung frischer Waren
– Ausnutzung von Rabatt durch den Kauf einer großen Menge

Beispiel Die Bürodesign GmbH hat mit der Stammes Stahlrohr GmbH einen Kaufvertrag über 12 Tonnen fünfeckige lackierte Stahlrohre abgeschlossen. Durch die große Bestellung konnte ein Mengenrabatt von 20 % in Anspruch genommen werden. Da die Lagerkapazität bei der Bürodesign GmbH momentan erschöpft ist, wird mit der Stammes Stahlrohr GmbH vereinbart, dass die Stahlrohre in Teilmengen abgerufen werden können.

● **Verpackungskosten**

◆ **Gesetzliche Regelung:** Ist über die Berechnung der Verpackungskosten zwischen dem Verkäufer und dem Käufer nichts vereinbart worden, **trägt der Käufer die Kosten der Versandverpackung** (§ 447 BGB, § 380 HGB). Das **Gewicht der Versandverpackung** wird als **Tara** (= Verpackungsgewicht) bezeichnet. Man unterscheidet zwischen **tatsächlicher Tara** (wirkliches Gewicht der Verpackung) und **handelsüblicher Tara.** Als handelsübliche Tara wird je nach Ware ein bestimmter Prozentsatz des Bruttogewichts festgesetzt. Zieht man vom Bruttogewicht Tara ab, erhält man das Nettogewicht:

Bruttogewicht	(Ware und Verpackung = Rohgewicht oder Gesamtgewicht)
– Tara	(Verpackungsgewicht)
= Nettogewicht	(Reingewicht der Ware)

◆ Vertraglich kann zwischen Lieferer und Käufer Folgendes vereinbart werden:

◆ **Reingewicht einschließlich Verpackung:** Die Verpackungskosten sind im Preis enthalten, die **Verpackung wird nicht berechnet.** Der Verkäufer trägt die Verpackungskosten.

Beispiele Elektrogeräte, Fotokopierpapier

◆ **Reingewicht ausschließlich Verpackung:** Die **Verpackungskosten werden zusätzlich berechnet (Gesetzliche Regelung)**, der Käufer trägt die Verpackungskosten. Die Verpackung kann
– **Eigentum des Käufers** werden oder
– vom Lieferer dem Käufer **leihweise** überlassen werden. Bei Rückgabe schreibt der Lieferer die Verpackungskosten ganz oder teilweise gut.

Beispiele Holzpaletten, faltbare Alubehälter, Getränkekästen

◆ **Rohgewicht einschließlich Verpackung (brutto für netto = bfn = b/n):** Die Verpackung wird wie Ware berechnet, die Verpackung geht in das Eigentum des Käufers über, der Käufer zahlt die Verpackung.

Beispiele Obst und Gemüse in Kisten und Kartons, Schrauben und Nägel in Kartons

● Zahlungsbedingungen

◆ **Gesetzliche Regelung:** Geldschulden sind Schickschulden (§ 270 f. BGB), d. h., der Käufer trägt die Kosten und die Gefahr der Geldübermittlung bis zum Verkäufer. Folglich muss der Käufer die Kosten der Zahlung (z. B. Überweisungsentgelte) tragen. Ferner sieht die gesetzliche Regelung **sofortige Bezahlung der Ware bei Lieferung** vor (§ 433 II BGB).

Beispiele   Ware gegen Geld, Zug um Zug, netto Kasse, gegen bar, sofort

◆ Folgende **vertraglichen Zahlungsbedingungen** können vereinbart werden:

◆ **Vorauszahlung:** Der Lieferer verlangt bei neuen oder schlecht zahlenden Kunden einen Teil des Rechnungsbetrages oder den gesamten Rechnungsbetrag im Voraus.

Beispiele   Zahlung im Voraus, Lieferung gegen Vorkasse, Zahlung bei Vertragsabschluss/Bestellung

◆ **Zahlung mit Zahlungsziel** (Ziel- oder Kreditkauf): Der Lieferer gewährt dem Käufer einen kurzfristigen Kredit.

Beispiele   Zahlung innerhalb von 10 Tagen mit 3 % Skonto oder in 40 Tagen netto Kasse, Zahlung in einem Monat

◆ **Ratenkauf:** Bei Raten- oder Abzahlungskäufen schließt der Kunde **mit seinem Lieferer** einen Vertrag über regelmäßige Teilzahlungen der Kaufsumme. Das Unternehmen erhält die gesamte Kaufsumme nicht sofort, sondern in üblicherweise monatlichen Raten während der vereinbarten Laufzeit. Dies bedeutet einen Nachteil für den Lieferer, da er je nach Laufzeit lange warten muss, bis der Käufer den gesamten Kaufpreis bezahlt hat. Diese Form der Finanzierung wird heutzutage von Industrieunternehmen nur noch selten durchgeführt.

Kaufpreis	**429,00 EUR**
1) Kaufpreis mit Zahlpause	
Zahlpause 2,0 % Aufschlag	
429,00 EUR x 2,0 : 100	8,58 EUR
Kaufpreis mit Zahlpause	**437,58 EUR**
2) Ratenkaufpreis bei 24 Monatsraten	
Raten-Aufschlag 0,56 % pro Monat	
429,00 EUR x 24 x 0,56 : 100	57,66 EUR
Ratenkaufpreis	**486,66 EUR**
monatliche Rate	**20,28 EUR**
3) Ratenkaufpreis mit Zahlpause bei 24 Monatsraten	
Zahlpause-Aufschlag	8,58 EUR
Ratenkauf-Aufschlag	57,66 EUR
Ratenkaufpreis mit Zahlpause	**495,24 EUR**
monatliche Rate	**20,64 EUR**

● Beförderungsbedingungen

◆ **Gesetzliche Regelung: Warenschulden sind Holschulden** (BGB § 447 I), danach trägt der **Käufer beim Versendungskauf alle entstehenden Beförderungskosten ab der Versandstation.** Die Kosten bis zur Versandstation (z. B. Bahnhof oder Poststelle des Verkäufers) und die Wiege- und Messkosten trägt der Verkäufer. Diese Regelung gilt immer, wenn es sich um einen **Versendungskauf** handelt, d. h., Käufer und Verkäufer haben ihren Geschäftssitz an unterschiedlichen Orten.

◆ **Vertragliche Regelung:** Je nach Versandart können unterschiedliche Versandkosten anfallen:

◆ 1. Rollgeld für die Anfuhr (Transportkosten vom Betrieb des Verkäufers bis zur Versandstation

◆ Wiege- und Verladekosten

◆ Frachtkosten (Transportkosten von der Versandstation bis zur Empfangsstation)

◆ 2. Rollgeld für die Zufuhr (Transportkosten von der Empfangsstation bis zum Geschäfts-, Wohnsitz des Käufers)

Übernahme der Beförderungskosten

Die Vertragspartner können die gesetzliche Regelung durch vertragliche Regelungen abändern, diese müssen aber im Kaufvertrag vereinbart werden. Unabhängig von der vertraglichen Regelung wird der Verkäufer die anteiligen Beförderungskosten, die er übernimmt, in seine Verkaufspreise einkalkulieren, sodass der Käufer über den Listeneinkaufspreis in jedem Fall die vom Verkäufer übernommenen Beförderungskosten trägt. Die vertragliche Regelung der Beförderungskosten ist demnach nur eine Maßnahme im Rahmen der Preispolitik (vgl. S. 135).

● Erfüllungsort

Es ist der Ort, an dem die Vertragspartner ihre Leistungen zu erfüllen haben (§ 269 BGB).

◆ **Gesetzliche Regelung:**

◆ Der **Erfüllungsort für die Warenlieferung** ist der **Wohn- oder Geschäftssitz des Verkäufers**. Die Gefahr, dass Ware durch Beschädigung, Verderb, Verlust oder Vernichtung beeinträchtigt wird, geht am Erfüllungsort auf den Käufer über. Somit bestimmt der Erfüllungsort den Gefahrenübergang.

Beispiel Bei der Auslieferung einer Ladung Spanplatten an die Bürodesign GmbH verunglückt der Lkw des Spediteurs ohne Verschulden des Lkw-Fahrers, wobei die Spanplatten zerstört werden. Es war keine vom Gesetz abweichende vertragliche Regelung getroffen worden, d. h., der Erfüllungsort ist der Geschäftssitz des Verkäufers. Obwohl die Ware nicht geliefert wird, kann der Lieferer von der Bürodesign GmbH trotzdem die Zahlung des Kaufpreises verlangen. Das Transportrisiko kann jedoch durch eine Transportversicherung abgedeckt werden.

Liegt bei der Warenlieferung an den Käufer bei Beschädigung oder Verlust einer Ware ein Verschulden des Verkäufers oder eines Frachtführers (vgl. S. 168) vor, so hat der Schuldige den Schaden zu tragen (**Verschuldensprinzip**). Ein Verschulden liegt vor, wenn der Verkäufer oder sein Erfüllungsgehilfe vorsätzlich oder fahrlässig handelt.

Beispiel Eine Warenlieferung wird wegen mangelhafter Verpackung beschädigt.

Darüber hinaus gelten folgende Bestimmungen:

– **Der Käufer holt die Ware ab:** Mit der Übergabe der Ware an den Käufer oder seinen Erfüllungsgehilfen geht die Gefahr auf den Käufer über.

Beispiel In den Allgemeinen Geschäftsbedingungen der Bürodesign GmbH steht: „VIII. Gefahrübergang: Die Gefahr, trotz Verlustes oder Beschädigung den Preis zahlen zu müssen, geht mit der Übergabe auf den Käufer über." (vgl. S. 215)

– **Die Ware wird auf Verlangen des Käufers versandt** (Schickschuld): Die Gefahr geht mit der Auslieferung an den Frachtführer auf den Käufer über.

Beim **Platzkauf**, d. h., Käufer und Verkäufer haben ihren Geschäftssitz am selben Wohnort, geht die Gefahr mit der Übergabe der verkauften Waren an den Käufer über.

◆ Der **Erfüllungsort für die Zahlung** ist der **Wohnsitz des Käufers**, da der Käufer an diesem Ort das Geld bereitzustellen bzw. zugunsten des Gläubigers aufzugeben hat. Da **Geldschulden Schickschulden** sind, hat der Käufer auf seine Gefahr und Kosten das Geld an den Wohn- oder Geschäftssitz des Verkäufers zu schicken. Der Erfüllungsort dient nur noch dem Nachweis, dass das Geld rechtzeitig bereitgestellt wurde.

Beispiel Der Käufer lässt dem Lieferer das Geld durch die Bank überweisen, dem Lieferer geht das Geld aber nicht zu. Der Lieferer kann weiterhin auf Zahlung bestehen, der Käufer kann aber die Bank haftbar machen.

◆ **Vertragliche Regelung:** Im Kaufvertrag kann zwischen dem Käufer und dem Verkäufer ein vom Gesetz abweichender Erfüllungsort vereinbart werden. Dieser kann der Ort des Käufers, des Verkäufers oder ein anderer Ort sein.

● Gerichtsstand

◆ **Gesetzliche Regelung:** Bei Streitigkeiten zwischen dem Käufer und dem Verkäufer ist das Gericht zuständig, in dessen Bereich der Erfüllungsort liegt. Da der Erfüllungsort der Wohn- oder Geschäftssitz des Schuldners ist, befindet sich **der Gerichtsstand grundsätzlich an dem für den Wohn- bzw. Geschäftssitz des für den jeweiligen Schuldner zuständigen Amts- bzw. Landgerichts** (Amtsgericht bis zu 5 000,00 EUR Streitwert, Landgericht bei über 5 000,00 EUR Streitwert).

◆ **Der Sitz des Verkäufers** ist der Gerichtsstand für Streitigkeiten aus der Lieferung (**Warenschuld**).

◆ **Der Sitz des Käufers** ist der Gerichtsstand für Streitigkeiten um die Bezahlung (**Geldschuld**).

Beispiel Die Bodo Lukas KG, Fachgeschäft für Büroeinrichtungen in Karlsruhe, erhält von der Bürodesign GmbH, Aurich, eine Warenlieferung. Der gesetzliche Gerichtsstand für Streitigkeiten aus der Lieferung ist Aurich, für die Streitigkeiten um die Zahlung Karlsruhe.

◆ **Vertragliche Regelung:** Abweichungen von der gesetzlichen Regelung sind **nur beim zweiseitigen Handelskauf (beide Vertragspartner sind Kaufleute) möglich**. In der Praxis wird meistens der Geschäftssitz des Lieferers als Gerichtsstand für beide Vertragspartner vereinbart.

Inhalt des Kaufvertrages

- Es gibt **keine konkreten gesetzlichen Vorschriften über den Inhalt** eines Kaufvertrages.
- Ist im Kaufvertrag eine bestimmte Einzelheit nicht angegeben, dann gelten die **Vorschriften des BGB oder HGB**.
- Enthält der Kaufvertrag keine Angaben über die Güte der Ware, muss der Verkäufer **Waren mittlerer Güte liefern**.
- Die **Art einer Ware** wird durch handelsübliche Bezeichnungen bestimmt.
- Die **Güte einer Ware** wird bestimmt durch Muster und Proben, Güteklassen, Marken und Gütezeichen, Herkunft, Zusammensetzung und Jahrgang.
- Die **Menge der Ware** wird in gesetzlichen Maßeinheiten, in Stückzahlen oder in handelsüblichen Bezeichnungen angegeben.
- Der **Preis der Ware** bezieht sich auf eine handelsübliche Mengeneinheit oder eine bestimmte Gesamtmenge.
- Enthält ein Kaufvertrag **keine Aussage zur Lieferzeit**, dann muss der Verkäufer **sofort liefern**.
- Vertraglich kann im Kaufvertrag ein **Terminkauf** (Lieferung innerhalb einer bestimmten Frist oder zu einem bestimmten Zeitpunkt) oder ein **Fixkauf** (Lieferung zu einem genau festgelegten Zeitpunkt) vereinbart werden.
- Beim **Kauf auf Abruf** wird die Ware auf Anweisung des Käufers ganz oder in Teilmengen später geliefert.
- Wenn im Kaufvertrag **keine Regelung über die Verpackung** getroffen wurde, muss der Käufer die Kosten der Verpackung tragen.
- **Geldschulden sind Schickschulden**, d. h., der Käufer muss unverzüglich und auf seine Kosten das Geld an den Verkäufer schicken.
- **Warenschulden sind Holschulden**, d. h., der Käufer trägt alle entstehenden Beförderungskosten ab der Versandstation (Klauseln: unfrei, ab hier, ab Bahnhof) = gesetzliche Regelung.
- **Erfüllungsort** ist der Ort, an dem die Vertragspartner ihre Pflichten erfüllen.
- **Gerichtsstand** ist der Ort, an dem bei Streitigkeiten aus dem Kaufvertrag verhandelt wird.

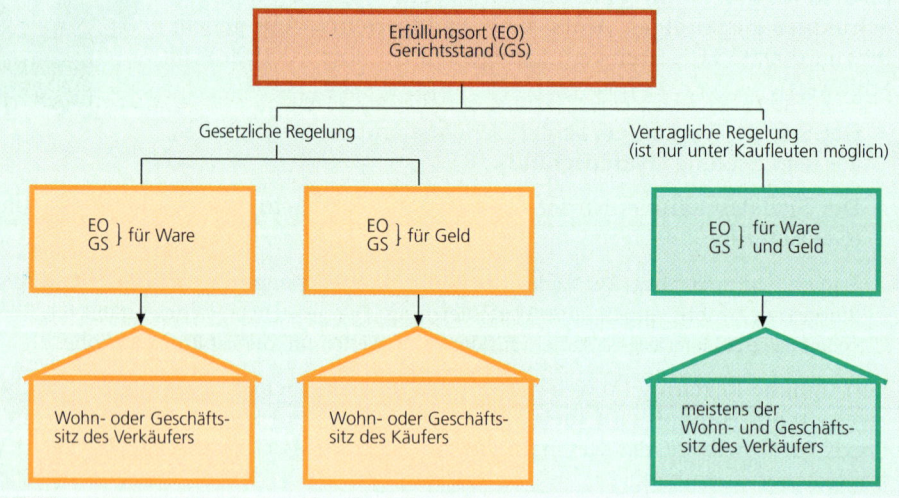

1. Erläutern Sie an Beispielen den Unterschied zwischen Gütezeichen und Marken.

2. Geben Sie die gesetzlichen Regelungen für den Fall an, dass im Angebot keine Angaben zu der angebotenen Menge und der Güte der Ware gemacht wurde.

3. Beschreiben Sie, worin der Unterschied zwischen einem Fix- und einem Terminkauf besteht.

4. Erläutern Sie die Aussage: „Geldschulden sind Schickschulden".

5. Erläutern Sie die Klausel: „Zug-um-Zug".

6. Die Lieferungsbedingung lautet „frachtfrei". Die Fracht beträgt 40,00 EUR, die Hausfracht für die An- und Abfuhr je 10,00 EUR. Ermitteln Sie, wie viel EUR der Käufer für den Transport bezahlen muss.

7. Erklären Sie die Klausel: „Warenschulden sind Holschulden".

8. Die Lieferung einer Ware an einen Kunden erfolgt durch die Deutsche Bahn AG. An Kosten entstehen:

Hausfracht (Rollgeld) am Ort des Käufers	10,00 EUR
Hausfracht (Rollgeld) am Ort des Lieferers	10,00 EUR
Fracht	180,00 EUR
Entladekosten	10,00 EUR
Verladekosten	10,00 EUR

   Welchen Kostenanteil hat der Käufer bei Vereinbarung nachfolgender Lieferungsbedingungen jeweils zu übernehmen?
   a) frei Waggon
   b) frachtfrei
   c) ab Bahnhof hier
   d) ab hier
   e) frei Bahnhof dort

9. Erläutern Sie, welche Bedeutung der Erfüllungsort hat.

10. Geben Sie an, was man unter Gerichtsstand versteht und wo sich der Gerichtsstand
    a) für Warenschulden,
    b) für Geldschulden befindet.

11. Begründen Sie, warum ein Lieferer bei einem Zielverkauf meistens einen Kauf unter Eigentumsvorbehalt vereinbart.

12. Beschreiben Sie die Vorteile des Käufers aus dem
    a) Kauf auf Abruf,
    b) Spezifikationskauf.

13. Sie finden in einem Angebot eines Verkäufers die Angabe „brutto für netto". Wie werden die Kosten für die Verpackung berechnet?
    a) Die Verpackung bleibt unberechnet.
    b) Die Verpackung wird wie Ware berechnet.
    c) Die Verpackung muss zurückgesandt werden, eine Abnutzungsgebühr wird berechnet.
    d) Die Verpackung wird leihweise überlassen.
    e) Der Verkäufer zahlt die Kosten der Verpackung.
    f) Die Verpackung wird gesondert in Rechnung gestellt.

6.2.3 Der Angebotsvergleich

Der für die Beschaffung zuständige Gruppenleiter, Herr Sommerburg, legt seinem Abteilungsleiter, Herrn Kaya, folgende Übersicht für verzinkte Schrauben vor, von denen 60 000 Stück benötigt werden:

Lieferer	Schuster & Söhne OHG	Metall AG	Schraub GmbH
Listeneinkaufspreis je 10 000 Stück	876,00 EUR	798,00 EUR	845,00 EUR
Rabatt	5 %	10 %	20 %
Skonto	–	2 % bei Zahlung innerhalb von 30 Tagen	3 % bei Zahlung innerhalb von 14 Tagen
Lieferzeit	10 Tage	20 Tage	15 Tage
Lieferbedingungen	ab Werk	frei Haus	frachtfrei
Mindestabnahme	60 000 Stück	50 000 Stück	75 000 Stück
Qualität	1A	1A	1B

Das Rollgeld für die An- und Abfuhr beträgt je 20,00 EUR, die Fracht 100,00 EUR.

Frank Sommerburg schlägt vor, die Ware beim Lieferer Schraub GmbH zu bestellen. Der Abteilungsleiter widerspricht ihm energisch.

Arbeitsauftrag

◆ Stellen Sie fest, warum der Abteilungsleiter seinem Gruppenleiter widerspricht.

Die Beschaffungsabteilung eines Industriebetriebes hat in der Regel mehrere Angebote unterschiedlicher Lieferer zur Auswahl. Der zuständige Einkäufer hat die Aufgabe, denjenigen Anbieter aus den vorhandenen auszuwählen, der das für das Unternehmen günstigste Angebot abgibt. Zu diesem Zweck führt er einen Angebotsvergleich durch. Dabei achtet der Einkäufer nicht nur auf Qualität, Preise, Liefertermine, sondern auch auf die Zuverlässigkeit und Kreditgewährung des Lieferers und ökologische Gesichtspunkte.

◆ **Qualitätsvergleich:** Nicht das preiswerteste Angebot ist automatisch das beste. Es sind die Ansprüche des Unternehmens, die Ansprüche, die sich aus dem Produkt ergeben, und die Ansprüche der Kunden zu berücksichtigen.

Beispiel Die Lieferer Schuster & Söhne OHG und Metall AG haben eine bessere Qualität als der Lieferer Schraub GmbH angeboten.

◆ **Terminvergleich:** Insbesondere wenn die schnelle Belieferung eine große Rolle spielt, ist die Lieferzeit ein wesentliches Kriterium für die Auswahl des Lieferers. Dies ist dann besonders wichtig, wenn bestimmte Termine bei der Herstellung eingehalten werden müssen.

◆ **Zuverlässigkeit des Lieferers:** Wenn bestimmte Lieferer in der Vergangenheit unzuverlässig gearbeitet haben, sollte auch dieser Aspekt berücksichtigt werden. Umgekehrt kann besonders zuverlässigen Lieferern selbst bei geringfügig höheren Preisen der Vorzug gegeben werden.

◆ **Preisvergleich:** Die angebotenen Preise sind auf eine einheitliche Basis zu bringen, wobei die gewährten Preisnachlässe (Rabatte, Bonus) und Skonto zu berücksichtigen sind. Ebenfalls sind die Bezugskosten (Fracht, Rollgeld) zu berücksichtigen.

Beispiel In der Bürodesign GmbH werden folgende Bezugs-/Einstandspreise für Schrauben ermittelt:

Lieferer	Schuster & Söhne OHG	Metall AG	Schraub GmbH
Stückzahl	60 000	60 000	75 000
Listeneinkaufspreis – Rabatt	5 256,00 EUR 262,80 EUR 5 %	4 788,00 EUR 478,80 EUR 10 %	6 337,50 EUR 1 267,50 EUR 20 %
Zieleinkaufspreis – Skonto	4 993,20 EUR –	4 309,20 EUR 86,18 EUR 2 %	5 070,00 EUR 152,10 EUR 3 %
Bareinkaufspreis + Bezugskosten	4 993,20 EUR 140,00 EUR	4 223,02 EUR –	4 917,90 EUR 20,00 EUR
Bezugs-/Einstands- preis insgesamt Bezugs-/Einstands- preis je 1 000 Stück	5 133,00 EUR 85,55 EUR	4 223,02 EUR 70,38 EUR	4 937,90 EUR 65,84 EUR

Wäre nur der Preis ausschlaggebend, hätte Lieferer Schraub GmbH das günstigste Angebot abgegeben.

◆ **Kreditgewährung:** Einige Lieferer bieten großzügige Zahlungsziele an, sodass selbst bei höheren Bezugs-/Einstandspreisen diesem Lieferer ein Auftrag erteilt werden kann, da bei Ausnutzung des Zahlungszieles der für die Bezahlung des Rechnungsbetrages erforderliche Geldbetrag kurzfristig anderweitig zur Verfügung steht.

◆ **Ökologische Gesichtspunkte:** Sie treten in zunehmendem Maße in den Vordergrund. So sollten Transport-, Verpackungsgesichtspunkte und die sich aus der bei der Herstellung oder Verwendung von Produkten ergebenden Umweltbelastungen unter diesem Aspekt beachtet werden.

Beispiel Die Bürodesign GmbH bezieht einen Großteil ihrer Materialien per Bahntransport, um die umweltschädigenden Belastungen des Güterkraftverkehrs zu vermeiden. Ebenfalls vereinbart sie mit allen Lieferern eine recyclinggerechte Entsorgung der Verpackungen. Bei der Auswahl von Lieferern werden solche bevorzugt, die umweltverträgliche Produktionsverfahren einsetzen und schadstoffarme Materialien liefern.

Die einzelnen **Bewertungskriterien** sind gemäß ihrer Bedeutung im Einzelfall zu **gewichten**. So kann es in einigen Fällen sein, dass der Bezugs-/Einstandspreis im Vergleich zu der Qualität weniger wichtig ist, in anderen Fällen kann der Bezugs-/Einstandspreis das wichtigste Kriterium sein. Eine Gewichtung kann dadurch erfolgen, dass jedem Kriterium ein bestimmter prozentualer Anteil an der Gesamtbedeutung zugeordnet wird.

Der Angebotsvergleich

■ Um das günstigste Angebot für eine Ware zu ermitteln, **werden die Angebote mehrerer Lieferer** miteinander verglichen. Dabei berücksichtigen Unternehmen Preise, Preisabzüge, Bezugskosten, Lieferzeit, Qualität der Ware, Zuverlässigkeit des Lieferers, Kreditgewährung und ökologische Gesichtspunkte.

1. Ein Unternehmen will von einem bestimmten Artikel 400 Stück bestellen. Hierzu liegen ihm drei Angebote vor. Geben Sie an, für welchen Lieferer sich das Unternehmen entscheiden soll, und begründen Sie Ihre Antwort.

   Rollgeld für die An- und Abfuhr je 30,00 EUR und für die Fracht 180,00 EUR.

   1. Angebot: 3,00 EUR/Stück einschließlich Verpackung, unfrei, 15 % Rabatt bei Abnahme von mindestens 300 Stück, Lieferung sofort, Zahlung innerhalb von 10 Tagen mit 2 % Skonto oder in 30 Tagen netto Kasse

   2. Angebot: 2,80 EUR/Stück zuzüglich 0,10 EUR/Stück für Verpackung, frachtfrei, 10 % Mengenrabatt, Lieferung in 14 Tagen, Zahlung innerhalb von 14 Tagen mit 3 % Skonto oder in 40 Tagen netto Kasse

   3. Angebot: 2,70 EUR/Stück einschließlich Verpackung, ab Werk, 5 % Wiederverkäuferrabatt, Lieferung in 8 Tagen, Zahlung sofort netto Kasse

2. Ein Industriebetrieb benötigt 1 200 Stück eines Werkstoffes. Es liegen drei Angebote verschiedener Lieferer vor. Ermitteln Sie den günstigsten Lieferer (Begründung).

   Angebot Lieferer Klein: Karton mit 12 Stück zu 78,00 EUR einschließlich Verpackung, Mengenrabatt ab 5 Kartons 4 %, ab 10 Kartons 10 %, ab 20 Kartons 15 %, Beförderungskosten 2 % vom Warenwert, Lieferzeit 8 Tage, Zahlungsbedingung: 2 % Skonto bei Zahlung innerhalb von 8 Tagen oder 30 Tage netto Kasse.

   Angebot Lieferer Stefer: Karton mit 6 Stück zu 36,00 EUR, Verpackung 0,20 EUR je Karton, Mengenrabatt 10 %, frei Haus, Lieferzeit 3 Tage, Zahlungsbedingung: 3 % Skonto bei Zahlung innerhalb von 10 Tagen oder 40 Tage netto Kasse

   Angebot Lieferer Schmitt-Blass: Stück 5,50 EUR, Verpackungskosten 0,40 EUR je Stück, ab Werk (Rollgeld für An- und Abfuhr je 30,00 EUR, Fracht 80,00 EUR), Lieferzeit: 1 Tag, Zahlungsbedingung: 2 % Skonto bei Zahlung innerhalb von 8 Tagen oder 20 Tage netto Kasse.

3. Begründen Sie, warum unter Umständen ein Industriebetrieb einen Lieferer bevorzugt, der höhere Bezugs-/Einstandspreise als andere Lieferer hat.

6.2.4 Besondere Arten des Kaufvertrages

Die Bürodesign GmbH vereinbart mit dem Augenarzt Dr. Herbert Greiner den Kauf von vier Bürostühlen auf Probe. Es wird eine fünftägige Rückgabefrist festgelegt. Dr. Greiner will die Stühle in dieser Zeit in seiner Praxis testen. Er zahlt 300,00 EUR an. Nach 14 Tagen kommt Dr. Greiner mit den vier Stühlen und verlangt seine Anzahlung zurück, da ihm die Stühle nicht gefallen.

Arbeitsaufträge
◆ Geben Sie Gründe an, warum die Bürodesign GmbH einen Kauf auf Probe mit Kunden vereinbart.
◆ Überprüfen Sie, ob die Bürodesign GmbH die Stühle zurücknehmen und die Anzahlung zurückzahlen muss.
◆ Erstellen Sie eine Übersicht zu den verschiedenen Arten von Kaufverträgen.

Durch unterschiedliche Vereinbarungen zwischen Verkäufer und Käufer ergeben sich verschiedene Arten von Kaufverträgen.

● Unterscheidung nach der rechtlichen Stellung der Vertragspartner

◆ **Bürgerlicher Kauf:** Wenn zwei Privatpersonen einen Kaufvertrag abschließen, spricht man von einem bürgerlichen Kauf. Es gilt das BGB.

Beispiel   Die Auszubildende Elke Grau verkauft ihrer Freundin Nadine einen gebrauchten MP3-Player.

◆ **Handelskauf:** Wenn ein Vertragspartner Kaufmann und das Geschäft für ihn ein Handelsgeschäft ist, liegt ein **einseitiger Handelskauf** (Verbrauchsgüterkauf) vor. Für den Kaufmann gilt zusätzlich zum BGB auch das HGB. Für den Privatmann gelten nur die Bestimmungen des BGB.

Beispiel   Die Auszubildende Elke Grau kauft im Verkaufsstudio der Bürodesign GmbH einen Massivholzschreibtisch.

Wenn beide Vertragspartner Kaufleute sind und im Rahmen ihres Handelsgewerbes Kaufverträge abschließen, liegt ein **zweiseitiger Handelskauf** vor. Es gelten die Bestimmungen des BGB und des HGB.

Beispiel   Die Bürodesign GmbH bestellt bei der Hankel & Cie. GmbH, Düsseldorf, 200 kg Klebstoff.

● Unterscheidung nach der Festlegung der Warenart und -güte

◆ **Stückkauf:** Die Kaufgegenstände sind **nicht vertretbare Sachen**. Die Ware kann bei Verlust oder Zerstörung nicht durch eine andere Ware ersetzt werden, da sie entweder ein Einzelstück ist oder durch Gebrauch bestimmte Eigenschaften bekommen hat. Es handelt sich bei der Ware um ein Unikat.

Beispiele   Kunstwerke, Sonderanfertigung eines Schreibtisches, gebrauchte Gegenstände

◆ **Gattungskauf:** Die Kaufgegenstände sind **vertretbare Sachen**, die nach allgemeinen Gattungsmerkmalen bestimmbar sind (z. B. Größe, Farbe, Zahl, Gewicht usw.). Von der Ware sind noch weitere gleichartige Stücke vorhanden, die untereinander austauschbar sind.

Beispiele   Spanplatten, Schlösser für Schubladen, Farben

◆ **Kauf auf Probe:** Der Käufer hat ein Rückgaberecht innerhalb einer vereinbarten Frist. Überschreitet der Käufer diese Frist, ist ein Kaufvertrag zwischen dem Verkäufer und dem Käufer zustande gekommen.

Beispiel   Die Bürodesign GmbH darf 14 Tage lang einen Verpackungsautomaten eines Herstellers ausprobieren. Bei Nichtgefallen kann sie die Maschine innerhalb der Frist zurückgeben.

◆ **Kauf nach Probe (Muster):** Der Käufer kann die Ware anhand eines Musters oder einer Probe begutachten. Die Probe oder das Muster sind **kostenlos**. Wenn dem Käufer die Probe oder das Muster gefallen, bestellt der Käufer. Die dann vom Verkäufer gelieferte Ware muss mit dem Muster oder der Probe übereinstimmen, da die Eigenschaften durch die Probe oder das Muster zugesichert sind.

Beispiel   Die Bürodesign GmbH erhält von ihrem Textilhersteller Bezugsstoffe für Bürostühle geliefert, die den von den Reisenden vorgelegten Mustern entsprechen sollen.

◆ **Kauf zur Probe:** Der Käufer kauft eine kleine Menge, um die Ware zu testen. Sagt die Ware dem Käufer zu, wird er eine größere Menge kaufen. Der Käufer muss die Probe bezahlen.

Beispiel Die Bürodesign GmbH kauft bei einem Lackhersteller eine kleine Menge schadstofffreie Holzlasur für die Fertigung, um sie auszuprobieren.

◆ **Spezifikationskauf (Bestimmungskauf):** Bei Vertragsabschluss legen Lieferer und Käufer nur die Menge und die Warenart der Gattungsware fest. Der Käufer kann innerhalb einer festgelegten Frist die zu liefernden Waren nach Farbe, Form oder Maß bestimmen. Versäumt der Käufer eine Bestimmung der Ware innerhalb der Frist, kann der Verkäufer dem Käufer eine Nachfrist setzen und nach Ablauf dieser Frist die genaue Bestimmung der Ware selbst vornehmen. Für den Käufer hat der Bestimmungskauf den Vorteil, dass er zukünftige Entwicklungen (z. B. Mode, Nachfrageveränderungen) abwarten kann.

Beispiel Die Bürodesign GmbH behält sich bei der Bestellung von textilen Bezugsstoffen für Bürostühle vor, die Farben zu einem späteren Zeitpunkt zu bestimmen.

◆ **Ramschkauf (Kauf in Bausch und Bogen oder Kauf en bloc):** Der Käufer kauft einen bestimmten Warenposten zu einem Pauschalbetrag, ohne dass für die einzelnen Waren eine bestimmte Qualität zugesichert wird.

Beispiel Aus einem Insolvenzverfahren wird der gesamte Holzbestand eines Sägewerks von der Bürodesign GmbH ersteigert.

◆ **Kauf nach Sicht:** Der Käufer kann die Waren vor Vertragsabschluss besichtigen und mögliche Mängel feststellen. Nach Kaufvertragsabschluss können keine Mängel mehr geltend gemacht werden.

Beispiele
– Vor einer Versteigerung können alle Gegenstände, die versteigert werden sollen, besichtigt werden. Wenn sich nach der Versteigerung ein Mangel herausstellt, kann der Käufer diesen nicht mehr geltend machen.
– Wenn ein gebrauchter Pkw bei einem bürgerlichen Kauf veräußert wird, wird meistens die Klausel: „Kauf nach Sicht" vereinbart.

● Unterscheidung nach dem Zeitpunkt der Zahlung

◆ **Kauf gegen Anzahlung** (vgl. S. 201): Vor der Warenlieferung muss der Käufer eine Anzahlung leisten. Der Verkäufer verlangt insbesondere dann eine Anzahlung, wenn

  ◆ er für einen Kunden Sonderanfertigungen herstellen muss,
  ◆ der Kunde eine größere Bestellung tätigt,
  ◆ der Kunde sich Ware zurücklegen lässt.

◆ **Barkauf** (vgl. S. 201): Der Käufer muss die Ware sofort bei der Übergabe der Ware bezahlen (Zug-um-Zug-Geschäft).

◆ **Zielkauf** (vgl. S. 201): Der Verkäufer räumt seinen Kunden ein Zahlungsziel ein.

◆ **Abzahlungskauf (Ratenkauf** vgl. S. 201): Durch den Ratenkauf ermöglicht der Verkäufer im Einzelhandel seinen Kunden, ihren Zahlungsverpflichtungen in Teilbeträgen (Raten) nachzukommen.

Beispiel Zahlung in sechs Monatsraten zu je 250,00 EUR

Der Käufer wird i. d. R. erst dann Eigentümer der Ware, wenn er sie vollständig bezahlt hat. Die Bestimmungen im BGB zum Verbraucherdarlehen und zum Zahlungsaufschub und sonstiger Finanzierungshilfen (§ 501ff. BGB) beinhalten einige wichtige Regelungen, die ein Verkäufer beachten muss:

◆ Teilzahlungsgeschäfte **müssen schriftlich** abgeschlossen werden.

◆ Der Käufer kann **innerhalb von zwei Wochen** nach Vertragsabschluss den Kaufvertrag **schriftlich widerrufen**.

◆ Der Kunde muss auf dieses **Widerspruchsrecht** im Kaufvertrag **hingewiesen werden** und den Hinweis getrennt vom Kaufvertrag unterschreiben.

◆ Der Kaufvertrag muss den Barzahlungspreis, den Teilzahlungspreis einschließlich aller Nebenkosten, den Betrag und die Zahl und Höhe der Teilzahlungen, Fälligkeit der Zahlungen, den effektiven Jahreszins und den Hinweis auf das gesetzliche Widerrufsrecht enthalten.

Beim Ratenkauf wird meistens zusätzlich vereinbart, dass die Weiterveräußerung der Ware nicht gestattet ist, solange der Käufer die Ware nicht vollständig bezahlt hat. Verkauft der Käufer die Ware trotzdem weiter, macht er sich der Unterschlagung (§ 246 Strafgesetzbuch StGB) schuldig.

● Unterscheidung nach dem Zeitpunkt der Eigentumsübertragung

Je nach Vereinbarung hinsichtlich des **Übergangs des Eigentums vom Verkäufer auf den Käufer** lassen sich folgende Sonderformen von Kaufverträgen unterscheiden:

◆ **Kauf unter Eigentumsvorbehalt** (vgl. AGB der Bürodesign GmbH S. 215): In der kaufmännischen Praxis **sichert der Lieferant** einer Ware, der seinen Abnehmern ein Zahlungsziel gewährt, **seine Forderung durch einen Eigentumsvorbehalt ab** (§ 448 BGB).

Durch die Vereinbarung des Eigentumsvorbehalts im Kaufvertrag **bleibt der Verkäufer bis zur vollständigen Bezahlung** des Kaufpreises **Eigentümer** der Ware. Der **Käufer** wird zunächst **nur Besitzer**. Der Eigentumsvorbehalt muss ausdrücklich im Kaufvertrag vereinbart werden, es genügt nicht, dass er bei der Lieferung auf dem Lieferschein vermerkt wird. Der Eigentumsvorbehalt kann sowohl beim einseitigen als auch beim zweiseitigen Handelskauf (vgl. S. 209) vereinbart werden.

◆ **Einfacher Eigentumsvorbehalt:** Im Kaufvertrag wird folgende Klausel aufgenommen: „**Die Ware bleibt bis zur vollständigen Bezahlung mein/unser Eigentum**". Man spricht in diesem Fall vom einfachen Eigentumsvorbehalt. Bei Lieferung unter Eigentumsvorbehalt hat der Verkäufer das **Recht**, bei nicht rechtzeitiger Bezahlung oder bei Nichtzahlung **vom Kaufvertrag zurückzutreten und die Herausgabe der Ware zu verlangen**.
Der **Eigentumsvorbehalt erlischt** in dem Moment, in dem der Käufer den Kaufpreis vollständig bezahlt hat.
Der einfache Eigentumsvorbehalt hat für den Verkäufer **folgende Vorteile**:
– Herausgabe der Ware, falls der Käufer seinen Zahlungsverpflichtungen nicht nachkommt,
– sollte der Käufer ein Insolvenzverfahren anmelden, kann der Verkäufer die Ware aus der Insolvenzmasse aussondern lassen (vgl. S. 388),
– sollte die Ware beim Käufer durch einen Vollstreckungsbeamten gepfändet werden, kann der Verkäufer die Freigabe der Ware verlangen (Drittwiderspruchsklage gegen den pfändenden Gläubiger, vgl. S. 388)

Der einfache Eigentumsvorbehalt hat folgende Nachteile:
– **Die Ware kann an einen gutgläubigen Dritten weiterverkauft werden.**
  Beispiel Ein Büromöbeleinzelhändler verkauft unter Eigentumsvorbehalt gelieferte Waren an seine Kunden weiter. Der Kunde wird Eigentümer der Ware, da er die Waren gutgläubig erworben hat.

– **Die Ware kann verarbeitet, verbraucht, vernichtet oder mit einer unbeweglichen Sache fest verbunden werden.**

Beispiele

– Eine Kfz-Werkstatt schweißt an den Pkw eines Kunden den vom Hersteller unter Eigentumsvorbehalt gelieferten Kotflügel an. Der Kunde wird Eigentümer des Kotflügels **(Verarbeitung)**.
– Ein Gemüsegroßhändler beliefert die Kantine eines Betriebes mit Gemüse und Kartoffeln unter Eigentumsvorbehalt. Nach einer Woche ist die gesamte Lieferung verbraucht **(Verbrauch)**.
– Ein Unternehmen hat von einem Kfz-Händler einen Pkw unter Eigentumsvorbehalt gekauft. Nach vier Tagen wird der Pkw durch Verschulden eines Mitarbeiters des Unternehmens bei einem Unfall zerstört **(Vernichtung)**. Um sich vor diesem Fall zu schützen, verlangt der Verkäufer vom Käufer den Abschluss einer Vollkaskoversicherung. Im Schadensfall erhält der Verkäufer Ersatz von der Versicherung.
– Ein Baustoffhändler liefert einem Privatmann, der ein Haus baut, Steine. Die Steine werden in der Außenwand des Rohbaus vermauert **(Verbindung mit einer unbeweglichen Sache)**.

In diesen Fällen erlischt der einfache Eigentumsvorbehalt.

◆ **Verlängerter Eigentumsvorbehalt:** Um sich vor den genannten Nachteilen zu schützen, vereinbart der Lieferer mit seinen Kunden den **verlängerten Eigentumsvorbehalt**, d.h., die beim Weiterverkauf entstehenden Forderungen werden an den Lieferer abgetreten, bei Verarbeitung erwirbt der Lieferer Miteigentum an der hergestellten Sache.

Beispiel Die Klassik 2000 GmbH verkauft von der Bürodesign GmbH unter Eigentumsvorbehalt gelieferte Ware an ihre Kunden weiter. Die Klassik 2000 GmbH hat ihre Kaufpreisforderung gegen ihre Kunden im Voraus an die Bürodesign GmbH abgetreten.

◆ **Erweiterter Eigentumsvorbehalt:** Eine dritte Form des Eigentumsvorbehalts stellt der **erweiterte Eigentumsvorbehalt** dar. Er liegt dann vor, wenn der Lieferer nicht nur die Forderung aus einer Warenlieferung absichert, sondern **wenn sämtliche Lieferungen an einen Käufer durch den Eigentumsvorbehalt gesichert werden**. Das Eigentum geht erst mit der Begleichung aller Forderungen des Verkäufers an den Käufer über.

Beispiel Die Bürodesign GmbH hat der Büromöbel GmbH Europa im Laufe des letzten Jahres sieben unterschiedliche Warenlieferungen zukommen lassen. Das Eigentum aller Lieferungen geht erst dann auf die Büromöbel GmbH Europa über, wenn alle sieben Lieferungen vollständig bezahlt sind.

◆ **Kommissionskauf:** Beim Kommissionsgeschäft (vgl. S. 148) schließt ein Unternehmen (Kommissionär) mit seinem Lieferer (Kommittent) einen **Kommissionsvertrag** ab, wobei der **Kommittent** Eigentümer der Ware bleibt (§ 383 HGB). Der **Kommissionär** wird Besitzer der gelieferten Ware. Er verkauft die Kommissionsware in seinem Namen. Die verkaufte Ware rechnet der Kommissionär mit dem Lieferer ab **(Verkauf in eigenem Namen für fremde Rechnung)**. Nicht verkaufte Ware gibt der Kommissionär an den Kommittenten zurück.

Besondere Arten des Kaufvertrages

- **Nach der rechtlichen Stellung der Vertragspartner** unterscheidet man bürgerlichen Kauf, einseitigen und zweiseitigen Handelskauf.
- **Nach der Art und Güte der Ware** lassen sich folgende Kaufverträge unterscheiden: Kauf auf Probe, Kauf nach Probe, Kauf zur Probe, Stück-, Gattungs-, Spezifikations-, Ramschkauf, Kauf nach Sicht.
- **Nach dem Zeitpunkt der Zahlung** unterscheidet man Kauf gegen Anzahlung, Barkauf, Zielkauf, Abzahlungskauf (Ratenkauf).
- **Nach der Lieferbedingung** unterscheidet man den Terminkauf, den Fixkauf und den Kauf auf Abruf.
- Beim **Kauf unter Eigentumsvorbehalt** bleibt der Verkäufer bis zur vollständigen Bezahlung durch den Käufer Eigentümer der Ware.
  - Beim **verlängerten Eigentumsvorbehalt** werden die beim Weiterverkauf entstehenden Forderungen vom Käufer an den Lieferer abgetreten.
  - Beim **erweiterten Eigentumsvorbehalt** geht das Eigentum an den Waren erst mit der Begleichung aller Forderungen des Verkäufers an den Käufer über.
- Beim **Kommissionskauf** wird der Käufer nur Besitzer der Ware. Er verkauft sie im Auftrag des Lieferers und kann die nicht verkaufte Ware an den Lieferer zurückgeben.

1. Erläutern Sie, welchen Vorteil der Kauf auf Probe für den Käufer und den Verkäufer hat.

2. Beschreiben Sie, wodurch sich Stück- und Gattungskauf unterscheiden.

3. Begründen Sie, warum ein Abzahlungskauf einem Kreditkauf entspricht.

4. Erläutern Sie an je einem Beispiel, wodurch ein bürgerlicher Kauf, einseitiger und zweiseitiger Handelskauf gekennzeichnet sind.

5. Erläutern Sie die Besonderheiten des Abzahlungskaufes (Ratenkaufes).

6. Beschreiben Sie die Vorteile eines Käufers aus dem
   a) Kauf auf Abruf,
   b) Kauf nach Probe,
   c) Spezifikationskauf,
   d) Kauf zur Probe.

7. Geben Sie Beispiele für die Fälle an, in denen der einfache Eigentumsvorbehalt erlischt.

8. Welche der folgenden Aussagen zum Eigentumsvorbehalt sind richtig?
   a) Der Eigentumsvorbehalt ist eine Vereinbarung zwischen Käufer und Verkäufer, nach der der Verkäufer bis zur vollständigen Bezahlung Eigentümer der Ware bleibt.
   b) Solange der Eigentumsvorbehalt besteht, darf der Käufer die unter Eigentumsvorbehalt gelieferte Ware nicht verarbeiten.
   c) Der Eigentumsvorbehalt erlischt, wenn die Ware von einem gutgläubigen Dritten erworben wird.
   d) Wird eine unter Eigentumsvorbehalt gelieferte Ware gepfändet, kann der Verkäufer die Freigabe verlangen.
   e) Der Käufer darf die unter Eigentumsvorbehalt gelieferte Ware frühestens nach einer Teilzahlung verarbeiten.
   f) Wird eine Sache unter Eigentumsvorbehalt geliefert, so genügt es, wenn dieses auf dem Lieferschein vermerkt wird.

6.2.5 Allgemeine Geschäftsbedingungen

Der selbstständige Elektromeister Udo Müller schließt schriftlich mit der Bürodesign GmbH einen Vertrag über drei Schreibtische, drei Schreibtischstühle und zehn Aktenregale ab. Mündlich verspricht die Gruppenleiterin des Verkaufsstudios, Frau Schmitz, dass die vollständige Büroeinrichtung in 14 Tagen geliefert wird. Tatsächlich kann die Büroeinrichtung wegen des Ausfalls einer Langlochbohrmaschine erst in sechs Wochen geliefert werden. Als der Kunde Müller nach Ablauf von vier Wochen vom Vertrag zurücktreten will, weist Frau Schmitz auf die Allgemeinen Geschäftsbedingungen (AGB) hin, in denen u.a. zu lesen ist (VI.2–3): „Vom Verkäufer nicht zu vertretende Störungen im Geschäftsbetrieb … verlängern die Lieferzeit entsprechend … Zum Rücktritt ist der Käufer nur berechtigt, wenn er in diesen Fällen nach Ablauf der vereinbarten Lieferfrist die Lieferung schriftlich anmahnt und diese dann innerhalb von sechs Wochen nach Eingang des Mahnschreibens des Käufers beim Verkäufer nicht an den Käufer erfolgt." Der Kunde Müller war auf die AGB ausdrücklich hingewiesen worden und hatte sie mit dem Kaufvertrag zusammen unterschrieben.

Arbeitsaufträge

◆ Überprüfen Sie, welche Auswirkungen persönliche Absprachen in einem Kaufvertrag haben.
◆ Stellen Sie fest, ob der Elektromeister Müller vom Kaufvertrag zurücktreten kann.

Im Geschäftsleben werden täglich eine Vielzahl von Verträgen abgeschlossen. Zur Vereinfachung bedient man sich **vorgedruckter Vertragsformulare**. Die in diesen vorgedruckten Verträgen aufgeführten Bedingungen, das sogenannte „**Kleingedruckte**", bezeichnet man als **Allgemeine Geschäftsbedingungen (AGB)**.

Allgemeine Geschäftsbedingungen der Bürodesign GmbH, Aurich

I. Vertragsschluss
1. Der Käufer ist zwei Wochen an die Bestellung gebunden.
2. Mit Ablauf dieser Frist kommt der Vertrag zustande, wenn der Verkäufer das Vertragsangebot nicht vorher schriftlich abgelehnt hat.

II. Preise
1. Die Preise sind Festpreise ausschließlich Mehrwertsteuer.
2. Besondere über die vertraglich einbezogenen und im Kaufpreis enthaltenen Leistungen hinausgehende, zusätzlich vereinbarte Arbeiten, wie z.B. Dekorations- oder Montagearbeiten, werden zusätzlich in Rechnung gestellt und sind spätestens bei Abnahme zu bezahlen.

3. Bei Zahlungsverzug ist der Verkäufer berechtigt, 10 % Verzugszinsen zu berechnen.

III. Änderungsvorbehalt
1. Serienmäßig hergestellte Büromöbel werden nach Muster verkauft.
2. Es besteht kein Anspruch auf Lieferung der Ausstellungsstücke, es sei denn, dass bei Vertragsabschluss eine anderweitige Vereinbarung erfolgt ist.
3. Handelsübliche Farb- und Maserungsabweichungen bei Holzoberflächen bleiben vorbehalten.
4. Ebenso bleiben handelsübliche Abweichungen bei Textilien (z. B. Möbel- und Dekorationsstoffen) vorbehalten hinsichtlich geringfügiger Abwei-

chungen in der Ausführung gegenüber Stoffmustern, insbesondere im Farbton.

IV. Lieferung
Bei Freihauslieferung erfolgt der Transport bis zum 3. Stockwerk einschließlich.

V. Montage
Hat der Verkäufer hinsichtlich der Montage aufzuhängender Einrichtungsgegenstände Bedenken wegen der Eignung der Wände, so hat er dies dem Käufer unverzüglich mitzuteilen.

VI. Lieferfrist
1. Falls der Verkäufer die vereinbarte Lieferfrist nicht einhalten kann, hat der Käufer eine angemessene Nachlieferfrist – beginnend vom Tage des Eingangs der schriftlichen Inverzugsetzung durch den Käufer, oder im Fall kalendermäßig bestimmter Lieferfrist mit deren Ablauf – zu gewähren.
2. Vom Verkäufer nicht zu vertretende Störungen im Geschäftsbetrieb, insbesondere Arbeitsausstände und Aussperrungen sowie Fälle höherer Gewalt, die auf einem unvorhersehbaren und unverschuldeten Ereignis beruhen und zu schwerwiegenden Betriebsstörungen sowohl beim Verkäufer als auch bei dessen Lieferanten führen, verlängern die Lieferzeit entsprechend.
3. Zum Rücktritt ist der Käufer nur berechtigt, wenn er in diesen Fällen nach Ablauf der vereinbarten Lieferfrist die Lieferung schriftlich anmahnt und diese dann innerhalb von sechs Wochen nach Eingang des Mahnschreibens des Käufers beim Verkäufer nicht an den Käufer erfolgt. Im Falle kalendermäßig bestimmter Lieferfrist beginnt mit deren Ablauf die 6-Wochen-Frist.

VII. Eigentumsvorbehalt
1. Die Ware bleibt bis zur vollständigen Erfüllung aller Verbindlichkeiten aus diesem Vertragsverhältnis Eigentum des Verkäufers.
2. Der Käufer hat die unter Eigentumsvorbehalt stehenden Waren pfleglich zu behandeln.

VIII. Gefahrübergang
Die Gefahr, trotz Verlustes oder Beschädigung den Preis zahlen zu müssen, geht mit der Übergabe auf den Käufer über.

IX. Annahmeverzug
1. Wenn der Käufer nach einer ihm gesetzten angemessenen Nachfrist die Abnahme verweigert oder vorher ausdrücklich erklärt, nicht abnehmen zu wollen, kann der Verkäufer vom Vertrag zurücktreten oder Schadenersatz statt der Leistung verlangen.
2. (1) Soweit der Abnahmeverzug länger als einen Monat dauert, hat der Käufer die anfallenden Lagerkosten zu zahlen.
(2) Der Verkäufer kann sich zur Lagerung auch einer Spedition bedienen.
3. Als Schadensersatz statt der Leistung bei Abnahmeverzug kann der Verkäufer 25 % des Bestellpreises ohne Abzüge fordern, sofern der Käufer nicht nachweist, dass ein Schaden überhaupt nicht oder nicht in Höhe der Pauschale entstanden ist.

X. Rücktritt
1. Der Verkäufer braucht nicht zu liefern, wenn Fälle höherer Gewalt vorliegen, sofern diese Umstände erst nach Vertragsschluss eingetreten sind; über diese Umstände hat der Verkäufer den Käufer unverzüglich zu benachrichtigen.
2. Ein Rücktrittsrecht wird dem Verkäufer zugestanden, wenn der Käufer über die seine Kreditwürdigkeit bedingenden Tatsachen unrichtige Angaben gemacht hat oder seine Zahlungen einstellt oder über sein Vermögen ein Insolvenzverfahren beantragt wurde, es sei denn, der Käufer leistet unverzüglich Vorauskasse.

XI. Sachmängelhaftung

1. Als Sachmängelhaftung kann der Käufer grundsätzlich zunächst nur Nachbesserung verlangen.
2. Der Verkäufer kann statt nachzubessern eine Ersatzsache liefern.
3. Der Käufer kann Rückgängigmachung des Vertrages oder Herabsetzung des Preises (Minderung) verlangen, wenn die Nachbesserung fehlschlägt oder der Verkäufer die Ersatzlieferung verweigert oder nicht innerhalb angemessener Frist erbringt.
4. (1) Sachmängelhaftungsansprüche verjähren nach zwei Jahren ab Übergabe.
(2) Sachmängelhaftungsansprüche wegen offensichtlicher Mängel erlöschen, wenn sie der Käufer nicht binnen zwei Wochen seit Übergabe rügt.

XII. Erfüllungsort und Gerichtsstand
Erfüllungsort und Gerichtsstand ist in jedem Fall Aurich.

XIII. Vertragsänderungen
Zusätzliche oder abweichende Vereinbarungen bedürfen der schriftlichen Form.

Die Bestimmungen der AGB können vom BGB abweichen. Hieraus ergibt sich ein **Interessenkonflikt** zwischen den **Interessen des Verkäufers** (Zeit-, Kostenersparnis und Besserstellung, als es das BGB vorsieht) und den **Interessen des Käufers**. Um zu verhindern, dass der Käufer unangemessen benachteiligt wird, hat der Gesetzgeber im BGB die Gestaltung rechtsgeschäftlicher Schuldverhältnisse durch Allgemeine Geschäftsbedingungen (§ 305ff. BGB) erlassen. Die meisten Bestimmungen zu den AGB im BGB gelten für einseitige Handelsgeschäfte, einige auch für zweiseitige Handelsgeschäfte:

● Klauseln, die bei ein- und zweiseitigen Handelsgeschäften gelten

◆ **Überraschende Klauseln (§ 305c BGB):** Enthalten die AGB überraschende Klauseln, mit denen der Käufer nicht zu rechnen braucht, sind diese unwirksam:

Beispiel In den AGB der „Bürogeräte GmbH" ist eine Klausel enthalten, dass der Käufer eines Kopiergerätes in den ersten zwei Jahren verpflichtet ist, das Kopierpapier bei der Bürogeräte GmbH zu kaufen. Diese Klausel ist so überraschend, dass sie nicht Bestandteil des Vertrages wird.

◆ **Vorrang von persönlichen Absprachen (§ 305b BGB):** Persönliche Absprachen zwischen dem Verkäufer und dem Käufer haben Vorrang vor den AGB.

Beispiel Als Liefertermin für eine Spezialmaschine wurde zwischen dem Verkäufer und dem Käufer schriftlich der 1. Oktober vereinbart. In den AGB steht jedoch, dass Liefertermine grundsätzlich unverbindlich sind. Als Liefertermin gilt trotzdem der 1. Oktober, da persönliche Absprachen Vorrang vor den AGB haben.

◆ **Rechtsfolgen bei Unwirksamkeit der AGB (§ 306 BGB):** Sind einzelne Teile der AGB unwirksam, so bleibt der Vertrag bestehen. Der Inhalt des Vertrages richtet sich dann nach den gesetzlichen Vorschriften. Diese sind meistens die Bestimmungen des BGB.

◆ **Generalklausel und Klauselverbote (§ 308f. BGB):** Bestimmungen in den AGB sind unwirksam, wenn sie den Vertragspartner entgegen dem Gebot von Treu und Glauben unangemessen benachteiligen.

Beispiel Ein Möbelhersteller liefert eine Ledergarnitur nicht wie vereinbart in schwarz, sondern in braun. In den AGB steht: „Modelländerungen vorbehalten". Der Kunde muss aber nur Änderungen hinnehmen, die technisch unvermeidbar oder völlig belanglos sind, so können z.B. Lederbezüge nicht immer in völlig gleichem Farbton hergestellt werden. Eine Ledergarnitur, die in schwarz bestellt wurde, kann folglich nicht in braun geliefert werden. Der Verkäufer verstößt gegen das Gebot von Treu und Glauben.

● Klauseln, die nur bei einseitigen Handelsgeschäften gelten

◆ **Einbeziehung in den Vertrag (§ 305 BGB):** Die AGB werden nur dann Bestandteil des Vertrages, wenn der Käufer

- ◆ vor Vertragsabschluss ausdrücklich auf die AGB hingewiesen wird, dieses kann durch einen deutlich sichtbaren Aushang am Orte des Vertragsabschlusses (Geschäftsräume des Unternehmens) oder durch einen persönlichen Hinweis des Verkäufers geschehen,

- ◆ vom Inhalt der AGB Kenntnis nehmen kann,

- ◆ sein Einverständnis zu den AGB gegeben hat.

  Beispiel Die Bürodesign GmbH verkauft einem Kunden im Verkaufsstudio einen Schreibtisch „Chef 2000". Der Verkäufer hatte den Kunden nicht auf die AGB hingewiesen. Diese sind auf der Rückseite des Lieferscheins aufgedruckt. Bringt der Kunde den Schreibtisch aufgrund eines Materialfehlers zurück, dann gelten die Bestimmungen des BGB.

◆ **Verbotene und damit unwirksame Klauseln in Kaufverträgen bei einseitigen Handelsgeschäften sind**

- ◆ nachträgliche kurzfristige Preiserhöhung (binnen vier Monaten nach Vertragsabschluss),

- ◆ Verkürzung der gesetzlichen Sachmängelhaftungsfristen (vgl. S. 231),

- ◆ Rücktrittsvorbehalte des Verkäufers (Der Verkäufer behält sich vor, die versprochene Leistung zu ändern oder von ihr abzuweichen.),

- ◆ Ausschluss der Haftung des Verkäufers bei grobem Verschulden,

- ◆ unangemessen lange Lieferfristen,

- ◆ Ausschluss von Reklamationsrechten (Der Lieferer darf die gesetzlichen Sachmängelhaftungsrechte des Käufers nicht ausschließen. Der Käufer muss immer ein Recht auf Nachbesserung oder Ersatzlieferung behalten, vgl. S. 232),

- ◆ Beschneidung von Kundenrechten bei verspäteter Lieferung.

Diese Klauseln finden keine Anwendung bei zweiseitigen Handelskäufen, da Kaufleute die Probleme und Nachteile, die in diesen AGB des Vertragspartners stecken, erkennen und sich entsprechend wehren können.

Allgemeine Geschäftsbedingungen

- ■ In den AGB legt ein Kaufmann die **grundsätzliche Ausgestaltung der Verträge für seine Lieferungen fest**.
- ■ Durch § 305ff. des BGB zu den AGB wird ein Käufer vor unseriösen AGB geschützt.
- ■ Grundsätzlich **haben persönliche Absprachen Vorrang** vor den AGB.
- ■ Klauseln, die den Käufer entgegen dem **Grundsatz von Treu und Glauben** unangemessen benachteiligen, sind unwirksam.
- ■ Wenn AGB unwirksam werden, richtet sich der Inhalt des Vertrages nach den **gesetzlichen Vorschriften** des BGB.

1. Bringen Sie die AGB aus Ihren Betrieben mit und stellen Sie eine Materialsammlung mit den AGB von zehn Unternehmen zusammen. Vergleichen Sie diese AGB mit denen der Bürodesign GmbH.

2. Erläutern Sie anhand von Beispielen
   a) Klauseln aus dem BGB zu den AGB, die bei ein- und zweiseitigen Handelsgeschäften gelten,
   b) Klauseln aus dem BGB zu den AGB, die nur bei einseitigen Handelsgeschäften gelten.

3. Entscheiden und begründen Sie in den folgenden Fällen, ob das BGB verletzt wurde.
   a) Beim Kauf einer Hi-Fi-Anlage verkürzt der Verkäufer in den AGB die Sachmängelhaftungsfrist auf einen Monat.
   b) Zwei Wochen nach Vertragsabschluss teilt der Verkäufer dem Kunden mit, dass die bestellte Ware sich aufgrund einer Preiserhöhung um 20 % verteuert.
   c) In den AGB steht: „Die Lieferfrist beträgt mindestens sechs Wochen". Der Verkäufer hat dem Kunden schriftlich zugesichert: Lieferung in drei Wochen. Welche Lieferfrist ist für den Verkäufer verbindlich?
   d) In den AGB steht: „Die gelieferten Waren bleiben bis zur vollständigen Bezahlung des Kaufpreises Eigentum des Verkäufers."
   e) Im Kaufvertrag über eine Gartenmöbelgarnitur behält sich der Verkäufer vor, dass er statt der bestellten Buchenholzgarnitur Kunststoffmöbel liefern soll.

4. Gerda Schmitz liest nachfolgenden auszugsweise wiedergegebenen AGB-Grundsatz: „… ist auch eine Bestimmung, durch die bei Verträgen über Lieferungen neu hergestellter Sachen die Sachmängelhaftungsansprüche ausgeschlossen werden." Geben Sie an, mit welchem Begriff dieser AGB-Rechtsgrundsatz sinnvoll zu ergänzen ist.
   a) verbindlich,   d) unwiderruflich,
   b) unwirksam,   e) teilweise wirksam
   c) wirksam,

5. Der Textileinzelhändler Arnold Heister e. K. hat mit der Bürodesign GmbH am 1. Juni einen Kaufvertrag über die Lieferung zweier Verkaufstheken abgeschlossen.
   a) Die Lieferung sollte in sechs Wochen erfolgen. Geliefert wird aber erst am 15. Oktober. Aus dem Rechnungsbeleg geht hervor, dass der Preis inzwischen um 10 % gestiegen ist. Kann die Bürodesign GmbH einen um 10 % höheren Preis verlangen? (Begründung)
   b) Nachdem die Verkaufstheken aufgestellt worden sind, stellt Arnold Heister fest, dass der Farbton geringfügig heller als beim Ausstellungsstück ist. Muss Arnold Heister die geringfügige Farbabweichung akzeptieren? (Begründung)

6. Welche der folgenden Aussagen zu den AGB ist richtig?
   a) Die Paragrafen im BGB zu den AGB schützen den Verkäufer vor überzogenen Wünschen der Kunden.
   b) Die Paragrafen im BGB zu den AGB ermöglichen es dem Verkäufer, in seinen allgemeinen Geschäftsbedingungen bei Sonderangeboten das gesetzliche Reklamationsrecht des Kunden auszuschließen.
   c) Nach den Paragrafen im BGB zu den AGB sind die allgemeinen Geschäftsbedingungen eines Verkäufers auch dann wirksam, wenn der Kunde bei Vertragsabschluss nicht ausdrücklich auf sie hingewiesen worden ist.
   d) Eine Bestimmung aus den allgemeinen Geschäftsbedingungen eines Verkäufers, die nach den Paragrafen im BGB zu den AGB nicht zulässig ist, fällt ersatzlos weg. Es gelten dann die gesetzlichen Regelungen.

7. Begründen Sie, warum Unternehmen ihre Geschäftsbedingungen bereits vorformuliert haben.

8. Erläutern Sie, unter welchen Voraussetzungen bei einseitigen Handelsgeschäften die Allgemeinen Geschäftsbedingungen Bestandteil des Vertrages werden.

9. Erklären Sie, warum persönliche Absprachen Vorrang vor den Allgemeinen Geschäftsbedingungen haben.

6.2.6 Bestellung, Auftragsbestätigung und E-Commerce

Die Bürodesign GmbH bestellt aufgrund eines Angebotes vom 1. April mit nachfolgendem Schreiben bei der Hankel & Cie. GmbH Klebstoffe, Leime, Farben und Lasuren.

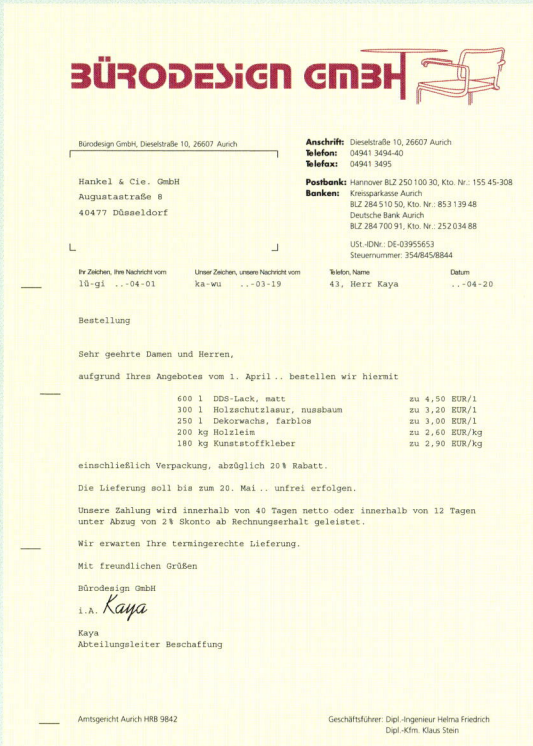

Nach einer Woche geht eine briefliche Antwort von Hankel & Cie. GmbH ein, in der diese erklärt, sie könne die bestellten Waren nur noch zu einem um 10 % höheren Preis liefern, da die Zulieferer die Preise erhöht hätten. Außerdem habe die Bürodesign GmbH zu spät bestellt, da seit dem Angebot bereits drei Wochen vergangen sind.

Arbeitsaufträge
◆ Begründen Sie, ob die Bürodesign GmbH auf einer Lieferung zu den alten Preisen bestehen kann.
◆ Erläutern Sie einige Internet-Dienste und Akteure beim E-Commerce.

● Bestellung

Die Bestellung ist eine **Willenserklärung des Käufers, eine bestimmte Ware zu den im Angebot angegebenen Bedingungen zu kaufen**. Die Bestellung kann durch den Käufer schriftlich, fernschriftlich, mündlich oder telefonisch abgegeben werden, sie ist an keine Formvorschriften gebunden und für den Bestellenden immer verbindlich.

Die Bestellung soll folgende Angaben enthalten:

◆ Art und Güte (Qualität und Beschaffenheit) der Waren
◆ Preis und Preisnachlässe
◆ Lieferungs- und Zahlungsbedingungen

◆ Menge
◆ Lieferzeit

Wird in der Bestellung auf ein ausführliches Angebot Bezug genommen, ist die Wiederholung aller Angaben nicht erforderlich, es reicht dann die genaue Angabe der Ware (z. B. Artikelnummer), der Bestellmenge und des Preises der Ware.

Ein Besteller kann eine **Bestellung widerrufen**, wenn er dem Lieferer eine entsprechende Nachricht vor oder spätestens gleichzeitig mit der Bestellung zukommen lässt.

Beispiel   Die Bürodesign GmbH hat irrtümlich in ihrer brieflichen Bestellung 100 Stück statt 10 Stück angegeben. Nach einem Tag bemerkt ein Mitarbeiter der Bürodesign GmbH den Irrtum und ruft den Lieferer sofort an, um die Bestellung zu widerrufen. In der Regel dauert die Zustellung eines Briefes etwa zwei bis drei Tage, somit hat die Bürodesign GmbH rechtzeitig vor Eintreffen der Bestellung widerrufen.

● Auftragsbestätigung (Bestellungsannahme)

Ein Lieferer kann die Bestellung des Käufers mündlich, fernmündlich, schriftlich oder fernschriftlich bestätigen. Die **Auftragsbestätigung (Bestellungsannahme)** ist eine Willenserklärung des Lieferers, mit der er sich bereiterklärt, die bestellte Ware zu den angebenen Bedingungen zu liefern.

Die Auftragsbestätigung kann für das **Zustandekommen eines Kaufvertrages** in folgenden Fällen **erforderlich** sein:

◆ **Der Bestellung ist kein Angebot vorausgegangen.**

Beispiel   Die Bürodesign GmbH bestellt bei einem Lieferer 130 m² Furnierholz zu 20,00 EUR/m², ohne dass der Bürodesign GmbH ein Angebot vorlag. Der Kaufvertrag kommt mit der Bestellungsannahme zustande.

Bei sofortiger Lieferung kann auf eine Bestellungsannahme verzichtet werden, in diesem Fall gilt die Lieferung als Annahme der Bestellung.

◆ **Die Bestellung weicht vom Angebot ab.**

Beispiel   Die Bürodesign GmbH bestellt 300 Liter Farblasur zu 5,00 EUR/l, das Angebot des Lieferers lautete über 6,00 EUR/l. Erst durch eine Bestellungsannahme über 5,00 EUR/l kommt der Kaufvertrag zustande.

◆ **Das Angebot des Lieferers ist freibleibend.**

Beispiel   Die Bürodesign GmbH bestellt aufgrund eines Angebotes des Lieferers, in dem die Klausel „Preise freibleibend" vermerkt war. Erst durch die Bestellungsannahme kommt der Kaufvertrag zustande.

◆ **Die Bindungsfrist an das Angebot ist abgelaufen.**

Beispiel   Die Bürodesign GmbH bestellt bei der Stammes Stahlrohr GmbH aufgrund eines Faxangebotes nach einer Woche einen Sonderposten Alurohre. Erst durch die Bestellungsannahme kommt der Kaufvertrag zustande.

● Electronic Commerce (E-Commerce, E-Business)

Unter Electronic Commerce versteht man den elektronischen Austausch und die elektronische Abwicklung von Informationen, Gütern, Zahlungen und Geschäftstransaktionen.

◆ **Internet-Dienste:** Sie sind die wesentliche Kommunikationsplattform des E-Commerce.

Internet-Dienst	Erläuterungen	Beispiele
E-Mail	**Elektronische Post:** Informationen können weltweit und binnen Sekunden versandt werden, Anhänge sind möglich (alle Dateiformate, Texte, Grafiken, Videos, Sound usw.), Serienbriefe sind einfach erstellbar, direkte Antwortmöglichkeiten.	Die Bürodesign GmbH erstellt einen Newsletter für spezielle Kundengruppen, als Anhang können Fotos von neuen Produkten versandt werden. Kundenanfragen können per E-Mail schnellstens beantwortet werden.
FTP	**File Transfer Protocol:** Dateien aller Formate (Texte, Grafiken, Datenbankauszüge, Video, Sound) können zwischen verschiedenen Rechnern übertragen werden (Upload, Download).	Die Bürodesign GmbH stellt auf ihrer Website Download-Files zur Verfügung, bei Bedarf können Interessenten sich Videosequenzen von Büroausstattungen, Katalogauszüge usw. downloaden.
IRC	**Internet Relay Chat:** Textbasierende Kommunikation zwischen mehreren Benutzern. In sogenannten Chat-Räumen „unterhalten" sich Personen, indem sie kurze Textmeldungen versenden.	Im Chat-Raum der Bürodesign GmbH werden gezielte Fragen von Kunden beantwortet und Produkteigenschaften sowie Liefer- und Zahlungsbedingungen diskutiert.
Newsgroups	**Diskussionsforen:** Interessengruppen tauschen Informationen aus. Zu bestimmten Themen können Meinungen oder Fragen „gepostet" werden. Die Leser der Newsgroups senden ihre Stellungnahmen, die wiederum beantwortet werden usw.	Die Bürodesign GmbH beteiligt sich an der Newsgroup „Ergonomie im Büro". Hier erhält sie Anregungen zur Produktionsverbesserung und -gestaltung, sie kann aber auch eigene Anregungen abgeben und auf Stellungnahmen reagieren.
Net-Phoning	**Internet-Telefonie:** Via Internet werden Verbindungen zum akustischen zeitgleichen Datenaustausch hergestellt. So kann bei Einbeziehung einer Webkamera eine Videokonferenz durchgeführt werden.	Für kurzfristige Entscheidungen mit Lieferern setzt die Bürodesign GmbH Videokonferenzen ein, um Reisekosten zu sparen.
www	**World Wide Web:** In diesem Dienst werden die klassischen Internetdienste unter einer multimedialen Oberfläche zusammengefasst. Auf Websites werden Informationen präsentiert und über Links wird auf weitere Seiten verwiesen. Ferner werden Möglichkeiten zur Kommunikation (E-Mail, Gästebuch usw.) sowie zum Download von Dateien angeboten.	Die Web-Präsenz der Bürodesign GmbH beginnt mit der Homepage. Dem Besucher der Seite werden Navigationshilfen geboten (Site-Map, Suchhilfe). Es können z. B. Produktbeschreibungen, Preislisten und AGB abgerufen werden und ein Newsletter abonniert werden, ferner kann direkt per E-Mail Kontakt aufgenommen werden.

SWL

E-Commerce kann einerseits sämtliche **Geschäftsprozesse** innerhalb eines Unternehmens und seiner Beziehungen zur Umwelt (Kunden, Lieferer, Banken, Spediteure usw.) tief greifend beeinflussen und andererseits völlig neue **Geschäftsmodelle** hervorbringen.

◆ **Akteure im E-Commerce:** Die Beteiligten im E-Commerce können Unternehmen (Business), Endverbraucher (Customer) oder staatliche Einrichtungen (Government) sein.

	Business	Customer	Government
Business	**B-to-B, B2B** Alle Transaktionen zwischen Unternehmen, z. B. Beschaffung, Zahlungsabwicklung, Kooperationen, Marktplätze	**B-to-C, B2C** Alle Vertriebsaktivitäten mit Endverbraucher als Zielgruppe, z. B. Teleshopping, Tele-Service, Homebanking, Reisen buchen	**B-to-G, B2G** Aktivitäten zwischen Unternehmen und staatlichen Einrichtungen, z. B. Umsatzsteuervoranmeldung, Nachfrage nach Gewerbeflächen
Customer	**C-to-B, C2B** Aktivitäten, die vom Endverbraucher ausgehen und sich an Unternehmen richten, z. B. PowerShopping), elektronische Bewerbungen	**C-to-C, C2C** Transaktionen zwischen Privatleuten, z. B. Gebrauchtwarenbörsen, Kleinanzeigenmärkte, Gelegenheitsarbeiten	**C-to-G, C2G** Aktivitäten zwischen Privatleuten und staatlichen Einrichtungen, z. B. Anfragen, Steuererklärungen
Government	**G-to-B, G2B** Aktivitäten staatlicher Einrichtungen, die sich an Unternehmen richten, z. B. Steuerabwicklung, Vermittlung von Arbeitskräften	**G-to-C, G2C** Aktivitäten staatlicher Einrichtungen, die sich an Privatleute richten, z. B. Abrechnung von Gebühren, Bürgerinformationen	**G-to-G, G2G** Abwicklung von Prozessen zwischen staatlichen Einrichtungen, z. B. Kommunikation, gemeinsame Verarbeitung von Daten

◆ **E-Commerce-Geschäftsmodelle:** Die E-Commerce-Geschäftsmodelle zeigen eine breite Vielfalt auf. Sie entwickeln sich ständig weiter und es entstehen z. T. völlig neue Modelle.

Beispiele

E-Shop	Elektronischer Handel mit allen Aspekten der Werbung, Produktdemonstration (Online-Kataloge), Bestellung, Auftragsbestätigung, Rechnungsstellung, Versandüberwachung und Bezahlung, B2B oder B2C.
E-Mall	Virtueller Zusammenschluss unabhängiger E-Shops zu einem elektronischen Marktplatz, B2B oder B2C.
E-Procurement	Elektronisches Beschaffungssystem für Unternehmen, mit elektronischen Ausschreibungen (auch von Behörden) sowie Ausschreibungskooperationen, elektronischen Verhandlungen und Vertragsabschlüssen, B2B, G2B, B2G.
E-Auction	Virtuelle Auktionen im WWW bietet Käufern günstige Einkaufsmöglichkeiten und Verkäufern zusätzlichen Vertriebskanal, B2B, B2C, C2C.
Power-Shopping	Produkte werden im WWW mit einem Startpreis angeboten, je mehr Interessenten sich finden, desto günstiger wird der Endpreis. Hier können sich auch Einkaufsgemeinschaften bilden, um Rabatte zu erzielen.

Information-Broking	Qualifizierte Recherchedienste, z. B. für Marktforschungsdaten, Informationen über Branchen, Geschäftspartner usw.
Virtual Communitiy	Spezielle Interessengruppen werden angesprochen (z. B. Heimwerker, Senioren, Schüler usw.), sie bilden eine „Online-Gemeinde". Die Community ist gleichzeitig Kommunikations- und Einkaufsplattform.
Advertising Models	Sonderwerbeformen im Internet (Banner-, Link-Tausch) sowie Online-Marktforschung.

◆ **Rechtliche Aspekte des E-Commerce:** Grundsätzlich gelten im E-Commerce die gleichen rechtlichen Bestimmungen (z. B. Kaufvertragsrecht) wie im nicht elektronischen Geschäftsleben auch. Probleme treten jedoch auf, wenn ausländische Geschäftspartner miteinander agieren. Hier sind vertragliche Regelungen erforderlich. Speziell für Privatkunden gelten ab dem Jahr 2002 in Deutschland die Vorschriften über Fernabsatzverträge (§ 312 BGB). Der Paragraf sichert dem Verbraucher diverse Rechte, z. B. Rückgabe von Waren binnen zwei Wochen, Widerrufsrecht, Informations- und Aufklärungspflicht für Anbieter. Das Signaturgesetz (SigG) regelt die Grundfragen für elektronische Unterschriften. Elektronische Dokumente können mit gleicher Rechtswirkung wie solche aus Papier versandt werden.

Bestellung, Auftragsbestätigung und E-Commerce

- Die Bestellung ist die **Willenserkärung des Käufers, bestimmte Waren zu bestimmten Bedingungen zu kaufen.**
- Die Bestellung ist an **keine Formvorschrift** gebunden und kann **schriftlich, fernschriftlich, mündlich oder telefonisch** erteilt werden.
- Die Bestellung sollte möglichst alle Bedingungen eines Angebotes enthalten, **mindestens jedoch Warenart, Menge, Preis.**
- **Widerruf der Bestellung** muss **spätestens gleichzeitig mit Bestellung** beim Lieferer sein.
- Die **Bestellungsannahme (Auftragsbestätigung) ist in folgenden Fällen erforderlich,** damit ein **Kaufvertrag zustande kommt:** Abweichende Bestellung, Bestellung ohne vorliegendes Angebot oder aufgrund eines freibleibenden Angebots, abgelaufene Bindungsfrist an das Angebot.
- **E-Commerce:** Elektronischer Austausch von Informationen, Gütern, Dienstleistungen, Zahlungen.

---

1. In welchen der nachfolgenden Fälle ist eine Bestellungsannahme (Auftragsbestätigung) für das Zustandekommen des Kaufvertrages erforderlich?
   a) Der Lieferer macht dem Großhändler ein telefonisches Angebot. Der Großhändler bestellt einen Tag später schriftlich zu den telefonisch vereinbarten Bedingungen.
   b) Der Lieferer macht dem Großhändler ein freibleibendes Angebot per Brief. Der Großhändler bestellt zu den angegebenen Bedingungen per Telefax.
   c) Der Lieferer bietet dem Großhändler einen Artikel zu 6,80 EUR/Stück an. Der Großhändler bestellt termingerecht zu 6,60 EUR/Stück.
   d) Ein Großhändler bestellt aufgrund eines brieflichen Angebotes des Lieferers sofort nach Erhalt des Briefes telefonisch zu den angegebenen Bedingungen.

2. Die Bürodesign GmbH hat irrtümlich eine falsche Bestellung per Brief aufgegeben. Erläutern Sie, wie die Bürodesign GmbH sich verhalten soll, um die falsche Bestellung zu widerrufen.

3. Welche Angaben sollte eine Bestellung beinhalten, wenn
   a) der Besteller aufgrund eines ausführlichen Angebotes,
   b) ohne Vorliegen eines Angebotes bestellt?

4. Erläutern Sie, welche rechtliche Bedeutung eine Bestellung hat.

5. Erstellen Sie mithilfe des Internets eine Übersicht über Anbieter von Büromöbeln.

6. Entwerfen Sie für die Bürodesign GmbH am PC eine Auftragsbestätigung und einen Bestellvordruck.

7. Erläutern Sie, in welchen Fällen es für das Zustandekommen des Kaufvertrages erforderlich ist, eine Auftragsbestätigung an den Kunden zu schicken.

6.2.7 Überwachung der störungsfreien Erfüllung des Kaufvertrages

Herr Wilke, Gruppenleiter Metallbau, will am Montagmorgen mit der geplanten Fertigung des Rahmens für den Konferenztisch „Logo" beginnen. Er beauftragt einen Mitarbeiter, aus dem Lager die erforderlichen verchromten Stahlrohre zu holen. Nach zehn Minuten kommt dieser zurück und berichtet, dass die Stahlrohre nicht am Lager sind. Sofort geht Herr Wilke zum zuständigen Einkaufsdisponenten, Herrn Miebach. „Wieso sind denn die Stahlrohre für den „Logo" noch nicht da, wie sollen wir denn da produzieren", fragt Herr Wilke ärgerlich. „Wir haben rechtzeitig bestellt", erwidert Herr Miebach, „aber letzte Woche Freitag war bei uns so viel los, daher konnte ich die Einhaltung der Liefertermine nicht überwachen. Außerdem, was kann ich dafür, wenn ordnungsgemäß bestellte Waren nicht rechtzeitig geliefert werden!"

Arbeitsauftrag
◆ Stellen Sie fest, wie die ordnungsgemäße Erfüllung des Kaufvertrages überwacht werden kann.

Die Bestellung bei einem Lieferer bewirkt eine Reihe von Arbeitsgängen. Art und Reihenfolge richten sich nach den jeweiligen betrieblichen Gegebenheiten.

● Kontrolle des Liefertermins

Die Bestellung kann dem Lieferer mündlich, schriftlich oder fernschriftlich zugesandt werden. Um den betrieblichen Arbeitsablauf durch verspätete Lieferungen nicht zu gefährden, ist eine permanente Kontrolle der vereinbarten Liefertermine vorzunehmen. Zum Zwecke der Terminüberwachung können die Bestelldaten mithilfe der EDV in einer **Bestelldatei,** in der alle ausstehenden Bestellungen erfasst sind, gespeichert werden. Hält ein Lieferer den vereinbarten Liefertermin nicht ein, muss dieser umgehend gemahnt werden (vgl. S. 227).

● Kontrolle des Wareneingangs (Warenannahme)

Bestellte Waren werden dem Käufer i.d.R. durch Frachtführer oder die Deutsche Post AG zugestellt. Damit der Käufer nicht sein Recht auf Reklamation (Mängelrüge, vgl. S. 226) beim Lieferer verliert, müssen bei der Warenannahme folgende Sachverhalte beachtet werden:

◆ **Äußere Prüfung der Warensendung:** In Anwesenheit des Frachtführers muss vom Käufer sofort, d.h. ohne jede Verzögerung, geprüft werden, ob

- ◆ die Anschriften des Absenders und des Empfängers auf dem Lieferschein zutreffend sind,

- ◆ die Waren bestellt waren (Vergleich von Lieferschein und Bestellung),

- ◆ die Verpackung Beschädigungen aufweist,

- ◆ die Anzahl und das Gewicht der Versandstücke (Colli) mit dem Lieferschein und der Bestellung übereinstimmen.

Falls sich bei der sofortigen Prüfung Beanstandungen ergeben, erstellt der Käufer eine **Tatbestandsaufnahme (Schadensprotokoll)** in Gegenwart des Frachtführers. Hierin werden die Mängel schriftlich erfasst und vom Frachtführer durch seine Unterschrift bestätigt. Der Käufer erklärt, dass er die Waren nur „unter Vorbehalt" annimmt, d.h., er behält sich weitere rechtliche Schritte gegen den Lieferer vor (vgl. S. 226). Der Empfang der Ware wird auf den Warenbegleitpapieren bestätigt.

◆ **Innere Prüfung der Warensendung:** Sie beinhaltet die Überprüfung des Inhaltes der Sendung, ob Artikel, Mengen, Art und Güte der Warensendung in Ordnung sind. Hierzu ist es erforderlich, dass verpackte Waren ausgepackt werden. Die Prüfung kann bei umfangreichen Lieferungen auch stichprobenartig erfolgen. Sie ist unverzüglich vorzunehmen, d.h., der Käufer darf die Warenprüfung nicht schuldhaft verzögern, sondern er muss zum nächstmöglichen Zeitpunkt die Ware auf mögliche Mängel prüfen, sonst verliert er seine Rechte aus der Mängelrüge (vgl. S. 226).

Beispiel Bei der Bürodesign GmbH wird eine Lieferung von 40 Kisten Stoffbezügen für Bürostühle am Dienstag um 17:15 Uhr angeliefert. Die sofortige Warenprüfung in Gegenwart des Frachtführers ergibt keine Beanstandungen. Am nächsten Morgen werden die Waren ausgepackt und im Einzelnen geprüft. Die Prüfung der Ware wurde von der Bürodesign GmbH ohne schuldhafte Verzögerung durchgeführt, sie handelte somit unverzüglich.

● Rechnungsprüfung

Im Rahmen der Rechnungsprüfung wird die mit dem Eingangsstempel versehene Rechnung auf ihre Richtigkeit geprüft. Es wird geprüft, ob sie

- ◆ **sachlich korrekt** ist, d.h. Vergleich der Rechnung mit der Bestellung,

- ◆ **rechnerisch korrekt** ist, d.h. Überprüfung der Mengen, Einzel- und Gesamtpreise, Rabatte, Skonti, Fracht- und Verpackungskosten. Nach der Rechnungsprüfung erfolgt die Buchung auf den entsprechenden Konten.

● Zahlungstermin

Die Zahlung an den Lieferer sollte am Fälligkeitstag erfolgen. So wird vermieden, dass man in Zahlungsverzug (vgl. S. 267) gerät und möglicherweise Verzugszinsen zahlen muss. Der Rechnungsbetrag sollte abzüglich Skonto am letzten Tag der Skontofrist überwiesen werden.

> **Überwachung der störungsfreien Erfüllung des Kaufvertrages**
> - Die **Terminüberwachung** ist erforderlich, da der Fertigungsablauf bei verspäteter Lieferung gestört werden kann.
> - Bei der **Warenannahme** muss die gelieferte Ware überprüft werden, damit der Käufer nicht das Recht auf Reklamation beim Lieferer verliert. Es muss geprüft werden:
>   - **sofort** in Anwesenheit des Frachtführers
>   - Berechtigung der Lieferung
>   - Zustand der Verpackung
>   - Zahl der Versandstücke
>   - **Bei Beanstandungen:** Tatbestandsaufnahme (Schadensprotokoll)
>   - **unverzüglich**
>   - Art der Ware
>   - Qualität der Ware
>   - Güte (Qualität und Beschaffenheit) der Ware
>   - **Bei Beanstandungen:** Mängelrüge
> - Eine Eingangsrechnung muss auf ihre **sachliche und rechnerische Richtigkeit (Rechnungsprüfung)** überprüft werden.
> - Eingangsrechnungen sollten rechtzeitig zur Zahlung angewiesen werden **(Kontrolle des Zahlungstermins)**, um Verzugszinsen zu vermeiden.

1. Beschreiben Sie den Vorgang einer Bestellung in Ihrem Ausbildungsbetrieb von der Abgabe der Bestellung bis zur Kontrolle des Zahlungstermins.

2. Begründen Sie, warum es für den Besteller erforderlich ist, die genaue Einhaltung des Liefertermins zu überwachen.

3. Geben Sie an, welche Daten bei einer Eingangsrechnung zu überprüfen sind.

4. Erläutern Sie, wie sich ein Käufer verhalten soll, der bei der Warenannahme Beanstandungen hat.

5. Erstellen Sie eine Tatbestandsaufnahme mit Angaben Ihres Ausbildungsbetriebes.

6.3   Störungen bei der Abwicklung des Kaufvertrages

6.3.1   Nicht-Rechtzeitig-Lieferung (Lieferungsverzug)

Die Bürodesign GmbH hat am 20. Januar bei der Abels, Wirtz & Co KG 1 000 Messingbeschläge bestellt. Als Lieferfrist wurde vier Wochen nach dem Eingang der Bestellung vereinbart. Am 28. Februar stellt die Bürodesign GmbH fest, dass die bestellten Messingbeschläge noch nicht eingetroffen sind. Bei einer telefonischen Rückfrage bei der Abels, Wirtz & Co KG erfährt Herr Miebach, dass die Messingbeschläge aufgrund einer produktionsbedingten Störung erst in drei Wochen geliefert werden können. Herr Miebach besteht auf der sofortigen Lieferung und teilt dieses dem Lieferer telefonisch und schriftlich mit.

Arbeitsaufträge
◆ Stellen Sie die Voraussetzungen für einen Lieferungsverzug fest.
◆ Begründen Sie, welches Recht die Bürodesign GmbH im vorliegenden Fall in Anspruch nehmen sollte.

● Voraussetzungen der Nicht-Rechtzeitig-Lieferung

Der Lieferer hat sich im Kaufvertrag dazu verpflichtet, bestellte Waren termingerecht zu liefern. **Sind folgende Voraussetzungen** gegeben, befindet sich der Lieferer im Lieferungsverzug (§§ 280, 286 BGB, § 376 HGB):

◆ Fälligkeit der Lieferung

◆ Ist der Liefertermin **kalendermäßig nicht genau festgelegt**, muss die Lieferung beim Verkäufer durch den Käufer **angemahnt** werden.

Beispiele Lieferung Mitte Februar, Lieferung Anfang August, Lieferung frühestens 20. März

Erst durch die Mahnung des Käufers mit kalendermäßiger Bestimmung des Lieferungsverzuges gerät der Lieferer in Verzug.

◆ Ist der Liefertermin **kalendermäßig genau vereinbart** worden (= Terminkauf), so ist **keine Mahnung** des Käufers erforderlich.

Beispiele Lieferung am 12. Juni.., Lieferung zwischen dem 5. und 8. Januar.., Lieferung 30. März fix

Eine **Mahnung ist auch nicht erforderlich**
- bei **Selbstinverzugsetzung**, d. h., der Verkäufer erklärt ausdrücklich, dass er nicht liefern kann oder nicht liefern will, oder
- bei einem **Zweckkauf**, d. h., der Käufer hat kein Interesse mehr an der Lieferung, da der Zweck des Kaufs durch die verspätete Lieferung weggefallen ist.
   Beispiel Lieferung von Weihnachtsartikeln nach Weihnachten
- **bei eilbedürftigen Pflichten**
   Beispiel Reparatur bei Wasserrohrbruch

◆ Verschulden des Lieferers: Ein Verschulden des Lieferers liegt vor, wenn der Lieferer oder sein Erfüllungsgehilfe **vorsätzlich oder fahrlässig** gehandelt haben.

Beispiel Die Abels, Wirtz & Co. KG hat eine Bestellung der Bürodesign GmbH erhalten. Der Sachbearbeiter der Abels, Wirtz & Co. KG vergisst die Bestellung und dadurch versäumt der Lieferer den vereinbarten Liefertermin (Fahrlässigkeit).

Ist die Ursache für die verspätete Lieferung auf höhere Gewalt zurückzuführen, gerät der Lieferer nicht in Lieferungsverzug.

Beispiele Brand, Sturm, Krieg, Erdbeben, Hochwasser, Streik

● Rechte des Käufers bei der Nicht-Rechtzeitig-Lieferung

Aus dem Lieferungsverzug ergeben sich für den Käufer unterschiedliche Rechte. Welches Recht der Käufer in Anspruch nehmen kann, hängt davon ab, ob er dem Lieferer eine **angemessene Nachfrist** setzt oder nicht. Eine Nachfrist ist dann angemessen, wenn der Lieferer die Möglichkeit hat, die Lieferung nachzuholen, ohne die Ware selbst beschaffen oder anfertigen zu müssen.

◆ Ohne Nachfristsetzung hat der Käufer das Recht,

◆ **die Lieferung zu verlangen oder**

◆ **die Lieferung und Schadenersatz wegen verspäteter Lieferung (= Verzögerungsschaden) zu verlangen.**

Beispiel Durch die verspätete Lieferung der Abels, Wirtz & Co. KG hat die Bürodesign GmbH einen Produktionsausfall bei der Produktgruppe „Konferenzen und Schulung". Dadurch wird einem Kunden der Bürodesign GmbH, der Bodo Lukas KG, eine Lieferung mit sechs Wochen Verspätung zugestellt. Es wird eine Konventionalstrafe in Höhe von 10 000,00 EUR fällig. Die Bürodesign GmbH verlangt vom Lieferer neben der bestellten Ware Schadenersatz wegen verspäteter Lieferung.

◆ **Nach Ablauf einer Nachfristsetzung** hat der Käufer das Recht,

   ◆ **die Lieferung abzulehnen und vom Vertrag zurücktreten und/oder**

      Beispiel Die gleiche Ware ist bei einem anderen Lieferer inzwischen günstiger beschaffbar.

   ◆ **Schadenersatz statt der Leistung (= Nichterfüllungsschaden) zu verlangen.** Für die Inanspruchnahme dieses Rechts ist ein Verschulden des Verkäufers erforderlich.

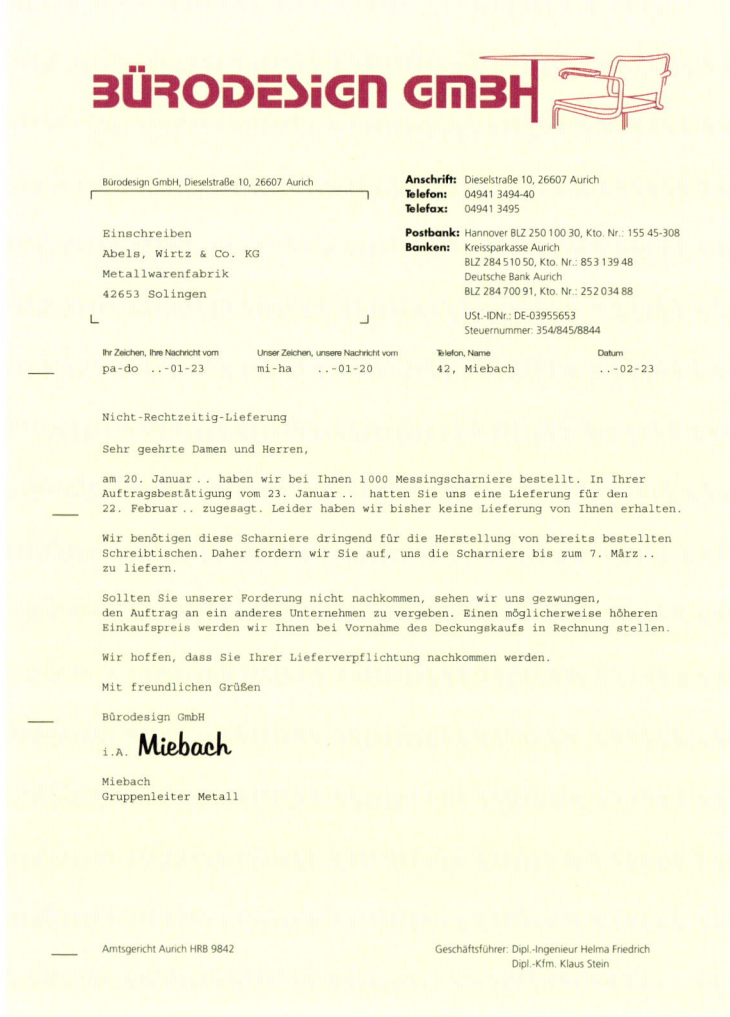

◆ An Stelle des Schadenersatzes statt der Leistung kann der Käufer den **Ersatz vergeblicher Aufwendungen** nach § 284 BGB verlangen. Hierzu zählen solche Aufwendungen, die der Käufer im Vertrauen darauf, die Kaufsache tatsächlich zu erhalten, gemacht hatte.

Beispiel Ein Käufer hat für die Finanzierung des beim Lieferer bestellten Kaufgegenstandes einen Kredit bei seiner Bank aufgenommen. Da er den bestellten Gegenstand vom Lieferer nicht erhält, sind die entstandenen Finanzierungskosten vergeblich gewesen. Der Käufer kann vom Verkäufer den Ersatz seiner vergeblichen Aufwendungen verlangen.

Die **Nachfristsetzung entfällt** beim

- Selbstinverzugsetzen des Lieferers,
- Zweckkauf,
- Fixkauf (beim zweiseitigen Handelskauf).

Beim **Fixkauf** (§ 376 HGB) gerät der Lieferer automatisch mit Überschreiten des Liefertermins in Verzug. In diesem Fall hat der Käufer **ohne Nachfristsetzung das Recht,**

- sofort vom Vertrag zurückzutreten oder
- auf der Lieferung zu bestehen (der Käufer muss dieses aber dem Lieferer unverzüglich mitteilen) oder
- Schadenersatz statt der Leistung zu verlangen (Verschulden des Verkäufers ist aber erforderlich).

Im Falle des Schadenersatzes bereitet die Ermittlung des Schadens oft Schwierigkeiten. Verlangt ein Käufer von seinem Lieferer Schadenersatz statt der Leistung, so muss er dem Lieferer den Schaden durch eine **Schadensberechnung** nachweisen. Hierbei werden zwei Formen der Schadensberechnung unterschieden:

- **Tatsächlicher (konkreter) Schaden:** Der Käufer nimmt für die nicht gelieferte Ware einen anderweitigen Einkauf **(Deckungskauf)** vor, d.h., er kauft die Ware bei einem anderen Lieferer. Hierbei kann sich der Schaden aus dem Mehrpreis für die beim Deckungskauf gekauften Waren ergeben.

- **Angenommener (abstrakter) Schaden:** Der zu ersetzende Schaden umfasst auch den **entgangenen Gewinn**, der unter normalen Umständen erwartet werden konnte. Er lässt sich nicht ohne Weiteres ermitteln, z.B. kann ein Käufer nur schwer beweisen, wie viel Gewinn ihm entgeht, wenn er die bestellten, aber nicht gelieferten Waren termingerecht erhalten hätte, da er nicht nachweisen kann, wie viel er tatsächlich verkauft hätte. Um diese Problematik der Schadensermittlung zu vermeiden, werden zwischen dem Käufer und dem Lieferer **Konventionalstrafen (Vertragsstrafen)** vereinbart, die der Lieferer im Verzugsfall zahlen muss, selbst wenn der Schaden geringer ist.

Beispiel Die Bürodesign GmbH hat die bestellten Messingbeschläge trotz Nachfristsetzung von der Abels, Wirtz & Co. KG nicht termingerecht erhalten. Aufgrund dessen verzögert sich die Herstellung von 500 Regelsystemen „Wikinger". Ein Schaden könnte darin bestehen, dass einige Kunden der Bürodesign GmbH aufgrund der Lieferverzögerung vom Kaufvertrag zurücktreten. Dieser Schaden und der damit entgangene Gewinn kann aber nur schwer konkret nachgewiesen werden, deswegen vereinbart die Bürodesign GmbH mit dem Lieferer eine Konventionalstrafe.

Nicht-Rechtzeitig-Lieferung (Lieferungsverzug)
- **Voraussetzungen** des Lieferungsverzuges sind
  - **Fälligkeit der Lieferung** (Liefertermin ist kalendermäßig bestimmt = Terminkauf)
  - **Mahnung** (Liefertermin ist kalendermäßig nicht genau bestimmt)
  - **Verschulden des Lieferers** durch Vorsatz oder Fahrlässigkeit. Bei höherer Gewalt trifft den Lieferer kein Verschulden.

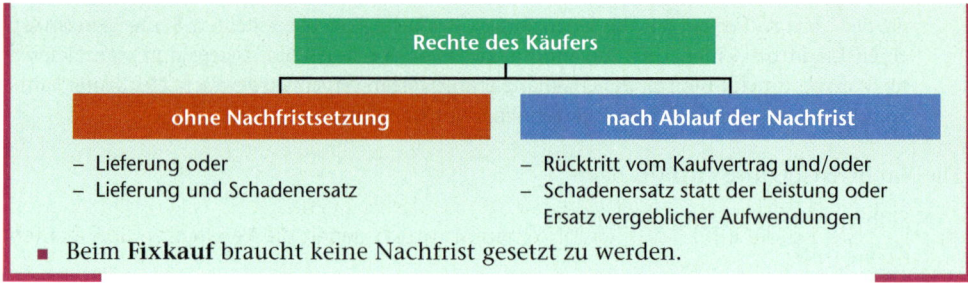

- Beim **Fixkauf** braucht keine Nachfrist gesetzt zu werden.

1. Als Liefertermin wurde in einem Kaufvertrag über Gattungsware der 14. Juni.. vereinbart. Die Lieferung trifft aber zu diesem Termin nicht ein.
   a) Erläutern Sie, wann der Lieferungsverzug eingetreten ist.
   b) Beschreiben Sie, welche Rechte der Käufer in Anspruch nehmen kann.

2. Erläutern Sie
   a) Selbstinverzugsetzung,   b) Zweckkauf.

3. Geben Sie an, wann der Verkäufer bei folgenden Lieferterminen in Verzug gerät.
   a) bis 10. Januar..   c) lieferbar im Mai   e) im Laufe des Dezember
   b) 13. Juni.. fix   d) am 16. Dezember..   f) heute in drei Wochen

4. Ein Süßwarenhersteller hat bei einem Lieferer 50 Tonnen Kakaopulver bestellt. Als Liefertermin wurde Mitte Juni zugesagt. Durch ein Versehen beim Kakaolieferer ist die Bestellung abhanden gekommen, es erfolgt keine Lieferung bis zum 28. Juni..
   a) Prüfen Sie, ob sich der Lieferer im Verzug befindet.
   b) Welches Recht wird der Süßwarenhersteller bei einem Lieferungsverzug geltend machen, wenn
     • die Preise inzwischen gefallen sind,   • nachweisbar ein Schaden entstanden ist?
     • die Preise inzwischen gestiegen sind,

5. Schriftverkehr: Schreiben Sie anhand nachfolgender Angaben jeweils einen Brief:
   a) Der Elektrogroßhändler Rudolf Meis e. K., Magdeburger Str. 16, 19063 Schwerin, hatte am 10. Februar.. beim Hi-Fi-Hersteller Schwarz KG, Wiesbadener Str. 16–20, 70372 Stuttgart, 30 Hi-Fi-Kompaktanlagen „Vision 2000" bestellt. Der Hi-Fi-Hersteller schickte am 16. Februar.. eine Auftragsbestätigung. Als Liefertermin wurde Mitte März vereinbart. Am 29. März.. ist die Ware noch nicht beim Großhändler eingetroffen.
   b) Die Bürodesign GmbH hat am 26. März.. bei der Stammes Stahlrohr GmbH 500 laufende Meter verzinkte Stahlrohre bestellt. Die Lieferung ist bis zum 15. Mai.. zugesagt. Am 20. Mai.. ist die Lieferung immer noch nicht eingetroffen. Ein anderer Lieferer bietet die gleichen Stahlrohre zu einem günstigeren Preis an.

6.3.2   Schlechtleistung (Mängelrüge)

Die Bürodesign GmbH erhält von der Vereinigten Spanplatten AG in Augsburg am Nachmittag des 9. August eine Warenlieferung. Infolge Arbeitsüberlastung der Warenannahme wird die Warensendung erst am nächsten Tag überprüft. Dabei stellt sich heraus, dass statt der bestellten 400 Furnierplatten in Eiche Furnierplatten in Esche geliefert worden sind. Ferner sind von 100 bestellten Schreibtischplatten zehn zerkratzt, sodass sie nicht ohne weiteres verwendet werden können. Herr Sommer, der Gruppenleiter Holz, ruft sofort nach Entdeckung der Mängel beim Hersteller an und rügt die fehlerhafte Lieferung. Die Vereinigte Spanplatten AG lehnt die Rücknahme der falsch bzw. mangelhaft gelieferten Waren mit der Begründung ab, die Bürodesign GmbH hätte die Lieferung unverzüglich nach Erhalt am Tag der Warenannahme überprüfen müssen.

Arbeitsaufträge

◆ Stellen Sie fest, welche Mängelarten im vorliegenden Fall vorliegen.

◆ Prüfen Sie, ob die Bürodesign GmbH einen Anspruch gegen die Vereinigten Spanplatten AG geltend machen kann.

● Prüfungs- und Rügepflicht des Käufers

Der **Verkäufer** ist verpflichtet, die bestellte **Ware mangelfrei zu liefern**. Die eingegangene Ware muss vom Käufer beim zweiseitigen Handelskauf **unverzüglich (ohne schuldhafte Verzögerung)** auf Mängel untersucht werden.

Bei Feststellung von Mängeln muss der Käufer dem Lieferer eine **Mängelrüge** (§ 433 ff. BGB) zukommen lassen. Für die Mängelrüge gibt es keine bestimmte Formvorschrift. Aus **Beweissicherungsgründen** ist die Schriftform sinnvoll. In der Mängelrüge sollten die festgestellten Mängel so genau wie möglich beschrieben werden.

Beim **zweiseitigen Handelskauf** (§ 377 HGB) müssen vom Käufer **offene Mängel unverzüglich, versteckte Mängel unverzüglich nach Entdeckung, spätestens nach zwei Jahren** gerügt werden. **Arglistig verschwiegene Mängel** müssen **unverzüglich nach Entdeckung innerhalb von drei Jahren** gerügt werden, wobei die Frist am Ende des Jahres beginnt, in dem der Mangel entdeckt wurde. Kommt der Käufer seinen Rügepflichten nicht termingerecht nach, verliert er alle Rechte aus der mangelhaften Warenlieferung gegen den Lieferer. Der Käufer ist verpflichtet, die mangelhafte Ware auf Kosten des Lieferers sorgfältig aufzubewahren. Beim **einseitigen Handelskauf** (§ 477 BGB) hat der Käufer bei Neuwaren bei offenen und versteckten Mängeln **zwei Jahre Zeit**, seine Mängelrüge zu erteilen. Für gebrauchte Produkte beläuft sich die Sachmängelhaftungsfrist zwischen einem Kaufmann und einem Privatmann auf ein Jahr.

● Mängelarten

Eine Warenlieferung kann Sach- oder Rechtsmängel aufweisen.

◆ Zu den **Sachmängeln** zählen:

  ◆ **Mangel in der Menge (Quantitätsmangel):** Es wird zu viel oder zu wenig Ware geliefert.

  Beispiel Statt der bestellten 1 000 Scharniere liefert die Abels, Wirtz & Co KG 900 Scharniere (Zuweniglieferung).

  ◆ **Mangel in der Art (Falschlieferung):** Es wird eine andere Ware als die bestellte geliefert.

  Beispiele Statt Messingschlösser werden verchromte Schlösser geliefert, statt Furnierplatten in Eiche werden Furnierplatten in Esche geliefert.

  ◆ **Mangel durch fehlerhafte Ware, Montagefehler oder mangelhafte Montageanleitungen:** Die Ware kann möglicherweise zwar verwendet werden, ihr fehlt aber eine bestimmte oder zugesicherte Eigenschaft, die vertraglich vereinbart war. Hierzu zählen auch fehlerhafte Bedienungsanleitungen (IKEA-Klausel) oder wenn die vereinbarte Montage vom Verkäufer unsachgemäß ausgeführt wurde (Montagefehler).

Beispiele
– Gelieferte Schlösser haben einen defekten Schließzylinder.
– Die von der Stammes Stahlrohr GmbH gelieferten Stahlbleche haben nicht die vereinbarte erforderliche Festigkeit, somit entsprechen sie nicht der vereinbarten Beschaffenheit.
– Der Verkäufer liefert ein Holzregal, das beim Kunden aufgebaut wird. Der Monteur bohrt zusätzliche Löcher in das Regal mit dem Ergebnis, dass das Regal schief steht.

◆ **Mangel durch falsche Werbeversprechungen oder durch falsche Kennzeichnungen:** Es fehlen der Ware Eigenschaften, die in einer Werbeaussage oder durch Kennzeichnung versprochen wurden.

Beispiel Die Bürodesign GmbH kauft aufgrund einer Werbebroschüre eines Autoherstellers einen Geschäftswagen, der laut Prospekt nur fünf Liter Kraftstoff pro 100 km verbrauchen soll. In Wirklichkeit braucht der Pkw aber 8 Liter.

◆ **Rechtsmangel:** Die zu verkaufende Sache ist durch Rechte anderer belastet.

Beispiel Auf dem Flohmarkt verkauft ein Händler fabrikneue Bürostühle, die gestohlen worden sind.

Hinsichtlich der **Erkennbarkeit der Mängel** kann folgende Einteilung vorgenommen werden:

◆ **Offener Mangel:** Er ist bei der Prüfung der Ware sofort erkennbar.

Beispiel Ein Schreibtisch hat einen Kratzer.

◆ **Versteckter Mangel:** Er ist nicht gleich erkennbar, sondern zeigt sich erst später.

Beispiele Angeblich rostfreie Schrauben rosten nach zwei Monaten; erst nach längerer Laufzeit einer Maschine zeigt sich an dieser ein Mangel.

◆ **Arglistig verschwiegener Mangel:** Er ist dem Verkäufer bekannt, wird aber bewusst von ihm verschwiegen.

Beispiel Verkauf eines ausdrücklich unfallfreien Pkw, der aber bereits einen Unfall hatte.

● **Rechte des Käufers aus der Mängelrüge (gesetzliche Sachmängelhaftungsansprüche § 433 ff. BGB)**

Der Käufer kann **aus der Mängelrüge zuerst nur das Recht auf Nacherfüllung** geltend machen:

◆ **Wahlweise Ersatzlieferung oder Nachbesserung (= Nacherfüllung):** Der Kaufvertrag bleibt bestehen, der Käufer besteht auf der Lieferung mangelfreier Ware. Das Recht der Ersatzlieferung ist nur beim Gattungskauf (vertretbare Ware) möglich. Der Käufer wird dieses Recht wählen, wenn der Kauf besonders günstig oder der Verkäufer bisher besonders zuverlässig war. Eine Nachbesserung gilt nach dem erfolglosen zweiten Versuch als fehlgeschlagen. Gelingt die Nacherfüllung nicht, d.h., ist der Käufer anschließend nicht im Besitz einer mangelfreien Ware, kann der Käufer **wahlweise** folgende Rechte geltend machen, wobei dem Verkäufer vorher eine angemessene Frist zur Leistung oder Nacherfüllung einzuräumen ist:

◆ **Minderung des Kaufpreises = Preisnachlass:** Der Kaufvertrag bleibt bestehen. Der Verkäufer mindert den ursprünglichen Verkaufspreis um einen angemessenen Betrag. Allerdings ist eine Vereinbarung zwischen Verkäufer und Käufer über die Minderung erforderlich. Der Käufer wird dieses Recht in Anspruch nehmen, wenn die Gebrauchsfähigkeit der Ware nicht wesentlich beeinträchtigt ist.

◆ **Rücktritt vom Kaufvertrag:** Der Kaufvertrag wird aufgelöst, d. h., der Käufer tritt vom Kaufvertrag zurück und bekommt sein Geld zurück. Der Käufer wird insbesondere dann vom Vertrag zurücktreten, wenn er die gleiche Ware bei einem anderen Lieferer preiswerter beschaffen kann.

◆ **Schadenersatz statt der Leistung:** Anspruch auf Schadenersatz besteht nur, wenn auch ein tatsächlicher Schaden nachgewiesen werden kann. Ein Schadenersatz setzt voraus, dass ein Verschulden des Verkäufers vorliegt. An Stelle des Schadenersatzes statt der Leistung kann der Käufer den Ersatz vergeblicher Aufwendungen geltend machen (vgl. S. 228).

Bei Mängeln bei einem **Verbrauchsgüterkauf** (Kunde ist Privatmann, Verkäufer Kaufmann), die nach mehr als sechs Monaten zum ersten Mal auftauchen, muss der Käufer gegebenenfalls mithilfe von Sachverständigen belegen, dass die Mängel schon bei der Warenübergabe vorhanden waren (Beweislastumkehr).

Der Verkäufer haftet ebenfalls dafür, wenn eine Ware nicht hält, was die Werbung verspricht, die Ware gilt dann als mangelhaft. Zudem haftet der Verkäufer für Angaben des Herstellers und für falsche Montage- und Gebrauchsanleitungen.

Bei unerheblichen Mängeln hat der Käufer nur das Recht auf Nacherfüllung oder Minderung, nicht jedoch auf Rücktritt oder Schadenersatz statt der Leistung.

Ein **Käufer hat keine Ansprüche** gegen den Lieferer, wenn

◆ der Käufer beim Abschluss des Kaufvertrages von dem Mangel gewusst hat,

◆ die Ware auf einer öffentlichen Versteigerung,

◆ in Bausch und Bogen (Ramschkauf) gekauft wurde.

Bei **Stückkäufen** ist eine Ersatzlieferung für die mangelhafte Kaufsache nicht möglich (Unmöglichkeit der Leistung, § 275 BGB). In diesem Fall kann der Verkäufer nicht liefern und der Käufer kann die Rechte Rücktritt vom Kaufvertrag und bei Verschulden des Verkäufers Schadenersatz statt der Leistung verlangen.

Der Unternehmer, der eine neu hergestellte mangelhafte Sache von einem Verbraucher zurücknehmen oder eine

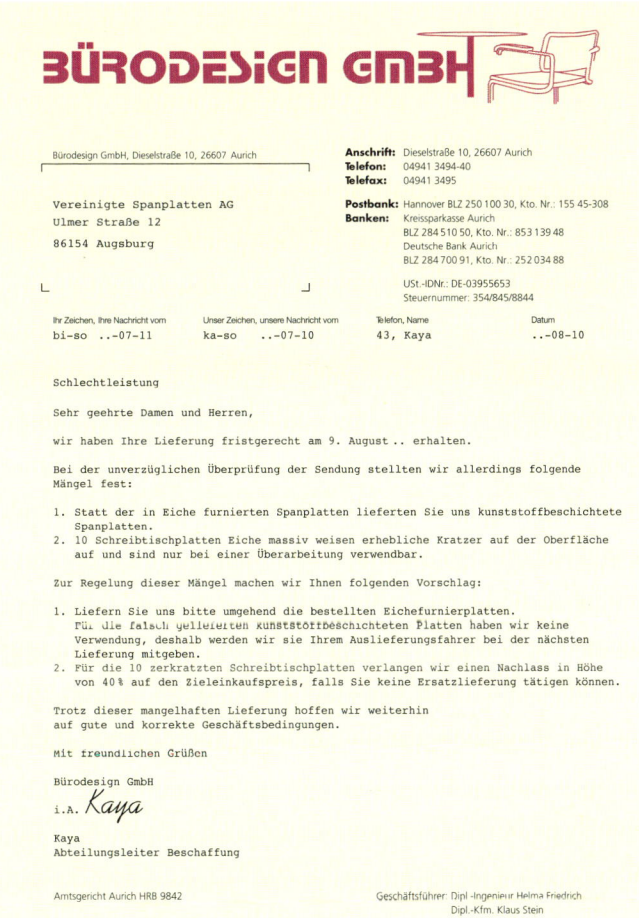

BÜRODESIGN GMBH

Bürodesign GmbH, Dieselstraße 10, 26607 Aurich

Vereinigte Spanplatten AG
Ulmer Straße 12

86154 Augsburg

Anschrift: Dieselstraße 10, 26607 Aurich
Telefon: 04941 3494-40
Telefax: 04941 3495

Postbank: Hannover BLZ 250 100 30, Kto. Nr.: 155 45-308
Banken: Kreissparkasse Aurich
BLZ 284 510 50, Kto. Nr.: 853 139 48
Deutsche Bank Aurich
BLZ 284 700 91, Kto. Nr.: 252 034 88

USt.-IDNr.: DE-03955653
Steuernummer: 354/845/8844

Ihr Zeichen, Ihre Nachricht vom	Unser Zeichen, unsere Nachricht vom	Telefon, Name	Datum
bi-so ..-07-11	ka-so ..-07-10	43, Kaya	..-08-10

Schlechtleistung

Sehr geehrte Damen und Herren,

wir haben Ihre Lieferung fristgerecht am 9. August .. erhalten.

Bei der unverzüglichen Überprüfung der Sendung stellten wir allerdings folgende Mängel fest:

1. Statt der in Eiche furnierten Spanplatten lieferten Sie uns kunststoffbeschichtete Spanplatten.
2. 10 Schreibtischplatten Eiche massiv weisen erhebliche Kratzer auf der Oberfläche auf und sind nur bei einer Überarbeitung verwendbar.

Zur Regelung dieser Mängel machen wir Ihnen folgenden Vorschlag:

1. Liefern Sie uns bitte umgehend die bestellten Eichefurnierplatten. Für die falsch gelieferten kunststoffbeschichteten Platten haben wir keine Verwendung, deshalb werden wir sie Ihrem Auslieferungsfahrer bei der nächsten Lieferung mitgeben.
2. Für die 10 zerkratzten Schreibtischplatten verlangen wir einen Nachlass in Höhe von 40 % auf den Zieleinkaufspreis, falls Sie keine Ersatzlieferung tätigen können.

Trotz dieser mangelhaften Lieferung hoffen wir weiterhin auf gute und korrekte Geschäftsbedingungen.

Mit freundlichen Grüßen

Bürodesign GmbH

i.A. *Kaya*

Kaya
Abteilungsleiter Beschaffung

Amtsgericht Aurich HRB 9842

Geschäftsführer: Dipl.-Ingenieur Helma Friedrich
Dipl.-Kfm. Klaus Stein

Preisminderung gewähren musste, kann die Rechte gegen seinen eigenen Lieferer geltend machen (**Unternehmerrückgriff**, § 437 BGB). Er muss allerdings eine Nachfrist setzen. Zudem kann er den Ersatz der Aufwendungen für eine Nichterfüllung verlangen (§ 478 BGB). Entsprechendes gilt auch für die anderen Lieferer in der Lieferkette.

● Garantie und Kulanz

Wird eine Garantie angeboten, hat der Käufer innerhalb der zweijährigen gesetzlichen Sachmängelhaftungspflicht das Wahlrecht, ob er bei Auftreten eines Mangels seine Rechte aus der Garantie oder aus der gesetzlichen Sachmängelhaftung in Anspruch nimmt. Die Garantie sieht meistens nur vor, dass der Kunde die Beseitigung des Mangels verlangen, jedoch nicht vom Vertrag zurücktreten kann. Ist der Verkäufer nicht in der Lage, den Mangel zu beseitigen, hat der Käufer per Gesetz ein Rücktrittsrecht. Häufig wird die gesetzliche Sachmängelhaftungsfrist von zwei Jahren durch eine **Garantie des Herstellers** auf mehrere Jahre erweitert. Die **Garantie des Herstellers muss ausdrücklich** zwischen dem Verkäufer und dem Kunden **im Kaufvertrag vereinbart werden**, wobei Inhalt, Umfang und Garantiefrist geregelt werden.

Laut Gesetz sind zwei Nachbesserungsversuche des Verkäufers zulässig. Die Zeit, die der Verkäufer für die Nachbesserungsversuche benötigt, verlängert den Sachmängelhaftungsanspruch des Kunden.

Beispiel Eine Kunde bringt einen Monat nach Kaufvertragsabschluss einen defekten Schreibtischstuhl zur Bürodesign GmbH. Für die Reparatur und eine weitere Reparatur nach zwei Monaten benötigt die Bürodesign GmbH insgesamt acht Wochen. Somit verlängert sich die gesetzliche Sachmängelhaftungsfrist von zwei Jahren um acht Wochen.

Verkäufer gewähren häufig ihren Kunden, wenn die Sachmängelhaftungsfrist abgelaufen ist, aus **Kulanzgründen** die Rechte aus der Mängelrüge, obwohl sie gesetzlich dazu nicht verpflichtet sind. Auf diese Weise erhofft sich das Unternehmen Wettbewerbsvorteile gegenüber der Konkurrenz und eine Bindung des Kunden an das eigene Unternehmen.

Schlechtleistung (Mängelrüge)

Pflichten des Käufers	zweiseitiger Handelskauf	einseitiger Handelskauf und bürgerlicher Kauf
– **Prüfpflicht**	unverzüglich	keine gesetzliche Regelung
– **Rügepflicht** Feststellung von		
• **offenen,**	unverzüglich	innerhalb von zwei Jahren
• **versteckten,**	unverzüglich nach Entdeckung innerhalb von zwei Jahren	innerhalb von zwei Jahren
• **arglistig verschwiegenen Mängel**	unverzüglich nach Entdeckung innerhalb von 3 Jahren	innerhalb von 3 Jahren
– **Mängelarten**	– **Sachmängel** • Mangel in der Menge (Quantitätsmangel) • Mangel in der Art (Falschlieferung) • Mangel durch fehlerhafte Ware, Montagefehler oder mangelhafte Montageanleitungen • Mangel durch falsche Werbeversprechungen und falsche Kennzeichnungen – **Rechtsmängel** (Sache ist durch Rechte anderer belastet)	

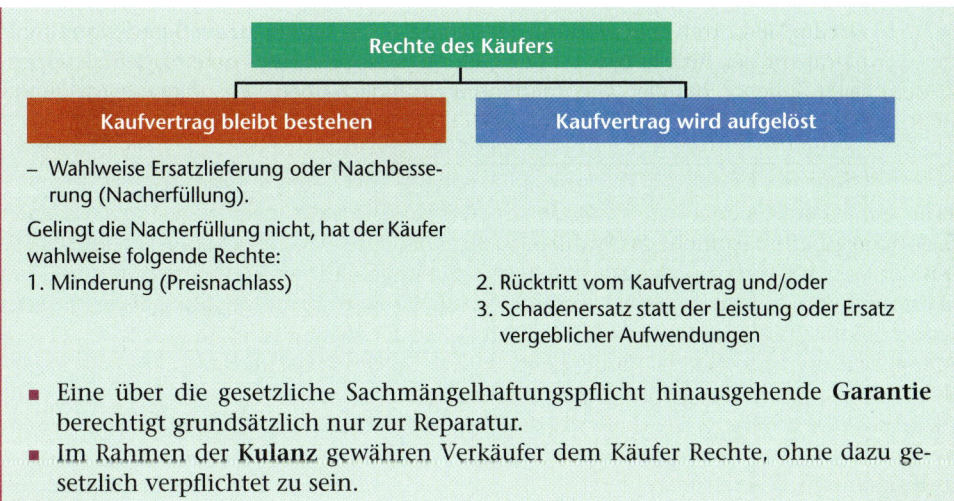

- Eine über die gesetzliche Sachmängelhaftungspflicht hinausgehende **Garantie** berechtigt grundsätzlich nur zur Reparatur.
- Im Rahmen der **Kulanz** gewähren Verkäufer dem Käufer Rechte, ohne dazu gesetzlich verpflichtet zu sein.

1. Bei der Überprüfung eingehender Lieferungen stellt die Bürodesign GmbH folgende Mängel an der Ware fest:
   1) 2 000 Stahlrohre wurden statt in der Länge von 55 cm in der Länge von 45 cm geliefert.
   2) 50 m Bezugsstoffe für Bürostühle weisen Verschmutzungen auf.
   3) Statt 10 m Bezugsstoffe wurden 12 m geliefert.
   4) Statt mit Holzfurnier beschichtete Spanplatten wurden kunststoffbeschichtete geliefert.
   5) 20 Schlösser für Schubladen haben defekte Schließzylinder.
   a) Geben Sie an, welche Mängelarten vorliegen.
   b) Erläutern Sie, welche Rechte die Bürodesign GmbH in Anspruch nehmen sollte.

2. Wählen Sie drei Produkte aus der Produktliste der Bürodesign GmbH aus und erläutern Sie anhand dieser Produkte offene, versteckte und arglistig verschwiegene Mängel.

3. Nennen Sie die Prüf- und Rügefristen beim ein- und zweiseitigen Handelskauf bei
   a) offenen Mängeln, b) versteckten Mängeln, c) arglistig verschwiegenen Mängeln.

4. Erläutern Sie an einem Beispiel den Unterschied zwischen Garantie und Kulanz.

5. Führen Sie den Schriftverkehr nachfolgender Unternehmen anhand folgender Daten:
   a) Am 15. August.. trifft beim „Warenhaus Höllermann GmbH", Euskirchener Str. 46, 28327 Bremen, eine Sendung Lederwaren ein, die am 17. Juli.. bei der Lederwarenfabrik Hans Röllgen OHG, Waldstr. 115, 66953 Pirmasens, bestellt worden war.
   Bei der unverzüglichen Überprüfung durch die Warenannahme wurden folgende Mängel festgestellt:
   1) Ein Lederkoffer Marke „Universum" EAN-Nr. 4039600001489 weist Kratzer am Oberleder auf.
   2) Eine Damenhandtasche Marke „Midnight Lady" EAN-Nr. 4039600184356 hat defekte Verschlüsse.
   3) Ein Herrenhandtasche Marke „Casanova" EAN-Nr. 4039601356423 ist fehlerhaft vernäht worden.
   Der Lederkoffer kann noch verkauft werden; die Damenhandtasche und die Herrenhandtasche sind unverkäuflich.

b) Am 26. März.. trifft eine Sendung der Hanckel & Cie GmbH bei der Bürodesign GmbH ein. Herr Kaya, Abteilungsleiter Beschaffung, erhält von Herrn Schorn, dem Gruppenleiter Zubehör, der die Warensendung unverzüglich überprüfte, folgende Meldung:

Fehlermeldung		Sachbearbeiter: Schorn			Datum: ..-03-26
Teile-nummer:	Benennung	gelieferte Stücke	Stückpreis in EUR	fehlerhafte Stücke	Beanstandung
L 302	Holzlack Eiche 10 l seiden-matt	40	48,00	8	Statt seidenmatt wurde glänzend geliefert.
K 122	Holzkleber 10 l „Puttex"	30	28,00	2	Eimer waren nicht mehr luftdicht verschlossen, Leim ist angetrocknet. Leim ist nur noch teilweise verwendbar.
W 380	Holzlasur Mahagoni 10 l	10	44,00	10	Statt 20 wurden nur 10 geliefert

Folgende Sachmängelhaftungsansprüche werden geltend gemacht:
1) Holzlack Eiche: Ersatzlieferung
2) Holzkleber: Minderung des Kaufpreises
3) Holzlasur: Nachlieferung

6.3.3   Annahmeverzug

Die Bürodesign GmbH liefert dem Zahnarzt Dr. Hubert Klein am 20. Oktober zum vereinbarten Termin gegen 13:00 Uhr die Empfangstheke „Intro". Dr. Klein hat den Termin vergessen und ist zur Mittagspause nach Hause gefahren. Die anwesende Sprechstundenhilfe ist über die Lieferung nicht informiert. Daher lehnt sie die Lieferung ab. Beim Rücktransport der Empfangstheke aus der sich im zweiten Stock befindlichen Praxis fällt diese die Treppe hinunter und wird völlig unbrauchbar. Die Bürodesign GmbH verlangt von Dr. Klein die Bezahlung der Empfangstheke.

Arbeitsaufträge
◆ Beurteilen Sie die rechtliche Situation.
◆ Erläutern Sie die Rechte des Verkäufers aus dem Annahmeverzug.

Nimmt ein Käufer die von ihm bestellte Ware, die zur rechten Zeit, am rechten Ort und in der richtigen Güte und Menge geliefert wird, nicht an, gerät er in Annahmeverzug. Beim Annahmeverzug handelt es sich um eine Pflichtverletzung des Käufers (= **Gläubigerverzug**, §§ 293 ff., 372 ff. BGB; § 383 ff. HGB).

● Voraussetzungen des Annahmeverzuges

◆ **Fälligkeit der Lieferung**, d. h., der Verkäufer muss zum vereinbarten Termin liefern.

◆ **Tatsächliches Angebot der Lieferung**, d. h., der Verkäufer muss dem Käufer die Ware zur richtigen Zeit, am richtigen Ort, in der vereinbarten Art und Weise anbieten.

◆ **Nichtannahme des Käufers**, d. h., der Käufer muss die Annahme der ordnungsgemäß gelieferten Ware verweigern.

Der Annahmeverzug setzt kein Verschulden voraus, d. h., die Gründe des Käufers für die Nichtannahme der Ware sind unerheblich.

● Wirkungen des Annahmeverzuges

Einschränkung der Haftung des Verkäufers: Der Verkäufer haftet nur noch für Vorsatz und grobe Fahrlässigkeit. Der Käufer haftet jetzt für leicht fahrlässig verursachte Schäden, also für die Gefahr des zufälligen Untergangs oder der zufälligen Beschädigung der Ware.

Beispiel Auf dem Rückweg vom Käufer zum Lieferer wird die vom Käufer nicht angenommene Ware durch einen nicht verschuldeten Verkehrsunfall zerstört. Der Käufer trägt die Kosten für die zerstörten Waren.

● Rechte des Verkäufers aus dem Annahmeverzug

◆ **Ohne Nachfristsetzung hat der Verkäufer das Recht, auf Abnahme der Ware zu bestehen.** Handelt es sich bei der nicht angenommenen Lieferung um eine Ware, die für die speziellen Zwecke des Käufers hergestellt wurde oder anderweitig schwer zu verkaufen ist, wird ein Verkäufer die Ware auf Kosten und Gefahr des Käufers einlagern lassen (in einem öffentlichen oder eigenen Lager). Das Gleiche wird der Fall sein, wenn die Transportkosten vom Verkäufer zum Käufer sehr hoch sind. Anschließend wird der Verkäufer entweder auf außergerichtlichem oder auf gerichtlichem Wege versuchen, den Käufer zur Abnahme der Ware zu bewegen. Der gerichtliche Klageweg ist allerdings sehr zeitraubend, zudem werden die Geschäftsbeziehungen mit dem Kunden durch eine Klage nachhaltig gestört.

◆ **Nach Ablauf einer Nachfrist hat der Verkäufer folgende Rechte:**

◆ **Durchführung eines Selbsthilfeverkaufs:** Eine gerichtliche Klage ist sehr zeitaufwendig und kostspielig. Um die Klage zu vermeiden, kann der Verkäufer die eingelagerten Waren im Wege des Selbsthilfeverkaufs veräußern. Dies kann in folgender Weise geschehen:
– In einer **öffentlichen Versteigerung** (z. B. durch einen Vollstreckungsbeamten),
– durch einen **freihändigen Verkauf von Waren**, die einen Börsen- oder Marktpreis haben (z. B. durch einen vom Gericht bevollmächtigten Handelsmakler).
Beispiel Kaffee, Tee, Diamanten

Bei einem Selbsthilfeverkauf sind dem Verkäufer durch das Gesetz zum Schutz des Käufers **Pflichten** auferlegt:
– **Mitteilung** an den Käufer über den Ort der Aufbewahrung
– **Androhung** des Selbsthilfeverkaufs und Setzung einer angemessenen **Nachfrist** zur Abnahme der Waren
– die Androhung des Selbsthilfeverkaufs ist nicht erforderlich **bei leicht verderblichen Waren**, sie können sofort in Form eines **Notverkaufs** veräußert werden (§ 384 BGB).

Beispiel Die Kantine der Bürodesign GmbH erhält termingerecht eine Lieferung Erdbeeren. Da der Kantinenleiter seine Mitarbeiter von der Lieferung nicht informiert hatte, wird die Annahme der Lieferung abgelehnt. Der Spediteur fährt zum nächsten Großmarkt und verkauft dort unverzüglich die Waren.

– **Mitteilung** an den Käufer über Ort und Zeitpunkt des Selbsthilfeverkaufs, damit dieser selbst mitbieten kann

– unverzügliche Mitteilung nach erfolgtem Selbsthilfeverkauf an den Käufer mit der **Abrechnung** über den Selbsthilfeverkauf. Die entstandenen Kosten (Lager-, Versteigerungskosten) sowie die Differenz (Mindererlös) zwischen dem vereinbarten Kaufpreis und dem erzielten Versteigerungserlös muss der Käufer tragen. Einen etwaigen Mehrerlös muss der Verkäufer nach Abzug der Kosten an den Käufer abführen.

◆ **Rücktritt vom Kaufvertrag:** Von diesem Recht wird der Verkäufer Gebrauch machen, wenn er die Ware problemlos weiterverkaufen kann, die Verkaufspreise für die Waren in der Zwischenzeit gestiegen sind oder der Käufer ein sehr guter Kunde ist, mit dem schon lange gute Geschäftsbeziehungen gepflegt werden.

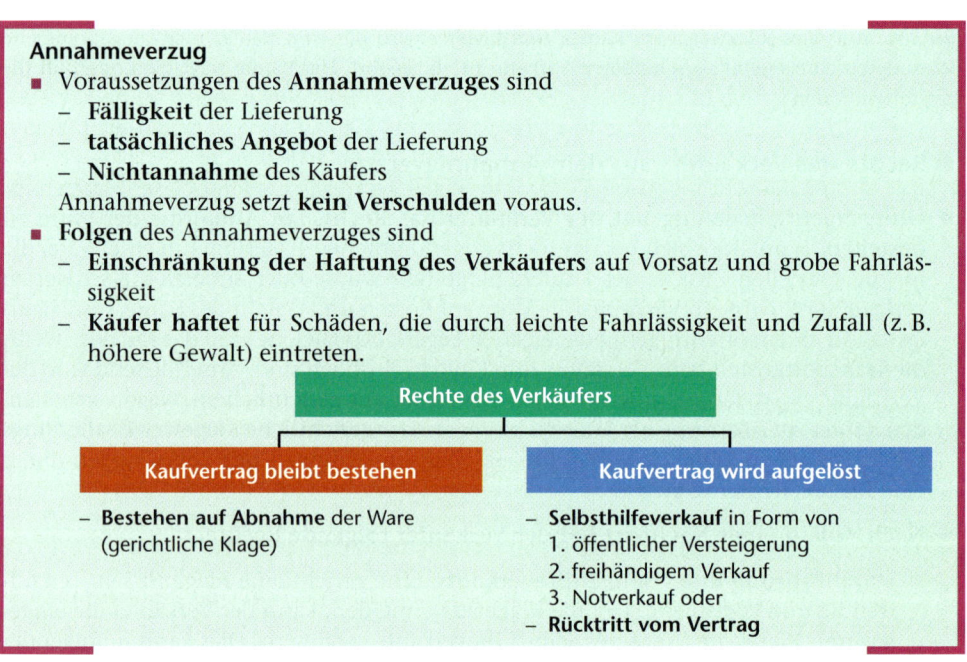

Annahmeverzug
- Voraussetzungen des **Annahmeverzuges** sind
  - **Fälligkeit** der Lieferung
  - **tatsächliches Angebot** der Lieferung
  - **Nichtannahme** des Käufers
  Annahmeverzug setzt **kein Verschulden** voraus.
- **Folgen** des Annahmeverzuges sind
  - **Einschränkung der Haftung des Verkäufers** auf Vorsatz und grobe Fahrlässigkeit
  - **Käufer haftet** für Schäden, die durch leichte Fahrlässigkeit und Zufall (z.B. höhere Gewalt) eintreten.

Rechte des Verkäufers

Kaufvertrag bleibt bestehen	**Kaufvertrag wird aufgelöst**
– **Bestehen auf Abnahme** der Ware (gerichtliche Klage)	– **Selbsthilfeverkauf** in Form von 1. öffentlicher Versteigerung 2. freihändigem Verkauf 3. Notverkauf oder – **Rücktritt vom Vertrag**

1. Erläutern Sie die Voraussetzungen des Annahmeverzuges und die jeweiligen Rechte des Verkäufers.

2. Beschreiben Sie die Folgen, die sich aus dem Annahmeverzug für den Käufer ergeben.

3. Der Büromöbelgroßhandel Klaus Oswald e. K. hat die Annahme einer ordnungsgemäß angelieferten Sendung der Bürodesign GmbH abgelehnt. Die gesamte Warensendung wird in ein öffentliches Lagerhaus eingelagert. Die Bürodesign GmbH möchte einen Selbsthilfeverkauf durchführen lassen.
   a) Erläutern Sie die Pflichten, die die Bürodesign GmbH beim Selbsthilfeverkauf hat.
   b) Bei einem Selbsthilfeverkauf wird ein höherer Verkaufspreis erzielt als ursprünglich im Kaufvertrag vereinbart worden war. Nach Abzug aller Kosten verbleibt ein Mehrerlös von 800,00 EUR. Begründen Sie, wer den Mehrerlös erhält.

4. Geben Sie in den nachfolgenden Fällen an, wie Sie sich als Lieferer verhalten würden:
   a) Ein Kunde gerät in Annahmeverzug für einen Warenwert über 450,00 EUR.
   b) Ein Großhändler nimmt eine Warensendung Konserven nicht an, weil er Betriebsferien hat.
   c) Ein Kunde, mit dem langjährige Geschäftsbeziehungen bestehen, verweigert ohne Angabe von Gründen die Annahme der Warenlieferung.
   d) Die Kantine eines Krankenhauses lehnt die Annahme bestellter frischer Champignons ab.
   e) Ein Kunde lehnt die Annahme eines bestellten Surfbrettes ab, weil er sich den Fuß gebrochen hat und nicht in Urlaub fahren kann.

5. **Schriftverkehr:** Schreiben Sie anhand nachfolgender Angaben jeweils einen Brief:
   a) Die Krankenhaus GmbH, Ackerstraße 26, 06842 Dessau, hat bei der Bürodesign GmbH 80 Garderobenwand-Elemente „Wall" für die Lieferung zum 2. April.. bestellt. Die Ware wird termingerecht an die Krankenhaus GmbH ausgeliefert. Da die Auftragskopie im Krankenhaus abhanden gekommen ist, wird die Annahme der Lieferung verweigert. Die Bürodesign GmbH lagert die Ware in einem öffentlichen Lager ein und besteht auf Abnahme der Lieferung.
   b) Der Zahnarzt Klaus Backe, Ahornstraße 16, 90765 Fürth, hat beim Fachgeschäft für Bürobedarf, Peter Thon e.K., Siemensstraße 16, 90459 Nürnberg, 50 Ablageregistermappen bestellt. Trotz mehrfacher telefonischer Aufforderung sind die Mappen nicht abgeholt worden. Die schriftliche Bitte um Abholung bleibt ebenfalls unbeantwortet. Da das Fachgeschäft für Bürobedarf keine Verwendung dieser Mappen für andere Kunden hat, besteht es auf Abnahme der Lieferung.

6.3.4 Nicht-Rechtzeitig-Zahlung (Zahlungsverzug)[1]

Wiederholung: Beschaffungswesen

Übungsaufgaben

1. Renate Becker erhält von einer Versandhandlung unbestellt zwei Bücher zugesandt. In einem Begleitschreiben ist Folgendes zu lesen: „Sie haben 14 Tage Zeit, sich die Bücher anzusehen. Nach Ablauf von 14 Tagen müssen die Bücher bezahlt werden, da wir davon ausgehen, dass Sie diese kaufen wollen." Da Renate eine Woche später für drei Wochen in Urlaub fährt, vergisst sie die Bücher, die sie unbenutzt ins Bücherregal gelegt hat. Bei ihrer Rückkehr aus dem Urlaub findet sie zu Hause eine Mahnung der Versandhandlung vor, in der sie aufgefordert wird, unverzüglich 96,00 EUR zu bezahlen.
   a) Beurteilen Sie, ob ein Kaufvertrag zustande gekommen ist.
   b) Renate hat kein Interesse an den Büchern. Ist sie verpflichet, die Bücher an die Versandhandlung zurückzuschicken? (Begründung)
   c) Wie ändert sich der Sachverhalt, wenn Renate Mitglied eines Bücherbundes wäre und der Bücherbund ihr die Bücher als Quartalsvorschlag zugesandt hätte?

---

[1] (vgl. S. 267)

2. Die Bürodesign GmbH hat bei einem Textilunternehmen schriftlich Bezugsstoffe für Bürostühle bestellt. Nach einer Woche bemerkt die Bürodesign GmbH, dass die falschen Bezugsstoffe bestellt wurden. Daher widerruft sie per Fax die Bestellung. Das Textilunternehmen reagiert aber nicht auf diesen Widerruf. Nach drei weiteren Tagen liefert das Textilunternehmen die Ware.
   a) Begründen Sie, ob ein Kaufvertrag zwischen der Bürodesign GmbH und dem Textilunternehmen zustande gekommen ist.
   b) Welche Auswirkung hat der Widerruf der Bürodesign GmbH auf den Kaufvertrag?
   c) Wie ist die Rechtslage, wenn die Bürodesign GmbH einen Tag nach der brieflichen Bestellung per Telefax widerrufen hätte?

3. Die Bürodesign GmbH in Aurich liefert an die Büromöbelgroßhandlung Klaus Oswald e.K. in Dresden Waren im Werte von 62 000,00 EUR. Unterwegs verunglückt der mit der Lieferung beauftragte Spediteur ohne dessen Verschulden. Die Ware wird vollständig zerstört. Erläutern Sie die Rechtslage, wenn
   a) über den Erfüllungsort keine Vereinbarung getroffen wurde,
   b) der Geschäftssitz der Großhandlung als Erfüllungsort vertraglich festgelegt wurde,
   c) über den Gerichtsstand keine Vereinbarung getroffen wurde.

4. Der Möbelgroßhändler Hans Kruse e.K., Steinmetzstraße 17, 23556 Lübeck, hat von Willibald Holberg e.K., Friesenstraße 16–24, 81825 München, Hersteller von rustikalen Holzmöbeln, ein Angebot erhalten:
   5 altdeutsche Schränke Nr. 660005392 zu je 3 600,00 EUR
   5 Bauernschränke Nr. 360004765 zu je 1 290,00 EUR
   6 Wohnzimmertische Rembrandt Nr. 560006453 zu je 1 590,00 EUR
   4 Küchentische Gent Nr. 330006512 zu je 830,00 EUR
   Lieferzeit 7 Wochen; frachtfrei; Zahlungsbedingung: 2 Wochen nach Rechnungserhalt mit 2 % Skonto.
   Schreiben Sie die Bestellung des Großhändlers.

5. Die Bürodesign GmbH bestellt bei einer Baumschule für die betriebliche Weihnachtsfeier einen Tannenbaum, Liefertermin 20. Dezember. Am 23. Dezember liefert die Baumschule den Tannenbaum an. Die Bürodesign GmbH weigert sich, den Tannenbaum noch anzunehmen.
   a) Die Baumschule argumentiert, die Bürodesign GmbH befände sich durch die Weigerung der Annahme im Annahmeverzug. Beurteilen Sie die Rechtslage.
   b) Die Bürodesign GmbH argumentiert, die Baumschule befände sich in Lieferungsverzug, worauf die Baumschule behauptet, um in Lieferungsverzug zu geraten, hätte die Bürodesign GmbH eine Nachfrist setzen müssen. Beurteilen Sie die Rechtslage.

6. Die Fruchtex Bauer & Co. KG, Birkenstraße 26–36, 14469 Potsdam liefert aufgrund der Bestellung des Großhändlers Karl Schneider e.K., 08525 Plauen, Händelstraße 16, eine Ladung Obstkonserven. Als Liefertermin war vereinbart worden: „Lieferung in der Woche vom 15. August bis 19. August". Bei der Ankunft des Spediteurs am 17. August ist das Großhandelsgeschäft aufgrund eines Betriebsausfluges geschlossen. Der Spediteur lagert die Waren bei einer Spedition ein.
   a) Beurteilen Sie den vorliegenden Fall.
   b) Der Großhändler erfährt telefonisch von der Lagerung der bestellten Waren bei der Spedition. Er will die Waren annehmen, lehnt es aber ab, die entstandenen Lagerkosten in Höhe von 280,00 EUR zu bezahlen. Wie ist die Rechtslage?
   c) Schreiben Sie für den Lieferer einen Brief an den Großhändler, in dem Sie diesen zur Abnahme der Warenlieferung auffordern.

7.   Die Bürodesign GmbH hat am 3. März entsprechend einem Angebot bei der Fenster-
     bau-GmbH, Dahlienstraße 148–152, 44289 Dortmund, Metallfensterrahmen für ihr
     Verwaltungsgebäude bestellt. Die Fensterbau-GmbH hatte sich vertraglich verpflichtet,
     die Fenster zwischen dem 1. Juni und 10. Juni zu liefern. Für die verspätete Lieferung
     wurde eine Konventionalstrafe über 15 000,00 EUR vereinbart. Am 20. Juni sind die
     Fenster immer noch nicht geliefert.
     a) Verfassen Sie einen Brief für die Bürodesign GmbH und setzen Sie der Fensterbau-
        GmbH eine Nachfrist.
     b) Begründen Sie, ob sich die Fensterbau-GmbH im Lieferungsverzug befindet.
     c) Geben Sie an, welche Rechte der Bürodesign GmbH gesetzlich zustehen.

8.   Die Bürodesign GmbH sendet einem Großhändler, mit dem sie seit langem gute Ge-
     schäftsbeziehungen pflegt, unaufgefordert einen günstigen Posten Erzeugnisse zu. Der
     Großhändler reagiert nicht auf diese Erzeugnislieferung.
     a) Beurteilen Sie, ob ein Kaufvertrag zustande gekommen ist.
     b) Ändert sich die Sachlage, wenn bisher keine Geschäftsbeziehungen zwischen der
        Bürodesign GmbH und dem Großhändler bestanden haben?

Prüfungsaufgaben

1.   Stellen Sie bei den nachfolgenden Sachverhalten fest, ob sie
     1) einen einseitigen Handelskauf
     2) einen zweiseitigen Handelskauf
     3) einen bürgerlichen Kauf
     darstellen.
     a) Die Bürodesign GmbH kauft bei einem Großhändler Büromaterialien.
     b) Die Kantinenleiterin eines Industriebetriebes kauft bei einem Großhändler 100 Zentner
        Kartoffeln.
     c) Der Geschäftsführer einer GmbH kauft für seinen Sohn in einem Sportfachgeschäft
        ein Paar Skier.
     d) Ein Angestellter der Bürodesign GmbH verkauft an eine Arbeitskollegin ein gebrauchtes
        Motorrad.
     e) Die Verkäuferin eines Verbrauchermarktes kauft für ihren Ehemann in einem Münzge-
        schäft zwei Silbermünzen als Geburtstagsgeschenk.

2.   Ein Hersteller bietet einem Großhändler Taschenkalender zum Preis von 7,80 EUR je Stück
     an. Das Angebot erfolgt schriftlich per Brief und geht am 15. Oktober beim Großhändler
     ein. Bei welcher der folgenden Bestellungen ist ein Kaufvertrag zustande gekommen?
     1) Der Großhändler bestellt am 18. Oktober schriftlich 60 Taschenkalender zum Ange-
        botspreis.
     2) Der Großhändler bestellt am 16. Oktober schriftlich 100 Taschenkalender zum Preis
        von 7,02 EUR je Stück. Er gibt bei der Bestellung an, dass er in Anbetracht der großen
        Bestellmenge 10 % Mengenrabatt verlangt.
     3) Der Großhändler bestellt am 16. Oktober telefonisch 60 Taschenkalender zum Ange-
        botspreis und bestätigt das Telefonat am 28. Oktober schriftlich.
     4) Der Großhändler bestellt am 18. Oktober telefonisch 50 Taschenkalender zum Ange-
        botspreis. Eine schriftliche Bestätigung erfolgt nicht.
     5) Der Großhändler bestellt am 16. Oktober schriftlich 50 Taschenkalender zum Ange-
        botspreis. Der Lieferer hatte sein Angebot jedoch widerrufen, bevor es beim Kunden
        eintraf.

3. Es gibt unterschiedliche Kaufarten: Ordnen Sie die aufgeführten Kaufarten den Aussagen zu.

1) Stückkauf
2) Bestimmungs-/Spezifikationskauf
3) Ramschkauf
4) Kauf zur Probe
5) Kauf nach Probe
6) Fixkauf
7) Terminkauf
8) Gattungskauf

a) Ein Unternehmen kauft zwölf Stück eines neuen Artikels ein. Es gibt dabei dem Verkäufer zu erkennen, dass es bei entsprechendem Absatz des Artikels nachbestellen will.
b) Die Bürodesign GmbH fertigt für einen körperbehinderten Angestellten einen besonderen Bürostuhl an.
c) Ein Unternehmen kauft aus der Insolvenzmasse den gesamten Restbestand an Waren auf.
d) Ein Unternehmen bestellt einen Artikel, Lieferung bis zum 6. März.
e) Ein Unternehmen, das von einem Großhändler ein Warenmuster erhielt, bestellt diesen Artikel.
f) Ein Unternehmen kauft eine genau festgelegte Gesamtmenge an Waren ein, mit dem Recht, die Form, die Farbe und die Größen bis zu einem vereinbarten Termin festzulegen.
g) Kaufgegenstand ist eine nicht vertretbare Sache.

4. Stellen Sie fest, ob folgende Klauseln die Verbindlichkeit eines Angebotes

1) einschränken,   2. ausschließen,   3) nicht beeinflussen.

a) Preise gelten bis 31. Dezember d.J.
b) Solange der Vorrat reicht
c) Freibleibend
d) Lieferung frei Haus
e) Lieferzeit freibleibend
f) Lieferung gegen Vorauszahlung

5. Ein Hersteller, mit dem ein Großhändler keine Geschäftsbeziehung unterhält, sendet dem Großhändler unbestellt eine Ware zu einem besonders günstigen Einführungspreis zu. Trotz der günstigen Konditionen beabsichtigt der Großhändler nach Prüfung der Sendung nicht, die Ware in sein Sortiment aufzunehmen. Welche Verpflichtung hat der Großhändler in dieser Situation?

1) Er muss die Ware sofort zurücksenden.
2) Er muss sich nicht äußern; er muss die Ware aber auf Kosten und Gefahr des Herstellers sorgfältig aufbewahren.
3) Er muss dem Hersteller sofort schriftlich mitteilen, dass er die Ware nicht behalten will.
4) Er muss die Ware behalten und bezahlen, weil durch die Warenannahme ein Kaufvertrag zustande gekommen ist.

6. Fehlen in der Bestellung oder im Angebot einzelne Punkte, so gelten die gesetzlichen Bestimmungen. Ergänzen Sie nachfolgende Satzteile zu einer richtigen Aussage.

a) Enthält das Angebot keine Mengenangabe, so gilt es …
1) für jede handelsübliche Menge   2) nur für die lieferbare Menge

b) Ist bezüglich der Versandverpackung nichts vereinbart, so gehen diese Kosten zulasten des …
1) Verkäufers,   2) des Käufers.

c) Ist bezüglich der Versandkosten nichts vereinbart, so sind diese …
1) vom Käufer zu tragen,   2) vom Verkäufer zu tragen

d) Ist bei der Bestellung keine Vereinbarung über die Qualität getroffen worden, hat der Lieferer …
1) nur Ware erster Qualität zu liefern   2) Waren mittlerer Güte zu liefern.

7. Die Lieferung an einen Großhändler erfolgt durch die Deutsche Bahn AG. An Kosten entstehen: Hausfracht (Rollgeld) am Ort des Lieferers 150,00 EUR, Verladekosten 40,00 EUR, Fracht 1 000,00 EUR, Entladekosten 30,00 EUR, Hausfracht (Rollgeld) am Ort des Großhändlers 150,00 EUR. Welchen Kostenanteil hat der Großhändler bei Vereinbarung nachfolgender Lieferungsbedingungen jeweils zu übernehmen?

   1) Frei Waggon   4) ab Werk
   2) frachtfrei   5) frei Lager
   3) unfrei   6) ab hier

8. Von einem Lieferer in Leipzig wurde Ware im Werte von 18 000,00 EUR an einen Groß-händler in Dresden geliefert. Im Kaufvertrag fehlte eine Vereinbarung über Erfüllungsort und Gerichtsstand. Trotz wiederholter Mahnung zahlt der Großhändler nicht. Bei wel-chem der nachfolgend genannten Gerichte muss der Lieferer gegen den Großhändler auf Zahlung klagen?

   1) Amtsgericht Leipzig   4) Landgericht Dresden
   2) Landgericht Leipzig   5) Verwaltungsgericht Leipzig
   3) Amtsgericht Dresden   6) Verwaltungsgericht Dresden

9. Prüfen Sie nachstehende Aussagen über die Erteilung der Mängelrüge bei einem zwei-seitigen Handelskauf bei gesetzlicher Regelung. Geben Sie an, welche der folgenden Aussagen richtig sind.

   1) Versteckte Mängel müssen unverzüglich nach ihrer Entdeckung, jedoch innerhalb von zwei Jahren, gerügt werden.
   2) Versteckte Mängel können nur innerhalb von sechs Wochen nach ihrer Entdeckung gerügt werden.
   3) Arglistig verschwiegene Mängel können innerhalb von 30 Monaten gerügt werden.
   4) Offene Mängel müssen unverzüglich nach Prüfung der Ware gerügt werden.

10. Vervollständigen Sie nachfolgende Satzteile aus dem Bereich der gestörten Erfüllung des Kaufvertrages durch folgende Ergänzungen zu richtigen Aussagen.

   1) Rücktritt vom Vertrag   6) Ablehnung der Lieferung und Schaden-
   2) Minderung   ersatz statt der Leistung
   3) Ersatzlieferung   7) Schadenersatz statt der Leistung
   4) Notverkauf   8) Selbsthilfeverkauf
   5) Ablehnung der Lieferung und Rücktritt vom Vertrag

   a) Bei einem Stückkauf ist … ausgeschlossen.
   b) … kann der Verkäufer bei leicht verderblicher Ware durchführen lassen, wenn der Käufer in Annahmeverzug geraten ist.
   c) … kann nur geltend gemacht werden, wenn ein Verschulden des Verkäufers vorliegt und eine Ersatzlieferung nicht möglich ist.
   d) … wird in Verbindung mit einem Deckungskauf geltend gemacht.
   e) … bedeutet: Der Kaufgegenstand ist zurückzugeben und der eventuell schon gezahlte Kaufpreis zu erstatten.
   f) … braucht im Falle des Annahmeverzuges nicht angedroht zu werden.

11. Welche der folgenden Aussagen über den Widerruf eines Angebots trifft zu?

   Der Widerruf …
   1) muss spätestens gleichzeitig mit dem Angebot eintreffen.
   2) muss vor Eingang des Angebots erfolgen.
   3) ist innerhalb von drei Tagen nach Eingang des Angebots möglich.
   4) ist nicht möglich.
   5) kann nach 14 Tagen erfolgen.

7 Zahlungsverkehr und Überwachung von Zahlungsterminen

7.1 Arten und Funktionen des Geldes

Die Auszubildende Renate Becker besucht ihre Urgroßmutter. Stolz erzählt sie ihr, dass sie 650,00 EUR Ausbildungsvergütung im Monat erhält. „In meiner Jugend spielte das Geld keine so große Rolle, wir erhielten teilweise nur Naturalien wie Zigaretten, gegen die wir dann andere Dinge tauschen konnten. Das war die Zeit der Zigarettenwährung kurz nach dem 2. Weltkrieg." Renate ist überrascht, sie hätte nicht gedacht, dass neben dem Geld andere Dinge eine Währung sein könnten.

Arbeitsaufträge
◆ Stellen Sie fest, welche Bedeutung dem Geld in einer Volkswirtschaft zukommt.
◆ Überprüfen Sie, welche Zahlungsmittel in unserer Volkswirtschaft genutzt werden.

● Geschichtliche Entwicklung des Geldes

In der Frühgeschichte war kein Geld erforderlich, da die Familien wirtschaftlich unabhängig waren (**Naturalwirtschaft**). Im Laufe der Zeit, insbesondere aufgrund einer wachsenden Bevölkerung und einer zunehmenden Arbeitsteilung (vgl. S. 68), begannen die Menschen, Waren gegen Waren zu tauschen (**Naturaltauschwirtschaft**). Als Tauschmittel dienten zunächst Güter, die der Einzelne benötigte, danach allgemein anerkannte Waren wie Salz, Vieh oder Edelmetalle (**Warengeld**). Da diese Tauschgüter aber verderblich, nur schwer transportierbar, nicht teilbar und kaum messbar waren, wurde ein neues Tauschmittel gesucht. Man kam auf die Idee, aus Edelmetallen (Gold, Silber) **Münzen** herzustellen (**Geldwirtschaft**). Der Prägewert dieser Münzen entsprach ihrem Metallwert (= **Kurantmünzen**).

Das **Münzgeld hatte Vorteile**, da es teilbar, allgemein anerkannt, leicht transportierbar, gut aufbewahrbar und haltbar (wertbeständig) war.
Bei den heutigen Münzen liegt der Metallwert meist deutlich unter dem Prägewert (= **Scheidemünzen**), d.h., die Kaufkraft der Münzen ist höher als der Metallwert. Die Ausweitung des Handels auch mit fernen Ländern erforderte es, das schwere, unhandliche Münzgeld durch Banknoten (Papiergeld) zu ersetzen.

● Arten des Geldes

Das Geld eines Landes oder einer Ländergemeinschaft bezeichnet man als **Währung**. In der Bundesrepublik Deutschland ist das Geldsystem gekennzeichnet durch **Bargeld** (Banknoten und Münzen) und **Buch- oder Giralgeld** (= alle Guthaben oder Kredite bei Kreditinstituten, über die jederzeit frei verfügt werden kann).
Die **Europäische Zentralbank (EZB)** hat das alleinige Recht zur Ausgabe von Banknoten. Der Finanzminister eines jeden Eurolandes lässt die Euro-Münzen prägen und verkauft sie an die EZB, die wiederum allein das Recht hat, die Münzen in Umlauf zu bringen. Zahlungsmittel sind Geld und Geldersatzmittel.

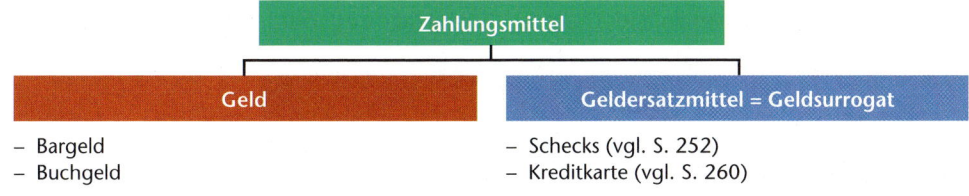

Zahlungsmittel	
Geld	**Geldersatzmittel = Geldsurrogat**
– Bargeld – Buchgeld	– Schecks (vgl. S. 252) – Kreditkarte (vgl. S. 260)

● Funktionen des Geldes

Geld erfüllt in einer arbeitsteiligen Volkswirtschaft **folgende Aufgaben** (Funktionen):

◆ **Tauschmittel:** Durch Geld wird der problemlose An- und Verkauf von Waren und Dienstleistungen ermöglicht.

◆ **Gesetzliches Zahlungsmittel:** Geld kann seiner Zahlungsmittelfunktion nur nachkommen, wenn es allgemein anerkannt ist. Um dies sicherzustellen, wird die Währung eines Landes zum gesetzlichen Zahlungsmittel erklärt. Jeder Gläubiger ist deshalb verpflichtet, inländische Münzen und Banknoten zahlungshalber anzunehmen. Banknoten sind in beliebiger Höhe als Zahlungsmittel einsetzbar. EUR-Münzen (1, 2 EUR) müssen nur bis zu einer Höhe von 20,00 EUR angenommen werden, Cent (1, 2, 5, 10, 20, 50 Cent) nur bis zu einem Wert von 5,00 EUR.

Seit dem 1. Januar 2002 ist der Euro (€) als europäische Währung eingeführt. Teilnehmerländer sind Belgien, Deutschland, Finnland, Frankreich, Griechenland, Irland, Italien, Luxemburg, Malta, Niederlande, Österreich, Portugal, Slowakei, Slowenien, Spanien und Zypern. Die Europäische Zentralbank (EZB) hat das alleinige Recht zur Ausgabe von Banknoten. Der Finanzminister eines jeden Eurolandes lässt die Euro-Münzen prägen und verkauft sie an die EZB, die wiederum allein das Recht hat, die Münzen in Umlauf zu bringen.

◆ **Wertmesser (Wertmaßstab):** Durch Geld ist es problemlos möglich, Gütern und Dienstleistungen einen genauen Wert zuzuordnen.

Beispiel Der Bürostuhl „ergo-design-natur" hat einen Listenpreis von 476,50 EUR.

◆ **Wertaufbewahrungsmittel:** Oft ist es erforderlich, dass bestimmte Geldbeträge über einen längeren Zeitraum gespart werden, um dann eine größere Anschaffung zu tätigen.

◆ **Wertübertragungsmittel:** Durch Geld werden einseitige Wertübertragungen ermöglicht.

Beispiele
– Die Auszubildende Renate erhält von ihrem Patenonkel zum Geburtstag 300,00 EUR geschenkt.
– Der Geschäftsführer Stein erhält das bei der Bank beantragte Darlehen über 150 000,00 EUR bar ausgezahlt.

Arten und Funktionen des Geldes
- In der **Naturaltauschwirtschaft** tauschten die Menschen Waren gegen Waren.
- In der **Geldwirtschaft** werden Waren gegen Geld getauscht.
- Die **Aufgaben (Funktionen)** des Geldes sind:
  - Zahlungsmittel
  - Tauschmittel
  - Wertmesser
  - Wertaufbewahrungsmittel
  - Wertübertragungsmittel

- **Zahlungsmittel** sind Geld (Bargeld, Buchgeld) und Geldersatzmittel (Schecks, Wechsel).

Geldarten	
Bargeld	**Buch- oder Giralgeld**

– Banknoten (Papiergeld)
– Münzen (Metallgeld)
   • Kurantmünzen (Prägewert der Münzen ist gleich Metallwert der Münzen)
   • Scheidemünzen (Prägewert der Münzen ist kleiner als Metallwert)
	Alle Guthaben oder Kredite bei Kreditinstituten

1. Erläutern Sie, worin der Unterschied zwischen der Naturaltauschwirtschaft und der Geldwirtschaft besteht.

2. Beschreiben Sie, welche Vorteile das Münzgeld im Vergleich zum Warengeld hatte.

3. Erläutern Sie die Funktionen, die das Geld in unserer heutigen Volkswirtschaft übernimmt.

4. Erklären Sie Bargeld und Buchgeld.

5. Welche Aufgaben erfüllt das Geld in folgenden Beispielen?
   a) Ein Unternehmer nimmt bei seiner Bank ein Darlehen über 30 000,00 EUR für die Anschaffung eines Lieferwagens auf.
   b) Die Auszubildende Maria Leenen erhält ihre Ausbildungsvergütung per Banküberweisung vom Einzelhändler Kluge.
   c) Maria Leenen spart jeden Monat 150,00 EUR für den Kauf einer HiFi-Anlage.
   d) Die Kundin Sarah Deneux kauft beim Einzelhändler Kluge für 160,00 EUR Waren.
   e) Die Bürodesign GmbH überweist an das Finanzamt 16 000,00 EUR Gewerbesteuer.
   f) Bei der Bürodesign GmbH kostet 1 Bürostuhl „Konzentra" 340,00 EUR.
   g) Der Geschäftsführer Stein schenkt seiner Enkelin zu Weihnachten 500,00 EUR.

7.2 Zahlungsarten

7.2.1 Bar(geld)zahlung und halbbare Zahlungen

Der Kunde Wolf Brieger bestellt im Verkaufsstudio der Bürodesign GmbH einen Schreibtisch „Stardesign" im Werte von 3 800,00 EUR. Zur Sicherheit lässt sich die Verkäuferin, Frau Schmitz, eine Anzahlung über 150,00 EUR vom Kunden geben. Nachdem der Schreibtisch fertig gestellt wurde, wird Herr Brieger davon schriftlich in Kenntnis gesetzt. Einen Tag später erscheint Herr Brieger und holt den Schreibtisch ab. An der Kasse verlangt die Kassiererin 3 800,00 EUR von Herr Brieger: „Wieso den 3 800,00 EUR, ich habe doch bereits 150,00 EUR angezahlt." Daraufhin fragt die Kassiererin: „Haben Sie darüber denn einen Beleg?" „Nein", antwortet Herr Brieger, „aber Frau Schmitz ist doch von der Anzahlung informiert." Nach Rückfrage der Kassiererin stellt sich heraus, dass sich in der Abteilung keine Unterlagen über eine Anzahlung befinden. Ferner ist Frau Schmitz für drei Wochen in Urlaub gefahren.

Arbeitsaufträge

◆ Überprüfen Sie, wie die Bürodesign GmbH diese unangenehme Situation hätte vermeiden können.

◆ Stellen Sie Arten der Bargeldzahlung mit den jeweiligen Vordrucken in einer Übersicht dar.

◆ Stellen Sie die verschiedenen Formen der halbbaren Zahlungsarten in einer Übersicht dar.

● Bargeldzahlung

Zahlungen werden entweder mit **Bargeld** (Banknoten, Münzen), **Buch- oder Giralgeld** (= alle Guthaben oder Kredite bei Geldinstituten, über die jederzeit frei verfügt werden kann) oder **Geldersatzmitteln** (Scheck, Kreditkarte) vorgenommen. Kennzeichen der Bar(geld)zahlung ist, dass **sowohl der Schuldner als auch der Gläubiger Bargeld in die Hand bekommen**.

Bei der Bar(geld)zahlung unterscheidet man die

◆ persönliche sofortige Zahlung

◆ Zahlung durch Express-Brief

◆ **Persönliche sofortige Zahlung**

Im Alltagsleben ist bei Kaufverträgen im Handel und bei Geschäften unter Nichtkaufleuten die sofortige Barzahlung üblich. Meistens handelt es sich hier nur um geringe Beträge. Der Käufer erhält die **Waren gegen sofortige Zahlung (Zug-um-Zug-Geschäft)**.

Ist der Schuldner nicht in der Lage, einem Gläubiger einen bestimmten Betrag selbst zu übermitteln, kann er dies durch einen **Boten** besorgen lassen.

Als Beweis für die Zahlung erhält der Schuldner eine **Quittung**. Als Quittung gelten der **Kassenzettel, Kassenbon einer Computerkasse oder besondere Quittungsvordrucke**. Liegt der Rechnungspreis über 150,00 EUR, so ist ein Kaufmann aus umsatzsteuerrechtlichen Gründen verpflichtet, die Umsatzsteuer gesondert auszuweisen (vgl. S. 295).

Beispiel Die Kundin Hannelore Fach hat bei der Bürodesign GmbH zwei Bürostühle gekauft.

Abt.	Stück	Arbeitsbezeichnung		Einzelpreis EUR	Ct	Gesamtpreis EUR	Ct
53	2	Bürostühle		297	50	595	00

Gesamt-Betrag dankend erhalten · Hinweis zu MWSt.

Gesamtbetrag einschließlich MWSt. 19 %		595	00
MWSt. 19 %		15	00
Netto-Warenwert		500	00

in bar — Gesamtbetrag x 15,97 = 19%
x per Scheck — x 6,54 = 7% — Bei Kauf über 150,00 EUR

Name und Anschrift des Käufers
Hannelore Fach, Eibenweg 16, 26605 Aurich

Ort	Datum	Kassen-Nr.	Unterschrift des Verkäufers
Aurich	..-07-13	2	Schneider

Der Gläubiger ist auf Verlangen des Schuldners zur Ausstellung der Quittung verpflichtet. Mit der Quittung bestätigt der Gläubiger dem Schuldner, dass er den geforderten Betrag erhalten hat. Der Quittungsvermerk kann auch auf der Rechnung angebracht werden.

◆ **Zahlung durch Express-Brief (Deutsche Post AG)**
Die Hauptaufgabe der Deutschen Post AG ist die Beförderung von Briefen, Paketen und Postkarten. Da das Versenden von Bargeld in einem normalen Brief sehr riskant und in einem Einschreibebrief bei einem Verlust nur bis 25,00 EUR versichert ist, kann Bargeld als Express-Brief in einem normalen Briefumschlag mit der Deutschen Post AG versandt werden. Mit einem Express-Brief können **neben Bargeld auch Wertgegenstände versandt werden**. Die Höchstgrenze des zu versendenden Wertes liegt bei 25 000,00 EUR. Der Empfänger bestätigt den Empfang des Briefes durch seine Unterschrift bei der Poststelle oder dem Postzusteller (Briefträger).

Beispiele   Diamanten, Wertpapiere

Die Versendung mit einem Express-Brief ist zwar sicher, aber sehr **umständlich und mit hohen Kosten verbunden**. Sollte ein Express-Brief verlorengehen, haftet die Deutsche Post AG bis zur Höhe des angegebenen Wertes.

● **Halbbare Zahlung**
◆ **Träger des Zahlungsverkehrs**
Bei der halbbaren Zahlung ist es notwendig, dass entweder der Schuldner oder der Gläubiger ein Girokonto bei einem **Kreditinstitut** besitzt. Diese **Geldinstitute** sind die **Träger des Zahlungsverkehrs**. Die Deutsche Postbank AG wickelt den Zahlungsverkehr der Postbank Niederlassungen ab. Sie unterhält in der Bundesrepublik in 10 Städten Postbank Niederlassungen. Bei den Kreditinstituten unterscheidet man privatwirt-, gemeinwirt- und genossenschaftliche Kreditinstitute. Bei privatwirtschaftlichen Kreditinstituten ist Gewinnerzielung das vorrangige Wirtschaftsziel. Bei gemeinwirt- und genossenschaftlichen Kreditinstituten steht die Erfüllung bestimmter Aufgaben im Vordergrund.

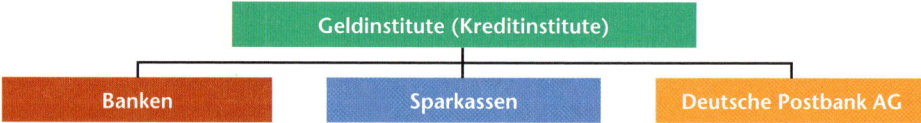

In der Bundesrepublik Deutschland haben sich die Geldinstitute zu fünf Gironetzen zusammengeschlossen:

Clearingverkehr (Abrechnungsverkehr) über die Landeszentralbanken

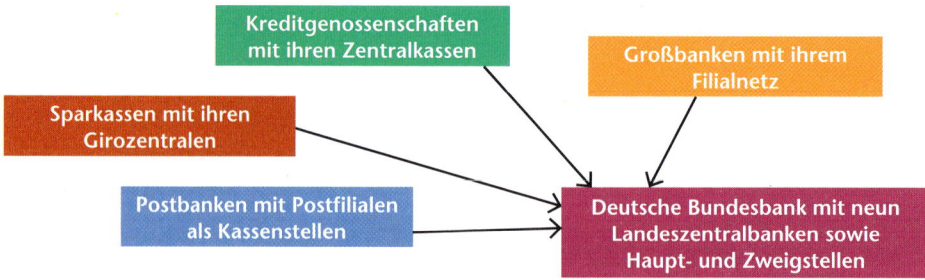

Für den Teilnehmer am Zahlungsverkehr ist es gleichgültig, bei welchen Geldinstituten Schuldner und Gläubiger ihre Konten unterhalten. Zur internen Verrechnung untereinander unterhalten die Geldinstitute Konten bei den Landeszentralbanken (**Clearing- oder Abrechnungsverkehr**). Die Abwicklung dieser internen Verrechnung erfolgt durch Datenfernübertragung bargeldlos. Für diese **Datenfernübertragung** stellen die Deutsche Telekom AG und andere Onlineanbieter Datendienste zur Verfügung (= **Onlinedienste**).

Beispiel Die Überweisungen der Kreissparkasse Aurich an die Deutsche Bank Aurich betragen am 16. Februar 2 000 000,00 EUR und umgekehrt 2 300 000,00 EUR. Im Wege der Umbuchung werden tatsächlich nur 300 000,00 EUR an die Kreissparkasse Aurich im Wege des Clearingverfahrens überwiesen.

● Die Eröffnung eines Kontos bei einem Kreditinstitut

Zur Eröffnung von Girokonten sind bei den Geldinstituten **Antragsvordrucke** erhältlich. Neben natürlichen Personen können auch juristische Personen Konten bei einem Geldinstitut eröffnen. Für die Kontoeröffnung muss ein Antragsteller das 18. Lebensjahr vollendet haben und geschäftsfähig (vgl. S. 106) sein. Der Kontoinhaber wird über Zahlungsvorgänge und den Kontostand durch einen **Kontoauszug** unterrichtet, den der Kontoinhaber bei einem Kreditinstitut mit der Kundenkarte maschinell erstellen oder sich zuschicken lassen kann. Die Postbank sendet dem Kontoinhaber den Kontoauszug zu.

Auf dem Kontoauszug werden alle Zahlungseingänge (Zahlungen gehen zugunsten des Kontoinhabers ein = +) auf der Habenseite eingetragen, alle Zahlungsausgänge (Zahlungsaufträge werden zulasten des Kontos ausgeführt = –) auf der Sollseite. Zudem sind der alte und der neue **Kontostand** und der Tag des **Auszugsdatums** vermerkt. Wenn ein Konto ein Guthaben aufweist, liegt ein **Habensaldo** (H) vor. Ist das Konto überzogen, liegt ein **Sollsaldo** (S) vor.

Beispiel Das Konto der Bürodesign GmbH weist am 15. Februar einen Habensaldo von 15 438,84 EUR aus. Der letzte Kontoauszug vom 7. Februar wies einen Habensaldo von 2 796,21 EUR aus.

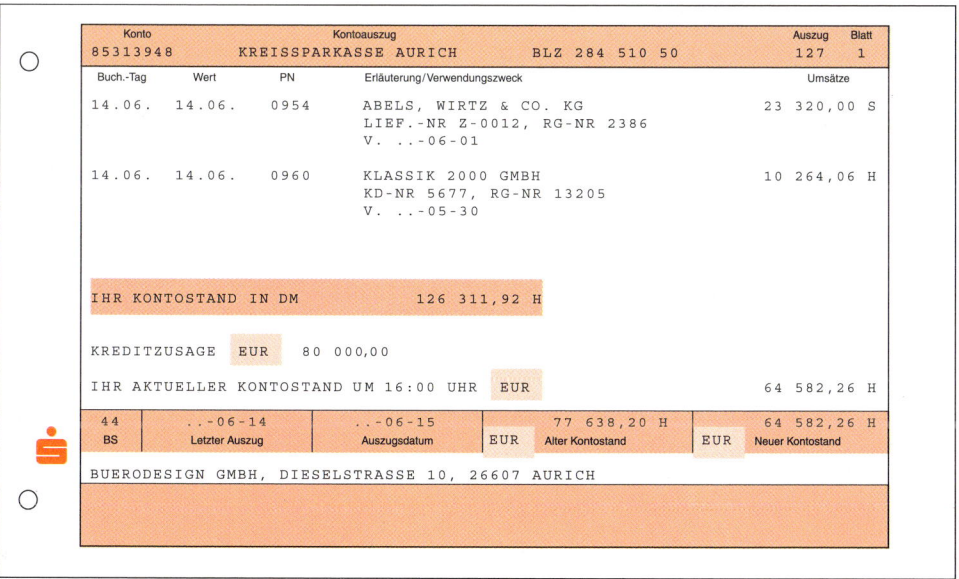

In der Regel darf ein Kontoinhaber sein Konto bis zu einem bestimmten Betrag überziehen (= **Dispositionskredit** bei privaten Kunden, **Kontokorrentkredit** bei gewerblichen Kunden), wobei die Höhe des Überziehungskredites mit dem Kreditinstitut vereinbart werden muss. Eine Überziehung des Postbank Girokontos ist nur in begrenztem Umfang kurzfristig möglich (zz. um durchschnittlich drei Monatsgehälter, höchstens aber bis 5 000,00 EUR).

◆ **Zahlschein**

Hat der Gläubiger ein Konto bei einem Kreditinstitut, kann der Schuldner mit einem Zahlschein zahlen. Der Schuldner zahlt das Geld bar bei einem Kreditinstitut ein. Zusätzlich entrichtet er ein Entgelt. Dem Gläubiger wird der entsprechende Betrag auf seinem Girokonto gutgeschrieben. Mit Zahlscheinen können Beträge in beliebiger Höhe übertragen werden, wobei die Kosten der Zahlung vom Schuldner zu tragen sind.

Häufig werden dem Schuldner vom Gläubiger vorgedruckte Zahlscheine zugesandt, auf denen bereits Name, Kontonummer, Bankleitzahl, Geldinstitut des Gläubigers und Überweisungsbetrag eingetragen wurden.

Der Zahlschein besteht aus **zwei Bestandteilen**:

1. **Gutschrift** (Zahlschein) = Beleg des Geldinstitutes (Original)
2. **Zahlschein** – Quittung = Beleg für Einzahler (Kopie)

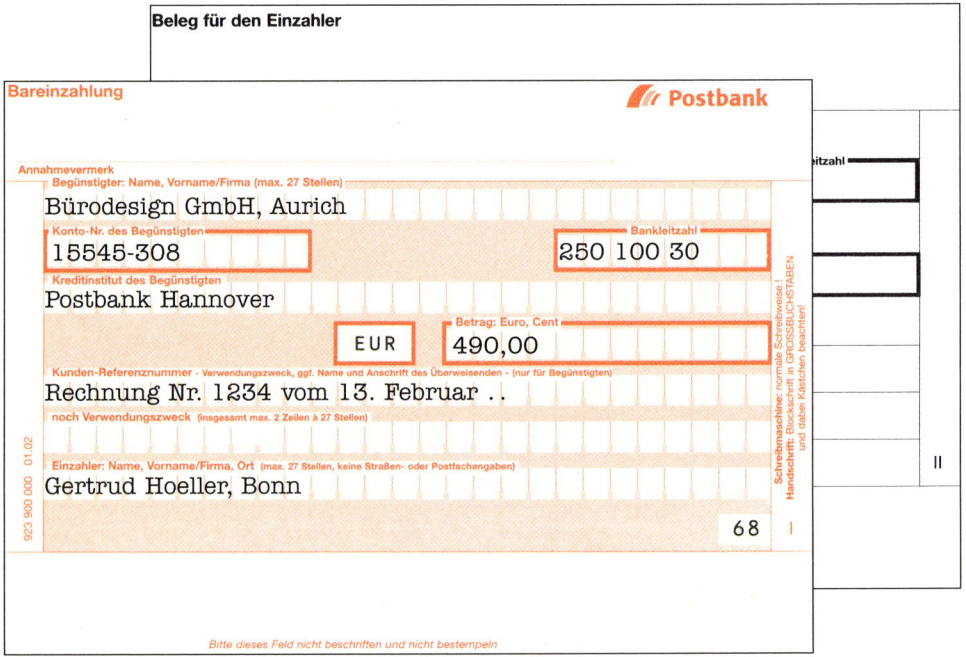

◆ **Postnachnahme**

Der **Zahlschein kann auch in Verbindung mit einer Nachnahme verwendet werden** (vgl. S. 170). Der Inhaber eines Postbankkontos kann Briefe, Postkarten (eine Möglichkeit des außergerichtlichen Mahnverfahrens, vgl. S. 271), Pakete, Päckchen oder Postgut als Nachnahmesendung verschicken. Der Empfänger erhält die Nachnahmesendung nur gegen Barzahlung. Somit kann der Absender sicher sein, dass er den ausstehenden Rechnungsbetrag auch tatsächlich erhält. Mit dem Zahlschein wird der nachgenommene Betrag (= der im Zahlschein ausgewiesene Betrag) dem Postbankkonto des Absenders gutgeschrieben. **Postnachnahmen werden**

bis 1 600,00 EUR bei Briefen und Postkarten und bis 3 500,00 EUR, bei Paketen und Päckchen ausgeführt. Jede Nachnahmesendung muss den Vermerk „Nachnahme = Remboursement", das Nachnahmezeichen und den Nachnahmebetrag tragen.

Beispiel Die Textil GmbH & Co. KG versendet ein Nachnahmepaket im Wert von 221,70 EUR an die Bürodesign GmbH. Die Textil GmbH & Co. KG hat bei der Postbank in Hannover ein Konto, Kontonummer 684321-304, Bankleitzahl 250 100 30.

Berechnung des Nachnahmebetrages:

221,70 EUR	Warenwert	
6,90 EUR	Beförderungsentgelt	Diese Postentgelte sind vom Absender
	für Standardpaket (3 kg)	bei der Einlieferung des Paketes
4,00 EUR	Nachnahmeentgelt	bei der Postvertriebsstelle zu zahlen.
232,60 EUR	**Betrag im Zahlschein**	Dieser Betrag wird dem Inhaber des
	der Nachnahme	Postbankkontos (Textil GmbH & Co. KG)
		auf seinem Postbankkonto gutgeschrieben.
2,00 EUR	Zahlscheinentgelt (abhängig vom Nachnahmebetrag,	
	Deutsche Post AG behält 2,00 EUR ein)	
234,60 EUR	**Nachnahmebetrag, der vom Empfänger eingezogen wird.**	

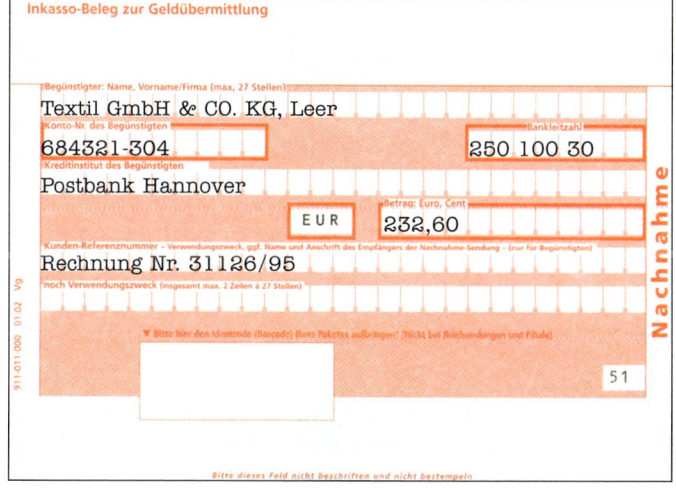

◆ **Der Bankscheck**

Hat ein Schuldner ein Konto bei einem Kreditinstitut, dann kann er mit einem Barscheck bezahlen. **Der Scheck ist eine Anweisung an ein Geldinstitut, bei Vorlage einen bestimmten Geldbetrag zulasten des Scheckausstellers auszuzahlen.** Bei Ausstellung eines Schecks muss der Schuldner (= Aussteller) einen **Scheckvordruck** seines Geldinstitutes verwenden.

Wer mit einem Bankscheck bezahlen will, muss ein Girokonto bei einem Kreditinstitut unterhalten. Gegen die Ausstellung eines Schecks kann ein Kontoinhaber bei seinem Kreditinstitut selbst Geld abheben oder die Barauszahlung an eine andere Person veranlassen.

Da der Scheck kein gesetzliches Zahlungsmittel ist, kann der Gläubiger die Annahme des Schecks ablehnen und Bargeld verlangen. Zahlt ein Schuldner seine Verbindlichkeit mit einem Scheck, ist die Verbindlichkeit erst beglichen, wenn das bezogene Geldinstitut den Scheck einlöst.

Grundschema zur Zahlungsabwicklung durch Scheck

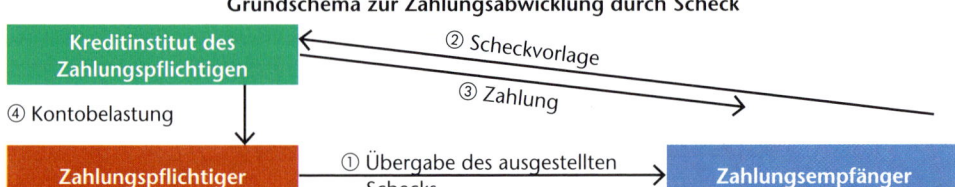

◆ **Bestandteile des Schecks:** Nur wenn der Scheckvordruck vollständig und richtig ausgefüllt ist, wird er von Geldinstituten eingelöst.

Ein **Scheck ist nur gültig**, wenn er gemäß Scheckgesetz (SchG) **sechs gesetzliche Bestandteile** aufweist (Art. 1 SchG):

① Name des Geldinstitutes, das zahlen soll (= Bezogener)
② Zahlungsort (= Geschäftssitz des Geldinstitutes)
③ Scheckklausel (Bezeichnung Scheck im Text der Urkunde)
④ Unbedingte Anweisung, eine bestimmte Geldsumme zu zahlen (Betrag in Buchstaben)
⑤ Ort und Tag der Ausstellung
⑥ Unterschrift des Ausstellers (= Kontoinhaber)

Fehlt einer dieser Bestandteile, ist der Scheck ungültig. Die Bestandteile ① bis ④ sind bereits auf dem Scheck vorgedruckt, während die Bestandteile ⑤ und ⑥ vom Aussteller einzutragen sind. Stimmen im Scheck der in Buchstaben und der in Ziffern angegebene Betrag nicht überein, dann gilt der in Buchstaben geschriebene Betrag, da er gesetzlicher Bestandteil ist.

Beispiel Die Bürodesign GmbH hat in ihrem Verkaufsstudio von einem Kunden einen Scheck über 1 200,00 EUR erhalten. Auf dem Scheckvordruck sind die Angaben Ausstellungsort, -datum, Betrag in Buchstaben nicht ausgefüllt worden. Die bezogene Bank lehnt die Einlösung des Schecks ab.

In der betrieblichen Praxis und im privaten Bereich hat der Scheck weitgehend seine Bedeutung verloren und wird insbesondere durch die Nutzung der Girocard verdrängt.

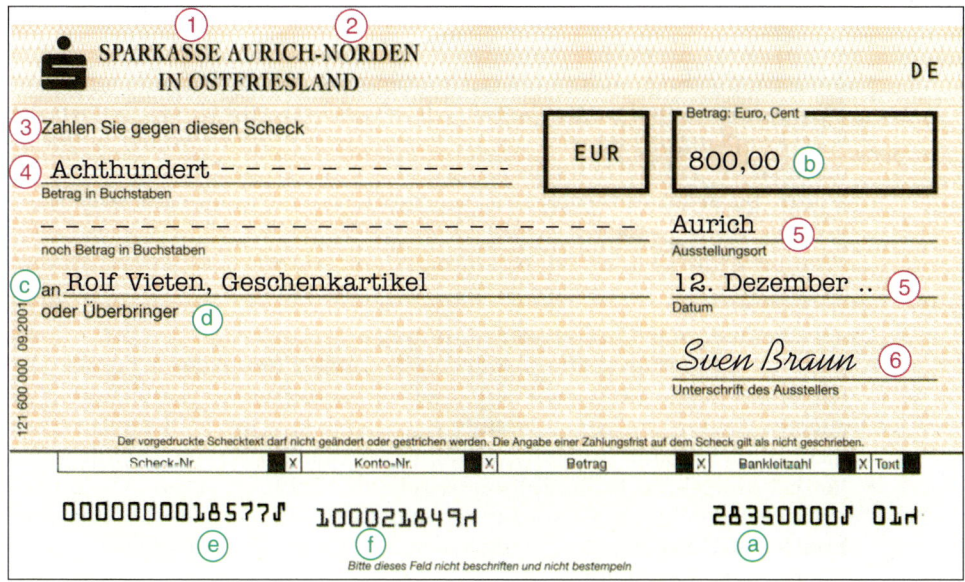

Neben den vorgeschriebenen gesetzlichen Bestandteilen gibt es **kaufmännische Bestandteile** eines Schecks, die die technische Abwicklung des Scheckverkehrs erleichtern:

Kaufmännische Bestandteile	Bedeutung
ⓐ Bankleitzahl (= Nummer des Geldinstituts)	Sie sind in Zahlen verschlüsselte Anschriften der Banken (ähnlich den Postleitzahlen).
ⓑ Betrag in Ziffern (= Zahlen)	Er ermöglicht den Kreditinstituten eine schnellere Bearbeitung der Schecks.
ⓒ Name des Zahlungsempfängers	Es kann der Aussteller oder eine dritte Person namentlich angegeben werden.
ⓓ Überbringerklausel	Durch diese kann ein Scheck formlos weitergegeben werden.
ⓔ Schecknummer	Sie ermöglicht die Identifizierung eines Schecks, z.B. bei Widerruf.
ⓕ Kontonummer des Ausstellers	Sie soll dem Geldinstitut helfen, schnell und einfach die Ordnungsmäßigkeit des Schecks zu überprüfen.

Ein Scheck darf nur ausgestellt werden, wenn der Kontoinhaber auf seinem Konto über ein Guthaben in Höhe des Scheckbetrages oder einen entsprechenden Dispositionskredit verfügen kann.

◆ **Scheckarten:** Schecks können anhand der folgenden Kriterien unterschieden werden:
  – **Unterscheidung nach dem Scheckbezogenen**
    • Scheck der Banken, Sparkassen, Raiffeisenbanken
    • Scheck der Postbank
  – **Unterscheidung nach der Weitergabe**
    • **Inhaberscheck:** Die meisten von den Geldinstituten ausgegebenen Scheckvordrucke tragen den Zusatz „oder Überbringer", d. h., das **Geldinstitut zahlt an den Inhaber, also jede Person**, die den Scheck vorlegt. Die Streichung dieses

Zusatzes ist ohne Bedeutung. Die Geldinstitute lösen den Scheck auch dann ein, wenn die Klausel gestrichen ist.

- **Namensscheck (= Orderscheck; Orderpapier):** Es handelt sich um einen **Scheck ohne Überbringerklausel**, d.h., der Scheck enthält den Namen des Scheckempfängers und wird nur an diesen ausgezahlt. Er wird nur in besonderen Fällen (z.B. bei besonders hohen Beträgen) verwendet.

  Beispiel   Die Bürodesign GmbH erhält von ihrer Feuerversicherung nach einem Brand in einem Lagerraum einen Namensscheck über 25 000,00 EUR per Brief zugesandt. Auch wenn dieser Scheck auf dem Postweg verloren geht, besteht kein Risiko für den Aussteller, da er nur dem im Scheck genannten Empfänger ausgezahlt wird.

– **Unterscheidung nach der Art der Einlösung**

- **Barscheck:** Der Scheckbetrag wird dem Überbringer bar an einem Schalter des bezogenen Geldinstituts ausgezahlt. Legt der Überbringer den Barscheck einem anderen Geldinstitut vor (z.B. seiner eigenen Bank), dann wird der Barscheck nicht bar ausgezahlt, sondern dem Konto des Überbringers gutgeschrieben.
- **Verrechnungsscheck:** (Er zählt zur bargeldlosen Zahlung, vgl. S. 257). Enthält ein Scheck den Vermerk „Nur zur Verrechnung", wird der **Scheckbetrag dem Konto des Überbringers gutgeschrieben**, d.h., **er wird nicht bar an den Überbringer ausgezahlt**.

◆ **Verwendungsmöglichkeiten und Einlösefristen des Schecks:** Der Inhaber eines Barschecks hat **verschiedene Möglichkeiten zur Scheckverwendung**:

- Vorlage beim bezogenen Geldinstitut zur **Barauszahlung**
- Einreichung beim eigenen Geldinstitut zur **Gutschrift auf dem eigenen Konto**
- **Weitergabe an einen Gläubiger** zum Ausgleich einer Verbindlichkeit (Bei Inhaberschecks genügt die formlose Übergabe. Bei höheren Scheckbeträgen verlangen die Geldinstitute aus Sicherheitsgründen die Unterschrift des Scheckeinreichers auf der Rückseite des Schecks.). Der Weitergebende haftet dem Scheckempfänger für die Einlösung des Schecks.

Ein Scheck ist bei Sicht zahlbar, d.h. bei Vorlage durch den Scheckinhaber. Dieses gilt auch für Schecks, bei denen als Ausstellungsdatum ein zukünftiges Datum eingetragen wurde (= vordatierter Scheck).

Ein Scheck muss innerhalb einer bestimmten Frist bei einem Geldinstitut vorgelegt werden. Die **Vorlegefrist** beträgt für

- **im Inland** (innerhalb der Bundesrepublik) ausgestellte Schecks **8 Tage,**
- **im europäischen Ausland** ausgestellte Schecks **20 Tage,**
- **im außereuropäischen Ausland** ausgestellte Schecks **70 Tage.**

◆ Wird ein Scheck erst nach Ablauf dieser Frist vorgelegt, kann das bezogene Geldinstitut den Scheck einlösen. Eine Verpflichtung zur Einlösung besteht jedoch nicht mehr.

Bargeldzahlung und halbbare Zahlung

- Kennzeichen der Bar(geld)zahlung ist, dass **sowohl der Schuldner als auch der Gläubiger Bargeld in Händen haben**.
- Bei **persönlicher sofortiger Zahlung (Zug-um-Zug-Geschäft)** erhält ein Kunde die Ware nur gegen sofortige Zahlung. Der Kunde (Zahler) erhält über die Zahlung eine **Quittung**.

- Bei Zahlung durch einen **Express-Brief** können durch die Deutsche Post AG Geldbeträge **bis zu** 25 000,00 EUR in einem verschlossenen Briefumschlag versandt werden, wobei die Deutsche Post AG für den Verlust haftet.
- Die **halbbare Zahlung ist dadurch gekennzeichnet**, dass entweder der Schuldner oder der Gläubiger ein Girokonto bei einem Kreditinstitut haben muss.
- Mit einem **Zahlschein** kann ein Schuldner, der über kein eigenes Konto verfügt, Geld bar sowohl bei der Postbank als auch bei einem Kreditinstitut einzahlen. Dem Gläubiger wird der Betrag auf seinem Konto gutgeschrieben.
- **Postnachnahmesendungen** (bis 1 600,00 EUR bei Briefen, Postkarten und bis 3 500,00 EUR bei Paketen, Päckchen) werden dem Empfänger nur gegen sofortige Bezahlung des Nachnahmebetrages ausgehändigt. Dem Absender wird der nachgenommene Betrag auf seinem Postbankkonto gutgeschrieben.
- Mit einem Scheck weist ein Kontoinhaber sein Geldinstitut an, bei Vorlage des Schecks den Scheckbetrag zu zahlen.
- **Bankschecks** zählen zur halbbaren Zahlung. Sie haben **folgende**

Bestandteile	
gesetzliche (= vorgeschriebene)	**kaufmännische (= freiwillige)**
– Name des Geldinstitutes	– Bankleitzahl
– Zahlungsort	– Betrag in Ziffern
– Scheckklausel	– Name des Zahlungsempfängers
– Unbedingte Anweisung, einen bestimmten Betrag (in Buchstaben) zu zahlen	– Überbringerklausel
	– Schecknummer
– Ort und Tag der Ausstellung	– Kontonummer des Ausstellers
– Unterschirft des Ausstellers	– Verwendungszweck

- **Inhaberschecks** kann jeder beim bezogenen Geldinstitut einlösen, **Namensschecks** können in der Regel nur vom Scheckempfänger eingelöst werden.
- **Barschecks** werden bar ausgezahlt, **Verrechnungsschecks** (= bargeldlose Zahlung) dem Konto des Überbringers gutgeschrieben.
- Die **Vorlegefristen** betragen für Schecks
  - im Inland   8 Tage
  - in Europa   20 Tage
  - außerhalb von Europa   70 Tage

1. Beschreiben Sie, wodurch die Bar(geld)zahlung gekennzeichnet ist.

2. Geben Sie an, welche Bestandteile eine Quittung enthalten sollte.

3. Welche Vorteile hat der Gläubiger und welche Nachteile der Schuldner bei Barzahlung?

4. Beschreiben Sie den Ablauf einer Barzahlung mittels eines Express-Briefes.

5. Die Auszubildende Iris Heuer verkauft am 10. Januar .. an die Arbeitskollegin Isolde Spanring eine gebrauchte Hi-Fi-Anlage für 850,00 EUR. Isolde Spanring zahlt bei der Übergabe der Hi-Fi-Anlage den Geldbetrag bar. Erstellen Sie die entsprechende Quittung (weitere Daten nach eigener Wahl).

6. Besorgen Sie sich aus Ihren Ausbildungsbetrieben Quittungen und vergleichen Sie diese hinsichtlich Bestandteilen, Aufbau usw.

7.   Erläutern Sie, welche Daten der Kontoinhaber dem Kontoauszug auf Seite 249 entnehmen kann.

8.   Erklären Sie „Dispositions- und Kontokorrentkredit".

9.   Melanie Pilz, Steinstr. 6, 46395 Bocholt, hat Waren im Wert von 678,00 EUR bei der Oliver Klein Haushaltswaren KG auf Ziel gekauft. Sie möchte die fällige Rechnung über 678,00 EUR, Rechnungsnummer 26759/92 vom 14. November bezahlen. Zahlungsempfänger: Oliver Klein Haushaltswaren KG, Hurther Str. 16, 50969 Köln.
Die KG unterhält Konten bei folgenden Geldinstituten:
Postbank Niederlassung Köln, BLZ 370 100 50, Kontonr. 324066-506
Deutsche Bank AG, Köln, BLZ 370 700 60, Kontonr. 0136006251
a) Besorgen Sie sich einen Zahlschein und füllen Sie den Zahlschein aus.
b) Erläutern Sie die verschiedenen Bestandteile des Zahlscheins.

10.   Die Bürodesign GmbH sendet einem Kunden eine Warensendung, Gewicht 10 kg, über den Nachnahmebetrag von 101,53 EUR (Zahlscheinentgelt 2,00 EUR) per Postnachnahme als Paket zu. Besorgen Sie sich einen Postnachnahmeversandschein und füllen Sie diesen für die Bürodesign GmbH aus.

11.   Nennen Sie die gesetzlichen und kaufmännischen Bestandteile eines Schecks.

12.   Beschreiben Sie, wodurch sich
a) Inhaber- und Namensscheck
b) Bar- und Verrechnungsscheck
unterscheiden.

13.   Erläutern Sie, wie man einen Bankbarscheck verwenden kann.

14.   Erklären Sie, welchen Vorteil ein Verrechnungsscheck gegenüber einem normalen Barscheck für den Scheckempfänger hat.

7.2.2   Bargeldlose Zahlung

Bei der Durchsicht eines Kontoauszuges fällt Elke Grau eine Abbuchung der Telekom in Höhe von 8 450,00 EUR auf. Beim Vergleich mit der Telefonrechnung stellt sie fest, dass der Rechnungsbetrag über 845,00 EUR lautet. Sofort geht sie zu Frau König und teilt dieser ihre Entdeckung mit. „Das ist überhaupt kein Problem, wir werden gegen diese Kontobelastung sofort Widerspruch einlegen", meint Frau König. „Wo Sie gerade da sind, Sie können die Lohn- und Gehaltsliste für unsere 105 Mitarbeiter mitnehmen und die Überweisungen fertig machen." Ich kann doch nicht auch noch 105 Überweisungen ausfüllen, denkt Elke. Als sie dieses Renate Becker mitteilt, tröstet diese sie mit dem Hinweis, sie könne doch eine Sammelüberweisung benutzen.

Arbeitsaufträge
◆ Erstellen Sie eine Übersicht der Möglichkeiten bargeldloser Zahlung.
◆ Verschaffen Sie sich einen Überblick über die Formen des Electronic-Banking-Systems.

Der bargeldlose Zahlungsverkehr setzt voraus, dass **Schuldner und Gläubiger über ein Konto bei einem Geldinstitut verfügen**. Der Schuldner kann von seinem Konto einen

Betrag abbuchen lassen, der dann dem Gläubiger auf seinem Konto gutgeschrieben wird. Für bargeldlose Zahlungen werden verwendet:

◆ Banküberweisung
◆ Verrechnungsscheck

● Banküberweisung

Mit einer Banküberweisung **kann ein Schuldner von seinem Konto einen Geldbetrag auf ein anderes Konto bei jedem Geldinstitut überweisen lassen**. Der Auftrag wird dem Geldinstitut durch das Ausfüllen und die Abgabe eines Überweisungsvordrucks erteilt. Dieses ist ein **zweiteiliger Vordrucksatz**, den jeder Kontoinhaber von seinem Geldinstitut erhält. Der Vordruck wird im **Durchschreibeverfahren** ausgefüllt.

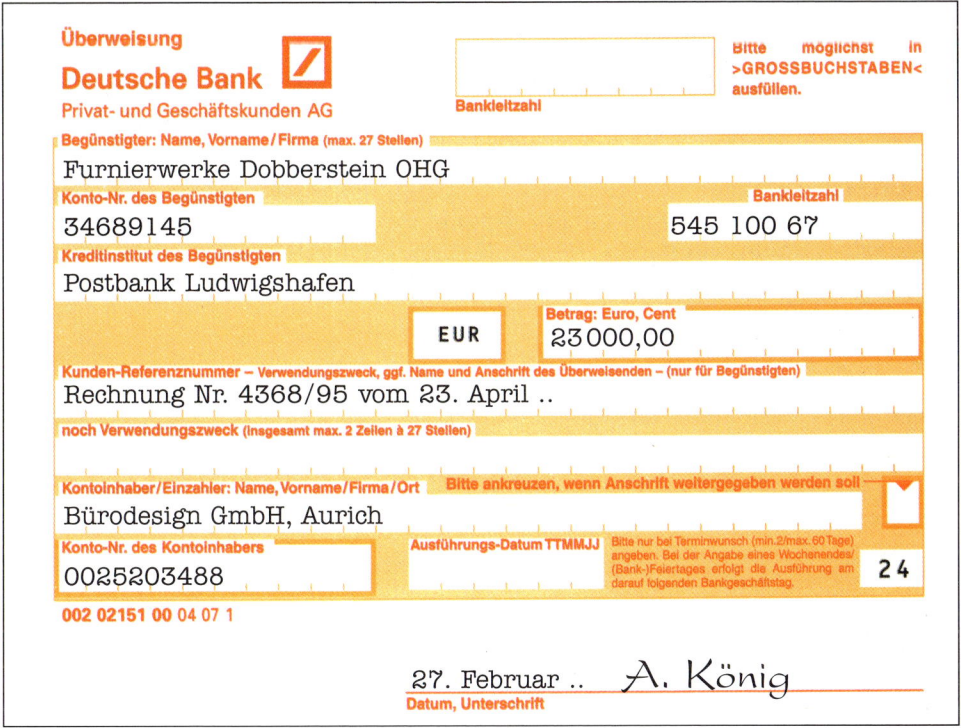

Ein Schuldner kann eine Überweisung auch mit dem kombinierten Formblatt „Zahl-schein/Überweisung" (vgl. S. 250) tätigen. Diese Vordrucke werden oft zusammen mit Rechnungen versandt, wobei bereits alle Angaben des Gläubigers (Name, Kontonummer, bezogene Bank, Bankleitzahl, Überweisungsbetrag, Verwendungszweck) aufgedruckt sein können. Für den Schuldner ergibt sich dadurch eine **Arbeitserleichterung**.

Durch den **elektronischen Datenaustausch (EDI)** zwischen Kunden, Lieferanten, Banken usw. kann der Zahlungsverkehr vollautomatisch zwischen den Beteiligten über Onlinenetze abgewickelt werden (vgl. S. 195).

● Verrechnungsscheck

Verrechnungsschecks tragen oben den **Vermerk „Nur zur Verrechnung"**. Dieser Vermerk kann nachträglich auf einem Barscheck angebracht werden oder er ist von vornherein aufgedruckt. Bei Zahlung mit einem Verrechnungsscheck weist ein Kontoinhaber sein Geldinstitut an, die auf dem Scheck angegebene Summe **nur dem Konto des Scheckempfängers gutzuschreiben**, während das Konto des Scheckausstellers entsprechend belastet wird. Der Verrechnungsscheck wird nicht an den Empfänger bar ausgezahlt, erst nach Gutschrift auf dem Konto kann der Scheckbetrag vom Kontoinhaber abgehoben werden. Verrechnungsschecks sind deshalb sicherer als Barschecks. So kann ein Dieb zwar einen gestohlenen Verrechnungscheck seinem Konto gutschreiben lassen. Hierzu muss er aber seinen Namen angeben, wodurch es leicht nachvollziehbar wird, wer den Scheck eingelöst hat. Ein bereits geschriebener oder aufgedruckter Verrechnungsvermerk kann nicht mehr gestrichen werden, ein Verrechnungsscheck kann also nicht mehr in einen Barscheck umgewandelt werden.

● Zahlungsvereinfachungen

Im Rahmen der bargeldlosen Zahlung können einige Zahlungsvereinfachungen, die dem Schuldner Arbeitserleichterungen bringen oder die den Überweisungsvorgang beschleunigen, genutzt werden.

◆ **Dauerauftrag:** Mit einem Dauerauftrag beauftragt ein Kontoinhaber sein Kreditinstitut **regelmäßig zu einem bestimmten Zeitpunkt einen gleichbleibenden Betrag zulasten seines Kontos auf das Konto des Gläubigers zu überweisen**.

Beispiele Miete, Versicherungsbeiträge, Tilgungsraten bei Darlehen, Ratenzahlungen

Nach der Auftragserteilung durch den Kontoinhaber stellt das Geldinstitut regelmäßig die Buchungsbelege aus. Ein Dauerauftrag behält seine Gültigkeit bis zum schriftlichen Widerruf durch den Kontoinhaber.

◆ **Lastschriftverfahren: Bei regelmäßig wiederkehrenden Zahlungen in gleicher oder unterschiedlicher Höhe** kann ein Kontoinhaber den Gläubiger ermächtigen, bis auf Widerruf **zu unterschiedlichen Terminen Beträge von seinem Konto abbuchen zu lassen**.

Beispiele Telefon-, Strom-, Wasserrechnung, Grundsteuer

Dazu kann der Kontoinhaber dem Gläubiger eine **Einzugsermächtigung (= Einzugsermächtigungsverfahren)** oder seinem Geldinstitut einen **Abbuchungsauftrag (= Abbuchungsverfahren)** erteilen.

◈ **Einzugsermächtigung (= Einzugsermächtigungsverfahren):** Bei diesem Verfahren **ermächtigt der Kontoinhaber** den Gläubiger, **seine Forderung vom Konto des Kontoinhabers einzuziehen**. Sollte der Gläubiger das Konto des Kontoinhabers ungerechtfertigt belasten, dann kann der Kontoinhaber der Kontobelastung innerhalb von sechs Wochen widersprechen. Der belastete Betrag wird dann wieder gutgeschrieben.

Beispiel Die Bürodesign GmbH hat der Stadt Aurich eine Einzugsermächtigung für die Grundsteuerabgaben erteilt. Aufgrund eines Fehlers in der Rechnungsabteilung der Stadt Aurich wird das Konto der Bürodesign GmbH statt mit 245,16 EUR mit 2 451,60 EUR belastet. Die Bürodesign GmbH kann bei ihrem Geldinstitut der Lastschrift widersprechen, der Betrag wird ihrem Konto wieder gutgeschrieben.

◆ **Abbuchungsauftrag (= Abbuchungsverfahren, Einziehungsauftrag):** Bei diesem Verfahren **beauftragt der Kontoinhaber sein Geldinstitut, Lastschriften eines bestimmten Gläubigers** (z. B. Rechnungen von Lieferern) **ohne vorherige Rückfrage abzubuchen.** Der Abbuchungsauftrag gilt, bis er widerrufen wird. Der Schuldner kann einer Belastung nicht widersprechen.

Beispiel Die Bürodesign GmbH beliefert die Büromöbel GmbH Europa regelmäßig mit Bürostühlen. Da die Büromöbel GmbH Europa mehrmals unregelmäßig gezahlt hat, vereinbart die Bürodesign GmbH mit diesem Kunden, dass im Abbuchungsverfahren offene Rechnungsbeträge eingezogen werden können. Da bei diesem Verfahren einer Belastung nicht widersprochen werden kann, hat die Bürodesign GmbH die Sicherheit, dass sie bei Deckung des Kontos ihr Geld bekommt.

◆ **Sammelüberweisung:** Führt ein Unternehmen **an einem Tag an verschiedene Gläubiger mehrere Überweisungen** aus, ist die Sammelüberweisung vorteilhaft. Die einzelnen Überweisungen (sie sind als Endlosformulare bei den Geldinstituten erhältlich) werden listenmäßig mit der Nummer des Überweisungsvordrucks und dem Betrag auf einem Sammel-Überweisungsauftrag (zwei Bestandteile: Original für Geldinstitut, Durchschrift für Auftraggeber = Schuldner) festgehalten. Nur dieser Auftrag wird vom Schuldner unterschrieben, somit hat er eine **Arbeitsersparnis.** Zudem werden Buchungsentgelte gespart. Mit einem einzigen ordnungsgemäß unterschriebenen Sammelüberweisungsauftrag können beliebig viele Überweisungen zum Entgelt einer einzigen Überweisung durchgeführt werden (= **Kostenersparnis**).

◆ **Eilüberweisung: Ist eine Überweisung besonders dringlich,** so kann ein Schuldner sie als Eil- oder sogar Blitzüberweisung übermitteln lassen. Hierbei wird der Überweisungsvorgang sofort nach Auftragserteilung telefonisch oder per Fax ausgeführt. Dafür erheben die Geldinstitute ein besonderes Entgelt.

Beispiel Ein Sachbearbeiter der Bürodesign GmbH hat vergessen, termingerecht die Zinsen für ein Darlehen an die Commerzbank zu überweisen. Um mögliche Verzugszinsen möglichst gering zu halten, wird eine Eilüberweisung bei der Kreissparkasse Aurich in Auftrag gegeben.

● Beleglöser Datenträgeraustausch

Die Geldinstitute haben den **Elektronischen Zahlungsverkehr für Individualüberweisungen** (EZÜ) eingeführt, um den Zahlungsverkehr zu rationalisieren. Hierbei werden per Beleg erteilte Überweisungsaufträge beim beauftragten Geldinstitut oder beim Auftraggeber in Datensätze umgewandelt. Diese Daten werden auf elektronischen Datenträgern (z. B. CD-ROMs oder USB-Stick) erfasst und im Rahmen des **beleglosen Datenträgeraustauschs** zwischen den Geldinstituten weitergeleitet und verrechnet. An die Stelle des Beleges tritt somit ein Datensatz, der mithilfe **elektronischer Datenträger** oder der **Datenfernübertragung** (elektronische Leitungsverbundnetze) vom Auftraggeber über die Kreditinstitute und deren Clearingstellen bis zum Konto des Zahlungsempfängers bzw. des Zahlungspflichtigen weitergeleitet wird.

Beispiel Die Bürodesign GmbH gibt ihrer Bank statt 250 Überweisungen eine CD-ROM, auf der alle auszuführenden Überweisungen als Datensatz enthalten sind.

Durch den **elektronischen Datenaustausch** (EDI, vgl. S. 195, 257) von Computer zu Computer können Zahlungsbelege vollautomatisch zwischen dem Unternehmen und seiner Bank über Onlinenetze abgewickelt werden.

● Kreditkarten

Der Begriff „Plastikgeld" stammt daher, dass der Käufer bei der Bezahlung statt Bargeld eine kleine **Kunststoffkarte** vorlegt, auf der bestimmte Daten eingetragen sind, z. B.

Name, Konto-Nummer, Kunden-Nummer usw. Diese Daten können entweder direkt lesbar sein, d.h., sie sind in einer normalen Schrift auf der Karte aufgetragen, oder sie sind nur mit der Hilfe bestimmter Lesegeräte zu erkennen. Die Karten haben entweder auf ihrer Rückseite einen **Magnetstreifen** oder einen **Chip**, in dem alle wesentlichen Daten gespeichert sind.

Kreditkarten werden von Kreditkartenorganisationen oder gewerblichen Unternehmen wie z.B. Flugzeuggesellschaften, ADAC usw. Personen mit einem bestimmten Mindestjahreseinkommen oder Unternehmen gegen Zahlung eines Jahresentgelts angeboten. Häufig ist in diesem Betrag auch eine Versicherungsleistung, z.B. eine Unfallversicherung, eingeschlossen. Sie können in allen Vertragsunternehmen, z.B. Hotels, Restaurants, Reisebüros, Mietwagenunternehmen usw., von den Kunden benutzt werden. Der Kunde ist somit stets zahlungsfähig, ohne ständig Bargeld oder Schecks mit sich führen zu müssen. Kreditkarten gelten meist im Inland und im Ausland. Die bedeutendsten Kreditkartenorganisationen sind „American Express", „Diners Club International" und „VISA". Marktführer in Deutschland ist die „Mastercard".

Kreditkarten können von ihren Inhabern wie Bargeld benutzt werden. Bei den meisten Geldinstituten kann man sich gegen Vorlage der Kreditkarte Bargeld auszahlen lassen. Bei Verlust oder Diebstahl der Kreditkarte ist die herausgebende Organisation sofort zu benachrichtigen, sie sperrt die Karte dann international. Der Inhaber haftet meist nur für einen bestimmten Betrag.

Die **Abwicklung eines Kreditkartengeschäfts** vollzieht sich folgendermaßen:

◆ Der Kreditkarteninhaber legt dem Vertragsunternehmen seine Kreditkarte vor und unterschreibt einen Leistungsbeleg.

◆ Das Vertragsunternehmen sendet den unterschriebenen Leistungsbeleg an die Kreditkartenorganisation zur Abrechnung.

◆ Die Kreditkartenorganisation überweist nach etwa einem Monat dem Vertragsunternehmen aufgrund des Leistungsbeleges einen Betrag, der um die Umsatzprovision (etwa 2 bis 5 %) verringert ist.

◆ Die Kreditkartenorganisation schickt dem Karteninhaber monatlich eine genaue Sammelrechnung über die fälligen Zahlungen und belastet im Wege des Lastschrifteinzugsverfahrens das Konto des Kreditkarteninhabers.

● Kundenkarten

Kundenkarten werden von einigen Einzel-, Großhändlern und Dienstleistungsunternehmen an kreditwürdige Kunden kostenlos ausgegeben. Der Kunde muss hierzu auf einem Antragsformular einige persönliche Angaben machen. Mit der Kundenkarte sollen die Kunden an das Unternehmen gebunden werden. Um Kunden zu veranlassen, sich die Kundenkarten zu besorgen, erhalten Kunden z.B. einen Bonus von 1 bis 3 % auf alle getätigten Umsätze nach Ablauf eines bestimmten Zeitraumes. Einige Kundenkarten können beim jeweiligen Unternehmen wie Kreditkarten verwendet werden.

Beispiele Payback-Karte, ADAC-Karte, Metrokarte, Lufthansa-Card

Ablauf eines Einkaufes bei einer Kundenkarte mit Kreditfunktion: Statt Bargeld zur Begleichung seiner Rechnung anzunehmen, erfasst das Verkaufs- oder Kassenpersonal lediglich die Daten der Kundenkarte (entweder handschriftlich oder maschinell). Die Kaufbeträge werden dem Kundenkonto belastet. Der Kundenkartengeber bucht dann in bestimmten Zeitabständen den summierten Betrag vom Girokonto des Kunden ab. Jeder Kunde hat also bei dem Kundenkartengeber ein eigenes Kundenkonto.

● Electronic-Banking-Systeme

◆ **Electronic Cash (Point-of-Sale-Banking):** Bei diesem System handelt es sich um eine Form des **Electronic Banking**. Die Geldinstitute haben ein einfaches und sicheres Zahlungsverfahren eingeführt, das allen Beteiligten spürbare Vorteile bringen soll. Kern dieses Systems ist die Girocard. Fast jeder Haushalt verfügt in Deutschland über diese Karte.

Eine Girocard enthält verschiedene Daten, einige davon sind sichtbar (Vorderseite), z. B. Name des Kunden, Konto- und Karten-Nr. Andere Daten sind nicht direkt lesbar. Sie sind codiert auf dem Magnetstreifen (Rückseite) gespeichert und können nur von einem Lesegerät erfasst werden.

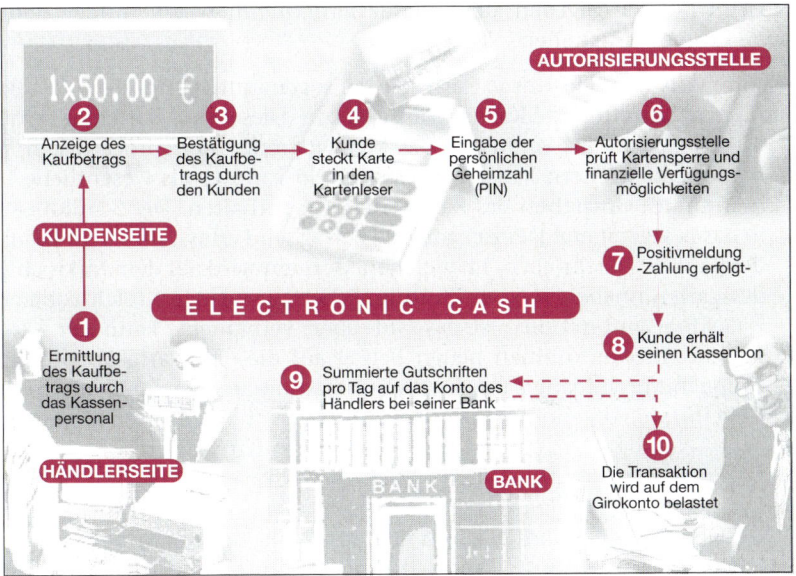

Damit die Girocard nicht von Unbefugten benutzt werden kann, wird jedem Girocard-Besitzer von seiner Bank eine persönliche Geheimzahl mitgeteilt. Sie gilt als „Persönliche Identifikations Nummer", daher wird sie auch häufig nur **PIN** genannt. Die PIN-Nr. ist nicht auf dem Magnetstreifen gespeichert, sondern wird jedes Mal neu aus einer komplizierten verschlüsselten Kombination aus Bankleitzahl, Konto-Nr. und Karten-Nr. berechnet und mit der Eingabe des Kunden verglichen.

Die Grundidee des Electronic Cash besteht darin, am **POS (Point of Sale = Verkaufsort)**, also direkt beim Zahlungsempfänger (Gläubiger) ein Gerät aufzustellen, das die Daten einer Girocard lesen und verarbeiten kann. Für Gläubiger und Karteninhaber sieht ein Zahlungsvorgang so aus, als ob durch Einschieben der Girocard in den Kartenleser der Kaufbetrag vom Bankkonto des Karteninhabers direkt auf das Girokonto des Gläubigers umgebucht wird. In Wirklichkeit zieht der Gläubiger seine Forderungen aus den Electronic-Cash-Umsätzen beleglos im Lastschrifteinzugsverfahren über sein Kreditinstitut ein. Die Zahlungen sind durch das kartenausgebende Kreditinstitut garantiert.

Im Rahmen des Electronic Banking können mit einer Girocard und der Eingabe einer persönlichen Geheimzahl (PIN) an Geldautomaten Barbeträge im Inland und teilweise auch im Ausland (MAESTRO) außerhalb der Schalteröffnungszeiten abgehoben werden. Mithilfe des **maestro-Service** (= weltweites Electronic Cash) der Geldinstitute ist es bei Reisen möglich, mit der Girocard mit persönlicher Geheimzahl auch im Ausland an elektronischen Kassen von Tankstellen, Einzelhandelsbetrieben, Hotels und Restaurants zu zahlen.

◆ **Elektronisches Lastschriftverfahren (ELV):** Im Gegensatz zum Electronic Cash wird beim **ELV** auf die ergänzende Eingabe der Geheimnummer verzichtet. Dieses System ermöglicht dem Händler die automatische Erstellung von Einzugsermächtigungslastschriften unter Verwendung der Girocard.

Die Legitimation des Karteninhabers erfolgt durch seine Unterschrift. Bei diesem Verfahren übernimmt die Karten ausgebende Bank keine Zahlungsgarantie, sodass der Kontoinhaber Belastungen seines Kontos aus ELV-Lastschriften widersprechen kann. Die Lastschrift kann auch von der kontoführenden Bank mangels Deckung zurückgegeben werden. Der Karteninhaber hat aber durch die Erteilung der Einzugsermächtigung dem Kreditinstitut die Einwilligung gegeben, dem Handelsunternehmen auf Anfrage seinen Namen und seine Adresse mitzuteilen.

◆ Alternativ zum Electronic Cash werden sogenannte **Chip- oder Geldkarten (Hybrid-Karten, „intelligente Karten")** ausgegeben. Dieses sind Karten mit einem eingebauten Mikrochip, der im Vergleich zum Magnetstreifen der Girocard sehr viel mehr Informationen speichern kann, ausgestattet. So kann er als wesentliche Information ein bestimmtes **Guthaben** des Karteninhabers enthalten. Der Schuldner steckt die Karte in das Lesegerät ein. Der zu zahlende Betrag wird erfasst und dem Gläubiger später von der Bank gutgeschrieben. Im gleichen Moment wird auf dem Mikrochip das Guthaben des Karteninhabers um den Rechnungsbetrag verringert (**elektronisches Portmonee = Geldbörsenfunktion**). Ist das Guthaben verbraucht, kann der Karteninhaber von seinem Girokonto einen neuen Betrag auf die Chipkarte umbuchen lassen. Dieser Umbuchungsvorgang kann auch an Geldautomaten nach Eingabe seiner persönlichen Geheimzahl vorgenommen werden. Mithilfe von Chipkarten können z. B. auch öffentliche Telefone oder Fahrkartenautomaten benutzt werden.

Die **Chipkarte hat folgende Vorteile**:

◆ Sie bietet ein hohes Maß an Sicherheit, da Informationen nur von berechtigten Nutzern gelesen und verändert werden können und somit Betrugsdelikte deutlich verringert werden. Das Risiko bei Missbrauch ist auf das auf der Karte vorhandene Guthaben beschränkt.

◆ Während beim Electronic Cash-System die erfassten Daten während des Verkaufsvorgangs an eine Autorisierungszentrale übermittelt werden, wodurch sich unter Umständen längere Wartezeiten am POS ergeben können, ist bei der Chipkarte dieser Aufwand nicht erforderlich, da alle erforderlichen Daten im Chip enthalten sind.

◆ Zudem entfällt die bei Vorlage von Kreditkarten bei jedem Zahlungsvorgang notwendige teure Leitungsverbindung zu den Bankrechnern, die bisher hergestellt werden, um den Kontostand festzustellen.

◆ Chipkarten gewinnen zunehmend auch als Mitgliedsausweise an Bedeutung, z. B. bei Krankenkassen, Sportvereinen usw.

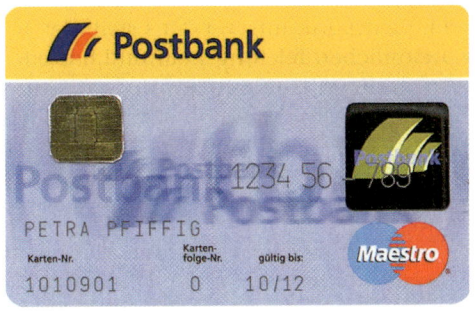

Chip (= elektronisches Portmonee)	weltweites Electronic Cash-Logo für internationale Geldautomaten	Logo für Geldausgabeautomaten	Electronic Cash-Logo

Ablauf des Online-Bankings:

- Der Kunde akzeptiert die Bedingungen über die Nutzung des Onlinedienstes des Geldinstitutes.
- Der Kunde stellt die Verbindung zum Onlinedienst über ein persönliches Passwort her.
- Die Onlineverbindung zum Geldinstitut wird hergestellt.
- Der Kunde gibt seine **persönliche Geheimzahl (PIN = persönliche Identifikationsnummer)** ein, der Zugriff auf das Online-Konto steht offen.
- Der Kunde benötigt für jede Aktion bzw. Transaktion (Abfrage, Kontostand, Veranlassung einer Überweisung) eine **Transaktionsnummer (TAN)**. Diese Nummer erhält der Kunde von seinem Geldinstitut. Diese Transaktionsnummern werden der Reihenfolge nach verbraucht. Nach Verbrauch aller Transaktionsnummern erhält der Kunde automatisch eine Folgeliste mit Nummern.
- Der Kunde beendet die Onlineverbindung und die Kundenaufträge werden vom Geldinstitut bearbeitet.

Unter **Homebanking** (Telebanking, Online-banking, vgl. S. 264) versteht man die elektronische Kontoführung durch Nutzung von Onlinediensten. Der Kontoinhaber kann mithilfe eines PC und entsprechender Software Kontoinformationen abrufen, z.B. Umsätze, Salden, oder Zahlungsaufträge erteilen. Die Verbindungs zum Onlinedienst wird über das Internet hergestellt.

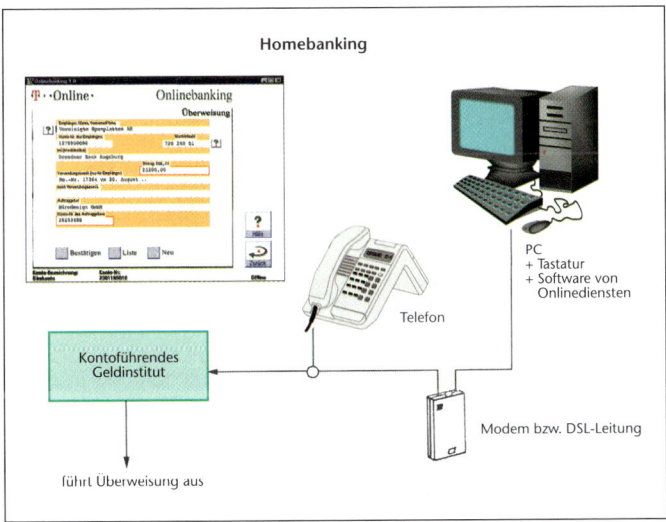

◆ **Telefon-Banking:** Eine weitere neue Entwicklung des Zahlungsverkehrs stellt der Telefonservice der Geldinstitute dar. Mit einer persönlichen Telefongeheimzahl hat jeder Kontoinhaber zu jeder Zeit und von jedem Ort aus Zugriff auf sein Konto. Der Kontoinhaber kann

- ◆ seinen Kontostand abfragen
- ◆ zusätzliche schriftliche Kontoauszüge anfordern
- ◆ Daueraufträge einrichten, ändern, löschen
- ◆ Zahlungsvordrucke bestellen.
- ◆ Überweisungen veranlassen

Bargeldlose Zahlung

- ▪ Voraussetzung für den bargeldlosen Zahlungsverkehr ist, dass **sowohl der Schuldner als auch der Gläubiger ein Konto haben**.
- ▪ Bei der Bank-, Sparkassen- und Postüberweisung findet eine **Umbuchung vom Konto des Schuldners auf das Konto des Gläubigers statt.**
- ▪ **Sonderformen der Überweisung** sind: Sammelüberweisung, Eilüberweisung, Dauerauftrag und Lastschriftverfahren.
- ▪ Der **Dauerauftrag** wird bei regelmäßig wiederkehrenden Zahlungen in gleicher Höhe genutzt. Das **Lastschriftverfahren** wird als
  - – **Einzugsermächtigung** (= Vollmacht des Kontoinhabers an den Gläubiger) oder
  - – **Abbuchungsauftrag** (= Auftrag vom Kontoinhaber an sein Geldinstitut, Geldbeträge abbuchen zu lassen) durchgeführt. Der Abbuchungsauftrag ermöglicht dem Gläubiger, ohne vorherige Rückfrage beim Schuldner offene Beträge einzuziehen bzw. abbuchen zu lassen.
- ▪ Mit der **Sammelüberweisung** kann ein Schuldner Überweisungen an verschiedene Gläubiger kostengünstig ausführen lassen.
- ▪ Bei besonders dringlichen Überweisungen können **Eilüberweisungen** ausgeführt werden.
- ▪ Beim **beleglosen Zahlungsverkehr** (EDI, elektronischer Datenaustausch) werden unbare Zahlungen auf elektronischen Medien oder im Wege der Datenfernübertragung weitergeleitet (= **belegloser Datenträgeraustausch**).
- ▪ **Kreditkarten:** Kreditkartenunternehmen geben gegen Gebühr Karten aus, mit denen Kunden bei allen Vertragsunternehmen (Hotels, Handelsbetriebe, Restaurants usw.) bargeldlos bezahlen können.
- ▪ **Kundenkarten:** Einzel-, Großhändler und Dienstleistungsunternehmen geben an bestimmte Kunden Karten aus, mit denen diese bei ihnen bargeldlos und auf Kredit einkaufen können.

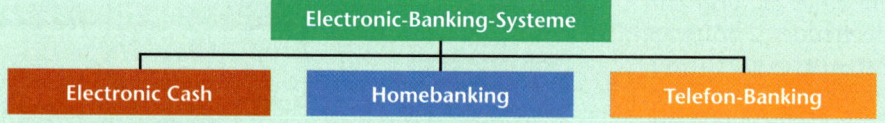

- ▪ **Electronic Cash:** Bei einem Zahlungsempfänger befindet sich ein Gerät, das die Daten einer Girocard lesen kann. Hierdurch wird die Kontendeckung beim Kunden überprüft und eine Zahlung vom Konto des Kunden auf das Konto des Gläubigers eingeleitet.
- ▪ **Homebanking:** Elektronische Kontoführung durch Nutzung von Onlinediensten.
- ▪ **Telefon-Banking:** Kontoführung über das Telefon

1. Beschreiben Sie die wesentlichen Unterschiede zwischen halbbarer und bargeldloser Zahlung.

2. In welchen Fällen würden Sie einen Dauerauftrag, eine Einzugsermächtigung oder einen Abbuchungsauftrag vornehmen? Geben Sie jeweils drei Beispiele an.

3. Erläutern Sie, welche Vorteile der bargeldlose Zahlungsverkehr für den Schuldner und den Gläubiger hat.

4. Die Bürodesign GmbH muss täglich etwa 25 Überweisungen tätigen.
   a) Geben Sie an, welche Sonderform der Überweisung die Bürodesign GmbH in Anspruch nehmen kann.
   b) Erläutern Sie die wesentlichen Merkmale dieser Überweisung.

5. Die Bürodesign GmbH hat von der Furnierwerk Dobbersteim OHG, Pfaustraße 16, 67063 Ludwigshafen eine Sendung Umleimer erhalten. Nach 10 Tagen soll der Rechnungsbetrag (Rechnungsnummer 529856/93 vom 16. November) über 22 800,00 EUR abzüglich 2 % Skonto bezahlt werden. Die Bürodesign GmbH hat ein Girokonto bei der Deutschen Bank, Aurich, Bankleitzahl 284 700 911, Kontonummer 28 470 091, und bei der Postbank Hannover, der Lieferbetrieb bei der Postbank Ludwigshafen, Bankleitzahl 545 100 67, Kontonummer 346 891. Füllen Sie eine Banküberweisung aus.

6. Stellen Sie listenförmig die Vor- und Nachteile von Kreditkarten für deren Benutzer zusammen.

7. a) Erläutern Sie den Ablauf eines Zahlungsvorganges mithilfe von Chipkarten.
   b) Geben Sie an, welche Vorteile sich für Chipkarteninhaber aus der Nutzung einer Chipkarte ergeben.

8. Nehmen Sie kritisch Stellung zu der Aussage: „Die Kosten der Kreditkarten werden letztlich von den Kunden getragen, die bar bezahlen".

9. Beurteilen Sie Electronic Cash im Vergleich zu Einkäufen mit Kundenkarten und Kreditkarten aus der Sicht eines Kunden.

10. Erläutern Sie
    a) Telefon-Banking,   b) Homebanking.

11. Zur Begleichung einer Rechnung gibt ihr Unternehmen dem Außendienstmitarbeiter eines Lieferers einen Bankscheck. Wann ist die Verbindlichkeit rechtlich erloschen?
    1) Am Ausstellungstag des Schecks.
    2) Mit der Belastung des Scheckbetrages auf dem Konto Ihrer Hausbank.
    3) Mit Einreichung des Schecks durch den Lieferer bei seiner Bank.
    4) Mit Übergabe des Schecks an den Außendienstmitarbeiter.
    5) Acht Tage nach Ausstellungsdatum des Schecks.

12. Welcher Vorteil spricht für die Annahme von Kreditkarten als Zahlungsmittel?
    1) Dem Händler entstehen bei der Annahme von Kreditkarten keine weiteren Kosten.
    2) Der Händler wird mit den entstehenden Kosten belastet.
    3) Die Unterschrift des Kunden muss nicht mit der Unterschrift auf der Karte verglichen werden.
    4) Zahlungen mit Kreditkarten werden nach 6 Wochen dem Einzelhändler gutgeschrieben.
    5) Kreditkarten können bei Kunden zu Impulskäufen führen.

7.3 Überwachung der Zahlungstermine

7.3.1 Notwendigkeit der Terminüberwachung und Nicht-Rechtzeitig-Zahlung (Zahlungsverzug)

Durch ein Versehen eines Mitarbeiters der Bodo Lukas KG, Fachgeschäft für Büroeinrichtungen, wurde eine Eingangsrechnung der Bürodesign GmbH, die am 10. Januar .. fällig war, nicht bezahlt. Am 30. Januar erhält die Bodo Lukas KG eine Mahnung mit der Aufforderung, den Rechnungsbetrag zuzüglich 10 % Verzugszinsen zu bezahlen. Wütend ruft Bodo Lukas bei der Bürodesign GmbH an und erklärt, er werde nur den Rechnungsbetrag begleichen, auf die Verzugszinsen hätte die Bürodesign GmbH keinen Anspruch, da es sich um ein Versehen gehandelt habe.

Arbeitsaufträge

♦ Begründen Sie die Notwendigkeit der Überwachung von Zahlungsterminen.
♦ Stellen Sie fest, ob die Voraussetzungen des Zahlungsverzuges gegeben sind.
♦ Überprüfen Sie, ob die Bodo Lukas KG den Rechnungsbetrag einschließlich der Verzugszinsen bezahlen muss.

● **Notwendigkeit der Terminüberwachung**

Es gibt eine Vielzahl von Gründen, Zahlungsein- und ausgänge zu überwachen.

♦ **Gründe für die Nichtzahlung oder verspätete Zahlung** können sein:

  ♦ Vergesslichkeit (Übersehen der Zahlungsfälligkeit, falsche Ablage der Rechnung, Irrtum im Termin)

  ♦ Ausfall eigener Forderungen, wodurch der Zahlungspflichtige vorübergehend Schwierigkeiten hat, die notwendigen Zahlungsmittel aufzubringen

  ♦ Zahlungsunwilligkeit oder Zahlungsunfähigkeit

  ♦ Übermittlungsfehler beim Geldinstitut

♦ Ein Unternehmen sollte **aus folgenden Gründen** bestrebt sein, **auf den pünktlichen Zahlungseingang seiner Forderungen zu achten:**

  ♦ Verringerung der eigenen Liquidität (= Zahlungsfähigkeit)

  ♦ Zinsverluste

  ♦ Aufnahme von teuren Bankkrediten

  ♦ mögliche Verjährung von Forderungen (vgl. S. 275)

  ♦ aufgrund mangelnder Liquidität kann Skonto des Lieferers nicht ausgenutzt werden. Ein Unternehmen sollte Skonto immer in Anspruch nehmen, da ein nicht ausgenutzter Skonto die Inanspruchnahme eines besonders teuren Kredites bedeutet (vgl. S. 361).

Die Bezahlung eigener Verbindlichkeiten des Unternehmens muss ebenfalls überwacht werden. Bei nicht termingerechter Erfüllung von Zahlungsverpflichtungen vermindert sich das Ansehen bei Lieferern und es fallen Verzugszinsen an. Ebenso sinkt die eigene Bonität.

◆ **Terminkontrolle:** Damit eine geordnete Terminüberwachung erreicht wird, müssen organisatorische Maßnahmen ergriffen werden, um Zahlungseingänge und -ausgänge zu kontrollieren. Es gibt verschiedene Möglichkeiten, den Zahlungseingang von Kunden und den Zahlungsausgang an Lieferer zu überwachen. Die Forderungen an Kunden werden als offene Posten bezeichnet. Die Kontrolle der Zahlungseingänge von Kunden wird mithilfe von Offenen-Posten-Dateien durchgeführt. Hierbei werden die Rechnungsbeträge mit ihren Fälligkeitsterminen gespeichert und täglich abgeglichen. Bei einer Überschreitung des Zahlungsziels wird das kaufmännische Mahnverfahren (vgl. S. 270) eingeleitet. Zur Überwachung der termingerechten Zahlungsausgänge an Lieferer kann ebenfalls eine Datei der ausstehenden Verbindlichkeiten erstellt werden.

Die **Art und Weise der Terminüberwachung** richtet sich nach der Zahl der Außenstände, dem Umfang der Forderungen und Verbindlichkeiten und nach der Organisation der Buchführung.

◆ **Factoring:** Eine Möglichkeit vorzeitig über Geldmittel aus ausstehenden Forderungen zu verfügen, stellt das Factoring dar (vgl. S. 374). Ein Unternehmen **verkauft** hierbei **seine Forderungen** an eine Factoring-Bank. Diese übernimmt das Inkasso bei den Kunden und stellt dem Unternehmen den Geldbetrag vorab zur Verfügung.

● Nicht-Rechtzeitig-Zahlung (Zahlungsverzug)

Zahlt ein Käufer nicht oder nicht rechtzeitig, gerät er in Zahlungsverzug (§ 286 ff. BGB).   SWL

◆ **Voraussetzungen** für den Eintritt des Zahlungsverzuges ist die **Fälligkeit der Zahlung.** Zahlungsverzug tritt bei fest vereinbarten Zahlungsterminen sofort ein, wenn der Käufer nicht bis zum vereinbarten Termin zahlt (§ 286 II BGB). Der Schuldner kommt bei nicht fest vereinbarten Zahlungsterminen **30 Tage nach dem Erhalt einer Rechnung** automatisch in Verzug – ohne weitere Mahnung (§ 286 Abs. 3 BGB). Die 30-Tage-Frist beginnt mit der Zustellung der Rechnung. Den ordnungsgemäßen Zugang der Rechnung hat im Streitfall der Gläubiger zu beweisen. Diese Regelung gilt gegenüber einem Schuldner, der Verbraucher ist, nur, wenn der Verbraucher auf diese Folgen in der Rechnung oder Zahlungsaufstellung besonders hingewiesen worden ist. Ist der Zeitpunkt des Zugangs der Rechnung unsicher, kommt der Schuldner beim einseitigen Handelskauf spätestens 30 Tage nach Fälligkeit und Empfang der Waren in Verzug.

Der Zahlungsverzug tritt nur dann ein, wenn die vom Verkäufer geschuldete Leistung bereits vertragsmäßig erbracht wurde.

Das **Verschulden des Käufers ist** für den Eintritt des Zahlungsverzuges **erforderlich.**

◆ **Rechte des Verkäufers aus dem Zahlungsverzug**

Der Verkäufer kann zuerst nur Nacherfüllung verlangen, d. h., er kann

◆ **auf verspäteter Zahlung bestehen,** d. h., der Käufer zahlt nach dem Zahlungstermin und der Verkäufer stellt keine weiteren Ansprüche.

◆ **oder auf verspäteter Zahlung bestehen und Schadenersatz wegen Verzögerung der Leistung verlangen.** Der Schadenersatz (Ersatz des Verzugsschadens) kann die entgangenen Zinsen und den Kostenersatz (Mahnkosten) umfassen. Die Verzugszinsen betragen laut Gesetz (§ 353 HGB, § 288 BGB) beim einseitigen Handelskauf 5 % über dem Basiszinssatz für Kredite vom Tag des Verzugs an, beim zweiseitigen Handelskauf 8 % über dem Basiszinssatz.

Wenn die Nacherfüllung durch den Käufer nach einer Mahnung mit Fristsetzung nicht erfolgt, dann kann der Verkäufer

- ◆ **die Zahlung ablehnen und vom Vertrag zurücktreten.** Der Verkäufer verlangt seine Waren zurück. Dieses ist besonders sinnvoll beim Verkauf unter Eigentumsvorbehalt oder bei großen Zahlungsschwierigkeiten des Käufers.

- ◆ **oder die Zahlung ablehnen und Schadenersatz statt der Leistung verlangen.**

Beispiel

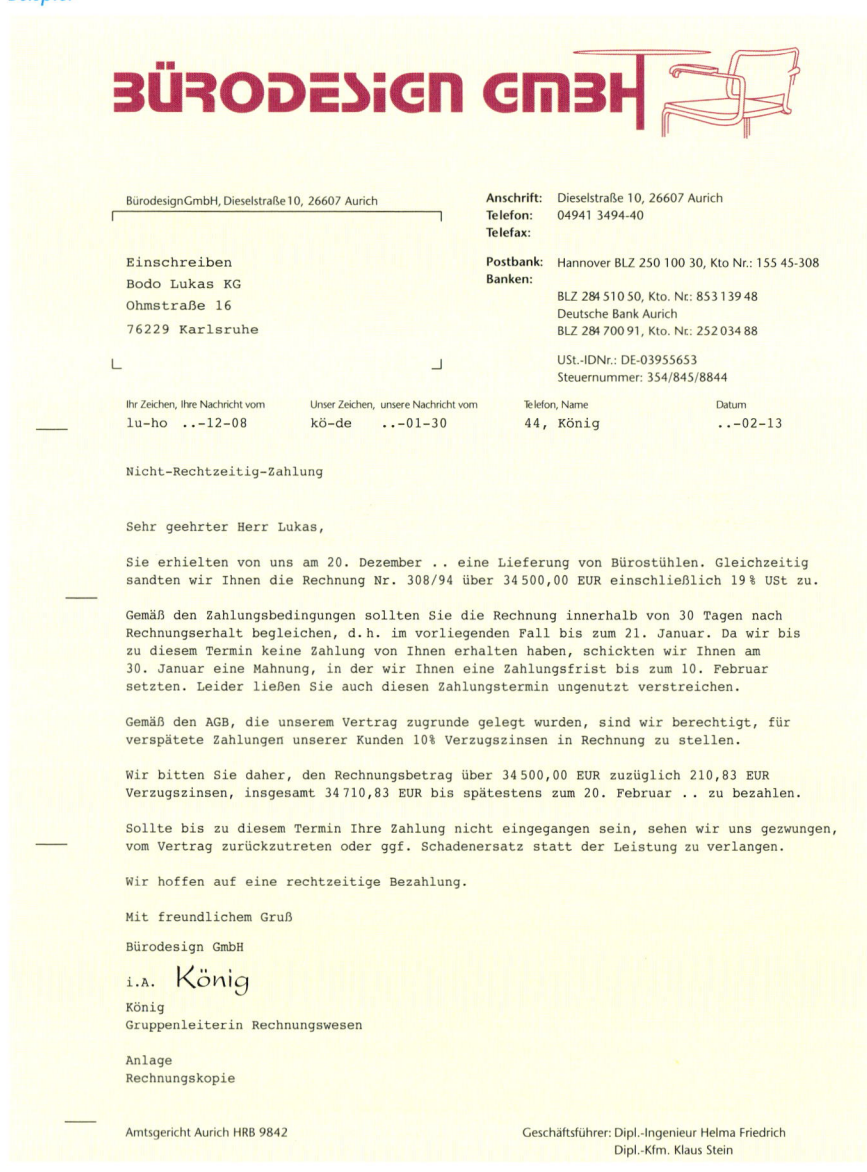

BÜRODESIGN GMBH

BürodesignGmbH, Dieselstraße 10, 26607 Aurich	**Anschrift:** Dieselstraße 10, 26607 Aurich
	Telefon: 04941 3494-40
	Telefax:
Einschreiben	**Postbank:** Hannover BLZ 250 100 30, Kto Nr.: 155 45-308
Bodo Lukas KG	**Banken:**
Ohmstraße 16	BLZ 284 510 50, Kto. Nr: 853 139 48
76229 Karlsruhe	Deutsche Bank Aurich
	BLZ 284 700 91, Kto. Nr.: 252 034 88
	USt.-IDNr.: DE-03955653
	Steuernummer: 354/845/8844

Ihr Zeichen, Ihre Nachricht vom	Unser Zeichen, unsere Nachricht vom	Telefon, Name	Datum
lu-ho ..-12-08	kö-de ..-01-30	44, König	..-02-13

Nicht-Rechtzeitig-Zahlung

Sehr geehrter Herr Lukas,

Sie erhielten von uns am 20. Dezember .. eine Lieferung von Bürostühlen. Gleichzeitig sandten wir Ihnen die Rechnung Nr. 308/94 über 34 500,00 EUR einschließlich 19 % USt zu.

Gemäß den Zahlungsbedingungen sollten Sie die Rechnung innerhalb von 30 Tagen nach Rechnungserhalt begleichen, d.h. im vorliegenden Fall bis zum 21. Januar. Da wir bis zu diesem Termin keine Zahlung von Ihnen erhalten haben, schickten wir Ihnen am 30. Januar eine Mahnung, in der wir Ihnen eine Zahlungsfrist bis zum 10. Februar setzten. Leider ließen Sie auch diesen Zahlungstermin ungenutzt verstreichen.

Gemäß den AGB, die unserem Vertrag zugrunde gelegt wurden, sind wir berechtigt, für verspätete Zahlungen unserer Kunden 10% Verzugszinsen in Rechnung zu stellen.

Wir bitten Sie daher, den Rechnungsbetrag über 34 500,00 EUR zuzüglich 210,83 EUR Verzugszinsen, insgesamt 34 710,83 EUR bis spätestens zum 20. Februar .. zu bezahlen.

Sollte bis zu diesem Termin Ihre Zahlung nicht eingegangen sein, sehen wir uns gezwungen, vom Vertrag zurückzutreten oder ggf. Schadenersatz statt der Leistung zu verlangen.

Wir hoffen auf eine rechtzeitige Bezahlung.

Mit freundlichem Gruß

Bürodesign GmbH

i.A. König

König
Gruppenleiterin Rechnungswesen

Anlage
Rechnungskopie

Amtsgericht Aurich HRB 9842	Geschäftsführer: Dipl.-Ingenieur Helma Friedrich
	Dipl.-Kfm. Klaus Stein

- ◆ Der Verkäufer wird dieses Recht in Anspruch nehmen, wenn der Verkaufspreis der Waren inzwischen gesunken ist und er beim Verkauf an einen anderen Kunden einen geringeren Verkaufserlös erzielt. Der Schaden ist in Höhe der Differenz zwischen dem ursprünglichen und dem jetzt erzielten Verkaufspreis entstanden. Für die In-anspruchnahme dieses Rechts ist ein Verschulden des Käufers erforderlich.

Notwendigkeit der Terminüberwachung und Nicht-Rechtzeitig-Zahlung (Zahlungsverzug)

- Die **Notwendigkeit der Überwachung von Zahlungseingängen** ergibt sich aus folgenden Gründen:
  - Erhaltung der eigenen Liquidität
  - Verjährung von Forderungen
- **Zahlungsausgänge** müssen überwacht werden, um vom Lieferer gewährte Skontofristen ausnutzen zu können und die eigene Kreditwürdigkeit zu erhalten.
- Voraussetzung des Zahlungsverzuges: **Fälligkeit der Zahlung, Verschulden des Käufers**.
- Der **Zahlungsverzug tritt ein** bei nicht fest vereinbarten Zahlungsterminen nach Ablauf von 30 Tagen seit Zugang einer Rechnung. Der Gläubiger hat den Zugang der Rechnung im Streitfall zu beweisen. Bei fest vereinbarten Zahlungsterminen tritt der Verzug sofort ein, wenn der Käufer bis zu diesem Termin nicht gezahlt hat.
- **Rechte des Verkäufers**
  - Zahlung verlangen oder
  - Zahlung und Schadenersatz verlangen
  - Nach einer Mahnung mit Festsetzung kann der Verkäufer
  - Ablehnung der Zahlung und Rücktritt vom Vertrag oder
  - Ablehnung der Zahlung und Schadenersatz statt der Leistung verlangen
- **Verzugszinsen** laut Gesetz beim einseitigen Handelskauf 5 % über dem jeweils gültigen Basiszinssatz für Kredite, beim zweiseitigen Handelskauf 8 % über dem Basiszinssatz.

1. Geben Sie einige Gründe an, aus denen eine Zahlung verspätet erfolgen kann.

2. Erläutern Sie die Konsequenzen, die sich aus einer verspäteten Zahlung
   a) für den Zahlungspflichtigen,
   b) für den Zahlungsempfänger ergeben können.

3. Beschreiben Sie die Kontrolle der Zahlungseingänge und -ausgänge in Ihrem Ausbildungsbetrieb.

4. Erläutern Sie die Voraussetzungen des Zahlungsverzuges und die jeweiligen Rechte des Verkäufers.

5. Berechnen Sie die gesetzlichen Verzugszinsen, wenn ein Rechnungsbetrag über 22 800,00 EUR, der am 26. Februar fällig war, erst am 2. April.. bezahlt wird
   a) bei einem Zinssatz von 7,5 %,
   b) bei einem Zinssatz von 9 %,
   c) bei einem vertraglich vereinbarten Zinssatz von 10 %!

6. **Schriftverkehr:** Schreiben Sie anhand nachfolgender Angaben einen Brief.
   Die Herta Straub OHG, Händelstraße 17, 22761 Hamburg hat bei der Bürodesign GmbH Büromöbel im Wert von 41 890,00 EUR gekauft. Zwei Wochen nach Ablauf des Zahlungstermins hat die OHG noch nicht bezahlt.

7. Die Bürodesign GmbH hat der Büromöbelgroßhandlung Klaus Oswald e. K. am 20. September ordnungsgemäß eine Lieferung Bürostühle per Lkw zugesandt. Die Rechnung wurde der Büromöbelgroßhandlung am 21. September zugestellt.
   a) Überprüfen Sie, wann die Büromöbelgroßhandlung in Zahlungsverzug gerät.
   b) Die Büromöbelgroßhandlung befindet sich im Zahlungsverzug. Erläutern Sie, wovon die Bürodesign GmbH die Ausübung der einzelnen Rechte beim Zahlungsverzug abhängig machen wird.

7.3.2 Das außergerichtliche (kaufmännische) und das gerichtliche Mahnverfahren

Trotz mehrfacher Mahnungen durch die Bürodesign GmbH hat die Bodo Lukas KG den ausstehenden Rechnungsbetrag über 34 500,00 EUR nicht bezahlt. An Mahnkosten sind bisher 23,00 EUR und an Verzugszinsen 210,83 EUR entstanden. Der zuständige neue Sachbearbeiter der Bürodesign GmbH ist sich nicht sicher, wie er sich verhalten soll.

Arbeitsauftrag
◆ Machen Sie Vorschläge, welche Möglichkeiten die Bürodesign GmbH hat, wenn mehrere Mahnungen bei einem Kunden keine Wirkung gezeigt haben.

● Außergerichtliches (kaufmännisches) Mahnverfahren

SWL

Man spricht von einem **außergerichtlichen oder kaufmännischen Mahnverfahren**, wenn der Verkäufer **ohne Einschaltung des Gerichts** versucht, seine ausstehenden Forderungen einzutreiben. Eine Mahnung sollte aber immer mit sehr viel „**Fingerspitzengefühl**" vorgenommen werden, da durch zu harte und ungeschickte Formulierungen Kunden verärgert werden können. Die Mahnung sollte einen Hinweis auf den fälligen Betrag und den überfälligen Zahlungstermin enthalten. **Aus Beweissicherungsgründen** sollte sie **schriftlich** abgefasst werden.

Ein kaufmännisches Mahnverfahren kann z. B. **in folgenden Schritten** durchgeführt werden:

◆ **Zahlungserinnerung:** Der Schuldner erhält 14 Tage nach Überschreiten des Fälligkeitstages in höflicher Form eine Rechnungskopie oder einen Kontoauszug

◆ **1. Mahnung:** Nochmalige Zusendung einer Rechnungskopie oder eines Kontoauszuges nach weiteren 14 Tagen, wobei ein nachdrücklicher Ton angeschlagen wird.

◆ **2. Mahnung:** Nach weiteren 14 Tagen wird eine Mahnung mit Fristsetzung an den Kunden gesandt, wobei nachdrücklich auf die Fälligkeit, den Betrag und die Folgen der Nichtzahlung hingewiesen wird.

◆ **3. Mahnung:** Es wird nach 8 Tagen ein letzter Termin gesetzt und der Mahnbescheid (gerichtliche Mahnung) angedroht.

Eine besondere Form der Mahnung ist die Zustellung einer **Postnachnahme** (vgl. S. 250), wobei man Geldbeträge bis höchstens 1 500,00 EUR durch die Deutsche Post AG einziehen lassen kann. Hierbei werden die Forderungen mithilfe eines Nachnahmeformblattes mit Zahlschein eingezogen.

Mit der Einziehung von überfälligen Zahlungen können gegen Zahlung eines Entgelts auch **Inkassobüros** beauftragt werden.

● Das gerichtliche Mahnverfahren

Wenn ein säumiger Kunde nicht auf die Maßnahmen des außergerichtlichen (kaufmännischen) Mahnverfahrens reagiert, kann ein Lieferer bei einem Amtsgericht[1] einen Antrag auf Erlass eines **Mahnbescheides** stellen. Dadurch wird das gerichtliche Mahnverfahren (ZPO § 688 ff.) eingeleitet. Der Mahnbescheid stellt eine Mahnung von Amts wegen dar, wodurch der Schuldner aufgefordert wird, den ausstehenden Betrag binnen einer Frist von zwei Wochen zu zahlen oder Widerspruch zu erheben.

Der Antrag kann auf einem besonderen Vordruck (Formularzwang, vgl. S. 115) im Onlineverfahren dem Amtsgericht übermittelt werden.

Das Amtsgericht erlässt den Mahnbescheid, wobei nicht überprüft wird, ob der Anspruch zu Recht besteht oder nicht. Der Mahnbescheid wird dem Schuldner vom Gericht zugestellt. Der **Schuldner hat** nach Zustellung des Mahnbescheids durch das Amtsgericht **drei Möglichkeiten**:

◆ **Schuldner zahlt an den Gläubiger** (Forderungsbetrag und sämtliche Kosten des Verfahrens), **Verfahren ist beendet.**

◆ **Schuldner erhebt Widerspruch** beim zuständigen Amtsgericht innerhalb der Widerspruchsfrist von zwei Wochen. Auf Antrag des Gläubigers kommt es zum **Zivilprozess** beim zuständigen Amts- oder Landgericht (Streitwert bis 5 000,00 EUR Amtsgericht, über 5 000,00 EUR Landgericht). Zuständig ist bei einseitigen Handelskäufen das Prozessgericht, in dessen Bezirk der Schuldner seinen Wohn- oder Geschäftssitz hat, bei zweiseitigen Handelskäufen kann auch vertraglich ein anderer Gerichtsstand vereinbart werden. Der Widerspruch kann mündlich (bei einem zuständigen Beamten des Amtsgerichts) oder schriftlich (Einschreiben) eingelegt werden.

◆ **Schuldner unternimmt nichts**, Gläubiger kann nach Ablauf der Widerspruchsfrist einen **Vollstreckungsbescheid** binnen sechs Monaten beim Amtsgericht beantragen.

Hat der Gläubiger beim Amtsgericht einen Vollstreckungsbefehl beantragt, wird dieser dem Schuldner vom Amtsgericht durch den Vollstreckungsbeamten zugestellt. Der **Schuldner** hat wieder **drei Möglichkeiten**:

◆ **Schuldner zahlt an den Gläubiger** (Forderungsbetrag und sämtliche Kosten des Verfahrens), **Verfahren ist beendet.**

◆ **Schuldner erhebt Einspruch** innerhalb der Einspruchsfrist von zwei Wochen. Auf Antrag des Gläubigers kommt es zum **Zivilprozess** beim zuständigen Amts- oder Landgericht.

◆ **Schuldner übernimmt nichts**, Gläubiger kann nach Ablauf der Einspruchsfrist durch den Vollstreckungsbeamten beim Schuldner eine **Zwangsvollstreckung** (= Pfändung, d. h., der Vollstreckungsbeamte pfändet beim Schuldner verwertbare Gegenstände, indem er diese mit einem **Pfandsiegel = Kuckuck** versieht) vornehmen lassen.

---

[1] *Aus Rationalisierungsgründen werden alle Mahnbescheide zentral je nach Bundesland bei einigen Amtsgerichten bearbeitet, rechtliche Wirkung hat der Antrag erst mit Eingang beim zuständigen Amtsgericht.*

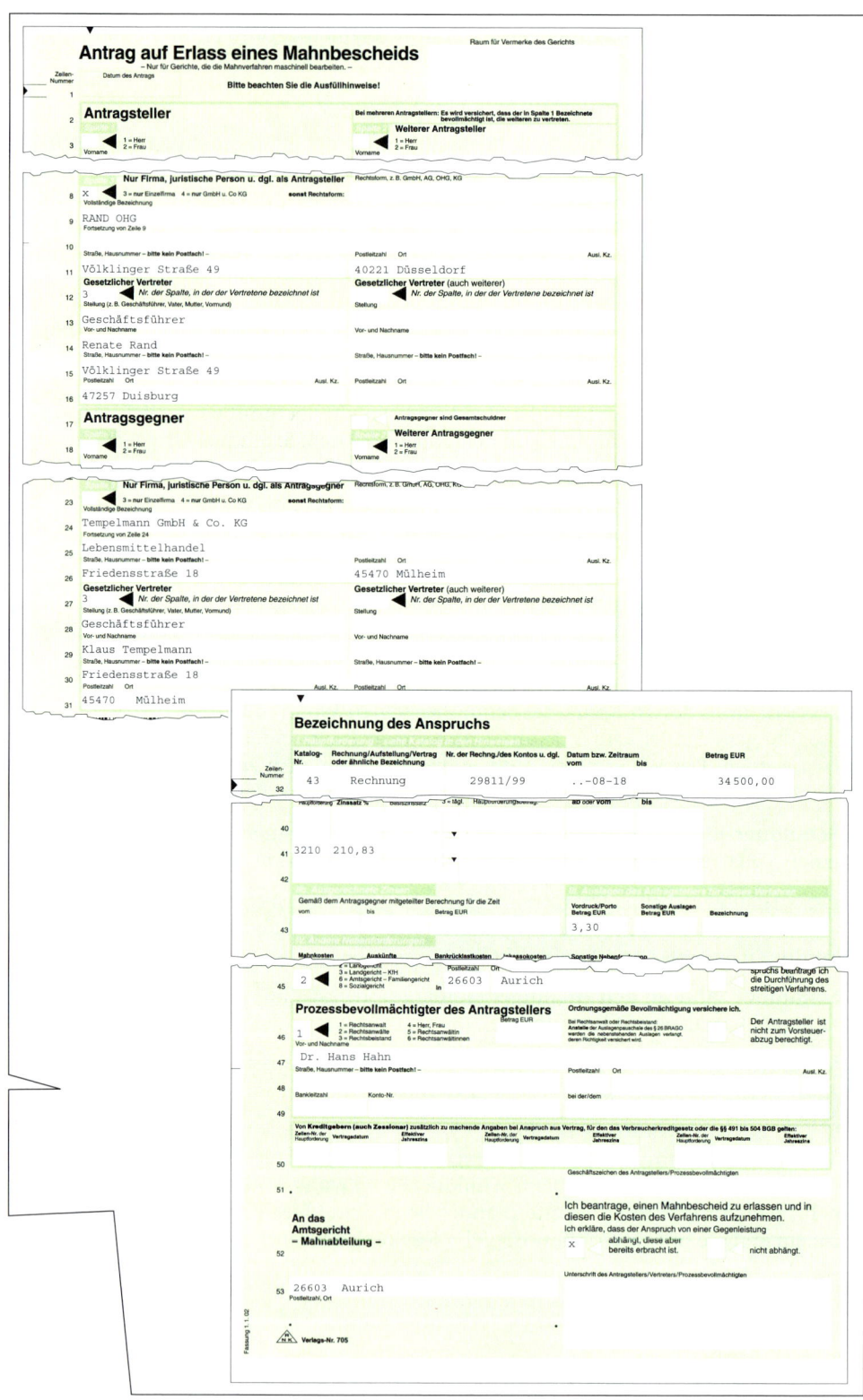

Antrag auf Erlass eines Mahnbescheids

– Nur für Gerichte, die die Mahnverfahren maschinell bearbeiten. –

Raum für Vermerke des Gerichts

Datum des Antrags

Bitte beachten Sie die Ausfüllhinweise!

Antragsteller

Bei mehreren Antragstellern: Es wird versichert, dass der in Spalte 1 Bezeichnete bevollmächtigt ist, die weiteren zu vertreten.

1 = Herr
2 = Frau

Vorname

Weiterer Antragsteller

1 = Herr
2 = Frau

Vorname

Nur Firma, juristische Person u. dgl. als Antragsteller

Rechtsform, z. B. GmbH, AG, OHG, KG

X   3 = nur Einzelfirma   4 = nur GmbH u. Co KG   **sonst Rechtsform:**

Vollständige Bezeichnung

RAND OHG

Fortsetzung von Zeile 9

Straße, Hausnummer – **bitte kein Postfach!** –

Völklinger Straße 49

Postleitzahl   Ort

40221 Düsseldorf

Ausl. Kz.

Gesetzlicher Vertreter

3   Nr. der Spalte, in der der Vertretene bezeichnet ist

Stellung (z. B. Geschäftsführer, Vater, Mutter, Vormund)

Geschäftsführer

Vor- und Nachname

Renate Rand

Straße, Hausnummer – **bitte kein Postfach!** –

Völklinger Straße 49

Postleitzahl   Ort

47257 Duisburg

Gesetzlicher Vertreter (auch weiterer)

Nr. der Spalte, in der der Vertretene bezeichnet ist

Stellung

Vor- und Nachname

Straße, Hausnummer – **bitte kein Postfach!** –

Postleitzahl   Ort   Ausl. Kz.

Antragsgegner

Antragsgegner sind Gesamtschuldner

1 = Herr
2 = Frau

Vorname

Weiterer Antragsgegner

1 = Herr
2 = Frau

Vorname

Nur Firma, juristische Person u. dgl. als Antragsgegner

Rechtsform, z. B. GmbH, AG, OHG, KG

3 = nur Einzelfirma   4 = nur GmbH u. Co KG   **sonst Rechtsform:**

Vollständige Bezeichnung

Tempelmann GmbH & Co. KG

Fortsetzung von Zeile 24

Lebensmittelhandel

Straße, Hausnummer – **bitte kein Postfach!** –

Friedensstraße 18

Postleitzahl   Ort

45470 Mülheim

Ausl. Kz.

Gesetzlicher Vertreter

3   Nr. der Spalte, in der der Vertretene bezeichnet ist

Stellung (z. B. Geschäftsführer, Vater, Mutter, Vormund)

Geschäftsführer

Vor- und Nachname

Klaus Tempelmann

Straße, Hausnummer – **bitte kein Postfach!** –

Friedensstraße 18

Postleitzahl   Ort

45470   Mülheim

Gesetzlicher Vertreter (auch weiterer)

Nr. der Spalte, in der der Vertretene bezeichnet ist

Stellung

Ausl. Kz.

Postleitzahl   Ort   Ausl. Kz.

Bezeichnung des Anspruchs

Katalog-Nr.	Rechnung/Aufstellung/Vertrag oder ähnliche Bezeichnung	Nr. der Rechng./des Kontos u. dgl.	Datum bzw. Zeitraum vom bis	Betrag EUR
43	Rechnung	29811/99	..–08–18	34 500,00

Hauptforderung   Zinssatz %   Basiszinssatz   3 = tägl.   Hauptforderungsbetrag   ab oder vom   bis

3210   210,83

Gemäß dem Antragsgegner mitgeteilter Berechnung für die Zeit

vom   bis   Betrag EUR

Vordruck/Porto Betrag EUR   Sonstige Auslagen Betrag EUR   Bezeichnung

3,30

Mahnkosten   Auskünfte   Bankrücklastkosten   Inkassokosten   Sonstige Nebenforderungen

2   1 = Landgericht   3 = Landgericht – KfH   6 = Amtsgericht – Familiengericht   8 = Sozialgericht

Postleitzahl   Ort

26603   Aurich

...spruchs beantrage ich die Durchführung des streitigen Verfahrens.

Prozessbevollmächtigter des Antragstellers

1   1 = Rechtsanwalt   4 = Herr, Frau   2 = Rechtsanwälte   5 = Rechtsanwältin   3 = Rechtsbeistand   6 = Rechtsanwältinnen

Ordnungsgemäße Bevollmächtigung versichere ich.

Bei Rechtsanwalt oder Rechtsbeistand: Anstelle der Auslagenpauschale des § 26 BRAGO werden die nebenstehenden Auslagen verlangt, deren Richtigkeit versichert wird.

Der Antragsteller ist nicht zum Vorsteuerabzug berechtigt.

Vor- und Nachname

Dr. Hans Hahn

Straße, Hausnummer – **bitte kein Postfach!** –

Postleitzahl   Ort   Ausl. Kz.

Bankleitzahl   Konto-Nr.

bei der/dem

Von Kreditgebern (auch Zessionar) zusätzlich zu machende Angaben bei Anspruch aus Vertrag, für den das Verbraucherkreditgesetz oder die §§ 491 bis 504 BGB gelten:

Geschäftszeichen des Antragstellers/Prozessbevollmächtigten

**An das
Amtsgericht
– Mahnabteilung –**

Ich beantrage, einen Mahnbescheid zu erlassen und in diesen die Kosten des Verfahrens aufzunehmen.
Ich erkläre, dass der Anspruch von einer Gegenleistung

X   abhängt, diese aber bereits erbracht ist.   nicht abhängt.

Unterschrift des Antragstellers/Vertreters/Prozessbevollmächtigten

26603   Aurich

Postleitzahl, Ort

Fassung 1.1.02

Verlags-Nr. 705

Schuldner erhält Mahnbescheid

zahlt	erhebt Widerspruch	schweigt
Verfahren beendet	binnen zwei Wochen	

Mündliche Verhandlung

bis 5 000,00 EUR Streitwert
beim Amtsgericht,
über 5 000,00 EUR beim
Landgericht

Gläubiger stellt Antrag

Urteil

Vollstreckungsbescheid

= „vollstreckbarer Titel" (er hat die Wirkung wie ein Gerichtsurteil) mit dem Recht,
die Zwangsvollstreckung gegen den Schuldner einzuleiten

Schuldner erhält Vollstreckungsbescheid

zahlt	erhebt Einspruch	schweigt
Verfahren beendet	binnen zwei Wochen	

Mündliche Verhandlung

vor dem zuständigen Amts-
oder Landgericht mit Urteil

Gläubiger stellt Antrag

Zwangsvollstreckung

= Pfändung durch den Vollstreckungsbeamten, indem dieser beim Schuldner verwertbare Gegenstände
mit einem Pfandsiegel („Kuckuck") versieht oder mitnimmt

war erfolgreich	war erfolglos
Gläubiger erhält Geld aus der Zwangsvollstreckung	Auf Antrag des Gläubigers wird vom Schuldner eine eidesstättliche Versicherung über seine Vermögensverhältnisse verlangt

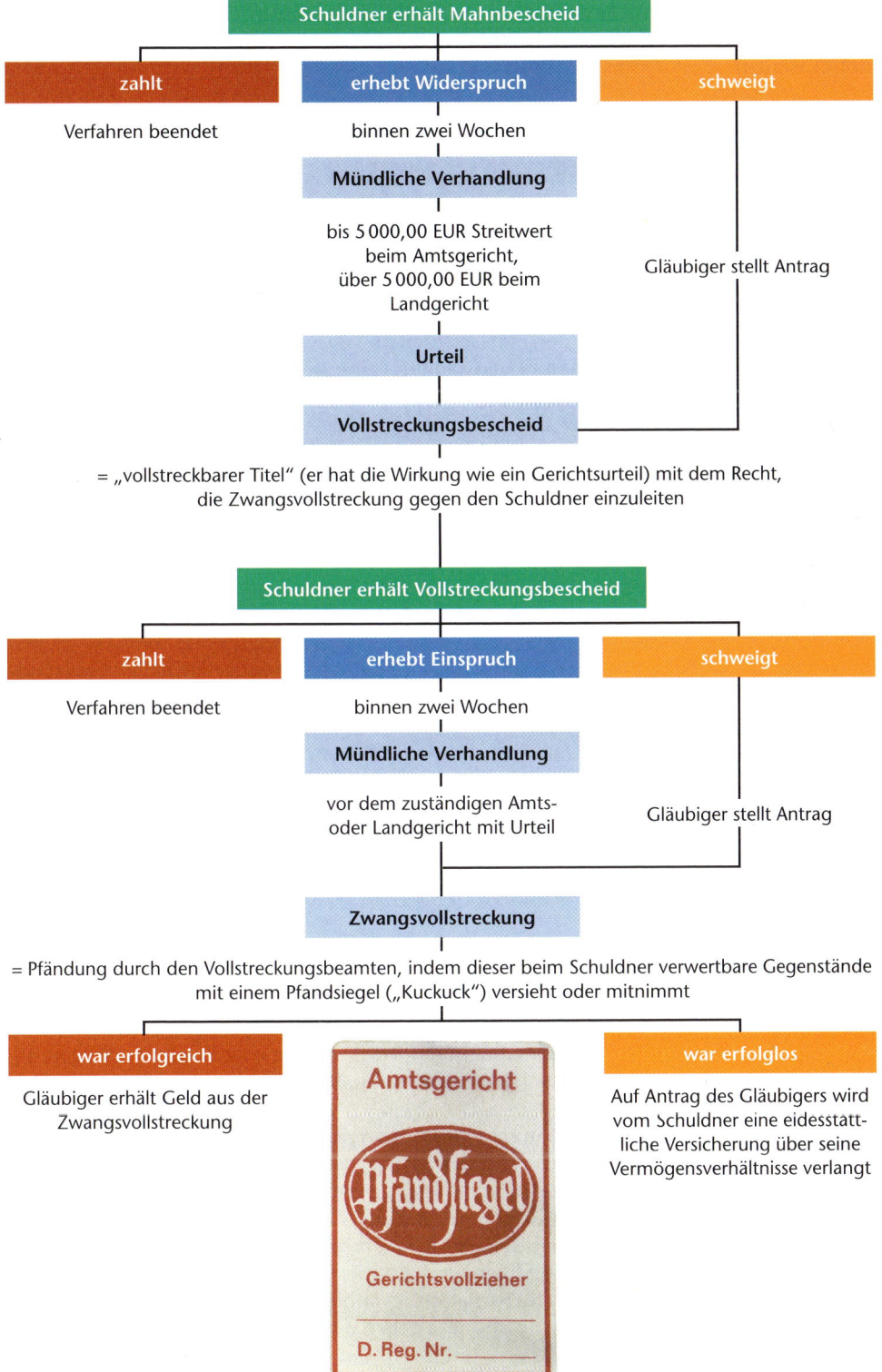

Amtsgericht

Pfandsiegel

Gerichtsvollzieher

D. Reg. Nr. _____

Bei einer Zwangsvollstreckung dürfen nicht alle verwertbaren Gegenstände gepfändet werden. Nicht pfändbar sind Gegenstände, die für eine bescheidene Lebensführung benötigt werden.

Beispiele Kleidungsstücke, Einrichtungsgegenstände, Radiogerät

Hat der Vollstreckungsbeamte auf Antrag des Gläubigers beim Schuldner verwertbare Gegenstände gepfändet, werden diese nach einer Schonfrist von sieben Tagen versteigert. Der Gläubiger erhält den Erlös der Versteigerung abzüglich der entstandenen Versteigerungskosten bis zur Höhe seiner Forderungen.

Ist eine **Zwangsvollstreckung mangels verwertbarer Gegenstände beim Schuldner erfolglos** und hat der Gläubiger das Gefühl, dass der Schuldner verwertbare Gegenstände unterschlägt, muss der Schuldner eine **eidesstattliche Versicherung** über seine Vermögensverhältnisse ablegen. Bei der eidesstattlichen Versicherung erklärt der Schuldner, dass sich außer den angegebenen Gegenständen keine weiteren Vermögensgegenstände in seinem Eigentum befinden.

Verweigert er die eidesstattliche Versicherung, kann der Schuldner auf Kosten des Gläubigers in eine Beugehaft bis zu sechs Monaten genommen werden. Macht er falsche Angaben über seine Vermögensverhältnisse, muss er mit einer Haftstrafe wegen Meineid rechnen.

Der Gläubiger kann auf das gerichtliche Mahnverfahren verzichten und gleich beim zuständigen Amts- oder Landgericht eine **Klage** wegen Vertragsbruch gegen den Schuldner einreichen.

● Schuldnerberatung

Immer mehr Haushalte und Unternehmen geraten durch die wirtschaftlichen Umstände (Arbeitslosigkeit, steigende Lebenshaltungskosten, sorgloser Umgang mit dem Handy usw.) in finanzielle Probleme. Im Laufe der Zeit häufen sich Schulden an, die ohne Hilfe nicht mehr bezahlt werden können. In diesen Fällen sollte man sich an seriöse Schuldnerberatungsstellen wenden. Hier wird Hilfestellung beim Ablauf des **Schuldenregulierungsprozesses** und des **Verbraucherinsolvenzverfahrens** gegeben (www.meine-schulden.de).
Eine Schuldnerberatung läuft in **folgenden Schritten** ab:

◆ telefonische Kontaktaufnahme mit der Beratungsstelle und Terminvereinbarung
◆ Zusammenstellung aller Unterlagen (Rechnungen, Lohnbescheinigung, Schuldnerliste usw.)
◆ Schuldnerberater prüft die Berechtigung der Forderungen der Gläubiger
◆ Suche nach Einsparmöglichkeiten
◆ Führung eines Haushaltsbuches und Verpflichtung, keine neuen Zahlungsverpflichtungen einzugehen
◆ Beratung bei drohenden Zwangsmaßnahmen wie Pfändung oder Zwangsversteigerung
◆ Prüfung, ob ein Verbraucherinsolvenzverfahren in Betracht kommt

---

Das außergerichtliche (kaufmännische) und das gerichtliche Mahnverfahren

■ Das **außergerichtliche Mahnverfahren** wird angewandt, wenn von säumigen Schuldnern fällige Forderungen ohne Einschaltung des Gerichts eingetrieben werden.

■ Der **Mahnbescheid** stellt eine Aufforderung des Gläubigers an den Schuldner dar, innerhalb einer bestimmten Frist die vom Gläubiger geforderte Summe zu zahlen oder sich vor Gericht zu verteidigen.

■ Mit dem **Vollstreckungsbescheid** hat ein Gläubiger einen vollstreckbaren Titel mit dem Recht, die Zwangsvollstreckung gegen den Schuldner einzuleiten.

■ Die **Zwangsvollstreckung** ist ein Verfahren, um mithilfe eines Vollstreckungsbeamten Geldforderungen bei einem Kunden einzutreiben.

1. Erläutern Sie einige Ursachen dafür, dass Kunden nicht oder nicht rechtzeitig zahlen.

2. Erläutern Sie, wovon es abhängen kann, in welcher Form und wie oft ein Unternehmen einen säumigen Käufer mahnt.

3. Beschreiben Sie die Konsequenzen, die einem Unternehmen entstehen, wenn es seine Außenstände nicht rechtzeitig von den Kunden bezahlt bekommt.

4. Erklären Sie die Schritte beim außergerichtlichen Mahnverfahren.

5. Beschreiben Sie den Ablauf des gerichtlichen Mahnverfahrens.

6. Die Auszubildende Renate Becker erhält per Post einen Mahnbescheid zugesandt, in welchem sie von einer Versandhandlung aufgefordert wird, 2 000,00 EUR zu zahlen. Da Renate keine Einkäufe bei der Versandhandlung getätigt hat, ist sie der Überzeugung, dass es sich um einen Irrtum handeln muss, der sich von selbst aufklärt. Infolgedessen unternimmt sie nichts. Beschreiben Sie die Folgen, die sich für Renate aus ihrem Schweigen ergeben können.

7. Geben Sie an, welche Konsequenzen eine Zwangsvollstreckung für den Schuldner hat.

8. Die Bürodesign GmbH hat dem Institut für Weiterbildung e.V., Brunnstraße 25, 80331 München, Bürostühle und PC-Tische im Werte von 31 368,00 EUR geliefert. Als Zahlungstermin war vereinbart worden: „Zahlbar 30 Tage nach Erhalt der Rechnung netto Kasse". Die Rechnung wurde am 17. Februar.. per Brief versandt.
   a) Schreiben Sie
      1) eine Zahlungserinnerung am 25. März..,
      2) die 1.Mahnung am 9. April..,
      3) die 2. Mahnung am 23. April..,
      4) die 3. und letzte Mahnung am 30. April.. (Das Institut reagiert auf kein Mahnschreiben.)
   b) Angenommen das Institut überweist nach der letzten Mahnung nur 31 000,00 EUR. Besorgen Sie sich bei der Deutschen Post AG eine Postnachnahme und füllen Sie diese über den Restbetrag aus.
   c) Trotz dreimaliger schriftlicher Mahnung (Mahnkosten = vorgerichtliche Kosten 68,00 EUR, Vordruck 3,50 EUR) zahlt das Institut nicht. Am 15. Juni.. beantragt die Bürodesign GmbH einen Mahnbescheid. Sie beauftragt ihren Rechtsvertreter Dr. Hans Hahn, Gartenstraße 16, 26607 Aurich, als Prozessbevollmächtigten mit der Wahrnehmung ihrer Interessen. Stellen Sie diesen Mahnbescheid aus.

9. Erstellen Sie mithilfe einer Textverarbeitungssoftware ein Textbausteinsystem für das kaufmännische Mahnverfahren.

7.3.3 Die Verjährung

Die Bürodesign GmbH hat der „Bürobedarfsgroßhandlung Schneider & Co. OHG" am 20. Dezember.. Büromöbel im Werte von 38 000,00 EUR geliefert. Als Zahlungsbedingung wurde „Zahlung innerhalb von 30 Tagen netto Kasse" vereinbart. Da die Rechnungskopie durch ein Versehen abhandenkommt, wird die Forderung an den Kunden, der noch nicht bezahlt hat, vergessen. Im Dezember des nächsten Jahres bemerkt die Bürodesign GmbH, dass der Rechnungsbetrag noch offensteht. Umgehend wird dem Kunden eine Mahnung zugestellt. Die Bürobedarfsgroßhandlung antwortet hierauf schriftlich: „Ihre Forderung besteht nicht mehr, da ihr Anspruch verjährt ist!"

Arbeitsaufträge
◆ Überprüfen Sie, ob die Aussage der Bürobedarfsgroßhandlung berechtigt ist.
◆ Erläutern Sie die Bedeutung des Neubeginns und der Hemmung der Verjährung.

● Verjährungsfristen

Eine Forderung ist dann **verjährt, wenn eine bestimmte vom Gesetz vorgeschriebene Frist abgelaufen ist, ohne dass der Gläubiger seine Forderung geltend gemacht hat.** Nach Ablauf der Verjährungsfrist hat der Schuldner das Recht, die Zahlung zu verweigern (= **Einrede der Verjährung**, § 194 ff. BGB). Die Forderung des Gläubigers besteht zwar weiter, er kann diese aber nicht mehr einklagen. Bezahlt ein Schuldner nach Ablauf der Verjährung, kann dieser die geleistete Zahlung nicht zurückfordern. Das BGB unterscheidet **zwei Verjährungsfristen**:

SWL

	30 Jahre	Regelmäßige Verjährung: 3 Jahre	
Es verjähren Ansprüche	– auf Herausgabe aus Eigentum und anderen dergleichen Rechten – aus rechtskräftigen Urteilen – aus Insolvenzforderungen – aus Vollstreckungsbescheiden	– der Kaufleute untereinander – auf regelmäßig wiederkehrende Leistungen (Miete, Pacht, Rente) – auf Zinsen – der Privatleute untereinander – aus Forderungen aufgrund arglistig verschwiegener Mängel – aus Darlehensforderungen	– der Kaufleute an Privatleute – der freien Berufe (Ärzte, Architekten, Ingenieure, Rechtsanwälte) – der Gastwirte – der Transportunternehmen – von Lohn und Gehalt – des Vermieters von beweglichen Sachen
Beginn der Laufzeit	mit dem Datum der Fälligkeit des Anspruchs	mit dem Schluss des Jahres, in dem der Anspruch entstanden ist.	

Beispiele

	30 Jahre	3 Jahre
Fälligkeitsdatum der Schuld	18. Juni 2009	15. März 2009
Beginn	18. Juni 2009	31. Dezember 2009
Verjährung	18. Juni 2039	31. Dezember 2012

● Hemmung und Neubeginn der Verjährung

◆ **Hemmung: Die Verjährung kann auch gehemmt werden**, d. h., die **Verjährungsfrist wird um die Zeitspanne der Hemmung verlängert.** Der Zeitraum der Hemmung wird also der normalen Verjährungsdauer hinzugerechnet.

Die Verjährung wird **gehemmt durch**

- berechtigte Zahlungsverweigerung des Schuldners, da er eine Gegenforderung an den Gläubiger hat
- Stillstand der Rechtspflege durch Naturkatastrophen, Krieg usw.

Der **Gläubiger** kann die Verjährung hemmen durch

- Stundung (Zahlungsaufschub) der Forderung
- Mahnbescheid (eine außergerichtliche Mahnung hat keine hemmende Wirkung), die Hemmung beginnt mit der Einreichung bzw. Zustellung des Antrags und endet erst sechs Monate nach rechtskräftiger Entscheidung oder anderweitiger Beendigung des Verfahrens.
- Klage beim Gericht
- Anmeldung der Forderung zum Insolvenzverfahren (vgl. S. 385)
- Antrag auf Erlass eines Vollstreckungsbescheides

Die Hemmung tritt erst sechs Monate nach rechtskräftiger Entscheidung oder anderweitiger Beendigung des Verfahrens ein.

Beispiel Die Bürodesign GmbH hat eine Forderung gegen die Büromöbel GmbH Europa aufgrund einer Warenlieferung. Die Forderung war am 8. Juni 2009 fällig. Nachdem die Bürodesign GmbH mehrere vergebliche Mahnungen an die Büromöbel GmbH Europa gesandt hat, lässt sie am 5. März 2010 dem Kunden einen Mahnbescheid zustellen.

Entstehung der Forderung:	8. Juni 2009
Verjährung der Forderung ohne Erlass des Mahnbescheids:	31. Dezember 2012
Verjährung der Forderung nach Zustellung des Mahnbescheids	5. September 2013

- **Neubeginn** (§ 212 BGB): Neben der Hemmung besteht die Möglichkeit des Neubeginns der Verjährung, d.h., **die Verjährung beginnt** von neuem. Die bisherige Verjährungsfrist gilt nicht mehr.

Der **Schuldner kann** einen Neubeginn der Verjährung **bewirken** durch

- Zinszahlung	- schriftliche Stundungsbitte
- Teilzahlung	- Schuldanerkenntnis (z. B. durch einen Schuldschein).

Ferner kann der Gläubiger einen Neubeginn der Verjährung durch die Beauftragung der Zwangsvollstreckung (vgl. S. 273) erreichen.

Beispiel Die Büromöbel GmbH Europa bittet am 10. März 2010 die Bürodesign GmbH um Stundung der ausstehenden Forderung vom 8. Juni 2009 um 3 Monate.

Entstehung der Forderung:	8. Juni 2009
Verjährung ohne Stundungsbitte:	31. Dezember 2012
Verjährung der Forderung nach der Stundungsbitte des Kunden durch den Neubeginn der Verjährung:	10. März 2013

Die Verjährung

- Ein Gläubiger kann die **Zahlung nicht mehr gerichtlich erzwingen**, wenn die Forderung verjährt ist. Nach Ablauf der Verjährung kann der Schuldner die Zahlung verweigern.
- Bei der **Berechnung der Verjährung sind zu beachten**:
  - **Verjährungsfristen**
    - **30 Jahre** (Forderungen aus Vollstreckungsbescheiden, Urteilen, Insolvenzen)
    - **3 Jahre** (Kaufmann an Kaufmann, regelmäßig wiederkehrende Leistungen, Kaufleute an Privatleute, Lohn- und Gehaltsforderungen, Forderungen von Freiberuflern und aufgrund arglistig verschwiegener Mängel, Privat an Privat, Darlehensforderungen)
  - **Hemmung der Verjährung** (durch Stundung der Forderung, berechtigte Zahlungsverweigerung des Schuldners, Stillstand der Rechtspflege, Mahnbescheid, Klage beim Gericht, Anmeldung der Forderung zum Insolvenzverfahren, Vollstreckungsbescheid). Der Zeitraum der Hemmung wird der normalen Verjährungsdauer hinzugerechnet.
  - **Neubeginn der Verjährung** (durch Beantragung der Zwangsvollstreckung, Schuldanerkenntnis des Schuldners oder dessen Teil- oder Zinszahlung). Vom Tag des Neubeginns an beginnt die Verjährung neu zu laufen.

1. Erläutern Sie die Aussage: „Ihre Forderung ist verjährt".

2. Erläutern Sie die Verjährungsfristen und führen Sie jeweils vier Beispiele für die unterschiedlichen Verjährungsfristen an.

3. Erklären Sie die Auswirkungen von Neubeginn und Hemmung auf die Verjährungsfrist.

4. Geben Sie Beispiele an, wann die Verjährungsfrist
   a) neu beginnt,
   b) gehemmt wird.

5. Stellen Sie die Verjährungsfristen bei folgenden Fällen fest:
   a) Ein Großhändler hat gegenüber einem Hersteller eine Verbindlichkeit aufgrund einer Warenlieferung über 23 000,00 EUR.
   b) Ein Einzelhändler hat bei einem Großhändler ein Darlehen über 20 000,00 EUR aufgenommen.
   c) Eine Ärztin hat ein rechtskräftiges Urteil gegen einen Privatpatienten über eine Forderung von 800,00 EUR.
   d) Der Verpächter einer Wiese hat gegen den Pächter eine Pachtforderung über 1 200,00 EUR.
   e) Die Auszubildende Nicole hat ihren Pkw für 4 800,00 EUR an eine Klassenkameradin verkauft.
   f) Die Auszubildende Nicole hat ihrer Klassenkameradin Janine verschwiegen, dass der von ihr an Janine verkaufte Pkw ein Unfallwagen ist.

6. Die Unternehmerin Magda Wilmes gewährt ihrer Angestellten Jutta Adams am 5. Mai 2010 ein Darlehen in Höhe von 10 000,00 EUR zum Kauf eines Pkw. Die Rückzahlung des Darlehens soll in einem Betrag nach genau einem Jahr erfolgen. Wann verjährt die Forderung der Unternehmerin gegen die Angestellte
   a) wenn Jutta Adams nach einem Jahr nicht zahlt,
   b) wenn Jutta Adams die Unternehmerin am 5. Mai 2011 schriftlich um eine Stundung bittet,
   c) wenn die Unternehmerin am 10. Mai 2011 die Forderung aufgrund der Stundungsbitte von Jutta Adams um sechs Monate stundet?

Wiederholung: Zahlungsverkehr und Überwachung von Zahlungsterminen

Übungsaufgaben

1. Füllen Sie einen Zahlschein mit folgenden Angaben aus: Zahlungsempfänger Fliesen- und Keramikfabrik Dieter Ber, Karlstraße 54, 53115 Bonn, Kontonummer 835 1628, Volksbank Bonn, Bankleitzahl 380 601 86; Einzahler: Elmar Haus KG, Poststraße 86, 40878 Ratingen; Verwendungszweck Rechnung Nr. 2783/94 vom 10. Januar.., Betrag 3 200,00 EUR.

2. Die Auszubildende Elke Grau, die im Verkaufsstudio der Bürodesign GmbH eingesetzt ist, verkauft dem Kunden Manfred Scharfe einen Schreibtischstuhl im Wert von 390,00 EUR. Der Kunde zahlt mit einem Barscheck, Ausstellungstag 8. Juni.
   a) Füllen Sie den Barscheck für den Kunden aus.
   b) Erläutern Sie, was die Auszubildende Elke Grau bei der Annahme des Barschecks zu beachten hat.
   c) Geben Sie an, an welchem Tag die Vorlegungsfrist für diesen Scheck abläuft.
   d) Beschreiben Sie die Verwendungsmöglichkeiten für einen Barscheck.

3. Die Bürodesign GmbH überlegt, ob sie in ihrem Verkaufsstudio künftig Kreditkarten als Zahlungsmittel zulassen soll.
   a) Erläutern Sie die Bedeutung von Kreditkarten.
   b) Welche Vor- und Nachteile hat die Bürodesign GmbH durch die Akzeptierung von Kreditkarten in ihrem Unternehmen?
   c) Welche Vor- und Nachteile haben Kunden, die mit Kreditkarten bezahlen?

4. Die Büromöbel GmbH Europa schuldet der Bürodesign GmbH 68 900,00 EUR für die Lieferung von Bürostühlen und -regalen. Die Rechnung wurde dem Kunden mit der Übergabe der Büromöbel am 20. November.. übergeben. Die Zahlungsbedingung lautet: „Zahlbar am 22. Dezember d.J.".
   a) Geben Sie an, wann die Forderung der Bürodesign GmbH verjährt ist.
   b) Am 15. Januar d.n.J. erhält die Büromöbel GmbH Europa, die die Rechnung noch nicht bezahlt hat, eine Mahnung von der Bürodesign GmbH. Auf diese Mahnung reagiert die Kundin nicht. Auf die 2. Mahnung antwortet die Kundin schriftlich und bittet um eine Stundung bis zum 28. Februar d.n.J. Welche Wirkung hat die Mahnung auf die Verjährung?
   c) Welche Wirkung hat die Stundungsbitte der Kundin auf die Verjährung?
   d) Am 5. März d.n.J. stellt die Bürodesign GmbH fest, dass die Kundin trotz der Stundungsgewährung noch nicht bezahlt hat. Sammeln Sie Argumente für das Antwortschreiben an die Kundin.
   Nachdem die Bürodesign GmbH die Kundin vergeblich außergerichtlich gemahnt hat, soll beim zuständigen Amtsgericht ein Antrag auf Erlass eines Mahnbescheides gestellt werden.
   e) Geben Sie an, welches Landgericht zuständig ist.
   f) Erläutern Sie die Wirkung des Widerspruchs der Kundin auf den Mahnbescheid.
   g) Welche Wirkung hätte es, wenn sich die Kundin nicht zum Mahnbescheid äußerte?
   h) Erläutern Sie, welche Auswirkung der Erlass eines Vollstreckungsbescheides durch die Bürodesign GmbH hat.

Prüfungsaufgaben

1. Auf einem Barscheck ist die Klausel „oder Überbringer" gestrichen. Welche Folge hat dies für die Einlösung des Schecks?
    1) Der Scheck wird nur dann eingelöst, wenn er sofort am Ausstellungstag der bezogenen Bank vorgelegt wird.
    2) Auch wenn es sich um einen Barscheck handelt, erfolgt nur eine Gutschrift unter Vorbehalt auf dem Konto des Scheckinhabers.
    3) Der Betrag wird nur an den auf dem Scheck namentlich eingetragenen Zahlungsempfänger ausgezahlt.
    4) Durch die Streichung wird der Scheck ungültig.
    5) Die Streichung der Überbringerklausel hat auf die Gültigkeit des Schecks keinen Einfluss.

2. Stellen Sie fest, welche der folgenden Zahlungsmöglichkeiten in den nachfolgenden Fällen genutzt werden sollten.

    Zahlungsmöglichkeiten:
    1) Express-Brief   3) Zahlschein (Postbank)   5) Banküberweisung
    2) Zahlschein (Bank)   4) Postüberweisung
    a) Der Gläubiger hat ein Bankgirokonto, der Schuldner hat kein Girokonto.
    b) Der Gläubiger hat ein Bankgirokonto, der Schuldner hat ein Postbankkonto.
    c) Weder Gläubiger noch Schuldner haben ein Girokonto, der zu zahlende Geldbetrag beträgt 1 500,00 EUR.
    d) Der Gläubiger hat ein Postbankkonto, der Schuldner hat kein Girokonto.

3. Ein Kaufmann will regelmäßig wiederkehrende Zahlungen im Einzugsermächtigungsverfahren vornehmen lassen. Wie erteilt ein Kaufmann eine Einzugsermächtigung?
    1) Der Kaufmann ermächtigt seine Bank, die Geldbeträge zu überweisen.
    2) Der Kaufmann ermächtigt den Zahlungsempfänger, den Betrag der Forderung zulasten seines Girokontos einzuziehen.
    3) Der Kaufmann beauftragt seine Bank, die Bank des Zahlungsempfängers zu ermächtigen, den Betrag einzuziehen.
    4) Der Kaufmann weist seine Bank an, mit einem Überweisungsträger verschiedene Beträge an mehrere Empfänger zu zahlen.
    5) Der Kaufmann beauftragt sein Geldinstitut, Lastschriften eines bestimmten Zahlungsempfängers ohne vorherige Rückfrage abzubuchen.

4. Welche der folgenden Zahlungen würden Sie per Dauerauftrag überweisen lassen?
    1) Telefonrechnung   4) Stromrechnung
    2) IHK-Beitrag   5) Gehälter der Angestellten
    3) Geschäftsmiete   6) Rechnung vom Lieferer

5. Ein Unternehmen ließ seinem Kunden einen Mahnbescheid vom zuständigen Amtsgericht zustellen, auf den der Schuldner nicht reagiert. Was muss das Unternehmen tun, um sein Geld zu erhalten?
    1) Das Unternehmen muss jetzt einen Mahnbescheid beim Landgericht beantragen.
    2) Das Unternehmen muss innerhalb von sechs Monaten beim zuständigen Amtsgericht einen Vollstreckungsbescheid beantragen.
    3) Das Unternehmen muss nichts unternehmen, da es ohnehin zu einer Gerichtsverhandlung kommt.
    4) Das Unternehmen kann einen Vollstreckungsbeamten mit der Durchführung einer Pfändung beim Schuldner beauftragen.

6. Die Forderung eines Kaufmanns gegen einen Privatkunden entstand am 31. Mai 2009. Wann läuft die Verjährungsfrist ab?

   1) 31. Mai 2010   3) 31. Dezember 2012   5) 31. Dezember 2013

   2) 31. Dezember 2011   4) 31. Mai 2039

7. Prüfen Sie untenstehende Vorgänge im Mahnverfahren im Hinblick auf die Verjährung. Geben Sie an,

   1) wenn eine Verjährung neu beginnt,   3) wenn die Verjährung weder gehemmt

   2) wenn eine Verjährung gehemmt wird,   wird noch neu beginnt.

   a) Zustellung einer Rechnungskopie   d) Stundung des Betrages durch

   b) Zustellung der 2. Mahnung   den Gläubiger

      per Einschreiben   e) Zustellung eines Mahnbescheids

   c) Bitte des Schuldners um Stundung   f) Zustellung einer Postnachnahme

8. Für welche der nachstehenden Forderungen gilt eine Verjährungsfrist von drei Jahren?

   1) Zinsforderungen   4) Mietforderungen

   2) Forderung aus rechtskräftigem Urteil   5) Steuerschulden

   3) Forderungen eines Kaufmanns gegenüber Privatleuten

9. Nachdem ein Schuldner bezahlt hat, stellt er fest, dass diese Schuld bereits verjährt war. Wie ist die Rechtslage?

   a) Der Gläubiger muss den Betrag erstatten.

   b) Der Schuldner kann die Rückzahlung des Geldes durch Klage erzwingen.

   c) Der Schuldner hat keinen Rechtsanspruch auf Rückzahlung.

   d) Der Schuldner ist zur Aufrechnung berechtigt, wenn der Gläubiger noch eine weitere Forderung gegen ihn hat.

   e) Der Gläubiger ist verpflichtet, dem Schuldner eine entsprechende Gutschrift zu erteilen.

10. Bei der Debitorenkontrolle erkennen Sie, dass ein Kunde eine Schuld beglichen hat, die bereits verjährt war. Der Kunde meldet sich einige Tage später bei Ihnen und möchte den Zahlungsbetrag zurücküberwiesen haben. Wie ist die Rechtslage?

   1) Ihr Unternehmen ist nicht verpflichtet, den Beitrag auf Verlangen des Kunden zurückzuzahlen.

   2) Der Kunde erhält den Betrag nur dann zurück, wenn er ihn gerichtlich geltend macht.

   3) Der Kunde ist berechtigt, den Betrag mit anderen Forderungen Ihres Unternehmens an ihn aufzurechnen.

   4) Der Betrag muss zurückgezahlt werden, wenn der Kunde die Einrede der Verjährung geltend macht.

   5) Ihr Unternehmen hat den Betrag wegen Wirksamwerden der Verjährung ohne rechtlichen Grund erhalten und ist deshalb zur Rückzahlung verpflichtet.

11. Ein Ihnen bisher nicht bekannter Kunde bestellt erstmals telefonisch Waren im Wert von 400,00 EUR netto. Prüfen Sie, welche der nachfolgenden Vereinbarungen bezüglich der Zahlung für die Bürodesign GmbH die sicherste ist.

   1) Zielkauf

   2) Ratenkauf

   3) Nachnahme

   4) Einzugsermächtigung

   5) Verrechnungsscheck

8 Steuern und Versicherungen

8.1 Steuern

8.1.1 Steuerarten und Steuerverfahren

Über 560 Milliarden EUR flossen 2008 in die Kassen von Bund, Ländern und Gemeinden. Ergiebigste Quelle war die Umsatzsteuer, die fast 176 Milliarden EUR brachte. Auf dem zweiten Platz folgt die Lohnsteuer mit gut 142 Milliarden EUR. Trotzdem reichten die Mittel nicht aus, um alle anstehenden Aufgaben finanzieren zu können, und es mussten erhebliche Kredite zur Finanzierung des Haushalts aufgenommen werden. Der Schuldenstand der öffentlichen Haushalte betrug 2008 1564 Milliarden EUR.

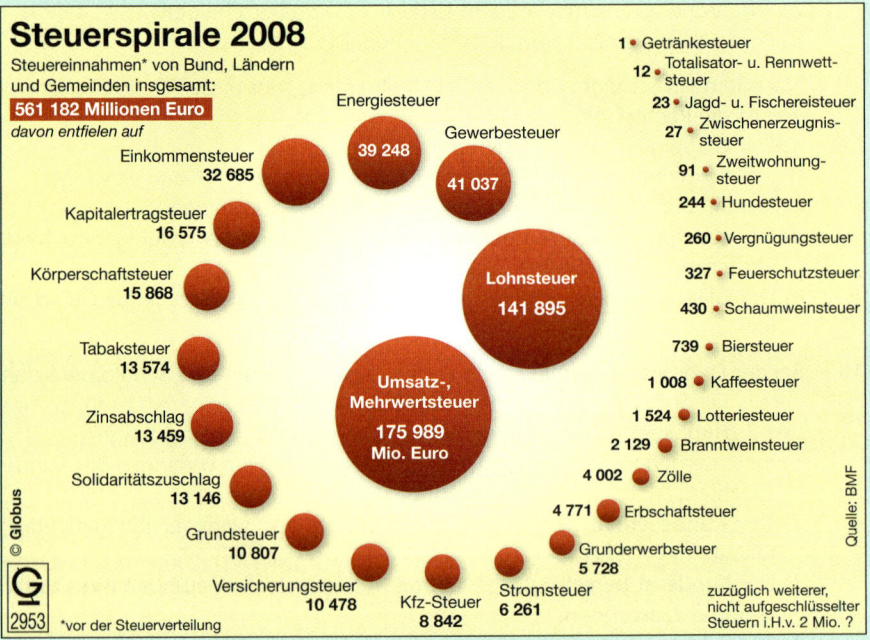

Steuerspirale 2008
Steuereinnahmen* von Bund, Ländern und Gemeinden insgesamt:
561 182 Millionen Euro
davon entfielen auf

Einkommensteuer 32 685
Kapitalertragsteuer 16 575
Körperschaftsteuer 15 868
Tabaksteuer 13 574
Zinsabschlag 13 459
Solidaritätszuschlag 13 146
Grundsteuer 10 807
Versicherungsteuer 10 478
Kfz-Steuer 8 842
Stromsteuer 6 261

Energiesteuer 39 248
Gewerbesteuer 41 037
Lohnsteuer 141 895
Umsatz-, Mehrwertsteuer 175 989 Mio. Euro

1 • Getränkesteuer
12 • Totalisator- u. Rennwettsteuer
23 • Jagd- u. Fischereisteuer
27 • Zwischenerzeugnissteuer
91 • Zweitwohnungsteuer
244 • Hundesteuer
260 • Vergnügungsteuer
327 • Feuerschutzsteuer
430 • Schaumweinsteuer
739 • Biersteuer
1 008 • Kaffeesteuer
1 524 • Lotteriesteuer
2 129 • Branntweinsteuer
4 002 • Zölle
4 771 • Erbschaftsteuer
Grunderwerbsteuer 5 728

zuzüglich weiterer, nicht aufgeschlüsselter Steuern i.H.v. 2 Mio. ?

© Globus
2953
*vor der Steuerverteilung
Quelle: BMF

Arbeitsaufträge
◆ Überlegen Sie, welche der Steuern die Bürodesign GmbH zahlen muss.
◆ Diskutieren Sie die Folgen, die sich aus der zunehmenden Verschuldung der öffentlichen Haushalte ergeben.

● **Steuern als Einnahmequelle des Staates**

§ 3 Abs. 1 Abgabenordnung (AO): Steuern sind Geldleistungen, die nicht eine Gegenleistung für eine besondere Leistung darstellen und von einem öffentlich-rechtlichen Gemeinwesen zur Erzielung von Einnahmen allen auferlegt werden, bei denen der Tatbestand zutrifft, an den das Gesetz die Leistungspflicht knüpft.

Der Staat erhebt von seinen Bürgern Steuern, ohne dass **der Einzelne** dafür eine direkte Gegenleistung erhält. Er finanziert mit diesen Steuereinnahmen Leistungen, die der **Gesamtbevölkerung** zugute kommen.

Die Bürger werden aufgrund ihrer Leistungsfähigkeit, d.h. ihrer Einkommens- und Vermögensverhältnisse, besteuert. Um die **Steuergerechtigkeit** zu gewährleisten, werden bei der Bemessung der Steuerschuld neben der Höhe des Einkommens z.B. das Alter, der Familienstand und die Zahl der Kinder berücksichtigt.

Beispiel Ein lediger Arbeitnehmer ohne Kinder zahlt bei einem Bruttoeinkommen von 2 400,00 EUR Einkommensteuer in Höhe von 364,50 EUR. Sein verheirateter Kollege, der drei Kinder hat, zahlt bei gleichem Einkommen keine Einkommensteuer.

Da die Steuern den Hauptbestandteil der Einnahmen des Staates darstellen, kann dieser seine Aufgaben nur erfüllen, wenn die Bürger bereit sind, Steuern im Sinne der **Steuerehrlichkeit** zu zahlen.

◆ Neben den Steuern hat der Staat **Einnahmen** aus

   ◆ **Gebühren**

     Beispiel Renate Becker beantragt bei der Gemeinde einen Reisepass und muss dafür eine Gebühr in Höhe von 10,00 EUR entrichten.

   ◆ **Beiträgen**

     Beispiel Renates Eltern haben ein Grundstück gekauft. Die Gemeinde erschließt das Grundstück, indem sie Strom, Wasser und Abwasserleitungen verlegt. An den Kosten müssen Renates Eltern sich beteiligen.

   ◆ **Zöllen**

     Beispiel Die Bürodesign GmbH importiert Hölzer aus Kanada. Auf den Warenwert wird ein Zoll erhoben.

   ◆ **Einkünften aus öffentlichen Unternehmen**

     Beispiel Das Land Niedersachsen ist an der Volkswagenwerk AG beteiligt. Es erhält im Rahmen der Gewinnausschüttung Dividende.

◆ Die **Staatsausgaben** lassen sich in folgende Bereiche gliedern:

   ◆ Ausgaben für **Sachaufwand**

     Beispiel Das Land Niedersachsen beschafft Pkw für den Fuhrpark der Polizei.

   ◆ Ausgaben für **Sozialleistungen**

     Beispiel Der Bundesfinanzminister deckt das Defizit der Bundesagentur für Arbeit ab.

   ◆ Ausgaben für **Personalaufwand**

     Beispiel Die Stadt Aurich zahlt die Gehälter der städtischen Angestellten.

   ◆ Ausgaben für **Subventionen**

     Beispiel Der Bund zahlt Zuschüsse im Rahmen des Windenergie-Förderprogramms (vgl. S. 51).

Reichen die Staatseinnahmen zur Deckung der öffentlichen Ausgaben nicht aus, müssen zu seiner Finanzierung **Kredite** aufgenommen werden.

● Steuerarten

In der Bundesrepublik Deutschland gibt es über 30 verschiedene Steuern, die man nach verschiedenen Gesichtspunkten gliedern kann:

◆ Nach dem **Empfänger** der Steuer unterscheidet man:

  ◆ **Bundessteuern**

  Beispiele Branntwein-, Kaffee-, Mineralöl-, Tabaksteuer

  ◆ **Landessteuern**

  Beispiele Kfz-Steuer, Grunderwerb-, Bier-, Erbschaftsteuer

  ◆ **Gemeindesteuer**

  Beispiele Grund-, Hunde-, Gewerbesteuer

  ◆ **Gemeinschaftssteuern**, die zwischen Bund, Ländern und Gemeinden aufgeteilt werden

  Beispiele Umsatz-, Körperschaft-, Lohn-, Einkommensteuer

◆ Nach der **Art der Erhebung** unterscheidet man:

  ◆ **direkte Steuern**, die der Steuerpflichtige selbst und unmittelbar an das Finanzamt zu entrichten hat

  Beispiele Einkommensteuer, Gewerbesteuer, Grundsteuer, Kfz-Steuer

  ◆ **indirekte Steuern**, bei der der Steuerschuldner die Steuer auf andere Personen abwälzen kann

  Beispiele Umsatzsteuer, Tabaksteuer, Biersteuer

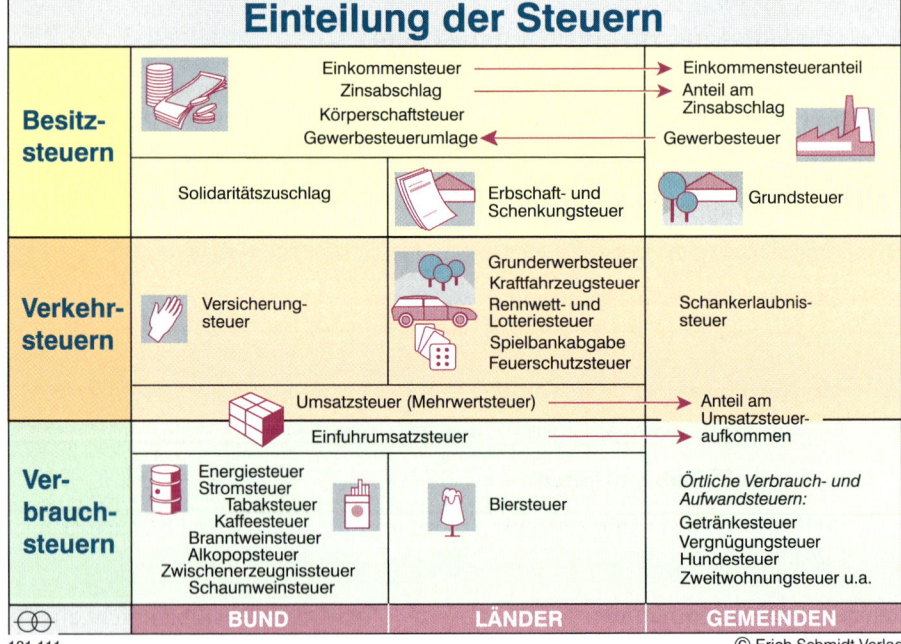

181 111   © Erich Schmidt Verlag

◆ Nach dem **Gegenstand der Besteuerung** unterscheidet man:

   ◆ **Besitzsteuern**, hier werden Einkommen, Erträge oder das Vermögen besteuert.

   Beispiele Einkommen-, Kirchen-, Gewerbe-, Hunde-, Erbschaft-, Körperschaft-, Grund-, Zinsabschlagsteuer

   ◆ **Verkehrsteuern**, hier werden in erster Linie die Umsätze von Lieferungen und Leistungen besteuert

   Beispiele Umsatzsteuer, Kfz-Steuer, Grunderwerb-, Versicherungsteuer

   ◆ **Verbrauchsteuern**, die auf den Verbrauch von bestimmten Gütern erhoben werden

   Beispiele Mineralöl-, Branntwein-, Tabak-, Kaffee-, Biersteuer

● **Steuerverfahren**   ◄ **REWE**

Die Behörden, die mit dem Einzug, der Verwaltung und der Ausgabe öffentlicher Gelder befasst sind, gehören zur **Finanzverwaltung**. Sie besteht auf drei Ebenen: dem Bundesminister der Finanzen, den Oberfinanzdirektionen und den Finanzämtern. Die Steuern werden von den örtlichen Finanzämtern im Veranlagungsverfahren oder im Abzugsverfahren erhoben.

◆ **Veranlagungsverfahren:** Nach Ablauf eines Kalenderjahres muss der Steuerpflichtige in einer **Steuererklärung** alle Angaben machen, die zur Errechnung seiner Steuerschuld notwendig sind. Aufgrund der Steuererklärung ermittelt das Finanzamt die Steuerschuld und teilt dies dem Steuerpflichtigen in einem **Steuerbescheid** mit. Bereits gezahlte Steuern werden mit der Steuerschuld verrechnet, zu viel gezahlte Steuern werden zurückerstattet.

◆ **Abzugsverfahren:** Bei Einkünften aus nichtselbständiger Arbeit wird die Einkommensteuer vom Arbeitgeber errechnet und vom Gehalt abgezogen. Sie muss bis zum 10. des nächsten Monats an das Finanzamt abgeführt werden.

Beispiel Gruppenleiterin König hat ein Bruttoeinkommen in Höhe von 2 420,00 EUR. In der Personalabteilung werden ihr hiervon bei Steuerklasse II 329,25 EUR Lohnsteuer, 18,10 EUR Solidaritätszuschlag und 29,63 EUR Kirchensteuer abgezogen.

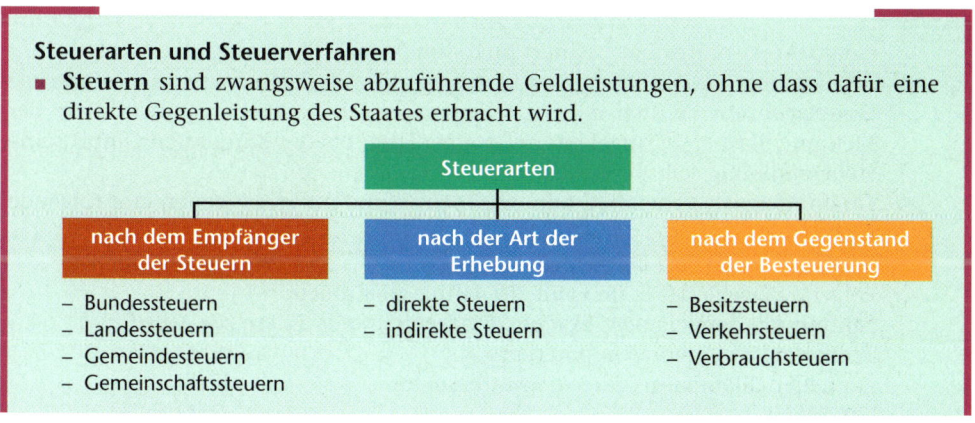

Steuerarten und Steuerverfahren
■ **Steuern** sind zwangsweise abzuführende Geldleistungen, ohne dass dafür eine direkte Gegenleistung des Staates erbracht wird.

Steuerarten		
nach dem Empfänger der Steuern	**nach der Art der Erhebung**	**nach dem Gegenstand der Besteuerung**
– Bundessteuern – Landessteuern – Gemeindesteuern – Gemeinschaftssteuern	– direkte Steuern – indirekte Steuern	– Besitzsteuern – Verkehrsteuern – Verbrauchsteuern

Steuerverfahren

Veranlagungsverfahren	Abzugsverfahren
– Aufgrund der Steuererklärung errechnet das Finanzamt die Steuerschuld und teilt sie in einem Steuerbescheid mit. – Die Einkommensteuer ist vierteljährlich im Voraus zu zahlen.	Der Arbeitgeber – errechnet aufgrund des Bruttogehalts die Lohnsteuer, – behält sie ein, – führt sie an das Finanzamt ab.

1. Erläutern Sie
   a) Bundessteuern,
   b) Ländersteuern,
   c) Gemeinschaftssteuern.

2. Erläutern Sie, wodurch sich direkte und indirekte Steuern unterscheiden.

3. Man unterscheidet Besitz-, Verkehr- und Verbrauchsteuern. Ordnen Sie die nachfolgenden Steuern diesen Gruppen zu:
   a) Mineralölsteuer
   b) Einkommensteuer
   c) Kfz-Steuer
   d) Umsatzsteuer
   e) Kirchensteuer
   f) Tabaksteuer
   g) Grundsteuer
   h) Branntweinsteuer

4. Erstellen Sie eine Liste der Steuern, die
   a) Sie als Verbraucher zahlen,
   b) Ihr Ausbildungsbetrieb zahlt.

5. Erläutern Sie den Unterschied zwischen Steuerveranlagung und Steuerabzug.

8.1.2   Steuern des Arbeitnehmers

8.1.2.1 Einkommen- und Lohnsteuer

Guido Aretz brütet über seiner Einkommensteuer-Erklärung. Freibeträge, Sonderausgaben, Pauschbeträge, er ist schon ganz durcheinander und würde die Unterlagen am liebsten einem Steuerberater geben. Aber irgendwie ist er der Meinung, dass er als angehender Gruppenleiter bei der Bürodesign GmbH seine Steuererklärung selbst erstellen sollte.

Guido Aretz ist verheiratet, hat eine Tochter und im vergangenen Jahr folgende Einkünfte:

Bruttogehalt als Sachbearbeiter	28 958,00 EUR

Folgende Belege hat er im Laufe des Jahres gesammelt:

Fahrten mit dem eigenen Pkw an 212 Tagen jeweils 22 km zur Arbeit	
Teilnahme an einem Computerkurs	318,00 EUR
ein neuer „Blaumann" für Werkstattbesuche	47,00 EUR
ein Anzug	220,00 EUR
Beitrag zur Gewerkschaft	100,00 EUR
Bücher	
– Einführung in das Steuerrecht	15,00 EUR

– Betriebswirtschaftslehre	22,00 EUR
– Reiseführer Griechenland	20,00 EUR
anrechenbare Vorsorgeaufwendungen	3 880,00 EUR
an Kirchensteuer wurde gezahlt	194,00 EUR
Spende für Brot für die Welt	25,00 EUR

Arbeitsauftrag
◆ Ermitteln Sie für Herrn Aretz das zu versteuernde Einkommen.

◆ **Einkommensteuer** wird laut § 2 Einkommensteuergesetz (EStG) auf die Einkünfte aller natürlichen Personen erhoben. Das Finanzamt unterscheidet dabei zwischen folgenden Einkunftsarten: ◀ REWE

  ◆ Einkünfte aus Land- und Forstwirtschaft
  ◆ Einkünfte aus Gewerbebetrieb
  ◆ Einkünfte aus selbstständiger Arbeit
  ◆ Einkünfte aus nichtselbstständiger Arbeit
  ◆ Einkünfte aus Kapitalvermögen
  ◆ Einkünfte aus Vermietung und Verpachtung
  ◆ sonstige Einkünfte

◆ Die **Lohnsteuer** ist die Einkommensteuer der nicht selbstständig tätigen Arbeitnehmer. Sie wird im **Abzugsverfahren** (vgl. S. 285) erhoben. Übersteigt das zu versteuernde Jahreseinkommen eines Arbeitnehmers bei Unverheirateten 13 805,00 EUR und bei Verheirateten 27 610,00 EUR, wird auch er zur Einkommensteuer veranlagt. Die im Laufe des Jahres einbehaltene Lohnsteuer rechnet das Finanzamt auf die ermittelte Einkommensteuer an. ◀ REWE
Seit 1998 wird ein Zuschlag von 5,5 % zur Einkommensteuer als **Solidaritätszuschlag** erhoben.

◆ Das zu **versteuernde Einkommen** eines Arbeitnehmers wird nach folgendem Schema ermittelt:

Einkünfte aus den sieben Einkunftsarten
– Werbungskosten
= Summe der Einkünfte
– Altersentlastungsbetrag
= Gesamtbetrag der Einkünfte
– Sonderausgaben
– außergewöhnliche Belastungen
= Einkommen
– Kinderfreibetrag
– Sonderfreibeträge
= **zu versteuerndes Einkommen**

◆ **Werbungskosten** sind Aufwendungen, die zu Erwerb, Sicherung und Erhaltung der Einnahmen gemacht werden, d.h. Aufwendungen, die durch den Beruf veranlasst sind: ◀ REWE

  ◆ Beiträge zu Berufsverbänden und Kosten, die aufgrund ehrenamtlicher Tätigkeit in diesen Verbänden entstehen.

    Beispiel Mitgliedsbeitrag zur Gewerkschaft

◆ Aufwendungen für Fahrten zwischen Wohnung und Arbeitsstätte werden je Entfernungskilometer bei Fahrten mit öffentlichen Verkehrsmitteln mit den tatsächlichen Kosten, mit dem Pkw mit 0,30 EUR, mit dem Motoroller 0,13 EUR, mit dem Moped/Mofa mit 0,08 EUR und mit dem Fahrrad mit 0,05 EUR berücksichtigt. Die Entfernung von der Wohnung zur Arbeitsstätte darf nur einfach gerechnet werden. Pendler, die im Jahr mehr als 4 500,00 EUR für Fahrten zur Arbeit ausgeben, müssen dies nachweisen.

   – Neben diesen Beträgen können auch außergewöhnliche Aufwendungen berücksichtigt werden.

     Beispiel   Die Kosten eines Autounfalls auf der Fahrt zur Arbeit.

◆ Aufwendungen für Arbeitsmittel

   Beispiel   Fachliteratur oder Berufskleidung. Bekleidungsaufwand ist nur absetzbar, wenn er typische Berufsbekleidung betrifft, z. B. Arbeitsanzug in der Produktion.

◆ Aufwendungen der beruflichen Fortbildung

   Beispiele   Berufsspezifische Lehrgänge, Tagungen, Vorträge

◆ Reisekosten, sofern sie nicht vom Arbeitgeber ersetzt werden

Die Werbungskosten müssen einzeln nachgewiesen werden, d. h., es muss für jede Ausgabe ein Beleg vorliegen. Um das Verfahren zu vereinfachen, hat die Finanzverwaltung **Pauschalbeträge** festgelegt, die ohne Einzelnachweis von den Einkünften abgezogen werden. Sie sind bereits in die Lohnsteuer-Abzugstabellen eingearbeitet worden. Die Werbungskosten-Pauschale beträgt für Lohn- und Gehaltsempfänger 920,00 EUR.

◆ Der **Altersentlastungsbetrag** wird Arbeitnehmern gewährt, die vor Beginn des Kalenderjahres das 64. Lebensjahr beendet haben.

◆ **Sonderausgaben** sind bestimmte, im Gesetz aufgezählte Aufwendungen, die aus sozial-, wirtschafts- und finanzpolitischen Gründen steuerlich begünstigt werden.

   Beispiele
   – Vorsorgeaufwendungen
     • Beiträge zur Kranken-, Renten-, Pflege-, Unfall- und Haftpflichtversicherung
     • Beiträge zu Bausparkassen sofern nicht Wohnungsbauprämie beantragt wird.
   – Unterhaltsleistungen an geschiedene oder getrennt lebende Ehegatten bis 13 805,00 EUR,
   – Renten, Kirchensteuer, Steuerberatungskosten, Kosten der eigenen Berufsausbildung und der Weiterbildung in einem nicht ausgeübten Beruf bis zu 920,00 EUR jährlich und Spenden.

REWE ◆ **Außergewöhnliche Belastungen** sind zwangsläufige Aufwendungen, die dem Arbeitnehmer in höherem Maße erwachsen als der überwiegenden Mehrzahl der Steuerpflichtigen.

   Beispiele   Krankheitskosten, soweit sie nicht von dritter Seite erstattet werden, Kosten für Kuren, besondere Aufwendungen Behinderter.

◆ Für ein Kind bis zu 16 Jahren wird **Kindergeld** für das erste bis zweite Kind je 184,00 EUR, für das 3. Kind 190,00 EUR Kind und für jedes weitere 215,00 EUR oder ein **Kinderfreibetrag** gewährt. Der Kinderfreibetrag kann unter bestimmten Voraussetzungen, z. B., wenn sich Kinder in der Berufsausbildung befinden, bis zur Vollendung des 25. Lebensjahres berücksichtigt werden. Auch der Kinderfreibetrag ist bereits in die Lohnsteuer-Abzugstabelle eingearbeitet.

◆ **Sonderfreibeträge** können für bestimmte im Einkommensteuergesetz festgelegte Fälle gewährt werden.

Beispiele Unterhaltsleistungen für bedürftige Angehörige, Ausbildungsfreibeträge für Kinder in der Ausbildung.

Die Steuerfreibeträge können auf Antrag des Steuerpflichtigen in die **Lohnsteuerkarte eingetragen** werden, wenn im laufenden Kalenderjahr die vom Finanzamt anerkannten Ausgaben die gewährten Arbeitnehmer-Pauschalbeträge übersteigen.

◆ Durch die Einteilung der Steuerpflichtigen in sechs **Lohnsteuerklassen** werden der Familienstand, das Alter und die Kinderzahl bei der Besteuerung berücksichtigt.

Steuerklasse	Personenkreis
I	– Ledige – Geschiedene – Verwitwete – verheiratete Arbeitnehmer, die von ihrem Ehegatten dauernd getrennt leben, oder wenn der Ehegatte im Ausland wohnt
II	– alle in Steuerklasse I aufgeführten Arbeitnehmer, in deren Wohnung mindestens ein Kind gemeldet ist, für das sie einen Kinderfreibetrag erhalten
III	– verheiratete Arbeitnehmer, wenn ein Ehegatte keinen Arbeitslohn bezieht oder der andere Partner arbeitet und in Steuerklasse V eingestuft ist
IV	– verheiratete Arbeitnehmer, die beide Arbeitslohn beziehen
V	– tritt für einen Ehegatten an die Stelle der Steuerklasse IV, wenn der andere Ehegatte in die Steuerklasse III eingestuft ist
VI	– wird auf eine zweite oder weitere Lohnsteuerkarte eingetragen, wenn der Arbeitnehmer Arbeitslohn von mehreren Arbeitgebern bezieht.

◆ Berufstätige **Ehegatten** werden grundsätzlich gemeinsam besteuert. In der Regel arbeiten sie jedoch bei verschiedenen Arbeitgebern und diese können die Lohnsteuer nur von dem Einkommen des bei ihnen angestellten Ehegatten berechnen. Damit der Steuerabzug der gemeinsamen Steuerschuld möglichst nahe kommt, können sie zwischen zwei Steuerklassen wählen. Dabei gilt folgende Faustregel:

 ◆ Bei etwa gleich hohem Einkommen wählen beide die Steuerklasse IV.

 ◆ Bei unterschiedlich hohem Einkommen wählt der Ehegatte mit dem höheren Einkommen die günstigere Steuerklasse III, der mit dem niedrigeren Einkommen die ungünstigere Steuerklasse V.

Wenn die Steuerklasse feststeht, kann der Arbeitgeber den Lohnsteuerabzug mithilfe der **Lohnsteuertabelle** ermitteln (vgl. Abbildung S. 290).

◆ Die abgeführte Lohnsteuer muss der Arbeitgeber auf der **Lohnsteuerkarte** zum Jahresende bescheinigen. Die Lohnsteuerkarte wird dem Arbeitnehmer von der Gemeinde zugestellt. Sie enthält u.a. folgende Angaben:

 ◆ Name und Anschrift des Steuerpflichtigen
 ◆ Geburtsdatum und Familienstand
 ◆ Zahl der Kinder und Kinderfreibeträge
 ◆ Steuerklasse
 ◆ Religionszugehörigkeit

Am Jahresende oder bei Beendigung des Arbeitsverhältnisses bescheinigt der Arbeitgeber

- ◆ die Beschäftigungsdauer
- ◆ den Bruttoarbeitslohn
- ◆ die einbehaltene Lohnsteuer
- ◆ die einbehaltene Kirchensteuer

- ◆ vermögenswirksame Leistungen
- ◆ die Arbeitnehmersparzulage
- ◆ den Arbeitnehmer- und Arbeitgeberanteil zur Sozialversicherung.

◆ Neben der Lohnsteuer muss der Arbeitgeber bei der Gehaltszahlung auch die **Kirchensteuer** abziehen und an das Finanzamt abführen. Der Steuersatz beträgt in Bayern und Baden-Württemberg 8 % und in den übrigen Bundesländern 9 % der Lohnsteuer. Steuerpflichtig sind Mitarbeiter, die einer steuererhebenden Religionsgemeinschaft angehören.

2 429,99* **MONAT**

Lohn/ Gehalt bis €*		Abzüge an Lohnsteuer, Solidaritätszuschlag (SolZ) und Kirchensteuer (8%, 9%) in den Steuerklassen				I, II, III, IV																		
		I – VI										mit Zahl der Kinderfreibeträge . . .													
		ohne Kinderfreiträge					0,5			1			1,5			2			2,5			3**		
		LSt	SolZ	8%	9%	LSt	SolZ	8%	9%	SolZ	8%	9%	SolZ	8%	9%	SolZ	8%	9%	SolZ	8%	9%	SolZ	8%	9%
2 399,99	I,IV	355,25	19,53	28,42	31,97	I 355,25	15,55	22,62	25,45	11,76	17,11	19,25	8,16	11,87	13,35	1,06	6,90	7,76	—	2,62	2,94	—	—	—
	II	323,41	17,78	25,87	29,10	II 323,41	13,88	20,20	22,72	10,17	14,80	16,65	6,65	9,68	10,89	—	4,90	5,51	—	1,10	1,24	—	—	—
	III	103,50	—	8,28	9,31	III 103,50	—	4,40	4,95	—	1,09	1,22	—	—	—	—	—	—	—	—	—	—	—	—
	V	712,41	39,18	56,99	64,11	IV 355,25	17,52	25,48	28,67	15,55	22,62	25,45	13,63	19,83	22,31	11,76	17,11	19,25	9,93	14,45	16,25	8,16	11,87	13,35
	VI	744,58	40,95	59,56	67,01																				
2 402,99	I,IV	356,08	19,58	28,48	32,04	I 356,08	15,60	22,69	25,52	11,80	17,17	19,31	8,20	11,93	13,42	1,21	6,96	7,83	—	2,66	2,99	—	—	—
	II	324,25	17,83	25,94	29,18	II 324,25	13,92	20,26	22,79	10,21	14,86	16,71	6,69	9,74	10,95	—	4,96	5,58	—	1,14	1,28	—	—	—
	III	104,16	—	8,33	9,37	III 104,16	—	4,45	5,—	—	1,13	1,27	—	—	—	—	—	—	—	—	—	—	—	—
	V	713,66	39,25	57,09	64,22	IV 356,08	17,56	25,55	28,74	15,60	22,69	25,52	13,68	19,90	22,38	11,80	17,17	19,31	9,98	14,52	16,33	8,20	11,93	13,42
	VI	745,83	41,02	59,66	67,12																				
2 405,99	I,IV	356,91	19,63	28,55	32,12	I 356,91	15,64	22,76	25,60	11,84	17,23	19,38	8,24	11,98	13,48	1,35	7,02	7,89	—	2,70	3,04	—	—	—
	II	325,08	17,87	26,—	29,25	II 325,08	13,97	20,32	22,86	10,25	14,92	16,78	6,73	9,79	11,01	—	5,—	5,63	—	1,18	1,32	—	—	—
	III	104,83	—	8,38	9,43	III 104,83	—	4,49	5,05	—	1,16	1,30	—	—	—	—	—	—	—	—	—	—	—	—
	V	714,91	39,32	57,19	64,34	IV 356,91	17,61	25,62	28,82	15,64	22,76	25,60	13,72	19,96	22,45	11,84	17,23	19,38	10,01	14,57	16,39	8,24	11,98	13,48
	VI	747,08	41,08	59,76	67,23																				
2 408,99	I,IV	357,83	19,68	28,62	32,20	I 357,83	15,68	22,82	25,67	11,89	17,30	19,46	8,28	12,04	13,55	1,48	7,07	7,95	—	2,74	3,08	—	—	—
	II	325,91	17,92	26,07	29,33	II 325,91	14,01	20,38	22,93	10,29	14,98	16,85	6,77	9,85	11,08	—	5,06	5,69	—	1,22	1,37	—	—	—
	III	105,33	—	8,42	9,47	III 105,33	—	4,53	5,09	—	1,20	1,35	—	—	—	—	—	—	—	—	—	—	—	—
	V	716,16	39,38	57,29	64,45	IV 357,83	17,65	25,68	28,89	15,68	22,82	25,67	13,76	20,02	22,52	11,89	17,30	19,46	10,06	14,64	16,47	8,28	12,04	13,55
	VI	748,41	41,16	59,87	67,35																				
2 411,99	I,IV	358,66	19,72	28,69	32,27	I 358,66	15,73	22,88	25,74	11,93	17,36	19,53	8,32	12,10	13,61	1,63	7,13	8,02	—	2,79	3,14	—	—	—
	II	326,75	17,97	26,14	29,40	II 326,75	14,06	20,45	23,—	10,34	15,04	16,92	6,81	9,91	11,15	—	5,10	5,74	—	1,26	1,41	—	—	—
	III	106,—	—	8,48	9,54	III 106,—	—	4,57	5,14	—	1,24	1,39	—	—	—	—	—	—	—	—	—	—	—	—
	V	717,41	39,45	57,39	64,56	IV 358,66	17,71	25,76	28,98	15,73	22,88	25,74	13,80	20,08	22,59	11,93	17,36	19,53	10,10	14,70	16,53	8,32	12,10	13,61
	VI	749,66	41,23	59,97	67,46																				
2 414,99	I,IV	359,50	19,77	28,76	32,35	I 359,50	15,78	22,95	25,82	11,97	17,42	19,59	8,36	12,16	13,68	1,76	7,18	8,08	—	2,83	3,18	—	—	—
	II	327,58	18,01	26,20	29,48	II 327,58	14,10	20,51	23,07	10,38	15,10	16,99	6,85	9,96	11,21	—	5,16	5,80	—	1,29	1,45	—	—	—
	III	106,66	—	8,53	9,59	III 106,66	—	4,61	5,18	—	1,28	1,44	—	—	—	—	—	—	—	—	—	—	—	—
	V	718,66	39,52	57,49	64,67	IV 359,50	17,75	25,82	29,04	15,78	22,95	25,82	13,85	20,15	22,67	11,97	17,42	19,59	10,14	14,76	16,60	8,36	12,16	13,68
	VI	750,91	41,30	60,07	67,58																				
2 417,99	I,IV	360,41	19,82	28,83	32,43	I 360,41	15,82	23,02	25,89	12,01	17,48	19,66	8,40	12,22	13,75	1,90	7,24	8,14	—	2,88	3,24	—	—	—
	II	328,41	18,06	26,27	29,55	II 328,41	14,14	20,58	23,15	10,42	15,16	17,06	6,89	10,02	11,27	—	5,21	5,86	—	1,33	1,49	—	—	—
	III	107,16	—	8,57	9,64	III 107,16	—	4,65	5,23	—	1,30	1,46	—	—	—	—	—	—	—	—	—	—	—	—
	V	719,91	39,59	57,59	64,79	IV 360,41	17,79	25,88	29,12	15,82	23,02	25,89	13,89	20,21	22,73	12,01	17,48	19,66	10,18	14,82	16,67	8,40	12,22	13,75
	VI	752,16	41,36	60,17	67,69																				
2 420,99	I,IV	361,25	19,86	28,90	32,51	I 361,25	15,87	23,08	25,97	12,06	17,54	19,73	8,44	12,28	13,82	2,05	7,30	8,21	—	2,92	3,28	—	—	—
	II	329,25	18,10	26,34	29,63	II 329,25	14,19	20,64	23,22	10,46	15,22	17,12	6,93	10,08	11,34	—	5,26	5,91	—	1,37	1,54	—	—	—
	III	107,83	—	8,62	9,70	III 107,83	—	4,70	5,29	—	1,34	1,51	—	—	—	—	—	—	—	—	—	—	—	—
	V	721,25	39,66	57,70	64,91	IV 361,25	17,84	25,96	29,20	15,87	23,08	25,97	13,94	20,28	22,81	12,06	17,54	19,73	10,23	14,88	16,74	8,44	12,28	13,82
	VI	753,41	41,43	60,27	67,80																				

Einkommen- und Lohnsteuer
- ■ **Steuern vom Einkommen**

Einkommensteuer	Lohnsteuer
wird auf die Einkünfte aller natürlichen Personen erhoben	wird auf die Einkünfte der nicht selbstständig Tätigen erhoben

- ■ Die **Steuertabelle** ermöglicht es Arbeitnehmer und Arbeitgeber, den Steuerabzug zu ermitteln.

> - Die **Kirchensteuer** wird von der Lohnsteuer berechnet. Sie beträgt je nach Bundesland 8 % oder 9 % der Lohnsteuer.
> - Der **Solidaritätszuschlag** wird in Höhe von 5,5 % von der Einkommensteuer berechnet.

1. Erläutern Sie, nach welchem Schema das zu versteuernde Einkommen berechnet wird.

2. Nennen Sie Aufwendungen, die im Rahmen der Werbungskosten geltend gemacht werden können.

3. Welche der folgenden Aufwendungen kann eine Bürokauffrau als Werbungskosten geltend machen?
   a) Fahrtkosten mit öffentlichen Verkehrsmitteln zur Arbeit und nach Hause
   b) Fahrtkosten zu einer Veranstaltung der Industrie- und Handelskammer zum Thema „Neue Entwicklungen im Bereich der Bürokommunikation"
   c) Gewerkschaftsbeitrag
   d) Berufshaftpflicht
   e) Kosten des Steuerberaters
   f) Reinigungskosten für Arbeitskleidung

4. Welche der nachfolgenden Aufwendungen können als Sonderausgaben geltend gemacht werden?
   a) Beiträge zur Krankenversicherung
   b) Beiträge zu einer Berufshaftpflichtversicherung
   c) Beiträge zur Bausparkasse
   d) Kosten einer Hausratversicherung
   e) Steuerberatungskosten
   f) Spende für „Brot für die Welt"

5. Erläutern Sie, welche Aufwendungen als außergewöhnliche Belastungen geltend gemacht werden können.

8.1.2.2 Die Antragsveranlagung zur Einkommensteuer

Nachdem Guido Aretz sein zu versteuerndes Einkommen errechnet hat, weiß er, dass er einen Antrag auf Veranlagung zur Einkommensteuer stellen muss. Selbstverständlich will er den Antrag auf Veranlagung selbst ausfüllen. Hierzu sind folgende weitere Angaben erforderlich:

	Guido Aretz	Ehefrau Renate
Geburtsdatum	19. März 19..	7. März 19..
Konfession	evangelisch	evangelisch
Adresse	Am Tiergarten 10, 26603 Aurich	
verheiratet seit	24. Dezember 1991	
Kinder	Tochter Anna Aretz Geburtsdatum: 24. Dezember 1992 Geburtsort: Aurich	
Bankverbindung	Kreissparkasse Aurich Konto-Nr.: 8 532 394 870, BLZ: 284 510 50	

Die anrechenbaren Vorsorgeaufwendungen setzen sich wie folgt zusammen:

Arbeitnehmeranteil zur Sozialversicherung	3 380,60 EUR
Auto-Unfallversicherung	111,46 EUR
Kfz-Haftpflicht (ohne Kasko-Versicherung)	210,65 EUR
private Haftpflicht	39,88 EUR
Krankheitskosten	2 152,54 EUR
davon durch die Kankenkasse erstattet	1 477,63 EUR
Einkünfte aus Kapitalvermögen	
Zinsen Sparbuch Guido Aretz	110,44 EUR
Zinsen Sparbuch Renate Aretz	60,84 EUR
An Lohnsteuer und Solidaritätszuschlag wurden gezahlt	2 073,57 EUR
An Kirchensteuer wurde gezahlt	176,90 EUR

Als Guido Aretz sich den Vordruck für das Antragsverfahren und die entsprechenden Anlagen beim Finanzamt abholt, ist er erleichtert. Jede Zeile des Formulars ist nummeriert und in einer umfangreichen Anleitung ist für jede Zeile angegeben, was eingetragen werden muss.

Arbeitsauftrag

◆ Beschaffen Sie sich die Antragsunterlagen und die Anleitung und füllen Sie diese für Guido Aretz und seine Familie aus.

◆ Übersteigt das Einkommen 27 610,00 EUR bei zusammen veranlagten Ehegatten und 13805,00 EUR bei ledigen Steuerpflichtigen, muss der **Antrag auf Veranlagung zur Einkommensteuer** gestellt werden.

◆ **Abgabefrist** für den Antrag auf Veranlagung zur Einkommensteuer ist der 31. Dezember des übernächsten Jahres, also für 2009 der 31. Dezember 2011. Antragsvordrucke und ausführliche Anleitungen sind beim Finanzamt kostenlos erhältlich.

◆ Zu viel gezahlte Lohnsteuer wird nach Abschluss des Verfahrens **erstattet**.

◆ Der Antrag auf Veranlagung zur Einkommensteuer besteht aus dem vierseitigen Hauptvordruck, den Anlagen KAP und SO und der Anlage N.

  ◆ Im **Hauptvordruck** werden die allgemeinen Angaben erfasst und **Sonderausgaben** (vgl. S. 288) und die **außergewöhnlichen Belastungen** (vgl. S. 288) geltend gemacht.

  ◆ Die **Anlagen KAP** und **SO** erfassen die **Einkünfte aus Kapitalvermögen** (vgl. S. 287). Die Bescheinigungen über Zinsen aus Bausparguthaben oder Lebensversicherungen werden von den Bausparkassen und Versicherungen in der Regel unaufgefordert zugestellt. Sie müssen ausgefüllt werden, wenn die Einkünfte aus Kapitalvermögen den Freibetrag von 750,00 EUR/1 500,00 EUR übersteigen. Die Anlagen KAP und SO werden dem Steuerpflichtigen nur auf Antrag beim Finanzamt zugesandt.

  ◆ In der **Anlage N** sind der Bruttoarbeitslohn, die gezahlten Steuern, vermögenswirksame Leistungen und die **Werbungskosten** (vgl. S. 287 f) anzugeben.

◆ Die Steuererklärung kann auch elektronisch über das Internet übermittelt werden. Hierzu bietet die Finanzverwaltung das Programm **ELSTER** an. Es kann unter www.elster.de kostenlos heruntergeladen werden.

Die Antragsveranlagung zur Einkommensteuer

Hauptvordruck	Anlagen KAP und SO	Anlage N
– allgemeine Angaben – Sonderausgaben – außergewöhnliche Belastungen	– Einkünfte aus Kapitalvermögen	– Einkünfte aus nichtselbstständiger Arbeit – vermögenswirksame Leistungen – Werbungskosten

1. Renate Becker kauft sich ein Fachbuch für die berufliche Weiterbildung. Überprüfen Sie, unter welcher Position der Einkommensteuererklärung sie diese Kosten geltend machen kann.

2. Beschaffen Sie sich die Antragsunterlagen für eine Einkommensteuererklärung und erläutern Sie, welche Angaben im Hauptvordruck, der Anlage KSO und der Anlage N erfasst werden.

3. Die Bürokauffrau Flink will ihren Antrag auf Veranlagung zur Einkommensteuer selbst erstellen. In der Mappe „Steuern" haben sich folgende Belege angesammelt:
Kosten der Krankenversicherung, Reparaturkosten Kfz für einen Unfall auf dem Weg zur Arbeit, Beitrag zur Gewerkschaft, private Haftpflichtversicherung, Quittungen für ein Fachbuch „Steuerrecht" und ein Fachbuch „Allgemeine Betriebswirtschaftslehre", private Unfallversicherung, Kfz-Haftpflicht, Quittung: Arbeitskleidung, Reinigungskosten Arbeitskleidung. Ordnen Sie die Belege den entsprechenden Aufwandsarten in der Einkommensteuererklärung zu.

8.1.3 Steuern der Unternehmung

Sabine Freund, Gruppenleiterin Marketing der Bürodesign GmbH, will sich selbstständig machen. Sie plant sehr sorgfältig. Es ist eine Standortanalyse in Auftrag gegeben und auch die Finanzierung ist gesichert. Sabine ist für die Gründung einer Personengesellschaft, da sie gehört hat, dass Kapitalgesellschaften eine zusätzliche Steuer entrichten müssen. Ihr Freund Markus ist skeptisch. Er ist der Meinung, dass nur natürliche Personen Steuern zahlen müssen.

Arbeitsaufträge
◆ Erarbeiten Sie den nachfolgenden Sachinhalt und klären Sie die Frage, welchen Steuern die Einkommen der Personen- und Kapitalgesellschaften unterliegen.
◆ Stellen Sie fest, welche weiteren Steuern das Unternehmen von Frau Freund entrichten muss.

● Einkommensteuer und Körperschaftsteuer
◆ Die Einkünfte aller natürlichen Personen unterliegen der **Einkommensteuer** (vgl. S. 286). Einkünfte der Gesellschafter einer Personengesellschaft sind Einkünfte aus Gewerbebetrieb. Bemessungsgrundlage für die Besteuerung ist der Gewinn. Er wird aufgrund der GuV-Rechnung ermittelt. Auf der Grundlage des Gewinns wird unter Berücksichtigung der steuerlich abzugsfähigen Entlastungen das zu versteuernde Einkommen und die entsprechende Einkommensteuer ermittelt.

◆ Der **Steuersatz** der Einkommensteuer liegt in der Progressionszone je nach Höhe des Einkommens zwischen 14 % und 42 %, ab einem Jahreseinkommen von 250 000,00 EUR wird ein Spitzensteuersatz von 45 % fällig (**Reichensteuer**).

REWE

◆ Die Einkünfte der **juristischen Personen** (vgl. S. 106) unterliegen der **Körperschaftsteuer** (§ 1ff. KStG). **Steuerpflichtig** sind z. B. die GmbH, die AG und die Genossenschaften. Bemessungsgrundlage der Körperschaftsteuer ist der Gewinn des Unternehmens.

◆ Der Steuersatz der Körperschaftsteuer beträgt einheitlich 15 %.

Beispiel Die an die Gesellschafter der Bürodesign GmbH ausgeschütteten Gewinne unterliegen dem Körperschaftsteuersatz von 15 %.

◆ Da Körperschaftsteuer und Einkommensteuer nebeneinander bestehen, würde ein ausgeschütteter Gewinn bei der Kapitalgesellschaft der Körperschaftsteuer unterliegen und beim Gesellschafter nochmals im Rahmen der Einkommensteuer besteuert. Um diese Doppelbesteuerung zu vermeiden, wird die bereits gezahlte Körperschaftsteuer mit der Einkommensteuerschuld **verrechnet**.

So werden beispielsweise Dividenden nur zur Hälfte in die Bemessungsgrundlage für die persönliche Einkommensteuer der Anteilseigner einbezogen (**Halbeinkünfteverfahren**).

● Gewerbesteuer

REWE

◆ Die Gewerbesteuer ist eine **direkte Steuer** (vgl. S. 284). Steuergegenstand ist die Ertragskraft eines Gewerbebetriebes. Die persönlichen Verhältnisse des Inhabers werden nicht berücksichtigt.

◆ Gewerbesteuern (§ 1ff. Gewerbesteuergesetz) sind **Kosten**. Sie mindern dadurch den steuerlichen Gewinn und beeinflussen somit auch die Höhe der Einkommen- und Körperschaftsteuer.

◆ Die Gewerbesteuer ist eine **Gemeindesteuer** und eine wichtige Einnahmequelle der Gemeinden und kreisfreien Städte. Bund und Länder werden durch eine Umlage an der Steuer beteiligt. Da die Gemeinden die Hebesätze zur Gewerbesteuer individuell festlegen, ist die steuerliche Belastung von Gemeinde zu Gemeinde unterschiedlich.

Beispiel Für die Standortwahl der Bürodesign GmbH war auch der unterschiedliche Hebesatz der Gewerbesteuer ausschlaggebend. Er betrug in Aurich 350 %, in Wilhelmshaven 395 % und in Emden 410 %.

◆ **Bemessungsgrundlage** der Gewerbesteuer ist der **Gewerbeertrag** des Betriebes.

   ◆ Grundlage des **Gewerbeertrages** ist der im Rahmen der Einkommen- bzw. Körperschaftsteuer ermittelte Gewinn des Gewerbebetriebes. Dieser Gewinn wird um bestimmte, im Gesetz festgelegte Beträge vermehrt bzw. vermindert.

   ◆ Während bei **Kapitalgesellschaften** der gesamte Jahresgewinn von dem ersten EUR an steuerpflichtig ist, bleiben bei **Einzelunternehmen und Personengesellschaften** die ersten 24 500,00 EUR steuerfrei.

◆ Mithilfe der **vom Finanzamt festgelegten Steuermesszahlen** wird der Steuermessbetrag für Gewerbeertrag und Gewerbekapital errechnet.

Die so ermittelten Messbeträge werden addiert und zu einem einheitlichen **Steuermessbetrag** zusammengefasst. Multipliziert man den so ermittelten Steuermessbetrag mit dem von der Gemeinde festgelegten **Steuersatz (Hebesatz)**, so erhält man die Gewerbesteuerschuld.

Gewerbeertrag

 Gewinn des Gewerbebetriebes
+ Hinzurechnungen
– Kürzungen
= Gewerbeertrag
– Freibetrag
= verbleibender Gewerbeertrag
x Steuermesszahl
= Steuermessbetrag
 Gewerbeertrag

      ↓

 einheitlicher Steuermessbetrag
x Hebesatz der Gemeinde
= **Gewerbesteuerschuld**

● Umsatzsteuer

Die Umsatzsteuer ist eine **Verkehrsteuer**, mit der der gesamte private und öffentliche Verbrauch belastet wird, d. h., die Umsatzsteuer wird vom Endverbraucher getragen (§ 1ff. UStG).

Da es technisch nicht möglich ist, die Umsatzsteuer beim Verbraucher selbst zu erheben, ist der **Steuerschuldner** der Unternehmer, der den Umsatz ausführt. Er ist verpflichtet, die Umsatzsteuer an das Finanzamt abzuführen. Das Finanzamt bedient sich also des Unternehmers, um die Umsatzsteuer einzutreiben.

Wirtschaftlicher Träger der Steuer ist jedoch der Endverbraucher, da der Unternehmer die Umsatzsteuer über den Verkaufspreis an den Kunden abwälzt. Die Umsatzsteuer ist demnach eine **indirekte Steuer** (vgl. S. 284).

◆ **Steuerpflichtige Umsätze** sind:

 ◆ alle Lieferungen und Leistungen eines Unternehmers gegen Entgelt
 ◆ der Eigenverbrauch des Unternehmers für private Zwecke
 ◆ die Einfuhr von ausländischen Gütern (Einfuhrumsatzsteuer)

◆ **Bemessungsgrundlage** der Umsatzsteuer ist der Nettoverkaufspreis. Verdirbt eine Ware oder kann sie aus anderen Gründen nicht verkauft werden, findet kein Umsatz statt und es ist auch keine Umsatzsteuer zu entrichten.

◆ Der **allgemeine Steuersatz** der Umsatzsteuer beträgt 19 %. Der **ermäßigte Steuersatz** beträgt 7 %. Er gilt u. a. für Lebensmittel, Kaffee, Tee, Kakao, Waren des Buchhandels, Zeitschriften und Kunstgegenstände.

◆ **Berechnung der Zahllast:** Die Umsatzsteuer ist so gestaltet, dass alle Waren und Leistungen in gleicher Weise belastet werden. Dabei spielt es keine Rolle, wie viele Wirtschaftsstufen sie auf dem Weg zum Verbraucher durchlaufen haben. Um dies zu erreichen, ist der Unternehmer berechtigt, von der Steuer, die er für seine Umsätze schuldet, die Steuer abzuziehen, die er beim Wareneinkauf bereits gezahlt hat. Da er diese Steuer vorab entrichten muss, nennt man die Umsatzsteuer in diesem Zusammenhang **Vorsteuer**. An das Finanzamt muss er also nur den Betrag abführen, der auf den von ihm erzielten Mehrwert entfällt (**Zahllast**). Aus diesem Grund wird die Umsatzsteuer auch **Mehrwertsteuer** genannt.

$$
\begin{array}{r}
\text{Umsatzsteuer} \\
- \text{Vorsteuer} \\
\hline
= \text{Zahllast}
\end{array}
$$

Ist die Vorsteuer größer als die Umsatzsteuer, kann der Unternehmer gegenüber dem Finanzamt eine **Forderung** geltend machen.

◆ Die Umsatzsteuer stellt für den Unternehmer keinen Kostenfaktor dar, sondern ist lediglich ein **durchlaufender Posten**.

◆ Zehn Tage nach Ablauf eines Kalendermonats muss der Unternehmer beim Finanzamt eine **Umsatzsteuer-Voranmeldung** einreichen. Für die von ihm errechnete Zahllast muss er gleichzeitig eine Vorauszahlung leisten. Nach Ablauf eines Kalenderjahres muss der Unternehmer eine **Umsatzsteuererklärung** abgeben. Übersteigt die bereits gezahlte Umsatzsteuer die errechnete Steuerschuld, wird der Differenzbetrag erstattet.

◆ Jeder Unternehmer muss die Umsatzsteuer auf Rechnungen an ein anderes Unternehmen gesondert ausweisen. Bei Rechnungen, deren Gesamtbetrag 150,00 EUR nicht übersteigt, und bei Rechnungen an Privatpersonen, muss die Umsatzsteuer **nicht gesondert ausgewiesen** werden.

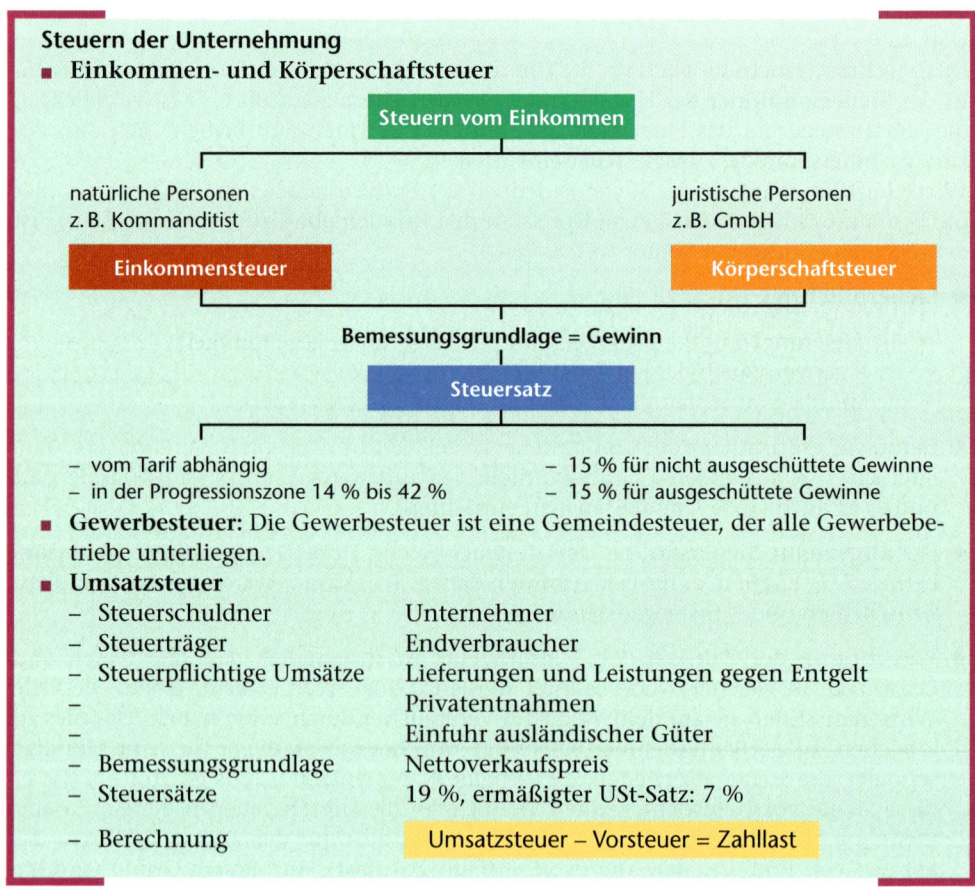

Steuern der Unternehmung

■ **Einkommen- und Körperschaftsteuer**

Steuern vom Einkommen

natürliche Personen
z. B. Kommanditist

Einkommensteuer

juristische Personen
z. B. GmbH

Körperschaftsteuer

Bemessungsgrundlage = Gewinn

Steuersatz

– vom Tarif abhängig
– in der Progressionszone 14 % bis 42 %

– 15 % für nicht ausgeschüttete Gewinne
– 15 % für ausgeschüttete Gewinne

■ **Gewerbesteuer:** Die Gewerbesteuer ist eine Gemeindesteuer, der alle Gewerbebetriebe unterliegen.

■ **Umsatzsteuer**

– Steuerschuldner	Unternehmer
– Steuerträger	Endverbraucher
– Steuerpflichtige Umsätze	Lieferungen und Leistungen gegen Entgelt
–	Privatentnahmen
–	Einfuhr ausländischer Güter
– Bemessungsgrundlage	Nettoverkaufspreis
– Steuersätze	19 %, ermäßigter USt-Satz: 7 %
– Berechnung	Umsatzsteuer – Vorsteuer = Zahllast

1. Helma Friedrich ist Gesellschafterin der Bürodesign GmbH. Am Jahresende will die Bürodesign GmbH einen Gewinn ausschütten. Dieser Gewinn unterliegt in der Gesellschaft der Körperschaftsteuer in Höhe von 15 %. Bei der Gesellschafterin Friedrich unterliegt er als „Einkünfte aus Gewerbebetrieb" der Einkommensteuer. Erläutern Sie, wie die Finanzverwaltung dieser Doppelbesteuerung Rechnung trägt.

2. Erläutern Sie, warum es für einen Gewerbetreibenden sinnvoll sein kann, den Hebesatz der Gewerbesteuer bei der Standortwahl zu berücksichtigen.

3. Welche der nachfolgenden Aussagen sind richtig? Die Gewerbesteuer ist eine
   a) Bundessteuer,   c) Gemeindesteuer,
   b) direkte Steuer,   d) indirekte Steuer.

4. Ein Bürobedarfsgroßhändler kauft ein Fotokopiergerät zum Preis von 5 250,00 EUR zuzüglich Umsatzsteuer. Er verkauft das Gerät zum Preis von 6 300,00 EUR zuzüglich Umsatzsteuer. Ermitteln Sie die Zahllast, die der Großhändler an das Finanzamt abführen muss.

5. Grenzen Sie Bruttogehalt, steuerpflichtiges Gehalt, Nettogehalt und Auszahlungsbetrag gegeneinander ab.

6. Stellen Sie in einem Schaubild eine Kette von Unternehmen dar und erläutern Sie anhand der Beziehungen der Unternehmen Umsatz- und Vorsteuer.

7. Weisen Sie nach, dass die Umsatzsteuer ein durchlaufender Posten ist.

8.2 Versicherungen

8.2.1 Individualversicherungen

Große Aufregung bei einem Nachbarbetrieb der Bürodesign GmbH. Durch einen Kurzschluss ist eine Lagerhalle und ein Teil der Produktionsanlage abgebrannt. „Die armen Angestellten", sagt Renate Becker zu ihrer Kollegin Helga, „bei einem so großen Schaden wird der Betrieb sicher schließen müssen!" „Das glaube ich nicht", antwortet Helga, „das zahlt doch die Feuerversicherung." „Vielleicht den Sachschaden", antwortet Renate, „aber den entgangenen Gewinn während des Produktionsausfalls zahlt keiner."

Arbeitsaufträge
◆ Stellen Sie fest, durch welche Versicherungen sich ein Unternehmen gegen die wirtschaftlichen Folgen eines Feuers oder anderer Schäden absichern kann.
◆ Erläutern Sie die Notwendigkeit einer privaten Rentenversicherung („Riester-Rente").

◆ Jedes unternehmerische Handeln ist mit **Unsicherheiten** behaftet. Bei der Aufnahme eines neuen Artikels in das Produktionsprogramm oder einer Investition sind für den Unternehmer keine oder nur unzureichende Erkenntnisse über den Ausgang des jeweiligen Geschäftes vorhanden. Das Leben mit diesen Unsicherheiten ist **unternehmerischer Alltag**.

◆ Daneben gibt es **Risiken**, deren Eintritt für den Einzelnen zwar ungewiss, für die Gemeinschaft jedoch vorhersehbar ist. Gesundheit und Arbeitskraft des Arbeitnehmers und des Unternehmers, die Güter und das Vermögen sind durch Krankheit, Unfall, Feuer, Diebstahl, Ausfall von Maschinen und Anlagen oder Forderungsausfall bedroht. Gegen die wirtschaftlichen Folgen dieser Risiken kann man sich **versichern**.

◆ **Individualversicherungen** überlassen es der Verantwortung des Einzelnen, sich gegen diese Risiken abzusichern. Die **Sozialversicherungen** (vgl. S. 302) kennen diese Freiwilligkeit nicht. Sie zwingen den Großteil der Arbeitnehmer, sich gegen Alter, Krankheit, Arbeitslosigkeit, Unfall und Pflegebedürftigkeit zu versichern.

◆ **Betriebswirtschaftlich** gesehen sind Versicherungsprämien Kosten, die im Rahmen der Steuern und der Kalkulation berücksichtigt werden. Versicherungen bieten dem Unternehmer Schutz vor finanzieller Not und ermöglichen es ihm, auch bei Eintritt eines Schadensfalles seine Geschäfte fortzuführen.

◆ **Volkswirtschaftlich** gesehen entlasten Versicherungen den Staat von seiner Unterstützungs- und Fürsorgepflicht, ermöglichen die Weiterführung der Unternehmen auch im Schadensfall und verhindern Störungen im Wirtschaftsablauf.

Beispiel Durch ausreichenden Versicherungsschutz kann der Nachbarbetrieb der Bürodesign GmbH nach dem Brand wieder aufgebaut und weitergeführt werden. Wäre keine Versicherung vorhanden gewesen, hätte dies unter Umständen das Ende des Unternehmens bedeutet und die Mitarbeiter wären entlassen worden.

◆ Bei der Frage, ob ein Unternehmer eine Individualversicherung abschließt, muss er folgende Punkte gegeneinander abwägen:

  ◆ der **Risikoumfang**, d.h. der Wert der Vermögensteile und ihr Verhältnis zum Gesamtvermögen

  ◆ die **Schadenswahrscheinlichkeit**, d.h. die Wahrscheinlichkeit, mit der ein bestimmter Schaden eintritt

  ◆ die **Kosten** des Versicherungsschutzes, d.h. die Höhe der Prämie

Bei der folgenden Darstellung der Versicherungen wird nach dem Gegenstand der Versicherung in Personen-, Sach- und Vermögensversicherungen unterschieden.

● Personenversicherungen

Wer nicht sozialversicherungspflichtig ist oder wem der Schutz der Sozialversicherung nicht ausreicht, hat die Möglichkeit, sich gegen die Folgen von Krankheit, Unfall, Arbeitsunfähigkeit, Alter und Tod privat zu versichern.

◆ **Private Krankenversicherung:** Bei Vertragsabschluss ist i. d. R. eine ärztliche Untersuchung erforderlich. Falls Vorerkrankungen vorliegen, kann ein Beitragszuschlag oder ein Leistungsausschluss vorgenommen werden. Die Leistungen sind denen der **gesetzlichen Krankenversicherung** ähnlich (vgl. S. 303 f).

◆ **Private Unfallversicherung:** Die gesetzliche Unfallversicherung (**Berufsgenossenschaft**, vgl. S. 307) tritt nur bei Unfällen am Arbeitsplatz, bei Wegeunfällen und Berufskrankheiten ein. Der Schutz der privaten Unfallversicherung umfasst hingegen alle Unfälle des täglichen Lebens, deckt also das Berufs- und das Freizeitrisiko ab. Die Versicherung kann als Einzelversicherung und als Gruppenversicherung abgeschlossen werden.

◆ **Private Pflegeversicherung:** Privat Krankenversicherte sind verpflichtet, eine private Pflegeversicherung abzuschließen. Die Leistungen umfassen die häusliche und stationäre Pflege und weitere Leistungen.

◆ **Lebensversicherung:** Die Lebensversicherung ist eine der wichtigsten Versicherungen des selbstständigen Kaufmanns, da sie seine Familie gegen den Tod des Ernährers versichert und ihm selbst bei Eintritt des Versicherungsfalls durch Auszahlung der Versicherungssumme oder Zahlung einer Rente Sicherheit gewährt.

◆ **Private Rentenversicherung:** In der gesetzlichen Rentenversicherung werden in Zukunft immer weniger Beitragszahler immer mehr Rentner versorgen müssen. Der **Generationenvertrag** (vgl. S. 302f) ist in Gefahr. Langfristig wird die gesetzliche Altersversorgung für den Einzelnen nicht mehr ausreichen und muss durch private Zusatzversicherungen ergänzt werden. Unter bestimmten Bedingungen werden diese Zusatzversicherungen staatlich gefördert.

● Sachversicherungen

Die Sachversicherung deckt Schäden, die der Versicherungsnehmer durch Verlust oder Beschädigung einer Sache infolge von Feuer, Wasser, Einbruch o. Ä. erleiden kann.
Die Leistungen richten sich nach dem tatsächlich entstandenen Schaden. Der **Versicherungswert**, d. h. der tatsächliche Wert (Zeitwert) oder der Wiederbeschaffungswert (Neuwert), soll der vereinbarten **Versicherungssumme** entsprechen.

◆ **Feuerversicherung:** Sie deckt Schäden, die durch Brand, Blitzschlag oder Explosion verursacht werden. Auch die unmittelbaren Folgeschäden wie Rettungskosten, Schäden durch Löschen, Rauch, Ruß usw. sind abgedeckt. Ein Schwelbrand, bei dem keine Flamme sichtbar wird, ist kein Brand und fällt i. d. R. **nicht** unter den Schutz der Feuerversicherung.

◆ **Leitungswasserversicherung:** Sie deckt Schäden, die „durch den bestimmungswidrigen Austritt von Leitungswasser" verursacht werden.

Beispiel Durch einen Rohrbruch wird das Lager der Bürodesign GmbH unter Wasser gesetzt.

Schäden, die durch Regen-, Grund- oder Hochwasser verursacht sind, fallen **nicht** unter den Schutz der Leitungswasserversicherung.

◆ **Einbruchdiebstahlversicherung:** Sie deckt Schäden, die durch Einbruchdiebstahl verursacht sind. Ein Einbruch liegt vor, wenn ein Dieb in ein Gebäude gewaltsam einbricht, es mit falschen Schlüsseln öffnet oder sich einschließen lässt. **Nicht** versichert ist der Diebstahl durch Angestellte während der Arbeitszeit.

◆ **Schwachstromanlagenversicherung:** Die im Unternehmen vorhandene Hardware kann im Rahmen einer Schwachstromanlagenversicherung (gegebenenfalls in Verbindung mit einer Datenträgerversicherung) gegen Wasser, Feuchtigkeit, Kurzschluss, aber auch Bedienungsfehler versichert werden.

◆ **Transportversicherung:** Frachtführer können ihr Transportrisiko durch diese Versicherung abdecken. Nicht versichert sind Schäden infolge unsachgemäßer Verpackung und solche Schäden, mit denen schon vor dem Transport zu rechnen war.

Bei allen genannten Versicherungen **muss die Versicherungssumme dem Versicherungswert entsprechen**. Ist die Versicherungssumme kleiner als der Versicherungswert, liegt eine **Unterversicherung** vor und Schäden werden nur anteilig ersetzt. Bei einer **Überversicherung** wird nur der tatsächliche Versicherungswert ersetzt.

Beispiel Die Bürodesign GmbH versichert ihr Warenlager im Rahmen einer Einbruchdiebstahlversicherung. Der Wert des Lagers beträgt laut Inventur 198 200,00 EUR, die Versicherungssumme 99 100,00 EUR. Eines Nachts wird bei der Bürodesign GmbH eingebrochen und es werden Waren im Wert von 20 000,00 EUR entwendet. Frau Friedrich ruft ihren Versicherungsvertreter an und dieser macht ihr zu ihrer Überraschung folgende Rechnung auf: Da die Versicherungssumme nur 50 % des Versicherungswertes ausmachte, ist die Bürodesign GmbH zu 50 % unterversichert und bekommt Schäden auch nur zu 50 % vergütet. Die Versicherung zahlt im vorliegenden Fall demnach 10 000,00 EUR.

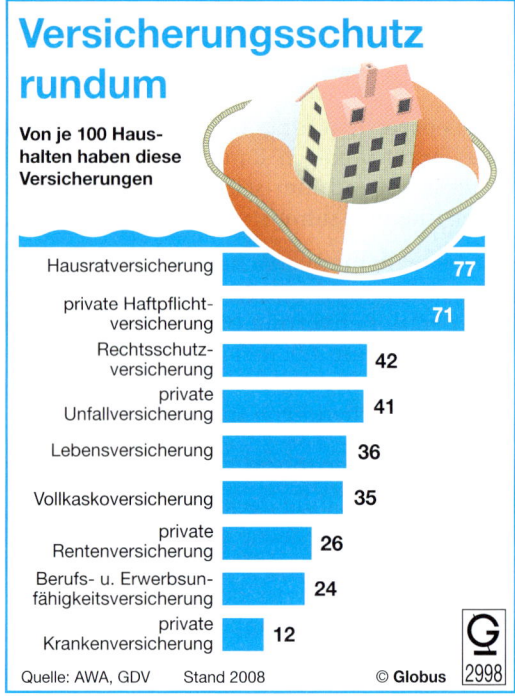

Versicherungsschutz rundum

Von je 100 Haushalten haben diese Versicherungen

Hausratversicherung	77
private Haftpflichtversicherung	71
Rechtsschutzversicherung	42
private Unfallversicherung	41
Lebensversicherung	36
Vollkaskoversicherung	35
private Rentenversicherung	26
Berufs- u. Erwerbsunfähigkeitsversicherung	24
private Krankenversicherung	12

Quelle: AWA, GDV   Stand 2008   © **Globus**   2998

● Vermögensversicherungen

Die Vermögensversicherung deckt Schäden, die der Versicherungsnehmer durch Schadenersatzforderungen Dritter, Forderungsausfall, Betriebsunterbrechung o.Ä. an seinem Vermögen erleiden kann.

◆ Haftpflichtversicherung:

§ 823 Abs. 1 BGB: Wer vorsätzlich oder fahrlässig das Leben, den Körper, die Gesundheit, die Freiheit, das Eigentum oder ein sonstiges Recht eines anderen widerrechtlich verletzt, ist dem anderen zum Ersatz des daraus entstehenden Schadens verpflichtet.

Die Betriebshaftpflichtversicherung deckt alle Schadenersatzansprüche ab, die gegen den Inhaber eines Unternehmens, seine gesetzlichen Vertreter oder sonstige Betriebsangehörige geltend gemacht werden.

Beispiel Ein Kunde rutscht im Winter auf dem Hof der Bürodesign GmbH aus und bricht sich den Arm. Die Bürodesign GmbH ist schadenersatzpflichtig. Den entstandenen Schaden deckt die Betriebshaftpflichtversicherung ab.

◆ **Kreditversicherung:** Die Kreditversicherung deckt Schäden, die durch den Ausfall von Forderungen verursacht werden. Dies kann z. B. bei Verkauf von Waren auf Ziel oder bei Teilzahlungsgeschäften der Fall sein.

◆ **Betriebsunterbrechungsversicherung:** Sie deckt Vermögensschäden, die durch eine Unterbrechung des Geschäftsbetriebes infolge von Brand oder Ausfall von Anlagevermögensgegenständen, z. B. einer Maschine, entstehen. Versichert sind der Gewinnausfall und alle fortlaufenden Kosten, z. B. Löhne und Gehälter.

◆ **Firmen-Rechtsschutzversicherung:** Sie schützt Unternehmer und Angestellte bei rechtlichen Auseinandersetzungen, die sich aus ihrer Berufstätigkeit ergeben. Ersetzt werden z. B. Anwalts- und Gerichtskosten.

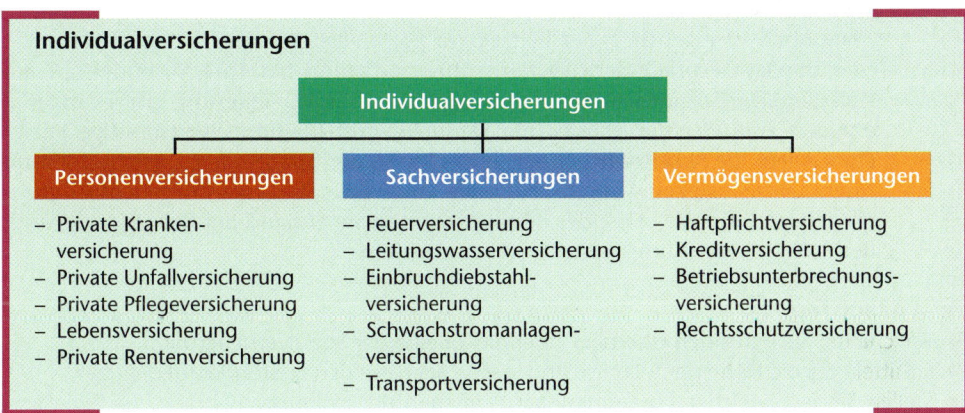

Individualversicherungen

Individualversicherungen

Personenversicherungen	**Sachversicherungen**	**Vermögensversicherungen**
– Private Kranken-versicherung	– Feuerversicherung	– Haftpflichtversicherung
– Private Unfallversicherung	– Leitungswasserversicherung	– Kreditversicherung
– Private Pflegeversicherung	– Einbruchdiebstahl-versicherung	– Betriebsunterbrechungs-versicherung
– Lebensversicherung	– Schwachstromanlagen-versicherung	– Rechtsschutzversicherung
– Private Rentenversicherung	– Transportversicherung	

1. Stellen Sie fest, welcher der unten stehenden Sachverhalte durch eine
   1) Sachversicherung   3) keine dieser Versicherungsarten
   2) Haftpflichtversicherung
   abgesichert werden kann.
   a) Verluste infolge Forderungsausfalls
   b) Leitungswasserschaden infolge eines Rohrbruchs
   c) Wasserschaden infolge eines Hochwassers
   d) Gegen den Unternehmer geltend gemachter Personenschaden infolge eines Unfalls im Geschäft
   e) Kosten eines Kündigungsschutzprozesses
   f) Diebstahl durch eigene Angestellte während der Arbeitszeit.

2. Stellen Sie fest, welche der unten stehenden Versicherungen
   1) Sachversicherungen sind,   2) Vermögensversicherungen sind.
   a) Glasversicherung   e) Einbruchdiebstahlversicherung
   b) Rechtsschutzversicherung   f) Feuerversicherung
   c) Haftpflichtversicherung   g) Kreditversicherung
   d) Betriebsunterbrechungsversicherung

3. Prüfen Sie in den nachfolgenden Fällen, durch welche Versicherung Versicherungsschutz bestehen könnte:
   a) Ein Kunde lässt sich in einem Warenhaus einschließen. Er bricht eine Vitrine auf, entwendet einen Computer und entwischt durch einen Notausgang.
   b) Die Kölner Altstadt wird im Frühjahr durch ein Rhein-Hochwasser überflutet. Im Lager eines Kaufmanns entsteht ein Wasserschaden in Höhe von 150 000,00 EUR.
   c) Aufgrund eines Kurzschlusses nimmt die EDV-Anlage eines Unternehmens Schaden.
   d) Geschäftsführer Stein bricht sich bei einem Squash-Turnier ein Bein.
   e) Ein Kunde stürzt im Eingang des Verkaufsraums der Bürodesgin GmbH über die Fußmatte und verletzt sich.
   f) Ein Großkunde wird zahlungsunfähig und kann die Rechnung über 75 000,00 EUR nicht begleichen.
   g) Der Auszubildende Fritz stößt einen Kistenstapel um, dadurch wird eine Scheibe zertrümmert.

8.2.2 Sozialversicherung

„Wenn die Beiträge zur Sozialversicherung weiter so steigen," sagt Herr Stein zu Frau Friedrich, „wird der Wirtschaftsstandort Deutschland ernsthaft gefährdet." „Wie hoch ist eigentlich der Beitrag zur Sozialversicherung?", fragt Renate Becker, die das Gespräch der Geschäftsführer mitgehört hat, ihre Ausbilderin, Frau Geissler. „Die Sozialversicherung als eigenständige Versicherung gibt es nicht", erwidert Frau Geissler, „sie ist ein Sammelbegriff für fünf eigenständige Versicherungen, die Arbeitnehmer gegen das Risiko der finanziellen Unsicherheit im Alter, Arbeitslosigkeit, Krankheit, Unfall am Arbeitsplatz und Pflegebedürftigkeit versichern. Und die Höhe der Beiträge können Sie anhand der Beitragssätze und der Beitragsbemessungsgrenzen selbst ermitteln!"

Arbeitsaufträge
◆ Verschaffen Sie sich einen Überblick über die Zweige der Sozialversicherung.
◆ Ermitteln Sie die Höhe der Beiträge und stellen Sie diese den Leistungen gegenüber.
◆ Stellen Sie fest, welcher Zusammenhang zwischen der Höhe der Beiträge zur Sozialversicherung und dem „Wirtschaftsstandort Deutschland" besteht.

● Rentenversicherung
◆ Die Rentenversicherung hat im Wesentlichen drei **Aufgaben**:

◆ die Zahlung von Renten im Alter

◆ Erhalt, Verbesserung und Wiederherstellung der Erwerbsfähigkeit der Versicherten

◆ Unterstützung von Hinterbliebenen nach dem Tod der Versicherten

◆ **Träger** der Rentenversicherung ist

◆ die Deutsche Rentenversicherung in Berlin.

◆ **Versicherungspflichtig** sind

◆ alle gegen Entgelt beschäftigten Arbeiter, Angestellten und Auszubildenden

◆ Wehr- und Ersatzdienstleistende, sofern sie zum Beginn ihrer Dienstzeit versicherungspflichtig waren

◆ selbstständige Erwerbstätige, wenn sie einen Antrag auf Mitgliedschaft in der Pflichtversicherung stellen

Freiwillig versichern können sich alle Personen nach Vollendung des 16. Lebensjahres. Sie können die Höhe ihrer Beiträge und damit die Höhe der Versicherungsleistungen selbst bestimmen.

◆ Der **Leistungskatalog** der Rentenversicherung umfasst insbesondere:

◆ **Regelaltersrente**
◆ **Altersrente** vor Vollendung des 65. Lebensjahres[1]
◆ **Rente wegen Berufsunfähigkeit** (Erwerbsminderungsrente)
◆ **Rente wegen Erwerbsunfähigkeit** (Erwerbsminderungsrente)

---

[1] *Zwischen 2012 und 2029 steigt das gesetzliche Renteneintrittsalter von 65 auf 67 Jahre.*

- ◆ **Witwen- und Witwerrente**
- ◆ **Waisenrente**
- ◆ **Erziehungsrente**
- ◆ **Leistungen zur Rehabilitation**

◆ Die **Höhe der Rente** hängt von persönlichen und allgemeinen Daten ab. **Persönliche Daten** sind in erster Linie das Bruttoarbeitsentgelt und die anrechnungsfähigen Versicherungsjahre. Neben den Beitragszeiten werden Ersatzzeiten, Erziehungszeiten und Ausfallzeiten, angerechnet. **Allgemeine Daten** sind die Durchschnittsverdienste aller Versicherten, die die Rentenhöhe des Versicherten beeinflussen. Die einmal festgestellte Rente wird jährlich dem allgemeinen Lohnniveau angepasst (**dynamische Rente**).

◆ Der **Beitrag** zur Rentenversicherung errechnet sich aus dem Beitragssatz und der Höhe des Arbeitsentgelts. Der Beitragssatz wird gesetzlich festgelegt. Er beträgt 2010 19,9 %. Der Beitrag wird von Arbeitgeber und Arbeitnehmer je zur Hälfte getragen. Das Arbeitsentgelt wird bis zur **Beitragsbemessungsgrenze** von 5 500,00 EUR (2010) und in den neuen Bundesländern bis zu 4 650,00 EUR herangezogen.

◆ Die **Sicherheit der Renten** hängt wesentlich von der Entwicklung der Bevölkerung in der Bundesrepublik Deutschland ab, da die Renten von den Beiträgen der jeweils im Erwerbsleben stehenden Generation gezahlt werden (**Generationenvertrag**).

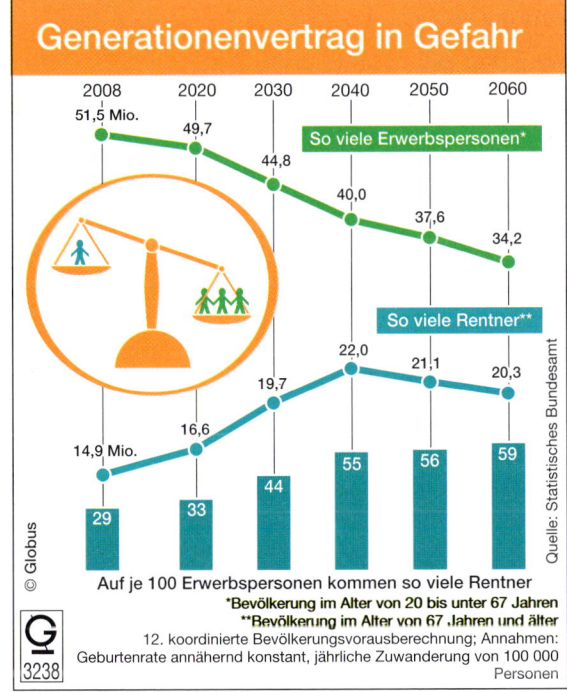

Generationenvertrag in Gefahr

| 2008 | 2020 | 2030 | 2040 | 2050 | 2060 |

So viele Erwerbspersonen*
51,5 Mio. · 49,7 · 44,8 · 40,0 · 37,6 · 34,2

So viele Rentner**
22,0 · 21,1 · 20,3
14,9 Mio. · 16,6 · 19,7

29 · 33 · 44 · 55 · 56 · 59

Auf je 100 Erwerbspersonen kommen so viele Rentner
*Bevölkerung im Alter von 20 bis unter 67 Jahren
**Bevölkerung im Alter von 67 Jahren und älter
12. koordinierte Bevölkerungsvorausberechnung; Annahmen: Geburtenrate annähernd konstant, jährliche Zuwanderung von 100 000 Personen

© Globus
Quelle: Statistisches Bundesamt
3238

● **Krankenversicherung**

◆ **Aufgabe** der Krankenversicherung ist die Übernahme von Risiken, die aufgrund von Krankheiten entstehen.

REWE

◆ **Träger** der gesetzlichen Krankenversicherung sind die Krankenkassen:

- ◆ Die Allgemeinen Ortskrankenkassen AOK, denen alle versicherungspflichtigen Arbeitnehmer angehören, wenn sie nicht in einer Ersatzkasse oder einer anderen Krankenkasse versichert sind

- die Ersatzkassen, z. B. die DAK oder die Barmer Ersatzkasse, in denen man auf Antrag Mitglied werden kann

- die Innungs- und Betriebskrankenkassen

◆ **Versicherungspflichtig** sind

- Arbeiter und Angestellte, wenn ihr regelmäßiges Arbeitsentgelt die Jahresarbeitsentgeltgrenze nicht übersteigt. 2010 beträgt die **Jahresarbeitsentgeltgrenze** 49 950,00 EUR, das sind 4 162,50 EUR monatlich

- Auszubildende unabhängig von der Höhe der Ausbildungsvergütung

- Arbeitslose, wenn sie Leistungen von der Bundesagentur für Arbeit erhalten

- Rentner und Wehr- und Ersatzdienstleistende

◆ Für die **Leistungen** der Krankenversicherung erhält der Versicherte i.d.R. keine Rechnung. Ärzte, Krankenhäuser usw. rechnen mit den Krankenkassen direkt ab, der Versicherte muss lediglich seine **Versicherungskarte** abgeben. Für bestimmte Leistungen müssen Patienten einen Eigenanteil zahlen, z. B. beim Zahnersatz oder beim Krankenhausaufenthalt.
Beispiele aus dem **Leistungskatalog** der Krankenversicherung:

- Untersuchungen zur Früherkennung von Krankheiten

- ärztliche Beratung, Untersuchung und Behandlung

- Arznei- und Verbandmittel, soweit sie verordnungsfähig sind

- Heilmittel, z. B. Massagen, Bäder, Krankengymnastik

- stationäre Behandlung im Krankenhaus einschließlich erforderlicher Operationen, Pflege und Medikamente

- Krankengeld bei Arbeitsunfähigkeit über den Zeitraum der gesetzlichen Lohnfortzahlung von sechs Wochen hinaus

- ambulante und stationäre Kuren zur Vorsorge und Rehabilitation

◆ Der **Beitrag**, den der Versicherte zu zahlen hat, wird durch die Bundesregierung festgelegt. Er beträgt einheitlich 14,9 % (2010). Arbeitgeber und Arbeitnehmer zahlen je die Hälfte (d. h. je 7 %), wobei der Arbeitnehmer zusätzlich einen Sonderbeitrag in Höhe von 0,9 % entrichten muss. Krankenkassen können vom Arbeitnehmer einen Zusatzbeitrag von max. 1 % des Bruttohaushaltseinkommens erheben, wenn die Kosten der Kasse höher als die Einnahmen sind; oder bei Überschüssen Beiträge zurückerstatten.

Die Beiträge der Arbeitgeber und Arbeitnehmer werden an einen **Gesundheitsfonds** gezahlt. Zusätzlich zahlt der Staat einen Zuschuss für gesamtgesellschaftliche Aufgaben. Der Gesundheitsfonds schüttet die Beiträge an die Krankenkassen in Form einer Pauschale pro Versichertem aus. Zusätzlich gibt es einen Ausgleich für Mitglieder, die an bestimmten, kostenintensiven Krankheiten erkrankt sind.

Arbeitslosenversicherung

◆ **Aufgabe** der Arbeitslosenversicherung ist es, im Rahmen der Sozial- und Wirtschaftspolitik der Bundesregierung einen hohen Beschäftigungsstand zu erreichen, zu erhalten und die Auswirkungen der Arbeitslosigkeit für den einzelnen Arbeitnehmer und seine Familie möglichst gering zu halten.

◆ **Träger** der Arbeitslosenversicherung ist die **Bundesagentur für Arbeit** in Nürnberg. Ihr sind die Landesagenturen für Arbeit und die örtlichen Arbeitsagenturen untergeordnet (**Arbeitsverwaltung**).

◆ **Versicherungspflichtig** sind

◆ alle gegen Entgelt beschäftigte Arbeitnehmer
◆ Auszubildende und Wehr- und Ersatzdienstleistende.

◆ **Leistungen** der Arbeitslosenversicherung sind z. B.:

◆ **Förderung der beruflichen Bildung** im Rahmen der Ausbildung, Fortbildung und Umschulung

◆ **Förderung der Arbeitsaufnahme**, z. B. durch Zuschüsse zu den Bewerbungskosten und Fahrtkostenbeihilfen

◆ **Berufliche Rehabilitation für Behinderte**, z. B. durch Ausbildungszuschüsse an Arbeitgeber, die Behinderte einstellen

◆ **Leistungen zur Erhaltung und Schaffung von Arbeitsplätzen**, z. B. Kurzarbeitergeld bei vorübergehendem Arbeitsmangel

◆ **Leistungen an Arbeitslose**
  – **Arbeitslosengeld I:** Voraussetzung für die Gewährung von Arbeitslosengeld I ist, dass der Arbeitslose
    • der Arbeitsvermittlung zur Verfügung steht,
    • die Anwartschaftszeit erfüllt hat, d. h. in den letzten drei Jahren 240 Kalendertage beitragspflichtig beschäftigt war,
    • sich bei der Agentur für Arbeit arbeitslos meldet und Arbeitslosengeld I beantragt hat.

  – Die Höhe des Arbeitslosengeldes I beträgt für Arbeitslose mit Kind 67 % und für alle übrigen 60 % des durchschnittlichen Nettoverdienstes der letzten zwölf Monate. Die Dauer der Zahlung hängt von der Dauer der vorhergehenden versicherungspflichtigen Tätigkeit ab.
    Beispiel Der kaufmännische Angestellte Zeller wird arbeitslos. Sein monatlicher Nettoverdienst in den letzten sechs Monaten betrug 2 500,00 EUR. Da Zeller allein erziehender Vater eines Sohnes ist, erhält er 67 %, d. h. 1 675,00 EUR Arbeitslosengeld.

  – **Arbeitslosengeld II** kann nach Auslaufen des Arbeitslosengeldes I gezahlt werden. Für die Gewährung von Arbeitslosengeld II muss der Antragsteller seine Bedürftigkeit nachweisen, d. h., dass andere Einkünfte oder Unterhaltsansprüche angerechnet werden. Die Höhe des Arbeitslosengeldes II orientiert sich an den Regelsätzen der Sozialhilfe.
    Beispiel Auch nach einem Jahr hat Herr Zeller immer noch keine Arbeit gefunden. Nachdem seine Bedürftigkeit geprüft wurde, wird festgestellt, dass ihm 490,00 EUR Arbeitslosengeld II zustehen.

  – **Insolvenzgeld** wird auf Antrag für rückständige Arbeitsentgelte und Sozialversicherungsbeiträge für die letzten drei Monate vor dem Insolvenzverfahren (vgl. S. 387 ff.) des Arbeitgebers gewährt.
  – **Berufsberatung** für Schulabgänger und Arbeitslose
  – **Arbeitsvermittlung und Arbeitsberatung**

◆ Der **Beitrag** zur Arbeitslosenversicherung errechnet sich aus dem Beitragssatz und dem Arbeitsentgelt. Der Beitragssatz beträgt 2,8 % (2010). Der Beitrag wird von Arbeitgebern und Arbeitnehmern je zur Hälfte getragen. Das Arbeitsentgelt wird bis zur Höhe der Beitragsbemessungsgrenze von 5 500,00 EUR (neue Bundesländer 4 650,00 EUR) herangezogen.

REWE ● **Pflegeversicherung**

◆ Die Bevölkerungsentwicklung zeigt, dass die Lebenserwartung und damit der Anteil der älteren Mitbürgerinnen und Mitbürger ständig zunimmt. Veränderungen in den Lebensbedingungen und familiären Beziehungen führen zu einer Zunahme der Kleinfamilien und Einpersonenhaushalte. Durch diese Entwicklung wird die häusliche Pflege von Pflegebedürftigen erschwert.

◆ **Aufgabe** der Pflegeversicherung ist die soziale Absicherung des Risikos der Pflegebedürftigkeit.

◆ **Träger** der sozialen Pflegeversicherung sind die Pflegekassen, die bei den gesetzlichen Krankenkassen eingerichtet werden.

◆ **Versicherungspflichtig** sind alle pflichtversicherten und freiwillig versicherten Mitglieder der gesetzlichen Krankenkassen. Privat Krankenversicherte sind verpflichtet, eine private Pflegeversicherung abzuschließen.

◆ Die **Leistungen** der Pflegeversicherung richten sich nach der **Pflegestufe**, in die der Versicherte eingestuft wird, und nach der **Art der erforderlichen Pflege**. Zu den Leistungen zählen häusliche und stationäre Pflege, Pflegegeld, Sachleistungen.

Beispiel **Pflegestufe I:** erhebliche Pflegebedürftigkeit, **Pflegestufe II:** Schwerpflegebedürftige, **Pflegestufe III:** Schwerstpflegebedürftige

◆ Der **Beitrag** zur Pflegeversicherung beträgt 1,95 %. Arbeitgeber und Arbeitnehmer tragen den Beitrag je zur Hälfte, wenn der Beschäftigungsort in einem Bundesland liegt, das einen Feiertag abgeschafft hat, der stets auf einen Werktag fällt. Hat das Bundesland keinen Feiertag zur Finanzierung der Pflegeversicherung abgeschafft, tragen die Arbeitnehmer den Beitrag allein.
Kinderlose zahlen ab dem 23. Lebensjahr bis 64. Lebensjahr einen um 0,25 % höheren Beitrag.

◆ Als **Beitragsbemessungsgrenze** dient der der Krankenversicherung in Höhe von 3 750,00 EUR zugrunde gelegte Betrag.

● **Unfallversicherung**

REWE ◆ **Aufgabe** der gesetzlichen Unfallversicherung ist es, den Arbeitnehmer gegen gesundheitliche Risiken zu versichern, die infolge seiner beruflichen Tätigkeit entstehen.

Hierzu zählen:
- Arbeitsunfälle
- Unfälle auf dem direkten Weg zum Arbeitsplatz und vom Arbeitsplatz nach Hause (Wegeunfälle)
- Unfälle auf dem direkten Weg von und zu schulischen Einrichtungen
- Berufskrankheiten
- Unfälle beim Betriebssport und in der Berufsschule

Darüber hinaus hat die gesetzliche Unfallversicherung die Aufgabe, Arbeitsunfälle zu verhüten und eine wirksame erste Hilfe in den Betrieben sicherzustellen.

Beispiel In der Schreinerei der Bürodesign GmbH wird eine neue Entlüftung eingebaut, die verhindert, dass Staub in die Luft freigesetzt wird. Ein Mitarbeiter der Berufsgenossenschaft prüft die Staubkonzentration und stellt fest, dass jetzt auch ohne Feinstaubmaske gearbeitet werden darf.

- **Träger** der gesetzlichen Unfallversicherung sind die **Berufsgenossenschaften**, in denen die Unternehmen eines Gewerbezweiges zwangsweise zusammengeschlossen sind.

- **Versicherungspflichtig** sind:

  - alle Arbeiter, Angestellten, Auszubildenden oder Aushilfen, die ständig oder auch nur vorübergehend im Unternehmen beschäftigt sind

  - der Unternehmer, mitarbeitende Ehegatten oder andere mitarbeitende Familienangehörige.

Die Höhe des Einkommens hat auf die Versicherungspflicht keinen Einfluss.

- **Leistungen** der Berufsgenossenschaft sind

  - **Heilbehandlung** in Form von ärztlicher Behandlung, Krankenhauspflege, Arzneimittel, Heil- und Hilfsmittel

  - **Berufshilfe** in Form berufsfördernder Leistungen zur Wiedereingliederung in den alten (Rehabilitation) oder Umschulung in einen neuen Beruf

  - **Verletztengeld** wird vom Tag an gewährt, an dem die Arbeitsunfähigkeit ärztlich festgestellt wird. Es beträgt i.d.R. 80 % des regelmäßig erzielten Entgelts,

  - **Übergangsgeld** während der beruflichen Rehabilitation.

  - **Verletztenrente** bei Minderung der Erwerbsfähigkeit von mindestens 20 %

  - **Sterbegeld**

  - **Hinterbliebenenrente** für Witwen und Witwer oder Waisen

Neben den Leistungen nach Arbeitsunfällen oder Berufskrankheiten übernimmt die Berufsgenossenschaft wichtige Aufgaben bei der **Unfallverhütung**. Sie erlässt Unfallverhütungsvorschriften, führt Betriebsbesichtigungen durch, bei der Unternehmer auf Sicherheitsmängel hingewiesen werden, ermittelt Unfallursachen, um zukünftige Unfälle zu verhindern, stellt kostenlos Sicherheitsfachleute zur Verfügung, bildet Fachkräfte für Arbeitssicherheit aus und führt Lehrgänge in erster Hilfe durch.

- Die Leistungen der Berufsgenossenschaft werden durch **Beiträge** finanziert, die **ausschließlich vom Arbeitgeber** aufgebracht werden (Fürsorgepflicht). Ihre Höhe richtet sich nach dem Beitragssatz der jeweiligen Berufsgenossenschaft, dem jährlichen Entgelt aller Versicherten des Unternehmens (Jahreslohnsumme), der Gefahrenklasse, in der der Betrieb oder die Abteilung eingestuft ist, und der Anzahl der gemeldeten Unfälle des Betriebes.

Sozialversicherung

Rentenversicherung

Aufgabe	– Zahlung von Renten im Alter – Erhalt, Verbesserung und Wiederherstellung der Erwerbsfähigkeit – Renten für Hinterbliebene
Träger	– Deutsche Rentenversicherung
Versicherungspflicht	– alle gegen Entgelt beschäftigten Arbeiter, Angestellte, Auszubildende – Wehr- und Ersatzdienstleistende – Selbstständige auf Antrag
Leistungen	– Altersruhegeld – Erwerbsminderungsrente – Maßnahmen der Rehabilitation
Beitrag	– 19,9 % (2010) – Arbeitgeber und Arbeitnehmer zahlen je die Hälfte
Beitragsbemessungs-grenze	– 5 500,00 EUR (neue Bundesländer 4 650,00 EUR monatlich [2010])

Krankenversicherung

Aufgabe	– Übernahme von Risiken, die aufgrund von Krankheiten entstehen
Träger	– AOK, Ersatzkassen, Betriebs- und Innungskrankenkassen
Versicherungspflicht	– Arbeiter und Angestellte, wenn ihr regelmäßiges Arbeitsentgelt die Jahresarbeitsentgeltgrenze nicht übersteigt (2010: 49 950,00 EUR) – Auszubildende, Arbeitslose, wenn sie Leistungen von der Bundesagentur für Arbeit beziehen, Rentner
Leistungen	– Vorsorgeuntersuchungen – ärztliche und zahnärztliche Beratung, Untersuchung und Behandlung – verordnungsfähige Arznei- und Verbandmittel – Heil- und Hilfsmittel – Krankenhausbehandlung – Krankengeld ab der 7. Woche 70 % des Bruttoentgelts
Beitrag	– 14,9 % (2010), wird von der Bundesregierung festgelegt, Arbeitgeber 7,0 %, Arbeitnehmer 7,9 % inkl. 0,9 % Sonderbeitrag (2010) für Zahnersatz und Krankengeld – Krankenkassen können vom Arbeitnehmer einen Zusatzbeitrag von max. 1 % des Bruttohaushaltseinkommens erheben, wenn die Kosten der Kasse höher als die Einnahmen sind, oder bei Überschüssen Beiträge zurückerstatten
Beitragsbemessungs-grenze	– 3 750,00 EUR monatlich (2010)

Arbeitslosenversicherung

Aufgabe	– Erreichung und Erhalt eines hohen Beschäftigungsstandes – Hilfe bei Arbeitslosigkeit
Träger	– Bundesagentur für Arbeit, Nürnberg

Versicherungspflicht	– alle gegen Entgelt beschäftigten Arbeitnehmer, Auszubildende, Wehr- und Ersatzdienstleistende
Leistungen	– Förderung der beruflichen Bildung durch Ausbildung, Fortbildung, Umschulung – Förderung der Arbeitsaufnahme – berufliche Rehabilitation – Kurzarbeitergeld – Arbeitslosengeld II (60 % [ohne Kind], 67 % [mit Kind] des durchschnittlichen Nettoentgelts) und Arbeitslosengeld II (abhängig von Regelsätzen der Sozialhilfe) – Berufsberatung und Arbeitsvermittlung
Beitrag	– 2,8 % (2010) – Arbeitgeber und Arbeitnehmer zahlen je die Hälfte
Beitragsbemessungsgrenze	– 5 500,00 EUR (neue Bundesländer 4 650,00 EUR monatlich, 2010)

Pflegeversicherung

Aufgabe	– Soziale Absicherung des Risikos der Pflegebedürftigkeit
Träger	– Pflegekassen bei den gesetzlichen Krankenkassen
Versicherungspflicht	– alle pflichtversicherten und freiwillig versicherten Mitglieder der gesetzlichen Krankenkassen – privat Versicherte müssen eine private Pflegeversicherung abschließen
Leistungen	– nach Pflegestufen gestaffelt: häusliche und stationäre Pflege, Pflegegeld, Sachleistungen
Beitrag	– 1,95 % – Arbeitgeber und Arbeitnehmer zahlen je die Hälfte, wenn das Bundesland zur Finanzierung der Pflegeversicherung einen Feiertag abgeschafft hat, Kinderlose zahlen 0,25 % mehr.
Beitragsbemessungsgrenze	– 3 750,00 EUR monatlich (2010)

Unfallversicherung

Aufgabe	– Übernahme von Risiken, die aufgrund von Arbeitsunfällen, Wegeunfällen oder Berufskrankheiten entstehen – Erlass und Überwachung von Unfallverhütungsvorschriften
Träger	– Berufsgenossenschaften
Versicherungspflicht	– alle Beschäftigten
Leistungen	– Heilbehandlung nach einem Unfall – Maßnahmen der Rehabilitation – Übergangsgeld während der Rehabilitation – Verletztenrente und Hinterbliebenenrente – Berufsberatung und Arbeitsvermittlung
Beitrag	– Beitragshöhe ist abhängig von der Gefahrenklasse – Arbeitgeber zahlt allein

1. Erläutern Sie, wer in der Rentenversicherung pflichtversichert ist.

2. Abteilungsleiter Bodo Stam, 31 Jahre alt, verheiratet, zwei Kinder, verdient 4 601,00 EUR monatlich. Er möchte aus der gesetzlichen Rentenversicherung austreten und eine private Lebensversicherung abschließen.
   a) Begründen Sie, ob dies zulässig ist.
   b) Wie hoch ist der Beitrag, den Herr Stam monatlich an die Rentenversicherung zahlen muss?
   c) Berechnen Sie die Beiträge zur Sozialversicherung, die Herr Stam insgesamt zahlen muss.

3. Erläutern Sie, wer in der gesetzlichen Krankenversicherung pflichtversichert ist.

4. Prokurist Müller hat ein Jahreseinkommen von 62 700,00 EUR. Der Beitrag zur Krankenversicherung beträgt 14,9 %.
   a) Begründen Sie, ob er die gesetzliche Krankenversicherung verlassen kann.
   b) Errechnen Sie, wie hoch Müllers Monatsbeitrag ist, falls er sich entschließt, in der gesetzlichen Krankenversicherung zu verbleiben.

5. Erläutern Sie sieben Leistungen der Arbeitslosenversicherung.

6. Margret Müller ist arbeitslos geworden. Nach zwölf Jahren Betriebszugehörigkeit hat man ihr gekündigt. Sie ist ledig und hat eine 15-jährige Tochter. In den letzten Monaten hatte sie ein Durchschnittsgehalt von 1 400,00 EUR monatlich. Berechnen Sie das Margret Müller zustehende Arbeitslosengeld.

7. Frau Weber, Ehefrau des Inhabers eines Möbelfachgeschäftes, arbeitet am Donnerstag und am Samstag im Betrieb mit. Begründen Sie, ob Frau Weber gegen Unfälle im Rahmen der gesetzlichen Unfallversicherung versichert ist.

8. Ein Kunde verletzt sich im Verkaufsstudio der Bürodesign GmbH. Begründen Sie, ob die gesetzliche Unfallversicherung für den Schaden aufkommen muss.

9. Diskutieren Sie die Notwendigkeit der sozialen Pflegeversicherung.

Wiederholung: Steuern und Versicherungen

Übungsaufgaben

1. Erläutern Sie den Unterschied zwischen
   a) Regelaltersrente,
   b) Erwerbsminderungsrente.

2. Beschaffen Sie sich Informationsmaterial der gesetzlichen Krankenversicherungen. Ermitteln Sie Unterschiede bei den Beiträgen und Leistungen und stellen Sie diese in der Klasse vor.

3. Im Jahr 2040 wird **ein** Arbeitnehmer mit seinen Beiträgen die Rente eines Rentners finanzieren müssen.
   a) Diskutieren Sie die mit dieser Entwicklung verbundenen Probleme.
   b) Erarbeiten Sie Lösungsvorschläge.

4. Nennen Sie sieben Leistungen der gesetzlichen Krankenversicherung.

5. Erläutern Sie, welche Aufgaben die Berufsgenossenschaft im Rahmen der Unfallverhütung wahrnimmt.

6.

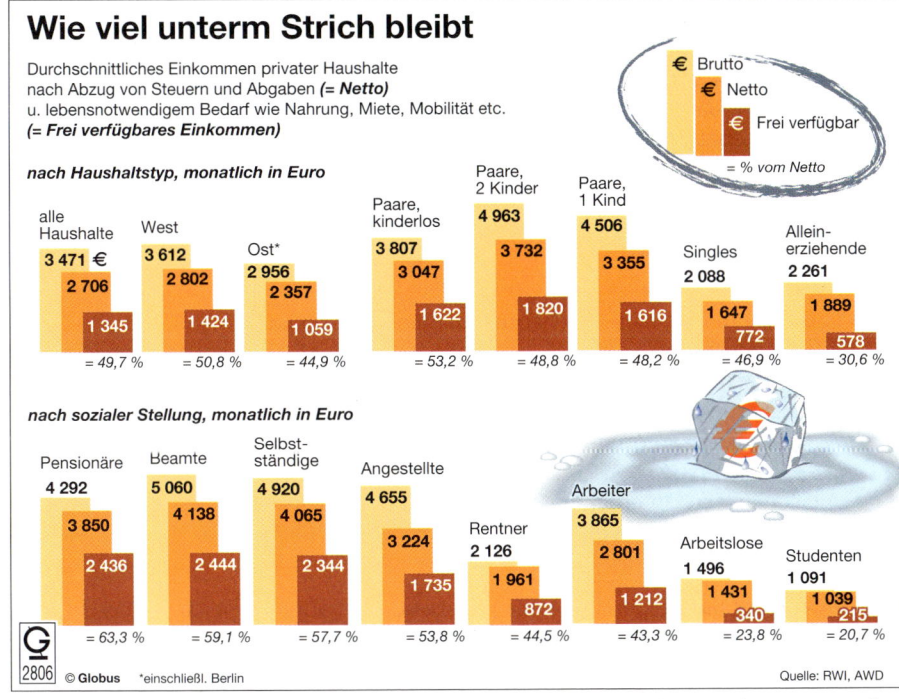

Wie viel unterm Strich bleibt

Durchschnittliches Einkommen privater Haushalte
nach Abzug von Steuern und Abgaben *(= Netto)*
u. lebensnotwendigem Bedarf wie Nahrung, Miete, Mobilität etc.
(= Frei verfügbares Einkommen)

€ Brutto
€ Netto
€ Frei verfügbar
= % vom Netto

nach Haushaltstyp, monatlich in Euro

	alle Haushalte	West	Ost*	Paare, kinderlos	Paare, 2 Kinder	Paare, 1 Kind	Singles	Allein-erziehende
Brutto	3 471 €	3 612	2 956	3 807	4 963	4 506	2 088	2 261
Netto	2 706	2 802	2 357	3 047	3 732	3 355	1 647	1 889
Frei verfügbar	1 345	1 424	1 059	1 622	1 820	1 616	772	578
	= 49,7 %	= 50,8 %	= 44,9 %	= 53,2 %	= 48,8 %	= 48,2 %	= 46,9 %	= 30,6 %

nach sozialer Stellung, monatlich in Euro

	Pensionäre	Beamte	Selbst-ständige	Angestellte	Rentner	Arbeiter	Arbeitslose	Studenten
Brutto	4 292	5 060	4 920	4 655	2 126	3 865	1 496	1 091
Netto	3 850	4 138	4 065	3 224	1 961	2 801	1 431	1 039
Frei verfügbar	2 436	2 444	2 344	1 735	872	1 212	340	215
	= 63,3 %	= 59,1 %	= 57,7 %	= 53,8 %	= 44,5 %	= 43,3 %	= 23,8 %	= 20,7 %

G
2806 © Globus   *einschließl. Berlin   Quelle: RWI, AWD

a) Ermitteln Sie das durchschnittliche Monatseinkommen für Selbstständige, Angestellte, Beamte, Rentner und Arbeiter. Stellen Sie für jede der Beschäftigtengruppen einen beispielhaften Haushaltsplan mit Ausgaben für Miete, Lebensmittel, Versicherungen usw. auf.

b) Versuchen Sie, die Ausgaben auf 67 % bei der Zahlung von Arbeitslosengeld I zu kürzen.

c) Kürzen Sie die Ausgaben auf 40 % bei der Zahlung von Arbeitslosengeld II.

7. Bearbeiten Sie folgenden Geschäftsfall aus der Personalabteilung:
Eine Mitarbeiterin der Bürodesign GmbH erhält ein Bruttogehalt von 2 400,00 EUR. Bei der Gehaltsabrechnung sind folgende Daten zu berücksichtigen:

Alter	25 Jahre
Familienstand	ledig, keine Kinder
Konfession	evangelisch
Rentenversicherung	19,9 %
Arbeitslosenversicherung	2,8 %
Krankenversicherung (Arbeitnehmeranteil 7,9 %)	14,9 %
Pflegeversicherung	1,95 %
Arbeitgeberzulage zur vermögenswirksamen Leistung (steuer- und sozialversicherungspflichtig)	14,00 EUR
Vermögenswirksame Leistungen (Sparrate)	40,00 EUR

Ermitteln Sie anhand des Auszuges aus der Monatslohnsteuertabelle auf S. 290.

a) die Lohnsteuer des Arbeitnehmers,
b) den Solidaritätszuschlag,
c) die Kirchensteuer (9 %),
d) den Arbeitnehmeranteil zur Sozialversicherung,
e) den auszuzahlenden Betrag.

8. Die Auto-Meyer GmbH hat ihren Wagenpark mit 250 000,00 EUR gegen Einbruchdieb-
    stahl versichert. Eines Nachts wird bei der GmbH eingebrochen und ein fabrikneuer
    Pkw im Wert von 56 000,00 EUR entwendet. Im Zuge der Schadensregulierung wird
    festgestellt, dass der Wert des Wagenparks 375 000,00 EUR betrug. Ermitteln Sie den
    Erstattungsbetrag durch die Versicherung.

Prüfungsaufgaben

1. Stellen Sie fest, ob unten stehende Schadensfälle von einer
    1) Sachversicherung   3) keiner der Versicherungen
    2) Haftpflichtversicherung
    abgesichert werden kann.
    a) Schäden, die aufgrund einer Unterbrechung des Geschäftsbetriebes entstehen
    b) Verluste infolge von Zahlungsunfähigkeit eines Kunden
    c) Gegen einen Unternehmer von einem Kunden geltend gemachter Personenschaden
       infolge eines Unfalls im Verkaufsraum
    d) Verluste durch Fehlinvestitionen in eine neue Filiale

2. Welche der nachfolgenden Aussagen über die Schadensbegleichung bei der Sachversi-
    cherung ist zutreffend?
    1) Im Falle einer Unterversicherung von 70 % werden Schäden nur zu 30 % ersetzt.
    2) Im Falle der Überversicherung von 130 % werden Schäden zu 130 % ersetzt.
    3) Im Falle der Unterversicherung von 70 % werden Schäden nur zu 70 % ersetzt.

3. Vervollständigen Sie die unten stehenden Sätze durch Einsetzen der folgenden Begriffe
    zu richtigen Aussagen.
    Begriffe:
    1) Einkommensteuer   3) Umsatzsteuer
    2) Gewerbesteuer   4) Körperschaftsteuer
    a) Die Einnahmen aus der … stehen den Gemeinden zu.
    b) Die … stellt für den Unternehmer einen durchlaufenden Posten dar.
    c) Die … ist die Einkommensteuer der juristischen Person.
    d) Zahlt der Unternehmer die … durch Überweisung von seinem betrieblichen Bankkon-
       to, so lautet der Buchungssatz ‚3001 an 2800'.
    e) Die … ist in jedem Fall als Kosten buchhalterisch zu erfassen

4. Welche der nachfolgenden Aussagen über die Steuern der Unternehmung sind richtig?
    1) Eine Erhöhung der Umsatzsteuer führt in jedem Fall zu einer Kostensteigerung beim
       Unternehmer.
    2) Der Unternehmer zieht von der einbehaltenen Umsatzsteuer die gezahlte Vorsteuer
       ab. Nur die Differenz muss er als Zahllast an das Finanzamt abführen.
    3) Da der Einzelhandelsbetrieb kein Produktionsbetrieb ist, ist er von der Gewerbesteuer
       befreit.

5. In welche Steuerklasse werden die nachfolgenden Personen eingestuft?
    1) Abteilungsleiter, allein erziehend, ein Kind
    2) Sekretärin, ledig, keine Kinder
    3) Abteilungsleiterin, verheiratet, der Ehegatte ist in Steuerklasse III eingestuft
    4) Kaufmännische Angestellte, verheiratet, der Ehegatte ist in Steuerklasse IV eingestuft
    5) Abteilungsleiter, verheiratet, der Ehegatte bezieht keinen Arbeitslohn

6. Welche Steuerart gehört zu den indirekten Steuern?
   1) Einkommensteuer   3) Mineralölsteuer   5) Gewerbesteuer
   2) Grundsteuer   4) Kfz-Steuer

7. Bei welcher der nachfolgenden Ausgaben handelt es sich um Werbungskosten?
   1) Kosten einer Fortbildung im ausgeübten Beruf
   2) Fahrtkosten zur Arbeitsstelle
   3) Kauf eines Sakkos, das i. d. R. im Betrieb getragen wird
   4) Sozialversicherungsbeiträge
   5) Spende an Greenpeace
   6) Gewerkschaftsbeitrag

8. Vervollständigen Sie die unten stehenden Satzteile durch Einsetzen der folgenden Begriffe zu richtigen Aussagen über die Lohn- bzw. Gehaltsabrechnung:
   1) Steuerfreibetrag
   2) Arbeitnehmersparzulage
   3) Arbeitgeberanteil zu vermögenswirksamen Leistungen
   4) Lohnsteuer
   5) Kirchensteuer
   6) Sozialversicherungsbeitrag

   Der/die
   a) … ist die Berechnungsgrundlage für die Ermittlung der Kirchensteuer.
   b) … erhöht das sozialversicherungspflichtige Bruttogehalt.
   c) … wird vom zuständigen Finanzamt auf der Lohnsteuerkarte eingetragen.
   d) … wird im Abzugsverfahren erhoben.
   e) … ist eine direkte Steuer.

9. Was versteht man unter „dynamischer Rente"?
   1) Die Anpassung der Renten an die Inflationsrate.
   2) Die jährliche Erhöhung der Renten in Abhängigkeit vom Lebensalter der Rentner.
   3) Die Anpassung der Renten an die Einnahmen der Rentenversicherungsträger.
   4) Die Anpassung der Renten an die Einkommensentwicklung der Arbeiter und Angestellten.

10. Welche Aussage zur Umsatzsteuer ist richtig?
    a) Die Umsatzsteuer ist eine Bundessteuer, weil sie ausschließlich dem Bund zufließt.
    b) Die Umsatzsteuer ist eine Betriebssteuer, weil sie als Betriebsausgabe den Gewinn mindert.
    c) Die Umsatzsteuer ist eine Gemeindesteuer, weil das Steueraufkommen den Gemeinden zufließt.
    d) Die Umsatzsteuer ist eine direkte Steuer, weil der Steuerzahler zugleich der Steuerträger ist.

11. Sie sind mit der Abführung der Sozialversicherungsbeiträge beauftragt worden. An wen muss der Arbeitgeber die Sozialversicherungsbeiträge mit Ausnahme der Unfallversicherung abführen?
    a) immer an die Allgemeine Ortskrankenkasse
    b) jeweils an die zuständige Krankenkasse
    c) an die Landesversicherungsanstalt
    d) an die Bundesversicherungsanstalt
    e) an die Gemeindekasse

9 Rechtsformen der Unternehmung

9.1 Kaufmann, Firma, Handelsregister

9.1.1 Kaufmannseigenschaften

Jan, ein ehemaliger Freund von Renate Becker, hat die Ausbildung als Kaufmann für Bürokommunikation aufgegeben, um Fotograf zu werden. Leider hat auch das nicht geklappt, aber nach einigem Hin und Her hat Jan es jetzt geschafft. Er verkauft als selbstständiger Kaufmann Fotopapiere und Chemikalien an Fotolabors. Eine neue Freundin hat er auch. Und dann kommt plötzlich diese Karte:

Ihre Verlobung geben bekannt:

Anna Weber		Jan Wolf
Steuerfachangestellte		Kaufmann

Die Verlobungsfeier findet statt am 2. Mai . .
um 15:00 Uhr im Schützenhaus,
Sudeweg 15, 26607 Aurich

Renate ist sauer! Von wegen Kaufmann, der hat doch die Ausbildung abgebrochen. Wenn alles gut geht, wird sie in einem Jahr Bürokauffrau sein. In der Mittagspause erzählt sie Herrn Kaya, ihrem Abteilungsleiter, von der Sache. Aber der weiß es natürlich wie immer besser! „Sie sind doch nur eifersüchtig. Und wer Kaufmann ist, regelt das HGB!"

Arbeitsaufträge
◆ Stellen Sie fest, ob Jan Kaufmann im Sinne des HGB ist.
◆ Erläutern Sie die unterschiedlichen Kaufmannseigenschaften.

● Gewerbetreibende nach §1 HGB (Istkaufmann)

Umgangssprachlich bezeichnet man die Menschen als Kaufleute, die eine entsprechende Ausbildung abgeschlossen haben.

Beispiele Bürokaufmann/-kauffrau, Kaufmann/Kauffrau für Bürokommunikation, Diplom-Kauffrau

Wer im juristischen Sinne Kaufmann ist, regelt das HGB.

> **§ 1 Abs. 1 HGB:** Kaufmann im Sinne dieses Gesetzbuches ist, wer ein Handelsgewerbe betreibt.

Ein Handelsgewerbe ist jede auf Dauer angelegte und auf Gewinnerzielung ausgerichtete selbstständige Tätigkeit, die einen in **kaufmännischer Weise eingerichteten Geschäftsbetrieb** erfordert. Eine kaufmännische Einrichtung muss dabei nicht tatsächlich vorhanden, sondern grundsätzlich nur erforderlich sein.

Handelsgewerbe ist nach § 1 Abs. 2 HGB jedes gewerbliche Unternehmen, das einen in kaufmännischer Weise eingerichteten Gewerbebetrieb erfordert, und zwar ohne Rücksicht auf die Eintragung ins Handelsregister. Das Vorliegen eines Handelsgewerbes ist somit unabhängig von der Eintragung in das Handelsregister. Grundvoraussetzung für die Kaufmannseigenschaft ist das Vorhandensein eines Gewerbebetriebes. In Deutschland herrscht lt. Gewerbordnung der Grundsatz der Gewerbefreiheit (§ 1 GewO).

> **§ 1 Abs. 2 HGB:** Handelsgewerbe ist jeder Gewerbebetrieb, es sei denn, dass das Unternehmen nach Art oder Umfang einen in kaufmännischer Weise eingerichteten Geschäftsbetrieb nicht erfordert.

Es besteht die **Pflicht zur deklaratorischen Eintragung** ins Handelsregister. Versäumt ein Gewerbetreibender die Eintragung ins Handelsregister, kann er durch Ordnungsmaßnahmen dazu gezwungen werden.
Der Gewerbetreibende trägt die Beweislast, dass sein Unternehmen nicht kaufmännisch ist, d. h., es wird von der Vermutung ausgegangen, dass bei Vorliegen eines Gewerbes ein Handelsgewerbe und damit Kaufmannsstatus vorliegt.

Wissenschaftliche und künstlerische Tätigkeiten, die als freie Berufe ausgeübt werden können, sind eintragungsunfähig, diese Personen gelten somit als **Nichtkaufleute**. Ebenfalls sind die sonstigen freien Berufe (z. B. Ärzte, Rechtsanwälte, Steuerberater) von der Regelung des § 1 HGB ausgenommen, auch sie sind keine Kaufleute.

Ein Nichtkaufmann ist nicht berechtigt, eine Firma zu führen, er kann aber sein Kleingewerbe mit einer Geschäftsbezeichnung benennen, sofern die Bezeichnung nicht den Anschein eines kaufmännischen Gewerbes erzeugt.

Beispiel Thomas Klein betreibt in Duisburg einen Imbissstand. Er führt hierfür die Geschäftsbezeichnung „Speiserestaurant Klein". Diese Geschäftsbezeichnung ist nicht zulässig. Zulässig wäre die Bezeichnung „Speisekajüte Klein" oder „Grillhütte Klein".

Ist die Firma eines Gewerbetreibenden im Handelsregister eingetragen, ohne dass der Gewerbetreibende die Voraussetzungen für die Eintragung erfüllt, so ist der Gewerbetreibende ein sogenannter **Scheinkaufmann**. Es kann gegenüber demjenigen, der sich auf die Eintragung beruft, nicht geltend gemacht werden, dass das unter der Firma betriebene Gewerbe überhaupt kein Handelsgewerbe sei.

> **§ 5 HGB:** Ist eine Firma im Handelsregister eingetragen, so kann gegenüber demjenigen, welcher sich auf die Eintragung beruft, nicht geltend gemacht werden, dass das unter der Firma betriebene Gewerbe kein Handelsgewerbe sei.

Jeder Gewerbetreibende ist ohne Rücksicht auf die Branche Kaufmann.

Kaufmann nach § 1 HGB: Jedes gewerbliche Unternehmen, dessen Betrieb nach Art und Umfang eine kaufmännische Organisation erfordert, ist ein Handelsgewerbe.

Beispiel Eine kaufmännische Organisation ist erforderlich, wenn eine der folgenden Größen in einem Geschäftsjahr überschritten wird:
– 50 000,00 EUR Gewinn
– 500 000,00 EUR Umsatz

Für den Kaufmann gilt das HGB **in vollem Umfang**. Er

◆ muss Handelsbücher führen
◆ muss sich in das **Handelsregister** eintragen lassen (vgl. S. 321 f)
◆ führt eine **Firma** (vgl. S. 318 f)
◆ darf Prokura erteilen
◆ kann Personengesellschaften gründen
◆ bürgt selbstschuldnerisch.

> *Beispiel* Der Büromöbelgroßhändler Klaus Oswald e. K. macht bei einem Eigenkapital von 500 000,00 EUR einen Umsatz von 500 000,00 EUR pro Jahr. Er ist somit Kaufmann.

● **Kleingewerbetreibender (Kannkaufmann)**

> **§ 2 HGB:** Ein gewerbliches Unternehmen, dessen Gewerbebetrieb nicht schon nach § 1 Abs. 2 Handelsgewerbe ist, gilt als Handelsgewerbe im Sinne dieses Gesetzbuchs, wenn die Firma des Unternehmens in das Handelsregister eingetragen ist. Der Unternehmer ist berechtigt, aber nicht verpflichtet, die Eintragung nach den für die Eintragung kaufmännischer Firmen geltenden Vorschriften herbeizuführen. Ist die Eintragung erfolgt, so findet eine Löschung der Firma auch auf Antrag des Unternehmers statt, sofern nicht die Voraussetzung des § 1 Abs. 2 eingetreten ist.

Ein Gewerbetreibender, dessen Betrieb keine kaufmännische Organisation erfordert, ist Kleingewerbetreibender. Für ihn gilt das HGB nur in **beschränktem Umfang**. Er

◆ ist nur zu eingeschränkter Buchführung verpflichtet
◆ braucht sich nicht in das Handelsregister eintragen zu lassen
◆ führt keine Firma
◆ kann keine Personengesellschaften gründen
◆ kann nur eine **Ausfallbürgschaft** übernehmen (vgl. S. 365)

> *Beispiel* Der Großküchenlieferant Hans Sand, der die Bürodesign GmbH beliefert, macht bei einem Eigenkapital von 50 000,00 EUR einen Umsatz von 150 000,00 EUR pro Jahr und einen Gewinn von 20 000,00 EUR. Somit ist er Kleingewerbetreibender.

Ein in kaufmännischer Weise eingerichteter Geschäftsbetrieb ist i. d. R. erforderlich, wenn eine kaufmännische Buchführung notwendig ist (s. o.) und kaufmännische Mitarbeiter beschäftigt werden.
Ist dies nicht der Fall, **kann** sich der Gewerbetreibende freiwillig in das Handelsregister eintragen lassen **(Kannkaufmann)**. Ab dem Zeitpunkt der Eintragung ist der Gewerbetreibende Kaufmann, folglich ist die Wirkung der Eintragung konstitutiv.

Beispiele Kiosk, Blumengeschäft, Lottoannahmestelle

● Land- und Forstwirtschaft (Kannkaufmann)

§ 3 HGB: (1) Auf den Betrieb der Land- und Forstwirtschaft finden die Vorschriften des Paragraph 1 keine Anwendung.
(2) Für ein land- und forstwirtschaftliches Unternehmen, das nach Art und Umfang einen in kaufmännischer Weise eingerichteten Geschäftsbetrieb erfordert, gilt Paragraph 2 mit der Maßgabe, dass nach Eintragung in das Handelsregister eine Löschung der Firma nur nach den allgemeinen Vorschriften stattfindet, welche für die Löschung kaufmännischer Firmen gelten.
(3) Ist mit dem Betrieb der Land- und Forstwirtschaft ein Unternehmen verbunden, das nur ein Nebengewerbe des land- oder forstwirtschaftlichen Unternehmens darstellt, so finden auf das im Nebengewerbe betriebene Unternehmen die Vorschriften der Absätze 1 und 2 entsprechende Anwendung.

Ein land- und forstwirtschaftliches Unternehmen **kann** demnach den Hauptbetrieb (§ 3 HGB (2)) oder den Nebenbetrieb (§ 3 HGB (3)) in das Handelsregister eintragen lassen. Ab dem Zeitpunkt der Eintragung ist der Gewerbetreibende Kaufmann (**Kannkaufmann**).

Beispiel Landwirt mit einer Mühle, Hühnerfarm, Brennerei oder Molkerei im Nebengewerbe

● Handelsgesellschaften (Formkaufmann)

Die Aktiengesellschaft (vgl. S. 337f), die **Gesellschaft mit beschränkter Haftung** (vgl. S. 332f) und die eingetragene **Genossenschaft** (vgl. S. 341f) sind Kaufmann kraft **Rechtsform (Formkaufmann)**. Sie sind ab der Eintragung in das Handelsregister **juristische Person** (vgl. S. 106) und erwerben damit ohne Rücksicht auf den Gegenstand des Unternehmens die Eigenschaft eines Kaufmanns.

§ 6 Abs. 1 HGB: Die in Betreff der Kaufleute gegebenen Vorschriften finden auch auf die Handelsgesellschaften Anwendung.

Beispiele Bürodesign GmbH, Vereinigte Spanplatten AG, Hanckel & Cie GmbH, Stammes Stahlrohr GmbH, Rewo e.G.

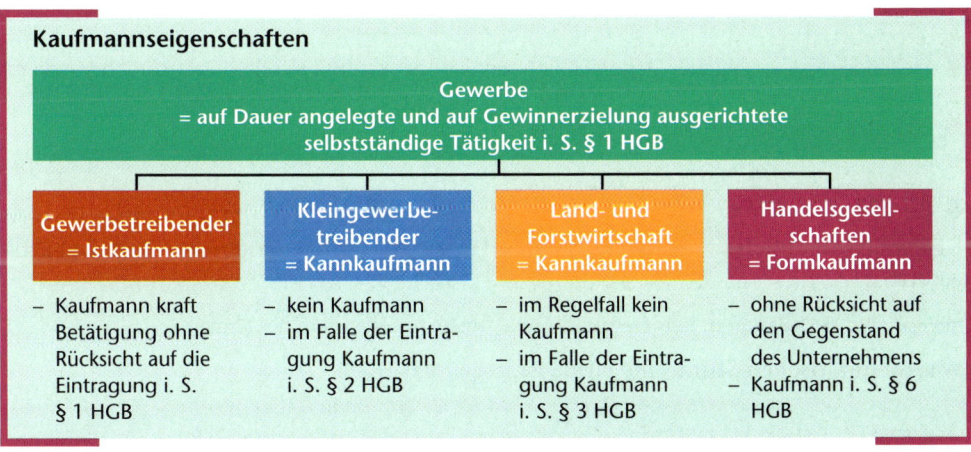

1. Für den Kaufmann gilt das HGB in vollem Umfang. Erläutern Sie, welche Rechtsfolgen der Status eines Kaufmanns nach HGB hat.

2. Erläutern Sie die Rechte und Pflichten
   a) des Kaufmanns nach § 1 HGB   b) des Kleingewerbetreibenden.

3. Die Wirtschaftsauskunftei Peter Müller beschäftigt 35 Mitarbeiter.
   a) Begründen Sie, ob Herr Müller Kaufmann ist.
   b) Ist er Kaufmann kraft Eintragung oder kraft Gesetz?
   c) Überprüfen Sie, ob er Bücher führen muss.

4. Stellen Sie fest, ob es sich in den unten stehenden Fällen
   1) um einen Kaufmann lt. § 1 HGB   3) um einen Formkaufmann
   2) um einen Kannkaufmann   4) nicht um einen Kaufmann
   im Sinne des HGB handelt.
   a) Anja Schmitz ist Inhaberin eines nicht im Handelsregister eingetragenen Glas- und Porzellan-Einzelhandelsgeschäftes. Sie betreibt den Betrieb allein.
   b) Beim Schulfest der Berufsbildenden Schule verkaufen Schüler Pizza.
   c) Die Autoreparaturwerkstatt Schmitz GmbH ist in das Handelsregister eingetragen.

5. Sammeln Sie Anzeigen aus der Tageszeitung und ordnen Sie die Unternehmen den jeweiligen Kaufmannseigenschaften zu.

9.1.2 Die Firma

Als Renate Jan anrufen will, um ihm zur Verlobung zu gratulieren, hat sie seine Verlobte Anna Weber am Apparat. Eigentlich will sie sofort auflegen, aber dann gratuliert sie doch. Anna erzählt stolz, dass sie ihre Stelle zum 31. Dezember kündigen will, um dann für das Unternehmen Jan Wolf, Internationaler Fotopapierhandel, die Buchhaltung zu machen. In der Mittagspause berichtet Renate aufgeregt Herrn Kaya: „Stellen Sie sich vor, die arbeitet jetzt sogar bei Jan in der Firma!" Aber Kaya lässt sie wieder abblitzen: „Alten Liebschaften soll man nicht nachtrauern und außerdem sollten Sie sich der kaufmännischen Fachsprache bedienen, Frau Becker!"

Arbeitsaufträge
◆ Stellen Sie fest, an welcher Stelle sich Renate nicht der kaufmännischen Fachsprache bedient hat.
◆ Erläutern Sie Firmenarten und -grundsätze.

● Begriff der Firma

Umgangssprachlich werden die Begriffe Unternehmung, Betrieb und Firma gleichgesetzt.

Beispiel Renate behauptet, Jans Freundin Anna arbeite bei diesem in der Firma.

Was im **juristischen Sinne** eine Firma ist, regelt das HGB:

> **§ 17 Abs. 1 HGB:** (1) Die Firma eines Kaufmanns ist der Name, unter dem er im Handel seine Geschäfte betreibt und die Unterschrift abgibt.

Der Firmenkern beinhaltet den Namen des Unternehmens, den Gegenstand des Unternehmens oder eine Fantasiebezeichnung. Die Firma besteht aus dem Firmenkern und dem Firmenzusatz.

Beispiel Hankel & Cie GmbH, Chemische Fabriken KG, Donald Duck OHG

Der Firmenzusatz kann das Gesellschaftsverhältnis erklären, über Art und Umfang des Geschäftes Auskunft geben oder der Unterscheidung der Person oder des Geschäftes dienen. Er muss der Wahrheit entsprechen.

> **§ 19 HGB:** (1) Die Firma muss … enthalten: 1. bei Einzelkaufleuten die Bezeichnung „eingetragener Kaufmann", „eingetragene Kauffrau" oder eine allgemein verständliche Abkürzung dieser Bezeichnung, insbesondere „e.K.", „e.Kfm." oder „e.Kfr."; 2. bei einer offenen Handelsgesellschaft die Bezeichnung „offene Handelsgesellschaft" oder eine allgemein verständliche Abkürzung dieser Bezeichnung; 3. bei einer Kommanditgesellschaft die Bezeichnung „Kommanditgesellschaft" oder eine allgemein verständliche Abkürzung dieser Bezeichnung. (2) Wenn in einer offenen Handelsgesellschaft oder Kommanditgesellschaft keine natürliche Person persönlich haftet, muss die Firma eine Bezeichnung enthalten, welche die Haftungsbeschränkung kennzeichnet.

Beispiel Abels, Wirtz & Co. KG, Sicherheitstechnik

● Arten der Firma

◆ **Personenfirma:** Der Firmenkern besteht aus einem oder mehreren Namen und gegebenenfalls dem Vornamen.

Beispiel Bodo Lukas e.Kfm.

◆ **Sachfirma:** Der Firmenkern ist aus dem Gegenstand des Unternehmens abgeleitet.

Beispiel Bürodesign GmbH

◆ **Gemischte Firma:** Die Firma besteht aus Namen und Gegenstand des Unternehmens.

Beispiel Bürobedarfsgroßhandel Schneider & Co.KG

◆ **Fantasiefirma:** Die Firma besteht aus einer Abkürzung oder einem Fantasienamen.

Beispiel Orgatec GmbH

● Firmengrundsätze

Bei der Wahl der Firma muss der Kaufmann neben den Vorschriften, die sich auf die Unternehmensform beziehen, die Firmengrundsätze beachten.

◆ **Firmenwahrheit/Firmenklarheit:** Bei einer Sachfirma muss der Gegenstand der Unternehmung den Tatsachen entsprechen **(Firmenwahrheit)**. Firmenzusätze dürfen nicht zu einer Täuschung über die Art oder den Umfang des Geschäfts oder die Verhältnisse des Geschäftsinhabers Anlass geben **(Firmenklarheit)**.

Beispiel Jan Wolf führt die Firma „Internationaler Fotopapierhandel Wolf e.K.". Er verstößt gegen den Grundsatz der Firmenwahrheit, da er nur in beschränktem Umfang und nur in der Stadt Aurich tätig ist.

◆ **Firmenausschließlichkeit:** Ist eine Firma in das Handelsregister eingetragen, hat sie das ausschließliche Recht, diese Firma zu führen. Will sich ein Kaufmann gleichen Namens in dieses Handelsregister eintragen lassen, so muss er sich von der bereits eingetragenen Firma deutlich unterscheiden. Dies kann z. B. durch einen Firmenzusatz oder weitere Vornamen geschehen.

Beispiel Die Firma „Jan Wolf e. Kfm., Fotopapiereinzelhandel", ist in das Handelsregister eingetragen. Ein Namensvetter von Jan Wolf, der ebenfalls einen Fotopapiereinzelhandel gründen will, lässt sich als „Jan-Hermann Wolf e. Kfm., Fotopapiereinzelhandel" in das Handelsregister eintragen.

◆ **Firmenbeständigkeit:** Eine am Markt bekannte Firma kann einen großen Wert darstellen. Aus diesem Grund ermöglicht der Gesetzgeber, den Namen der Firma bei einem Wechsel in der Person des Inhabers fortzuführen. Dies kann mit oder ohne einen das Nachfolgeverhältnis andeutenden Zusatz geschehen.

Beispiel Wenn Bodo Lukas den Büromöbelgroßhandel Theodor Becker erwirbt, sind folgende Firmen möglich:
- Bodo Lukas e. Kfm. (mit oder ohne Zusatz)   – Theodor Becker, Inhaber Bodo Lukas e. Kfm.
- Theodor Becker Nachfolger e. K.   – Theodor Becker e. K. (mit oder ohne Zusatz)
- Bodo Lukas, vormals Theodor Becker e. K.

◆ **Firmenöffentlichkeit:** Jeder Kaufmann ist verpflichtet, seine Firma am Ort der Niederlassung in das Handelsregister eintragen zu lassen, damit sich jedermann über die Rechtsverhältnisse informieren kann.

Laden- und Gaststätteninhaber müssen ihren Familiennamen und mindestens einen ausgeschriebenen Vornamen deutlich sichtbar an Außenseite oder Eingang des Geschäftes anbringen.

Die Firma

Begriff	Arten	Grundsätze
Die Firma eines Kaufmanns ist der Name, unter dem er sein Handelsgewerbe betreibt und die Unterschrift abgibt. Einzelkaufleuten, Personengesellschaften und Kapitalgesellschaften ist die freie Wahl einer aussagekräftigen, werbewirksamen Firma gestattet, wenn diese unterscheidungskräftig ist, die Gesellschaftsverhältnisse offenlegt und nicht irreführend ist.	– **Personenfirma:** Firmenkern besteht aus Namen der/des Unternehmer/s – **Sachfirma:** Firmenkern besteht aus Gegenstand des Unternehmens. – **Gemischte Firma:** Firma besteht aus Namen und Gegenstand des Unternehmens. – **Fantasiefirma:** Firma besteht aus Fantasienamen.	– **Wahrheit:** Bei Sachfirma muss Gegenstand des Unternehmens wahr sein. – **Klarheit:** keine täuschenden Firmenzusätze. – **Ausschließlichkeit:** eingetragene Firma hat ausschließlich das Recht, diese Firma zu führen. – **Beständigkeit:** Fortführung des Namens der Firma bei Wechsel in der Person des Inhabers. – **Öffentlichkeit:** Eintragung der Firma am Ort der Niederlassung in das Handelsregister.

1. Suchen Sie aus dem Branchenbuch je drei Beispiele für eine Personen-, Sach-, Fantasiefirma und gemischte Firma heraus.

2. Paul Serries will sich selbstständig machen. Er stellt fest, dass bereits eine Firma gleichen Namens im Handelsregister eingetragen ist. Erläutern Sie, was Paul Serries tun kann.

3. Ordnen Sie die Firma Ihrer Ausbildungsbetriebe den Arten der Firma zu.

4. Der Bürodesign GmbH wird ein alteingesessenes Unternehmen zum Kauf angeboten. Welche Überlegungen sollten bei der Wahl der Firma angestellt werden?

5. Sie haben im Kapitel „Kaufmannseigenschaften" Anzeigen von Unternehmen der Region gesammelt. Ordnen Sie diese jetzt nach den Arten der Firma.

9.1.3 Das Handelsregister

Der Fotopapiereinzelhändler Jan Wolf lässt Renate keine Ruhe. Sie möchte zu gern wissen, was sich hinter dieser Firma verbirgt. Deshalb fragt sie in der Mittagspause Frau Geissler, ob es eine Möglichkeit gibt, Informationen über das Unternehmen von Jan Wolf zu bekommen. Frau Geissler hat eine einfache Lösung: „Alle wichtigen Informationen über Kaufleute und Handelsgesellschaften sind im Handelsregister niedergelegt. Und das Handelsregister ist für jedermann online zugänglich!" Sie holt eine Kopie des Handelsregisterauszugs der Bürodesign GmbH aus einer Akte und zeigt sie Renate.

Amtsgericht **Aurich**						**HR B 9842**
Nr. der Eintragung	a) Firma b) Ort der Niederlassung (Sitz der Gesellschaft) c) Gegenstand des Unternehmens (bei juristischen Personen)	Grund- oder Stamm- kapital EUR	Vorstand Persönlich haftende Gesellschafter Geschäftsführer Abwickler	Prokura	Rechtsverhältnisse	a) Tag der Eintragung und Unterschrift b) Bemerkungen
1	2	3	4	5	6	7
1	a) Bürodesign GmbH b) 26607 Aurich c) Herstellung und Vertrieb von Büromöbeln	600 000,00	Dipl.-Ing. Helma Friedrich Dipl.-Kfm. Klaus Stein		Gesellschaft mit beschränkter Haftung. Der Gesellschaftsvertrag ist am 1. April.. festgestellt. Die Gesellschaft hat zwei Geschäftsführer. Sie wird durch einen Geschäftsführer in Alleinvertretungsbefugnis vertreten	a) 1. April ..

„Ein Interessent kann sich über jeden Kaufmann und jede Handelsgesellschaft seines Amtsgerichtsbezirks eine solche Kopie anfertigen lassen!" Renate ist verblüfft. Dann könnte sie sich ja auch eine solche Information über das Unternehmen von Jan Wolf beschaffen.

Arbeitsaufträge
◆ Suchen Sie nach Gründen, die für die Öffentlichkeit des Handelsregisters sprechen.
◆ Erläutern Sie die Einteilung des Handelsregisters und die Wirkung von Eintragungen.

◆ Das Handelsregister ist ein **amtliches Verzeichnis aller Kaufleute**, das vom Amtsgericht des Bezirks geführt wird. Es soll die Öffentlichkeit über wichtige Sachverhalte und Rechtsverhältnisse der Kaufleute und Handelsgesellschaften unterrichten.

Das **Gesetz über elektronische Handelsregister und Genossenschaftsregister sowie das Unternehmensregister** EHUG schreibt vor, dass das Handels- und Genossenschaftsregister online geführt werden. Eintragung und Bekanntmachung erfolgen nur noch in elektronischer Form.

Alle publikationspflichtigen Daten eines Unternehmens werden bundesweit zentral in ein Unternehmensregister unter **www.unternehmensregister.de** eingestellt. Damit gibt es eine zentrale Internetadresse unter der alle publikationspflichtigen Daten eines Unternehmens bereitstehen.

◆ **Gliederung:** Das Handelsregister wird in zwei Abteilungen gegliedert:

- ◆ **Abteilung A** für Einzelkaufleute und **Personengesellschaften**, z. B. OHG, KG (vgl. S. 326 ff)
- ◆ **Abteilung B** für **Kapitalgesellschaften**, z. B. AG, GmbH (vgl. S. 332 ff)

Die Genossenschaften werden in ein spezielles **Genossenschaftsregister** eingetragen.

◆ Die **Anmeldung** muss mündlich in elektronischer Form erfolgen.

- ◆ **Inhalte** der Eintragung sind u. a.:
  - – Firma
  - – Ort der Niederlassung
  - – Name des Inhabers oder der persönlich haftenden Gesellschafter
  - – Art der Prokura
  - – Name von Prokuristen
  - – Name und Einlage von Kommanditisten

  Bei Kapitalgesellschaften werden zusätzlich eingetragen:
  - – Name der Vorstandsmitglieder bzw. Geschäftsführer
  - – Gegenstand des Unternehmens
  - – Höhe des Haftungskapitals
  - – Datum des Gesellschaftsvertrages

- ◆ Die **Unterschriften der Zeichnungsberechtigten** sind beim Handelsregister zu hinterlegen.

  Beispiel Die Unterschriften der Geschäftsführer der Bürodesign GmbH sind beim Handelsregister in Aurich hinterlegt.

- ◆ Ebenfalls eingetragen wird z. B. die Auflösung der Unternehmung. **Löschungen** im Handelsregister erfolgen, indem Eintragungen rot unterstrichen werden.

◆ Die **Wirkung** der Eintragung kann rechtsbezeugend (deklaratorisch) oder rechtserzeugend (konstitutiv) sein.

- ◆ **Deklaratorisch** bedeutet, dass die Rechtswirkung schon vor Eintragung eingetreten ist. So ist der Kaufmann, der ein Handelsgewerbe nach § 1 HGB betreibt (vgl. S. 315). Die Eintragung in das Handelsregister **bezeugt** diese Tatsache lediglich.

  Beispiel Zum Kaufmann wird die Bodo Lukas KG mit Aufnahme eines Handelsgewerbes. Die Eintragung in das Handelsregister bezeugt diese Tatsache lediglich.

- ◆ **Konstitutiv** bedeutet, dass die Rechtswirkung erst mit der Eintragung in das Handelsregister eintritt. So wird der Kleingewerbetreibende erst im Moment der Eintragung Kaufmann i. S. des HGB. Die Eintragung **erzeugt** die Rechtswirkung.

  Beispiel Die Bürodesign GmbH entstand als juristische Person im Moment der Eintragung in das Handelsregister

Ist eine Tatsache eingetragen und bekannt gemacht, so muss ein Dritter sie gegen sich gelten lassen, auch wenn er sie nicht kannte (**Öffentlichkeitswirkung**).

Beispiel Helga Kowski ist Prokuristin der Abels, Wirtz & Co. KG. Wegen einer Unterschlagung wird ihr die Prokura entzogen und der Arbeitsvertrag fristlos gekündigt. Die Entziehung der Prokura wird im Handelsregister eingetragen und veröffentlicht. Eine Woche später kauft Frau Kowski im Namen der Abels, Wirtz & Co. KG bei der Auto-Becker GmbH einen Pkw der Oberklasse und verschwindet mit dem Fahrzeug. Da der Entzug der Prokura von Frau Kowski eingetragen und veröffentlicht war, kann die Auto-Becker GmbH die Forderung nicht gegen die Abels, Wirtz & Co. KG geltend machen.

◆ Jeder Kaufmann sollte sorgfältig das **Unternehmensregister** lesen. Nur so kann er sicherstellen, dass er jederzeit über Veränderungen, z. B. bei der Haftung eines Kunden, informiert ist.

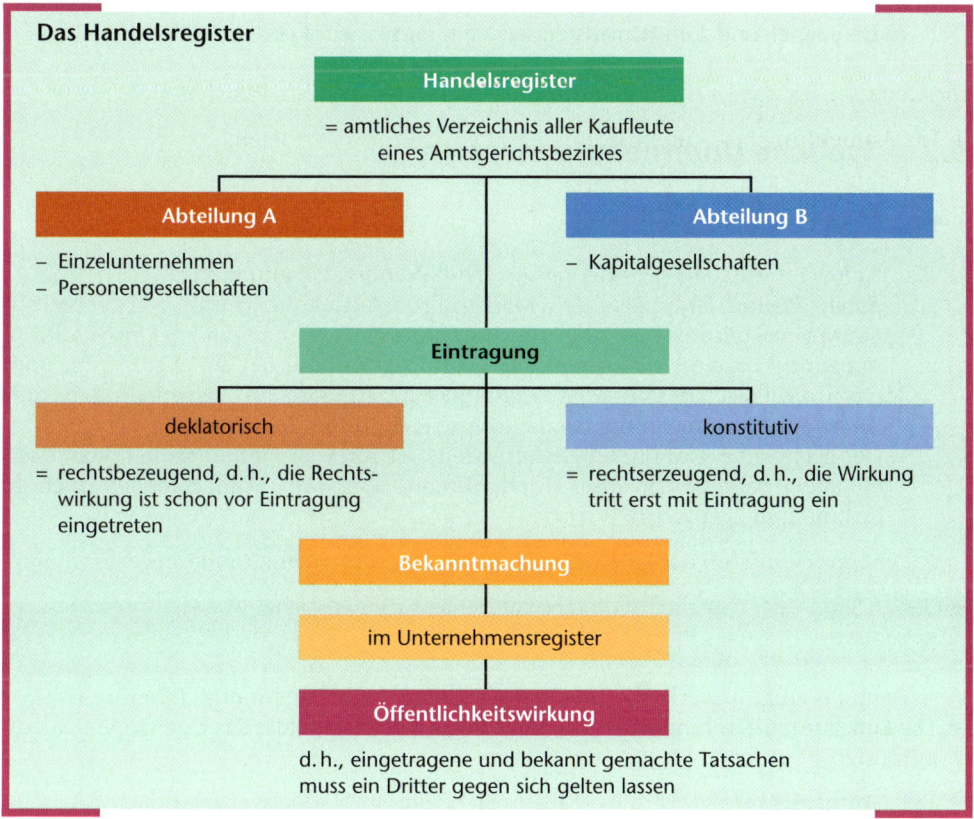

Das Handelsregister

Handelsregister
= amtliches Verzeichnis aller Kaufleute eines Amtsgerichtsbezirkes

Abteilung A
− Einzelunternehmen
− Personengesellschaften

Abteilung B
− Kapitalgesellschaften

Eintragung

deklatorisch
= rechtsbezeugend, d. h., die Rechtswirkung ist schon vor Eintragung eingetreten

konstitutiv
= rechtserzeugend, d. h., die Wirkung tritt erst mit Eintragung ein

Bekanntmachung

im Unternehmensregister

Öffentlichkeitswirkung
d. h., eingetragene und bekannt gemachte Tatsachen muss ein Dritter gegen sich gelten lassen

1. Erläutern Sie den Unterschied zwischen deklaratorischer und konstitutiver Wirkung einer Eintragung in das Handelsregister anhand je eines Beispiels.

2. Welche Rechtsfolgen hat die sogenannte Öffentlichkeitswirkung des Handelsregisters? Erläutern Sie den Sachverhalt anhand eines Beispiels.

3. Beschaffen Sie sich aus dem Unternehmensregister die Eintragung ihres Ausbildungsbetriebes und vergleichen Sie diese mit denen ihrer Mitschüler.

4. Besuchen Sie das Unternehmensregister im Internet. Stellen Sie fest, auf welche Daten ein Kaufmann durch das Unternehmensregister Zugriff hat.

5. Prüfen und begründen Sie, ob die nachfolgenden Aussagen den gesetzlichen Vorschriften zum Handelsregister entsprechen:
   a) Das Handelsregister ist das Verzeichnis aller Kaufleute eines Amtsgerichtsbezirkes.
   b) In das Handelsregister dürfen nur Kaufleute bei Vorliegen eines berechtigten Interesses Einblick nehmen.
   c) Die Aktiengesellschaft wird in die Abteilung A (HRA) des Handelsregisters eingetragen.
   d) Kapitalgesellschaften werden in die Abteilung B (HRB) des Handelsregisters eingetragen.
   e) Eintragungen in den Handelsregistern können nur noch in elektronischer Form erfolgen.
   f) Bestellung oder Widerruf der Prokura müssen nicht in das Handelsregister eingetragen werden.
   g) Die Anmeldung zum Handelsregister kann formlos erfolgen.

9.2 Typische Unternehmensformen

9.2.1 Die Einzelunternehmung

Sabine Freund, Gruppenleiterin Marketing der Bürodesign GmbH, will sich selbstständig machen. Sie plant die Eröffnung eines Fachgeschäftes für exklusives Bürozubehör. Vor- und Nachteile einer Existenzgründung hat sie abgewogen, und auch die Frage der Firma ist bereits geklärt. Als sich im Zusammenhang mit einer Gründungsberatung bei der Industrie- und Handelskammer die Frage nach der geeigneten Unternehmensform stellt, ist für Frau Freund schnell klar, dass sie alleinige Inhaberin ihres Unternehmens sein will: „Dafür habe ich mich ja selbstständig gemacht!"

Arbeitsauftrag
◆ Stellen Sie in einer Liste die Vor- und Nachteile der Gründung eines eigenen Unternehmens gegenüber.

◆ Die Einzelunternehmung wird von **einer Person** betrieben, die das Eigenkapital allein aufbringt.

◆ Die **Gründung** erfolgt formlos. Falls es sich um ein Handelsgewerbe nach § 1 HGB handelt und das Gewerbe in kaufmännischem Umfang betrieben wird, ist eine Eintragung in das Handelsregister erforderlich. Die Firma der Einzelunternehmung kann Personen-, Sach-, Fantasiefirma oder gemischte Firma sein.

§ 18 HGB: (1) Die Firma muss zur Kennzeichnung des Kaufmanns geeignet sein und Unterscheidungskraft besitzen.
(2) Die Firma darf keine Angaben enthalten, die geeignet sind, über geschäftliche Verhältnisse, die für die angesprochenen Verkehrskreise wesentlich sind, irrezuführen.

Beispiele Sabine Freund, Bürozubehör-Einzelhandel; Klaus Oswald, Büromöbel-Großhandel

◆ Da der Einzelunternehmer als alleiniger **Eigenkapitalgeber** fungiert, ist die Eigenkapitalbasis durch das Vermögen des Unternehmers begrenzt. Eine Erweiterung des Eigenkapitals kann nur durch die Nichtentnahme erzielter Gewinne erfolgen. Diese Möglichkeit ist jedoch begrenzt, weil der Kaufmann aus dem Gewinn seines Betriebes die Kosten seiner persönlichen Lebensführung bestreiten muss, da er kein Gehalt bezieht.

◆ Unabhängig von den tatsächlichen wirtschaftlichen Verhältnissen wirkt sich die Beschränkung des Haftungskapitals auf das Vermögen einer Person nachteilig auf die Kreditwürdigkeit aus. Deshalb sind den Möglichkeiten der **Fremdkapitalbeschaffung** (vgl. S. 353 ff) bei der Einzelunternehmung enge Grenzen gesetzt.

◆ Der Einzelunternehmer **haftet** für die Verbindlichkeiten seines Unternehmens **allein und unbeschränkt**, d. h. mit seinem gesamten Vermögen.

Beispiel   Die Einzelunternehmerin Freund hat für die Gründung ihrer Bürozubehör-Einzelhandlung bei der Bank einen Kredit aufgenommen. Sie haftet hierfür mit ihrem gesamten Vermögen, d. h. auch mit ihrem Privatvermögen.

◆ Da der Einzelunternehmer alle Risiken allein übernimmt, steht ihm auch der gesamte **Gewinn** zu, andererseits trägt er auch alle Verluste allein.

◆ Der Einzelunternehmer ist alleiniger Inhaber, er hat infolgedessen auch alle Entscheidungsbefugnisse. Er hat das alleinige Recht, im Innenverhältnis die Geschäfte zu führen **(Geschäftsführungsbefugnis)** und das Unternehmen im Außenverhältnis gegenüber Dritten zu vertreten **(Vertretungsbefugnis)**.

Die Einzelunternehmung	
Definition	– Gewerbebetrieb, dessen Eigenkapital von einer Person aufgebracht wird
Gründung	– eine Person – Eintragung in das Handelsregister bei Handelsgewerbe mit kaufmännischem Umfang
Firma	– Personen-, Sach-, Fantasiefirma oder gemischte Firma und der Zusatz „eingetragener Kaufmann" (e. K./e. Kfm.) oder „eingetragene Kauffrau" (e. K./e. Kffr.).
Kapitalaufbringung	– durch den Einzelunternehmer
Haftung	– allein und unbeschränkt
Geschäftsführung und Vertretung	– allein durch den Einzelunternehmer
Gewinne und Verluste	– erhält bzw. trägt der Einzelunternehmer

1. Beschreiben Sie die Rechtsform der Einzelunternehmung.

2. Der Einzelunternehmer Eberle ist zahlungsunfähig. Der Gläubiger Pfeiffer behauptet, Eberle hafte auch mit seinem Privatvermögen. Eberle selbst steht auf dem Standpunkt, Geschäfts- und Privatvermögen hätten nichts miteinander zu tun. Nehmen Sie zu diesen Behauptungen Stellung.

3. Stellen Sie fest, wer sich in Ihrer Klasse einmal selbstständig machen möchte, und diskutieren Sie die damit verbundenen Vor- und Nachteile.

4.   Heinz Stark ist Tischlermeister und Großhändler für Befestigungstechnik. Er betreibt sein Unternehmen als Einzelunternehmung. Die Bürodesign GmbH, mit der er seit vielen Jahren in Geschäftsbeziehung steht, bietet ihm einen Auftrag an. Stark soll Aufbau und Montage der Möbel für mehrere Großaufträge der Bürodesign GmbH übernehmen. Er müsste dazu jedoch zwei Lkw anschaffen und vier weitere Mitarbeiter einstellen. Überlegen Sie, welche Schwierigkeiten sich für Stark bei der Kapitalbeschaffung ergeben können.

5.   Stellen Sie in einem Kurzreferat die Unternehmensform der Einzelunternehmung vor. Nutzen Sie Tafel, Overheadprojektor oder andere Medien zur Veranschaulichung.

9.2.2   Personengesellschaften

Sabine Freunds Bürozubehör-Geschäft ist eröffnet. Das Einkaufszentrum, in dem sie ihr Einzelhandelsgeschäft betreibt, entwickelt sich immer mehr zu einer exklusiven Adresse für Kunden des gehobenen Bedarfs. Da Frau Freund mit ihrem Sortiment genau diese Zielgruppe abdeckt, steigen die Umsätze, und sie muss schon bald zwei Verkäuferinnen einstellen. Auch in der Buchhaltung wird eine Halbtagskraft beschäftigt. Trotzdem wächst ihr die Arbeit langsam über den Kopf. Alles muss sie selbst entscheiden, um alles muss sie sich selber kümmern. Dazu kommt der Ärger mit Banken und Lieferanten. Ein dringend benötigter Kredit für die Erweiterung der Geschäftsräume wurde mit der Begründung abgelehnt, das Eigenkapital sei zu gering und es fehle an Sicherheiten, und auch die Bürodesign GmbH ist nicht bereit, den Lieferantenkredit weiter aufzustocken. In dieser Situation wendet sich Frau Freund an den Betriebsberater der IHK. Nach eingehender Beratung schlägt dieser ihr die Gründung einer Personengesellschaft in der Rechtsform einer OHG vor.

Arbeitsaufträge
◆ Erarbeiten Sie die Merkmale der OHG und beurteilen Sie anschließend, ob diese Unternehmensform die Lösung für Frau Freunds Probleme ist.
◆ Stellen Sie fest, ob es andere geeignete Personengesellschaften für Frau Freund gibt.

● Die offene Handelsgesellschaft (OHG)

§ 105 Abs. 1 HGB: Eine Gesellschaft, deren Zweck auf den Betrieb eines Handelsgewerbes unter gemeinschaftlicher Firma gerichtet ist, ist eine offene Handelsgesellschaft, wenn bei keinem der Gesellschafter die Haftung gegenüber den Gesellschaftsgläubigern beschränkt ist.

◆ Die **Gründung** der OHG ist formfrei, die Schriftform in Form eines Gesellschaftsvertrages ist jedoch üblich. Die Gesellschaft entsteht bei Kaufleuten i.S. § 1 HGB mit Aufnahme der Tätigkeit, bei Kleingewerbetreibenden und Kannkaufleuten mit Handelsregistereintrag. Die Gesellschaft ist zur Eintragung in das Handelsregister anzumelden.

◆ Die **Firma** der OHG kann Personen-, Sach-, Fantasiefirma oder gemischte Firma sein. Sie muss die Bezeichnung „offene Handelsgesellschaft" oder eine verständliche Abkürzung dieser Bezeichnung halten.

Beispiel Dobberstein und Bauer betreiben ein Furnierwerk in der Rechtsform einer OHG. Folgende Firmen sind möglich: Dobberstein OHG, Bauer OHG, Furnierwerke OHG, Dobau OHG usw.

◆ Ähnlich wie bei der Einzelunternehmung kann die **Eigenkapitalbasis** durch Erhöhung der Kapitaleinlagen der Gesellschafter oder durch die Nichtentnahme von Gewinnen erfolgen. Darüber hinaus besteht die Möglichkeit der Aufnahme neuer Gesellschafter.

Beispiel Die Dobberstein OHG erzielt einen Jahresüberschuss von 31800,00 EUR, die Gesellschafter beschließen den Gewinn zur Anschaffung einer Furnierpresse zu verwenden.

◆ Die Beschaffung von **Fremdkapital** ist leichter als bei der Einzelunternehmung, da hier mindestens zwei Gesellschafter mit ihrem gesamten Vermögen haften und das Risiko der Gläubiger dadurch auf zwei Schuldner verteilt wird.

◆ Die Gesellschafter der OHG **haften** gesamtschuldnerisch, unbeschränkt und unmittelbar.

   ◆ **Unbeschränkt** bedeutet, dass jeder Gesellschafter mit seinem gesamten Vermögen haftet. Es haftet also nicht nur das Gesellschaftsvermögen, sondern jeder Gesellschafter muss auch mit seinem Privatvermögen für die Schulden der OHG einstehen.

   ◆ **Unmittelbar** bedeutet, dass sich ein Gläubiger an jeden beliebigen Gesellschafter wenden kann. Der Gesellschafter kann nicht verlangen, dass der Gläubiger zuerst gegen die Gesellschaft auf Zahlung klagt.

   ◆ **Solidarisch** (gesamtschuldnerisch) heißt, dass jeder Gesellschafter für die gesamten Schulden der OHG haftet. Er haftet also für die anderen Gesellschafter mit. Im Innenverhältnis hat der Gesellschafter selbstverständlich einen Ausgleichsanspruch, d.h., er kann von seinen Mitgesellschaftern deren Anteil verlangen.

Ein in eine Einzelunternehmung oder OHG **eintretender Gesellschafter** haftet auch für die Verbindlichkeiten, die bei seinem Eintritt bereits bestehen. **Bei Austritt** haftet der Gesellschafter noch fünf Jahre für die bei seinem Austritt vorhandenen Verbindlichkeiten.

◆ Zur **Geschäftsführung** ist jeder OHG-Gesellschafter allein berechtigt und verpflichtet.

◆ Im Außenverhältnis kann jeder Gesellschafter die OHG wirksam vertreten (**Einzelvertretungsmacht**).

Beispiel Bauer schafft für die OHG einen repräsentativen Geschäftswagen an. Als Dobberstein davon erfährt, kommt es zum Streit. Er ist mit dem Kauf nicht einverstanden. Trotzdem ist der Kaufvertrag zwischen dem Autohaus und der OHG wirksam zustande gekommen, da jeder Gesellschafter die OHG wirksam vertreten kann.

Es besteht jedoch auch die Möglichkeit, dass ein oder mehrere Gesellschafter nur in Gemeinschaft zur Vertretung der OHG ermächtigt sein sollen (**Gesamtvertretungsmacht**). Diese Einschränkung ist jedoch nur wirksam, wenn sie in das Handelsregister eingetragen ist.

Beispiel Dobberstein und Bauer vereinbaren Gesamtvertretungsmacht und lassen dies in das Handelsregister eintragen. Beim Kauf eines neuen Kopierers müssen jetzt beide den Kaufvertrag unterschreiben.

◆ Ein Gesellschafter darf ohne Einwilligung seiner Partner weder im Handelszweig seiner Gesellschaft Geschäfte tätigen noch sich an einer anderen Gesellschaft als persönlich haftender Gesellschafter beteiligen (**Wettbewerbsverbot**).

Beispiel Bauer will sich an einem weiteren Furnierwerk als Gesellschafter beteiligen. Hierfür ist die Zustimmung des Gesellschafters Dobberstein erforderlich.

◆ Der **Gewinn** der OHG wird gemäß Gesellschaftsvertrag verteilt. I. d. R. bekommen die mitarbeitenden Gesellschafter zunächst ein Arbeitsentgelt (Unternehmerlohn). Danach werden die geleisteten Kapitaleinlagen in einer vereinbarten Höhe verzinst. Der verbleibende Rest kann „nach Köpfen" oder nach einem Schlüssel verteilt werden, der die unterschiedliche Höhe des mithaftenden Privatvermögens berücksichtigt. Wird zur Gewinnverteilung nichts vereinbart, gilt § 121 HGB. Danach steht jedem Gesellschafter zunächst ein Anteil in Höhe von 4 % seiner Kapitaleinlage zu. Der Rest wird nach Köpfen unter die Gesellschafter verteilt.

Beispiel Der Gewinn der Dobberstein OHG beträgt 130 000,00 EUR. Die Einlage von Dobberstein beläuft sich auf 100 000,00 EUR, die von Bauer auf 150 000,00 EUR. Die Verteilung soll nach § 121 HGB erfolgen.

	Kapital am Anfang des Jahres in EUR	4 % in EUR	Rest nach Köpfen in EUR	Gesamtgewinn in EUR
Dobberstein **Bauer**	100 000,00 150 000,00	4 000,00 6 000,00	60 000,00 60 000,00	64 000,00 66 000,00
	250 000,00	10 000,00	120 000,00	130 000,00

Der Gewinn eines Gesellschafters wird seinem Kapitalanteil zugeschrieben. Jeder Gesellschafter ist berechtigt, vier Prozent seines Kapitalanteils pro Jahr **zu entnehmen**. Dies ist auch dann möglich, wenn die OHG Verluste macht.

◆ Die **Verluste** der OHG werden nach Köpfen verteilt und vom Kapitalkonto der Gesellschafter abgezogen. Vertragliche Abweichungen von dieser Regelung sind möglich.

Beispiel Die Dobberstein OHG macht im folgenden Jahr einen Verlust von 50 600,00 EUR. Jedem der Gesellschafter werden 25 300,00 EUR vom Kapitalkonto abgezogen.

◆ Eine **Kündigung** des Gesellschaftsvertrages ist mit einer Frist von sechs Monaten zum Ende des Geschäftsjahres möglich.

● Die Kommanditgesellschaft (KG)

◆ Die Kommanditgesellschaft ist eine Handelsgesellschaft, bei der mindestens ein Gesellschafter unbeschränkt **(Komplementär)** und ein Gesellschafter nur in Höhe seiner Einlage **(Kommanditist)** haftet.

◆ Zur **Gründung** einer KG sind mindestens zwei Personen erforderlich. Der Gesellschaftsvertrag ist formfrei. Die Gesellschaft ist zur Eintragung in das Handelsregister anzumelden. Dies ist besonders für den Kommanditisten von großer Wichtigkeit, da eine Beschränkung der Haftung auf die Einlage erst ab dem Zeitpunkt der Eintragung rechtswirksam ist.

◆ Die **Firma** der KG kann Personen-, Sach-, Fantasiefirma oder gemischte Firma sein. Sie muss den Zusatz „Kommanditgesellschaft" oder eine verständliche Abkürzung dieser Bezeichnung enthalten.

Beispiel Dobberstein & Bauer wandeln ihre OHG in eine KG um. Dobberstein wird Kommanditist, Bauer Komplementär. Die Firma wird als Bauer KG in das Handelsregister eingetragen.

◆ Die Möglichkeiten der **Eigenkapitalbeschaffung** sind bei der KG i. d. R. größer als bei der Einzelunternehmung oder der OHG, da aufgrund der Beschränkung der Haftung des Kommanditisten auf seine Einlage leichter Kapitalgeber gefunden werden können.

◆ Die **Fremdkapitalbeschaffung** ist leichter als bei der Einzelunternehmung, da hier neben dem Vollhafter zumindest ein Teilhafter zusätzlich haftet. Grundsätzlich ist sie jedoch schwieriger als bei der OHG, da bei dieser zwei und mehr Gesellschafter unbeschränkt haften.

◆ Ein Komplementär der KG **haftet** wie der OHG-Gesellschafter unbeschränkt, unmittelbar und solidarisch. Die Haftung des Kommanditisten ist auf die in das Handelsregister eingetragene Einlage beschränkt.

◆ **Geschäftsführung** und **Vertretung** der Gesellschaft liegen allein beim Komplementär, d. h., der Kommanditist ist von der Führung der Geschäfte ausgeschlossen. Er kann Rechtsgeschäften jedoch widersprechen, wenn sie über den gewöhnlichen Geschäftsbetrieb hinausgehen.

Beispiel Der Komplementär will den Sitz des Unternehmens aus steuerlichen Gründen nach Liechtenstein verlegen. Hier hat der Kommanditist ein Widerspruchsrecht.

Der **Kommanditist** ist berechtigt, eine Abschrift der Bilanz zu verlangen und diese durch Einsicht in die Bücher auf ihre Richtigkeit hin zu überprüfen. Das Recht auf eine laufende Kontrolle der Geschäfte hat er jedoch nicht.

Beispiel Der Kommanditist Dobberstein erscheint an jedem ersten Freitag im Monat im Unternehmen und verlangt Einblick in die Bücher. Komplementär Bauer kann ihm dies verweigern, da der Kommanditist kein Recht auf eine laufende Kontrolle der Geschäfte hat.

◆ Auch bei der KG erhält der geschäftsführende Gesellschafter vom **Gewinn** der Unternehmung i. d. R. zunächst einen Unternehmerlohn. Danach werden die Kapitaleinlagen gemäß Gesellschaftsvertrag verzinst. Ist hierüber keine Regelung getroffen, gilt § 168 HGB, der eine Kapitalverzinsung von 4 % vorsieht. Falls der Gewinn diesen Betrag übersteigt, soll der Rest „angemessen" verteilt, d. h. das unterschiedliche Risiko der Gesellschafter berücksichtigt werden.

Beispiel Dobberstein ist mit 10 000,00 EUR als Kommanditist an der Bauer KG beteiligt. Bauer hat als Komplementär 100 000,00 EUR eingebracht. Im ersten Jahr der Gründung erwirtschaftet die KG einen Gewinn in Höhe von 48 400,00 EUR. Nach der Kapitalverzinsung lt. HGB verbleibt ein Restgewinn in Höhe von 44 000,00 EUR. Im Gesellschaftsvertrag ist vereinbart, dass die angemessene Gewinnverteilung im Verhältnis der Einlagen, d. h. im Verhältnis 1 : 10, erfolgt. Doberstein erhält danach 4 000,00 EUR und Bauer 40 000,00 EUR vom Restgewinn.

Der Kommanditist hat nur Anspruch auf Auszahlung des Gewinns, wenn er seine Einlage voll geleistet hat.

Macht die Gesellschaft **Verlust**, wird dieser im Verhältnis der Anteile verteilt, wobei die Verlustbeteiligung des Kommanditisten auf die Höhe seiner Einlage beschränkt ist.

◆ Die Gesellschafter können das Gesellschaftsverhältnis mit einer Frist von sechs Monaten zum Ende des Geschäftsjahres **kündigen**.

● **Die stille Gesellschaft**

◆ Bei der stillen Gesellschaft besteht die Möglichkeit der Beteiligung an einem Handelsgewerbe, ohne dass dies nach außen in Erscheinung tritt. Die Einlage des stillen

Gesellschafters geht dabei in das Vermögen des Inhabers des Handelsgewerbes über. Sie erscheint unter dem Posten Eigenkapital und wird in der Bilanz nicht gesondert ausgewiesen.

◆ Gesellschaftsverhältnis und Name des stillen Gesellschafters erscheinen nicht in der **Firma** und werden nicht in das Handelsregister eingetragen.

◆ Bei der stillen Gesellschaft hat der Kaufmann die Möglichkeit einer Erweiterung der **Kapitalbasis**, ohne dass er in der Geschäftsführung beschränkt wird und die Beteiligung nach außen in Erscheinung tritt.

◆ Eine **Haftung** des stillen Gesellschafters ist ausgeschlossen. Er kann jedoch im Zuge eines **Insolvenzverfahrens** (vgl. S. 385 ff) sein Kapital verlieren.

◆ Der stille Gesellschafter nimmt an der **Geschäftsführung** nicht teil. Seine Kontrollrechte beschränken sich auf das Recht, eine Abschrift der Jahresbilanz zu verlangen und diese durch Einsicht in die Bücher zu prüfen.

◆ Der stille Gesellschafter muss angemessen am **Gewinn** beteiligt werden. Die **Verlustbeteiligung** kann bis zur Höhe der Einlage vereinbart werden. Wird sie ausgeschlossen, kann der Gesellschafter seine Forderung im Insolvenzfall voll geltend machen.

◆ Da die Rechtsstellung des stillen Gesellschafters der eines Darlehensgebers näherkommt als der eines Gesellschafters, bezeichnet man diese Unternehmensform auch als **unvollkommene Gesellschaft**.

Personengesellschaften
▪ Die offene Handelsgesellschaft OHG

Definition	– Gesellschaft, deren Zweck auf den Betrieb eines gemeinsamen Handelsgewerbes gerichtet ist, wobei alle Gesellschafter unbeschränkt haften
Gründung	– mindestens zwei Personen – Gesellschaftsvertrag ist formfrei – Die Gesellschaft ist zur Eintragung in das Handelsregister anzumelden
Firma	– Personen-, Sach-, Fantasiefirma oder gemischte Firma und Zusatz „offene Handelsgesellschaft"
Kapitalaufbringung	– Verbesserte Möglichkeiten der Fremdkapitalaufbringung durch Verbreiterung der Eigenkapitalbasis und Haftung
Haftung	– unbeschränkt – unmittelbar – solidarisch (gesamtschuldnerisch)
Geschäftsführung und Vertretung	– Jeder Gesellschafter ist berechtigt, allein die Geschäfte zu führen und die Gesellschaft im Außenverhältnis zu vertreten.
Gewinnverteilung	– wenn nichts geregelt ist, dann gilt § 121 HGB, d. h. 4 % auf das eingesetzte Kapital, Rest nach Köpfen oder lt. Gesellschaftsvertrag
Verlustverteilung	– nach Köpfen oder lt. Gesellschaftsvertrag

- ## Die Kommanditgesellschaft (KG)

Definition	– Handelsgesellschaft, bei der mindestens ein Gesellschafter unbeschränkt (Komplementär) und ein Gesellschafter in Höhe seiner Einlage (Kommanditist) haftet
Gründung	– mindestens zwei Personen – Gesellschaftsvertrag ist formfrei – Handelsregistereintrag erforderlich
Firma	– Personen-, Sach-, Fantasiefirma oder gemischte Firma und Zusatz „Kommanditgesellschaft"
Kapitalaufbringung	– verbesserte Möglichkeiten der Eigenfinanzierung durch Aufnahme von Kommanditisten
Haftung	– Komplementär: – unbeschränkt – unmittelbar – solidarisch – Kommanditist – in Höhe seiner Einlage
Geschäftsführung und Vertretung	– der Komplementär führt die Geschäfte und vertritt die Gesellschaft nach außen. – Der Kommanditist ist von der Geschäftsführung ausgeschlossen.
Gewinnverteilung	– lt. Gesellschaftsvertrag; – nach HGB 4 % auf das eingesetzte Kapital, Rest im angemessenen Verhältnis oder nach Gesellschaftsvertrag
Verlustverteilung	– angemessen, d. h. im Verhältnis der Anteile

- **Die stille Gesellschaft:** Die stille Gesellschaft ist der Zusammenschluss eines Kaufmanns mit einem Kapitalgeber, dessen Einlage in das Vermögen des Kaufmanns übergeht. Der stille Gesellschafter ist am Gewinn des Unternehmens beteiligt. Er tritt nach außen nicht in Erscheinung.

1. Roland Rothe plant die Gründung einer Spedition in der Rechtsform einer OHG. Um Chancen und Risiken gegeneinander abzuwägen, bittet Herr Rothe seinen Steuerberater Schmitz um die Beantwortung der nachfolgenden Fragen:
   a) Wo muss die Gesellschaft eingetragen bzw. angemeldet werden?
   b) Wie haften die Gesellschafter?
   c) Wie ist die gesetzliche Gewinnverteilung geregelt?
   d) Begründen Sie, warum der Gewinn der OHG nach Köpfen und in Form einer Kapitalverzinsung verteilt wird.
   e) Roland Rothe betreibt die OHG zusammen mit seinem Kompagnon Kotte. Nennen Sie fünf mögliche Firmen.
   f) Stellen Sie in einer Tabelle die Rechte und Pflichten der OHG-Gesellschafter gegenüber.
   Helfen Sie Herrn Schmitz bei der Erledigung dieses Auftrages.

2. Erläutern Sie die wesentlichen Unterschiede zwischen OHG und KG.

3. Erläutern Sie die mögliche Firmierung einer Einzelunternehmung, einer OHG und einer KG.

4. Nach der Eintragung der Rothe-OHG in das Handelsregister kauft Rothe mehrere Pkw.
   a) Erläutern Sie, ob Rothe das Geschäft für die OHG wirksam abschließen konnte.
   b) Welche Rechtsfolgen hätte es gehabt, wenn Kotte dem Geschäft widersprochen hätte?
   c) Erläutern Sie, ob Kotte sich an einer OHG als Gesellschafter beteiligen kann.
   d) Kotte bekommt einen Lkw günstig angeboten. Er möchte dieses Geschäft auf eigene Rechnung machen. Ist dies zulässig, wenn Rothe dagegen ist?
   e) Aufgrund von Unstimmigkeiten möchte Kotte die Gesellschaft verlassen. Er ist der Meinung, ab dem Tag der Auflösung des Gesellschaftsvertrages habe er mit den Verbindlichkeiten des Unternehmens nichts mehr zu tun. Erläutern Sie die Rechtslage.

5. Abweichend von der gesetzlichen Regelung vereinbaren die Gesellschafter die folgende Gewinnverteilung: „Die Verzinsung des eingesetzten Kapitals soll jeweils 2 % über dem Basiszinssatz der Europäischen Zentralbank vom 1. Dezember des jeweiligen Geschäftsjahres liegen. Der Rest wird nach Köpfen verteilt." Überlegen Sie, welche Gründe für diese Formulierung sprechen könnten.

6. A, B und C betreiben eine OHG. A hat 600 000,00 EUR, B 750 000,00 EUR und C 1 200 000,00 EUR in das Unternehmen eingebracht. Alle drei Gesellschafter arbeiten im Betrieb mit. Im letzten Geschäftsjahr wurde ein Gewinn in Höhe von 525 000,00 EUR erzielt.
   a) Ermitteln Sie den Gewinnanteil der Gesellschafter nach § 121 HGB.
   b) Erläutern Sie, warum es ungerecht wäre, wenn der Gewinn allein im Verhältnis der Kapitalanteile verteilt würde.
   c) Warum wäre es ebenso ungerecht, wenn der Gewinn ausschließlich nach Köpfen verteilt würde?

7. Erläutern Sie die gesetzliche Gewinnverteilung bei der OHG und bei der KG und begründen Sie die unterschiedliche Behandlung der Gesellschafter.

8. Stellen Sie die Rechtsstellung des Komplementärs der des Kommanditisten der KG gegenüber.

9. Vergleichen Sie die Vor- und Nachteile der Aufnahme eines Darlehens durch die Bank mit der Aufnahme eines stillen Gesellschafters durch einen Einzelunternehmer.

9.2.3 Kapitalgesellschaften

9.2.3.1 Die Gesellschaft mit beschränkter Haftung (GmbH) und die GmbH & Co. KG

Ärger bei der Bürodesign GmbH! Herr Stein möchte den Vertrieb aus der Bürodesign GmbH ausgliedern und dafür eine eigene GmbH gründen. Frau Friedrich ist entschieden dagegen. Herr Stein ist der Meinung, er als Kaufmann habe das Recht, kaufmännische Entscheidungen auch allein zu treffen. Frau Friedrich ist auch hier anderer Meinung. „Wir sind beide Geschäftsführer und gleichberechtigte Gesellschafter!"

Arbeitsaufträge

◆ Prüfen Sie anhand des Gesellschaftsvertrages (vgl S. 17), nach welchen Regeln auf einer Gesellschafterversammlung der Bürodesign GmbH entschieden würde.

◆ Erläutern Sie den Unterschied zwischen einer GmbH und einer GmbH & Co. KG.

● Die Gesellschaft mit beschränkter Haftung (GmbH)

> **§ 1 GmbHG:** Gesellschaften mit beschränkter Haftung können nach Maßgabe der Bestimmungen dieses Gesetzes zu jedem gesetzlich zulässigen Zweck durch eine oder mehrere Personen errichtet werden.

◆ Die GmbH ist eine Handelsgesellschaft mit eigener Rechtspersönlichkeit (**juristische Person**), deren Gesellschafter mit ihren Geschäftsanteilen am Stammkapital der Gesellschaft beteiligt sind, ohne persönlich zu haften.

◆ Eine Mindestzahl von **Gründern** ist nicht vorgeschrieben, d. h., dass auch eine Person allein eine GmbH gründen kann (Ein-Mann-GmbH). Dies kann auch eine juristische Person sein.

◆ Der Gesellschaftsvertrag (**Satzung**) bedarf der notariellen Beurkundung. Als juristische Person entsteht die GmbH erst mit Eintragung in das Handelsregister. Sie ist damit **Formkaufmann** (vgl. S. 317).

> **§ 11 Abs. 2 GmbHG:** Ist vor Eintragung im Namen der Gesellschaft gehandelt worden, so haften die Handelnden persönlich und solidarisch.

Für unkomplizierte Standardgründungen steht als Anlage zum GmbHG ein **Mustergesellschaftsvertrag** zur Verfügung. Wird dieser verwendet, ist eine notarielle Beurkundung nicht erforderlich. Es sind lediglich die Unterschriften der Gesellschafter zu beglaubigen. Ein **Muster der Handelsregisteranmeldung** steht als Anlage zum GmbHG ebenfalls zur Verfügung. Ein- und austretende Gesellschafter werden in die **Gesellschafterliste** eingetragen, die als Anlage zum Handelsregistereintrag geführt wird. So können Geschäftspartner der GmbH lückenlos nachvollziehen, wer hinter einer GmbH steht.

◆ Die **Firma** der GmbH kann Personen-, Sach-, Fantasiefirma oder gemischte Firma sein. Sie muss den Zusatz „Gesellschaft mit beschränkter Haftung" oder eine verständliche Abkürzung dieser Bezeichnung enthalten.

Beispiel Herr Kruse könnte folgende Firmen wählen: Kruse GmbH oder Möbelpolsterei GmbH oder Polster-Kruse GmbH.

◆ Anders als bei den Personengesellschaften ist bei der GmbH ein festes Gesellschaftskapital vorgeschrieben. Es wird **Stammkapital** genannt und beträgt mindestens 25 000,00 EUR. Die Einlage jedes einzelnen Gesellschafters ist der **Nennbetrag der Geschäftsanteile**. Sie beträgt mindestens 1,00 EUR. Das Stammkapital kann in Geld oder Sachwerten aufgebracht werden.

Beispiel Frau Friedrich hat bei Gründung der Bürodesign GmbH ein Grundstück im Wert von 300 000,00 EUR eingebracht. Herr Stein hat seine Einlage in Höhe von 300 000,00 EUR in bar geleistet.

Die Erweiterung der Eigenkapitalbasis der GmbH ist durch sogenannte **Nachschusszahlungen** der Gesellschafter möglich. Diese müssen jedoch ausdrücklich in der Satzung vorgesehen sein. Darüber hinaus besteht die Möglichkeit der Aufnahme neuer Gesellschafter, die durch ihre Einlagen das Stammkapital der GmbH erhöhen. Infolge der Beschränkung der Haftung und der damit verbundenen geringen Kreditwürdigkeit der GmbH sind der **Fremdkapitalbeschaffung** enge Grenzen gesetzt. Dies führt dazu, dass in der Praxis Kredite häufig nur durch Sicherung mit Privatvermögen der Gesellschafter vergeben werden.

Existenzgründer, die wenig Eigenkapital benötigen, können die GmbH als **haftungsbe-schränkte Unternehmergesellschaft** UG (haftungsbeschränkt) eintragen lassen. Diese kann ohne das Mindeststammkapital gegründet werden. Die Gewinne dieser Einstiegs-form der GmbH dürfen nicht voll ausgeschüttet werden. Sie werden einbehalten, bis das Mindestkapital von 25 000,00 EUR erreicht ist.

◆ Die **Haftung** der Gesellschafter der GmbH ist ausgeschlossen, es haftet ausschließlich die **juristische Person** (vgl. S. 106).

Beispiel   Wird die Bürodesign GmbH zahlungsunfähig, können sich die Gläubiger ausschließ-lich an die Gesellschaft wenden. Sie haftet mit ihrem gesamten Betriebsvermögen in Höhe von 600 000,00 EUR. Auf das Privatvermögen von Frau Friedrich und Herrn Stein haben die Gläubiger keinen Zugriff.

◆ Die **Organe** sind die Geschäftsführer, die Gesellschafterversammlung und ggf. der Aufsichtsrat.

  ◆ Geschäftsführung und Vertretung der Gesellschaft obliegt den **Geschäftsführern**. In der Praxis sind dies gerade bei kleinen Unternehmen häufig die Gesellschafter, es können aber selbstverständlich auch dritte Personen sein. Die Art der **Vertretungs-befugnis** ist in das Handelsregister einzutragen und auf den Geschäftsbriefen der GmbH anzugeben.

  ◆ Die **Gesellschafterversammlung** wird durch die Geschäftsführer einberufen. Sie beschließt z. B. über
    – Jahresabschluss und Gewinnverwendung,
    – Bestellung, Entlastung und Abberufung der Geschäftsführer.

  Die Abstimmung erfolgt mit einfacher Mehrheit nach Geschäftsanteilen. Je 1,00 EUR eines Geschäftsanteils gewähren eine Stimme.

  ◆ Der Gesellschaftsvertrag kann die Einrichtung eines **Aufsichtsrates** vorsehen. Seine wesentlichen Aufgaben sind die Überwachung der Geschäftsführer und die Prüfung von Jahresabschluss und Lagebericht. Für GmbHs, die mehr als 500 Arbeitnehmer beschäftigen, ist die Einrichtung eines Aufsichtsrates durch das **Betriebsverfas-sungsgesetz** zwingend vorgesehen. Der Aufsichtsrat wird für vier Jahre gewählt. Er besteht aus Vertretern der Arbeitnehmer und der Gesellschafter.

◆ Der **Gewinn** der GmbH wird, wenn die Satzung nichts anderes vorsieht und die Gesell-schafterversammlung dies beschließt, im Verhältnis der Geschäftsanteile verteilt. Bei **Verlusten** werden zunächst die Rücklagen aufgezehrt. Ist die Gesellschaft zahlungsun-fähig, oder ergibt sich bei Aufstellung der Bilanz, dass die Schulden nicht mehr durch das Vermögen der Gesellschaft gedeckt sind (**Überschuldung** vgl. S. 385), müssen die Geschäftsführer spätestens nach drei Wochen das **Insolvenzverfahren** beantragen (vgl. S. 385).

REWE ◆ Eine **Pflichtprüfung und die Veröffentlichung** (Publizierung) von Jahresabschluss und Lagebericht sind für große Kapitalgesellschaften vorgeschrieben.

◆ Die **Bedeutung der GmbH** ergibt sich aus folgenden Gründen:
  ◆ Das Risiko der Gesellschafter ist auf die Kapitaleinlage beschränkt.
  ◆ Sie kann mit wenig Kapital (25 000,00 EUR) gegründet werden.
  ◆ Die Kosten der Gründung sind niedriger als bei der AG.
  ◆ Sie ermöglicht als juristische Person die Fortführung der Unternehmung bei Tod oder Ausscheiden eines Gesellschafters.

● Die GmbH & Co. KG

◆ Die GmbH & Co. KG ist eine **Kommanditgesellschaft, bei der der Vollhafter eine GmbH ist**. Sie ist damit **Personengesellschaft**.

◆ Die GmbH & Co. KG ist vom Gesetzgeber zwar nicht vorgesehen, bewegt sich aber innerhalb geltenden Rechts und ist handels- und steuerrechtlich anerkannt. **Ziel** dieser Rechtsform ist es, die **günstigere Besteuerung** der Personengesellschaft mit der **Haftungsbeschränkung** der Kapitalgesellschaft zu verbinden. Wird das Stammkapital der GmbH niedrig angesetzt und halten sich auch Bilanzsumme, Umsatzerlöse und Arbeitnehmerzahl in bestimmten Grenzen, lässt sich auch die Publizitätspflicht der GmbH begrenzen.

◆ Zur **Gründung** der GmbH & Co. KG ist nur eine Person erforderlich. Diese gründet zunächst eine GmbH. Im Anschluss daran wird eine KG zum Handelsregister angemeldet. Komplementär ist die juristische Person der GmbH, Kommanditist ist die natürliche Person, der Gründer der GmbH.

◆ Die **Firma** muss einen Zusatz enthalten, der die Haftungsbeschränkung kennzeichnet.

◆ Das für die Gründung erforderliche **Gesellschaftskapital** besteht aus dem Stammkapital der GmbH, dies sind mindestens 25 000,00 EUR, und der Einlage des Kommanditisten.

◆ Den Möglichkeiten der **Fremdkapitalbeschaffung** sind durch die Haftungsbeschränkung auf das Vermögen der GmbH enge Grenzen gesetzt.

◆ Die **Haftung** der GmbH & Co. KG richtet sich nach den Vorschriften der KG. Danach haftet der Komplementär unbeschränkt, unmittelbar und solidarisch. Da der Komplementär eine GmbH ist, haftet diese mit ihrem gesamten Vermögen, d.h. mit dem Stammkapital von mindestens 25 000,00 EUR. Der Kommanditist haftet in Höhe seiner Einlage.

◆ **Geschäftsführung und Vertretung** der Gesellschaft liegen beim Komplementär, d.h. bei der GmbH vertreten durch ihren Geschäftsführer.

◆ Die **Gewinnverteilung** erfolgt nach den Regeln der KG. In der Praxis sieht der Gesellschaftsvertrag häufig vor, dass der Großteil des Gewinns dem Kommanditisten zufällt, um die Besteuerung der GmbH im Rahmen der Körperschaftsteuer möglichst niedrig zu halten.

Die Gesellschaft mit beschränkter Haftung (GmbH) und die GmbH & Co. KG
■ **Die Gesellschaft mit beschränkter Haftung**

Definition	– Handelsgesellschaft mit eigener Rechtspersönlichkeit (juristische Person), deren Gesellschafter mit dem Nennbetrag der Geschäftsanteile am Stammkapital der Gesellschaft beteiligt sind, ohne persönlich zu haften
Gründung	– Mindestzahl nicht vorgeschrieben – notarieller Gesellschaftsvertrag erforderlich – Handelsregistereintrag erforderlich
Firma	– Sach-, Personen-, Fantasiefirma oder gemischte Firma mit Zusatz GmbH

Kapitalaufbringung	– Stammkapital mindestens 25 000,00 EUR – Nennbetrag der Geschäftsanteile je Gesellschafter mindestens 1,00 EUR – Fremdkapitalbeschaffung durch Beschränkung der Haftung problematisch
Haftung	– Es haftet die juristische Person mit ihrem gesamten Vermögen.
Geschäftsführung und Vertretung	– durch die Geschäftsführer (Einzel- oder Gesamtgeschäftsführung möglich)
Beschließendes Organ	– Gesellschafterversammlung
Kontrollorgan	– gegebenenfalls Aufsichtsrat (ab 500 Arbeitnehmer)
Gewinnverteilung	– im Verhältnis der Geschäftsanteile
Verlustverteilung	– Aufzehrung von Rücklagen, bei Überschuldung Insolvenzverfahren

- **Die GmbH & Co. KG** ist eine KG, bei der eine GmbH Vollhafter ist.

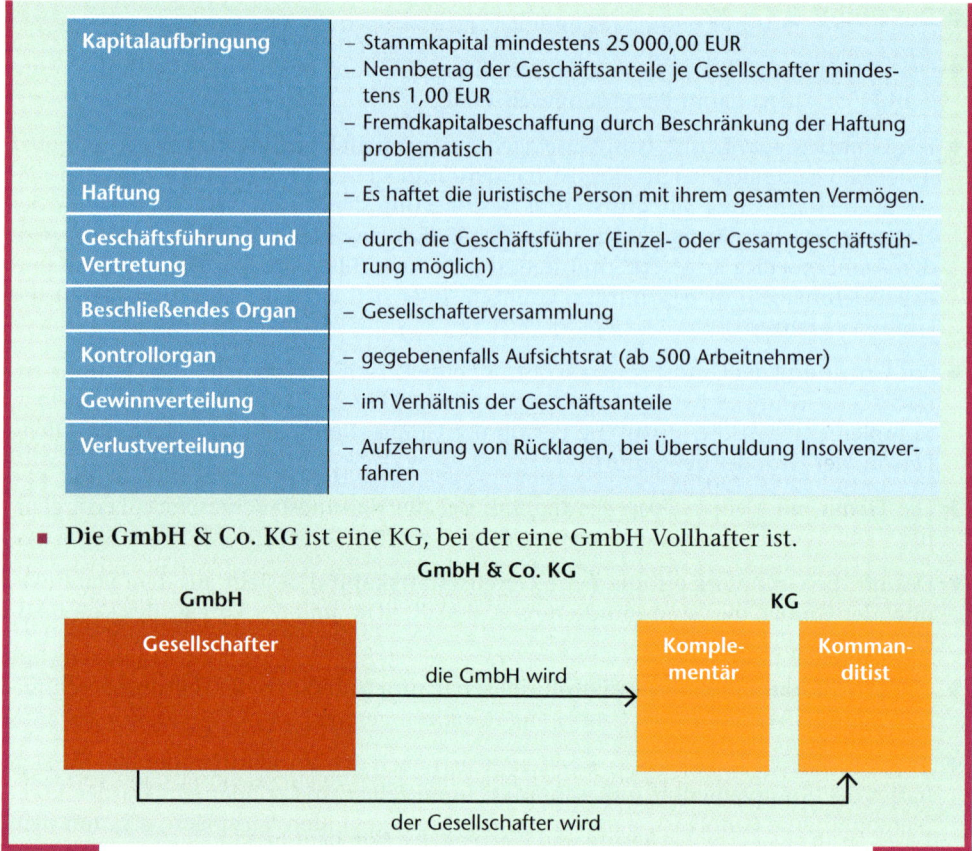

1. Die Kaufleute Wolf und Walter wollen ein Büromöbel-Fachgeschäft in der Rechtsform einer GmbH gründen.
   a) Geben Sie an, welches Mindestkapital sie einbringen müssen.
   b) Walter möchte seinen Sohn als Gesellschafter mit einer geringen Einlage beteiligen. Erläutern Sie, ob es hierfür einen Mindestbetrag gibt.
   c) Die Kaufleute setzen den Gesellschaftsvertrag auf und unterschreiben alle. Welche weiteren Formvorschriften sind zu beachten?
   d) Nennen Sie drei Firmen, die diese GmbH führen könnte.
   e) Nach Unterschrift unter den Gesellschaftsvertrag, aber vor Eintragung in das Handelsregister, kauft Wolf im Namen der GmbH einen repräsentativen Geschäftswagen. Walter junior und senior sind nicht damit einverstanden. Prüfen Sie, ob Walter zur Zahlung herangezogen werden kann.
   f) Wolf und Walter senior werden zu Geschäftsführern bestimmt. Sie haben Einzelvertretungsmacht. Wolf mietet Geschäftsräume, ohne Walter zu fragen. Begründen Sie, ob der Mietvertrag gültig ist.
   g) Erläutern Sie, wie die Ernennung der Geschäftsführer bekannt gemacht werden muss.
   h) Das Stammkapital der GmbH entspricht dem gesetzlichen Mindestkapital. Wolf ist mit 20 000,00 EUR, Walter senior mit 4 500,00 EUR und sein Sohn mit dem Rest beteiligt. Erläutern Sie, wie viel Stimmen die drei in der Gesellschafterversammlung haben.
   i) Im ersten Jahr macht die GmbH 80 000,00 EUR Gewinn. Wie wird der Gewinn verteilt, wenn in Gesellschafterversammlung und Satzung darüber nichts festgelegt wurde?

2. Erläutern Sie die Unternehmensform der GmbH anhand der Merkmale

Definition	Haftung
Gründung	Geschäftsführung und Vertretung
Firma	Organe
Kapitalaufbringung	Gewinn- und Verlustverteilung.

3. Erläutern Sie die grundsätzlichen Unterschiede zwischen einer OHG und einer GmbH.

4. Sammeln Sie Argumente, die für bzw. gegen die Umwandlung der Bürodesign GmbH in eine GmbH & Co. KG sprechen.

9.2.3.2 Die Aktiengesellschaft (AG)

Die Auszubildende Silvia Land ist ganz aus dem Häuschen. Sie hat den Auftrag bekommen, 40 Geschäftsstellen der Allfinanz Versicherungs-AG neu auszustatten! Als sie in der Konferenz der Gruppen- und Abteilungsleiter darüber berichtet, erkundigt sich die Leiterin des Rechnungswesens nach den Zahlungsbedingungen. „Da musste ich natürlich Zugeständnisse machen, sonst hätte die Konkurrenz das Geschäft gemacht. Die Allfinanz zahlt in drei Raten. Jeweils 1/3 in 30, 60 und 90 Tagen." „Und wie ist es mit den Sicherheiten?", fragt der Geschäftsführer, Herr Stein. „Da brauchen wir uns keine Gedanken zu machen", antwortet Frau Land, „die Allfinanz ist eine Aktiengesellschaft, da stehen Tausende von Aktionären für unsere Forderungen gerade!"

Arbeitsaufträge
◆ Erarbeiten Sie den nachfolgenden Sachinhalt und überprüfen Sie die Aussage von Frau Land.
◆ Stellen Sie in einer Liste die Rechte und Pflichten der Aktionäre zusammen.

◆ Die Aktiengesellschaft ist eine Handelsgesellschaft mit eigener Rechtspersönlichkeit (**juristische Person**), deren Grundkapital in Aktien zerlegt ist. Eine Haftung der Gesellschafter (Aktionäre) ist ausgeschlossen.

◆ Das **Grundkapital** der Aktiengesellschaft ergibt sich aus dem Nennwert sämtlicher Aktien. Es muss mindestens 50 000,00 EUR betragen, wobei der Mindestbetrag pro Aktie 1,00 EUR beträgt.

◆ Die **Aktie** ist eine Urkunde über die Beteiligung an einer AG. Sie wird i. d. R. zum **Nennwert** ausgegeben. Werden die Aktien an der Börse gehandelt und ist die AG erfolgreich, steigt der Wert der Aktie über den Nennwert. Der Börsenpreis einer Aktie wird Kurs oder Kurswert genannt. Aktien sind i. d. R. **Inhaberaktien**, d. h. Inhaberpapiere. Alle Rechte können vom Inhaber der Aktie geltend gemacht werden. Es gibt aber auch **Namensaktien**, bei denen der Name des Aktionärs auf der Aktie und im Aktienbuch der AG vermerkt ist.

◆ **§ 4 Abs. 1 Aktiengesetz:** Die Firma der Aktiengesellschaft muss, auch wenn sie nach § 22 des Handelsgesetzbuchs oder nach anderen gesetzlichen Vorschriften fortgeführt wird, die Bezeichnung „Aktiengesellschaft" oder eine allgemein verständliche Abkürzung dieser Bezeichnung enthalten.

Sie kann somit Personen-, Sach-, Fantasiefirma oder gemischte Firma mit dem Zusatz AG sein.

◆ Zur **Gründung** einer Aktiengesellschaft ist mindestens eine Person erforderlich, die die Aktien gegen Einlage des Grundkapitals übernimmt. Der Gesellschaftsvertrag, die Satzung, muss notariell beurkundet werden. Als Formkaufmann i.S. §6 HGB entsteht die Aktiengesellschaft mit Eintragung in das Handelsregister.

Bei Bargründungen müssen mindestens 25 % des Nennwertes der Aktien eingezahlt werden. Werden die Aktien über dem Nennwert verkauft, also mit **Aufgeld** (Agio), muss auch das Agio bezahlt werden. Es wird in die gesetzlichen Kapitalrücklagen eingestellt und ist somit Eigenkapital.

◆ Die im Gesetz vorgeschriebenen **Organe** der Aktiengesellschaft sind der Vorstand, der Aufsichtsrat und die Hauptversammlung.

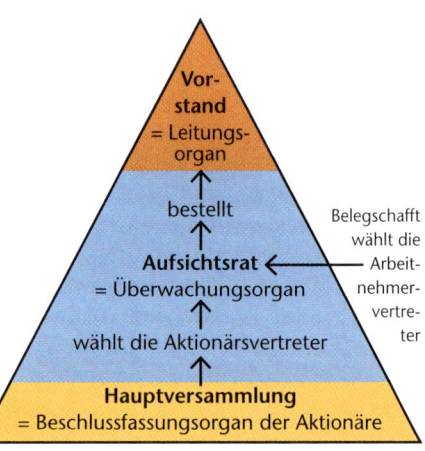

◆ Der **Vorstand** ist das Leitungsorgan der Gesellschaft. Er wird vom Aufsichtsrat auf höchstens fünf Jahre bestellt. Eine gleichzeitige Mitgliedschaft in Vorstand und Aufsichtsrat ist nicht zulässig. Der Vorstand kann aus einer oder mehreren Personen bestehen. Besteht der Vorstand aus mehreren Personen, haben diese Gesamtvertretungsmacht, d.h., sie müssen alle Entscheidungen gemeinsam treffen. Die Satzung kann jedoch Einzelvertretungsmacht vorsehen.

Die **Aufgaben des Vorstandes sind**:
– Geschäftsführung und Vertretung der Gesellschaft unter eigener Verantwortung
– Berichterstattung an den Aufsichtsrat über die beabsichtigte Geschäftspolitik, die Rentabilität der Gesellschaft und den Gang der Geschäfte
– Aufstellung von Jahresabschluss und Lagebericht und Vorlage bei den Abschlussprüfern
– Einberufung der Hauptversammlung

Die Mitglieder des Vorstandes sind im Handelsregister einzutragen und auf allen Geschäftsbriefen der Aktiengesellschaft anzugeben.

◆ Der **Aufsichtsrat** ist das Kontrollorgan der Aktiengesellschaft. Er überwacht den Vorstand und wird auf vier Jahre durch die Hauptversammlung gewählt. Amtszeit des Vorstandes (fünf Jahre) und des Aufsichtsrates (vier Jahre) sind bewusst unterschiedlich gewählt, damit die Gesellschaft nicht in regelmäßigen Abständen die gesamte Führung auswechseln muss. Die Zahl der Aufsichtsratsmitglieder ist von der Höhe des Grundkapitals abhängig.
Die **Zusammensetzung des Aufsichtsrates** ist von der Zahl der Arbeitnehmer der Gesellschaft abhängig:

Beispiele
– Für Unternehmen mit bis zu 2 000 Beschäftigten gilt das **Betriebsverfassungsgesetz** von 1952. Es sieht vor, dass 1/3 der Aufsichtsratsmitglieder von den Arbeitnehmern und 2/3 der Mitglieder von den Anteilseignern gewählt werden.
– Für Unternehmen, die i.d.R. mehr als 2 000 Arbeitnehmer beschäftigen und in der Rechtsform einer GmbH, AG oder KGaA betrieben werden, gilt das **Mitbestimmungsgesetz** von 1976. Hier gilt die „paritätische Mitbestimmung", die vorsieht, dass Anteilseigner und

Arbeitnehmer im Aufsichtsrat zu gleichen Teilen vertreten sind. Die Anteilseigner werden von der Hauptversammlung gewählt, die Arbeitnehmervertreter von der Belegschaft. Ein Teil der Aufsichtsratssitze der Arbeitnehmer ist für die in den Unternehmen vertretenen Gewerkschaften reserviert. Arbeiter, Angestellte und leitende Angestellte sollen entsprechend ihrem Anteil an der Gesamtbelegschaft vertreten sein. Jede Gruppe muss mindestens einen Sitz erhalten (Minderheitenschutz).

Der Aufsichtsratsvorsitzende und sein Stellvertreter werden vom Aufsichtsrat mit Zwei-Drittel-Mehrheit gewählt. Wird diese Mehrheit für einen Vertreter nicht erreicht, so wählen die Anteilseigner aus ihrer Mitte den Vorsitzenden und die Arbeitnehmer aus ihrer Mitte den Stellvertreter. Der Aufsichtsratsvorsitzende erhält für den Fall der Stimmengleichheit eine zweite Stimme, d. h., dass die Stimmenmehrheit der Anteilseigner in jedem Fall gesichert ist.

Die **Aufgaben des Aufsichtsrates** sind:
– Überwachung der Geschäftsführung des Vorstandes
– Bestellung und Abberufung des Vorstandes
– Prüfung von Jahresabschluss und Lagebericht
– Unterrichtung der Hauptversammlung über das Ergebnis der Prüfung

Billigt der Aufsichtsrat den Jahresabschluss, so gilt dieser als festgestellt. Jahresabschluss und weitere Abschlussunterlagen sind dem Handelsregister einzureichen und werden je nach Größe der Kapitalgesellschaft veröffentlicht. Der Aufsichtsrat kann eine außerordentliche Hauptversammlung einberufen, wenn das Wohl der Gesellschaft dies erfordert.

Beispiel Bei der Vereinigten Spanplatten AG sind wegen drastischer Umsatzeinbrüche Massenentlassungen geplant. Der Aufsichtsrat beruft eine außerordentliche Hauptversammlung ein.

◆ Die **Hauptversammlung** ist die Versammlung der Aktionäre. Jedem Aktionär ist auf Verlangen in der Hauptversammlung vom Vorstand Auskunft über Angelegenheiten der Gesellschaft zu geben.
Die **Aufgaben** der Hauptversammlung sind:
– Wahl der Aufsichtsratsmitglieder der Anteilseigner
– Beschlussfassung über lebenswichtige Fragen der AG, die einer Satzungsänderung bedürfen
– Beschlussfassung über die Verwendung des Bilanzgewinns. 5 % des Jahresüberschusses sind dabei in die gesetzlichen Rücklagen einzustellen, bis 10 % des Grundkapitals erreicht sind. Die Hauptversammlung beschließt auch über den Betrag des Bilanzgewinns, der an die Aktionäre ausgeschüttet wird. Dieser Betrag wird als **Dividende** bezeichnet.
– Entlastung der Mitglieder von Vorstand und Aufsichtsrat.
– Bestellung der Abschlussprüfer
– Beschluss über die Erhöhung des Grundkapitals

Die Hauptversammlung wird vom Vorstand einberufen. Diese Einberufung wird in der Presse bekannt gemacht. Die **Abstimmung** in der Hauptversammlung erfolgt nach Aktiennennbeträgen. Nur ein kleiner Teil der Aktionäre in der Bundesrepublik nimmt jedoch an den Hauptversammlungen der Aktiengesellschaften teil. Die meisten Aktionäre beauftragen ihre Kreditinstitute mit der Ausübung ihres Stimmrechts (= **Depotstimmrecht**). Grundsätzlich werden Beschlüsse der Hauptversammlung mit einfacher Mehrheit gefasst. Bei Satzungsänderungen ist jedoch eine Mehrheit von 75 % der abgegebenen Stimmen erforderlich. Ein Aktionär, der über 25 % des Grundkapitals + eine Stimme verfügt, kann demnach Beschlüsse über entscheidende Fragen der Gesellschaft verhindern (= **Sperrminorität**).

◆ Die Aktiengesellschaft ist eine geeignete Organisationsform für Unternehmen, die zur Durchführung ihrer Vorhaben großer Kapitalmengen bedürfen. Das Grundkapital wird dabei nicht von einigen wenigen Gesellschaftern aufgebracht, sondern in eine Vielzahl von Anteilsscheinen, die Aktien, zerlegt und den Aktionären zum Kauf angeboten. Die Beschränkung der Haftung auf die Einlage, die Aussicht auf entsprechende Rendite und die Möglichkeit sich auch mit bescheidenen Mitteln an einem Unternehmen zu beteiligen, veranlassen viele Anleger dazu, Aktien zu erwerben, und ermöglichen es der Aktiengesellschaft, das erforderliche Kapital aufzubringen.

Die Aktiengesellschaft (AG)

Definition	– Handelsgesellschaft mit eigener Rechtspersönlichkeit (juristische Person), deren Grundkapital in Aktien zerlegt ist
Gründung	– mindestens eine Person erforderlich – Satzung muss notariell beurkundet werden – Eintragung in das Handelsregister
Firma	– Sach-, Personen-, Fantasiefirma oder gemischte Firma mit Zusatz Aktiengesellschaft
Kapitalaufbringung	– Das Grundkapital in Höhe von mindestens 50 000,00 EUR ist in Aktien zerlegt. – Eine Aktie ist eine Urkunde über die Beteiligung an einer AG.
Haftung	– Es haftet die juristische Person mit ihrem gesamten Vermögen. Eine Haftung der Gesellschafter (Aktionäre) ist ausgeschlossen.
Geschäftsführung und Vertretung	– Vorstand
Kontrollorgan	– Aufsichtsrat
Beschließendes Organ	– Hauptversammlung
Gewinnverteilung	– Zahlung einer Dividende pro Aktie nach Beschluss der Hauptversammlung
Verlustverteilung	– Aufzehrung von Rücklagen – bei Überschuldung Insolvenzverfahren

1. Erläutern Sie die Rechtsform der Aktiengesellschaft unter besonderer Berücksichtigung der Merkmale

Definition	Kapitalaufbringung	Kontrollorgan
Gründung	Haftung	
Firma	Geschäftsführung und Vertretung.	

2. Überlegen Sie, in welcher Situation die Gründung eines Unternehmens in der Rechtsform einer Aktiengesellschaft sinnvoll sein könnte.

3. Stellen Sie in einer Übersicht die wesentlichen Unterschiede von GmbH und AG gegenüber.

4. Überlegen Sie, welche Schritte erforderlich wären, um die Bürodesign GmbH in eine Aktiengesellschaft umzuwandeln.

5. Die Vereinigte Möbelwerke AG hat ein Grundkapital vom 100 Mio. EUR. Sie beschäftigt 2 100 Mitarbeiter. Der Vorstand besteht aus drei Mitgliedern, zum Vorsitzenden wurde Dr. Weber bestellt. Eine Regelung über die Vertretungsmacht wurde nicht getroffen.

   a) Dr. Weber möchte ein dringend erforderliches Grundstück für die AG erwerben. Die anderen Vorstandsmitglieder sind dagegen. Überprüfen Sie, ob Dr. Weber sich durchsetzen kann.

   b) Dr. Weber möchte alle Briefbögen der AG neu drucken lassen, da er der Meinung ist, der Vorstand müsse auf den Briefbögen angegeben werden. Seine Kollegen halten dies für nicht erforderlich. Wie ist die Rechtslage?

   c) Erläutern Sie, wie sich der Aufsichtsrat zusammensetzt.

   d) Der Aktionär Schmitz besitzt 30 Aktien zum Nennwert von 50,00 EUR, sein Freund Lang 20 Aktien zu 100,00 EUR. Wie viel Stimmen haben Schmitz und Lang bei der Wahl des Aufsichtsrates?

   e) Der Aktionär Schmitz verlangt zum Tagesordnungspunkt „Rationalisierung" Auskunft über geplante Entlassungen der AG. Der Vorstand verweigert die Auskunft. Begründen Sie, ob dies zulässig ist.

   f) Zur Frage der Zahlung einer Dividende kommt es zu kontroversen Diskussionen. Fast alle der anwesenden Kleinaktionäre sind dafür. Lediglich Dr. Müller-Lüdenscheid, der Vertreter der Großaktionäre (sie halten 74 % der Anteile), ist dagegen. Erläutern Sie, wie entschieden wird.

   g) Dr. Müller-Lüdenscheid möchte die Satzung der AG dahingehend ändern lassen, dass der Sitz des Unternehmens nach Liechtenstein verlegt wird. Kann er dies durchsetzen?

9.2.4 Die Genossenschaft (eG)

Die Unternehmensform der Genossenschaft ist bereits im vergangenen Jahrhundert entstanden. In einem Lehrbuch der damaligen Zeit kann man Folgendes nachlesen: „Bezugsgenossenschaften sind Vereinigungen, um nach Art der Konsumvereine Rohmaterialien im Großen auf gemeinsame Kosten zu beziehen und nach Maßgabe der eigenen Unkosten an die Mitglieder abzusetzen. Es gehörte zu den ersten Versuchen, welche 1850 der Kreisrichter Schulze in Delitzsch unternahm, die Schuhmacher des Ortes zu einem solchen Verein zusammenzutun, um gemeinsam die Ledereinkäufe durch einen Vertreter besorgen zu lassen, durch den Einkauf im Großen Ermäßigungen zu erzielen und diese durch erweiterte Barzahlung zu erhöhen. Das Verfahren zeigte sich als ebenso ersprießlich für den Handwerker wie für den Verkäufer." J. Conrad, Politische Oekonomie, Jena 1902.

Arbeitsaufträge
◆ Erarbeiten Sie die Merkmale der Genossenschaft und beantworten Sie die Frage, ob diese Unternehmensform auch heute noch zeitgemäß ist.
◆ Erläutern Sie den Unterschied zwischen Geschäftsanteil, Geschäftsguthaben und Haftsumme.

◆ Die Genossenschaft ist eine Gesellschaft mit nicht geschlossener Mitgliederzahl, „welche die Förderung des Erwerbs und der Wirtschaft ihrer Mitglieder mittels gemeinschaftlichen Geschäftsbetriebes bezwecken" (§ 1 Abs. 1 GenG), ohne dass diese persönlich für die

Verbindlichkeiten der Genossenschaft haften. Ursprüngliches Ziel der Genossenschaft ist also nicht die Gewinnerzielung, sondern die Selbsthilfe der Mitglieder durch gegenseitige Förderung.

Beispiel Zusammenschluss mehrerer Unternehmen zu einer Einkaufsgenossenschaft, um beim Einkauf günstigere Konditionen zu erzielen.

◆ Die Genossenschaft ist weder eine Personen- noch eine Kapitalgesellschaft, sondern ein wirtschaftlicher Verein. Zu ihrer **Gründung** sind mindestens sieben Personen erforderlich. Diese stellen ein Statut (Satzung) auf und legen dieses dem entsprechenden Genossenschaftsverband zur Prüfung vor. Anschließend wird die Gesellschaft in das Genossenschaftsregister eingetragen, damit ist sie **juristische Person**.

◆ Die **Firma** der Genossenschaft kann Sach-, Personen-, Fantasiefirma oder gemischte Firma sein und muss den Zusatz „eingetragene Genossenschaft" oder „eG" enthalten.

◆ Die Genossenschaft hat kein festes **Mindestkapital**, sondern ihr Kapital setzt sich aus den Einlagen der Mitglieder zusammen. Im Statut wird der Betrag festgelegt, zu dem sich ein Genosse beteiligen kann **(Geschäftsanteil)**. Jeder Genosse kann i.d.R. nur einen Geschäftsanteil erwerben. Es wird weiterhin die **Mindesteinlage** festgelegt, die jeder Genosse auf seinen Geschäftsanteil einzahlen muss. Diesem eingezahlten Betrag werden die Gewinne der Genossenschaft und die Einzahlungen des Genossen so lange gutgeschrieben, bis der Geschäftsanteil erreicht ist. Verluste werden entsprechend abgezogen. Der jeweilige „Kontostand" eines Genossen ist das **Geschäftsguthaben**.

◆ Für die Verbindlichkeiten der Genossenschaft **haftet** den Gläubigern das Vermögen der juristischen Person. Jeder Genosse haftet mit seinem Geschäftsanteil und der im Statut festgelegten **Haftsumme**, die nicht niedriger als der Geschäftsanteil sein darf. Haftsumme und Geschäftsanteil bilden die **Risikosumme**. Im Statut kann festgelegt werden, dass die Genossen im Insolvenzfall Kapital in beschränkter oder unbeschränkter Höhe nachschießen müssen **(Nachschusspflicht)**.

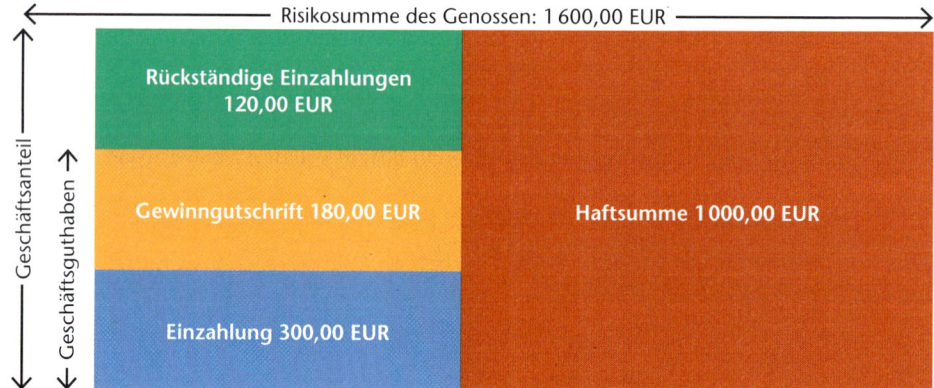

◆ Die **Organe** der Genossenschaft sind Vorstand, Aufsichtsrat und Generalversammlung.

　◆ Der **Vorstand** ist das Geschäftsführungsorgan der Genossenschaft. Er besteht aus mindestens zwei Mitgliedern und wird von Generalversammlung oder Aufsichtsrat gewählt. Wenn die Satzung nichts anderes vorsieht, hat der Vorstand Gesamtvertretungsmacht.

◆ Der **Aufsichtsrat** überwacht den Vorstand, kann jederzeit die Bücher einsehen und Berichterstattung vom Vorstand fordern. Er besteht aus mindestens drei Genossen und wird von der Generalversammlung gewählt.

◆ Die **Generalversammlung** ist das beschlussfassende Organ der Genossenschaft. Sie besteht aus den Mitgliedern der Genossenschaft. Ihre wesentlichen Aufgaben sind:
  – Wahl von Vorstand und Aufsichtsrat
  – Beschlussfassung über den Jahresabschluss und die Gewinnverteilung
  – Entlastung von Vorstand und Aufsichtsrat
  Die Abstimmung in der Generalversammlung erfolgt nach Köpfen, d. h., jeder Genosse hat, unabhängig von der Zahl der Geschäftsanteile oder seinem Geschäftsguthaben, nur eine Stimme.

◆ Die **Gewinn- und Verlustverteilung** erfolgt im Verhältnis der Geschäftsanteile. Die Zuschreibung der Gewinne erfolgt so lange, bis der Geschäftsanteil erreicht ist. Verluste werden vom Geschäftsguthaben abgezogen. Ist der Geschäftsanteil erreicht, hat der Genosse Anspruch auf Auszahlung des Gewinns. Das Statut kann abweichende Regelungen vorsehen.

Die Genossenschaft (eG)	
Definition	– Gesellschaft, welche die Förderung des Erwerbs und der Wirtschaft ihrer Mitglieder bezweckt, ohne dass diese persönlich haften
Gründung	– mindestens sieben Personen – Pflichtprüfung durch den Genossenschaftsverband, danach Eintragung in das Genossenschaftsregister
Firma	– Sach-, Personen-, Fantasiefirma oder gemischte Firma mit Zusatz eG
Kapitalbeschaffung	– Das Grundkapital setzt sich aus den Einlagen der Mitglieder zusammen. – Der Geschäftsanteil ist der im Statut bestimmte Beitrag, zu dem sich ein Genosse beteiligen kann. – Die Mindesteinlage ist der Betrag, der mindestens einbezahlt werden muss. – Das Geschäftsguthaben ist der Betrag, den der Genosse auf seinen Geschäftsanteil tatsächlich eingezahlt hat. – Das Statut kann im Insolvenzfall Nachschusszahlungen vorsehen.
Haftung	– Es haftet das Vermögen der juristischen Person – Die Haftung der Genossen ist auf die Risikosumme (i. d. R. der Geschäftsanteil) beschränkt.
Geschäftsführung und Vertretung	– Vorstand
Kontrollorgan	– Aufsichtsrat
Beschließendes Organ	– Generalversammlung
Gewinnverteilung	– Gewinne werden den Geschäftsguthaben gutgeschrieben, bis der Geschäftsanteil erreicht ist
Verlustverteilung	– Verluste werden vom Geschäftsguthaben abgezogen.

1. Erläutern Sie die Rechtsform der Genossenschaft.

2. Zehn Büromöbel-Fachgeschäfte möchten sich zu einer Einkaufsgenossenschaft zusammenschließen.
    a) Stellen Sie Vor- und Nachteile für die Fachgeschäfte gegenüber.
    b) Geben Sie an, welche Vor- und Nachteile mit dieser Gründung für die Bürodesign GmbH als Lieferanten verbunden sind.

3. Erläutern Sie den Unterschied zwischen Geschäftsanteil, Mindesteinlage und Geschäftsguthaben.

4. Beschreiben Sie die Organe der Genossenschaft und ihre jeweilige Funktion.

5. Stellen Sie die Organe der Aktiengesellschaft und der Genossenschaft gegenüber und kennzeichnen Sie die jeweiligen Unterschiede.

6. Im Statut einer Büromöbel-Einkaufsgenossenschaft ist der Geschäftsanteil jedes Genossen auf 5 000,00 EUR festgelegt. Die Haftsumme beträgt 7 500,00 EUR. Unter anderem sind Albers, Brehm und Cäsar beteiligt. Albers hat auf seinen Geschäftsanteil 2 500,00 EUR eingezahlt, Brehm 3 000,00 EUR und Cäsar 4 000,00 EUR.
    a) Ermitteln Sie das Geschäftsguthaben der Genossen.
    b) Geben Sie an, in welcher Höhe jeder Genosse im Insolvenzfall Nachschuss leisten müsste.
    c) In der Generalversammlung wird über die Verwendung des Gewinns abgestimmt. Wie viel Stimmen haben Albers, Brehm und Cäsar, wenn im Statut keine abweichende Regelung getroffen ist?
    d) Wie viel Stimmen hätten sie, wenn es sich um eine Büromöbel-AG handeln würde?
    e) Auf jeden Geschäftsanteil entfällt ein Gewinnanteil von 500,00 EUR. Wie hoch ist das Geschäftsguthaben der drei Genossen jetzt?

Wiederholung: Rechtsformen der Unternehmung

Übungsaufgaben

1. Paul Schneider und Rolf Nettekoven wollen ein Fachgeschäft für Büroeinrichtungen gründen. Beide wollen aktiv im Unternehmen mitarbeiten. Paul Schneider will in das zu gründende Unternehmen 150 000,00 EUR Bargeld einbringen. Rolf Nettekoven bringt einen Lieferwagen im Wert von 30 000,00 EUR und ein ihm gehörendes Lagerhaus im Wert von 250 000,00 EUR in das Unternehmen ein. Sie sollen bei der Planung des zu gründenden Unternehmens mitwirken.
    a) Welche persönlichen Voraussetzungen sollten Schneider und Nettekoven erfüllen, damit ihre Existenzgründung Aussicht auf Erfolg hat?
    b) Fertigen Sie eine Liste der Sachverhalte an, über die sich die Partner vor Gründung des Unternehmens einigen sollten.
    c) Machen Sie einen Vorschlag für eine geeignete Unternehmensform und begründen Sie Ihre Entscheidung.
    d) Angenommen, die beiden Partner gründen eine OHG, welche Grundsätze müssen bei der Firmierung beachtet werden?
    e) Erstellen Sie eine Liste der Institutionen, bei denen die OHG angemeldet werden muss.

f) Schneider und Nettekoven diskutieren über die Regelung der Gewinnverteilung. Die gesetzliche Regelung kommt für sie nicht infrage, da die Kapitalverzinsung nicht dem Marktzins entspricht. Machen Sie Vorschläge für eine entsprechende Vertragsklausel, die nicht laufend geändert werden muss.

g) Erläutern Sie die Regelung der Haftung bei der OHG.

h) Am Ende des ersten Geschäftsjahres wird ein Reingewinn in Höhe von 124 000,00 EUR ausgewiesen. Verteilen Sie den Gewinn
   1. nach der im HGB vorgesehenen Regel,
   2. nach der von Ihnen vorgeschlagenen Regel!

i) Schneider und Nettekoven planen die Gründung weiterer Filialen. Um das Risiko zu beschränken, wollen sie die OHG in eine GmbH umwandeln. Stellen Sie Vor- und Nachteile der Personen- und Kapitalgesellschaften gegenüber.

j) Formulieren Sie einen Gesellschaftsvertrag. Nehmen Sie den Vertrag der Bürodesign GmbH als Vorlage.

k) Erläutern Sie, ab wann die GmbH als juristische Person entsteht.

l) In der Gesellschafterversammlung kommt es zum Streit über die Einstellung eines Prokuristen. Schneider ist dafür, Nettekoven dagegen. Begründen Sie, wie in diesem Fall entschieden wird.

2. Stellen Sie in einer Tabelle Personen- und Kapitalgesellschaften anhand geeigneter Kriterien gegenüber.

3. Erläutern Sie die Grundsätze der
   – Firmenwahrheit   – Firmenausschließlichkeit   – Firmenöffentlichkeit.
   – Firmenklarheit   – Firmenbeständigkeit

4. Die Wirkung der Eintragung in das Handelsregister kann konstitutiv oder deklaratorisch sein. Erläutern Sie die Begriffe anhand eines Beispiels.

5. Steuerberater Schröder beteiligt sich an der Einzelunternehmung von Sabine Freund. Man einigt sich, dass Schröder Kommanditist wird. Die Gesellschaft nimmt mit Schröders Zustimmung die Geschäfte auf. Die Eintragung in das Handelsregister unterbleibt zunächst.

a) Der Lieferant Ludwig will eine Forderung eintreiben und wendet sich direkt an den gut situierten Schröder. Dieser verweigert die Zahlung mit dem Hinweis, er sei lediglich Kommanditist. Überprüfen Sie, ob der Lieferant im Recht ist.

b) Die Kommanditgesellschaft wird in das Handelsregister eingetragen. Im ersten Jahr der Tätigkeit macht das Unternehmen 100 000,00 EUR Verlust. Frau Freund werden 80 000,00 EUR, Herrn Schröder 20 000,00 EUR zugeschrieben. Als im zweiten Jahr 50 000,00 EUR Gewinn anfallen, verlangt Schröder Auszahlung seines Anteils. Frau Freund verweigert dies. Begründen Sie, ob sie im Recht ist.

c) Frau Freund kauft für die KG einen großen Posten Taschenrechner. Schröder ist mit dem Kauf nicht einverstanden. Erläutern Sie, ob Schröder dem Geschäft widersprechen kann.

d) Als Frau Freund die Geschäftsräume günstig zum Kauf angeboten werden, greift sie im Namen der KG zu. Hätte sie Schröders Zustimmung einholen müssen?

e) Als Schröder widerspricht, ist Frau Freund der Meinung, der Kaufvertrag sei nichtig. Der Verkäufer besteht jedoch auf Einhaltung. Wie ist die Rechtslage?

f) Aufgrund der anhaltenden Spannungen verlangt Schröder, dass ihm monatlich die Bücher vorgelegt werden. Darüber hinaus will er sich durch unangekündigte Besuche im Ladenlokal vom ordnungsgemäßen Ablauf des Geschäftsbetriebes überzeugen. Ist er hierzu berechtigt?

6.   Bilden Sie mehrere Gruppen in der Klasse. Wählen Sie aus dem Kurszettel der Tageszeitung je Gruppe eine Aktiengesellschaft aus.
     a) Verfolgen Sie den Kurswert der Aktien und stellen Sie diesen grafisch dar.
     b) Versuchen Sie eine Begründung für das Steigen bzw. Fallen der Aktien zu finden.
     c) Schreiben Sie das Unternehmen an und bitten Sie um einen Geschäftsbericht.
     d) Werten Sie den Geschäftsbericht aus und stellen Sie die zentralen Aussagen auf Folien dar. Präsentieren Sie die Ergebnisse der Klasse.

7.   Das HGB kennt Kaufleute und Kleingewerbetreibende.
     a) Erläutern Sie, anhand welcher Merkmale Kaufleute und Kleingewerbetreibende unterschieden werden.
     b) Geben Sie an, welche Vorteile der Status des Kaufmanns bringt.

Prüfungsaufgaben

1.   Welche der nachfolgenden Aussagen über das Handelsregister ist zutreffend:
     1) Das Handelsregister ist das Verzeichnis aller Kaufleute eines Amtsgerichtsbezirkes.
     2) Die Genossenschaft wird in Abteilung B eingetragen.
     3) Eintragungen, die im Handelsregister rot unterstrichen sind, gelten als gelöscht.
     4) Nur Kaufleute können das Handelsregister einsehen.

2.   Vervollständigen Sie die unten stehenden Sätze durch Einsetzen der folgenden Begriffe zu zutreffenden Aussagen über die AG.
     1) Der Vorstand   2) Der Aufsichtsrat   3) Die Hauptversammlung
     a) … beschließt eine Erhöhung des Grundkapitals.
     b) … prüft den Jahresabschluss, den Lagebericht und den Vorschlag zur Verwendung des Bilanzgewinns.
     c) … leitet die Unternehmung in eigener Verantwortung.
     d) … bestellt die Unternehmungsleitung und überwacht ihre Tätigkeiten.

3.   Stellen Sie fest, welche der unten stehenden Aussagen sich auf eine
     1) Einzelunternehmung   3) KG   5) GmbH
     2) OHG   4) AG   6) eG
     beziehen.
     a) Jeder Gesellschafter ist ermächtigt, die Gesellschaft allein zu vertreten.
     b) Der Vollhafter ist zur Geschäftsführung verpflichtet.
     c) Das gesetzlich vorgeschriebene Mindestkapital wird als Grundkapital bezeichnet.
     d) Die Organe sind Vorstand, Aufsichtsrat und Generalversammlung.
     e) Das Mindestkapital beträgt 25 000,00 EUR.
     f) Die Gesellschaft kann auch von einer Person allein gegründet werden.

4.   Welche der nachfolgenden Aussagen über die OHG sind zutreffend?
     1) Ein Gesellschafter darf ohne Einwilligung der anderen Gesellschafter im Handelszweig der eigenen Gesellschaft keine Geschäfte auf eigene Rechnung abschließen.
     2) Ein ausscheidender Gesellschafter haftet noch vier Jahre für alle vor seinem Ausscheiden begründeten Schulden.
     3) Die Kündigung eines Gesellschafters kann mit einer Frist von sechs Monaten zum Schluss des Geschäftsjahres erfolgen.
     4) Die gesetzliche Gewinnverteilung lautet „5 % auf das eingesetzte Kapital, Rest nach Köpfen".
     5) Es ist kein gesetzlich vorgeschriebenes Mindestkapital erforderlich.

5. Welche der nachfolgenden Aussagen über die Aktiengesellschaft (AG) sind zutreffend?
   1) Die AG ist als Kapitalgesellschaft in Abteilung A des Handelsregisters eingetragen.
   2) Zur Gründung sind mindestens sieben Personen erforderlich.
   3) Die Satzung muss notariell beurkundet werden.
   4) Die Firma kann Personen-, Sach-, Fantasiefirma oder gemischte Firma sein.
   5) Der Kurswert der Aktie beträgt mindestens 1 EUR.
   6) Die Organe heißen Vorstand, Aufsichtsrat und Generalversammlung.
   7) Der Vorstand wird vom Aufsichtsrat für maximal fünf Jahre gewählt.
   8) Die Gewinnausschüttung an die Aktionäre wird als Dividende bezeichnet.
   9) Aufsichtsrat und Vorstand können als Erfolgsbeteiligung Tantiemen erhalten.

6. Stellen Sie fest, ob die unten stehenden Rechtsformen in der
   – Abteilung A   – Abteilung B   nicht in das Handelsregister eingetragen werden.
   1) OHG   3) KG   5) AG
   2) GmbH   4) GmbH & Co. KG   6) eG

7. Bei welcher Unternehmungsform haften alle Gesellschafter mit ihrem Privatvermögen?
   1) OHG   3) AG   5) Genossenschaft
   2) GmbH   4) KG

8. Welche der folgenden Aussagen treffen auf die Einzelunternehmung zu?
   1) Der Inhaber haftet nur mit dem Geschäftskapital.
   2) Der Inhaber bringt das gesamte Geschäftskapital auf.
   3) Der Inhaber kann das Risiko verteilen.
   4) Der Inhaber leitet sein Unternehmen in eigener Verantwortung und vertritt es ohne Einschränkung.
   5) Der Inhaber haftet alleine mit seinem gesamten Vermögen.

9. Wie ist die Haftung beim Ausscheiden eines Gesellschafters aus einer offenen Handelsgesellschaft geregelt?
   1) Der ausscheidende Gesellschafter haftet auch nach seinem Austritt unbefristet für die bestehenden Verbindlichkeiten der OHG.
   2) Der ausscheidende Gesellschafter haftet noch fünf Jahre lang für die bis zu seinem Ausscheiden entstandenen Verbindlichkeiten der OHG.
   3) Die Haftung erlischt grundsätzlich beim Austritt des Gesellschafters.
   4) Der ausscheidende Gesellschafter haftet für die bis zu seinem Austritt begründeten Verbindlichkeiten nur bis zur Höhe seiner Kapitaleinlage.
   5) Es besteht keine gesetzliche Regelung über die Haftung des ausscheidenden Gesellschafters.

10. An einer Kommanditgesellschaft sind ein Komplementär und ein Kommanditist beteiligt. Die Einlagen sind in voller Höhe geleistet. Welche der folgenden Aussagen treffen nach den gesetzlichen Bestimmungen
   a) nur auf den Komplementar
   b) nur auf den Kommanditisten
   c) sowohl auf den Komplementär als auch auf den Kommanditisten
   d) weder auf den Komplementär noch auf den Kommanditisten zu?
   1) Die Firma muss den Namen des Gesellschafters enthalten.
   2) Der Gesellschafter ist im Falle der Insolvenz Gläubiger der Gesellschaft.
   3) Das haftende Kapital des Gesellschafters ist im Handelsregister eingetragen.
   4) Der Gesellschafter ist im Handelsregister eingetragen.
   5) Der Gesellschafter haftet den Gläubigern der Gesellschaft persönlich als Gesamtschuldner.

10 Finanzierung und Investition

10.1 Investitionen als Finanzierungsanlässe

Elke Grau und ihr Klassenkamerad Jörg Lehmann haben in der Berufsschule das Fach Betriebswirtschaftslehre. Das Stundenthema lautet: „Arten und Ziele von Investitionen". Nach der Unterrichtsstunde diskutiert Elke mit Jörg. „So ein Unsinn, was der Schneider mal wieder erzählt hat. ‚Investionen in Mitarbeiter und Öffentlichkeitsarbeit', als ob ein Betrieb sein Geld nicht für sinnvollere Investitionen ausgeben könnte", sagt Jörg. „Du hast mal wieder nicht aufgepasst", antwortet Elke, „natürlich ist ein Betrieb an der Qualität seiner Mitarbeiter interessiert. Nimm doch nur die Bürodesign GmbH. Erst letzte Woche waren alle Außendienstler während ihrer Arbeitszeit zu einem Seminar". „Aber das ist doch keine Investition. Eine Investition liegt doch nur dann vor, wenn ich eine Maschine, einen Lkw oder ein Gebäude kaufe." „Du bist ein hoffnungsloser Fall", erwidert Elke, „natürlich ist die Fortbildung von Mitarbeitern eine Investition."

Arbeitsaufträge
◆ Überprüfen Sie, ob Elke mit ihrer Ansicht Recht hat.
◆ Stellen Sie fest, welche Ziele und Arten von Investitionen sich unterscheiden lassen.

● **Zusammenhang zwischen Finanzierung und Investition**

◆ Bei einer **Investition** werden finanzielle Mittel in **Sachvermögen** (z. B. Grundstücke, Gebäude, Maschinen, Rohstoffe usw.), **Finanzvermögen** (z. B. Aktien) oder **immaterielles Vermögen** (z. B. Patente, Fortbildung von Mitarbeitern) umgewandelt. Investitionen zeigen sich auf der Aktivseite der Bilanz in den Positionen Anlage- und Umlaufvermögen.

Ein Unternehmen wird nur dann Kapital investieren, wenn erwartet werden kann, dass die Ausgaben für die getätigte Investition in angemessener Zeit durch Verkäufe wieder in das Unternehmen zurückfließen. Wird durch den betrieblichen Umsatzprozess Kapital wieder freigesetzt (= Kapitalrückfluss in Form von Einnahmen), spricht man von **Desinvestition**.

Beispiel Die Bürodesign GmbH kauft eine Bandkreissäge für 60000,00 EUR. Das in diesem Investitionsgut gebundene Kapital wird über die Verkaufserlöse der mit dieser Maschine hergestellten Produkte wieder freigesetzt, denn die Investitionsausgaben werden als Kosten (Abschreibungen, Wartungs- und Reparaturkosten usw.) in die Verkaufspreise einkalkuliert und fließen somit im Laufe der Zeit als Einnahmen in das Unternehmen zurück.

◆ Die **Finanzierung** dient der Kapitalbeschaffung. Das Kapital kann beschafft werden durch eigene Einlagen des Unternehmers (**Eigenkapital**) oder durch Aufnahme von Krediten (**Fremdkapital**). Alle Maßnahmen zur Beschaffung von Geld- oder Sachkapital für die Unternehmung werden als **Finanzierung** bezeichnet.

Beispiele
  – **für Sachkapital:** Einkauf von Werkstoffen auf Ziel, Kauf eines PC gegen Bankscheck
  – **für Geldkapital:** Bareinlage des Gesellschafters, Aufnahme eines Darlehens bei der Bank

Investition und Finanzierung bedingen einander, denn **Kapitalverwendung (Investition)** setzt immer **Kapitalbeschaffung (Finanzierung)** voraus. Kapital wird in einem Unternehmen ständig gebunden und wieder freigesetzt, d. h., es findet ein ständiger Prozess von Investition, **Desinvestition** und neuerlicher Investition (**Reinvestition**) statt.

Die Beschaffung und Verwendung des Kapitals ist aus der Bilanz eines Unternehmens zu ersehen:

REWE

Aktiva	Bilanz der Bürodesign GmbH, Aurich, zum 31. Dezember..		Passiva
A. Anlagevermögen		**A. Eigenkapital**	
I. Sachanlagen		I. Gezeichnetes Kapital	600 000,00
1. Grundstücke, Gebäude	300 000,00	II. Gewinnrücklagen	50 000,00
2. Maschinen	200 000,00	III. Jahresüberschuss / -fehlbetrag	206 250,00
3. Werkzeuge	17 500,00		
4. Fuhrpark	160 000,00	**B. Rückstellungen**	
5. Geschäftsausstattung	105 000,00	1. Pensionsrückstellungen	100 000,00
B. Umlaufvermogen		2. Steuerrückstellungen	25 000,00
I. Vorräte		3. Sonstige Rückstellungen	17 500,00
1. Roh-, Hilfs- und		**C. Verbindlichkeiten**	
Betriebsstoffe	186 000,00	1. Verbindlichkeiten gegenüber	
2. Unfertige Erzeugnisse	65 000,00	Kreditinstituten	62 500,00
3. Fertige Erzeugnisse	14 000,00	2. Verbindlichkeiten a. LL	100 000,00
II. Vorräte		3. Sonstige Verbindlichkeiten	27 500,00
1. Forderungen a. LL	105 500,00	**D. Passive Rechnungsabgrenzung**	7 250,00
2. Übrige sonstige Forderungen	17 500,00		
III. Liquide Mittel	82 500,00		
C. Aktive Rechnungsabgrenzung	6 500,00		
	1 200 000,00		1 200 000,00

> Die Aktivseite stellt die **Formen des Vermögens** dar, d. h. die **Mittelverwendung = Investition.**

> Die Passivseite stellt die **Quellen des Kapitals** dar, d. h. die **Mittelherkunft = Finanzierung.**

Kapitalbeschaffung ist kein einmaliger Vorgang, der nur bei Gründung eines Unternehmens erforderlich ist, sondern eine laufende Tätigkeit des Unternehmens.

Beispiele Die Bürodesign GmbH muss u. a. Umbaumaßnahmen durchführen, Betriebserweiterungen realisieren, veraltete Einrichtungsgegenstände erneuern, neue Maschinen für die Fertigung kaufen.

● Ziele von Investitionen (Investitionsanlasse)

Unternehmen investieren aus verschiedenen Gründen. Diese Gründe lassen sich anhand folgender Investitionsziele unterteilen:

◆ Ökonomische Ziele:

- ◆ Ersatz verbrauchter oder veralteter Betriebsmittel durch neue Betriebsmittel zur Erhaltung der Betriebsbereitschaft (**Ersatzinvestitionen**)

- ◆ Kapazitätserweiterung durch zusätzliche oder leistungsfähigere Betriebsmittel (**Erweiterungsinvestitionen**)

◆ Anpassung der Betriebsmittel an den technischen Fortschritt

◆ Ertragssteigerung durch Erhöhung der Leistungsfähigkeit mit produktiveren oder kostengünstigeren Betriebsmitteln (**Rationalisierungsinvestitionen**)

◆ Investition in andere Bereiche, um eine Risikostreuung zu erreichen

◆ Umstellungsinvestition, bei Änderung der Produktionsziele muss die Nutzung vorhandener Anlagen verändert werden (**Umstrukturierung**)

◆ Forschung und Entwicklung zur Verbesserung von Zukunftsaussichten eines Unternehmens

◆ **Soziale Ziele:**

- ◆ Sicherung von Arbeitsplätzen
- ◆ Verringerung von Unfallgefahren am Arbeitsplatz
- ◆ Verbesserung der Arbeitsumgebung

◆ **Ökologische Ziele:**

- ◆ Vermeidung von Umweltbelastungen
- ◆ Verringerung des Verbrauchs von knappen Rohstoffen

● Arten der Investition

Investitionen lassen sich in Sach-, Finanzinvestitionen und immaterielle Investitionen unterscheiden:

◆ **Sachinvestitionen:** Sie unterteilen sich in Anlage- und Vorrats- oder Lagerinvestitionen. Anlageinvestitionen führen zu einer Erweiterung des Anlage- oder Umlaufvermögens.

- ◆ Gegenstand der **Anlageinvestitionen** sind
  - – der Ersatz verbrauchter Betriebsmittel durch gleichartige oder gleichwertige Betriebsmittel (**Ersatzinvestitionen**)
  - – die Erweiterung der Kapazität des Betriebes (**Erweiterungsinvestitionen**)
  - – die Verbesserung der Leistungsfähigkeit des Betriebes durch Ersatz alter Betriebsmittel durch leistungsfähigere (**Rationalisierungsinvestitionen**).

Durch Rationalisierungsinvestitionen sollen insbesondere Personalkosten eingespart, die Produktivität erhöht und die Ausschussquote gesenkt werden, d. h., es soll ein Rationalisierungseffekt erzielt werden.

Volkswirtschaftlich hat eine solche Investition möglicherweise nachteilige Folgen, da freigesetzte Arbeitskräfte zu einer höheren Arbeitslosenquote führen können. Hieraus ergibt sich ein **Zielkonflikt** (vgl. S. 77), da das ökonomische Ziel der Produktivitätssteigerung unter Umständen nicht mit dem sozialen Ziel der Arbeitsplatzsicherung harmoniert.

Beispiel Die Bürodesign GmbH kauft eine vollautomatische Lackiermaschine, die nur noch von einem Mitarbeiter bedient wird. Bisher waren drei Mitarbeiter für die gleiche Tätigkeit erforderlich. Eventuell müssen zwei Arbeitskräfte entlassen werden.

Auch die **Erstinvestitionen (Gründungsinvestitionen)**, die bei der Betriebsgründung erforderlich sind, zählt man zu den Sachinvestitionen.

Beispiele Grundstücke, Gebäude, Fuhrpark, Maschinen

Die erforderlichen liquiden Mittel sind ebenfalls zu berücksichtigen.

◆ **Vorratsinvestitionen (Lagerinvestitionen)** führen zu einer Zunahme der Werkstoffe (Roh-, Hilfs- und Betriebsstoffe) und der noch nicht verkauften eigenen Erzeugnisse (unfertige und fertige Erzeugnisse). Diese Investitionen bewirken eine Vergrößerung des Umlaufvermögens.

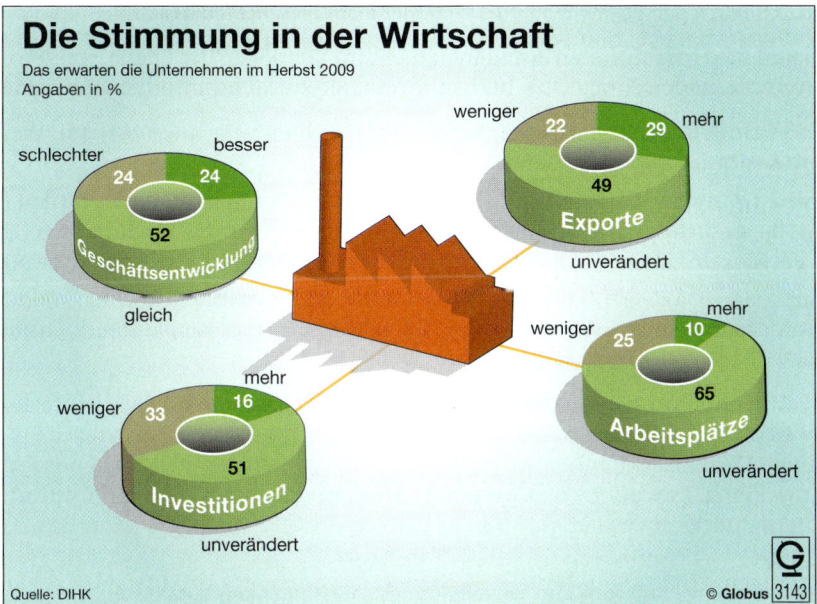

Während im allgemeinen Sprachgebrauch unter Investition meistens die langfristige Anlage von Kapital im Anlagevermögen (z. B. Kauf von Maschinen, Fuhrpark) verstanden wird, schließt der moderne Investitionsbegriff auch die Anlage von Kapital in das weitere Vermögen des Unternehmens ein.

◆ **Finanzinvestitionen:** Sie unterteilen sich in Beteiligungs- und Forderungsrechte. Finanzinvestitionen erhöhen das Finanzanlagevermögen eines Unternehmens.

◆ **Beteiligungsrechte** ergeben sich aus dem Kauf von Aktien, dem Kauf von Lizenzen, Patenten oder der Beteiligung an anderen Unternehmen.

Beispiele
– Die Bürodesign GmbH erwirbt 500 Aktien der Vereinigten Spanplatten AG, um Kapital mittelfristig anzulegen.
– Die Bürodesign GmbH beteiligt sich als Gesellschafter an der Abels, Wirtz & Co. KG, um Einfluss auf den Lieferer nehmen zu können.

◆ **Forderungsrechte** ergeben sich aus
– Darlehen, die anderen Unternehmen gewährt werden,
– dem Kauf von festverzinslichen Wertpapieren oder
– der Anlage von Kapital gegen Zinsen bei Geldinstituten.
Ziel dieser Investitionen kann die verzinsliche Anlage von Kapital oder die Einflussnahme auf die Geschäftspolitik eines anderen Unternehmens sein.

Beispiel   Die Bürodesign GmbH legt 200 000,00 EUR für 60 Tage zu 7 % bei der Kreissparkasse Aurich an.

◆ **Immaterielle Investitionen:** Durch Investitionen für Forschung, Werbung, Aus- und Weiterbildung wird die Wettbewerbsfähigkeit des Unternehmens erhalten bzw. gesteigert. Der Nutzen dieser Investitionen ist oftmals nicht unmittelbar erkennbar.

Beispiel Kapital, das von der Bürodesign GmbH im Absatzbereich, z. B. für Public Relations-Maßnahmen, investiert wird, erbringt nicht unmittelbar höhere Umsätze. Man erhofft sich jedoch für die Zukunft durch den positiven Ruf des Unternehmens bessere Marktchancen.

Die immateriellen Investitionen erscheinen nicht im Vermögen der Bilanz, sondern sie gehen als Aufwendungen in die GuV-Rechnung ein. Sie senken somit den Jahresgewinn.

◆ **Investitionen im Absatzbereich:** Zu ihnen zählen alle Ausgaben für Werbung, Verkaufsförderung und Öffentlichkeitsarbeit (vgl. S. 150).

◆ **Investitionen im Forschungs- und Entwicklungsbereich:** Zu ihnen zählen Ausgaben, die dazu dienen, neue Erzeugnisse und neue oder bessere Produktionsverfahren zu entwickeln. Ebenso zählen hierzu die Investitionen für den Umweltschutz.

Beispiel Die Bürodesign GmbH hat für die Lackiererei ein vollautomatisches Spritzgerät mit einem Filtersystem angeschafft, bei dem alle schädlichen Lackdämpfe zurückgehalten werden.

◆ **Investitionen im Personalbereich:** Qualifizierte Mitarbeiter haben heute als Wettbewerbsfaktor eine zentrale Bedeutung. Folglich investieren Unternehmen in die weitere Qualifizierung ihrer Mitarbeiter. Hierzu zählen alle Ausgaben der Personalentwicklung. Es wird in das sogenannte **Humanvermögen (Human Capital)** eines Unternehmens investiert.

Beispiele
– Aufwendungen für Aus- und Weiterbildungsmaßnahmen der Mitarbeiter
– Rhetorikkurse für Außendienstmitarbeiter

Investitionen im Personalbereich können gleichzeitig Sachinvestitionen und immaterielle Investitionen sein.

Beispiele
– Die Bürodesign GmbH erstellt einen Schulungsraum mit Schulungsmöbeln und mehreren PCs, um Mitarbeiter weiterzuqualifizieren.
– Einrichtung einer Lehrwerkstatt für gewerbliche Auszubildende.

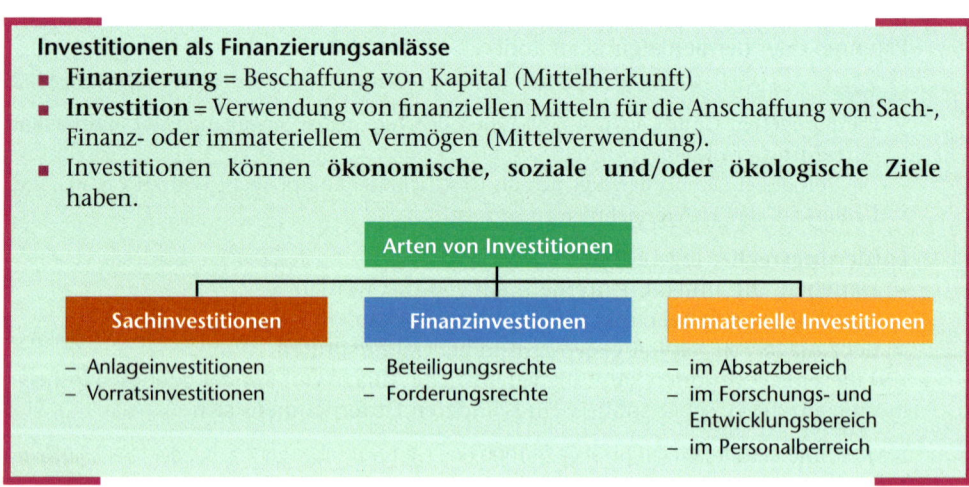

Investitionen als Finanzierungsanlässe
- **Finanzierung** = Beschaffung von Kapital (Mittelherkunft)
- **Investition** = Verwendung von finanziellen Mitteln für die Anschaffung von Sach-, Finanz- oder immateriellem Vermögen (Mittelverwendung).
- Investitionen können **ökonomische, soziale und/oder ökologische Ziele** haben.

Arten von Investitionen

Sachinvestitionen	Finanzinvestionen	Immaterielle Investitionen
– Anlageinvestitionen – Vorratsinvestitionen	– Beteiligungsrechte – Forderungsrechte	– im Absatzbereich – im Forschungs- und Entwicklungsbereich – im Personalberreich

1. Erläutern Sie den Vorgang der Desinvestition an einem Beispiel.

2. Bilden Sie je zwei Beispiele für jede Investitionsart, die von einem Automobilhersteller durchgeführt werden kann.

3. „Immaterielle Investitionen im Personalbereich eines Unternehmens gewinnen zunehmend an Bedeutung!" Nehmen Sie zu dieser Aussage Stellung.

4. Ordnen Sie folgende Ausgaben der Bürodesign GmbH den Investitionsarten zu:
   a) Kauf einer Schleifmaschine auf Ziel zur Erweiterung der Produktionskapazität.
   b) Kauf eines Auslieferungs-Lkw gegen Bankscheck, um einen abgeschriebenen Lkw zu ersetzen.
   c) Durchführung des Fortbildungsseminars „Marketing" durch die Bürodesign GmbH für alle Abteilungsleiter.
   d) Entwicklung eines Schreibtischstuhls, der bandscheibengeschädigten Personen die Arbeit am Schreibtisch erleichtern soll.
   e) Die Bürodesign GmbH gewährt der Bürobedarfsgroßhandlung Schneider & Co. OHG ein Darlehen über 100 000,00 EUR.
   f) Die Bürodesign GmbH kauft 200 Aktien von der Vereinigten Spanplatten AG.

5. Bilden Sie jeweils zwei Beispiele für Investitionen in der Bürodesign GmbH, mit denen ökonomische, ökologische und soziale Ziele verfolgt werden.

6. „Jede Investition sollte auch ökologische Ziele verfolgen". Sammeln Sie Argumente für diese Aussage und suchen Sie zehn Beispiele für die Bürodesign GmbH, bei denen ökologische Ziele berücksichtigt werden sollten.

10.2 Finanzierungsarten

Die Geschäftsführer der Bürodesign GmbH haben sich entschlossen, zur Erweiterung der Lagerkapazität einen Lagerraum mit einem neuen Regalsystem im Werte von 140 000,00 EUR auszustatten. Von der Hausbank hat die Bürodesign GmbH ein Darlehensangebot über 140 000,00 EUR zu einem Zinssatz von 8,5 % bei einer Laufzeit von zehn Jahren vorliegen, Geschäftsführerin Friedrich könnte 60 000,00 EUR einbringen. Als Alternative dazu macht ein Hersteller von Lagereinrichtungen, die Karl Laga & Co. KG, das Angebot, sich durch Übernahme aller Kosten an der GmbH zu beteiligen. Herr Stein und Frau Friedrich überlegen, welche der Alternativen sie in Anspruch nehmen sollen.

Arbeitsauftrag
◆ Sammeln Sie Argumente für die beiden Finanzierungsalternativen.

Ein Unternehmen kann eine Finanzierungsmaßnahme mit Eigenkapital (**Eigenfinanzierung**) oder Fremdkapital (**Fremdfinanzierung**) vornehmen. Der Kapitalbedarf eines Unternehmens hängt u. a. ab von

◆ der Branche
◆ den erforderlichen Bau- und Einrichtungskosten
◆ den laufenden Betriebskosten

◆ der Umschlagshäufigkeit des Lagers
◆ den Zahlungszielen der Lieferer
◆ der Kreditgewährung an die Kunden.

Nach der Herkunft des Kapitals unterscheidet man **Außenfinanzierung** (Kapitalzuführung erfolgt von außen) und **Innenfinanzierung** (Kapitalbildung im Unternehmen).

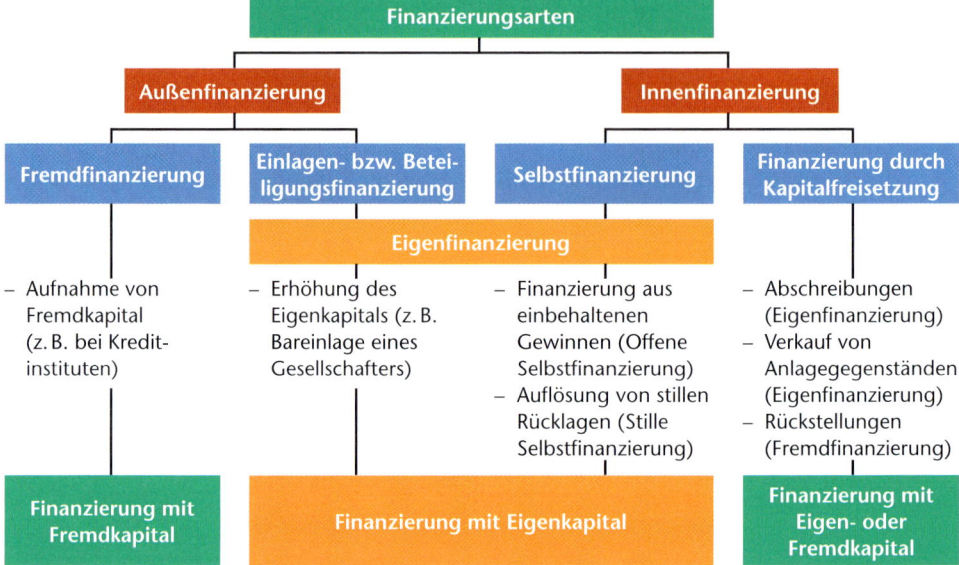

● Außenfinanzierung

Bei der Außenfinanzierung wird dem Unternehmen Kapital von den Eigentümern oder Kreditgebern zugeführt.

◆ **Fremdfinanzierung:** Bei dieser Finanzierung fließt der Unternehmung **durch Kreditgeber Kapital von außen zu**. Die Kreditgeber werden als **Gläubiger** bezeichnet. Gläubiger können **u. a. Kreditinstitute, Lieferer oder Kunden** sein. Sie haben einen Anspruch auf Verzinsung und pünktliche Tilgung ihres Kredites. Allerdings haben sie kein Mitspracherecht im Unternehmen und keinen Anspruch auf einen Gewinnanteil. In der Bilanz des Unternehmens erscheint der Kredit auf der Passivseite **als Fremdkapital**. Die Innenfinanzierung durch Rückstellungen zählt ebenfalls zur Fremdfinanzierung, da Rückstellungen als Verbindlichkeiten auf der Passivseite der Bilanz ausgewiesen werden. (vgl. S. 358).

Nach der Laufzeit der Kredite (Überlassungsfrist) wird unterschieden in

◆ **langfristige Kredite:** Zu ihnen zählt man Darlehen mit einer **Laufzeit von über vier Jahren**. Es sind meistens Kredite, die zur Finanzierung des **Anlagevermögens** aufgenommen werden. Das Unternehmen muss dem Kreditgeber entsprechende Sicherheiten (Hypothek, Grundschuld, Sicherungsübereignung usw., vgl. S. 367) bieten können.

◆ **mittelfristige Kredite:** Zu ihnen zählen Darlehen mit einer **Laufzeit von ein bis vier Jahren**. Sie werden für die Finanzierung kurzlebiger Güter des **Anlagevermögens** aufgenommen (z. B. Fuhrpark, Maschinen, Computer).

◆ **kurzfristige Kredite:** Sie haben eine **Laufzeit bis zu einem Jahr** und werden in erster Linie für die Finanzierung des **Umlaufvermögens**, insbesondere der Waren, aufgenommen (vgl. S. 201).

Beispiel Die Bürodesign GmbH kauft Rohstoffe im Wert von 44 000,00 EUR von der Vereinigten Spanplatten AG auf Ziel ein **(Lieferantenkredit)**.

◆ **Einlagen- bzw. Beteiligungsfinanzierung (Eigenfinanzierung):** Hier wird dem Unternehmen Eigenkapital auf unbestimmte Zeit zur Verfügung gestellt, der Kapitalgeber ist am Gewinn und Verlust beteiligt.

REWE

◆ **Einlagenfinanzierung:** Stellen der Eigentümer **(Einzelunternehmung)** bzw. die Gesellschafter **(OHG, KG)** dem Unternehmen das Kapital zur Verfügung, spricht man von Einlagenfinanzierung. Bei dieser Finanzierung erwirbt der Kapitalgeber Eigentum am Unternehmen. In der Bilanz erscheint das eingebrachte Kapital unter dem Posten **Eigenkapital** (Haftungskapital) auf der **Passivseite**. Das Eigenkapital steht i. d. R. der Unternehmung unbefristet zur Verfügung.

REWE

Beispiel An dem Furnierwerk Dobberstein OHG beteiligt sich ein zusätzlicher Gesellschafter mit 180 000,00 EUR. Mit diesem Kapital wird eine neue Lagerhalle finanziert.

◆ **Beteiligungsfinanzierung:** An Kapitalgesellschaften (AG, GmbH) können sich Kapitalgeber in unterschiedlicher Weise beteiligen.
  – Bei der **GmbH** bringen die Gesellschafter mit ihren Nennbeträgen der Geschätsanteilen das im Gesellschaftsvertrag festgelegte Stammkapital auf. Bei der Beteiligungsfinanzierung in einer GmbH können entweder das Stammkapital der vorhandenen Gesellschafter erhöht oder neue Gesellschafter aufgenommen werden (vgl. S. 333). In der Bilanz erscheint das eingebrachte Kapital unter **Eigenkapital/Gezeichnetes Kapital** auf der **Passivseite**. Die Gesellschafter gehen ein beschränktes Risiko ein, da sie nur mit ihrem Anteil haften.
  – Bei **Aktiengesellschaften** erfolgt die Beteiligungsfinanzierung durch den Beschluss der Hauptversammlung mit qualifizierter Mehrheit (mindestens 75 % des Kapitals müssen zustimmen, da hierzu eine Satzungsänderung notwendig ist), das Grundkapital durch die Ausgabe neuer (junger) Aktien zu erhöhen. Die Kapitalzuführung erfolgt durch den Verkauf der Aktien. Durch den Erwerb der Aktien wird der Aktionär Miteigentümer der AG. Bei der AG ist eine Beteiligung einer großen Zahl von Kapitalgebern möglich, wobei eine Veräußerung einzelner Anteile die Unternehmung nicht berührt. Die Kapitalgeber gehen nur ein beschränktes Risiko ein, da sie nicht persönlich haften.
    Eine andere Möglichkeit besteht darin, dass **freie Rücklagen** aufgelöst werden. Freie Rücklagen können aufgrund der Satzung gebildet werden. Sie können zweckbestimmt, z. B. für beabsichtigte Neuinvestitionen, gebildet werden. Die freie Rücklage kann aber auch hinsichtlich der Verwendung zweckfrei sein. Sie dient dann über die gesetzliche Rücklage hinaus der Tilgung von Verlusten. In der Bilanz erscheint das eingebrachte Kapital unter **Gezeichnetes Kapital** auf der Passivseite.

Rücklagen werden gebildet, um
  • die Haftungsbasis zu verbessern,
  • die Betriebsbereitschaft auch in strukturellen Krisen zu erhalten,
  • Verluste ausgleichen zu können, ohne dass das feste Nominalkapital angegriffen wird,
  • zukünftige außergewöhnliche Belastungen, die durch notwendige Erneuerungen oder Umstellungen hervorgerufen werden, finanzieren zu können.

Einlagen- bzw. Beteiligungsfinanzierung

Vorteile	Nachteile
– Eigenkapital steht zeitlich unbefristet zur Verfügung. – Keine laufenden Zins- und Tilgungsraten, dadurch wird die ständige Zahlungsbereitschaft (Liquidität) nicht beeinflusst; zwar muss das Eigenkapital in Form von Gewinnausschüttungen verzinst werden, die Höhe dieser Ausschüttungen wird aber von den Eigentümern selbst festgelegt. – Kreditwürdigkeit steigt, da das Haftungskapital größer wird, es kann somit leichter Fremdkapital beschafft werden. – Risikoverteilung bei der Einlagenfinanzierung, wenn neue Gesellschafter aufgenommen werden, da mehrere Personen haften. – keine Beschränkung in der Verwendung des Kapitals	– Bei Aufnahme neuer Gesellschafter als Vollhafter sind diese an der Geschäftsführung und am Gewinn zu beteiligen. Insbesondere bei der OHG wird sehr genau zu überlegen sein, ob neue Gesellschafter aufgenommen werden, da bei dieser Rechtsform ein enges Vertrauensverhältnis der Gesellschafter bestehen muss. – Teilhafter sind bei der KG nur dann zu gewinnen, wenn eine höhere Verzinsung der Einlage als auf dem Kapitalmarkt zu erzielen ist. – Bei der GmbH sind Gesellschafter oft nur dann zu gewinnen, wenn ihnen als Geschäftsführer Einflussmöglichkeiten auf das Betriebsgeschehen eingeräumt werden. Dieses bedeutet einen Verlust an Selbstständigkeit. – Bei der AG ist die Ausgabe junger Aktien nur dann sinnvoll, wenn für das Unternehmen positive Zukunftsaussichten bestehen.

● Innenfinanzierung

Bei der Innenfinanzierung fließt das Kapital dem Unternehmen nicht von außen zu, sondern es stammt aus einbehaltenen Gewinnen, Rückstellungen, Abschreibungen oder den Erlösen aus Anlagenabgängen.

◆ **Selbstfinanzierung (Eigenfinanzierung):** Sie kann in Form der offenen und verdeckten Selbstfinanzierung durchgeführt werden.

　◆ **Offene Selbstfinanzierung:** Hierunter versteht man eine Finanzierung aus erwirtschafteten und einbehaltenen Gewinnen (**Gewinnthesaurierung**). Durch diesen Vorgang erhöht sich das Eigenkapital. Das Unternehmen finanziert sich aus eigener Kraft mit den Mitteln, die erwirtschaftet wurden. Bei dieser Finanzierung spricht man von **offener Selbstfinanzierung**, weil der einbehaltene Gewinn in der Bilanz offen ausgewiesen wird. Bei Einzelunternehmen und Personengesellschaften werden die Gewinne den Kapitalkonten der Inhaber gutgeschrieben. Bei der AG und der GmbH wird der Gewinn den offenen Rücklagen zugeführt. Bei Kapitalgesellschaften bleibt das Gezeichnete Kapital wegen der Haftungsbeschränkung konstant.

　Beispiel　Die Bürodesign GmbH hat im vergangenen Geschäftsjahr einen Gewinn in Höhe von 206 250,00 EUR erzielt. Herr Stein und Frau Friedrich entnehmen ihren Gewinnanteil nicht, sondern verwenden ihn für eine Betriebserweiterung. Somit erhöhen sich die offenen Rücklagen des Unternehmens um 206 250,00 EUR.

　◆ **Verdeckte (stille) Selbstfinanzierung:** Neben dem Gewinn können **stille Rücklagen**, die in einem Unternehmen gebildet worden sind, für die Finanzierung von Investititionsvorhaben herangezogen werden. Diese entstehen durch **unterschiedliche Bewertungsansätze**, die das Bilanzrecht den Unternehmen einräumt. Sie können durch die **Überbewertung von Schulden oder Unterbewertung von Vermögensgegenständen** in der Bilanz gebildet werden. Bei der Auflösung der stillen Rücklage wird diese Reserve als Gewinn ausgewiesen.

Beispiele

– Die Bürodesign GmbH hat vor zehn Jahren ein 2 000 m^2 großes Grundstück für 60,00 EUR/m^2 gekauft. Obwohl der heutige Grundstückswert bei 170,00 EUR/m^2 liegt, muss die Bürodesign GmbH das Grundstück mit seinen Anschaffungskosten bilanzieren. Es ergeben sich somit stille Reserven in Höhe von 220 000,00 EUR. Erst wenn das Grundstück verkauft wird, kommt es zur Auflösung der stillen Rücklagen (**Unterbewertung von Vermögensgegenständen**). Bei einer Darlehensaufnahme könnte das Grundstück über seinen Buchwert hinaus beliehen werden.

– Steuerrückstellung für geschätzte Steuerverbindlichkeiten des Vorjahres   80 000,00 EUR

  Tatsächliche Steuerzahlung   60 000,00 EUR

  Überbewertung der Steuerschuld   20 000,00 EUR

In Kapitalgesellschaften wird eine Selbstfinanzierung oft durch den Gesellschaftsvertrag (GmbH, vgl. S. 333) oder das Gesetz (AG, vgl. S. 337) vorgeschrieben.

Selbstfinanzierung

Vorteile	Risiken
– Das Unternehmen bleibt unabhängig, keine Verschiebung der Herrschaftsverhältnisse in der Unternehmensführung. – Keine Kreditkosten, Zinsen, Tilgungsraten, die Liquidität des Unternehmens wird nicht eingeschränkt. – Erhöhung des Eigenkapitalanteils, die Kreditwürdigkeit steigt – verhältnismäßige Verringerung des Fremdkapitalanteils – Das Kapital steht i. d. R. unbefristet auch für langfristige Investitionen zur Verfügung. Dies gilt nicht für die in Steuerrückstellungen enthaltenen stillen Rücklagen.	– Gefahr von Fehlinvestitionen: Bei der Investition von nicht ausgeschütteten Gewinnen erfolgt keine wirkungsvolle externe Überprüfung der Wirtschaftlichkeit dieser Investition. Da Eigenkapital häufig keiner strengen externen Rentabilitätskontrolle unterliegt, kann dieses ein Unternehmen zu Investitionen veranlassen, die nicht durch die Marktlage gerechtfertigt sind (= Fehler der Betriebsführung). Deshalb ist es wichtig, bei der Selbstfinanzierung die gleichen strengen Maßstäbe anzulegen wie bei der Kreditvergabe von Kreditinstituten. – Bei erheblichen stillen Reserven vermindert sich die Aussagekraft der Bilanz.

◆ **Finanzierung durch Kapitalfreisetzung:**

  ◆ **Finanzierung aus Abschreibungen:** Jedes Unternehmen kalkuliert Abschreibungen in seine Verkaufspreise ein. Infolgedessen fließen die Abschreibungen über die Verkaufspreise in das Unternehmen zurück (**Refinanzierung**). Da diese Geldmittel dem Unternehmen kontinuierlich zufließen, stehen sie lange vor dem Ersatzzeitpunkt des Anlagegutes zur Verfügung und können für Finanzierungszwecke verwendet werden.

  Beispiel Die Bürodesign GmbH hat einen Lieferwagen zu einem Listeneinkaufspreis (netto) von 54 000,00 EUR + 19 % USt. gekauft. Am Ende des 1. Nutzungsjahres kann die Bürodesign GmbH vom Lieferwagen bei einer geschätzten Nutzungsdauer von sechs Jahren 16$^2/_3$ % linear abschreiben. Somit ergibt sich am Ende des 1. Nutzungsjahres ein Abschreibungsbetrag von 9 000,00 EUR, der über die Umsatzerlöse freigesetzt wird und im 2. Jahr zur Verfügung steht. Da die Neuanschaffung des Lieferwagens erst nach Ablauf der Nutzungsdauer von sechs Jahren anfällt, kann der freigesetzte Kapitalbetrag zur Finanzierung anderweitiger Investitionen eingesetzt werden.

REWE

◆ **Finanzierung aus Rückstellungen:** Rückstellungen werden für Aufwendungen des abgelaufenen Geschäftsjahres gebildet, deren Höhe und/oder Fälligkeit am Bilanzstichtag noch nicht feststehen. Rückstellungen sind Verbindlichkeiten und werden auf der Passivseite der Bilanz ausgewiesen.

Beispiele
– erwartete Gewerbesteuernachzahlungen
– Prozesskosten für einen laufenden Rechtsstreit
– Pensionsverpflichtungen gegenüber Mitarbeitern

Mit der Bildung von Rückstellungen werden Teile des Gewinnes für längere Zeit an den Betrieb gebunden. Sie sind demnach **langfristiges Fremdkapital**, da zwischen der Ansammlung und der Auszahlung zum Teil viele Jahre liegen.

◆ **Finanzierung durch den Verkauf von nicht mehr benötigten Anlagegegenständen.**

Finanzierungsarten

■ Bei der **Fremdfinanzierung (Außenfinanzierung)** gewähren Kreditinstitute, Versicherungsgesellschaften, Kunden und Lieferer dem Unternehmen kurz-, mittel- oder langfristige Kredite gegen Zinszahlung. Das Fremdkapital erscheint in der Bilanz unter dem Posten Verbindlichkeiten.

■ **Einlagen- bzw. Beteiligungsfinanzierung (Außenfinanzierung)** liegt vor, wenn der bzw. die Eigentümer Kapital in das Unternehmen einbringen. Das Eigenkapital bzw. gezeichnete Kapital des Unternehmens wird größer.

■ Bei der **Selbstfinanzierung (Innenfinanzierung)** werden einbehaltene Gewinne des Unternehmens wieder investiert.

■ Bei der **Finanzierung durch Kapitalfreisetzung (Innenfinanzierung)** erhält das Unternehmen die Abschreibungen durch deren Berücksichtigung in den Verkaufspreisen zurück. Diese Geldmittel stehen dem Betrieb wieder für Investitionen zur Verfügung. Eine andere Form der Finanzierung durch Kapitalfreisetzung stellen die **Finanzierung aus Rückstellungen** (Fremdfinanzierung) und der **Verkauf von Anlagegegenständen** (= Eigenfinanzierung) dar.

---

1. Beschreiben Sie die Einlagen- und die Beteiligungsfinanzierung.

2. Geben Sie an, welche Finanzierungsart in den folgenden Fällen beschrieben wird.
    a) Ein Komplementär erhöht seine Einlage.
    b) Eine GmbH nimmt einen neuen Gesellschafter auf.
    c) Eine AG gibt neue Aktien aus.
    d) Ein Unternehmer wandelt seine Einzelunternehmung in eine OHG um und nimmt einen Gesellschafter auf.
    e) Eine GmbH nimmt bei ihrer Bank ein Darlehen auf.
    f) Die Vollhafter einer KG belassen ihren Gewinn im Unternehmen, damit ein Grundstück gekauft werden kann.

3. Erläutern Sie die Finanzierung durch Abschreibung! Geben Sie an, welche Bedeutung dieser Finanzierungsform in Unternehmen zukommt.

4. Gehen Sie zu Kreditinstituten und beschaffen Sie sich Unterlagen zur Kreditvergabe an Privatpersonen und Unternehmen! Vergleichen Sie die Konditionen (Zinsen, sonstige Kosten) der Kreditinstitute miteinander.

5. Die Geschäftsführer der Bürodesign GmbH planen, eine neue Fertigungshalle in Höhe von 400 000,00 EUR zu errichten. Die Geschäftsführerin, Frau Friedrich, schlägt vor, die Halle ausschließlich mit Eigenkapital zu finanzieren. Herr Stein ist der Ansicht, dass es vorteilhafter sei, einen Kredit bei der Bank aufzunehmen.
   a) Stellen Sie in einer Übersicht für Frau Friedrich die Vorteile einer Finanzierung mit Eigenkapital dar.
   b) Sammeln Sie Argumente, die für den Vorschlag von Herrn Stein sprechen.
   c) Bilden Sie zwei Gruppen und diskutieren Sie die unterschiedlichen Ansichten stellvertretend für die Geschäftsführer.

6. Erläutern Sie die Selbstfinanzierung.

7. Die Klaus Oswald e.K. Büromöbelgroßhandlung ist Kunde der Bürodesign GmbH. Herr Oswald ist alleiniger Inhaber. Er möchte seinen Betrieb erweitern. Hierzu sind 200 000,00 EUR erforderlich. Herrn Oswald stehen 120 000,00 EUR Kapital zur Verfügung. Einen Bankkredit möchte Herr Oswald wegen der Zins- und Tilgungsbelastung nicht aufnehmen. Er sucht Gesellschafter und denkt an die Gründung einer OHG, einer KG oder GmbH.
   a) Beschreiben Sie, wie sich in den drei Fällen die Kapitalbeschaffung vollzieht.
   b) Erläutern Sie die jeweiligen Vor- und Nachteile, die sich aus der entsprechenden Kapitalbeschaffung ergeben.

8. Unterscheiden Sie die Kredite hinsichtlich ihrer Laufzeit und geben Sie an, ob sie für die Finanzierung des Anlage- oder Umlaufvermögens aufgenommen werden.

10.3 Kreditarten bei der Fremdfinanzierung

Die Bürodesign GmbH hat sich entschlossen, ein Bankdarlehen über 140 000,00 EUR für die Erweiterung des Lagers und der dazugehörigen Regalsysteme aufzunehmen. Herr Stein beauftragt Sven Braun damit, einen Termin mit dem zuständigen Sachbearbeiter der Hausbank zu vereinbaren. Zum Abschluss des Telefongesprächs sagt der Sachbearbeiter zu Sven Braun: „Bringen Sie bitte nächste Woche die üblichen Unterlagen mit."

Arbeitsaufträge
◆ Überlegen Sie, welche Unterlagen ein Kreditinstitut vom Kreditnehmer haben möchte.
◆ Stellen Sie die verschiedenen Arten der Fremdfinanzierung in einer Übersicht dar.

● Der Kreditvertrag

Der **Kreditvertrag** wird üblicherweise **schriftlich** abgeschlossen und kommt durch die Bewilligung des Kreditantrages und die Einverständniserklärung des Kreditnehmers zustande. Kreditinstitute haben zu diesem Zweck bereits vorgefertigte Vordrucke.
Über folgende **Inhalte** werden im Kreditvertrag Vereinbarungen getroffen:

◆ Höhe des Kredites
◆ Sicherung des Kredites
◆ Rückzahlung und Tilgungsrate des Kredites
◆ Verwendungszweck des Kredites
◆ Zinssatz und Fälligkeit der Zinsen
◆ Laufzeit des Kredites

Bevor ein Kreditinstitut einen Kredit gewährt, wird eine Kreditprüfung vorgenommen. Hierbei wird die **Kreditfähigkeit** und die **Kreditwürdigkeit (Bonität)** des Kunden überprüft. **Kreditfähig sind**

◆ alle natürlichen Personen, die voll geschäftsfähig sind
◆ alle juristischen Personen
◆ alle Personenhandelsgesellschaften (OHG, KG).

REWE

Bei der **Kreditwürdigkeit** wird überprüft, ob ein Kreditnehmer in der Lage ist, einen aufgenommenen Kredit zurückzuzahlen. Hierzu werden eine sachliche und eine persönliche Kreditwürdigkeitsprüfung der Person des Kreditnehmers vorgenommen. Im Rahmen der **sachlichen Kreditwürdigkeitsprüfung** können u.a. überprüft werden:

◆ GuV-Rechnung, Bilanz, Anhang, Lagebericht, Geschäftsbücher
◆ Handelsregister-, Grundbuchauszüge
◆ Steuerunterlagen
◆ Gesellschaftsvertrag

Ferner können **Betriebsbesichtigungen** vorgenommen werden, um sich ein Bild vom Zustand des Unternehmens zu verschaffen. Kreditinstitute bedienen sich zudem der Hilfe von **Wirtschaftsauskunfteien**. Diese verfügen über Informationen über die kreditnehmenden Unternehmen, die laufend auf dem neuesten Stand gehalten werden. Die Auskunfteien erteilen die Auskünfte gegen Entgelt.

Beispiel Auskunfteien bieten Auskünfte als Normalauskunft (schriftlich, telefonisch), Faxauskunft oder Onlineauskunft mittels direkter Datenleitungen an.

Zur **persönlichen Kreditwürdigkeitsprüfung** zählen bei natürlichen Personen die Überprüfung von

◆ **persönlichen Daten**

> *Beispiele* Unterhaltszahlungen bei Ehescheidungen, Vertrauenswürdigkeit, Zahlungsgewohnheiten, ehelicher Güterstand, Tüchtigkeit, Vermögensverhältnisse

◆ **fachlichen Qualifikationen**

> *Beispiele* Prüfungsabschlüsse, Studium, unternehmerische Fähigkeiten

◆ **persönlichen Haftungsverhältnissen**

> *Beispiele* Vollhafter oder Teilhafter bei der KG

Auskünfte von Kreditinstituten können nur in begrenztem Umfange genutzt werden, da das Bankgeheimnis die Auskunftsmöglichkeiten einschränkt.
Besteht eine längere Geschäftsbeziehung zwischen Unternehmen und Kreditinstitut und hat das Kreditinstitut gute Erfahrungen mit dem Unternehmen gemacht, besitzt dieses Unternehmen eine hohe Bonität. Kreditinstitute sind oft bereit, nur aufgrund des **Firmen- oder Geschäftswertes (= Goodwill oder guter Ruf)** eines Unternehmens Kredite zu vergeben. Nach der zufriedenstellenden Überprüfung der Kreditwürdigkeit des Antragstellers erfolgt die Kreditbewilligung durch das Kreditinstitut.

● Kurzfristige Fremdfinanzierung

Kreditinstitute stellen Unternehmen kurz-, mittel- und langfristige Kredite zur Verfügung. Zu den kurzfristigen Krediten zählen der Kontokorrentkredit, der Lieferantenkredit und zu den mittel- und langfristigen Krediten das Darlehen (vgl. S. 362) und Industrieobligationen (vgl. S. 363).

◆ **Kontokorrentkredit:** Hat ein Unternehmen die Möglichkeit, **sein Konto bei einem Kreditinstitut bis zur Höhe eines vereinbarten Betrages (= Kreditlimit) in Anspruch zu nehmen**, d.h., das Unternehmen kann sein Betriebskonto bis zu diesem Betrag überziehen, liegt ein Kontokorrentkredit vor. Für das Unternehmen fallen **folgende Kosten** an:

  ◆ Für den in Anspruch genommenen Kredit müssen **Zinsen (Sollzinsen)** bezahlt werden.

  ◆ Da das Kreditinstitut das Kapital für das Unternehmen bereithält, kann es dieses Kapital nicht für andere Zwecke verwenden. Deshalb verlangt das Kreditinstitut auch für den nicht in Anspruch genommenen Kredit eine **Kreditprovision (Bereitstellungsentgelt)**.

  ◆ Für die Kontoführung wird **Umsatzprovision** berechnet.

  ◆ Wenn das Unternehmen das Kreditlimit überschreitet, berechnet das Kreditinstitut zusätzlich zu den Sollzinsen **Überziehungsprovision**. Dies ist ein Zinssatz, der zusätzlich zu den Sollzinsen erhoben wird. Dieser weitergehende Überziehungskredit ist eine freiwillige Leistung der Bank und kann daher verweigert werden.
  Sollte das Kontokorrentkonto ein Guthaben aufweisen, hat das Unternehmen Anspruch auf Habenzinsen. Der Ausgleich eines in Anspruch genommenen Kontokorrentkredits erfolgt durch Zahlungseingänge auf das Konto, z. B. Überweisungen von Kunden, Bareinzahlungen.

  ▶ REWE

  Beispiel Die Bürodesign GmbH unterhält bei der Kreissparkasse Aurich ein Kontokorrentkonto. Im Monat Januar hat die Bürodesign GmbH den Kontokorrentkredit für 10 Tage über 50 000,00 EUR und für die letzten 20 Tage über 60 000,00 EUR in Anspruch genommen. Es wurden 130 Überweisungen an Lieferer getätigt. Das Kreditlimit beträgt 80 000,00 EUR, Sollzinsen 8 %, Habenzinsen 0,5 %, pro Buchung 0,15 EUR Buchungsentgelt (Umsatzprovision), das Bereitstellungsentgelt (Kreditprovision) beträgt 3 % vom nicht in Anspruch genommenen Kredit. Die Kreissparkasse führt zum Monatsende folgende Abrechnung durch:

Sollzinsen	50 000,00 EUR für 10 Tage	= 111,11 EUR
	60 000,00 EUR für 20 Tage	= 266,67 EUR
Umsatzprovision	130 · 0,15 EUR	= 19,50 EUR
Kreditprovision vom nicht in Anspruch	30 000,00 EUR für 10 Tage	= 25,00 EUR
genommenen Kredit	20 000,00 EUR für 20 Tage	= 33,33 EUR
Insgesamt		455,61 EUR

Das Kontokorrentkonto der Bürodesign GmbH wird mit 455,61 EUR belastet.

Bei Unternehmen ist diese Kreditform wegen der **folgenden Vorteile** sehr beliebt:

  ◆ Stetige Anpassung an den jeweiligen Finanzbedarf des Kreditnehmers, der Kontokorrentkredit stellt somit einen Puffer für die kurzfristige Finanzierung dar.

  ◆ Bequeme Inanspruchnahme, da nach der Kontokorrentvereinbarung keine besonderen Anträge an das Kreditinstitut gestellt werden müssen.

◆ **Lieferantenkredit:** Beim Lieferantenkredit räumt der Lieferer seinen Kunden für gelieferte Waren ein **Zahlungsziel** ein. Das bedeutet, dass der Kunde seine Schuld erst zu einem späteren Zeitpunkt bezahlen muss (vgl. S. 201).

  Beispiel Zahlungsbedingung eines Lieferers „Zahlbar innerhalb von 40 Tagen netto Kasse oder innerhalb von 10 Tagen unter Abzug von 2 % Skonto"

Ein Unternehmen sollte immer bemüht sein, Skonto auszunutzen, da die Inanspruchnahme des Zahlungsziels zu den teuersten Krediten gehört.

Für viele kleine, mit wenig Kapital ausgestattete Unternehmen stellt der Lieferantenkredit eine wesentliche Finanzierungsform dar, insbesondere, wenn der Betrieb nicht über die notwendigen Sicherheiten für entsprechende Bankkredite verfügt. Die Lieferer verlangen aber meistens eine Absicherung des Kredites in der Form, dass sie die **Ware nur unter Eigentumsvorbehalt** (vgl. S. 211) **liefern**.

Im Rahmen der Debitorenverwaltung werden in Unternehmen zunehmend Computerprogramme eingesetzt, um die optimale Ausnutzung gegebener Zahlungsziele vornehmen zu können.

● Langfristige Fremdfinanzierung

Darlehen: Kreditinstitute bieten Unternehmen für die Finanzierung des Anlagevermögens **mittel- und langfristige Darlehen (= Investitionskredit)**. Hierbei verlangen sie i. d. R. Sicherheiten wie Bürgschaften oder Pfandrechte (vgl. S. 367).

Darlehensarten	Art der Tilgung	Kreditkosten
– **Festdarlehen**	Darlehen wird zum Ende der Laufzeit in einer Summe zurückgezahlt	– Zinsen vom Darlehen
– **Annuitätendarlehen**	Der Kreditnehmer erbringt jährlich gleichbleibende Leistungen (Tilgung + Zinsen)	– Zinsen von der jeweiligen Restdarlehensschuld
– **Abzahlungsdarlehen**	Der Kreditnehmer erbringt jährlich fallende Leistungen (Tilgung + Zinsen)	– Zinsen von der jeweiligen Restdarlehensschuld
– **Ratenkredit**	Darlehen wird in festen monatlichen Raten zurückgezahlt	– einmaliges Bearbeitungsentgelt – Zinsen (Monatszinssatz vom Anfangsdarlehen)

Die Darlehenszinsen werden vom Zeitpunkt der Bereitstellung berechnet. Der Zinssatz ist niedriger als bei Kontokorrentkrediten, da das Kreditinstitut bei Darlehen langfristiger planen kann. Meistens ist der Auszahlungsbetrag etwas niedriger als die Darlehenssumme, die zurückgezahlt werden muss. Man nennt den nicht ausgezahlten Teil des Darlehens **Disagio (Abgeld) oder Damnum**. Als Ausgleich für das Disagio zahlt der Kreditnehmer einen geringeren Zinssatz als bei einem Darlehen ohne Disagio.

Beispiel

	Darlehensgewährung	100 %	140 000,00 EUR
–	Disagio (Damnum)	2 %	2 800,00 EUR
	tatsächlich zur Verfügung gestellter Betrag	98 %	137 200,00 EUR

Bei den Finanzierungskosten muss zwischen **Nominal- und Effektivzinssatz** unterschieden werden. Beim Nominalzinssatz werden nur die Verzinsung des Darlehens ohne Berücksichtigung von Disagio, Bearbeitungsentgelte usw. angegeben, während beim Effektivzinssatz (= tatsächlicher Zinssatz) alle zusätzlichen Kosten berücksichtigt werden. Die Kreditinstitute müssen für alle Darlehen **Effektivzinssätze** angeben.

Häufig werden von den Kreditinstituten bei der Darlehensgewährung **Bearbeitungsentgelte** verlangt. Diese Entgelte werden prozentual von der Kreditsumme oder pauschal berechnet, und zwar unabhängig von der Laufzeit des Kredits.

Beispiel Zwei Kreditinstitute bieten der Bürodesign GmbH ein mittelfristiges Darlehen über 140 000,00 EUR für eine Laufzeit von zwei Jahren zu folgenden Konditionen an:

1. Bank: Auszahlung 100 % = 140 000,00 EUR, Nominalzinssatz 9,5 %, Bearbeitungsentgelt 0,5 % von der Darlehenssumme

2. Bank: Auszahlung 98 % = 137 200,00 EUR, Nominalzinssatz 8,5 %, Disagio 2 %

Die Rückzahlung des Darlehens erfolgt nach Ablauf der zwei Jahre in einer Summe. Herr Stein ermittelt den Effektivzinssatz für beide Kredite.

Die Effektivverzinsung kann auf zwei Wegen errechnet werden:

1. Sämtliche Kosten, die über die Laufzeit des Kredites entstehen, werden addiert (Zinsen, Bearbeitungsentgelt, Spesen, Disagio) und dann als Jahreszinssatz zum eingesetzten Kapital ausgedrückt.

2. Da ein Teil der Kosten schon als Jahreszinssatz (Zinsen) angegeben ist, genügt es, die übrigen Kosten, die für die Laufzeit des Kredites entstehen, als Jahreszinssatz auszudrücken und zum Zinssatz des Kredites zu addieren.

Lösung

Angebot 1. Kreditinstitut

9,5 % Zinsen für 2 Jahre	140 000,00 EUR	26 600,00 EUR
+ 0,5 % Bearbeitungsentgelt von	140 000,00 EUR	700,00 EUR
Kosten des Kredits		27 300,00 EUR

Angebot 2. Kreditinstitut

+ 8,5 % Zinsen für 2 Jahre	140 000,00 EUR	23 800,00 EUR
+ 0,2 % Disagio von	140 000,00 EUR	2 800,00 EUR
Kosten des Kredits		26 600,00 EUR

Die Kosten des Kredites entstehen für die Laufzeit von zwei Jahren.

Zinssatz 1. Kreditinstitut $= \dfrac{27\,300 \cdot 100}{140\,000 \cdot 2} = \underline{9{,}75\ \%}$ Zinssatz 2. Kreditinstitut $= \dfrac{26\,600 \cdot 100}{137\,200 \cdot 2} = \underline{9{,}69\ \%}$

Es ist für die Bürodesign GmbH günstiger, das Angebot des zweiten Kreditinstitutes anzunehmen, da der Effektivzinssatz für dieses Darlehen geringer ist.

◆ **Industrieobligationen (Anleihen):** Sie sind **Schuldverschreibungen**, mit denen sich große und namhafte Unternehmen aus Industrie, Handel und Verkehr langfristiges Fremdkapital beschaffen. Es handelt sich hierbei um hohe Kreditsummen, die von einzelnen Kreditinstituten nicht aufgebracht werden können. Obligationen werden in vielen kleinen Anteilscheinen zu mindestens 100,00 EUR angeboten. Sie sind somit Wertpapiere und können an der Börse zum Tageskurs ge- oder verkauft werden. Für die Bonität dieser Papiere sind insbesondere der Ruf, die wirtschaftliche Lage und die Ertragskraft des Anleiheschuldners maßgebend. Industrieobligationen sind durch die Ertragskraft und die Substanz des jeweiligen Unternehmens gesichert.

◆ **Leasing** (vgl. S. 372)

◆ **Factoring** (vgl. S. 374)

Kreditarten bei der Fremdfinanzierung

■ Vor der Kreditvergabe wird die **persönliche und sachliche Kreditwürdigkeit (Bonität)** und die **Kreditfähigkeit** des Kreditnehmers durch den Kreditgeber überprüft.

■ Beim **Kontokorrentkredit** kann das Unternehmen sein laufendes Konto bis zu einem vereinbarten Betrag überziehen.

- Beim **Lieferantenkredit** wird dem Käufer ein Zahlungsziel durch den Lieferer gewährt.
- **Darlehenskredite** sind mittel- und längerfristige Kredite insbesondere für die Finanzierung des Anlagevermögens, wobei die Auszahlung in einem Betrag oder in Teilbeträgen und die Rückzahlung in einer Summe oder in Teilbeträgen nach einem Tilgungsplan erfolgen kann.
- **Industrieobligationen** sind Schuldverschreibungen über Forderungsrechte gegen Industrie- und Handelsunternehmen.

1. Die Bürodesign GmbH will einen Kredit für die Neuanschaffung einer Fertigungsmaschine bei der Kreissparkasse Aurich aufnehmen. Geben Sie an, über welche Inhalte in einem Kreditvertrag Vereinbarungen getroffen werden sollten.

2. Die Bürodesign GmbH bezieht von einem Großhändler Rohstoffe im Werte von 34 200,00 EUR. Die Zahlungsbedingung lautet: „40 Tage netto Kasse, bei Zahlung innerhalb von 14 Tagen 3 % Skonto." Für einen Kontokorrentkredit der Hausbank wären 14 % effektiver Jahreszins zu entrichten. Die Bürodesign GmbH möchte den Skonto in Anspruch nehmen, muss dafür aber das Kontokorrentkonto in Anspruch nehmen.
   a) Ermitteln Sie den Überweisungsbetrag nach Abzug von Skonto.
   b) Ermitteln Sie die Zinsen für den in Anspruch genommenen Kontokorrentkredit.
   c) Ermitteln Sie den Finanzierungsgewinn, wenn der Skonto unter Inanspruchnahme des Kontokorrentkredites ausgenutzt wird.
   d) Ermitteln Sie den Effektivzinssatz für den Skonto.

3. Erklären Sie die verschiedenen Arten des Darlehens.

4. Beschreiben Sie, auf welche Weise Kreditinstitute die Kreditwürdigkeit ihrer Kunden überprüfen.

5. Zur Erweiterung des Unternehmens benötigt die Bürodesign GmbH einen Kredit über 200 000,00 EUR mit einer Laufzeit von drei Jahren. Die Bürodesign GmbH erhält zwei Angebote:
   Bank A: 9 % Zinsen zuzüglich 800,00 EUR Bearbeitungsentgelt
   Bank B: 8 % Zinsen zuzüglich 0,5 % Bearbeitungsentgelt von der Kreditsumme und 1 % Disagio
   Die Rückzahlung des Kredites soll jeweils in einer Summe nach drei Jahren erfolgen.
   a) Ermitteln Sie, wie viel EUR die Kreditkosten für die gesamte Laufzeit bei jeder Bank betragen.
   a) Ermitteln Sie die Effektivverzinsung beider Kredite.

6. a) Erkundigen Sie sich bei Kreditinstituten nach den Konditionen für einen Kontokorrent- und einen Darlehenskredit. Vergleichen Sie die Konditionen der Kreditinstitute miteinander.
   b) Suchen Sie nach Begründungen dafür, dass die Zinssätze bei den einzelnen Kreditinstituten unterschiedlich sind.

7. Die Bürodesign GmbH nahm für die Zeit vom 20. Juli bis 10. September einen Kredit über 72 000,00 EUR auf. Die Bank berechnete 9 % Zinsen, ein einmaliges Bearbeitungsentgelt von 1 % der Kreditsumme und 25,00 EUR Spesen. Die gesamten Kreditkosten werden bei der Rückzahlung des Kredites fällig.
   a) Wie viel EUR betrug das Bearbeitungsentgelt?
   b) Wie viel EUR betrugen die Zinsen?
   c) Wie viel Prozent betrug die Effektivverzinsung?

10.4 Kreditsicherung

Die Bürodesign GmbH benötigt für die Fertigung eine Maschine, deren Anschaffungskosten 270 000,00 EUR betragen. Als Herr Stein bei der Hausbank einen Kredit in dieser Höhe beantragt, stellt der zuständige Bankangestellte die Frage: „Können Sie mir Sicherheiten für diesen Kredit bieten?" Herr Stein weiß, dass für die Bürodesign GmbH aufgrund der in den letzten Monaten getätigten Investitionen ein Liquiditätsengpass besteht. In den nächsten drei Monaten ist mit dem Eingang von Forderungen in Höhe von 350 000,00 EUR zu rechnen.

Arbeitsauftrag
◆ Stellen Sie fest, welche Möglichkeiten Herr Stein hat, der Bank Sicherheiten für den Kredit anzubieten. Ziehen Sie hierzu die Bilanz von S. 349 heran.

● Personalkredite

Bei der Kreditgewährung haftet entweder ausschließlich die Person des Kreditnehmers (reiner Personalkredit) oder neben dem Kreditnehmer als Hauptschuldner haften weitere Personen als Nebenschuldner (verstärkter Personalkredit).

◆ **Der reine Personalkredit (Blankokredit):** Bei diesem Kredit sind für den Kreditnehmer **keine Sicherheiten erforderlich**, da das Kreditinstitut auf die sichtbar guten Ertrags- und Vermögensverhältnisse und den guten Ruf des Kreditnehmers vertraut. Diese Kredite werden meist nur kurzfristig gewährt, in der Regel als Kontokorrentkredite, seltener als Darlehen.

◆ **Der verstärkte Personalkredit:**

  ◆ **Bürgschaftskredit:** Die Bürgschaft (§ 765 ff. BGB, §§ 349 bis 351 HGB) entsteht durch einen Vertrag zwischen dem Kreditgeber und dem Bürgen, wonach der Bürge für die Erfüllung der Verbindlichkeiten des Kreditnehmers haftet. Für Bürgschaftsversprechen ist per Gesetz die Schriftform vorgeschrieben. Nur **Kaufleute** (vgl. S. 315) **können im Gegensatz zu Kleingewerbetreibenden auch mündlich bürgen.**

  Beispiel Dieter Friedrich, Sohn der Geschäftsführerin Friedrich, hat einen Kredit über 20 000,00 EUR aufgenommen, für den Frau Friedrich eine Bürgschaft übernimmt.

Wird ein Bürge von einem Kreditgeber in Anspruch genommen, kann er das Geld vom Kreditnehmer zurückverlangen. Haften bei einem Bürgschaftskredit mehrere Bürgen neben dem Kreditnehmer, spricht man von einer **gesamtschuldnerischen Bürgschaft**. In diesem Fall kann der Kreditgeber seine Forderungen an alle oder auch nur an eine der bürgenden Personen richten.
Man unterscheidet zwei Arten der Bürgschaft:

– **Ausfallbürgschaft** (§ 771 BGB): Bei dieser Bürgschaft muss der Bürge erst dann zahlen, wenn der Kreditgeber nachweisen kann, dass der Kreditnehmer zahlungsunfähig ist. Der Bürge hat somit das „**Recht der Einrede der Vorausklage**". Der Nachweis ist erbracht, wenn der Kreditgeber gegen den Kreditnehmer erfolglos Zwangsvollstreckung betrieben hat.

Beispiel   Für den Kredit des Dieter Friedrich beim Geschäftsfreund Peter Pade hat seine Mutter, Frau Helma Friedrich, eine Ausfallbürgschaft übernommen. Nach dem Fälligkeitstermin für die Rückzahlung des Darlehens, den Dieter nicht eingehalten hat, mahnt Peter Pade zweimal vergeblich. Danach wendet sich Herr Pade an die Bürgin mit der Aufforderung zur Zahlung. Die Bürgin Friedrich nimmt das Recht der Einrede der Vorausklage in Anspruch, d. h., sie ist erst dann zur Zahlung verpflichtet, wenn ihr der Kreditgeber nachweisen kann, dass eine Zwangsvollstreckung erfolglos war.

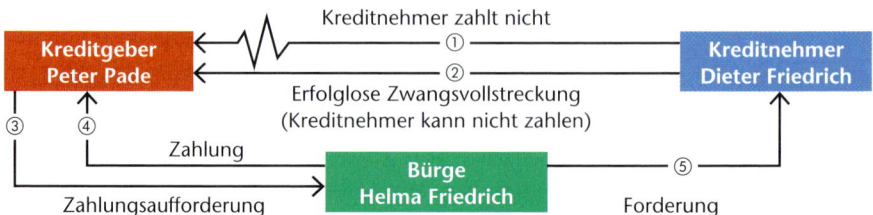

- **Selbstschuldnerische Bürgschaft** (§ 773 BGB): Bei dieser Art der Bürgschaft haftet der Bürge wie der Hauptschuldner, da er auf das „Recht der Einrede der Vorausklage" verzichtet. Der Bürge kann vom Kreditgeber schon dann zur Zahlung herangezogen werden, wenn der Kreditnehmer den Kredit nicht rechtzeitig zurückzahlt. Kreditinstitute verlangen immer eine selbstschuldnerische Bürgschaft. Unter Kaufleuten ist eine Bürgschaft immer eine selbstschuldnerische Bürgschaft (§ 349 HGB).

    Beispiel   Dieter Friedrich hat bei seiner Bank ein Darlehen über 30 000,00 EUR aufgenommen. Seine Mutter, Helma Friedrich, hat hierfür eine selbstschuldnerische Bürgschaft übernommen. Als Dieter am Fälligkeitstag nicht zahlt, verlangt die Bank sofort die Zahlung vom Bürgen. Frau Friedrich muss als Bürge zahlen, da sie eine selbstschuldnerische Bürgschaft übernommen hat.

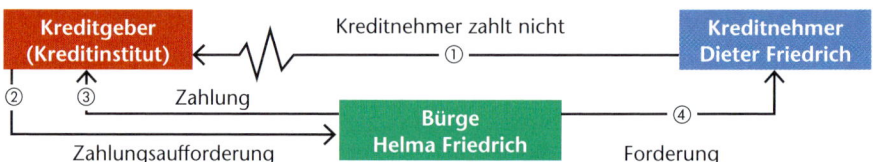

◆ **Zessionskredit:** Bei einem Zessionskredit tritt ein Kreditnehmer eine oder alle Forderungen zur Sicherung eines Kredites an den Kreditgeber ab (= **Forderungsabtretung**). Ein Zessionskredit hat für solche Unternehmen eine Bedeutung, die ihre Waren an Kunden auf Ziel verkaufen. Kreditgeber und Kreditnehmer schließen über die Forderungsabtretung einen **Zessionsvertrag** ab. Beim Zessionskredit werden zwei Arten unterschieden:

- **Stille Zession: Erfährt der Schuldner des Kreditnehmers nichts von der Forderungsabtretung**, dann spricht man von einer stillen Zession. Der Schuldner des Kreditnehmers zahlt seine Warenschuld an den Kreditnehmer, der das Geld unverzüglich an den Kreditgeber weiterleitet. Der Vorteil der stillen Zession ist darin zu sehen, dass keine anderen Personen von der Forderungsabtretung erfahren. Somit bleibt die Bonität des Kreditnehmers gewahrt.

    Beispiel   Die Bürodesign GmbH nimmt bei ihrer Bank einen Kredit über 60 000,00 EUR auf, da sie auf einer Versteigerung eine Bandsäge erwerben möchte. Zur Sicherheit tritt sie an die Bank ausstehende Kundenforderungen in Höhe von 60 000,00 EUR ab. Sobald die Kundenzahlungen der Bürodesign GmbH gutgeschrieben werden, muss sie diese unverzüglich an den Kreditgeber abführen.

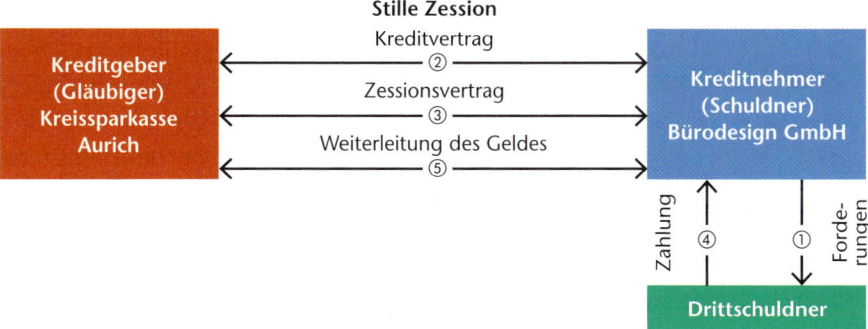

Stille Zession

– **Offene Zession:** Bei dieser Kreditform wird dem Schuldner des Kreditnehmers die Abtretung der Forderung mitgeteilt. In diesem Fall darf der Schuldner nicht mehr an den Kreditnehmer, sondern nur noch an den Kreditgeber zahlen. Zahlt er trotzdem an den Kreditnehmer, ist er gegenüber dem Kreditgeber nicht von seiner Zahlungspflicht befreit.

Beispiel Die Bürodesign GmbH nimmt bei der Kreissparkasse Aurich einen kurzfristigen Kredit über 60 000,00 EUR auf. Zur Sicherheit tritt sie eine Kundenforderung über 60 000,00 EUR an die Kreissparkasse ab. Die Bürodesign GmbH informiert den Kunden von der Forderungsabtretung. Der Kunde vergisst die Forderungsabtretung und zahlt an die Bürodesign GmbH. Die Kreissparkasse kann die nochmalige Zahlung vom Kunden verlangen.

Offene Zession

● Realkredite

Bei den Realkrediten werden die Forderungen des Kreditgebers durch ein unmittelbares **Zugriffsrecht auf bewegliche (z. B. Schmuck, Wertpapiere) und unbewegliche Sachen oder Vermögenswerte (z. B. Grundstücke, Gebäude) des Kreditnehmers** abgesichert. Realkredite werden auch als **dinglich gesicherte Kredite** bezeichnet. Zu den Realkrediten zählen Lombard-, Sicherungsübereignungs- und Grundpfandkredit.

◆ **Lombardkredit:** Bei diesem Kredit (= Faustpfandkredit, § 1204 ff. BGB) wird meist **ein kurzfristiger Kredit gegen Verpfändung von beweglichen, wertvollen Sachen** (z. B. Schmuck, Wertpapiere, Lebensversicherungen) gewährt. Zwischen Kreditgeber und Kreditnehmer wird neben dem Kreditvertrag ein **Pfandvertrag** geschlossen. Das Pfand geht dabei in den **Besitz des Kreditgebers** über, der **Kreditnehmer bleibt Eigentümer**. Der Kreditgeber stellt dem Kreditnehmer aber nicht den vollen Wert des verpfändeten Gegenstandes zur Verfügung, sondern nur den sogenannten Beleihungswert. Dieser beträgt je nach Pfand bis zu 90 % des Pfandwertes. Kommt der Kreditnehmer am

Fälligkeitstag seiner Zahlungsverpflichtung nicht nach, kann der Kreditgeber nach vorheriger Androhung das Pfand versteigern lassen. Das Pfandrecht erlischt, wenn der Kreditnehmer seine Schulden bezahlt hat.

Beispiel Zur Absicherung eines kurzfristigen Kredits über 40 000,00 EUR überlässt der Geschäftsführer der Stammes Stahlrohr GmbH der Bank Schmuck im Werte von 60 000,00 EUR. Da die Stammes Stahlrohr GmbH am Fälligkeitstag ihren Zahlungsverpflichtungen nicht nachgekommen ist, erhält der Geschäftsführer von der Bank die schriftliche Mitteilung, dass der Schmuck nach 10 Tagen versteigert wird, wenn die Stammes Stahlrohr GmbH ihrer Zahlungsverpflichtung nicht nachgekommen ist. Nach Ablauf der 10 Tage wird der Schmuck für 45 000,00 EUR versteigert. Die Bank schreibt dem Konto der Stammes Stahlrohr GmbH nach Abzug der Kosten (= 440,00 EUR) und Ausgleich des Kredites über 40 000,00 EUR noch 4 560,00 EUR gut.

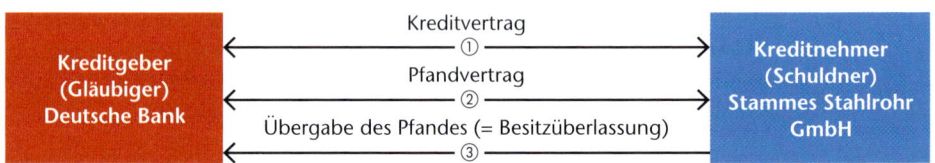

wird Besitzer des Pfandes   Bleibt Eigentümer des Pfandes

◆ **Sicherungsübereignungskredit:** Bei der Sicherungsübereignung (§ 930 BGB) wird im Gegensatz zum Lombardkredit der **Kreditgeber Eigentümer der Sicherungsgegenstände (mittelbarer Besitzer)**, während der **Kreditnehmer der unmittelbare Besitzer der Gegenstände** bleibt. Der Kreditnehmer kann also mit den übereigneten Gegenständen weiterarbeiten. Übereignet werden meistens Gegenstände des Anlagevermögens (z. B. Fuhrpark, Geschäftsausstattung), gelegentlich auch Warenvorräte. Beim **Sicherungsübereignungskredit** wird neben dem Kreditvertrag zwischen dem Kreditgeber und dem Kreditnehmer ein Sicherungsübereignungsvertrag abgeschlossen. Bei Nichtrückzahlung des Kredits durch den Kreditnehmer kann der Kreditgeber die sicherungsübereigneten Gegenstände verwerten.

Beispiel Die Büromöbel GmbH Europa nimmt bei ihrer Bank ein Darlehen über 30 000,00 EUR auf. Zur Sicherheit übereignet sie der Bank durch die Übergabe der Zulassungsbescheinigung Teil 2 zwei Lieferwagen im Wert von 45 000,00 EUR. Am Fälligkeitstag erfolgt durch die Büromöbel GmbH Europa keine Tilgung des Darlehens. Die Bank hat das Recht, die Lieferwagen sofort abholen und versteigern zu lassen. Sollte beim Verkauf ein höherer Preis als 30 000,00 EUR erzielt werden, erhält die Büromöbel GmbH Europa den höheren Betrag nach Abzug der entstandenen Kosten gutgeschrieben.

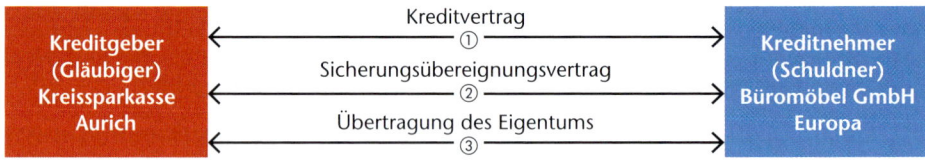

wird Eigentümer des Gegenstandes   bleibt Besitzer des Gegenstandes

Mit der Tilgung des Kredites durch den Kreditnehmer geht das Eigentum automatisch wieder auf den Kreditnehmer über. Für den Kreditgeber und den Kreditnehmer können sich bei der Sicherungsübereignung **folgende Vor- und Nachteile** ergeben:

	Vorteile	Risiken
Kreditgeber (KG)	– KG hat im Insolvenzfalle Recht auf Absonderung (vgl. S. 388). – KG kann bei Zahlungsverzug des KN Sicherungsgegenstand sofort verkaufen.	– Auf den übereigneten Gegenständen ruht Eigentumsvorbehalt des Lieferers. – Verlust des Eigentums des KG beim Weiterverkauf vom KN an gutgläubige Dritte. – Gegenstände sind bereits anderweitig vom KN sicherungsübereignet worden. – Übereignete Gegenstände können beschädigt oder zerstört werden.
Kreditnehmer (KN)	– KN kann sowohl mit dem sicherungsübereigneten Gegenstand als auch mit dem Kredit arbeiten. – Übereignung ist nach außen nicht erkennbar.	– KG kann bei Zahlungsverzug den übereigneten Gegenstand sofort verkaufen lassen.

Beispiel Bei der Kreditsicherung durch Fahrzeuge muss der Kreditnehmer dem Kreditgeber die Zulassungsbescheinigung Teil 2 übergeben. Damit wird der Weiterverkauf an gutgläubige Dritte verhindert. Ferner kann der Kreditgeber sicher sein, dass das Fahrzeug nicht bereits an Dritte sicherungsübereignet ist. Das Risiko der Beschädigung oder Zerstörung wird durch Versicherungen abgedeckt.

◆ **Grundpfandkredite:** Beim Grundpfandkredit wird dem Kreditgeber ein Pfandrecht an unbeweglichen Sachen (Immobilien) übertragen. Das Grundpfandrecht wird in das **Grundbuch**, das beim Amtsgericht geführt wird, eingetragen. Das Grundbuch ist ein öffentliches Register, das Auskunft über Eigentumsverhältnisse, Größe, Lage, Lasten usw. eines Grundstückes gibt. Einsicht in das Grundbuch kann jeder nehmen, der ein berechtigtes Interesse nachweisen kann. Pfandrechte können als Hypotheken oder Grundschuld eingetragen werden. Kommt ein Kreditnehmer seiner Zahlungsverpflichtung aus einem Grundpfandkredit nicht nach, kann der Kreditgeber das Grundstück und das dazugehörige Gebäude, das mit einem Pfandwert belastet ist, zwangsversteigern lassen.

  ◆ **Hypothek (§ 1113 ff. BGB):** Die Hypothek setzt immer das Bestehen einer Forderung voraus. Der Kreditgeber hat nur einen Anspruch in Höhe der ursprünglichen Forderungen abzüglich der geleisteten Rückzahlungen. Der Kreditnehmer haftet mit dem Grundstück (= **dingliche Haftung**) als Pfand. Zudem haftet er persönlich mit seinem ganzen Vermögen (= **persönliche Haftung**) für das Darlehen. Der Kreditgeber kann also bei einer Zwangsvollstreckung sowohl die Befriedigung seiner Forderungen aus dem Vermögen des Kreditnehmers als auch aus dem Grundvermögen verlangen. Die Hypothek erlischt mit der Rückzahlung des Kredites.

  Beispiel Die Bürodesign GmbH nimmt bei ihrer Bank ein Hypothekendarlehen über 100 000,00 EUR auf. Als Sicherheit wird im Grundbuch eine Hypothek auf ein Grundstück mit dazugehörigem Gebäude, das sich im Eigentum der Bürodesign GmbH befindet, eingetragen. Wenn die Bürodesign GmbH nach einem halben Jahr mit ihren Tilgungsraten in Verzug geraten sollte, könnte die Bank das Grundstück mit dem Gebäude zwangsversteigern lassen. Falls das Gebäude

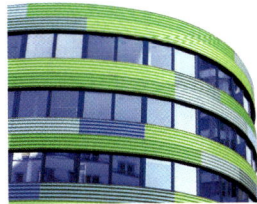

z. B. durch Feuer vernichtet worden ist, und der Wert des Grundstücks zur Befriedigung der Forderung nicht mehr ausreicht, kann die Bank die Befriedigung der Restforderung aus dem Privatvermögen des Kreditnehmers verlangen.

Eine Hypothek kann als **Buchhypothek** oder als **Briefhypothek** bestellt werden. Eine **Buchhypothek** entsteht durch Einigung und Eintragung. Bei einer **Briefhypothek** wird zusätzlich ein Hypothekenbrief ausgestellt, der zum Erwerb, zur Übertragung und Geltendmachung der Hypothek erforderlich ist. Durch eine Briefhypothek wird die Übertragung der Hypothek auf einen anderen Gläubiger erleichtert, da hierzu die Übergabe des Briefes zusammen mit einer schriftlichen Abtretungserklärung genügt. Eine Umschreibung im Grundbuch muss nicht vorgenommen werden.

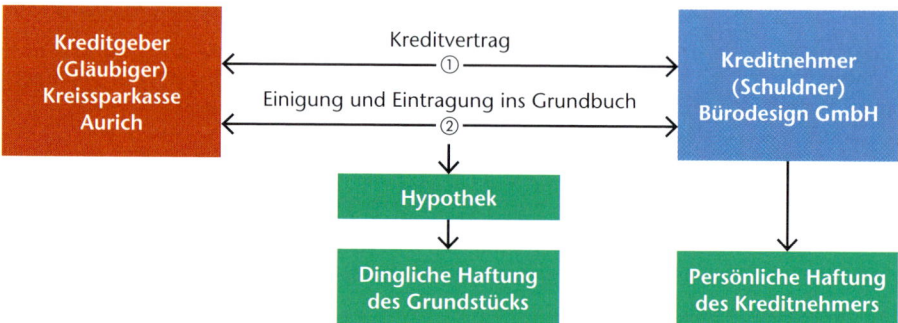

◆ **Grundschuld (§ 1191 ff. BGB):** Das Bestehen einer Forderung ist im Gegensatz zur Hypothek nicht erforderlich (= abstrakte dingliche Schuld). Bei der Grundschuld wird ein Grundstück mit einer bestimmten Geldsumme zugunsten des Kreditgebers belastet. In das Grundbuch wird nur die Grundschuld, aber nicht der Schuldgrund, z. B. Aufnahme eines Darlehens, eingetragen. Der Kreditgeber hat zwei Ansprüche gegen den Kreditnehmer:
– einen dinglichen Anspruch aus der Grundschuld,
– einen persönlichen Anspruch aus dem Darlehen.
Im Falle einer Zwangsvollstreckung muss eine Forderung des Kreditgebers nicht nachgewiesen werden. Auch bei voller Rückzahlung aller Verbindlichkeiten durch den Kreditnehmer erlischt die Grundschuld nicht. Sie erlischt erst, wenn sie im Grundbuch gelöscht wird.

Beispiel Nimmt die Bürodesign GmbH bei ihrer Bank ein Grundschulddarlehen über 100 000,00 EUR auf, könnte sie das Darlehen in Teilbeträgen nach und nach abrufen. (Vorteil: Nur eine einmalige Eintragung ins Grundbuch.) Die Bank könnte das Grundstück mit dem Gebäude zwangsversteigern lassen, wenn die Bürodesign GmbH mit ihren Tilgungsraten in Verzug gerät. Falls das Gebäude, z. B. durch Feuer, vernichtet worden ist und der Wert des Grundstücks zur Befriedigung der Forderung nicht mehr ausreicht, könnte die Bank die Befriedigung der Restforderung aufgrund des persönlichen Anspruchs aus dem Darlehen aus dem Vermögen des Kreditnehmers verlangen.

In der Praxis wird von den Kreditinstituten meistens die Grundschuld verlangt, da sie wesentlich flexibler als die Hypothek zu handhaben ist.

Kreditsicherung

- Der **reine Personalkredit (Blankokredit)** wird ohne Sicherheiten aufgrund der besonderen **Bonität des Kreditnehmers** gewährt.
- **Verstärkter Personalkredit** = Sicherung durch Personen

Bürgschaft	Zession
Ein oder mehrere Bürgen haften zusätzlich zum Kreditnehmer (KN). – **Ausfallbürgschaft:** Bürge hat Recht der Einrede der Vorausklage. – **Selbstschuldnerische Bürgschaft:** Bürge hat nicht das Recht der Einrede der Vorausklage.	Abtretung von Forderungen an den Kreditgeber (KG). – **Stille Zession:** Schuldner des KN wird nicht von der Forderungsabtretung informiert. – **Offene Zession:** Schuldner des KN wird von der Forderungsabtretung informiert.

- **Realkredite** = dingliche Sicherung (bewegliche und unbewegliche Sachen haften für eine Forderung)

Lombardkredit (Faustpfandkredit)	Sicherungsübereignungskredit	Grundpfandrechte
Verpfändung von beweglichen wertvollen Gegenständen oder Wertpapieren an den KG, wobei KG Besitzer wird, KN bleibt Eigentümer.	Bewegliche Gegenstände des Anlagevermögens oder Warenvorräte werden zur Sicherheit vom KN an den KG übereignet. KG wird Eigentümer, KN bleibt Besitzer. Gegenstände: Fuhrpark, Maschinen, Geschäftsausstattung, unfertige und fertige Erzeugnisse.	– **Hypothek:** KG erhält Pfandrecht an einem Grundstück durch Einigung und Eintragung ins Grundbuch. **KN haftet mit Privatvermögen und mit Grundstück** als Pfand. – **Grundschuld:** Belastung des Grundstücks mit einer bestimmten Geldsumme zugunsten des KG. **KN haftet mit dem Grundstück** als Pfand.

1. Erläutern Sie die Bürgschaft und ihre Arten.

2. Worin liegt der Vorteil der stillen Zession für den Kreditnehmer?

3. Geben Sie an, welche Vor- und Nachteile bzw. Risiken die Sicherungsübereignung
   a) für den Kreditgeber,   b) für den Kreditnehmer hat.

4. Nennen Sie die Merkmale des Lombardkredites.

5. Erläutern Sie die Besitz- und Eigentumsverhältnisse beim Sicherungsübereignungs- und Lombardkredit.

6. Erklären Sie den grundlegenden Unterschied zwischen einer Grundschuld und einer Hypothek.

7. Geben Sie für nachfolgende Sachen an, für welche Kreditsicherung sie sich eignen.
   a) Fahrzeuge   d) Warenvorräte   g) Forderungen gegen Kunden
   b) Schmuck   e) Geschäftsausstattung
   c) Gebäude   f) Goldmünzen

8. Einer Ihrer Freunde will bei einem Kreditinstitut einen Kredit über 10 000,00 EUR für die Anschaffung einer Wohnungseinrichtung aufnehmen. Allerdings verlangt das Kreditinstitut, dass ein Bürge zusätzlich für den Kredit haften soll. Ihr Freund bittet Sie, für ihn zu bürgen.
   a) Sammeln Sie Argumente, ob Sie als Bürge für Ihren Freund zur Verfügung stehen.
   b) Überlegen Sie, welche Anforderungen ein Kreditinstitut an einen Bürgen stellt.

9. Die Bürodesign GmbH will eine Fertigungsmaschine im Wert von 80 000,00 EUR für das kommende Geschäftsjahr kaufen. Die Maschine soll über einen Darlehenskredit finanziert werden. Erstellen Sie für die Bürodesign GmbH eine Liste der verschiedenen Formen der Kreditsicherung, die der Darlehensgeber verlangen könnte, und stellen Sie die jeweiligen Vor- und Nachteile in einer Übersicht gegenüber. Entscheiden Sie sich für eine Kreditsicherung und begründen Sie Ihre Entscheidung.

10.5 Sonderformen der Finanzierung

Die Bürodesign GmbH hat ihr Produktionsprogramm um flexible Konferenztischkombinationen aus Massivholz erweitert. Das Geschäft mit den Tischkombinationen läuft sehr gut an, sodass zwei zusätzliche Plattenformatsägemaschinen für die Fertigung benötigt werden. Die Bürodesign GmbH hat für eine vorangegangene Betriebserweiterung momentan ihren Kreditrahmen ausgeschöpft. Herr Stein hat in der Vergangenheit gute Erfahrungen mit dem Leasing von Pkw gemacht. Er überlegt, ob auch Maschinen geleast werden sollen.

Arbeitsaufträge
◆ Überprüfen Sie, welche Gegenstände von Unternehmen geleast werden können.
◆ Stellen Sie die verschiedenen Leasingarten gegenüber.

● Leasing

Ein Unternehmen hat die Möglichkeit, benötigte Gegenstände zu leasen (= mieten oder pachten) statt zu kaufen. Beim Leasing werden in einem Leasingvertrag die Nutzungsrechte an Gütern des Anlagevermögens (Grundstücke mit Gebäuden, Fahrzeuge, Geschäftsausstattung) für eine bestimmte Zeit vom Leasinggeber auf den Leasingnehmer übertragen, wobei der Leasingnehmer die geleasten Gegenstände in seinem Betrieb einsetzt. Der **Leasingnehmer wird Besitzer, der Leasinggeber bleibt Eigentümer** der geleasten Gegenstände. Am Ende der vertraglich vereinbarten Leasingdauer kann der Leasingnehmer den geleasten Gegenstand zurückgeben oder zum Restwert kaufen. Das **Leasingentgelt** richtet sich nach der Vertragsdauer und beträgt

◆ bei dreijähriger Vertragsdauer monatlich etwa 3 % des Kaufpreises,
◆ bei zweijähriger Vertragsdauer monatlich etwa 4 % des Kaufpreises.

Unter der Voraussetzung, dass mit den Leasingobjekten ein zusätzlicher Gewinn erwirtschaftet wird, kann ein Unternehmen mit Leasing seine Anlagegegenstände erneuern oder erweitern, ohne Eigen- oder Fremdkapital in Höhe der Anschaffungskosten zu beschaffen. Die Leasingraten können als Betriebsausgaben abgesetzt werden, sie mindern somit die Gewerbe-, Einkommen- bzw. Körperschaftssteuer.

◆ **Leasinggeber** kann

◆ der Hersteller des Anlagegutes, z. B. Maschinen-, Fahrzeughersteller (= **direktes Leasing**),
◆ eine Leasinggesellschaft sein, die die Gegenstände vom Hersteller gekauft hat und sie nun im Rahmen des Leasing gegen Entgelt zur Verfügung stellt (= **indirektes Leasing**).

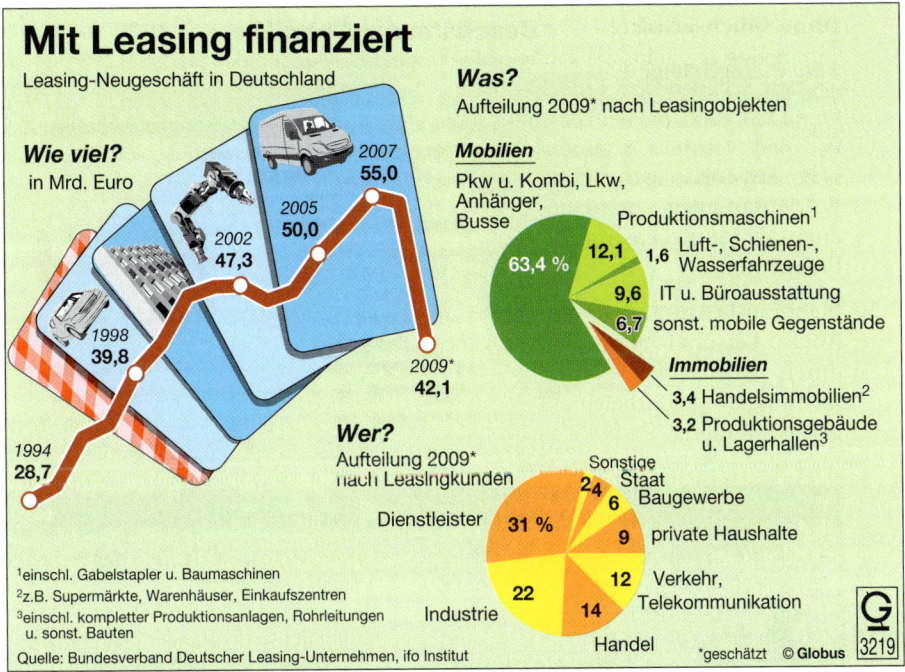

Mit Leasing finanziert
Leasing-Neugeschäft in Deutschland

Wie viel?
in Mrd. Euro

2007 **55,0**
2005 **50,0**
2002 **47,3**
1998 **39,8**
2009* **42,1**
1994 **28,7**

Was?
Aufteilung 2009* nach Leasingobjekten

Mobilien
Pkw u. Kombi, Lkw, Anhänger, Busse
63,4 %
12,1 Produktionsmaschinen[1]
1,6 Luft-, Schienen-, Wasserfahrzeuge
9,6 IT u. Büroausstattung
6,7 sonst. mobile Gegenstände

Immobilien
3,4 Handelsimmobilien[2]
3,2 Produktionsgebäude u. Lagerhallen[3]

Wer?
Aufteilung 2009* nach Leasingkunden
Dienstleister **31 %**
Sonstige **24**
Staat **6**
Baugewerbe
9 private Haushalte
12 Verkehr, Telekommunikation
14
22
Industrie
Handel

[1]einschl. Gabelstapler u. Baumaschinen
[2]z.B. Supermärkte, Warenhäuser, Einkaufszentren
[3]einschl. kompletter Produktionsanlagen, Rohrleitungen u. sonst. Bauten
Quelle: Bundesverband Deutscher Leasing-Unternehmen, ifo Institut
*geschätzt © Globus 3219

◆ **Leasingverträge** können unterschieden werden in

  ◆ **Operating Leasing:** Bei dieser Form hat der Leasingnehmer das **Recht, den Vertrag jederzeit kurzfristig zu kündigen**, da keine feste Grundleasingzeit vereinbart worden ist. Der Leasinggeber trägt somit das volle Investitionsrisiko. Der Leasingnehmer hat immer die neueste Technologie zur Verfügung. Es handelt sich um Leasingobjekte (Kraftfahrzeuge, Fotokopiergeräte, Büromaschinen), die nach Beendigung des Leasingverhältnisses vom Leasinggeber problemlos erneut anderen Leasingnehmern zur Verfügung gestellt werden können.

  ◆ **Financial Leasing** (Finanzierungsleasing): Hier handelt es sich um **langfristige Verträge**, die **während der Grundleasingzeit unkündbar** sind. Nach Ablauf der Grundleasingzeit kann der Leasingnehmer entscheiden, ob er den Vertrag verlängern oder einen neuen Vertrag über ein neues Leasingobjekt abschließen will. Er kann das Leasingobjekt auch vom Leasinggeber kaufen. Bei dieser Leasingform trägt der Leasingnehmer das Investitionsrisiko, d.h. das Risiko der wirtschaftlichen Wertminderung durch technischen Fortschritt. Beim Financial Leasing handelt es sich bei den Leasingobjekten in der Regel um Gegenstände, die häufig eigens für den Leasingnehmer hergestellt worden sind.

◆ Hinsichtlich der **Leasingobjekte** kann man unterscheiden in:

  ◆ **Leasing von beweglichen Gegenständen = Mobilien-Leasing**

    Beispiel Maschinen, Computer, Fotokopierer, Regalsysteme, Arbeitskleidung, Fahrzeuge, Telefonanlagen, Büroausstattung

    Das Leasing einzelner Ausrüstungsgegenstände wird auch als **Equipment-Leasing** bezeichnet.

◆ **Immobilien-Leasing**

Beispiel Lagerräume, Verwaltungsgebäude, Grundstücke

Das Leasing ganzer Betriebsanlagen wird auch als **Plant-Leasing** bezeichnet.

◆ **Personal-Leasing:**
Auch Personal kann durch Arbeitskräftevermittlungen (Zeitarbeit) geleast werden.

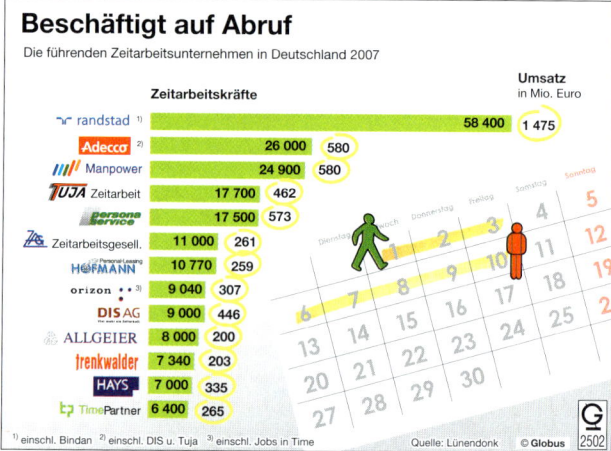

Beschäftigt auf Abruf

Die führenden Zeitarbeitsunternehmen in Deutschland 2007

	Zeitarbeitskräfte	Umsatz in Mio. Euro
randstad [1]	58 400	1 475
Adecco [2]	26 000	580
Manpower	24 900	580
TUJA Zeitarbeit	17 700	462
persona service	17 500	573
Zeitarbeitsgesell.	11 000	261
HOFMANN	10 770	259
orizon [3]	9 040	307
DIS AG	9 000	446
ALLGEIER	8 000	200
trenkwalder	7 340	203
HAYS	7 000	335
TimePartner	6 400	265

[1] einschl. Bindan [2] einschl. DIS u. Tuja [3] einschl. Jobs in Time   Quelle: Lünendonk   © Globus 2502

Vorteile	Leasing	Nachteile
– Geleaste Objekte sind meistens auf dem neuesten Stand der Technik, vorausgesetzt es wurden keine langfristigen Leasingverträge vereinbart. – Leasingnehmer hat bestimmte monatliche Raten, die genaue Kalkulation ermöglichen. – Verringerung des Kapitalbedarfs – Kreditsicherheiten sind nicht erforderlich. – Leasingkosten können aus den laufend erwirtschafteten Erträgen des Leasingobjektes bezahlt werden. – Keine Aktivierung der Leasinggüter in der Bilanz, steuerliche Abzugsfähigkeit der Leasingraten als Betriebskosten.		– Hohe Fixkostenbelastung des Betriebes durch Leasingraten. – Leasing ist i.d.R. teurer als eine Finanzierung des Gegenstandes beim Kauf. Die Leasingrate setzt sich aus Zinsen und einem Entgelt für die Überlassung und Nutzung der Leasinggegenstände zusammen. – Beim Financial Leasing ist der Leasingnehmer vertraglich lange gebunden.

● Factoring

Factoring stellt eine **Form der Forderungsabtretung (Zession, vgl. S. 366)** dar und ist als besondere Finanzierungshilfe des Umlaufvermögens eines Unternehmens gedacht. Sogenannte **Factoringbanken** kaufen von ihren Kunden **(Factoringnehmer)** Forderungen aus Lieferungen und Leistungen auf. Der Factoringnehmer erhält dann von der Factoringbank etwa 80 bis 90 % des Rechnungswertes abzüglich der Zinsen und einer Factoringprovision (0,8 bis 1,5 % der Gesamtsumme) sofort gutgeschrieben. Den Restbetrag erhält der Factoringnehmer nach Eingang der Zahlung abzüglich der Provision und der Zinsen bei der Factoringbank. Bilanzmäßig liegt beim Factoring ein Aktivtausch vor, da die Kundenforderungen gegen Bankforderungen (Factoringbank) getauscht werden.

Der Hauptvorteil für den Factoringnehmer besteht darin, dass er vorzeitig über die erst später fällig werdenden Geldmittel aus Forderungen verfügen kann. Factoringbanken übernehmen gegen ein zusätzliches Entgelt **(Delcredereprovision)** das Risiko eines Forderungsausfalles. Als weitere Dienstleistungen bieten die Factoringbanken an:

◆ Ausstellung der Rechnungen
◆ Führung der Kundenbuchhaltung (Debitorenbuchhaltung)
◆ Einzug weiterer fälliger Forderungen
◆ Übernahme eines notwendig werdenden Mahnverfahrens

Somit werden betriebliche Funktionen aus dem Unternehmen ausgegliedert (Outsourcing).

Beispiel

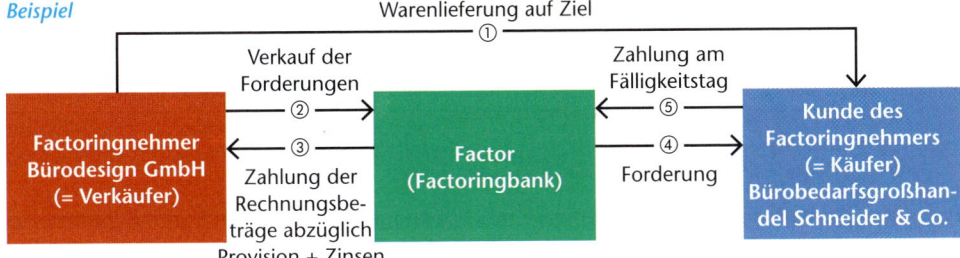

Ähnlich wie bei der Zession unterscheidet man offenes und stilles Factoring.

◆ Beim **offenen Factoring** ist auf der Rechnung gleich die Kontonummer der Factoringbank angegeben. Der Kunde zahlt direkt an die Factoringbank.

◆ Beim **stillen Factoring** zahlt der Kunde erst an den Factoringnehmer, der dann die Zahlungen unverzüglich an die Factoringbank weiterleitet.

Durch Factoring ergeben sich **für den Factoringnehmer folgende Vor- und Nachteile:**

Vorteile	Nachteile
– Verringerung des Kapitalbedarfs – Liquiditätserhöhung – Wegfall des Mahnverfahrens – Verringerung von Verwaltungsarbeiten, geringere Personalaufwendungen – kein Risiko des Forderungsausfalls	– Factoringnehmer muss der Factoringbank Zinsen und Provision für Dienstleistungen zahlen – Unsichere Forderungen werden nicht angekauft

Sonderformen der Finanzierung

■ **Leasing**
– Beim Leasing werden **Güter des Anlagevermögens geleast**, wobei die Leasinggeber Hersteller oder Leasinggesellschaften sein können.
– Es können sowohl **Immobilien als auch bewegliche Güter** geleast werden.
– Beim **Financial Leasing** werden langfristige Verträge abgeschlossen, der Leasingnehmer hat nach Ablauf der Vertragsdauer ein Kaufrecht des geleasten Gegenstandes (Maschinen, Betriebs- und Geschäftsausstattung, usw). Leasinggegenstände werden häufig eigens für den Leasingnehmer angefertigt.
– Beim **Operating Leasing** kann der Vertrag jederzeit vom Leasingnehmer gekündigt werden (Fotokopiergeräte, Kfz usw.).
– **Hauptvorteil** für den Leasingnehmer ist ein **verringerter Kapitalbedarf**, Hauptnachteil sind die anfallenden Kosten.

■ **Factoring**
– Unter Factoring versteht man den **Verkauf von Kundenforderungen** an eine **Factoringbank**.
– **Vorteil:** Der Factoringnehmer kann über Geldmittel aus Forderungen verfügen, die erst später fällig werden.

- Neben den Zinsen verlangen Factoringbanken eine **Provision** für Rechnungs-
  erstellung, Zahlungsüberwachung und eine **Delcredereprovision** für die Übernahme des Kreditrisikos.
- Factoring ist **verhältnismäßig teuer**.

1. Geben Sie Beispiele an, welche Gegenstände
    a) von der Bürodesign GmbH geleast werden könnten,
    b) die Bürodesign GmbH von ihren Kunden leasen lassen könnte.

2. Die Geschäftsführer der Bürodesign GmbH überlegen, ob man den Kunden Büromöbel
    als Leasingobjekte anbieten soll. Sammeln Sie Argumente, mit denen Sie die Kunden der
    Bürodesign GmbH von der Vorteilhaftigkeit dieser Möglichkeit überzeugen können.

3. Erläutern Sie offenes und stilles Factoring.

4. Die Bürodesign GmbH will einen neuen Mittelklasse-Pkw für den Außendienst anschaffen.
    Besorgen Sie sich bei Autohändlern Leasingangebote für Pkw und vergleichen Sie diese
    in einer Übersicht miteinander.

5. Die Bürodesign GmbH beschließt, einen Teil ihrer Forderungen an eine Factoringbank
    zu verkaufen.
    a) Beschreiben Sie, welche Bedeutung Factoring für die Bürodesign GmbH haben
       kann.
    b) Beschreiben Sie, wie sich der Abschluss eines Factoringvertrages in der Bilanz aus-
       wirkt.

6. Die Bürodesign GmbH hat ausstehende Forderungen in Höhe von 340 000,00 EUR mit
    einem durchschnittlichen Zahlungsziel von 30 Tagen. Um die Liquidität zu verbessern,
    wollen die Geschäftsführer die Forderungen an eine Factoringbank verkaufen. Gleich-
    zeitig soll der Factor Dienstleistungs- und Delcrederefunktion übernehmen. Der Factor
    macht folgendes Angebot:
    – Zinsen 14 % p. a.
    – Vergütung für Dienstleistungs- und Delcrederefunktion: 3 % von 340 000,00 EUR
    a) Ermitteln Sie die Kosten für einen Monat, den der Factor der Bürodesign GmbH in
       Rechnung stellen wird.
    b) Beurteilen Sie, ob es sinnvoll ist, das Angebot des Factors in Anspruch zu nehmen.

10.6 Merkmale, Ursachen und Folgen von Zahlungsschwierig-
keiten

Renate Becker ist in der Kreditorenbuchhaltung eingesetzt. Sie ist überrascht, wie
schleppend der Zahlungseingang der Schuldner ist. Und jetzt kommt auch noch
ein Scheck des langjährigen Kunden, der Einzelhandlung Bürobedarf Richter
GmbH, mit folgendem Vermerk zurück:

„Nicht eingelöst, da das Konto nicht die erforderliche Deckung aufweist"

„Das könnte mir nicht passieren", sagt Renate zu Elke Grau, die bereits seit einiger Zeit in der Buchhaltung ausgebildet wird, „ich habe immer reichlich Geld auf dem Girokonto!" Das sei genauso falsch, belehrt sie Elke, wichtig sei das finanzielle Gleichgewicht. Renate ist verwirrt. Was kann daran falsch sein, reichlich Geld auf dem Girokonto zu haben?

Arbeitsauftrag
◆ Stellen Sie fest, welche Konsequenzen sich aus einem finanziellen Ungleichgewicht ergeben können.

● Liquidität

◆ **Finanzielles Gleichgewicht:** Alle Überlegungen zum Kapitalbedarf, zur Zusammensetzung des Kapitals, zur Kapitalbindung und zur Kapitalüberlassung haben zum Ziel, das **finanzielle Gleichgewicht** im Unternehmen zu sichern. Dies ist gegeben, wenn die Zahlungsfähigkeit zu jedem Zeitpunkt gesichert ist und keine überschüssigen Finanzierungsmittel vorhanden sind, die die Rentabilität mindern.

◆ **Unter- und Überliquidität:** Um das finanzielle Gleichgewicht zu sichern, stellt das Unternehmen die erwarteten Einnahmen den erwarteten Ausgaben in einem **Finanzplan** gegenüber. Auch bei sorgfältiger Finanzplanung bleiben jedoch Unsicherheiten über die zukünftigen Einnahmen und Ausgaben.

Beispiele
– Zahlungen können schleppend oder gar nicht eingehen.
– Erwartete Umsätze können nicht realisiert werden.
– Kosten können höher ausfallen als geplant.

Darüber hinaus können Fehlentscheidungen im Rahmen der Finanzierung zu kurzfristigen Zahlungsschwierigkeiten (**Unterliquidität**) oder dauerhafter Zahlungsunfähigkeit (**Illiquidität**) führen. Aber auch die **Überliquidität**, d.h. die Überdeckung finanzieller Mittel, stört das finanzielle Gleichgewicht.

Beispiele
– Die Einzelhandlung Bürobedarf Richter GmbH, ein langjähriger Kunde der Bürodesign GmbH, gerät durch einen Forderungsausfall in kurzfristige Zahlungsschwierigkeiten (**Unterliquidität**). Nachdem die GmbH einen Kredit bei der Bank aufgenommen hat, begleicht sie ihre Verbindlichkeiten. Als danach weitere Kunden die Zahlung einstellen, kann auch die Bürobedarf Richter GmbH ihre Verbindlichkeiten nicht mehr begleichen, sie ist zahlungsunfähig (**Illiquidität**).
– Geschäftsführer Stein stellt fest, dass die Kontostände auf den Kontokorrentkonten der Bürodesign GmbH um 30 % über den benötigten Mitteln liegen (**Überliquidität**). Durch Anlage der nicht benötigten Mittel auf einem Festgeldkonto kann ein Zinsgewinn von 4 000,00 EUR erwirtschaftet werden.

◆ **Konsequenzen aus dem finanziellen Ungleichgewicht:** Werden die Folgen falscher Finanzierung rechtzeitig erkannt, können geeignete Maßnahmen zur Rettung des Unternehmens ergriffen werden. Die Rettung kann auf Kosten des Unternehmers in Form der **Sanierung** (vgl. S. 379) oder auf Kosten der Gläubiger in Form des **Vergleichs** (vgl. S. 383) erfolgen. Werden die Maßnahmen zur Rettung des Unternehmens versäumt oder zu spät ergriffen, kommt es zur zwangsweisen Auflösung im **Insolvenzverfahren** (vgl S. 385).

● Merkmale finanzieller Schwierigkeiten

Finanzielle Schwierigkeiten sind an einer Reihe von **Merkmalen** erkennbar:

◆ Gewinnrückgang oder Verluste
◆ Umsatzrückgang
◆ Verminderung des Eigenkapitals
◆ Zunahme der Verschuldung
◆ Zahlungsschwierigkeiten (**Zahlungsstockung**) bis zur Zahlungsunfähigkeit (**Illiquidität**)

● Ursachen von Zahlungsschwierigkeiten

Gründe für Zahlungsschwierigkeiten können inner- und außerbetriebliche Ursachen haben:

Ursachen für finanzielle Schwierigkeiten	
– innerhalb des Unternehmens • Produkte entsprechen nicht den Wünschen der Kunden • zu geringes Eigenkapital • zu hohe Privatentnahmen • Fehlinvestitionen • zu teure Produkte • zu hohe Personal- und Lagerkosten u. a.	**– außerhalb des Unternehmens** • schlechte Konjunkturlage • starke Konkurrenz • Forderungsausfall • Änderung der Verbrauchergewohnheiten • Preissteigerung bei Roh-, Hilfs- und Betriebsstoffen u. a.

● Folge von Zahlungsschwierigkeiten

Als **Folge von Zahlungsschwierigkeiten** können Maßnahmen zur Erhaltung (Sanierung) oder Maßnahmen zur Auflösung des Unternehmens (Insolvenzverfahren) ergriffen werden.

> **Merkmale, Ursachen und Folgen von Zahlungsschwierigkeiten**
> ■ **Ziel** der Finanzplanung ist die Sicherung des **finanziellen Gleichgewichts**.
> ■ **Falsche Finanzplanung** kann zu kurzfristiger Unterliquidität und zu dauerhafter Illiquidität oder zur Überliquidität führen.
> ■ **Arten finanzieller Schwierigkeiten** sind **Zahlungsstockung** (= vorübergehende Zahlungsschwäche) und **Zahlungseinstellung** (= dauernde Zahlungsunfähigkeit).
> ■ Die **Ursachen für finanzielle Schwierigkeiten** können innerhalb und/oder außerhalb des Unternehmens liegen.

1. Stellen Sie eine Liste innerbetrieblicher und außerbetrieblicher Ursachen zusammen, die zur Zahlungsunfähigkeit eines Unternehmens führen können.

2. Erläutern Sie einige Merkmale und Arten von Zahlungsschwierigkeiten von Unternehmen.

3. Zur Sicherung des finanziellen Gleichgewichts ist es erforderlich, die Liquidität zu überwachen. Dabei sollen sowohl die Unterliquidität als auch die Überliquidität vermieden werden.
    a) Geben Sie an, welche Maßnahmen ein Unternehmen zur Verbesserung seiner Liquidität treffen kann.
    b) Erläutern Sie, wie Über- und Unterliquidität in einem Unternehmen vermieden werden können.

4. Der Weg eines Unternehmens in die Zahlungsunfähigkeit ist oft durch folgende Phasen gekennzeichnet:

Rückgang der Umsätze → Rückgang der Gewinne → Anhaltende Verluste → Rückgang des Eigenkapitals → zunehmende Verschuldung → Zahlungsschwierigkeiten → Zahlungsunfähigkeit

a) Überlegen Sie, an welchen Stellen im Unternehmen die genannten „Symptome" festgestellt werden können.

b) Stellen Sie den Symptomen Maßnahmen gegenüber, die die drohende Zahlungsunfähigkeit des Unternehmens abwenden.

5. Erläutern Sie, welche Maßnahmen als Folge von Zahlungsschwierigkeiten ergriffen werden können.

10.7 Außergerichtliche Maßnahmen im Rahmen der Insolvenz eines Unternehmens

10.7.1 Die Sanierung

Die Einzelhandelsunternehmung Bürobedarf Richter GmbH ist Kunde der Bürodesign GmbH. Uwe Richter hatte vor fünf Jahren ein Fachgeschäft für Bürobedarf eröffnet. Er ist gelernter Bürokaufmann und verfügt über die erforderlichen Warenkenntnisse. Sein Sortiment bestand zunächst aus Schreibwaren und Bürozubehör. Aufgrund der großen Nachfrage führt Richter jetzt auch Büromaschinen und Büromöbel. Sein ganzer Stolz ist, dass er jeden Artikel immer in ausreichender Menge am Lager hat. In letzter Zeit sind die Umsätze jedoch stark zurückgegangen. Ganz in der Nähe hat ein Büroartikel-Fachmarkt eröffnet, der mit großem Werbeaufwand Kunden anlockt. Herr Richter versucht, seine Kundschaft durch Preissenkungen zu halten, inseriert ebenfalls in der Tageszeitung und lässt im ganzen Stadtviertel Plakate mit Sonderangeboten anbringen. Richter hat aber noch andere Sorgen. Sein Standort ist so attraktiv geworden, dass die Miete drastisch erhöht wurde. Der schleppende Umsatz und die gestiegenen Kosten haben zur Folge, dass die Bürobedarf Richter GmbH ihren Zahlungsverpflichtungen nicht mehr nachkommen kann.

Arbeitsaufträge
◆ Zeigen Sie Ursachen auf, die zu den Zahlungsschwierigkeiten der Bürobedarf Richter GmbH geführt haben könnten.
◆ Machen Sie Vorschläge zur Wiederherstellung der Leistungsfähigkeit des Unternehmens.

Bei der **Sanierung** handelt es sich um finanzielle, personelle, sachliche oder organisatorische Maßnahmen zur Wiederherstellung der Leistungsfähigkeit eines Unternehmens. Untersuchungen über Insolvenzursachen kommen zu dem Ergebnis, dass Unternehmenskrisen folgende Gründe haben können:

Nachsitzen für Unternehmensgründer

Von je 100 Teilnehmern an der IHK-Gründungsberatung...

...haben zu geringe kaufmännische Kenntnisse

49

...haben sich zu wenig Gedanken über die Konkurrenzsituation gemacht

46

...schätzen die Startinvestitionen/laufenden Kosten zu niedrig ein

44

...haben die Finanzierung nicht gründlich durchdacht

41

...können ihre Geschäftsidee nicht klar beschreiben

35

...haben unklare Vorstellungen über ihre Kunden

34

...schätzen den möglichen Umsatz zu hoch ein

28

...haben unzureichende Fach-/Branchenkenntnisse

27

Stand 2006

1587 © **Globus**   Quelle: DIHK   IHK = Industrie- und Handelskammer   Mehrfachnennungen

● Insolvenzursachen

◆ **Finanzielle Ursachen:** Probleme im Bereich der Finanzierung sind der Hauptgrund für Insolvenzen. Die Höhe des erforderlichen Eigenkapitals wird von vielen Kaufleuten unterschätzt. Darüber hinaus entstehen Probleme durch zu hohe Zinsbelastungen und zu optimistische Rückzahlungsfristen. Weitere finanzielle Gründe sind Fehler bei der Mittelverwendung, wenn z. B. Anlagevermögen mit kurzfristigen Krediten finanziert wird oder zu hohe Privatentnahmen getätigt werden.

2008 fanden in der Bundesrepublik Deutschland 29 200 Insolvenzverfahren statt. Den Gläubigern sind nach Angaben des Statistischen Bundesamtes 2008 Forderungsausfälle in Höhe von 39 Mrd. EUR entstanden. Etwa drei Viertel aller Verfahren wurde mangels Masse gar nicht erst eröffnet.

◆ **Personelle Ursachen:** Folgende Probleme können mit der Person des Unternehmers verbunden sein:

Probleme	Beispiele
– mangelhafte **Unternehmerqualifikation**	fehlende kaufmännische Ausbildung
– unzureichende **Marktkenntnisse**	Unkenntnis der Fördermöglichkeiten durch Kammern und Verbände
– ungenügende **Führungskenntnisse**	Unkenntnis moderner Methoden zur Mitarbeiterführung
– mangelnde **Praxiserfahrung**	Gründung eines Unternehmens kurz nach der Kaufmannsgehilfenprüfung

Darüber hinaus spielen unqualifizierte und nicht motivierte **Mitarbeiter** und Probleme bei der Personalbeschaffung als Ursache für Unternehmenskrisen eine wichtige Rolle.

◆ **Sachliche Ursachen:** Die Verschärfung des Wettbewerbs ist einer der am häufigsten genannten Gründe von Unternehmenskrisen. Darüber hinaus spielen Standortprobleme und die Mietkosten eine Rolle. Der Nachfragerückgang durch Änderung der Verbrauchergewohnheiten oder eine allgemeine Verschlechterung der Konjunktur können ebenfalls Ursachen für Unternehmenskrisen sein.

◆ **Organisatorische Ursachen:** Unzureichende Regelungen im Bereich der Aufbau- und Ablauforganisation können zu folgenden Problemen führen:

  ◆ mangelhaftes Kalkulations- und Berichtswesen
  ◆ falsche Beschaffungsmengen mit der Folge zu hoher Lagerbestände
  ◆ mangelnde Terminplanung
  ◆ Lagerhaltungsprobleme
  ◆ fehlende Kompetenzabgrenzungen
  ◆ fehlerhafte Personaleinsatzplanung

● **Maßnahmen**

Die **Maßnahmen** zur Lösung einer Unternehmenskrise im Wege der Sanierung sind ebenso vielfältig wie ihre Ursachen:

◆ **Finanzielle Maßnahmen** sind u. a.:

  ◆ **Eigenfinanzierung** (vgl. S. 355), z. B. durch Verkauf von Vermögensteilen.

    Beispiel Ein dem Unternehmer gehörendes Grundstück wird verkauft. Der Erlös wird verwendet, um Zahlungsverpflichtungen nachzukommen.

  ◆ **Fremdfinanzierung** (vgl. S. 354) durch Aufnahme von Bank- oder Liefererkrediten oder durch das Anmieten von Wirtschaftsgütern.

    Beispiel Der erforderliche Fuhrpark wird geleast statt gekauft.

  ◆ **Stundung von Verbindlichkeiten**, d. h. das Hinausschieben des Zahlungsziels, oder der Schuldenerlass (vgl. S. 383).

◆ **Personelle Maßnahmen** sind u. a.:

  ◆ Qualifizierung des Unternehmers und seiner Mitarbeiter durch **Fort- und Weiterbildung**.

    Beispiel Inanspruchnahme der Seminarangebote der Industrie- und Handelskammern oder der Handwerkskammern.

  ◆ **Einstellung qualifizierter Mitarbeiter** bzw. Überprüfung des Personalbestandes mit dem Ziel, unfähige Mitarbeiter zu entlassen.

  ◆ Einführung **leistungsbezogener Entlohnungsgrundsätze** zur Motivation der Mitarbeiter.

◆ **Sachliche Maßnahmen** sind u. a.:

  ◆ Stärkung der Wettbewerbsfähigkeit durch **Kooperation** mit anderen Unternehmen.

  ◆ **Bereinigung von Absatz- oder Produktionsprogramm** mit dem Ziel der Anpassung an die veränderten Verbrauchergewohnheiten.

SWL

◆ **Organisatorische Maßnahmen** sind u. a.:

♦ Steuerung und Kontrolle des Warenflusses im Unternehmen durch Einsatz der EDV

♦ Planung und Kontrolle der Lagerbestände mit dem Ziel der Annäherung an den **optimalen Lagerbestand**

♦ Schaffung von eindeutigen Verantwortungsbereichen
♦ Festlegung von Über- und Unterstellungen
♦ Optimierung von Personaleinsatzplänen
♦ Verbesserung von Durchlaufzeiten in der Fertigung

SWL ➤

Die Sanierung

■ Bei der Sanierung handelt es sich um finanzielle, personelle, sachliche oder organisatorische Maßnahmen zur Wiederherstellung der Leistungsfähigkeit eines Unternehmens.

Sanierungsgründe	Sanierungsmaßnahmen
– finanzieller Art • zu geringes Eigenkapital • zu hohe Zinsbelastung oder unrealistische Rückzahlungstermine	**– finanzieller Art** • Eigenfinanzierung durch Kapitalerhöhung, Beteiligungsfinanzierung oder Verkauf von Vermögensteilen • Fremdfinanzierung durch Aufnahme von Krediten oder Anmietung von Anlagevermögen • Überprüfung der Privatentnahmen
– personeller Art • mangelnde Unternehmerqualifikation • Mängel im Bereich Personal	**– personeller Art** • Fortbildung • Einstellung qualifizierter Mitarbeiter • Êinführung leistungsbezogener Entlohnungsgrundsätze
– sachlicher Art • ruinöser Wettbewerb • hohe Mietkosten	**– sachlicher Art** • Kooperation • Spezialisierung auf bestimmte Sortiments- oder Produktionsbereiche • Wechsel des Standortes
– organisatorischer Art • mangelnde Kalkulation • zu hohe Personalkosten • falsche Beschaffungsmengen	**– organisatorischer Art** • Fortbildung • Überprüfung des Personalbestandes • Einsatz der Datenverarbeitung

---

1. Erläutern Sie, welche finanziellen, personellen, sachlichen oder organisatorischen Gründe zu einer Unternehmenskrise führen können.

2. Sanierungsmaßnahmen können nicht nur an die Problembereiche anknüpfen, sondern auch anhand der Marketinginstrumente aufgezeigt werden. Erläutern Sie mögliche Sanierungsmaßnahmen der Bürobedarf Richter GmbH anhand der Marketinginstrumente (vgl. S. 130):
   a) Produkt- und Sortimentspolitik
   b) Preispolitik
   c) Konditionenpolitik
   d) Servicepolitik
   e) Kommunikationspolitik
   f) Distributionspolitik.

3. Die Bürobedarf Richter GmbH will die Personalkosten senken und die Effektivität der Mitarbeiter erhöhen. Erläutern Sie Möglichkeiten, wie dieses Ziel erreicht werden kann.

4. Einer der größten Gläubiger der Bürobedarf Richter GmbH ist die Bürodesign GmbH. Herr Richter entschließt sich, mit Herrn Stein, dem Geschäftsführer der Bürodesign GmbH, ein Gespräch zu führen, in dem er um Zahlungsaufschub bittet.
   a) Stellen Sie Argumente zusammen, mit denen Sie Herrn Stein überzeugen.
   b) Führen Sie das Gespräch zwischen Herrn Stein und Herrn Richter im Rollenspiel.

10.7.2 Der Vergleich

Noch während der Einzelhändler Richter nach Lösungsmöglichkeiten für die Sanierung seines Unternehmens sucht, spitzt sich die Situation zu. Zwei der wichtigsten Gläubiger kündigen ihre Lieferantenkredite und verlangen sofortige Zahlung. Da die Banken sich weigern, die Kreditlinie nochmals heraufzusetzen, ist die Bürobedarf Richter GmbH zahlungsunfähig. In dieser Situation rät ihm der Betriebsberater der IHK, den beiden Großgläubigern und der Bürodesign GmbH einen Vergleich anzubieten. Nur wenn diese auf einen Teil ihrer Forderungen verzichten, hat Richter eine Chance, sein Sanierungskonzept durchzusetzen und die Leistungsfähigkeit seines Unternehmens wiederherzustellen.

Arbeitsauftrag
◆ Diskutieren Sie, welche Gründe die Bürodesign GmbH und die anderen Gläubiger veranlassen könnten, auf einen Teil ihrer Forderungen zu verzichten.

Beim Vergleich wird das Unternehmen auf Kosten der Gläubiger saniert. Einem vorübergehend zahlungsunfähig gewordenen Schuldner werden Forderungen erlassen (**Erlassvergleich**) oder gestundet (**Stundungsvergleich**).
Beim Vergleich verhandelt der Schuldner mit einem oder mehreren Gläubigern ohne Mitwirkung der Gerichte. Die Bemühungen um einen Vergleich sind immer dann angebracht, wenn die begründete Aussicht besteht, dass ein Unternehmen seine Schwierigkeiten überwindet und damit in seiner Existenz erhalten werden kann.

◆ Es wird zwischen dem Stundungs- und dem Erlassvergleich unterschieden:

◆ Der **Stundungsvergleich** beinhaltet einen Zahlungsaufschub, d. h., die Gläubiger stimmen einem Tilgungsplan zu, der eine Stundung der Forderungen vorsieht.

Beispiel Einzelhändler Richter hofft, die Leistungsfähigkeit seines Unternehmens innerhalb eines Jahres wiederherstellen zu können. Für diesen Zeitraum werden ihm die Schulden gestundet. Nach Ablauf des Jahres zahlt er seine Verbindlichkeiten im Rahmen eines vereinbarten Tilgungsplanes zurück.

◆ Der **Erlassvergleich** beinhaltet den Verzicht auf einen Teil der Forderungen durch die Gläubiger.

Beispiel In der Hoffnung auf eine Gesundung der Bürobedarf Richter GmbH verzichten die Gläubiger auf 40 % ihrer Forderungen und geben ihm so die Möglichkeit, die Leistungsfähigkeit seines Unternehmens wiederherzustellen.

◆ **Voraussetzung** für das Zustandekommen des Vergleichs ist die Zustimmung der Gläubiger.

Vorteile für den Schuldner:

- ◆ Weiterführung der Geschäfte mit dem Ziel der Gesundung des Unternehmens.

- ◆ Der Gläubiger kann über sein Vermögen frei verfügen. Es schaltet sich kein Insolvenzverwalter ein (vgl. S. 385).

- ◆ Es findet keine Veröffentlichung statt. Der Schuldner muss seine Zahlungsschwierigkeiten lediglich den Vergleichspartnern gegenüber eingestehen. Ansonsten bleibt seine Bonität erhalten.

- ◆ Das Verfahren kann schnell abgewickelt werden.

Vorteile für den Gläubiger:

- ◆ Der Schuldner bleibt als Kunde erhalten und kann nach erfolgreicher Sanierung die Restforderungen begleichen.

- ◆ Der Prozentsatz der Forderungen (die **Quote**), der zurückgezahlt wird, ist i. d. R. höher als bei der Durchführung des Insolvenzverfahrens zur Liquidation (vgl. S. 385).

- ◆ Ohne Einschaltung der Gerichte erfolgt die Zahlung i. d. R. schneller.

Nachteile für den Gläubiger:

- ◆ Der Verzicht auf einen Teil der Forderungen kann die Gläubiger selbst in Schwierigkeiten bringen und im schlimmsten Fall auch bei ihnen zur Zahlungsunfähigkeit führen.

- ◆ Durch die fehlende gerichtliche Kontrolle ist eine Ungleichbehandlung der Gläubiger möglich. So können z. B. nur einige Gläubiger in den Vergleich einbezogen werden oder es werden den Gläubigern unterschiedliche Quoten geboten. Um dieser Gefahr zu begegnen, können die Gläubiger einen **Treuhänder** einsetzen.

- ◆ Wer in einem Vergleich vertraglich auf einen Teil seiner Forderung verzichtet, kann in einem späteren Insolvenzverfahren auch nur die Restforderung geltend machen.

Der Vergleich
- ■ **Stundungsvergleich:** Die Gläubiger gewähren einen Zahlungsaufschub.
- ■ **Erlassvergleich:** Die Gläubiger verzichten auf einen Teil ihrer Forderungen.
- ■ **Vorteile** für die Gläubiger
  - – Schuldner bleibt als Kunde erhalten
  - – Quote i. d. R. höher als beim Insolvenzverfahren zur Liquidation
- ■ **Nachteile** für die Gläubiger
  - – Verzicht auf die Forderung
  - – Ungleichbehandlung möglich

---

1. Herr Stein verlangt im Rahmen des Vergleichs die Einsetzung eines Treuhänders. Überlegen Sie, welche Gründe ihn zu dieser Forderung veranlassen könnten.

2. Erläutern Sie Erlass- und Stundungsvergleich.

3. Die Bürobedarf Richter GmbH legt der Bürodesign GmbH und den beiden Großgläubigern ein Sanierungskonzept vor und unterbreitet ihnen einen Vorschlag für einen Vergleich. Wenn die Gläubiger auf 60 % ihrer Forderungen verzichten, wäre er in der Lage, die restlichen 40 % binnen eines Jahres zurückzuzahlen. Herr Stein, der Geschäftsführer der Bürodesign GmbH, und der erste Gläubiger stimmen dem Vorschlag zu, der zweite Gläubiger lehnt ihn rundweg ab.
    a) Sammeln Sie Argumente, die für und gegen eine Zustimmung sprechen.
    b) Bilden Sie in Ihrer Klasse drei Gruppen und führen Sie das Streitgespräch der drei Gläubiger.

10.8 Gerichtliche Maßnahmen im Rahmen der Insolvenz eines Unternehmens

Trotz aller Bemühungen gelingt es der Bürobedarf Richter GmbH nicht, das Unternehmen zu retten. Sie gerät auch mit der Rückzahlung der Raten ihrer Vergleichsquote in Verzug. Die Zahlungen erfolgen immer schleppender und müssen dann ganz eingestellt werden. Als Herr Stein erfährt, dass es bereits neue Gläubiger gibt, die durch raschen Zugriff im Wege der Zwangsvollstreckung versuchen, ihre Forderungen voll zu befriedigen, ist seine Geduld am Ende.

Arbeitsaufträge
◆ Überlegen Sie, welche Möglichkeiten Herr Stein hat, die Zwangsvollstreckungen der anderen Gläubiger zu verhindern.
◆ Erläutern Sie die Durchführung des Insolvenzverfahrens zur Liquidation.
◆ Stellen Sie die Möglichkeiten der Restschuldbefreiung dar.

● Allgemeine Vorschriften

Das Insolvenzverfahren ist in der **Insolvenzordnung** (InsO) geregelt. Ziel des Insolvenzverfahrens ist es, die Gläubiger zu befriedigen, indem Vermögen des Schuldners verwertet und der Erlös verteilt (Liquidation) oder in einem Insolvenzplan Regelungen zur Sanierung des Unternehmens getroffen werden. Der redliche Schuldner, der sich sechs Jahre bemüht, seine Schulden zu tilgen, kann im Rahmen des Verfahrens von seinen restlichen Verbindlichkeiten befreit werden.

Das Verfahren wird vom **Insolvenzgericht** durchgeführt, in dessen Bezirk der Schuldner seinen Gerichtsstand (vgl. S. 203) hat.

● Die Eröffnung des Insolvenzverfahrens

Ein Insolvenzverfahren kann über das Vermögen jeder **natürlichen und juristischen Person** und über das Vermögen der **Personengesellschaften** eröffnet werden.

Der **Antrag** kann vom Gläubiger und vom Schuldner gestellt werden. Bei juristischen Personen kann der Antrag aufseiten des Schuldners von jedem Mitglied des Vertretungsorgans (Geschäftsführer der GmbH, Vorstand der AG) gestellt werden.

Voraussetzung für die Eröffnung des Verfahrens ist die **Zahlungsunfähigkeit** des Schuldners. Bei juristischen Personen wird das Verfahren darüber hinaus eröffnet, wenn sie überschuldet sind. Eine Überschuldung liegt vor, wenn die aufgelaufenen Verluste größer sind als das Eigenkapital.

Beispiel Die Bürobedarf Richter GmbH hat folgende Bilanz erstellt:

Aktiva	Bilanz der Bürobedarf Richter GmbH		Passiva
A. Anlagevermögen	150 000,00	A. Eigenkapital	
B. Umlaufvermögen	205 000,00	I. Gezeichnetes Kapital	50 000,00
C. Nicht durch Eigenkapital		II. Verlustvortrag	– 26 000,00
gedeckter Fehlbetrag	557 125,00	III. Jahresfehlbetrag	– 47 000,00
		B. Verbindlichkeiten	
		1. Verbindlichkeiten gegenüber	
		Kreditinstituten	172 500,00
		2. Verbindlichkeiten a. LL	677 625,00
		3. Sonstige Verbindlichkeiten	85 000,00
	912 125,00		912 125,00

Die Bürobedarf Richter GmbH muss sofort ein Insolvenzverfahren beantragen, da sie überschuldet ist.

Auch im Fall **drohender Zahlungsunfähigkeit** kann der Antrag auf Eröffnung des Insolvenzverfahrens gestellt werden. Dieser Antrag kann jedoch nur vom Schuldner selbst gestellt werden. Der Schuldner droht zahlungsunfähig zu werden, wenn er voraussichtlich nicht in der Lage sein wird, die bestehende Verpflichtung zum Zeitpunkt der Fälligkeit zu erfüllen.

Sobald der Antrag auf Eröffnung des Verfahrens beim Insolvenzgericht eingeht, kann das Gericht **Sicherungsmaßnahmen** anordnen. Das Gericht kann

◆ einen vorläufigen Insolvenzverwalter bestellen,

◆ dem Schuldner ein Verfügungsverbot über das Vermögen auferlegen oder dieses nur mit Zustimmung durch den Insolvenzverwalter gestatten,

◆ Maßnahmen der Zwangsvollstreckung gegen den Schuldner untersagen.

Hat das Gericht einen **vorläufigen Insolvenzverwalter** eingesetzt, wird dies öffentlich bekannt gemacht. Aufgabe des vorläufigen Insolvenzverwalters ist es, das Vermögen des Schuldners zu sichern, zu erhalten und zu prüfen, ob das Vermögen des Schuldners zur Deckung der Kosten des Verfahrens ausreicht. Betreibt der Schuldner ein Unternehmen, kann der Insolvenzverwalter dieses bis zur Entscheidung über die Eröffnung des Verfahrens fortführen.

Reicht das Vermögen des Schuldners nicht zur Deckung der Kosten des Verfahrens aus, wird der Antrag auf Eröffnung des Insolvenzverfahrens **mangels Masse abgewiesen**. Der Schuldner wird in diesem Fall in ein **öffentliches Schuldnerverzeichnis** eingetragen.

Im Falle der Eröffnung des Verfahrens ergeht ein **Eröffnungsbeschluss**, der öffentlich bekannt gemacht und in das Handelsregister eingetragen wird. Ist der Schuldner Eigentümer von Immobilien, wird die Eröffnung des Verfahrens auch in das Grundbuch eingetragen. Der Eröffnungsbeschluss enthält:

◆ Firma, Namen, Vornamen, Geschäftszweig oder Beschäftigung, gewerbliche Niederlassung oder Wohnung des Schuldners,

◆ Name und Anschrift des Insolvenzverwalters,

◆ das Datum der Eröffnung,

◆ die Aufforderung an die Gläubiger, ihre Forderungen schriftlich innerhalb einer bestimmten Frist beim Insolvenzverwalter anzumelden. Die Frist darf mindestens zwei

Wochen und höchstens drei Monate betragen. Inhaber von Sicherungsrechten an beweglichen Sachen (vgl. Sicherungsübereignung S. 368) müssen diese ebenfalls mitteilen.

Beispiel

> 55 K 88/99: Über das Vermögen der Bürobedarf Richter GmbH, Dürener Straße 79, 50931 Köln, wird heute am 1. Oktober .. um 08:00 Uhr das Insolvenzverfahren eröffnet. Insolvenzverwalter ist Herr RA DR. Schmidt-Thomae, Landgrafenstraße 39, 50931 Köln, Telefon 0221 554397. Alle Gläubiger werden gebeten, ihre Forderungen bis zum 1. November .. dem Insolvenzverwalter anzumelden.
>
> Köln, 1. Oktober ..   Amtsgericht, Abt. 71

● Die Durchführung des Insolvenzverfahrens zur Liquidation des Unternehmens

Die Eröffnung des Insolvenzverfahrens hat für Schuldner und Gläubiger einschneidende Konsequenzen:

◆ Konsequenzen für den Schuldner:

◆ Mit der Eröffnung des Verfahrens geht das Recht des Schuldners, das zur Insolvenzmasse gehörende Vermögen zu verwalten, auf den **Insolvenzverwalter** über. Der Insolvenzverwalter verwaltet, verwertet und verteilt die Insolvenzmasse an die Gläubiger.

◆ Alle vom Schuldner erteilten Vollmachten sind erloschen.

◆ Er darf die Geschäftspost nicht öffnen (Postsperre).

◆ Er muss dem Insolvenzverwalter in allen geschäftlichen Angelegenheiten Auskunft geben. Das Insolvenzgericht kann anordnen, dass der Schuldner die verlangten Auskünfte unter Eid leisten muss.

◆ Konsequenzen für die Gläubiger:

> **§ 89 Abs. 1 InsO:** Zwangsvollstreckungen für einzelne Insolvenzgläubiger sind während der Dauer des Insolvenzverfahrens weder in die Insolvenzmasse noch in das sonstige Vermögen des Schuldners zulässig.

Im Eröffnungsbeschluss bestimmt das Insolvenzgericht den Termin für eine Gläubigerversammlung, an dem über den Fortgang des Insolvenzverfahrens beschlossen wird (**Berichtstermin**) und den Termin, an dem die angemeldeten Forderungen geprüft werden (**Prüfungstermin**).

Das Insolvenzverfahren erfasst das gesamte Vermögen des Schuldners, das ihm zum Zeitpunkt der Eröffnung des Verfahrens gehört und das er während des Verfahrens erlangt. Dieses Vermögen wird als **Insolvenzmasse** bezeichnet. Hierzu gehört auch das Vermögen, das der Schuldner während der Durchführung des Verfahrens erlangt, wenn die Geschäfte eines Unternehmens durch den Insolvenzverwalter weitergeführt werden.

Dem vorhandenen Vermögen werden in einer Vermögensübersicht die Verbindlichkeiten gegenübergestellt. Die Insolvenzgläubiger haben ihre Forderung schriftlich beim Insolvenzverwalter anzumelden. Im Prüfungstermin werden die angemeldeten Forderungen ihrem Betrag und ihrem Rang nach geprüft und festgestellt.

Beispiel   Der Insolvenzverwalter ermittelt bei der Bürobedarf Richter GmbH folgende Werte in EUR

Gesamtvermögen	355 000,00 EUR
Lieferschulden	677 625,00 EUR
• davon unter Eigentumsvorbehalt geliefert	87 000,00 EUR
Darlehensverbindlichkeiten	172 500,00 EUR
• davon durch Grundpfandrecht gesichert	60 000,00 EUR
Rückständige Lohn- und Gehaltsforderungen	36 000,00 EUR
Sonstige Masseverbindlichkeiten	7 500,00 EUR
Massekosten	5 000,00 EUR

Sind die Forderungen festgestellt, erfolgt die Verteilung der Insolvenzmasse in einer in der Insolvenzordnung festgelegten Reihenfolge (§ 35 ff. InsO) an die folgenden **Gläubigerklassen**:

① **Aussonderung (§ 47 InsO)**

Gegenstände, die dem Schuldner nicht gehören, werden ausgesondert und dem Eigentümer zurückgegeben. Sie gehören nicht zur Insolvenzmasse.

Beispiel   Die Bürobedarf Richter GmbH hat Waren im Wert von 87 000,00 EUR unter Eigentumsvorbehalt geliefert bekommen. Diese werden dem Eigentümer zurückgegeben.

② **Absonderung (§ 49 ff. InsO)**

Sachen, die mit fremden Rechten belastet sind, werden abgesondert und zur Befriedigung der Gläubiger verwertet. Die Verwertung wird durch den Insolvenzverwalter durchgeführt. Er kann die Sachen unmittelbar verwerten oder im Rahmen des Insolvenzverfahrens weiter nutzen. Dies kann z. B. bei Maschinen sinnvoll sein, die bis zum Abschluss des Verfahrens weiterlaufen sollen und für die Gläubiger Erträge erwirtschaften. Für die Dauer der Nutzung muss den Gläubigern eine Nutzungsentschädigung gezahlt werden.

Beispiel   Büromaschinen, die zur Sicherung einer Forderung sicherungsübereignet wurden, werden für die Dauer des Insolvenzverfahres im Unternehmen weiter genutzt. Der Eigentümer erhält dafür eine Nutzungsentschädigung in Höhe von 4 % p. a. vom Buchwert.

③ **Massegläubiger (§ 53 ff. InsO)**

§ 53 InsO: Aus der Insolvenzmasse sind die Kosten des Insolvenzverfahrens und die sonstigen Masseverbindlichkeiten vorweg zu berichtigen.

Die **Kosten des Insolvenzverfahrens (Massekosten)** sind die Gerichtskosten und die Auslagen des Insolvenzverwalters und der Mitglieder des Gläubigerausschusses.

Beispiel   Dem Insolvenzverwalter und dem Gläubigerausschuss sind Kosten in Höhe von 5 000,00 EUR entstanden.

Die **sonstigen Masseverbindlichkeiten** sind Kosten, die durch die Handlungen des Insolvenzverwalters im Rahmen der Verwaltung, Verwertung und Verteilung der Insolvenzmasse entstehen und aus laufenden Verträgen, soweit deren Erfüllung zur Insolvenzmasse verlangt wird.

INSOLVENZMASSE

INSOLVENZMASSE

Beispiel Die Miete für die Geschäftsräume und die Gas- und Stromversorgung für die Dauer des Verfahrens belaufen sich auf 7 500,00 EUR. Seit der Eröffnung des Verfahrens wurden Löhne und Gehälter in Höhe von 36 000,00 EUR gezahlt. Für die letzten drei Monate vor der Eröffnung des Verfahrens erhalten die Arbeitnehmer auf Antrag Insolvenzausfallgeld durch die Agentur für Arbeit.

④ Insolvenzgläubiger (§ 38 InsO)
Insolvenzgläubiger sind alle Gläubiger, die bei Eröffnung des Verfahrens einen begründeten Vermögensanspruch gegen den Schuldner haben.

Beispiel Die Forderungen der Insolvenzgläubiger der Bürobedarf Richter GmbH belaufen sich auf 700 000,00 EUR.

⑤ **Nachrangige Insolvenzgläubiger (§ 39 InsO)**
Haben die Insolvenzgläubiger ihre Forderung in der vereinbarten Weise befriedigt, erhalten die nachrangigen Insolvenzgläubiger ihr Geld. Dies geschieht in folgender Rangfolge:

> **§ 39 Abs. 1 InsO:**
> 1. „die seit der Eröffnung des Insolvenzverfahrens laufenden Zinsen der Forderungen der Insolvenzgläubiger;
> 2. die Kosten, die den einzelnen Insolvenzgläubigern durch ihre Teilnahme am Verfahren erwachsen;
> 3. Geldstrafen, Geldbußen, Ordnungsgelder und Zwangsgelder sowie solche Nebenfolgen einer Straftat oder Ordnungswidrigkeit, die zu einer Geldzahlung verpflichten;
> 4. Forderungen aus einer unentgeltlichen Leistung des Schuldners;
> 5. Forderungen auf Rückgewähr des Kapital ersetzenden Darlehens eines Gesellschafters oder gleichgestellte Forderungen.

Beispiel Die nachrangigen Insolvenzgläubiger können Forderungen in Höhe von 2 500,00 EUR geltend machen.

Sobald die Verwertung der Insolvenzmasse beendet ist, kommt es zum Schlusstermin und zur **Aufhebung des Insolvenzverfahrens**. Die Insolvenzgläubiger können ihre restlichen Forderungen gegen den Schuldner im Rahmen der Verjährung unbeschränkt geltend machen.

Durch Anordnung des Insolvenzgerichts oder durch Wahl der Gläubigerversammlung kann ein **Gläubigerausschuss** eingesetzt werden. Im Ausschuss sollen absonderungsberechtigte Gläubiger, Insolvenzgläubiger mit den höchsten Forderungen, Kleingläubiger und Arbeitnehmer vertreten sein. Der Gläubigerausschuss unterstützt den Insolvenzverwalter bei der Wahrnehmung seiner Aufgaben und überwacht ihn. Beschlüsse werden mit der Mehrheit der abgegebenen Stimmen gefasst.

Die **Gläubigerversammlung** wird vom Insolvenzgericht, durch den Insolvenzverwalter oder auf Antrag der Gläubiger einberufen. Ihr gehören die absonderungsberechtigten Gläubiger, die Massegläubiger, die Insolvenzgläubiger, der Insolvenzverwalter und der Schuldner an. Beschlüsse werden mit der Mehrheit der Forderungsbeträge gefasst. Nachrangige Insolvenzgläubiger und aussonderungsberechtigte Gläubiger sind nicht Mitglieder der Gläubigerversammlung.

● **Die Sanierung durch Insolvenzplan**

Besteht die Möglichkeit, dass die wirtschaftlichen Schwierigkeiten des Schuldners überwunden und die Auflösung des Unternehmens abgewendet werden kann, können der

Schuldner oder der Insolvenzverwalter einen **Insolvenzplan** (§ 217 ff. InsO) aufstellen und diesen dem Insolvenzgericht zur Genehmigung vorlegen.

Im Insolvenzplan wird beschrieben, welche Maßnahmen nach Eröffnung des Verfahrens getroffen wurden, um die Gläubiger zu befriedigen, und wie in der Zukunft verfahren werden soll. Dem Plan ist eine **Vermögensübersicht** und ein **Ergebnis- und Finanzplan** beizufügen. Hier wird dargestellt, welche Aufwendungen und Erträge zu erwarten sind und durch welche Einnahmen und Ausgaben die Zahlungsfähigkeit des Unternehmens für die Dauer des Verfahrens gewährleistet werden soll. Bei der Festlegung der Rechte der Gläubiger werden die Beteiligten in die Gruppen der absonderungsberechtigten Gläubiger, der Insolvenzgläubiger und der nachrangigen Insolvenzgläubiger eingeteilt. Innerhalb jeder Gruppe sind die Gläubiger gleich zu behandeln.

Die **absonderungsberechtigten Gläubiger** sind, soweit der Insolvenzplan nichts anderes bestimmt, voll zu befriedigen.

Für die **Insolvenzgläubiger** ist anzugeben, um welchen Prozentsatz die Forderungen gekürzt werden (**Erlassvergleich**), für welchen Zeitraum sie gestundet werden (**Stundungsvergleich**), wie sie gesichert und wie sie zurückgezahlt werden sollen.

Die Forderungen der **nachrangigen Insolvenzgläubiger** gelten, soweit der Insolvenzplan nichts anderes bestimmt, als erlassen.

Der Insolvenzplan wird vom Insolvenzgericht geprüft. Stimmt das Gericht dem Plan zu, bestimmt das Insolvenzgericht einen Termin, in dem der Plan erörtert und anschließend abgestimmt wird. Der **Erörterungs- und Abstimmungstermin** wird öffentlich bekannt gemacht. Stimmberechtigt sind alle Gläubiger, die eine Forderung angemeldet haben und deren Forderung als berechtigt festgestellt worden ist.

> **§ 244 Abs. 1 InsO:**
> (1) Zur Annahme des Insolvenzplans durch die Gläubiger ist erforderlich, dass in jeder Gruppe
> 1. die Mehrheit der abstimmenden Gläubiger dem Plan zustimmt und
> 2. die Summe der Ansprüche der zustimmenden Gläubiger mehr als die Hälfte der Summe der Ansprüche der abstimmenden Gläubiger beträgt.

Nach der Annahme des Insolvenzplanes durch die Gläubiger und der Zustimmung durch den Schuldner wird der Plan durch das Insolvenzgericht bestätigt. Mit der Bestätigung durch das Gericht treten alle im Insolvenzplan festgelegten Wirkungen für den Schuldner und die Gläubiger ein. Sobald die Bestätigung des Insolvenzplanes rechtskräftig ist, beschließt das Gericht die **Aufhebung des Verfahrens**. Das Amt des Insolvenzverwalters erlischt und der Schuldner kann wieder frei über sein Vermögen verfügen. Kommt der Schuldner mit seinen Leistungen gegenüber einem Gläubiger in Verzug, so werden Stundung oder Erlass gegenüber dem Gläubiger hinfällig (**Wiederauflebensklausel**) und er muss die gesamte Forderung zahlen.

● Die Restschuldbefreiung

Ist der Schuldner eine natürliche Person, so kann er von den im Insolvenzverfahren nicht erfüllten Forderungen befreit werden. Der Antrag ist vom Schuldner spätestens im Berichtstermin zu stellen. Die Restschuldbefreiung wird durch das Insolvenzgericht ausgesprochen.

> **§ 287 Abs. 2 InsO:** (2) Dem Antrag ist eine Erklärung beizufügen, dass der Schuldner seine pfändbaren Forderungen auf Bezügen aus einem Dienstverhältnis oder an deren Stelle tretende laufende Bezüge für die Zeit von sechs Jahren nach der Aufhebung des Insolvenzverfahrens an einen vom Gericht zu bestimmenden Treuhänder abtritt (...)

Der Schuldner muss während der sechs Jahre

◆ eine angemessene Erwerbstätigkeit ausüben oder sich um eine solche bemühen und darf keine zumutbare Tätigkeit ablehnen,

◆ ererbtes Vermögen zur Hälfte an den Treuhänder herausgeben,

◆ jeden Wechsel des Wohnsitzes oder der Arbeitsstelle dem Insolvenzgericht anzeigen und

◆ Zahlungen zur Befriedigung seiner Gläubiger nur an den Treuhänder leisten.

Verstößt der Insolvenzschuldner gegen seine Pflichten, kann das Gericht auf Antrag eines Gläubigers die Restschuldbefreiung zurücknehmen. Hat der Schuldner seine Pflichten sechs Jahre lang gewissenhaft erfüllt, erteilt das Gericht die Restschuldbefreiung und **die Schulden sind erloschen.**

● Das Verbraucherinsolvenzverfahren

Die Möglichkeit der Restschuldbefreiung gilt auch für Personen, die keine oder nur eine geringfügige selbstständige wirtschaftliche Tätigkeit ausüben (**Verbraucherinsolvenzverfahren**).

Hier stellt der Schuldner den Antrag auf Eröffnung des Insolvenzverfahrens. Mit diesem Antrag sind vorzulegen:

1. eine Bescheinigung, aus der sich ergibt, dass eine außergerichtliche Einigung innerhalb der letzten sechs Monate erfolglos versucht worden ist,
2. der Antrag auf Restschuldbefreiung,
3. ein Verzeichnis des vorhandenen Vermögens und des Einkommens,
4. ein Verzeichnis der Gläubiger und ihrer Forderungen,
5. ein **Schuldenbereinigungsplan**, in dem ausgeführt wird, wie der Schuldner seine Schulden zurückzahlen wird.

Das Insolvenzgericht stellt den Gläubigern den **Schuldenbereinigungsplan** zu. Der Schuldenbereinigungsplan ist angenommen, wenn

◆ mehr als die Hälfte der benannten Gläubiger mit
◆ mehr als der Hälfte der Summe der Ansprüche

dem Plan zustimmt. Wie bei der Restschuldbefreiung muss sich der Schuldner **sechs Jahre wohlverhalten**, seine Arbeitskraft nutzen und den nicht pfändbaren Teil seines Vermögens an den Treuhänder übertragen. Nach Ablauf der sechs Jahre **sind die Schulden erloschen**.

Vor Eröffnung des Verbraucherinsolvenzverfahrens kann der Schuldner versuchen, eine einvernehmliche Einigung mit seinen Gläubigern ohne Einschaltung der Gerichte zu erreichen. In Zusammenarbeit mit einer Schuldnerberatungsstelle wird ein Schuldenbereinigungsplan aufgestellt, in dem der Schuldner seine Einkommens- und Vermögensverhältnisse offenlegt und ein Vorschlag zur Schuldenbereinigung macht. Dieses Verfahren ist die Voraussetzung für das gerichtliche Schuldenbereinigungsverfahren.

Gerichtliche Maßnahmen im Rahmen der Insolvenz eines Unternehmens

■ **Ziel des Insolvenzverfahrens** ist es, die Gläubiger eines Schuldners durch Verwertung des Vermögens und Verteilung des Erlöses zu befriedigen oder in einem Insolvenzplan Regelungen zur Sanierung des Unternehmens zu treffen. Der redliche Schuldner kann von seinen restlichen Verbindlichkeiten befreit werden.

Voraussetzung	– Zahlungsunfähigkeit – Überschuldung – drohende Zahlungsunfähigkeit
Antrag	– durch Schuldner oder Gläubiger – bei drohender Zahlungsunfähigkeit nur durch den Schuldner
Durchführung	– Eröffnung des Verfahrens durch das Gericht – Eintragung der Eröffnung in das Handelsregister – Ernennung des Insolvenzverwalters – Zwangsvollstreckungen sind ausgesetzt
Aufgaben des Insolvenzverwalters	– Sicherung und Erhaltung des Vermögens des Schuldners – Erstellung des Insolvenzplanes
Liquidation	Befriedigung der Gläubiger durch Verwaltung, Verwertung und Verteilung des Vermögens des Schuldners durch den Insolvenzverwalter in der vorgesehenen Reihenfolge

Insolvenzplan	– Darstellung von Maßnahmen zur Überwindung der wirtschaftlichen Schwierigkeiten und Sanierung des Unternehmens
	– Zustimmung durch
	  • die Mehrheit der abstimmenden Gläubiger
	  • die Mehrheit der Ansprüche
	– Erlass oder Stundung der Forderungen
	– bei Zahlungsverzug Wiederaufleben der Forderungen

Restschuldbefreiung	– bei natürlichen Personen möglich – Abtretung der pfändbaren Forderungen aus Lohn und Gehalt für sechs Jahre – bei gewissenhafter Erfüllung der Pflichten wird der Schuldner nach sechs Jahren von der Restschuld befreit

Verbraucherinsolvenz	– für Nichtselbstständige und Kleingewerbetreibende
	– Zustimmung durch
	  • die Mehrheit der abstimmenden Gläubiger
	  • die Mehrheit der Ansprüche
	– bei gewissenhafter Erfüllung der Pflichten für die Dauer von sechs Jahren wird der Schuldner von der Restschuld befreit

1. Stellen Sie fest, ob unten stehende Aussagen
   a) auf die Restschuldbefreiung,
   b) die Sanierung durch Insolvenzplan,
   c) das Insolvenzverfahren zur Liquidation zutreffen.
   1) Die Verteilung der Insolvenzmasse erfolgt durch den Insolvenzverwalter.
   2) Für die Zustimmung ist die Mehrheit der abstimmenden Gläubiger mit der Mehrheit der Ansprüche erforderlich.
   3) Der Schuldner tritt seine pfändbaren Forderungen für die Dauer von sechs Jahren ab.

2. Erläutern Sie das Verbraucherinsolvenzverfahren.

3. Prüfen und begründen Sie, welche der unten stehenden Gegenstände
    a) ausgesondert   d) zu den Masseverbindlichkeiten
    b) abgesondert   e) zu den Insolvenzgläubigern
    c) zu den Massekosten   f) zu den nachrangigen Insolvenzgläubigern zählen.
    1) Geschäftswagen, der aufgrund eines Leasingvertrages überlassen wurde
    2) Grundschuld, die von einer Bank zur Sicherung eines Kredites eingetragen wurde
    3) Maschinen, die einem Kreditinstitut zur Sicherung übereignet wurden
    4) Auslagen der Mitglieder des Gläubigerausschusses
    5) Miete der Geschäftsräume für die Dauer des Insolvenzverfahrens
    6) Zinsen auf Forderungen der Insolvenzgläubiger
    7) Forderungen eines Lieferanten

4. Erläutern Sie die Rangfolge, in der die Verteilung der Insolvenzmasse im Rahmen der
    Liquidation erfolgt.

Wiederholung: Finanzierung und Investition

Übungsaufgaben

1. Die Bilanz des Möbelherstellers Artur Thur & Söhne KG weist zum Jahresende folgende
    Vermögensposten aus:

Grundstücke	600 000,00 EUR	Gebäude	800 000,00 EUR
Fuhrpark	160 000,00 EUR	Geschäftsausstattung	90 000,00 EUR
Fertige Erzeugnisse	200 000,00 EUR	Kundenforderungen	160 000,00 EUR
Kassenbestand	26 000,00 EUR	Bankguthaben	130 000,00 EUR
Roh-, Hilfs-, Betriebsstoffe	100 000,00 EUR		

    a) Beschreiben Sie, in welcher Weise diese Vermögenswerte zur Kreditsicherung heran-
       gezogen werden können.
    b) Die kurzfristigen Verbindlichkeiten betragen 140 000,00 EUR, die langfristigen Ver-
       bindlichkeiten gegenüber Banken 400 000,00 EUR. Für einen zusätzlichen Ausstel-
       lungsraum benötigt der Möbelhersteller 150 000,00 EUR. Beraten Sie den Möbelher-
       steller dahingehend, welche Kreditform er für die Finanzierung der Investition wählen
       sollte.
    c) In seiner Bank wird Artur Thur auf das Leasing von Anlagevermögen hingewiesen.
       Erläutern Sie Leasing.
    d) Ein Geschäftsfreund weist Artur Thur auf die Finanzierungsform des „Factoring" hin.
       Erklären Sie diese Möglichkeit anhand des obigen Falles.

2. Die Flamingo GmbH, Herstellung von Bürobedarf, Herne, will aufgrund der günstigen
    Geschäftsentwicklung des Vorjahres die Produktionskapazität durch die Errichtung ei-
    ner neuen Produktionshalle erweitern. Dazu benötigt die GmbH Kapital in Höhe von
    300 000,00 EUR.
    a) Erläutern Sie die Möglichkeiten der Innen- und Außenfinanzierung, die sich der GmbH
       bieten.
    b) Erklären Sie, welche Vorteile die GmbH hätte, wenn sie ihr Unternehmen hauptsächlich
       mit Eigenkapital finanzieren könnte.
    c) Erläutern Sie die Möglichkeiten der stillen und offenen Selbstfinanzierung, die sich der
       Flamingo GmbH bieten.

3. Die Feinkostkonservenfabrik C. Kuhne & Co. OHG benötigt für einen erweiterten Kundendienst zwei neue Lieferwagen. Die Anschaffungskosten für beide Fahrzeuge würden 79 800,00 EUR betragen. Die Konservenfabrik steht vor der Frage, ob sie die Fahrzeuge leasen oder kaufen soll. Die Leasingkosten liegen 25 % über der Kaufsumme.
   a) Beschreiben Sie den Unterschied zwischen Operating Leasing und Financial Leasing.
   b) Geben Sie Gründe dafür an, ob die Konservenfabrik trotz der hohen Leasingkosten die Fahrzeuge leasen sollte.
   c) Erläutern Sie weitere Finanzierungsmöglichkeiten für die beiden Lieferwagen.

4. Die Dölken & Co. GmbH, Herstellung von Fahrrädern, möchte ihre Produktion erweitern. Dazu benötigt das Unternehmen 390 000,00 EUR. Aus dem letzten Geschäftsjahr hat die Dölken & Co. GmbH einen Gewinn von 130 000,00 EUR erwirtschaftet, den sie wieder investieren möchte.
   a) Geben Sie an, welche Finanzierungsmöglichkeiten der Dölken & Co GmbH zur Verfügung stehen.
   b) Bei ihrer Bank fragt der Geschäftsführer, Hugo Dölken, wegen eines Darlehens über 120 000,00 EUR nach. Zusammen mit dem Kreditsachbearbeiter füllt er einen Kreditantrag aus. Welche Punkte werden in diesem Antrag angesprochen?
   c) Ein Geschäftsfreund von Hugo Dölken will sich mit 140 000,00 EUR beteiligen. Wägen Sie die Vor- und Nachteile dieser Finanzierungsform gegenüber einem Bankdarlehen ab.

5. Elmar Reis und Wolfgang Wendt betreiben gemeinsam die Herstellung und den Vertrieb von Sanitärartikeln in der „Reis & Wendt OHG". Beide beschließen, dringend notwendige Investitionen für Umbaumaßnahmen vorzunehmen.
   a) Elmar Reis ist der Ansicht, dass das notwendige Kapital von 150 000,00 EUR durch Bankkredite beschafft werden sollte. Erläutern Sie diese Möglichkeiten mit ihren Vor- und Nachteilen.
   b) Wolfgang Wendt hingegen setzt sich dafür ein, einen neuen Gesellschafter in die OHG aufzunehmen. Geben Sie für diese Finanzierungsform die Vor- und Nachteile an.
   c) Erläutern Sie, wovon es abhängen wird, für welche der beiden Möglichkeiten sich die Gesellschafter entscheiden werden.

6. Die Textilfabrik Schnase & Keller OHG ist durch Umstrukturierungsmaßnahmen aufgrund veränderter Marktbedingungen in wirtschaftliche Schwierigkeiten geraten. Die Gesellschafter der OHG versuchen, durch einen Vergleich das Insolvenzverfahren abzuwenden.
   a) Nennen Sie weitere Ziele des Vergleichs.
   b) Die OHG schlägt den Gläubigern vor, auf 40 % ihrer Forderungen zu verzichten und die Vegleichsquote innerhalb von vier Monaten auszuzahlen. Geben Sie Gründe an, warum die Gläubiger diesem Vergleich zustimmen könnten.
   c) Erklären Sie den Unterschied zwischen einem Erlass- und einem Stundungsvergleich.
   d) Die Mehrzahl der Gläubiger (Forderungsanteil 260 000,00 EUR) hat in der Gläubigerversammlung dem Vergleich zugestimmt. Nur zwei Gläubiger (Forderungsanteil 400 000,00 EUR) waren dagegen. Begründen Sie, ob der Vergleich zustandekommt.
   e) Der Hauptgläubiger Schrader GmbH (Forderungsanteil 300 000,00 EUR) beantragt beim Amtsgericht die Eröffnung des Insolvenzverfahrens. Geben Sie an, warum bei einem Insolvenzverfahren das Gericht eingeschaltet wird.
   f) Erklären Sie, wann der Antrag eines Insolvenzverfahrens abgelehnt wird.
   g) Der Insolvenzverwalter hat eine Insolvenzquote von 15 % ermittelt. Berechnen Sie den Betrag, den die Schrader GmbH noch erhält.

Prüfungsaufgaben

1. Um eine günstige Einkaufsmöglichkeit ausnutzen zu können, nimmt ein Unternehmen kurzfristig einen Bankkredit in Anspruch. Als Sicherheit erhält die Bank das Pfandrecht am Wertpapierdepot des Unternehmers. Um welche Kreditart handelt es sich?

    1) Zessionskredit
    2) Personalkredit
    3) Lombardkredit
    4) Grundschuldkredit
    5) Sicherungsübereignungskredit
    6) Hypothekenkredit

2. Prüfen Sie nachstehende Aussagen zur Sicherung von Krediten auf ihre Richtigkeit.

    1) Gewährt ein Kreditinstitut einem Unternehmer einen Kredit gegen Sicherungsübereignung, bleibt der Unternehmer Eigentümer des von ihm übereigneten Gegenstandes.
    2) Verkauft ein Unternehmen Waren unter Eigentumsvorbehalt, geht das Eigentum auf den Käufer über, wenn 75 % der Schuld beglichen sind.
    3) Bei einer selbstschuldnerischen Bürgschaft haftet der Bürge wie der Hauptschuldner.
    4) Besitzt ein Käufer Wertpapiere, kann er diese zur Sicherheit an den Verkäufer verpfänden. Sie bleiben Eigentum des Käufers.
    5) Eine Hypothek ist die Belastung eines bebauten Grundstückes zur Sicherung einer Forderung.

3. Vervollständigen Sie unten stehende Satzteile durch die aufgeführten Begriffe zu richtigen Aussagen.

    1) Leasing
    2) Lombardkredit
    3) Sicherungsübereignungskredit
    4) Zessionskredit
    5) Liefererkredit

    a) Bei einem … tritt der Kreditnehmer Forderungen, die er gegenüber Dritten hat, an den Kreditgeber ab.
    b) Bei einem … verpfändet der Kreditnehmer z. B. Wertpapiere an den Kreditgeber.
    c) Bei einem … bleibt der Kreditnehmer im Besitz von Gegenständen, deren Eigentumsrecht an den Kreditgeber zeitweilig übertragen wird.
    d) Bei einem … verkauft der Gläubiger Ware auf Ziel.
    e) … ist die Vermietung oder Verpachtung von Anlagegütern.

4. Der Inhaber einer Einzelunternehmung bringt privates Vermögen zusätzlich zu seinem bisherigen Eigenkapital ein. Um welche Finanzierung handelt es sich?

    1) Außenfinanzierung
    2) Innenfinanzierung
    3) Eigenfinanzierung
    4) Fremdfinanzierung
    5) Selbstfinanzierung

5. Bei welcher der nachfolgend beschriebenen Finanzierungen handelt es sich um

    1) Beteiligungsfinanzierung
    2) Fremdfinanzierung
    3) Selbstfinanzierung
    4) Finanzierung aus Abschreibungen?

    a) Das Grundkapital wird durch Ausgabe neuer Aktien erhöht.
    b) Ein Teil des Jahresüberschusses wird den offenen Rücklagen zugeführt.
    c) Der Unternehmer bringt ein privates Fahrzeug in die Unternehmung ein.
    d) Ein neuer Gesellschafter leistet seine Kapitaleinlage.
    e) Bei einem Kreditinstitut wird ein Darlehen aufgenommen.
    f) Eine Unternehmung kalkuliert den Werteverzehr im Verkaufspreis ein und verwendet ihn bis zur Neuanschaffung für Finanzierungszwecke.
    g) Eine AG löst stille Reserven auf.
    h) Ein großes Industrieunternehmen gibt Obligationen heraus.

6. Ergänzen Sie die folgenden Sätze durch Einsetzen der folgenden Begriffe zu richtigen Aussagen über Kreditmöglichkeiten.

   1) Kontokorrentkredit   3) Kundenkredit
   2) Liefererkredit   4) Darlehenskredit

   a) Die wichtigsten Kosten für einen … sind Sollzinsen und Kreditprovision.
   b) Für den Großhändler als Kreditnehmer stellt der entgangene Skontoertrag die Kosten für den … dar.
   c) Der … wird durch den Ausgleich einer Ausgangsrechnung zurückgezahlt.
   d) Für den Großhändler als Kreditnehmer ist der … in der Regel der teuerste Kredit.
   e) Der … kann sowohl bei einem Kreditinstitut als auch bei einem Geschäftsfreund aufgenommen werden.

7. Ein Großhändler erhält eine Eingangsrechnung über 23 000,00 EUR einschließlich 19 % Umsatzsteuer. Die Zahlungsbedingung lautet: „Zahlbar innerhalb von 10 Tagen abzüglich 2 % Skonto oder in 30 Tagen netto Kasse." Statt den Liefererkredit in Anspruch zu nehmen, überzieht der Großhändler sein Kontokorrentkonto. Die Bank berechnet 14 % Sollzinsen.
   Ermitteln Sie
   a) den Skontoabzug (Bruttobetrag),
   b) den in Anspruch zu nehmenden Bankkredit,
   c) die Zinsen für den Bankkredit (auf zwei Stellen nach dem Komma runden).

8. Welche der folgenden Aussagen zur Sicherungsübereignung sind richtig?
   1) Es wird dem Kreditgeber ein dauerndes Eigentumsrecht übertragen.
   2) Gerät der Schuldner in Zahlungsverzug, so kann der Gläubiger als Eigentümer die Herausgabe der übereigneten Sachen verlangen und sie verwerten.
   3) Neben dem Kreditvertrag wird ein Sicherungsübereignungsvertrag abgeschlossen.
   4) Nur entbehrliche Sachen werden übereignet.
   5) Die Sicherungsübereignung kann nur in Verbindung mit Grundstücken und Gebäuden zur Kreditsicherung eingesetzt werden.
   6) Der Kreditgeber wird Eigentümer, der Kreditnehmer bleibt Besitzer des übereigneten Gegenstandes.

9. Stellen Sie fest, welche der unten stehenden Aussagen auf
   1) die Grundschuld   6) die stille Zession
   2) die Hypothek   7) den einfachen Personalkredit
   3) den Lombardkredit   8) die Ausfallbürgschaft
   4) die Sicherungsübereignung   9) die selbstschuldnerische Bürgschaft zutreffen.
   5) die offene Zession

   a) Die Absicherung des Kredites erfolgt durch unbewegliche Sachen. Im Falle einer Zwangsvollstreckung ist der Gläubiger nicht gezwungen, die genaue Höhe der Forderung nachzuweisen.
   b) Der Kreditgeber ist Eigentümer, der Kreditnehmer ist Besitzer des zur Kreditsicherung herangezogenen Sachwertes.
   c) Ein Drittschuldner kann mit schuldbefreiender Wirkung nur noch an den Kreditgeber zahlen, obwohl er eine Verbindlichkeit gegenüber dem Kreditnehmer hat.
   d) Die Einrede der Vorausklage ist nicht möglich.
   e) Ein Kaufmann erklärt sich im Rahmen eines Handelsgeschäftes bereit, einen Kreditvertrag zwischen zwei anderen Vertragspartnern durch seine Person abzusichern.
   f) Gerät der Schuldner in Zahlungsverzug, so kann der Gläubiger als Eigentümer die Herausgabe des zur Kreditsicherung eingesetzten Sachwertes verlangen und ihn verwerten.

10. Welche der unten stehenden Aussagen trifft auf „Leasing" zu?

1) Durch Vertrag erwirbt der Leasingnehmer das Recht, Waren unter Verwendung von Namen, Marke und Verkaufskonzept gegen Entgelt zu verkaufen.

2) Durch Vertrag erwirbt der Leasingnehmer das Recht, Anlagen gegen Entgelt zu nutzen.

3) Durch Vertrag mit einem Kreditinstitut über den Verkauf einer Kundenforderung an das Kreditinstitut erhält der Unternehmer den Rechnungsbetrag vor Fälligkeit der Forderung.

4) Durch Vertrag mit einem Hersteller erwirbt der Unternehmer das Recht, Waren in seinem eigenen Namen für eine bestimmte Zeit für Rechnung des Herstellers zu verkaufen und dafür eine Vergütung zu erhalten.

11. Welche der folgenden Begriffe aus dem Bereich der Not leidenden Unternehmung treffen auf nachfolgende Sachverhalte zu?

1) Insolvenzverfahren   3) Sanierung
2) Vergleich   4) Liquidation

a) Auf Antrag eines Gläubigers wird beim zuständigen Amtsgericht ein Verfahren über das Vermögen des Schuldners eröffnet, das mit der zwangsweisen Auflösung der verschuldeten Unternehmung endet.

b) Die künftige wirtschaftliche Existenz wird nicht mehr als gesichert angesehen. Deshalb werden alle Vermögenswerte in Geld umgewandelt und alle Verbindlichkeiten beglichen. Die Unternehmung wird aufgelöst.

c) Ohne Hilfe des zuständigen Amtsgerichts bringt eine in Zahlungsschwierigkeiten geratene Unternehmung ihre Gläubiger dazu, auf einen Teil ihrer Forderungen zu verzichten, damit die Unternehmung weiter bestehen bleiben kann.

d) Durch personelle Umbesetzung und durch Straffung des Sortiments soll eine in Zahlungsschwierigkeiten geratene Unternehmung wieder rentabel arbeiten können.

12. Ordnen Sie den folgenden Aussagen die entsprechende Finanzierungsform (A) und Art der Mittelaufbringung (B) zu.

Finanzierungsform (A)   Mittelaufbringung (B)
1) Außenfinanzierung   4) Beteiligungsfinanzierung
2) Innenfinanzierung   5) Selbstfinanzierung
3) Fremdfinanzierung

a) Aufnahme eines weiteren Kommanditisten
b) Bildung stiller Rücklagen durch Unterbewertung der Aktiva
c) Nichtausschüttung von Gewinn
d) Anzahlung durch einen Kunden
e) Aufnahme eines Hypothekendarlehens

13. Welche der folgenden Kreditsicherungsmöglichkeiten werden in den Aussagen angesprochen?

1) Lombardierung   3) Grundschuld
2) Sicherungsübereignung   4) Hypothek

a) „… erfolgt die Bestellung unseres Rechts durch Einigung und Übergabe der Wertpapiere."

b) „… erhalten wir als Gläubiger Ihren Kraftfahrzeugbrief des Geschäfts-Pkw."

c) „… erhalten Sie die Briefmarkensammlung nach Darlehenstilgung umgehend zurück."

d) „… ist für die Absicherung des Kontokorrentkredits wegen der untrennbaren Bindung an das Bestehen einer Forderung nicht geeignet."

11 Wirtschaftsordnung

11.1 Gesellschaftsordnung und Modelle von Wirtschaftsordnungen

Die Bürodesign GmbH überprüft eine Form der Gewinnbeteiligung für Mitarbeiter. Ziel ist, dass die Mitarbeiter sich durch eine Beteiligung am Erfolg des Unternehmens stärker mit ihrem Arbeitsplatz identifizieren und motiviert sind, eigenverantwortlich die Ziele des Unternehmens zu gestalten und zu erreichen. Zusätzlich zu ihrem Gehalt sollen sie am Jahresende einen Teil des Jahresgewinnes ausgezahlt bekommen oder wahlweise einen Gesellschaftsanteil erwerben. In einer Betriebsversammlung wird das Konzept zur Diskussion gestellt. Es bilden sich bei den Mitarbeitern zwei Fraktionen. Die eine Gruppe meint: „Gemeinwohl geht vor Eigenwohl! Deshalb ist es wichtig, alle Gewinnanteile im Unternehmen zu belassen, damit Geld für Investitionen bereitsteht und die Arbeitsplätze gesichert werden." Die andere Gruppe meint: „Die Geschäftsführung will nur auf Lohnerhöhungen verzichten und uns an das Unternehmen binden."

Arbeitsauftrag
◆ Die eine Fraktion betont das Gemeinwohl und fühlt sich als Kollektiv, das seine individuellen Ziele den betrieblichen anpasst. Die andere Fraktion betont stärker ihre Individualziele. Diskutieren Sie die beiden Ansichten.

Da die Menge aller Güter zur Befriedigung der Bedürfnisse der Menschen in einer Volkswirtschaft begrenzt ist, ergibt sich die **Notwendigkeit des Wirtschaftens** (vgl. S. 50ff). Weil die Menschen jedoch nicht isoliert wirtschaften, sondern immer mit anderen Wirtschaftssubjekten in Beziehung stehen, ergeben sich bestimmte Regelungen, die als **Wirtschaftsordnung** bezeichnet werden. Eine Wirtschaftsordnung ist immer eingebettet in eine **Gesellschaftsordnung**, die historisch gewachsen ist und Kultur, Politik und soziale Aspekte der Gesellschaft beinhaltet. Somit ist jede Wirtschaftsordnung nur vor dem Hintergrund der jeweiligen gesellschaftlichen Werte zu verstehen. Da die Gesellschaft im Zeitablauf sozialen, kulturellen und politischen Veränderungen ausgesetzt ist, unterliegt auch die jeweilige Wirtschaftsordnung Veränderungen.

● Individualismus und Kollektivismus

Menschliches Handeln in der Gesellschaft kann von zwei grundsätzlichen Werthaltungen oder Prinzipien gesteuert sein.

◆ **Individualismus** betont die Freiheit des Einzelnen, das Handeln wird bestimmt durch das **Individualprinzip**. Der Mensch wird als selbstständiges, freies und unabhängiges Wesen betrachtet, das seine Interessen verfolgt und sich entsprechend seiner eigenen Werte entfaltet. Kraft der Vernunft des Menschen wird unterstellt, dass er selbstständig erkennt, in welcher Form er einen Beitrag zum Gemeinwohl erbringen und dabei gleichzeitig seine eigenen Interessen verfolgen kann.

Beispiel Gerhard Schmitz, ein ehemaliger Verkäufer im Verkaufsstudio der Bürodesign GmbH, hat sich selbstständig gemacht, um seine eigenen Interessen wie höheres Einkommen, Selbstbestimmung bei der Arbeit, höheres Prestige usw. zu verfolgen. Er eröffnet ein Geschäft für gebrauchte

Büromöbel. Er möchte seine Ware möglichst günstig einkaufen und mit einem möglichst hohen Preis verkaufen. Seine Kunden hingegen verfolgen das Ziel, eine bestimmte Ware zu einem möglichst niedrigen Preis zu kaufen. Verkäufer und Käufer verfolgen somit unterschiedliche Einzelinteressen. Beharren beide auf ihren Ansichten, wird es nicht zu einem Kaufvertrag kommen und ihre Ziele werden nicht erreicht. Weil die Menschen bei ihren Handlungen ihre Vernunft einsetzen, ist es möglich, dass Angebot und Nachfrage sich bei einem **Gleichgewichtspreis** (vgl. S. 48) einpendeln und beide Parteien ihre Ziele erreichen.

Wenn sich jedes Individuum frei entfalten kann, so wird dadurch letztlich ein Maximum an Gemeinnutz erzielt. Eine Wirtschaftsordnung, die das Individualprinzip verfolgt, verfährt nach dem Grundsatz: **Eigennutz erzeugt Gemeinnutz**.

Beispiel   Dadurch, dass Gerhard Schmitz ein eigenes Geschäft für gebrauchte Büromöbel eröffnet, kann sein Eigennutz (höheres Einkommen, selbstständiges Arbeiten usw.) erhöht werden. Durch den Verkauf seiner Ware ermöglicht er bestimmten Nachfragern, Büromöbel zu einem günstigen Preis zu erwerben. Dadurch trägt er zum Gemeinnutz bei.

◆ Beim **Kollektivismus** stehen nicht die Interessen des Einzelnen, sondern die des Staates bzw. der Gesellschaft im Vordergrund. Das Handeln des Menschen hat sich dem **Kollektivprinzip**, d.h. den Gruppeninteressen und den Vorgaben des Staates unterzuordnen.

◆ Für das Wirtschaften bedeutet das Kollektivprinzip, dass die Produktion von Gütern und deren Verteilung von einer zentralen Stelle geplant und gesteuert wird. Letztlich liegt das Eigentum an Produktionsmitteln beim Staat. Es gilt der Grundsatz: **Gemeinnutz geht vor Eigennutz**.

● Modelle der Wirtschaftsordnung

Es gibt zwei Grundmodelle des Wirtschaftens, die sich auf Individualismus und Kollektivismus beziehen. Sie existieren in der Realität nicht in reiner Form, vielmehr tendieren einige Volkswirtschaften mehr oder weniger zu einem der beiden Grundmodelle und haben sie nach ihrer Gesellschaftsordnung ausgestaltet.

◆ **Modell der Zentralverwaltungswirtschaft:** Eine Zentralverwaltungswirtschaft versucht, die Gedanken des Kollektivismus in einer Volkswirtschaft umzusetzen. Im Modell der Zentralverwaltungswirtschaft befindet sich das **Eigentum an Produktionsmitteln in der Hand des Staates (Staatseigentum)**. Hierdurch ergibt sich eine **zentrale Lenkung der gesamten Produktion durch den Staat**. Ebenso wird der **Arbeitskräfteeinsatz zentral gesteuert**, d.h., die freie Wahl des Arbeitsplatzes ist weitgehend eingeschränkt. Hieraus ergibt sich, dass alle Mitglieder der Volkswirtschaft einen Arbeitsplatz zugewiesen bekommen, wobei meist nur geringe Unterschiede in der Entlohnung der Arbeit gegeben sind. Wegen der Fremdbestimmung der einzelnen Menschen durch den staatlichen Zentralplan wird ihre Eigeninitiative nicht gefördert. Schließlich wird von ihm nicht ein rationelles Arbeiten, sondern lediglich das **Ziel der Planerfüllung** verlangt. Hierdurch wird jedoch eine optimale Produktivität von Produktionsmitteln und Arbeitskräften selten erreicht.

Beispiel   Ein Mitarbeiter eines Möbelwerkes in einer Zentralverwaltungswirtschaft erhält an einer Bandsäge einen Arbeitsplatz zugewiesen. Da dieser Arbeitsplatz nicht seinen Neigungen entspricht und auch keine Möglichkeit bietet, das Arbeitseinkommen zu erhöhen, wird er nicht motiviert sein, seine Arbeitsleistung maximal zu erbringen. Er wird lediglich bestrebt sein, seine Planvorgaben zu erfüllen. Wenn er in der Lage wäre, täglich 600 Zuschnitte an seiner Maschine zu erledigen, seine Planvorgabe jedoch nur 400 Zuschnitte vorsieht, so ist die Produktivität seiner Arbeitskraft und der Maschine nicht ausgelastet.

In der Zentralverwaltungswirtschaft wird die **Produktion und die Verteilung der Güter zentral von einer staatlichen Kommission geplant**. Sie versucht, den Bedarf aller benötigten Güter der Volkswirtschaft zu erfassen und ihre Produktion zentral zu steuern. Die Produktion wird somit nicht durch die Nachfrage nach Gütern (Bedürfnisse der Menschen) geregelt, sondern nur durch die staatliche Planfestsetzung **(Subordinationsprinzip)**. Die Bedürfnisse werden somit nicht in vollem Umfang erfüllt. Ebenso entfällt eine **freie Preisbildung** durch Angebot und Nachfrage (vgl. S. 48 f), da die **Güterpreise staatlich festgelegt** sind.

Beispiel Eine Familie in einer Zentralverwaltungswirtschaft möchte einen Kühlschrank erwerben. Sie kann nicht in verschiedenen Geschäften das Angebot vergleichen und sich für ein bestimmtes Modell entscheiden. Sie ist abhängig von der Menge und der Qualität des Angebotes, das von der staatlichen Plankommission festgelegt wurde. Letztlich kann sie nur auf die „Zuteilung" eines Kühlschrankes hoffen.

Der Hauptmangel der Zentralverwaltungswirtschaft liegt darin, dass nicht Nachfrage und Preise, sondern die staatliche Planung die Produktion steuert. Da ein Produktionsplan und nicht die Individuen den Bedarf bestimmen, bestehen zum Teil sehr große **Unterschiede zwischen dem Plan und dem tatsächlichen Konsumverhalten**. Dies führt zu einer häufigen Korrektur von Produktionsplänen, die allerdings erst mit starken zeitlichen Verzögerungen erfolgt. Zwischenzeitlich können sich die Bedürfnisse in der Volkswirtschaft bereits wieder verändert haben, sodass eine optimale Erfüllung der Bedürfnisse letztlich nicht möglich ist.

Beispiel In einer Zentralverwaltungswirtschaft entsteht während einer Hitzewelle im Sommer bei einigen Menschen das Bedürfnis nach moderner Strandbekleidung. Im laufenden Produktionsplan waren die Güter jedoch nicht in ausreichender Menge vorgesehen. Bis der Bedarf erfasst und im Produktionsplan des nächsten Jahres berücksichtigt wird, ist die Hitzewelle vorbei. Wenn im kommenden Jahr die Produktion für diese Güter gestartet wird, so kann es zu einem Überangebot kommen, weil die Nachfrage, z. B. aufgrund eines regnerischen Sommers zurückgegangen ist.

Zentralpläne geben nur Mengenvorgaben vor. Das Ziel der Produktionseinheiten (Betriebe) besteht in der Erfüllung des Plan-Solls, nicht in der Erzielung von Gewinn. Somit wird das Denken in Kosten und Leistungen nicht unterstützt. Technische Neuerungen, Rationalisierungsmaßnahmen, Investitionen in Forschung und Entwicklung neuer Produkte sowie Maßnahmen zur Verbesserung der Arbeitsbedingungen der Mitarbeiter werden häufig zugunsten einer mengenmäßig orientierten Planerfüllung zurückgestellt.

◆ **Modell der freien Marktwirtschaft:** Eine freie Marktwirtschaft basiert auf den Gedanken des **Individualismus** (vgl. S. 398). Die Produktionsmittel sind in privater Hand, es herrscht freie Wahl des Arbeitsplatzes mit frei aushandelbarer Entlohnung, freier Wettbewerb und Gewinnstreben.

Beispiel In der freien Marktwirtschaft kann ein Mitarbeiter seinen Arbeitsplatz selbst auswählen, er richtet sich dabei vorwiegend nach seinen individuellen Bedürfnissen, wie Einkommen, Entfernung zum Arbeitsplatz, Fortbildungsmöglichkeiten, Aufstiegschancen usw. Er kann aber auch jederzeit selbst einen eigenen Betrieb eröffnen, wenn er über entsprechendes Know-how, Kapital und Risikobereitschaft verfügt.

Die einzelnen Wirtschaftssubjekte (Haushalte, Unternehmen) erstellen ihre eigenen **individuellen Pläne (dezentrale Planung)**. Das Angebot und die Nachfrage nach Gütern wird über den Preismechanismus geregelt, d. h., der Preis eines Gutes bildet sich auf dem jeweiligen Markt. Die einzelnen Märkte übernehmen eine **Ausgleichsfunktion** zwischen Angebot und Nachfrage (vgl. S. 48 f).

Beispiel Wenn in einer freien Marktwirtschaft die Nachfrage nach Gütern abnimmt, so passen die Unternehmen ihre Kapazität an und entlassen nicht mehr benötigte Arbeitskräfte und senken so ihre Kosten (Lohnkürzungen).

Ein staatlicher Eingriff in das Wirtschaftsleben unterbleibt. Der Staat hat lediglich die Aufgabe, die Menschen und ihr Eigentum zu schützen und auf die Einhaltung von gesellschaftlichen und gesetzlichen Normen zu achten. Deshalb wird dem Staat in diesem volkswirtschaftlichen Modell lediglich eine „**Nachtwächter-Funktion**" zugeschrieben.

Beispiel In der freien Marktwirtschaft ist es möglich, dass ein Unternehmen ohne Begründung Mitarbeiter entlässt, da kein gesetzlicher Kündigungsschutz existiert.

Menschen und Unternehmen in der freien Marktwirtschaft können dank ihrer Entscheidungsfreiheit schnell und flexibel auf Marktveränderungen reagieren. So verändern sich bei Unternehmen marktbedingt Produktionsmengen und -preise, und neue Produkte werden entwickelt, wenn sie marktfähig sind, d. h., wenn mit ihnen Gewinn erwirtschaftet werden kann. Die Nachfrager nach Gütern können frei über Art, Menge und Qualität entscheiden und zwischen verschiedenen Anbietern auswählen.

Beispiel Eine Familie in einer freien Marktwirtschaft, die einen Kühlschrank kaufen möchte, kann bei verschiedenen Anbietern Geräte mit unterschiedlichen Leistungsdaten und Preisen erwerben.

Gesellschaftsordnung und Modelle von Wirtschaftsordnungen
- **Wirtschaftsordnungen** sind das Ergebnis der Gesellschaftsordnungen.
  - **Individualismus:** betont die Freiheit des Einzelnen
  - **Kollektivismus:** betont die Interessen des Staates
- **Modell der Marktwirtschaft**
  - Privateigentum an Produktionsmitteln
  - Angebot und Nachfrage werden durch Preismechanismus abgestimmt
  - Gewinn und Verlust möglich
- **Modell der Zentralverwaltungswirtschaft**
  - Kollektiveigentum an Produktionsmitteln
  - Angebot und Nachfrage sind Ergebnis von zentralen Plänen
  - Planerfüllung oder -abweichung möglich

---

1. Beschreiben Sie die Merkmale von Individualismus und Kollektivismus als Prinzipien menschlichen Handelns in der Gesellschaft.

2. Erläutern Sie die These „Eigennutz erzeugt Gemeinnutz" mit Beispielen aus der Wirtschaft.

3. Stellen Sie in einer Tabelle die Kennzeichen der Marktwirtschaft und der Zentralverwaltungswirtschaft gegenüber.

4. Erläutern Sie, weshalb zentrale Planwirtschaft und freie Marktwirtschaft lediglich als Modelle anzusehen sind.

5. Erklären Sie, weshalb in der freien Marktwirtschaft dem Staat eine „Nachtwächter-Funktion" zugeschrieben wird.

6. a) Erläutern Sie Gründe, weshalb im Modell der zentralen Planwirtschaft die Produktionspläne häufig korrigiert werden müssen.
   b) Beschreiben Sie, wie im Modell der Marktwirtschaft von den einzelnen Betrieben Produktionspläne aufgestellt werden.

11.2 Soziale Marktwirtschaft als reale Wirtschaftsordnung

Die Diskussion über die Gewinnbeteiligung von Arbeitnehmern bei der Büro-design GmbH ist bei den Mitarbeitern noch nicht abgeschlossen. „Wenn es der Bürodesign GmbH einmal wirtschaftlich schlecht gehen sollte, dann müssten wir Arbeitnehmer über unsere eigene Entlassung befinden, da wir Miteigentümer des Unternehmens wären. Das ist doch absurd! Wer weiß, ob wir dann Arbeitslosen-geld bekommen?", fragt ein Mitarbeiter. Der Betriebsratsvorsitzende, Herr Mes-serschmidt, beruhigt ihn: „Wir leben in einer sozialen Marktwirtschaft, da kann Ihnen nichts geschehen. Sie werden vom sozialen Netz schon aufgefangen."

Arbeitsaufträge

◆ Arbeiten Sie die Merkmale der sozialen Marktwirtschaft im Gegensatz zur freien Marktwirt-schaft heraus.
◆ Erläutern Sie, was unter dem sozialen Netz zu verstehen ist.

Während die reine Zentralverwaltungswirtschaft und die freie Marktwirtschaft lediglich Modelle für Wirtschaftsordnungen sind, gibt es in der Realität verschiedene Formen, die die jeweiligen Nachteile beider Modelle vermeiden sollen.

In der Bundesrepublik Deutschland wird die Wirtschaftsordnung der sozialen Markt-wirtschaft praktiziert. Hierbei wird einerseits das **Individualprinzip** auf den Märkten verwirklicht. Andererseits ist eine staatliche **Steuerung durch eine sozialorientierte Gesetzgebung** und insbesondere durch das **Stabilitätsgesetz** (vgl. S. 410) im Wirtschafts-leben gegeben.

● Merkmale der sozialen Marktwirtschaft

◆ In der sozialen Marktwirtschaft sind die **Produktionsmittel grundsätzlich Privatei-gentum**. Arbeitnehmer können sich durch Erwerb von Aktien und sonstigen Anteilen an Unternehmen am Produktivvermögen beteiligen. Daneben verfügt auch der Staat über Produktionsmittel, die **öffentliches Eigentum** sind (staatliche Betriebe, z. B. Bun-desbank und Beteiligungen an privaten Betrieben). Ferner besteht **Gewerbefreiheit** (vgl. S. 315), d. h., jeder Bürger ist berechtigt, selbstständig ein Gewerbe zu betreiben.

Beispiele
– Die Bürodesign GmbH gehört den Kapitalgebern (Gesellschaftern), Frau Friedrich und Herrn Stein.
– Ein Schreinermeister der Bürodesign GmbH macht sich selbstständig und eröffnet einen Hand-werksbetrieb.

◆ Unternehmen planen marktabhängig ihre Produktion und ihre Investitionen, die Haushalte verfügen frei über ihr Einkommen. Durch **Leistungswettbewerb** auf den Märkten werden über eine **freie Preisbildung** Angebot und Nachfrage gesteuert.

Beispiel   Die Bürodesign GmbH entwickelt einen neuen Bürostuhl, sie entscheidet über die Höhe der Investitionen, den Preis und die Ausstattung. Dabei orientiert sie sich an den Marktbedin-gungen (Konkurrenz, Kundenwünsche usw.). Der Markt entscheidet letztlich über den Erfolg des Produktes. Über die Verwendung des Jahresgewinnes entscheiden die Geschäftsführer.

◆ Arbeitnehmervertreter (Gewerkschaften) und Arbeitgebervertreter handeln als **autono-me Sozialpartner** Löhne und Arbeitsbedingungen aus (Tarifautonomie).

Beispiel Die Bürodesign GmbH ist dem Arbeitgeberverband Holz und Kunststoff verarbeitende Industrie angeschlossen, der ihre Interessen gegenüber den Gewerkschaften vertritt. Vereinbarungen über Löhne, Urlaub, Arbeitsbelastungen usw. werden in Tarifverträgen festgelegt, an die sich beide Parteien halten müssen.

● Maßnahmen des Staates

Der **Staat** übernimmt eine **soziale Ausgleichsfunktion** und greift ein, wenn die freiheitliche Wirtschaftsordnung und der Schutz des Einzelnen oder des Gesamtwohls gefährdet ist. Durch **Gesetze und Verordnungen** schränkt er den Entscheidungsfreiraum des Einzelnen zwar ein, jedoch sichert er gleichzeitig die Rechte des Einzelnen.

◆ **Wettbewerbsrecht:** Der Staat hat Gesetze erlassen, die den freien Wettbewerb der Marktteilnehmer garantieren sollen.

  ◆ **Gesetz gegen Wettbewerbsbeschränkungen (Kartellgesetz, GWB):** Hiermit sollen Unternehmenszusammenschlüsse (Kartelle, Fusionen) vermieden werden, die zu einer marktbeherrschenden Stellung führen können.

  ◆ **Kartelle** sind vertragliche Zusammenschlüsse von rechtlich selbstständigen Unternehmen, mit dem Ziel, den Wettbewerb durch Absprachen auszuschalten oder zu beschränken. Grundsätzlich sind Kartelle verboten.

  Beispiel Das Bundeskartellamt in Bonn verhängte gegen sechs Hersteller von Feuerlöschschläuchen eine Geldbuße von 4,6 Mio EUR, weil nachgewiesen werden konnte, dass sie den Markt für Bau- und Industrieschläuche quotenmäßig untereinander aufgeteilt (**Quotenkartell**) und Preisabsprachen getätigt haben (**Preiskartell**).

  ◆ **Fusionen** sind Zusammenschlüsse von Unternehmen, wobei sie ihre wirtschaftliche und rechtliche Selbstständigkeit aufgeben. Das Ziel ist Marktbeherrschung und Ausschaltung des Wettbewerbs. Hier übernimmt der Staat eine Kontrollfunktion, indem er derartige Unternehmenszusammenschlüsse prüft und ggf. verbietet.

  ◆ **Gesetz gegen den unlauteren Wettbewerb (UWG):** Hierin wird u. a. sittenwidrige Werbung verboten (vgl. S. 161 ff).

◆ **Arbeitsrecht:** Der Staat schreibt verbindlich bestimmte Normen für Arbeitnehmer und Arbeitgeber vor.

  Beispiele Mutterschutzgesetz, Kündigungsschutzgesetz, Berufsbildungsgesetz (vgl. S. 26), Jugendarbeitsschutzgesetz (vgl. S. 32), Arbeitszeitgesetz, Mitbestimmungsgesetz (vgl. S. 338 f)

◆ **Umweltrecht:** Mit diesen Gesetzen soll geregelt werden, dass Umweltbelastungen vermieden werden. Hierdurch wird die ökologische Verpflichtung des Staates deutlich gemacht.

  Beispiele Gesetz über die Vermeidung und Entsorgung von Abfällen (Abfallgesetz); Gesetz zum Schutz vor schädlichen Umwelteinwirkungen durch Luftverunreinigungen, Geräusche, Erschütterungen und ähnliche Belastungen (Bundes-Immissionsschutzgesetz); Verpackungsverordnung, Kreislaufwirtschaftsgesetz (vgl. S. 90).

◆ **Recht zum Schutz geistigen Eigentums:** Hierin ist geregelt, dass die wirtschaftliche Verwertung von Gütern (Erfindungen) nur den Personen zusteht, die das geistige Eigentum daran haben.

  Beispiele Patentgesetz (vgl. S. 164), Gebrauchsmustergesetz (vgl. S. 165), Urheberrechtsgesetz, u. a. mit dem Verbot, unberechtigt Kopien aus Büchern, Tonträgern usw. anzufertigen.

SWL

◆ **Handelsrecht:** Hiermit werden Rahmenbedingungen für Unternehmen vorgegeben, die die Gründung, Firmierung (vgl. S. 318 ff.), Rechnungslegung und die Veröffentlichung von Unternehmensdaten regeln.

Beispiele   Handelsgesetzbuch, GmbH-Gesetz (vgl. S. 332 f), Aktiengesetz (vgl. S. 337 f), Scheckgesetz (vgl. S. 252 f.)

◆ **Steuerrecht:** Mit den Steuereinnahmen finanziert der Staat seine Ausgaben. Durch Steuererhöhungen oder -senkungen kann der Staat regulierend in das Wirtschaftsgeschehen eingreifen. **Soziale Aspekte** werden berücksichtigt, indem bei einigen Gesetzen Freigrenzen und eine gestaffelte Steuer durch **Steuerklassen** und **Steuerprogression** festgelegt wird (vgl. S. 268 ff).

Beispiele   Einkommensteuergesetz, Körperschaftsteuergesetz, Umsatzsteuergesetz, Gewerbesteuergesetz

◆ Der Staat hat ferner ein **soziales Netz** geschaffen, um Menschen zu unterstützen, die u. a. durch Krankheit, Alter oder Arbeitslosigkeit in wirtschaftliche Not geraten. Er entspricht dadurch dem Anspruch auf soziale Sicherheit und Gerechtigkeit.

Beispiele   Kranken-, Unfall-, Renten-, Arbeitslosen-, Pflegeversicherung (vgl. S. 302 ff), Bundessozialhilfegesetz, Wohngeldgesetz, Bundesausbildungsförderungsgesetz (BaföG)

Soziale Marktwirtschaft als reale Wirtschaftsordnung

■ In der sozialen Marktwirtschaft wird das **Individualprinzip** verwirklicht und durch eine **staatliche** Steuerung mit sozialorientierter Gesetzgebung ergänzt.
■ **Produktionsmittel** sind grundsätzlich **Privateigentum**.
■ Auf den Märkten ist **Leistungswettbewerb** vorhanden.
■ Angebot und Nachfrage werden durch **freie Preisbildung** geregelt.
■ **Arbeitnehmer und Arbeitgeber** handeln als **autonome Sozialpartner (Tarifautonomie)**.
■ Der **Staat** übernimmt durch **Gesetze** eine soziale **Ausgleichsfunktion** (Wettbewerbs-, Arbeits-, Umwelt-, Handels-, Steuerrecht, Recht zum Schutz geistigen Eigentums).
■ Durch ein **soziales Netz** werden Bürger vor den Folgen wirtschaftlicher Not durch den Staat geschützt.

---

1. Beschreiben Sie die Merkmale der sozialen Marktwirtschaft im Vergleich zur freien Marktwirtschaft.

2. Erläutern Sie, wie der Staat seine soziale Ausgleichsfunktion innerhalb der sozialen Marktwirtschaft wahrnimmt, am Beispiel
   a) des Wettbewerbsrechtes,
   b) des Arbeitsrechtes,
   c) des Umweltrechtes.

3. Erläutern Sie, wie Menschen, die in wirtschaftliche Not geraten sind, durch das soziale Netz aufgefangen werden können.

4. Belegen Sie mit konkreten Beispielen, wie in der sozialen Marktwirtschaft der Staat durch Gesetze eine soziale Ausgleichsfunktion ausübt.

Wiederholung: Wirtschaftsordnung

Übungsaufgaben

1. Kennzeichnen Sie die Hauptmerkmale des Individualismus und des Kollektivismus.

2. Beim Individualismus gilt der Grundsatz „Eigennutz erzeugt Gemeinnutz", beim Kollektivismus gilt „Gemeinnutz geht vor Eigennutz". Bilden Sie in der Klasse zwei Diskussionsgruppen und vertreten Sie die beiden Standpunkte.

3. Ein wichtiges Ziel bei der zentralen Planwirtschaft ist die mengenmäßige Planerfüllung. Erläutern Sie, welche Konsequenzen sich daraus ergeben
    a) für den technischen Fortschritt und Innovationen,
    b) für die Eigeninitiative der Bürger,
    c) für die freie Wahl des Arbeitsplatzes der Bürger.

4. Zwischen den tatsächlichen Bedürfnissen der Bürger und dem zentralen Produktionsplan treten in der zentralen Planwirtschaft Differenzen auf. Beschreiben Sie, welche Folgen sich daraus für die Planung des Staates und für die Bedürfnisbefriedigung des Einzelnen ergeben.

5. Erläutern Sie
    a) welche Rolle der Staat in der freien Marktwirtschaft spielt,
    b) wie große Unternehmen durch Ausübung von Wirtschaftsmacht Einfluss auf das Wirtschaftsgeschehen nehmen können.

6. Menschen und Unternehmen in der freien Marktwirtschaft können dank ihrer Entscheidungsfreiheit schnell und flexibel auf Marktveränderungen reagieren. Erläutern Sie, welche Konsequenzen sich daraus ergeben
    a) für den technischen Fortschritt und Innovationen,
    b) für die Eigeninitiative der Bürger,
    c) für die freie Wahl des Arbeitsplatzes der Bürger.

7. Nehmen Sie zu folgender Aussage Stellung: „Gewinn und Verlust sind die wichtigsten Bestimmungsfaktoren in der freien Marktwirtschaft, deshalb werden sozial notwendige Investitionen (Krankenhäuser, Schulen usw.) vernachlässigt."

8. Erläutern Sie anhand von fünf Gesetzen, wie in der sozialen Marktwirtschaft der Staat seiner Verpflichtung zum Schutz sozial schwacher Personenkreise nachkommt.

9. Beschreiben Sie, wie Arbeitnehmer am Produktivvermögen eines Unternehmens beteiligt werden können,
    a) bei einer Aktiengesellschaft (vgl. S. 337 ff),
    b) bei einer GmbH (vgl. S. 332 ff),
    c) bei Personengesellschaften (vgl. S. 326).

10. Erläutern Sie, wie durch die Steuergesetzgebung der Staat regulierend in das Wirtschaftsgeschehen eingreifen kann.

11. Zur Abwehr der durch den Bankensektor ausgelösten Krise 2008 und 2009 wurde in Deutschland vom Staat z. T. massiv in das Marktgeschehen eingegriffen. So beteiligte sich die Bundesrepublik an Unternehmen und wurde im Einzelfall sogar Mehrheitseigner oder Eigentümer. Diskutieren Sie die mit diesem Vorgehen verbundenen Vor- und Nachteile.

Prüfungsaufgaben

1. Welche Aussage trifft auf die freie Marktwirtschaft zu?
   1) Das Angebot ist immer größer als die Nachfrage.
   2) Die Nachfrage ist immer größer als das Angebot.
   3) Zwischen Angebot und Nachfrage besteht ein freies Spiel der Kräfte.
   4) Die Bedürfnisse des Einzelnen haben keinen Einfluss auf Angebot und Nachfrage.
   5) Das Angebot wird durch einen zentralen Plan behördlich festgelegt.

2. Welches Merkmal ist typisch für die Wirtschaftsordnung in der Bundesrepublik Deutschland?
   1) Staatlich garantierte Mindestlöhne
   2) Staatliche Planungsvorgaben für die Unternehmen
   3) Formfreiheit für alle Verträge
   4) Tarifautonomie
   5) Erwerbswirtschaftliches Prinzip für private Unternehmen

3. Welche Aussage zu Wirtschaftsordnungen trifft zu?
   1) In der freien Marktwirtschaft bestimmt immer der Anbieter die Preise.
   2) In der sozialen Marktwirtschaft darf der Staat in die Tarifautonomie eingreifen.
   3) In der sozialen Marktwirtschaft befinden sich alle Produktionsmittel in privater Hand.
   4) Ein Merkmal der sozialen Marktwirtschaft ist die Tarifautonomie.
   5) In der sozialen Marktwirtschaft ist die vollkommene Konkurrenz verwirklicht.

4. Welche der folgenden Merkmale kennzeichnen die soziale Marktwirtschaft?
   1) Gewerbefreiheit und freie Wahl des Arbeitsplatzes
   2) Staatliche Einflussnahme auf die Preisbildung
   3) Gesetzliche Regelungen zur Aufrechterhaltung des Wettbewerbs
   4) Kollektives Eigentum an Produktionsmitteln
   5) Staatlicher Einfluss auf den Umweltschutz

5. Ordnen Sie die folgenden Merkmale den einzelnen Wirtschaftsordnungen zu.
   1) freie Marktwirtschaft   2. zentrale Planwirtschaft   3. soziale Marktwirtschaft
   a) Tarifautonomie   e) Produktionsmittel sind in staatlichem Besitz
   b) Staat übernimmt „Nachtwächter-Rolle" f) Produktionsmittel sind nur in Privatbesitz
   c) Schaffung eines sozialen Netzes   g) Gewerbefreiheit
   d) Basis ist der Kollektivismus   h) Orientierung an sozialer Gesetzgebung

6. Welche Aussage zur Wirtschaftsordnung trifft zu?
   1) In der sozialen Marktwirtschaft ist die Tarifautonomie durch den Staat eingeschränkt.
   2) In der sozialen Marktwirtschaft besteht unvollkommene Konkurrenz.
   3) In der sozialen Marktwirtschaft bestimmt ausschließlich der Staat das Angebot.
   4) In der freien Marktwirtschaft tritt der Staat als alleinige Lenkungsinstanz auf.
   5) In der freien Marktwirtschaft ist immer der Staat die oberste Lenkungsinstanz.

7. Welche Aussage trifft auf die Wirtschaftsordnung in Deutschland zu?
   1) Die Preise werden durch vollständige Konkurrenz bestimmt.
   2) Der Staat greift nicht in das Wirtschaftsleben ein.
   3) Die Unternehmen haben Investitionsfreiheit.
   4) Alle Unternehmenszusammenschlüsse müssen vom Bundeskartellamt genehmigt werden.
   5) Der Staat garantiert Mindestlöhne.

12 Grundzüge der Wirtschaftspolitik

12.1 Träger der Wirtschaftspolitik in der Bundesrepublik Deutschland

Renate Becker ist empört! In der Zeitung hat sie gelesen, dass im Bezirk der Industrie- und Handelskammer für Ostfriesland und Papenburg gut 12 % der Beschäftigten ohne Arbeit sind. Auf der anderen Seite heißt es, dass es mit der wirtschaftlichen Entwicklung der Region bergauf gehe. „Ich verstehe den Wirtschaftsminister nicht", sagt Renate zu Frau Friedrich, „in einer starken Volkswirtschaft muss es doch möglich sein, dass alle Menschen Arbeit haben." „So einfach ist das nicht", entgegnet Frau Friedrich, „Wirtschaftspolitik wird nicht nur vom Wirtschaftsminister gemacht, hier müssen viele Entscheidungsträger zusammenwirken." Renate ist verblüfft. Ist die Wirtschaftspolitik nicht die alleinige Aufgabe des Wirtschaftsministers?

Arbeitsaufträge
◆ Erläutern Sie die Träger der Wirtschaftspolitik und ihre jeweilige Aufgabe.
◆ Stellen Sie fest, welche Verbände die Interessen der Branche Ihrer Ausbildungsbetriebe vertreten.

Alle Maßnahmen, die darauf gerichtet sind, das Wirtschaftsleben zu gestalten und im Sinne vorgegebener Ziele zu ordnen, werden als **Wirtschaftspolitik** bezeichnet. Sie wird in der Bundesrepublik Deutschland von den Gebietskörperschaften (Bund, Länder, Gemeinden), den Interessenverbänden (Unternehmerverbände und Gewerkschaften) und überstaatlichen Organisationen (Europäische Union, Internationale Organisationen) beeinflusst.

● Gebietskörperschaften
Hauptträger der Wirtschaftspolitik ist die **Bundesregierung**. Sie erarbeitet im Rahmen bestehender Vorgaben, z. B. des Stabilitätsgesetzes (vgl. S. 410), Gesetzesvorlagen, die dem **Bundestag** und gegebenenfalls dem **Bundesrat** zur Beschlussfassung vorgelegt werden. Über den Bundesrat sind auch die Länderparlamente beteiligt, die im Rahmen der regionalen Wirtschaftspolitik auch eigene Initiativen ergreifen.

Beispiel Der Bundesminister für Finanzen legt im Kabinett einen Entwurf zur Reform der Einkommensteuer vor. Nach Abstimmung mit den beteiligten Fachministerien, insbesondere dem Bundesminister für Wirtschaft und dem Bundesminister für Arbeit und Sozialordnung, wird der Entwurf in den Bundestag eingebracht. Nach der Beschlussfassung durch den Bundestag wird der Gesetzentwurf dem Bundesrat vorgelegt.

Im Rahmen ihrer örtlichen Zuständigkeiten beeinflussen auch die **Gemeinden** die Wirtschaftspolitik der Bundesrepublik Deutschland.

Beispiel   Um die regionale wirtschaftliche Entwicklung zu beleben, senkt die Stadt Aurich den Hebesatz der Gewerbesteuer und stellt Industriebetrieben Bauland preiswert zur Verfügung.

● Die Interessenverbände

Verbände einzelner Wirtschaftszweige (z. B. Bundesverband der Deutschen Industrie, Bundesverband der Holz- und Kunststoff verarbeitenden Industrie), bestimmter Berufs- oder Bevölkerungsgruppen (z. B. Bauernverband, Verbraucherschutzverbände) nehmen die Interessen ihrer Mitglieder wahr. Sie versuchen im Gespräch mit den Abgeordneten, als Sachverständige oder als Mitglieder der Parlamente Einfluss auf wirtschaftspolitische Maßnahmen zu nehmen. Eine herausragende Rolle spielen hierbei die **Unternehmerverbände** und die **Gewerkschaften**. Sie sind im Rahmen der **Tarifautonomie** für den Abschluss von Tarifverträgen und damit für die Festlegung von Lohn- und Arbeitsnormen zuständig.

Beispiel   Die geplante Einkommensteuerreform soll durch den Wegfall von Subventionen für die Werften und die Landwirtschaft finanziert werden. Der Bundesverband der Deutschen Industrie und der Bauernverband nehmen deshalb gegen die Gesetzesvorlage Stellung und versuchen, die Abgeordneten zu einer Ablehnung der Gesetzesvorlage zu bewegen.

Neben den Interessenverbänden wächst der **Einfluss der Medien** auf die wirtschaftliche Entwicklung. Die öffentliche Meinung und damit das Verhalten der Verbraucher wird zunehmend durch **Massenmedien** (Fernsehen, Zeitschriften usw.) beeinflusst. Werbung lenkt z. B. die Nachfrage nach Konsumgütern (vgl. S. 43) und Wirtschaftsnachrichten und Kommentare beeinflussen die Entscheidungen der Unternehmen und der Verbraucher.

● Überstaatliche Organisationen

Im Rahmen ihrer Mitgliedschaft in der **Europäischen Union** hat die Bundesrepublik Deutschland nationale Hoheitsrechte abgetreten. Dies gilt insbesondere für die Geldpolitik, die seit 1999 von der **Europäischen Zentralbank** (vgl. S. 434 ff) betrieben wird. Staatliche Wirtschaftspolitik kann deshalb nur in enger Abstimmung mit den Gremien der europäischen Union erfolgen. Auch internationale **Organisationen**, z. B. die Welthandelsorganisation WTO, beeinflussen die nationale Wirtschaftspolitik. Nationale Regelungen dürfen sich immer nur im Rahmen der in internationalen Verträgen getroffenen Festlegungen bewegen.

Beispiel   Unternehmen können im gemeinsamen Binnenmarkt der EU ihre Erzeugnisse in allen Ländern unter gleichen Bedingungen wie im eigenen Land absetzen. Dies hat zur Folge, dass die Steuerbelastung der einzelnen Länder vereinheitlicht (harmonisiert) werden muss, da die Unternehmen sonst in ein Land mit geringerer Steuerbelastung abwandern würden. Die geplante Einkommensteuerreform sollte deshalb nach Abstimmung mit den anderen EU-Ländern erfolgen.

Das vorrangige Ziel der EZB ist es, die Preisstabilität zu sichern. Soweit dies ohne Beeinträchtigung des Zieles der Preisstabilität möglich ist, unterstützt die EZB die allgemeine Wirtschaftspolitik in der Gemeinschaft.
Bei der Wahrnehmung der Aufgaben und Pflichten darf weder die EZB noch eine nationale Zentralbank noch ein Mitglied ihrer Beschlussorgane Weisungen von Organen oder Einrichtungen der Gemeinschaft, Regierungen der Mitgliedstaaten oder anderen Stellen einholen oder entgegennehmen.

Träger der Wirtschaftspolitik in der Bundesrepublik Deutschland

- **Gebietskörperschaften**
  - Bund
  - Länder
  - Gemeinden
- **Überstaatliche Organisationen**
  - Europäische Union
  - Internationale Organisationen
  - EZB

- **Interessenverbände**
  - Arbeitgeberverbände
  - Gewerkschaften

---

1. Erläutern Sie die Träger der Wirtschaftspolitik und ihre Einflussmöglichkeiten in der Bundesrepublik Deutschland.

2. Vertreter der Interessenverbände suchen das Gespräch mit Mitgliedern der Länderparlamente und des Bundestages.
   a) Stellen Sie Vor- und Nachteile einer engen Abstimmung zwischen Politik und Vertretern von Interessengruppen gegenüber.
   b) Diskutieren Sie die Vor- und Nachteile in der Klasse.

3. Erkundigen Sie sich in Ihrem Ausbildungsbetrieb, ob es Regelungen der Europäischen Union gibt, die dieser im Rahmen seiner Tätigkeit berücksichtigen muss.

12.2 Ziele der Wirtschaftspolitik

Renate Becker geht die Arbeitslosenquote von 12 % in der Region nicht aus dem Kopf. „Auch wenn der Wirtschaftsminister nicht allein verantwortlich ist", sagt Renate, „die Bekämpfung der Arbeitslosigkeit gehört an die erste Stelle aller wirtschaftspolitischen Aktivitäten." Frau Friedrich ist schon wieder anderer Meinung. „Ziel der Wirtschaftspolitik der Bundesrepublik Deutschland ist das gesamtwirtschaftliche Gleichgewicht." Als Renate fragt, was denn das konkret bedeutet, wird Frau Friedrich am Telefon verlangt. „Sie haben doch sicher eine Sammlung von Wirtschaftsgesetzen in der Berufsschule. Da können Sie auch selbst nachschlagen", erwidert Frau Friedrich kurz angebunden und greift zum Hörer.

Arbeitsauftrag
◆ Helfen Sie Renate bei der Beantwortung ihrer Frage.

Das **Grundgesetz der Bundesrepublik Deutschland** schreibt keine bestimmte Wirtschaftsordnung zwingend vor. Es legt lediglich einen Rahmen fest, innerhalb dessen die Träger der Wirtschaftspolitik gestaltend tätig werden können.

Beispiele Die Festlegung der Bundesrepublik als sozialer Bundesstaat (Art. 20 GG), der Schutz des Privateigentums (Art. 14 GG), die Tarifautonomie (Art. 9 GG).

Innerhalb dieses Rahmens wurde die Wirtschaftsordnung der Bundesrepublik Deutschland als **soziale Marktwirtschaft** gestaltet und durch weitergehende Gesetze konkretisiert (vgl. S. 402).
Als die Bundesrepublik Deutschland Ende der 60er-Jahre des letzten Jahrhunderts nach Abschluss der Wiederaufbauphase in eine Krise geriet, setzte sich die Auffassung durch,

dass der Wirtschaftsablauf durch die Träger der Wirtschaftspolitik aktiv gestaltet werden muss. Eine derartige Steuerung (Globalsteuerung) setzt klare Ziele und einen entsprechenden rechtlichen Rahmen voraus. Dieser Rahmen wurde im Jahre 1967 mit dem **Gesetz zur Förderung der Stabilität und des Wachstums der Wirtschaft (Stabilitätsgesetz)** geschaffen. Darin werden Bund und Länder verpflichtet, bei ihren wirtschafts- und finanzpolitischen Maßnahmen das gesamtwirtschaftliche Gleichgewicht zu beachten.

§ 1 StabG: Bund und Länder haben bei ihren wirtschafts- und finanzpolitischen Maßnahmen die Erfordernisse des gesamtwirtschaftlichen Gleichgewichts zu beachten. Die Maßnahmen sind so zu treffen, dass sie im Rahmen der marktwirtschaftlichen Ordnung gleichzeitig zur Stabilität des Preisniveaus, zu einem hohen Beschäftigungsstand und außenwirtschaftlichem Gleichgewicht bei stetigem und angemessenem Wirtschaftswachstum beitragen.

Stabilität des Preisniveaus, hoher Beschäftigungsstand, außenwirtschaftliches Gleichgewicht und stetiges und angemessenes Wirtschaftswachstum stehen dabei als Ziele **gleichwertig** nebeneinander.

Da keines der Ziele ohne gleichzeitige Beeinflussung eines oder mehrerer anderer verwirklicht werden kann, spricht man auch von einem **magischen Viereck**. „Magisch" sind hierbei nicht die Einzelziele selbst, sondern die gleichzeitige Verwirklichung aller Ziele bedarf der Kraft eines „Magiers".

In der Realität legen die Träger der Wirtschaftspolitik, insbesondere Regierung und Parlament fest, welchem Ziel Vorrang vor anderen gegeben wird. Die Schwerpunktsetzung innerhalb der Ziele des StabG ist also eine **politische Entscheidung**.

Dabei ist die Erreichung der Ziele des StabG für jeden einzelnen Bürger der Bundesrepublik Deutschland von großer Bedeutung.

◆ Die **Stabilität des Preisniveaus** sorgt dafür, dass Sparguthaben und Löhne und Gehälter ihren Wert behalten.

Beispiel Renate Becker hat ein Sparguthaben zu 5 % verzinst angelegt. Die Inflationsrate beträgt 3 %, sodass sich ihr Kapital real um 2 % vermehrt.

◆ Ein **hoher Beschäftigungsstand** garantiert einen Arbeitsplatz und damit Einkommenssicherheit.

Beispiel Renates Onkel wird arbeitslos. Sein verfügbares Einkommen verringert sich dadurch um etwa 30 % (vgl. S. 416).

◆ Das **außenwirtschaftliche Gleichgewicht** sichert Arbeitsplätze im Export und garantiert die Bezahlung der Importgüter.

Beispiel Die Bürodesign GmbH exportiert zunehmend Büromöbel in das europäische Ausland. Es werden zwei Mitarbeiter für das Auslandsgeschäft eingestellt.

◆ Ein **stetiges und angemessenes Wirtschaftswachstum** garantiert steigenden Wohlstand für alle.

Beispiel Die durchschnittlichen Nettogehälter in Deutschland sind in den letzten zehn Jahren von knapp 1 300,00 EUR auf etwa 1 700,00 EUR gestiegen.

Neben den Zielen des Stabilitätsgesetzes gewinnen zunehmend andere Ziele an Bedeutung. So die **gerechte Einkommensverteilung** und eine **lebenswerte Umwelt**. Das magische Viereck wird so zu einem magischen Fünf- oder Sechseck.

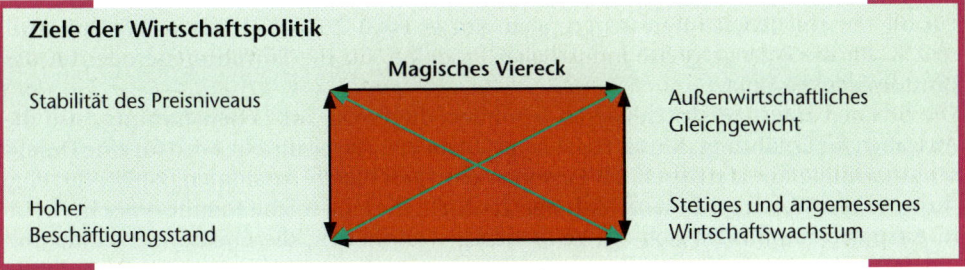

Ziele der Wirtschaftspolitik

Magisches Viereck

Stabilität des Preisniveaus

Außenwirtschaftliches
Gleichgewicht

Hoher
Beschäftigungsstand

Stetiges und angemessenes
Wirtschaftswachstum

1. Bilden Sie in der Klasse vier Gruppen. Jede Gruppe sammelt Argumente, die für die Erreichung eines der Ziele des StabG sprechen.
   a) Stellen Sie Ziel und Argumente vor der Klasse vor. Benutzen Sie dabei Medien wie die Tafel oder den Overhead-Projektor.
   b) Diskutieren Sie, welchem Ziel die größte Bedeutung zukommt.

2. Von dem ehemaligen Bundeskanzler Schmidt ist das Zitat überliefert, 5 % Inflation seien ihm lieber als 5 % Arbeitslosigkeit. Nehmen Sie zu dieser Behauptung begründet Stellung.

3. Erläutern Sie, warum die gleichzeitige Erreichung der Ziele des Stabilitätsgesetzes auch als „magisches Viereck" bezeichnet wird.

12.2.1 Stabilität des Preisniveaus

„Alles wird teurer", stöhnt Renates Vater beim Abendessen. „Erst das Benzin, dann die Zigaretten, und jetzt haben sie uns auch noch die Miete um 10 % erhöht." Renate widerspricht. So schlimm könne es doch gar nicht sein. Im Wirtschaftsteil der Tageszeitung war von einer Steigerung der Verbraucherpreise um lediglich 3,5 % gegenüber dem Vorjahr die Rede. Renates Vater ist anderer Meinung, bei Benzin, Zigaretten und der Miete beträgt die Steigerung mindestens 10 %.

Arbeitsaufträge
◆ Überlegen Sie, wie der Widerspruch zwischen den hohen Preissteigerungen bei der Miete und der geringeren Steigerung der Verbraucherpreise zustande kommen kann.
◆ Erläutern sie die Arten und Ursachen der Inflation.

● Preisniveau, Preisindex und Kaufkraft

Unter Preisniveau versteht man die **durchschnittliche Höhe der Preise für Güter und Dienstleistungen** einer Volkswirtschaft.

In einer wachsenden **(evolutorischen) Wirtschaft** (vgl. S. 60 ff) haben die Preise immer eine leichte Tendenz zur Steigerung. Aus diesem Grund gilt die im Stabilitätsgesetz geforderte Stabilität des Preisniveaus als erreicht, **wenn das Preisniveau im Jahr um nicht mehr als 2 % steigt**.

Da es unmöglich ist, die Preisveränderungen aller Güter einer Volkswirtschaft zu erfassen, stellt das Statistische Bundesamt bestimmte, repräsentative Güter zu einem **Warenkorb** zusammen und veröffentlicht dessen Preisentwicklung.

Für die verschiedenen Interessengruppen gibt es **etwa 25 verschiedene Warenkörbe**, so z.B. für die Erzeugerpreise industrieller Produkte, für die Einfuhrpreise oder für das Bruttoinlandsprodukt.

Die privaten Haushalte interessieren besonders die **Preise für Lebenshaltung**, also die Ausgaben für Ernährung, Miete, Heizung usw. Um diese zu ermitteln, wird für eine Durchschnittsfamilie mit statistisch 2,3 Personen ein **Warenkorb** zusammengestellt, der eine Auswahl von Waren und Dienstleistungen enthält, die eine solche Familie typischerweise in Anspruch nimmt. Da sich die Verbrauchsgewohnheiten, die Einkommenshöhe und die Haushaltsgröße laufend ändern, wird der Warenkorb von Zeit zu Zeit den veränderten Bedingungen **angepasst**.

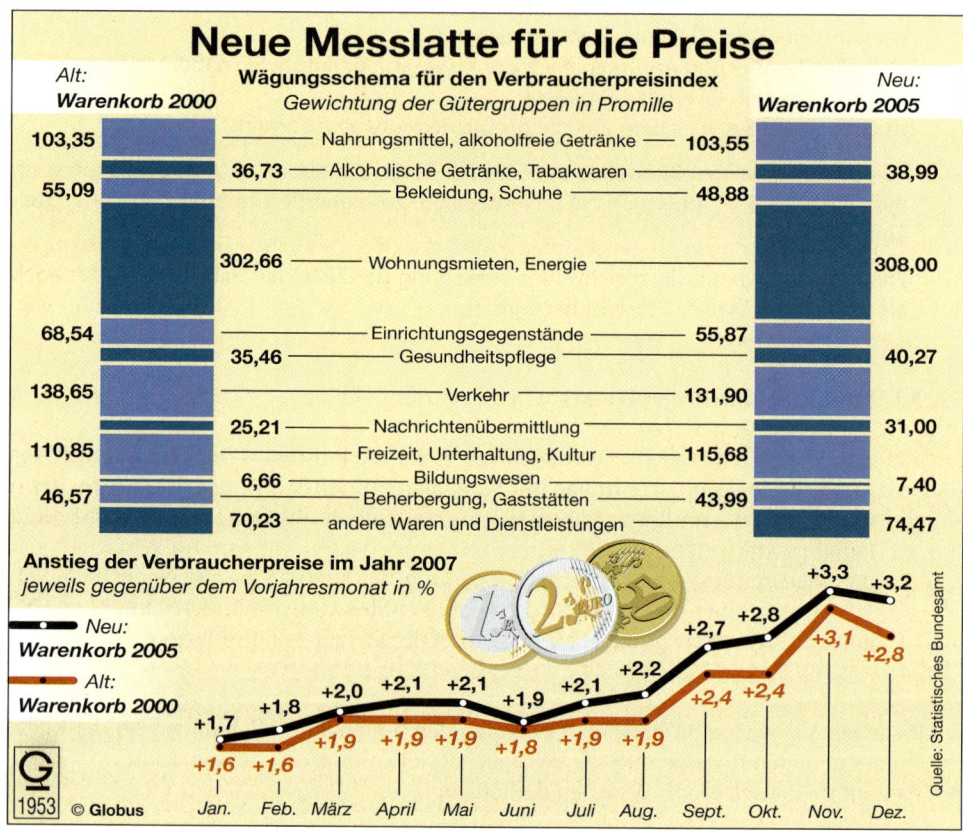

750 Waren und Dienstleistungen enthält der neue Warenkorb, mit dessen Hilfe das Statistische Bundesamt den Anstieg der Verbraucherpreise in Deutschland berechnet. Der Inhalt dieses Korbes (das sogenannte Wägungsschema) muss von Zeit zu Zeit geändert werden, weil sich die Verbrauchsgewohnheiten der Menschen ändern, weil neue Produkte auf den Markt kommen und alte vom Markt verschwinden. So kommt es, dass einige Güter neu aufgenommen wurden, andere ganz gestrichen oder durch modernere ersetzt wurden. Im neuen Warenkorb finden sich jetzt Flatrate-Tarife fürs Internet sowie DVD-Player, MP3-Player und Espresso-Maschinen. Bei Kameras erheben die Statistiker nur noch die Preise von Digitalkameras, daneben betrachten sie auch Bio-Produkte. Außerdem wurden die Gewichte im Korb neu verteilt.

(Quelle: Globus)

Das Jahr der Zusammenstellung des Warenkorbes wird als Basisjahr bezeichnet. Für den zurzeit verwendeten Warenkorb ist das Basisjahr 2005. Man kann jetzt zu jedem Zeitpunkt den Preis für den Warenkorb neu ermitteln und diesen mit dem Basisjahr vergleichen.

Zur Berechnung der Preissteigerungsrate wird der Preis des Warenkorbes im **Basisjahr** gleich 100 gesetzt und mit dem **Berichtsjahr** verglichen. Die ermittelte Zahl ist der **Preisindex**, der die Veränderung des Geldwertes, bezogen auf die zugrunde gelegten Güter, angibt.

Beispiel Veränderungen der Preise für die Lebenshaltung eines mittleren Arbeitnehmerhaushalts:

Basisjahr   2005   100,0 %
Preisindex   2006   102,1 %
Preisindex   2009   105,8 %

Gegenüber dem Basisjahr sind die Preise um 5,8 % gestiegen. Die Preissteigerung von 2006 auf 2009 beträgt:

102,1 %	entsprechen	100 %	$x = \underline{103,6 \%}$	Die Preise sind gegenüber 2006
105,8 %	entsprechen	x %		um 3,6 % gestiegen.

Die ermittelte Preissteigerungsrate wird auch als **Inflationsrate** bezeichnet. Je niedriger die Preissteigerungsrate ist, desto mehr Güter kann man für einen bestimmten Geldbetrag erwerben, desto höher ist die **Kaufkraft** des Geldes und desto höher ist das **Realeinkommen** der Haushalte. Die Kaufkraft stellt also den Wert des Geldes in einer Volkswirtschaft dar.

● Arten und Ursachen der Inflation

Steigen die Preise in einer Volkswirtschaft über einen längeren Zeitraum an, bezeichnet man diese Erscheinung als **Inflation**.

Je nach dem Tempo der Geldentwertung wird in **schleichende oder galoppierende Inflation** unterschieden. Tritt die Inflation für jedermann sichtbar zutage, bezeichnet man sie als **offene Inflation**, wird der Preisanstieg durch einen staatlichen Preisstopp begrenzt, spricht man von **verdeckter Inflation**.

Ähnlich wie bei der Abbildung der Geld- und Güterströme in der Volkswirtschaft (vgl. S. 60) versucht man auch bei der Inflation die Grundzusammenhänge anhand von Modellen zu erklären. Aus der Vielzahl der Erklärungsmodelle sollen hier die Theorie der **Nachfrageinflation** und die Theorie der **Angebotsinflation** dargestellt werden.

◆ **Theorie der Nachfrageinflation:** Die Nachfrage- oder **Nachfragesoginflation** sieht die Ursache für Preissteigerungen in einer Steigerung der Nachfrage, die im Fall der Vollbeschäftigung kurzfristig nicht befriedigt werden kann. Die vermehrte Nachfrage kann dabei von allen Sektoren des **Wirtschaftskreislaufs** (vgl. S. 60 ff) ausgehen, also vom Staat, von den Unternehmen oder von den Haushalten. Geht die Nachfragesteigerung vom Ausland aus, spricht man von **importierter Inflation**.

  Beispiel Die Konsumgüternachfrage steigt, da die privaten Haushalte aufgrund optimistischer Zukunftserwartungen ihre Ersparnisse auflösen oder Konsumkredite in Anspruch nehmen. Als Folge der gestiegenen Nachfrage kommt es zu Preissteigerungen.

◆ **Theorie der Angebotsinflation:** Hier liegt die Ursache für Preissteigerungen aufseiten der Anbieter. Sie erhöhen die Preise, weil entweder die Kosten gestiegen sind **(kosteninduzierte Inflation oder Kostendruckinflation)** oder weil sie höhere Gewinne erzielen wollen (gewinninduzierte Inflation).

◆ Zu einer **kosteninduzierten Inflation** kommt es, wenn z. B. Lohnerhöhungen über den Produktivitätszuwachs hinausgehen. Die Unternehmen wälzen die gestiegenen Kosten über Preiserhöhungen auf die Haushalte ab. Diese Preiserhöhungen würden unter sonst gleichen Bedingungen eigentlich zu einem Rückgang der Nachfrage führen. Da die Haushalte aber durch die gestiegenen Löhne über mehr Kaufkraft verfügen, können sie die gestiegenen Preise bezahlen, die Nachfrage steigt.

Führen steigende Löhne zu steigenden Preisen, spricht man von der **Lohn-Preis-Spirale**.

● Deflation

Deflation liegt vor, wenn das Preisniveau anhaltend **absinkt**. Die Folge sind ein Rückgang der Investitionen und der Beschäftigung. Durch den Ausfall der Konsumgüternachfrage kommt es zu einem weiteren Rückgang der Nachfrage und letztendlich zu **Massenarbeitslosigkeit**.

Beispiel Als Folge der Deflation in der Weltwirtschaftskrise der 30er-Jahre des letzten Jahrhunderts waren allein in Deutschland 6 Mio. Menschen arbeitslos.

Stabilität des Preisniveaus
- **Preisniveau, Preisindex und Kaufkraft**
  - Das **Preisniveau** ist die durchschnittliche Höhe der Preise für Güter und Dienstleistungen in einer Volkswirtschaft.
  - Mithilfe des **Preisindex** werden Güterpreise im Berichtsjahr mit einem Basisjahr verglichen.
  - Die **Kaufkraft** ist diejenige Gütermenge, die für eine Geldeinheit in einer Volkswirtschaft gekauft werden kann.
- **Arten der Inflation**
  - schleichende
  - galoppierende
  - offene
  - verdeckte
- **Ursachen der Inflation**
  - **Nachfrageinflation:** Steigende Nachfrage bei ausgelasteten Kapazitäten führt zu steigenden Preisen.
  - **Angebotsinflation:** Kostenbedingte Preiserhöhungen führen bei anhaltender Nachfrage zu steigenden Preisen.
- **Deflation:** Das Preisniveau sinkt anhaltend.

---

1. Arbeitnehmervertreter behaupten, dass man nicht von einer Lohn-Preis-Spirale, sondern von einer Preis-Lohn-Spirale sprechen müsse. Erläutern Sie diese Aussage.

2. Das Statistische Bundesamt ermittelt den Preisindex für Lebenshaltung anhand des Warenkorbes.
   a) Erläutern Sie, welche Probleme Ihrer Meinung nach mit der Zusammensetzung des Warenkorbes verbunden sind.
   b) Stellen Sie anhand der Abbildung „Neue Messlatte für die Preise" auf S. 412 fest, wo es Abweichungen und wo es Übereinstimmungen zwischen dem repräsentativen Haushalt und dem Haushalt Ihrer Familie gibt.

3. Das Statistische Bundesamt gibt bekannt: „Die Inflationsrate im Monat Mai beträgt 4,5 %." Erläutern Sie, wie diese Zahl berechnet wurde.

4. Erläutern Sie, in welchem Verhältnis Kaufkraft und Preisniveau zueinander stehen.

5. Im Wirtschaftsteil der Tageszeitung werden regelmäßig die Preisindizes des Statistischen Bundesamtes veröffentlicht. Beschaffen Sie sich solch eine Veröffentlichung und stellen Sie die Zahlen in der Klasse vor! Setzen Sie bei der Darstellung geeignete Medien ein.

12.2.2 Hoher Beschäftigungsstand

In den Räumen der Geschäftsleitung der Bürodesign GmbH findet eine Sitzung mit dem Betriebsratsvorsitzenden, Herrn Messerschmidt, und der Geschäftsführerin, Frau Friedrich, statt. Aufgrund des Gutachtens einer Unternehmensberatungsgesellschaft soll die Produktivität in Teilbereichen der Produktion gesteigert und Personal entlassen werden.

Friedrich: „Wenn wir die Produktivität in der Produktion nicht steigern, sind wir nicht mehr wettbewerbsfähig! Unser Mitbewerber in den Niederlanden bietet heute schon zu Preisen an, die deutlich unter unseren liegen!"

Messerschmidt: „Und was heißt das konkret?"

Friedrich: „Wir werden in der Montage vier Arbeitnehmer entlassen und dafür eine CNC-gesteuerte Fertigungsstraße anschaffen. Die dadurch verursachte Produktivitätssteigerung schlägt sich in einer Reduzierung der Kosten um 15 % nieder, was zu entsprechenden Preissenkungen führt!"

Messerschmidt: „Kosten, Kosten, ich höre immer Kosten! Denken Sie auch an die gut 12 % Arbeitslosen in der Region? Keiner der von Ihnen Entlassenen hat die Chance auf einen neuen Arbeitsplatz!"

Friedrich: „Sie verallgemeinern, Herr Messerschmidt. Die 12,7 % Arbeitslosen muss man differenziert betrachten. Ein Drittel davon sind saisonale Arbeitslose und bei einem weiteren Drittel ist die Konjunktur die Ursache für die Arbeitslosigkeit. Und die Konjunktur zieht wieder an!"

Messerschmidt: „Das sind doch Taschenspielertricks! Wenn ich meinen Job verliere, ist es mir egal, in welchem Teil der Statistik ich lande!"

Friedrich: „Sie verallgemeinern schon wieder …"

Arbeitsaufträge

◆ Sammeln Sie Argumente für die unterschiedlichen Standpunkte von Frau Friedrich und Herrn Messerschmidt und setzen Sie die Diskussion fort.

◆ Erläutern Sie die Ursachen der Arbeitslosigkeit anhand von Beispielen aus Ihrer Region.

Der Beschäftigungsstand einer Volkswirtschaft wird mithilfe der **Arbeitslosenquote** ermittelt. Sie gibt an, wie viel Prozent der Erwerbspersonen arbeitslos sind.

$$\text{Arbeitslosenquote} = \frac{\text{Zahl der Arbeitslosen}}{\text{Zahl der Erwerbspersonen}} \cdot 100$$

● Vollbeschäftigung

Absolute **Vollbeschäftigung** liegt vor, wenn bei gegebenen Löhnen das Angebot an Arbeit durch die privaten Haushalte (Arbeitnehmer) gleich der Nachfrage an Arbeit durch die Unternehmen und den Staat (Arbeitgeber) ist. Die Arbeitslosenquote beträgt in diesem Fall 0 %. Dieser Wert wird in der Realität nie erreicht, da auch bei einer Volkswirtschaft mit hohem Beschäftigungsstand immer Arbeitnehmer gerade den Arbeitsplatz wechseln und aus diesem Grund kurzfristig arbeitslos sind (friktionelle Arbeitslosigkeit, vgl. S. 418) oder aus saisonalen Gründen keine Beschäftigung haben (saisonale Arbeitslosigkeit, vgl. S. 418). Aus diesem Grund ist im Stabilitätsgesetz auch nicht von **absoluter Vollbeschäftigung**, sondern von einem **hohen Beschäftigungsstand** die Rede.

Wann das Ziel „hoher Beschäftigungsstand" in der Bundesrepublik Deutschland erreicht ist, wird je nach der gesamtwirtschaftlichen Lage definiert. Im Jahreswirtschaftsbericht der Bundesregierung von 1967 wurde als Zielvorgabe eine Arbeitslosenquote von unter 0,8 % festgelegt. International spricht man von **Vollbeschäftigung**, wenn die Arbeitslosenquote nicht größer als 2 % ist.

● Über- und Unterbeschäftigung

Ist die Nachfrage nach Arbeit kleiner als das Angebot, herrscht **Unterbeschäftigung** (Arbeitslosigkeit). Ist die Nachfrage größer als das Angebot, liegt **Überbeschäftigung** vor.

◆ **Folgen der Unterbeschäftigung** sind gesamtwirtschaftlich gesehen der Nachfrageausfall durch den Rückgang der Einkommen der privaten Haushalte und die Kürzung der Staatsausgaben in der Folge verringerter Steuereinnahmen. In den Familien der Arbeitslosen kommt es verstärkt zu finanziellen und sozialen Problemen. Mit steigender Dauer der Arbeitslosigkeit verschlechtert sich auch der psychische (seelische) und physische (körperliche) Zustand der Betroffenen.

Die einschneidende **Einschränkung in der materiellen Existenz**, gerade für Langzeitarbeitslose, wird anhand folgender Abbildung deutlich:

Einkommensverlust durch Langzeitarbeitslosigkeit

◆ Die **Folgen der Überbeschäftigung** sind starker Konkurrenzkampf bei der Suche nach qualifizierten Arbeitnehmern und steigende Löhne, die zu steigenden Preisen führen.

● Ursachen der Arbeitslosigkeit

Die Situation am Arbeitsmarkt in der Bundesrepublik Deutschland wird zunehmend als bedrohlich empfunden, da die Zahl der Langzeitarbeitslosen ständig zunimmt. Das Ziel „hoher Beschäftigungsstand" ist aus diesem Grund zu einem vordringlichen Ziel der Wirtschaftspolitik geworden. Um gezielte wirtschaftspolitische Maßnahmen ergreifen zu können, ist es wichtig, die **Ursachen der Arbeitslosigkeit** zu kennen.

◆ **Strukturelle Arbeitslosigkeit** hat ihre Ursachen in Veränderungen des Aufbaus der Volkswirtschaft oder in der Zusammensetzung der Erwerbsbevölkerung. Dies führt zu folgenden Arten der Arbeitslosigkeit:

◆ **regionale** Arbeitslosigkeit in wirtschaftlich schwach entwickelten Gebieten,

Beispiel   Im Bezirk der Industrie- und Handelskammer für Ostfriesland und Papenburg ist die Arbeitslosenquote deutlich höher als die durchschnittliche Arbeitslosenquote der Bundesrepublik.

◆ **altersbedingte** Arbeitslosigkeit, die ihre Ursache in der Veränderung der Leistungsfähigkeit älterer Menschen hat,

Beispiel Trotz größerer Erfahrung werden bei schwacher Auftragslage zuerst oft ältere Arbeitnehmer entlassen.

◆ **branchenbedingte** Arbeitslosigkeit, die entsteht, wenn sich ganze Wirtschaftszweige umstrukturieren,

Beispiel Wegen fehlender Aufträge werden die Werften an der Küste geschlossen. Die Arbeitnehmer werden entlassen.

◆ **ausbildungsbedingte** Arbeitslosigkeit, die ungelernte Arbeitskräfte trifft,

Beispiel Bei anstehenden Entlassungen werden zunächst die ungelernten Kräfte freigesetzt.

◆ **technologische** Arbeitslosigkeit, die durch die Substitution des Produktionsfaktors Arbeit gegen Kapital entsteht (vgl. S. 58) und ihre Ursache in dem Bemühen der Unternehmer um Rationalisierung und Automation hat.

Beispiel Die Bürodesign GmbH schafft eine CNC-gesteuerte Fertigungsstraße für die Büromöbelproduktion an. Vier Arbeitnehmer werden entlassen.

Die **Veränderung der Beschäftigung** in den einzelnen Branchen zeigt folgende Statistik:

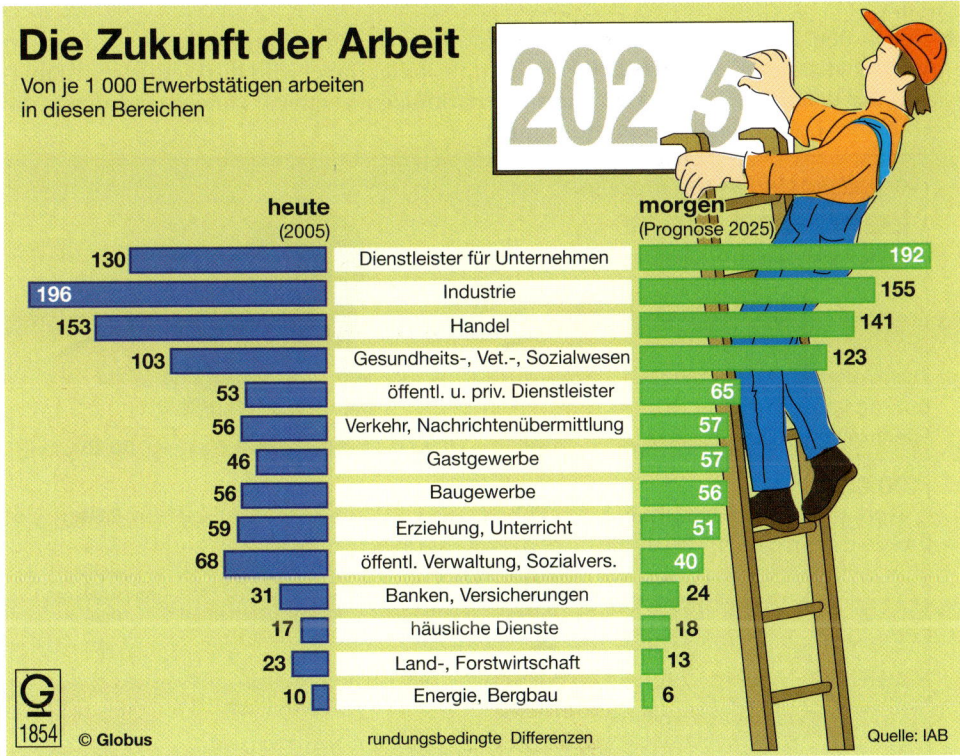

Die Zukunft der Arbeit
Von je 1 000 Erwerbstätigen arbeiten in diesen Bereichen

2025

	heute (2005)	morgen (Prognose 2025)
Dienstleister für Unternehmen	130	192
Industrie	196	155
Handel	153	141
Gesundheits-, Vet.-, Sozialwesen	103	123
öffentl. u. priv. Dienstleister	53	65
Verkehr, Nachrichtenübermittlung	56	57
Gastgewerbe	46	57
Baugewerbe	56	56
Erziehung, Unterricht	59	51
öffentl. Verwaltung, Sozialvers.	68	40
Banken, Versicherungen	31	24
häusliche Dienste	17	18
Land-, Forstwirtschaft	23	13
Energie, Bergbau	10	6

G 1854 © Globus   rundungsbedingte Differenzen   Quelle: IAB

◆ **Konjunkturelle Arbeitslosigkeit** hat ihre Ursache im Rückgang der gesamtwirtschaftlichen Nachfrage in der Phase des Abschwungs (vgl. S. 428 ff).

Beispiel Der Rückgang des Wirtschaftswachstums und Rationalisierungsmaßnahmen Anfang der 90er-Jahre des letzten Jahrhunderts führten zu hoher Arbeitslosigkeit.

◆ **Saisonale Arbeitslosigkeit** ist jahreszeitlich- oder witterungsbedingt.

Beispiele Trotz vieler Verbesserungen bei der Verarbeitungsfähigkeit von Baustoffen bei Frost steigt die Arbeitslosigkeit im Baugewerbe in den Wintermonaten erheblich. In den Wintermonaten steigt ebenfalls die Arbeitslosigkeit bei den Saisonkräften in der Gastronomie und in der Landwirtschaft.

◆ **Friktionelle** (reibungsbedingte) **Arbeitslosigkeit** entsteht, wenn bei einem Arbeitsplatzwechsel zwischen der Aufgabe des bisherigen und der Aufnahme des neuen Arbeitsplatzes ein relativ kurzer Zeitraum verstreicht und der Arbeitnehmer für diesen Zeitraum arbeitslos ist.

Beispiel Eine Bürokauffrau kündigt fristgerecht zum 31. März. Die neue Stelle kann sie jedoch erst zum 1. Mai antreten.

◆ Neben der **offenen Arbeitslosigkeit**, die sich in der amtlichen Arbeitsmarktstatistik niederschlägt, kommt es zunehmend zu **verdeckter Arbeitslosigkeit**, d. h. Arbeitslosen, die in keiner Statistik erfasst werden.

Beispiele Jugendliche, die keinen Ausbildungsplatz finden, besuchen weiter die Schule. Arbeitswillige Frauen gehen zurück in die Familie und melden sich nicht arbeitslos. Ältere Arbeitnehmer scheiden vorzeitig aus dem Erwerbsleben aus.

◆ Neben den genannten Ursachen spielt der **Preis des Produktionsfaktors Arbeit** am Wirtschaftstandort Deutschland eine zentrale Rolle. Dabei wird die Wettbewerbsfähigkeit der deutschen Arbeitskräfte im internationalen Vergleich zunehmend durch die Höhe der **Lohn-Nebenkosten** beeinflusst.

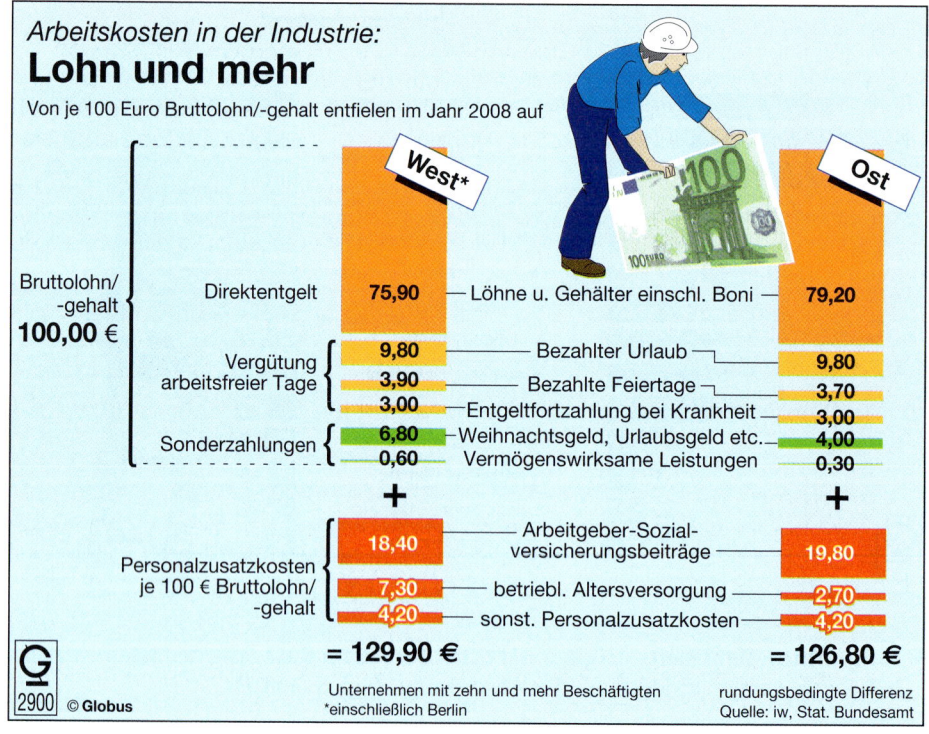

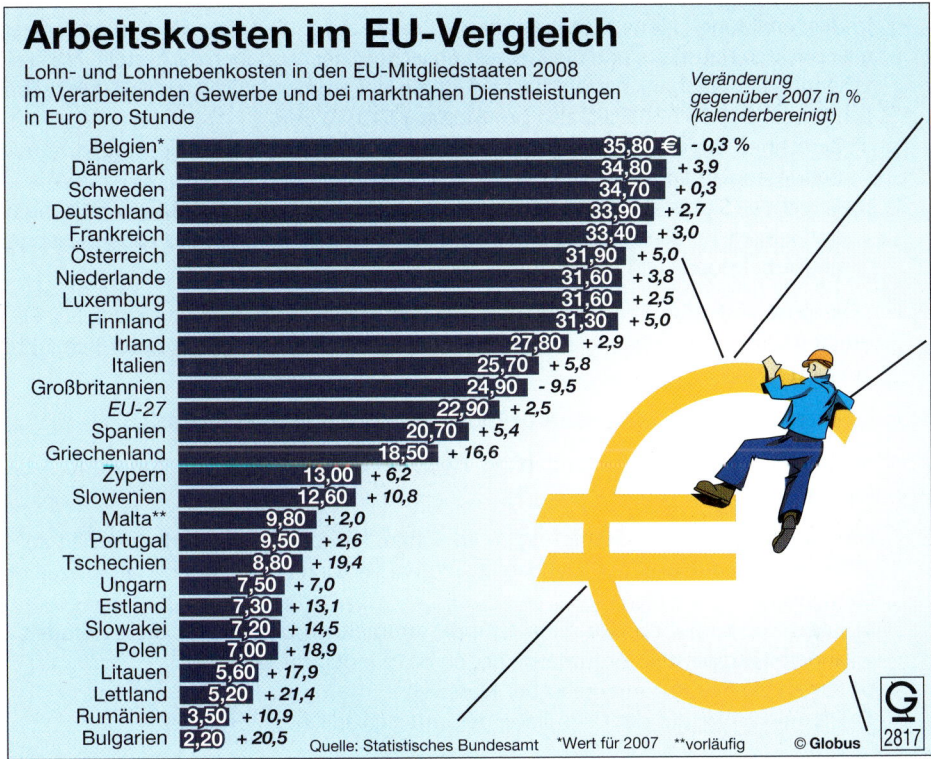

Arbeitskosten im EU-Vergleich

Lohn- und Lohnnebenkosten in den EU-Mitgliedstaaten 2008
im Verarbeitenden Gewerbe und bei marktnahen Dienstleistungen
in Euro pro Stunde

Veränderung
gegenüber 2007 in %
(kalenderbereinigt)

Land	Euro pro Stunde	Veränderung
Belgien*	35,80 €	− 0,3 %
Dänemark	34,80	+ 3,9
Schweden	34,70	+ 0,3
Deutschland	33,90	+ 2,7
Frankreich	33,40	+ 3,0
Österreich	31,90	+ 5,0
Niederlande	31,60	+ 3,8
Luxemburg	31,60	+ 2,5
Finnland	31,30	+ 5,0
Irland	27,80	+ 2,9
Italien	25,70	+ 5,8
Großbritannien	24,90	− 9,5
EU-27	22,90	+ 2,5
Spanien	20,70	+ 5,4
Griechenland	18,50	+ 16,6
Zypern	13,00	+ 6,2
Slowenien	12,60	+ 10,8
Malta**	9,80	+ 2,0
Portugal	9,50	+ 2,6
Tschechien	8,80	+ 19,4
Ungarn	7,50	+ 7,0
Estland	7,30	+ 13,1
Slowakei	7,20	+ 14,5
Polen	7,00	+ 18,9
Litauen	5,60	+ 17,9
Lettland	5,20	+ 21,4
Rumänien	3,50	+ 10,9
Bulgarien	2,20	+ 20,5

Quelle: Statistisches Bundesamt   *Wert für 2007   **vorläufig   © Globus   2817

● Arbeitsmarktpolitische Maßnahmen

Sie erfordern das Zusammenwirken aller **Träger der Wirtschaftspolitik** (vgl. S. 407 ff).
Neben Maßnahmen im Rahmen der **Konjunktur- und Geldpolitik** (vgl. S. 431 ff, 434 ff)
kommt einer gründlichen Berufsausbildung und einer lebenslangen Weiterbildung eine
zentrale Bedeutung zu. Darüber hinaus spielen die Maßnahmen der Bundesagentur für
Arbeit, z. B. im Rahmen der Umschulung oder durch Arbeitsbeschaffungsmaßnahmen
(ABM), eine große Rolle.

Beispiel Die Bürodesign GmbH stellt einen schwer vermittelbaren Langzeitarbeitslosen ein. Die
Arbeitsverwaltung zahlt für ein Jahr einen Zuschuss zu seinem Gehalt in Form einer Eingliederungs-
beihilfe.

Hoher Beschäftigungsstand

- **Arbeitslosenquote** $= \dfrac{\text{Zahl der Arbeitslosen}}{\text{Zahl der Erwerbspersonen}} \cdot 100$

- **Vollbeschäftigung** liegt vor, wenn bei gegebenen Löhnen das Angebot an Arbeit
gleich der Nachfrage an Arbeit ist.

- **Unterbeschäftigung** liegt vor, wenn die Nachfrage nach Arbeit kleiner als das
Angebot ist.

- **Überbeschäftigung** liegt vor, wenn die Nachfrage nach Arbeit größer als das
Angebot ist.

- **Arten der Arbeitslosigkeit:**
  - strukturelle
  - konjunkturelle
  - saisonale
  - friktionelle
  - offene
  - verdeckte

- **Offene Arbeitslosigkeit** ist im Gegensatz zur **verdeckten Arbeitslosigkeit** in den
amtlichen Statistiken ausgewiesen.

1. In der Abbildung „Neue Messlatte für die Preise" auf S. 412 sind der Monatsverbrauch aller privaten Haushalte und die Zusammensetzung der Ausgaben dargestellt. Nach einer Erhebung der Weltbank beträgt das verfügbare Einkommen in Deutschland durchschnittlich pro Jahr 18 162,00 EUR, also pro Monat 1 513,50 EUR.
   a) Berechnen Sie von diesem Nettoeinkommen ausgehend Arbeitslosengeld I und Arbeitslosengeld II (vgl. S. 305).
   b) Berechnen Sie die absoluten Beträge der Ausgaben für Ernährung, Miete, Heizung usw. und kürzen Sie diese Ausgaben entsprechend den Einnahmen aus Arbeitslosengeld I und Arbeitslosengeld II.

2. „Eine gute Ausbildung und die Vermittlung von Schlüsselqualifikationen (vgl. S. 19) sind die beste Vorsorge gegen spätere Arbeitslosigkeit." Nehmen Sie zu dieser Behauptung Stellung.

3. Erläutern Sie die Ursachen der Arbeitslosigkeit anhand je eines Beispiels.

4. Beschreiben Sie den Zusammenhang zwischen Produktivitätssteigerung und Arbeitslosigkeit.

5. Um das Ziel der Vollbeschäftigung zu erreichen, könnte die vorhandene Arbeit auf alle arbeitswilligen Arbeitnehmer aufgeteilt werden. Verkürzung der Wochenarbeitszeit ohne Lohnausgleich wäre die Folge.
   a) Bilden Sie zwei Gruppen. Eine Gruppe sammelt Argumente für dieses Modell, die andere Gruppe stellt Argumente gegen das Modell zusammen.
   b) Stellen Sie Ihre Argumente in der Klasse vor.
   c) Diskutieren Sie auf der Grundlage der unterschiedlichen Positionen.

12.2.3 Außenwirtschaftliches Gleichgewicht

Frau Friedrich ist sauer! Ein Lkw mit einem Exportauftrag wird an der Grenze zur Schweiz festgehalten, weil die Stahlrollen des Sessels „ergo-design-natur" angeblich nicht den Sicherheitsbestimmungen der Schweiz entsprechen. „Wir exportieren in vier Länder der Europäischen Union, und nirgends gibt es Probleme", schimpft sie, „das ist der reine Protektionismus!" Da Renate den Begriff nicht kennt, schlägt sie im Duden nach. Aber klar ist ihr der Sachverhalt danach immer noch nicht. Was haben Handelsbeschränkungen mit den Stuhlrollen des „ergo-design-natur" zu tun?

Arbeitsaufträge
◆ Klären Sie den Begriff des Protektionismus.
◆ Erläutern Sie die Aussage von Frau Friedrich.

● Zahlungsbilanz

Die Gesamtheit aller wirtschaftlichen Beziehungen eines Staates zu anderen Staaten bezeichnet man als **Außenwirtschaft**.

Beispiele Im- und Export von Waren und Dienstleistungen, Entwicklungshilfe, Überweisungen ausländischer Arbeitnehmer in ihre Heimatländer, Auslandsinvestitionen deutscher Unternehmen

Die Gegenüberstellung aller Forderungen und Verbindlichkeiten aus diesen Beziehungen innerhalb eines Jahres erfolgt in der **Zahlungsbilanz**. Sie umfasst alle grenzüberschreitenden Geld- und Kapitalströme.

Der Saldo zwischen Ein- und Ausfuhren wird als **Außenbeitrag** bezeichnet. Ist er aktiv, hat die einheimische Wirtschaft mehr Leistungen an das Ausland abgegeben als sie erhalten hat. Ist er passiv, hat die einheimische Wirtschaft mehr Leistungen erhalten als erbracht.

Zahlungsbilanz der Bundesrepublik Deutschland

Export (Warenlieferungen und Dienstleistungen)	Import (Warenlieferungen und Dienstleistungen)
	Außenbeitrag (Ausfuhren – Einfuhren)

Da die reine Gegenüberstellung von Im- und Exporten nicht aussagekräftig genug ist, wird die Zahlungsbilanz in verschiedene **Teilbilanzen** gegliedert.

◆ Die **Leistungsbilanz** besteht aus

  ◆ der **Handelsbilanz**, d.h. der Gegenüberstellung des Exports und Imports von Waren

  ◆ der **Dienstleistungsbilanz**, d.h. der Gegenüberstellung der gewährten und erhaltenen Dienstleistungen

  ◆ der **Übertragungsbilanz**, d.h. der nicht aus Handelsgeschäften entstehenden Zahlungen.

    Beispiele Zahlungen der Gastarbeiter an ihre Familien im Heimatland, Überweisungen an internationale Organisationen, Entwicklungshilfe

◆ Die **Kapitalverkehrsbilanz** besteht aus

  ◆ der **Bilanz des kurzfristigen Kapitalverkehrs**, d.h. dem Ein- und Ausgang von Sorten und Devisen,

  ◆ der **Bilanz des langfristigen Kapitalverkehrs**, d.h. der langfristigen Kapitalbewegungen wie Forderungen oder Verbindlichkeiten an das Ausland, Aufnahme oder Vergabe von Krediten, Zielgeschäfte im Im- und Export.

Die Zahlungsbilanz der Bundesrepublik Deutschland ist formal immer ausgeglichen, da es für jede Buchung eine Gegenbuchung gibt. Trotzdem wird in der Praxis von aktiver oder passiver Zahlungsbilanz gesprochen. Eine Zahlungsbilanz wird als **aktiv** bezeichnet, wenn ihr Ausgleich durch eine **Zunahme der Devisenbestände** erfolgt, und sie wird **passiv**, wenn die **Devisenbestände abnehmen**.

● Ursachen für Zahlungsbilanzungleichgewichte

Die Ursachen liegen meist im Bereich der Leistungsbilanz.

Beispiele
– Es wird mehr importiert als exportiert → passive Handelsbilanz.
– Deutsche geben im Urlaub mehr Geld im Ausland aus als Ausländer in der Bundesrepublik Deutschland → passive Dienstleistungsbilanz.
– Ausländische Arbeitnehmer überweisen mehr Geld in ihre Heimatländer als Deutsche im Ausland in die Bundesrepublik → passive Übertragungsbilanz.

Importe aus Nicht-Euroländern müssen mit Devisen bezahlt werden, die aus Exporten stammen. Ein langfristiger **Importüberschuss** führt durch die abnehmende Beschäftigung im Inland zu Arbeitslosigkeit und durch den Devisenmangel langfristig zu internationaler Zahlungsunfähigkeit. Bei einem langfristigen **Exportüberschuss** steigen die Devisenvorräte einer Volkswirtschaft an. Die Devisen werden von der Bundesbank in Euro gewechselt und erhöhen den inländischen Geldumlauf mit der Folge eines Ansteigens des Preisniveaus (**importierte Inflation**).

Da Zahlungsbilanzungleichgewichte das gesamtwirtschaftliche Gleichgewicht (vgl. S. 410) nachhaltig beeinflussen können, ist im Stabilitätsgesetz als Ziel das außenwirtschaftliche Gleichgewicht festgelegt. Es gilt als erreicht, wenn bei langfristiger Betrachtung die **Währungsreserven unverändert** bleiben und von der Außenwirtschaft **keine Gefahren für binnenwirtschaftliche Ziele** ausgehen.

● Liberalismus und Protektionismus

In einem zusammenwachsenden Europa, in dem die Bedeutung des einzelnen Staates abnimmt, und bei Zunahme der internationalen wirtschaftlichen Verflechtung kommt einem **freien Welthandel (Liberalismus)** immer größere Bedeutung zu. Dem steht häufig das Verhalten von Staaten gegenüber, die die Wirtschaft ihres Landes vor ausländischer Konkurrenz schützen wollen (**Protektionismus**). Sie erheben Zölle auf Auslandsware, um diese gegenüber inländischen Gütern zu verteuern, legen bestimmte Gütermengen fest, die höchstens eingeführt werden dürfen (**Importkontingentierung**), oder erlassen **Einfuhrverbote** für ausländische Waren. Auch durch administrative Maßnahmen, z. B. strenge Normen oder erforderliche Prüfverfahren, können diese Länder die Einfuhr erschweren.

Beispiel   Auf die Einfuhr von Bananen aus Nicht-EG-Ländern werden Zölle erhoben.

Durch internationale Abkommen versuchen die Staaten das Ziel des freien Welthandels zu sichern. Einer der wichtigsten Zusammenschlüsse ist die **Welthandelsorganisation WTO**, deren Ziel der Abbau der Handelsschranken zwischen den Ländern ist.

Außenwirtschaftliches Gleichgewicht
- **Außenwirtschaft:** Gesamtheit aller ökonomischen Beziehungen eines Staates zu anderen Staaten
- **Außenbeitrag:** Saldo zwischen Ein- und Ausfuhren
- **Zahlungsbilanz:** Erfassung aller grenzüberschreitenden Geld- und Kapitalströme
  - **Aktive Zahlungsbilanz:** Zunahme der Devisenbestände
  - **Passive Zahlungsbilanz:** Abnahme der Devisenbestände
- Das **außenwirtschaftliche Gleichgewicht** gilt als erreicht, wenn bei langfristiger Betrachtung die Währungsreserven unverändert bleiben und von der Außenwirtschaft keine Gefahren für binnenwirtschaftliche Ziele ausgehen.

---

1. Trotz aktiver Handelsbilanz kann eine Zahlungsbilanz passiv sein. Erläutern Sie diesen vermeintlichen Gegensatz.

2. Bilden Sie zwei Gruppen. Die eine Gruppe sammelt Argumente für einen freien Welthandel, die andere Gruppe Argumente für protektionistische Maßnahmen.
   a) Stellen Sie die Argumente in der Klasse vor.
   a) Diskutieren Sie die unterschiedlichen Argumente.

3. Erläutern Sie die Begriffe „Liberalismus" und „Protektionismus" anhand von Beispielen.

4. Erläutern Sie an je einem konkreten Beispiel die Folgen von Import- bzw. Exportüberschüssen.

12.2.4 Stetiges und angemessenes Wirtschaftswachstum

Nach einer BWL-Stunde zum Thema Bruttoinlandsprodukt diskutiert Renate Becker noch lange mit ihrer Freundin Helga.

„Wachstum, Wachstum, ich höre immer nur Wachstum", sagt Renate, „es geht uns doch gut! Die Menschen sollten zufrieden sein mit dem, was sie haben!"

Helga ist anderer Meinung. „Ich will, dass es mir besser geht als meinen Eltern, und dazu muss ich mehr verdienen als sie."

Arbeitsaufträge

◆ Erarbeiten Sie den nachfolgenden Sachinhalt und stellen Sie fest, wozu ein stetiges und angemessenes Wirtschaftswachstum notwendig ist.

◆ Das Wirtschaftswachstum als Wohlstandsindikator wird zunehmend kritisch gesehen. Erläutern und begründen Sie diese Kritik.

Man spricht von einer wachsenden Wirtschaft, wenn die Produktion von Waren und Dienstleistungen im Berichtsjahr größer ist als im Vorjahr. In der Bundesrepublik Deutschland wird Wirtschaftswachstum als **Wachstumsrate des realen Bruttoinlandsproduktes** pro Jahr (vgl. S. 63 ff) gemessen.

Stetig ist das Wachstum, wenn die Wachstumsraten möglichst geringe Unterschiede aufweisen und es nur zu minimalen Schwankungen im Wirtschaftsablauf (vgl. S. 428 ff) kommt.

Welche Wachstumsraten **angemessen** sind, muss von den Trägern der Wirtschaftspolitik entschieden werden. In der Bundesrepublik Deutschland wurde in den vergangenen Jahren eine Wachstumsrate des realen Bruttoinlandsproduktes von jährlich 3 % als angemessen angesehen, aber nicht immer erreicht.

● Notwendigkeit eines stetigen und angemessenen Wirtschaftswachstums

◆ **Wirtschaftswachstum sichert einen hohen Beschäftigungsstand:** Wächst eine Volkswirtschaft nicht, wird auf Nettoinvestitionen verzichtet. Die Folge ist ein Rückgang gesamtwirtschaftlicher Nachfrage, der letztlich zu einem Rückgang der Beschäftigung führt. Darüber hinaus können nur in einer wachsenden Wirtschaft die durch Rationalisierung oder neue technische Entwicklungen entfallenden Arbeitsplätze durch neue ersetzt werden.

Beispiele Durch die Krise der Werften hat sich die Zahl der in diesem Bereich beschäftigten Arbeitnehmer in den letzten zehn Jahren halbiert. Die Zahl der Beschäftigten im Bereich der Umwelttechnologie hat im gleichen Zeitraum deutlich zugenommen.

◆ **Wirtschaftswachstum sichert die sozialen Leistungen des Staates:** Nur in einer wachsenden Wirtschaft sind durch entsprechende Einnahmen die Leistungen des Staates finanzierbar.

Beispiel Wächst die Wirtschaft und werden hohe Einkommen gezahlt, werden hohe Steuereinnahmen erzielt und ermöglichen dem Staat die Wahrnehmung sozialer Aufgaben.

◆ **Wirtschaftswachstum sichert die Lebensqualität:** Ein hoher Beschäftigungsstand, ein angemessenes Einkommen und soziale Sicherheit verbessern den Lebensstandard. Durch die Verkürzung der Arbeitszeit und eine aktive Gestaltung der Freizeit wird der persönliche Freiraum erweitert.

Beispiele Die Wochenarbeitszeit im Holz- und Kunststoff verarbeitenden Gewerbe wurde in den letzten Jahren von 40 auf 37,5 Stunden gesenkt. Die privaten Haushalte geben einen immer größeren Teil ihres Einkommens für die Gestaltung der Freizeit aus.

◆ **Wirtschaftswachstum ermöglicht hohe Investitionen zum Schutz der Umwelt:** Die Entwicklung neuer Verfahren zur Energiegewinnung, die Entsorgung von Industrieabfällen, das Recycling und die Entwicklung umweltfreundlicher Produktionsmethoden erfordern einen hohen Investitionsbedarf, der nur bei einer wachsenden Wirtschaft finanziert werden kann.

Beispiel Die Bürodesign GmbH baut in der Lackiererei eine Filteranlage zum Preis von 70 000,00 EUR ein. Die Investition ist möglich, da im vergangenen Jahr eine Umsatzsteigerung von 6 % erreicht wurde.

◆ **Wirtschaftswachstum ermöglicht es, das Ziel einer gerechten Einkommensverteilung ohne soziale Spannungen zu erreichen:** Bei Lohnsteigerungen, die sich im Rahmen des Produktivitätszuwachses bewegen, muss lediglich der Zuwachs umverteilt werden. Das Verhältnis zwischen Arbeitnehmereinkommen und Gewinn bleibt erhalten. Tarifabschlüsse sind deshalb ohne größere Arbeitskampfmaßnahmen zu erreichen.

Beispiel Der durchschnittliche Produktivitätszuwachs im Bereich der Holz und Kunststoff verarbeitenden Industrie betrug im vergangenen Jahr 2,5 %. Im Tarifvertrag wird ein Abschluss in gleicher Höhe vereinbart.

● Kritik am Inlandsprodukt als Wohlstandsindikator

Bereits in den 70er-Jahren des letzten Jahrhunderts haben führende Wissenschaftler („Club of Rome") die Grenzen des Wachstums aufgezeigt. Es entstanden Konzepte, die ein **qualitatives Wachstum** in den Vordergrund stellten. Eine einseitig auf Wachstum ausgerichtete Wirtschaftspolitik hat nach Ansicht der Wissenschaftler den Blick auf die vielfältigen sozialen und ökologischen Probleme versperrt. Begrenzte Rohstoffvorkommen und wachsende Umweltbelastungen durch die sich ausdehnende Industrieproduktion gefährden oder zerstören das ökologische Gleichgewicht und machen deutlich, dass die Wachstumsjahre der Nachkriegszeit in Deutschland vorbei sind.

Um das qualitative Wachstum mit in die Berechnung einzubeziehen, benutzt man z. B. die Kennziffer des „**Net Economic Welfare**" (NEW), d. h. den wirtschaftlichen Nettowohlstand.

Ausgehend vom Bruttoinlandsprodukt werden hier **soziale Kosten** wie die des Umweltschutzes oder die Ausgaben für die äußere und innere Sicherheit **abgezogen** und **Leistungen, die keinen Marktpreis haben**, wie die Hausarbeit, Schwarzarbeit und andere immaterielle Werte, z. B. Freizeit, **addiert**.

Bruttoinlandsprodukt
− soziale Kosten
+ Leistungen, die keinen Marktpreis haben
= Net Economic Welfare

Das **Problem** dieser Rechnung ist die Messung und Erfassung einiger Größen. So ist der Wert der Freizeit schwer quantifizierbar und auch die Kosten des Umweltschutzes sind nur schwer zu erfassen.

● Wachstumspolitik

Zur Förderung eines quantitativen, aber auch eines qualitativen Wachstums muss der Staat im Rahmen der **Wachstumspolitik** geeignete Rahmenbedingungen schaffen.

◆ Im Rahmen der **Rechtspolitik** werden Gesetze und Verordnungen erlassen, die den freien Wettbewerb sichern, Innovationen fördern und Umweltschäden vermeiden.

   Beispiele Gesetz gegen Wettbewerbsbeschränkungen, Existenzgründungsdarlehen, Umwelthaftungsgesetz, Verpackungsverordnung, Fahrverbote bei Sommersmog.

◆ Im Rahmen der **Bildungspolitik** wird für einen hohen Ausbildungsstand der Beschäftigten gesorgt. Ausgaben für Bildung stellen dabei immaterielle Investitionen in die Zukunft einer Volkswirtschaft dar.

   Beispiel Die Bildungsausgaben der Bundesrepublik Deutschland betragen ca. 6,3 % des Bruttoinlandsproduktes.

◆ Im Rahmen der **Subventionspolitik** wird die internationale Wettbewerbsfähigkeit der Unternehmen gefördert und die Entwicklung umweltfreundlicher Technologien unterstützt.

   Beispiel Die Bundesrepublik übernimmt im Rahmen einer Kreditversicherung die Bürgschaft für ein Auslandsgeschäft.

◆ Im Rahmen der **Spar- und Vermögenspolitik** wird die Sparneigung der privaten Haushalte durch finanzielle Anreize erhöht, um das erforderliche Kapital für Investitionen zu schaffen.

   Beispiel Arbeitnehmer erhalten im Rahmen der Vermögensbildung eine Arbeitnehmersparzulage.

◆ Im Rahmen der **Forschungs- und Entwicklungspolitik** fördert der Staat Grundlagenforschung für zukunftsträchtige Technologien und schafft so die Voraussetzungen für den hohen technischen Stand der Deutschen Wirtschaft in den nächsten Jahrzehnten.

◆ Im Rahmen der **Strukturpolitik** fördert der Staat bestimmte Wirtschaftszweige oder Regionen.

   Beispiel Förderung der Stahlindustrie, um ihre Wettbewerbsfähigkeit zu erhalten.

Stetiges und angemessenes Wirtschaftswachstum

■ Ein stetiges und angemessenes Wachstum **sichert**
   – einen hohen Beschäftigungsstand – Investitionen zum Schutz der Umwelt
   – soziale Leistungen des Staates   – gerechte Einkommensverteilung ohne
   – Lebensqualität der Bürger   – soziale Spannungen
■ Eine einseitig auf Wachstum ausgerichtete Wirtschaftspolitik **gefährdet**
   – das ökologische Gleichgewicht
   – die Rohstoff- und Energievorkommen der Zukunft

- Das **qualitative Wachstum** wird z. B. mithilfe des „Net Economic Welfare" in die Berechnung einbezogen.
- Maßnahmen der **Wachstumspolitik** werden im Rahmen der Rechtspolitik, Bildungspolitik, Subventionspolitik, Spar- und Vermögenspolitik, Forschungs- und Entwicklungspolitik ergriffen.

1. Auf Seite 423 werden fünf Argumente für die Notwendigkeit eines stetigen und angemessenen Wirtschaftswachstums formuliert.
    a) Sammeln Sie für jedes der angeführten Argumente Gegenargumente.
    b) Diskutieren Sie vor dem Hintergrund von Argumenten und Gegenargumenten die Notwendigkeit des Wachstums.

2. Als Renate Becker beim Spülen in der Küche ein Glas herunterfällt und sie sich beim Einsammeln der Scherben in den Finger schneidet, bemerkt sie trocken: „Da haben wir ja wieder mal das Bruttoinlandsprodukt gesteigert." Diskutieren Sie anhand dieser Szene Sinn und Unsinn des quantitativen Wachstumsbegriffs.

3. Im Rahmen des NEW werden Leistungen, die keinen Marktpreis haben, zum Bruttoinlandsprodukt addiert.
    a) Machen Sie Vorschläge für Leistungen, die hier erfasst werden sollten.
    b) Stellen Sie dar, wie Sie die jeweilige Leistung messen wollen.

4. Erläutern Sie, welche Bedeutung der technische Fortschritt für Wachstum und Umweltschutz hat.

5. Stellen Sie Vor- und Nachteile eines ungebremsten quantitativen Wachstums für Sie persönlich in einer Liste gegenüber.

12.3 Zielkonflikte

Renate hat verstanden, dass im Stabilitätsgesetz das gesamtwirtschaftliche Gleichgewicht und damit die gleichgewichtige Verwirklichung aller Ziele gefordert wird. „Trotzdem bin ich immer noch der Meinung, dass alle wirtschaftspolitischen Maßnahmen zur Bekämpfung der Arbeitslosigkeit eingesetzt werden müssen", sagt Renate zu Frau Friedrich. „Ihr Engagement in allen Ehren", erwidert diese, „aber überlegen Sie einmal, ob dadurch nicht andere Ziele, z. B. das der Preisniveaustabilität, gefährdet werden." „Was hat denn die Vollbeschäftigung mit der Preisniveaustabilität zu tun?", fragt Renate verblüfft.

Arbeitsaufträge
◆ Stellen Sie fest, welcher Zusammenhang zwischen den Einzelzielen des Stabilitätsgesetzes besteht und wo Zielkonflikte zwischen den Einzelzielen auftauchen können.
◆ Stellen Sie Zielkonflikte im privaten Bereich anhand von Beispielen dar.

Das Stabilitätsgesetz fordert die gleichzeitige und gleichgewichtige Verwirklichung der vier grundlegenden Ziele staatlicher Wirtschaftspolitik. Dabei können sich die wirtschaftspolitischen Ziele **ergänzen**, sich **neutral zueinander verhalten** oder **miteinander konkurrieren**. Man spricht in diesem Fall von Zielharmonie, Zielneutralität oder Zielkonflikt.

◆ **Zielharmonie** liegt vor, wenn die Verwirklichung eines Ziels die Erreichung eines anderen Ziels begünstigt.

Beispiel   Wirtschaftspolitische Maßnahmen zum Abbau der Arbeitslosigkeit in der Rezession (vgl. S. 429) fördern zugleich auch das Wirtschaftswachstum, da durch eine höhere Auslastung der Produktionsfaktoren die Güterproduktion gesteigert wird.

◆ **Zielneutralität** liegt vor, wenn die Erfüllung von Einzelzielen des Stabilitätsgesetzes unabhängig voneinander möglich ist.

Beispiel   Die Ziele außenwirtschaftliches Gleichgewicht und Wirtschaftswachstum können i. d. R. unabhängig voneinander angestrebt werden.

◆ Im **Zielkonflikt** geht die Erreichung eines Ziels auf Kosten eines anderen Ziels, d. h., die Annäherung an ein Ziel ist mit der Entfernung von einem oder mehreren anderen Zielen verbunden. Es ist vor allem das Ziel der Preisniveaustabilität, das mit anderen Zielen des Stabilitätsgesetzes in Konflikt gerät.

Beispiele   Folgende Zielkonflikte sind denkbar:
- **Preisniveaustabilität ↔ hoher Beschäftigungsstand**
  Um einen hohen Beschäftigungsstand zu erreichen, werden z. B. Beschäftigungsprogramme durchgeführt, ABM-Stellen geschaffen oder Arbeitsplätze subventioniert. Die Folge sind steigende Einkommen, die nach dem Gesetz von Angebot und Nachfrage (vgl. S. 47 ff) zu steigenden Preisen führen und damit das Ziel der Preisniveaustabilität gefährden.
- **Hoher Beschäftigungsstand ↔ Außenwirtschaftliches Gleichgewicht**
  Ein hoher Beschäftigungsstand ist in der Bundesrepublik Deutschland nur mithilfe der Exportindustrie möglich. Eine Förderung des Exports, z. B. durch Subventionen oder den Abbau von Handelsschranken, kann zu Handelsbilanzüberschüssen und damit zu Zahlungsbilanzungleichgewichten führen.
- **Außenwirtschaftliches Gleichgewicht ↔ Preisniveaustabilität**
  Wenn bei stabilem Preisniveau der Geldwert im Ausland sinkt, verbessern sich die Exportmöglichkeiten der deutschen Wirtschaft, da deutsche Waren im Ausland preiswerter werden. Einfuhren werden sinken, da ausländische Ware im Verhältnis teurer wird. Die inländische Beschäftigung steigt, und durch die steigende Nachfrage steigen die Preise.
- **Wirtschaftswachstum ↔ Preisniveaustabilität**
  Maßnahmen zur Förderung des Wirtschaftswachstums führen zu einer Steigerung der Güterproduktion und der Einkommen. Steigende Einkommen führen zu einer Zunahme der Nachfrage und damit zu steigenden Preisen.

Das **Stabilitätsgesetz** sieht die gleichgewichtige Verwirklichung aller Ziele vor. Da die Verfolgung eines Ziels oft nur zulasten eines anderen möglich ist, müssen die Träger der Wirtschaftspolitik Prioritäten (Vorrangigkeiten) bei der Zielerreichung festlegen. Die Entscheidung, welchem Ziel Vorrang vor einem anderen zu geben ist, ist also eine **politische Entscheidung**, die zwischen Bund, Ländern und Gemeinden, der Europäischen Zentralbank und den Interessenverbänden getroffen werden muss. Unabhängig von politischen Prioritäten wird aber immer das Ziel vorrangig zu verfolgen sein, das am stärksten gefährdet ist.

Zielkonflikte
- **Zielharmonie**
  - Wirtschaftswachstum ↔ hoher Beschäftigungsstand
- **Zielneutralität**
  - außenwirtschaftliches Gleichgewicht ↔ Wirtschaftswachstum

- **Zielkonflikte**
  - Preisniveaustabilität ↔ hoher Beschäftigungsstand
  - hoher Beschäftigungsstand ↔ außenwirtschaftliches Gleichgewicht
  - außenwirtschaftliches Gleichgewicht ↔ Preisniveaustabilität
  - Wirtschaftswachstum ↔ Preisniveaustabilität

1. In der Bundesrepublik Deutschland ist das Ziel der Vollbeschäftigung das am meisten gefährdete Ziel des Stabilitätsgesetzes.
   a) Erläutern Sie, welche Zielkonflikte sich bei der Verfolgung dieses Ziels ergeben können.
   b) Versuchen Sie festzustellen, für welche Träger der Wirtschaftspolitik dieses Ziel die höchste Priorität hat.

2. Erläutern Sie die Auswirkungen von Beschäftigungsprogrammen auf das Preisniveau anhand der Angebots- und Nachfragekurve.

3. Formulieren Sie zehn persönliche Ziele.
   a) Stellen Sie fest, zwischen welchen Zielen Zielharmonie, Zielneutralität und Zielkonflikte bestehen.
   b) Legen Sie Prioritäten innerhalb der Ziele fest.
   c) Vergleichen Sie Ihre Ziele und Prioritäten mit denen Ihrer Mitschüler und diskutieren Sie die Unterschiede.

12.4 Konjunkturelle Schwankungen

„Na endlich!" Erleichtert legt Herr Stein den Monatsbericht der Deutschen Bundesbank aus der Hand: „Hören Sie sich das an, Frau Grell: Nach einer Befragung des Ifo-Instituts ist die Stimmung in der deutschen Wirtschaft umgeschlagen und kann jetzt als verhalten optimistisch bezeichnet werden." „Und was haben unsere leeren Auftragsbücher mit der Stimmung in der deutschen Wirtschaft zu tun?", erwidert Frau Grell überrascht. „Die Konjunktur zieht wieder an!" Frau Grell ist skeptisch. „Die Stimmung in der deutschen Wirtschaft wird uns mit Sicherheit keine Aufträge nach Büromöbeln einbringen."

Arbeitsaufträge
◆ Stellen Sie fest, welcher Zusammenhang zwischen der Stimmung und Erwartung der Wirtschaftssubjekte und dem Konjunkturverlauf besteht.
◆ Erläutern Sie, anhand welcher Merkmale noch Aussagen über den Konjunkturverlauf gemacht werden können.

Die wirtschaftliche Entwicklung der hoch industrialisierten Volkswirtschaften vollzieht sich nicht gleichmäßig. Sie ist durch ein regelmäßiges **Auf und Ab** der wirtschaftlichen Aktivität gekennzeichnet. Es wechseln Zeiten lebhafter wirtschaftlicher Aktivität mit Zeiten nachlassender Produktion und Konsumtätigkeit.
Der **Wachstumstrend** ist die langfristige Tendenz der wirtschaftlichen Entwicklung. Er wird durch die langfristige Zunahme des realen Bruttoinlandsproduktes ausgedrückt.

Beispiel Das reale Bruttoinlandsprodukt in der Bundesrepublik Deutschland ist zwischen 1998 und 2008 von 1965 Mrd. auf 2489 Mrd. EUR gestiegen. Dies bedeutet auch eine Steigerung des Lebensstandards der Bevölkerung.

● Arten von Wirtschaftsschwankungen

Anhand der unterschiedlichen Ursachen kann man verschiedene Arten von Wirtschaftsschwankungen unterscheiden.

◆ **Saisonale Schwankungen** bedeuten ein jahreszeitliches Auf und Ab im Wirtschaftsleben. Sie haben ihre Ursache im Wechsel der Jahreszeiten oder in den Gewohnheiten der Konsumenten.

Beispiele
- Die Zahl der Übernachtungen durch Touristen an Nord- und Ostsee nimmt in den Wintermonaten ab.
- Im Weihnachtsgeschäft steigen die Umsätze im Einzelhandel.

Saisonale Schwankungen dauern meist nur wenige Wochen oder Monate. Da sie vorhersehbar sind, können sich die Unternehmen durch gezielte Maßnahmen auf sie einstellen.

Beispiel Die Ferienorte an Nord- und Ostsee bieten in der Vor- und Nachsaison Übernachtungen zu Sonderpreisen an. Durch gezielte Sonderaktionen schon im Oktober und November versucht der Einzelhandel die Spitzenbelastung an den vier Wochenenden vor Weihnachten zu vermeiden.

◆ **Konjunkturelle Schwankungen** sind mittelfristige Schwankungen der wirtschaftlichen Aktivität. Sie dauern mehrere Jahre und werden mithilfe der Veränderungsrate des realen Bruttoinlandsproduktes gemessen. Das Auf und Ab der wirtschaftlichen Entwicklung von einem Tiefstand bis zum nächsten Tiefstand bezeichnet man als Konjunkturzyklus. Er wird in **vier Phasen** unterteilt:

◆ Im **Tiefstand** sind die Produktionskapazitäten unausgelastet, es kommt zu hoher Arbeitslosigkeit. Lohnerhöhungen und Preissteigerungen fallen gering aus und die Zinsen sind niedrig. Die Wirtschaftssubjekte haben wenig Vertrauen in die Entwicklung der Wirtschaft. Nimmt das Bruttoinlandsprodukt real ab, bezeichnet man den Tiefstand als **Rezession**, handelt es sich um eine tief greifende Krise, spricht man von einer **Depression**.

◆ Im **Aufschwung** kommt es zu einem langsamen Anstieg der Produktion. Arbeitskräfte werden eingestellt und durch die steigenden Einkommen kommt es zu einem Anstieg der gesamtwirtschaftlichen Nachfrage. Da die zusätzliche Nachfrage durch eine bessere Auslastung der Kapazitäten befriedigt werden kann, steigen die Preise zunächst noch nicht. Auch die Löhne steigen nur langsam, da zunächst die Arbeitslosigkeit abgebaut wird und durch das stabile Preisniveau keine inflationsbedingten Lohnsteigerungen erforderlich sind. Das Vertrauen in die Wirtschaft wächst und Unternehmen und Haushalte sehen optimistisch in die Zukunft.

◆ In der **Hochkonjunktur** (Boom) sind die Produktionskapazitäten voll ausgelastet. Kurzfristig kommt es zu **Überbeschäftigung** (vgl. S. 416). Die Gewerkschaften betreiben eine expansive Lohnpolitik und das Lohnniveau steigt. Durch die Zunahme der gesamtwirtschaftlichen Nachfrage und die Steigerung der Kosten kommt es zu steigenden Preisen und damit zur **Inflation** (vgl. S. 413). Gelingt es den Unternehmen nicht, die gestiegenen Kosten über die Preise abzuwälzen, kommt es zu Gewinneinbußen und in der Folge zu einem Rückgang der Nachfrage nach Investitionsgütern. Die wirtschaftliche Stimmung wird skeptisch.

◆ Im **Abschwung** kommt es zu einem sich verstärkenden Rückgang der wirtschaftlichen Aktivität. Durch den Rückgang der Investitionsgüternachfrage kommt es in diesem Bereich zu Produktionseinschränkungen und Arbeitslosigkeit. Die Einkommen der privaten Haushalte nehmen ab. Dadurch kommt es zu einem Rückgang der Konsumgüternachfrage und auch in diesem Bereich zu Produktionseinschränkungen und Entlassungen. Die Gewinne schrumpfen, die Zuwachsraten der Löhne werden geringer und auch die Preissteigerung nimmt ab. Die Wirtschaftssubjekte sehen pessimistisch in die Zukunft.

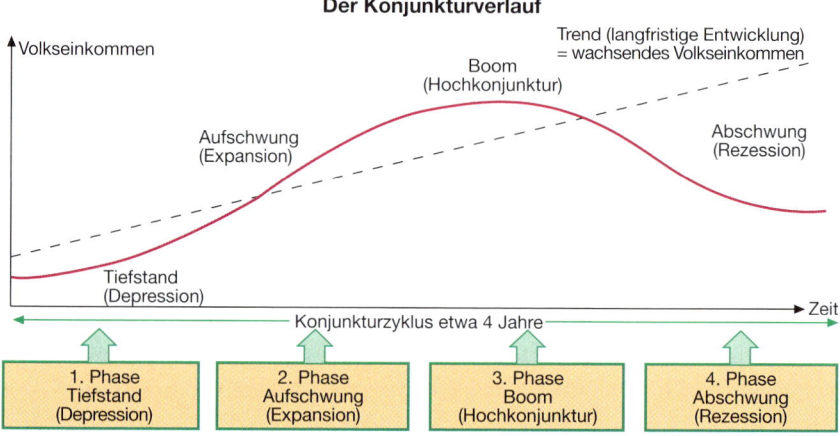

Der Konjunkturverlauf

In welcher Phase der Konjunktur sich die Wirtschaft jeweils befindet, versucht man mithilfe der **Konjunkturindikatoren** zu beschreiben. Hierbei handelt es sich um volkswirtschaftlich aussagefähige Größen, die eine möglichst zuverlässige Beschreibung des gegenwärtigen Konjunkturzustandes **(Konjunkturdiagnose)** und Aussagen über die zukünftige wirtschaftliche Entwicklung **(Konjunkturprognose)** ermöglichen.

Beispiele Investitionsgüternachfrage, Konsumgüternachfrage, Kapazitätsauslastung, Preisniveau, Beschäftigung, Entwicklung der Löhne, Zinsentwicklung, Stimmung und Erwartungen der Wirtschaftssubjekte

● Ursachen von Konjunkturschwankungen

Über die Ursachen von Konjunkturschwankungen gibt es eine Fülle von Theorien. Fast alle gehen jedoch von einer Störung des **gesamtwirtschaftlichen Gleichgewichts** aus. Das gesamtwirtschaftliche Gleichgewicht gilt als erreicht, wenn die gesamtwirtschaftliche Nachfrage gleich dem gesamtwirtschaftlichen Angebot ist und Vollbeschäftigung herrscht.

Konjunkturelle Schwankungen
- **Wachstumstrend:** langfristige Tendenz der wirtschaftlichen Entwicklung
- **saisonale Schwankungen:** Ursache sind der Wechsel der Jahreszeiten oder die Gewohnheiten der Konsumenten
- **konjunkturelle Schwankungen:** Sie verlaufen in den **Phasen** Tiefstand → Aufschwung → Hochkonjunktur → Abschwung
- **Ursache** von Konjunkturschwankungen sind Störungen des gesamtwirtschaftlichen Gleichgewichts.

1. Beschreiben Sie mithilfe aktueller Informationen aus dem Wirtschaftteil der Tageszeitung die derzeitige konjunkturelle Situation in der Bundesrepublik Deutschland.

2. Die Grafik auf Seite 66 zeigt das Wachstum der Wirtschaft in Deutschland in den vergangenen Jahren.
   a) Erläutern Sie die Abbildung.
   b) Erläutern Sie, warum man immer noch von einem Wachstumstrend spricht, obwohl die Aufschwünge jedes Mal schwächer ausfallen.

3. Erläutern Sie, wie eine Volkswirtschaft aus der Hochkonjunktur in den Abschwung übergeht.

4. Beschreiben Sie anhand weiterer Beispiele Ursachen für saisonale Wirtschaftsschwankungen und machen Sie Vorschläge, wie die Unternehmen darauf reagieren können.

5. Die Zinsentwicklung ist ein wichtiger Konjunkturindikator. Beschreiben Sie die Zinsentwicklung durch alle Phasen der Konjunktur.

12.5 Fiskalpolitik als staatliche Wirtschaftspolitik

Renate und ihr Vater diskutieren wieder einmal über die wirtschaftliche Lage in Deutschland. „Bei rund 4 Millionen Arbeitslosen muss der Staat eingreifen und öffentliche Aufträge vergeben. Stell dir vor, alle Ämter werden mit neuen Büromöbeln ausgestattet. Da könntet ihr bei der Bürodesign GmbH glatt 20 Leute einstellen", sagt Renates Vater. „Der Staat ist doch nicht dazu da, den Rückgang der gesamtwirtschaftlichen Nachfrage auszugleichen", erwidert Renate, „wir haben schließlich eine Wirtschaftsordnung, in der der Markt entscheidet!"

Arbeitsaufträge

◆ Erarbeiten Sie das nachfolgende Thema und stellen Sie fest, ob der Staat in der Marktwirtschaft in den Konjunkturverlauf eingreifen kann.

◆ Erläutern Sie, welche Instrumente ihm zur Verfügung stehen und welche Probleme mit deren Einsatz verbunden sind.

Im Rahmen der Fiskalpolitik versucht der Staat, durch Veränderung seiner Einnahmen und Ausgaben die gesamtwirtschaftliche Nachfrage zu beeinflussen und so stabilisierend auf den Konjunkturverlauf einzuwirken.

● Antizyklische Fiskalpolitik

Der englische Wirtschaftswissenschaftler **John Maynard Keynes** (1883–1946) stellte fest, dass sich die staatliche Einnahmen- und Ausgabenpolitik seiner Zeit am Konjunkturverlauf orientierte.

Beispiele Im Aufschwung steigen die Gehälter und damit die Steuereinnahmen des Staates. Der Staat verwendet die Einnahmen unverzüglich für öffentliche Ausgaben. Im Abschwung gehen die Steuereinnahmen zurück. Der Staat schränkt seine Ausgaben ein.

Durch dieses Verhalten wird der Rückgang der privaten Nachfrage im Abschwung durch einen weiteren Rückgang der Staatsnachfrage beschleunigt und die Konjunkturkrise verschärft.

Keynes leitete aus dieser Erkenntnis die Forderung ab, dass der Staat sich in seiner Einnahmen- und Ausgabenpolitik **antizyklisch**, d. h. entgegen dem Konjunkturverlauf verhalten soll. Geht die gesamtwirtschaftliche Nachfrage zurück, soll er die Ausgaben erhöhen und die Staatsnachfrage ausweiten. Steigt die gesamtwirtschaftliche Nachfrage, soll der Staat die Ausgaben einschränken und die Staatsnachfrage senken.

● Instrumente der Fiskalpolitik

Im Rahmen der Fiskalpolitik stehen dem Staat als Instrumente die Ausgabenpolitik, die Einnahmenpolitik, die Möglichkeit der Beeinflussung privater Investitionen und die Budgetpolitik zur Verfügung. Sie werden zur Beeinflussung der gesamtwirtschaftlichen Nachfrage eingesetzt und sollen im Boom **kontraktiv** (abschwächend) und in der Rezession **expansiv** (belebend) wirken.

◆ **Ausgabenpolitik:** Staatsausgaben sind Transferzahlungen an die Haushalte (z. B. Wohngeld), Lohn- und Gehaltszahlungen des Staates, Subventionen und öffentliche Investitionen. Der Staat variiert diese Ausgaben, um die konjunkturell bedingten Schwankungen der gesamtwirtschaftlichen Nachfrage auszugleichen.

  ◆ **Kontraktive Wirkung:** Im Boom wird die geplante Erhöhung von Transferzahlungen und Lohn- und Gehaltszahlungen im öffentlichen Dienst verschoben und Subventionen werden gekürzt. Eingesparte Mittel werden als **Konjunkturausgleichsrücklage** bei der Deutschen Bundesbank stillgelegt.

  ◆ **Expansive Wirkung:** In der Rezession tätigt der Staat zusätzliche Ausgaben und finanziert diese durch Auflösung der Konjunkturausgleichsrücklage oder Aufnahme von Krediten (**Deficitspending**).

◆ **Einnahmenpolitik:** Staatseinnahmen sind Steuern (z. B. Solidaritätszuschlag), Zölle und Gebühren. Dabei wirkt das Steuersystem in der Bundesrepublik als **automatischer Stabilisator**. Steigen die Einkommen im Aufschwung, wird durch den höheren Steuersatz ein größerer Teil der Einkommen abgeschöpft und der gesamtwirtschaftlichen Nachfrage entzogen. Sinken die Einkommen in der Rezession, sinkt der Steuersatz und die Haushalte können einen größeren Teil ihrer Einkommen konsumieren. Darüber hinaus hat der Staat im Rahmen des Stabilitätsgesetzes (vgl. S. 410) die Möglichkeit, die Einkommen- und Körperschaftsteuer fallweise um bis zu 10 % herauf- oder herabzusetzen und so die gesamtwirtschaftliche Nachfrage zu beleben oder zu dämpfen.

◆ **Beeinflussung der privaten Investitionen:** Ein wichtiger Konjunkturindikator (vgl. S. 430) ist die Investitionstätigkeit der Unternehmen. Investitionen wirken unmittelbar auf die Beschäftigung und die gesamtwirtschaftliche Nachfrage und damit auf das Wirtschaftswachstum. Durch Variation der Abschreibungsmöglichkeiten kann der Staat Einfluss auf das Investitionsverhalten der Unternehmen nehmen.

  ◆ **Expansive Wirkung:** In der Rezession kann der Staat Investitionsprämien gewähren, die von der Steuerschuld abgezogen werden können.

  Beispiele Die Bundesregierung beschließt eine Investitionsprämie in Höhe von 7,5 %. Die Bürodesign GmbH schafft daraufhin einen neuen Lkw an. Sie darf 7,5 % der Investitionssumme in Höhe von 100 000,00 EUR, d. h. 7 500,00 EUR, von ihrer Körperschaftsteuerschuld abziehen.

  ◆ **Kontraktive Wirkung:** In der Phase des Booms werden Sonderabschreibungen im Wohnungsbau für ein Jahr ausgesetzt.

◆ **Budgetpolitik:** Bei der Aufstellung des Haushaltes sollen sich Bund, Länder und Gemeinden antizyklisch zum Konjunkturverlauf verhalten. In der Hochkonjunktur sollten Einnahmen stillgelegt werden (Konjunkturausgleichsrücklage). In der Rezession sollten öffentliche Haushalte die ausfallende gesamtwirtschaftliche Nachfrage auszugleichen suchen. Die Finanzierung erfolgt durch die Aufzehrung der Konjunkturausgleichsrücklage und die Aufnahme von Krediten.

● Grenzen der Fiskalpolitik

Die Kritik an der antizyklischen Fiskalpolitik richtet sich auf die einseitige Ausrichtung an der gesamtwirtschaftliche Nachfrage (**Nachfrageorientierung**). Liegen die Ursachen für den Rückgang z.B. in einer Strukturkrise, verhindert diese Politik die notwendige Anpassung.

Beispiel   Durch die Veränderung der Wirtschaftsstruktur kommt es im primären Sektor der Volkswirtschaft zu Entlassungen. Beschäftigungsprogramme oder Subventionen, z.B. im Bergbau, würden diesen Prozess nur hinauszögern.

Ein weiterer wesentlicher Kritikpunkt ist, dass die **zunehmende Staatsverschuldung** die fiskalpolitischen Möglichkeiten drastisch einschränkt. Der Anteil des Schuldendienstes am Gesamthaushalt wird immer höher und kann den Staat letztlich handlungsunfähig machen.

Beispiel   Die Schulden des Bundes betrugen Ende 2008 knapp 1564 Mrd. EUR. Die Zinslast betrug 15 % des Bundeshaushalts.

Die nachfrageorientierte Konjunkturpolitik wird in letzter Zeit von einer Politik der **Angebotsorientierung** abgelöst. Durch eine Verbesserung des Investitionsklimas und günstigere Gewinnchancen für Unternehmen sollen die Investitionen und damit die gesamtwirtschaftliche Nachfrage und die Beschäftigung steigen.

Beispiel   Die Bundesregierung prüft Möglichkeiten zur Senkung der Lohnnebenkosten.

Fiskalpolitik
- Die Fiskalpolitik versucht, durch eine **antizyklische Ausgaben- und Einnahmenpolitik** den Konjunkturverlauf zu glätten.
- **Instrumente der Fiskalpolitik** sind die Ausgabenpolitik, die Einnahmenpolitik, die Beeinflussung der privaten Investitionen und die Budgetpolitik.
  - **Ausgabenpolitik:** Erhöhung bzw. Senkung der Staatsausgaben
  - **Einnahmenpolitik:** Steuersenkungen, Steuererhöhungen
  - **Beeinflussung der privaten Investitionen:** Freigabe bzw. Bildung einer Konjunkturausgleichsrückgabe
  - **Budgetpolitik:** Erhöhung bzw. Senkung der Kreditnachfrage durch den Staat
- Die **Grenzen der Fiskalpolitik** liegen in ihrer einseitigen Ausrichtung auf die Nachfrageseite und in der zunehmenden Staatsverschuldung.

---

1. Erläutern Sie die Instrumente der Fiskalpolitik und stellen Sie jeweils fest, wie diese abschwächend oder belebend auf die gesamtwirtschaftliche Nachfrage wirken.

2. Die Bundesregierung beschließt eine Erhöhung der Abschreibungssätze für Investitionen und eine Senkung der Einkommensteuer. Erläutern Sie, welche Wirkungen diese Maßnahmen auf die Ziele des Stabilitätsgesetzes haben können.

3. Diskutieren Sie die Unterschiede einer antizyklischen Fiskalpolitik des Staates und der Einnahmen- und Ausgabenpolitik der Unternehmen.

4. Diskutieren Sie die Folgen der im Beispiel auf Seite 433 dargestellten zunehmenden Staatsverschuldung.

5. Erläutern Sie, wie die Variation der Abschreibungen auf das Anlagevermögen konjunkturbelebend bzw. konjunkturdämpfend wirken kann.

6. Die folgende Tabelle zeigt die Entwicklung des Volkseinkommens und der öffentlichen Ausgaben in Deutschland und Schweden in den Jahren der Weltwirtschaftskrise.

	Deutschland Mrd. RM[1]				Schweden Mrd. sKr			
	1929	1930	1931	1932	1929	1930	1931	1932
Volkseinkommen	75,9	70,2	57,5	45,2	8 220	8 137	7 387	6 841
Öffentliche Ausgaben	20,9	20,4	17,0	14,5	757	783	858	912

a) Berechnen Sie das Verhältnis von Volkseinkommen zu öffentlichen Ausgaben in Prozent.
b) Beurteilen Sie die Fiskalpolitik in Deutschland und Schweden.
c) Welche Probleme waren mit dem Verhalten der schwedischen Regierung verbunden?
d) Vergleichen Sie das Verhalten der Reichsregierung in der Weltwirtschaftskrise 1929/1930 mit dem Verhalten der Bundesregierung in der durch den Bankensektor ausgelösten Krise 2008/2009.

12.6 Die Geldpolitik des Europäischen Systems der Zentralbanken (ESZB)

Herr Becker liest Renate beim Frühstück aus der Zeitung vor, dass die Europäische Zentralbank den RePo-Satz gesenkt habe, um die Konjunktur in den Mitgliedsstaaten zu beleben. „Du bist doch bald eine ausgebildete Kauffrau", sagt Herr Becker, „kannst du mir erklären, was der RePo-Satz der Europäischen Zentralbank mit der Konjunktur in Deutschland zu tun hat?" „Zinsen sind für ein Unternehmen Kosten", erklärt Renate, „und niedrigere Kosten führen zu niedrigeren Preisen am Markt." Als ihr Vater nochmal nachfragt, was denn das alles mit der Konjunktur in Deutschland zu tun habe, zögert sie. Sie will sich zunächst einmal sachkundig machen und dann auf die Beantwortung der Frage zurückkommen.

Arbeitsaufträge
◆ Stellen Sie die Instrumente der Europäischen Zentralbank dar.
◆ Erarbeiten Sie den Wirkungszusammenhang zwischen Maßnahmen der Europäischen Zentralbank und den Folgen für die Konjunktur.

Mit dem Eintritt in die dritte Stufe der Europäischen Währungsunion ist die Zuständigkeit für die Geld- und Währungspolitik auf das **Europäische System der Zentralbanken** (ESZB) übergegangen. Es besteht aus der **Europäischen Zentralbank** (EZB) und den nationalen Zentralbanken (z. B. Deutsche Bundesbank) der teilnehmenden Mitgliedsstaaten. Die nationalen Zentralbanken sind integraler Bestandteil des ESZB. Sie führen die Geld- und Währungspolitik der EZB im jeweiligen Mitgliedsland aus.

---

[1] *RM = Reichsmark*

§ 3 Bundesbankgesetz: Die Deutsche Bundesbank ist als Zentralbank der Bundesrepublik Deutschland integraler Bestandteil des Europäischen Systems der Zentralbanken. Sie wirkt an der Erfüllung seiner Aufgaben mit dem vorrangigen Ziel mit, die Preisstabilität zu gewährleisten, und sorgt für die bankmäßige Abwicklung des Zahlungsverkehrs mit dem Inland und dem Ausland.

Mit Beginn der Währungsunion am 1. Januar 1999 ging die Geldhoheit von den nationalen Notenbanken auf die **Europäische Zentralbank** (EZB) über. Nach dem Maastrichter Vertrag ist es die vorrangige Aufgabe der EZB, die Preisstabilität zu gewährleisten. Die EZB ist nach dem Vorbild der Bundesbank aufgebaut und hat ihren Sitz ebenfalls in Frankfurt am Main.

Das entscheidende Merkmal der EZB ist ihre Unabhängigkeit von politischen Weisungen jeder Art. Der Maastrichter Vertrag stattet die Europäische Zentralbank mit einer dreifach gesicherten Unabhängigkeit aus: **Sie ist institutionell, personell und operativ unabhängig.**

Die EZB steuert die Geldpolitik der 16 Mitgliedsstaaten Belgien, Deutschland, Finnland, Frankreich, Griechenland, Irland, Italien, Luxemburg, Malta, Niederlande, Österreich, Portugal, Slowakei, Slowenien, Spanien und Zypern. Außerdem verwaltet sie die Währungsreserven und gibt die Banknoten aus.

Geldpolitische Entscheidungen werden vom **EZB-Rat** getroffen. Ihm gehören die Präsidenten der nationalen Zentralbanken und das sechsköpfige **Direktorium der EZB** an. Das Direktorium setzt sich aus in Währungs- und Bankfragen erfahrenen Persönlichkeiten aus den Mitgliedsstaaten zusammen. Unter ihnen sind der Präsident und der Vizepräsident der EZB, die einvernehmlich von den Staats- und Regierungschefs der Teilnehmerstaaten ernannt werden.

Die Amtszeit des EZB-Präsidenten beträgt acht, die seines Stellvertreters vier Jahre.

Das **Grundkapital** der EZB wird von den Notenbanken eingezahlt. Es ist nach der Wirtschaftskraft der Mitgliedsstaaten bemessen.

Bei Entscheidungen zu geldpolitischen Maßnahmen hat jedes Mitglied im Zentralbankrat nur eine Stimme, wobei im Falle von Patt-Situationen die Stimme des Präsidenten doppelt zählt. Wenn es um Entscheidungen geht die das Kapital der EZB, die Verteilung von EZB-Gewinnen oder die Übertragung von Devisenreserven betreffen, entspricht das Gewicht der Stimmen eines Landes seinem Anteil am Grundkapital.

● Geldpolitische Instrumente

Der Handlungsrahmen der EZB besteht aus einer Reihe von Instrumenten, mit denen das Ziel der Preisstabilität gewährleistet werden soll. Diese Instrumente sind

◆ ständige Fazilitäten,

◆ Offenmarktgeschäfte und

◆ Mindestreserven der Kreditinstitute.

◆ **Ständige Fazilitäten:** Ständige Fazilitäten sind eine Art Kontokorrentkonto der Kreditinstitute bei den Notenbanken. Wie beim Kontokorrentkonto gibt es auch hier zwei Möglichkeiten:

◆ Das Kreditinstitut „überzieht" sein Konto gegen Sollzinsen (**Spitzenrefinanzierungsfazilität**),

◆ das Kreditinstitut bildet Einlagen gegen Habenzinsen (**Einlagenfazilität**).

Die Nutzung der Fazilitäten ist als kurzfristiges Instrument der Geldpolitik gedacht. Es gibt den Kreditinstituten die Möglichkeit, überschüssige Habensalden jeweils „über Nacht" bis zum Beginn des nächsten Geschäftstages als Einlage zu einem vorgegebenen Zinssatz bei der Notenbank anzulegen (**Übernachtguthaben**) oder kurzfristigen Liquiditätsbedarf über Nacht zu decken (**Übernachtkredit**).

Für die Inanspruchnahme der Spitzenrefinanzierungsfazilität müssen die Kreditinstitute Zinsen zahlen und refinanzierungsfähige Sicherheiten hinterlegen. **Refinanzierungsfähige Sicherheiten** sind

- ◆ in den von der EZB veröffentlichten Verzeichnissen aufgelistete Wertpapiere,
- ◆ Handelswechsel und
- ◆ Kreditforderungen der Geschäftsbanken gegen notenbankfähige Kreditschuldner.

Die Zinssätze der ständigen Fazilitäten stecken den Rahmen oder **Zinskanal** für die Zinsen am Geldmarkt ab. Dabei bildet der Zinssatz für die Spitzenrefinanzierungsfazilität die Obergrenze für Tagesgeld im Handel zwischen den Banken und die Einlagefazilität die Untergrenze.

Erhöht die EZB die Zinsen für Übernachtkredite, verteuert sich die Refinanzierungsmöglichkeit für die Kreditinstitute. Geben diese die Kosten an ihre Kunden weiter, ist eine allgemeine Erhöhung des Zinsniveaus mit entsprechend dämpfender Wirkung für die Konjunktur die Folge. Eine Senkung der Zinsen hat die gegenteilige Wirkung.

◆ **Offenmarktgeschäfte:** Durch den Kauf oder Verkauf von geldmarktfähigen Wertpapieren an der Wertpapierbörse (dem offenen Markt) kann die EZB dem Wirtschaftskreislauf Geld entziehen oder zuführen. In der Rezession kauft die EZB Wertpapiere und zahlt mit Euro. Sie erhöht so die Liquidität der Kreditinstitute (Geldschöpfung). In der Hochkonjunktur bietet sie Wertpapiere zu günstigen Kursen an. Werden diese von den Kreditinstituten erworben, wird der Geldumlauf verringert und dem Wirtschaftskreislauf Liquidität entzogen (Geldvernichtung).

Wichtigstes Instrument sind die **Hauptrefinanzierungsgeschäfte** in Form von regelmäßigen wöchentlichen Wertpapierangeboten durch die EZB (Standardtendern) mit jeweils zweiwöchiger Laufzeit und die **längerfristigen Refinanzierungsgeschäfte** mit dreimonatiger Laufzeit. Die Kreditinstitute geben hierbei Wertpapiere bei der Zentralbank „in Pension" (Englisch „repurchase agreement" = RePo). Der Zinssatz für die Hauptrefinanzierungsgeschäfte wird deshalb als **RePo-Satz (Basiszinssatz)** bezeichnet. Er hat die Funktion eines **europäischen Leitzinses**.

◆ **Mindestreserve:** Zur Beeinflussung des Geldumlaufes kann die EZB nach Artikel 19.1 der ESZB-Satzung verlangen, dass die Kreditinstitute Mindestreserven auf Konten bei den nationalen Zentralbanken unterhalten. Bei Mindestreserven handelt es sich um einen Prozentsatz der Einlagen der Banken, die diese bei den Zentralbanken hinterlegen müssen. Über die Höhe des Mindestreservesatzes nimmt die EZB Einfluss auf die Liquidität der Bank.

Erhöht die EZB die Mindestreservesätze, stehen dem Bankensektor weniger Kreditmittel zur Verfügung. Als Folge steigen die Zinsen, Investitionen werden zurückgestellt, die gesamtwirtschaftliche Nachfrage geht zurück und die Konjunktur wird gedämpft. Eine Senkung der Mindestreserve hat die gegenteilige Wirkung.

Reservepflichtige Verbindlichkeiten sind

- ◆ Sichteinlagen, d.h. die Einlagen auf den Girokonten,
- ◆ befristete Einlagen, d.h. Termingelder, die für eine bestimmte Zeit festgelegt sind,
- ◆ und Spareinlagen mit gesetzlicher Kündigung

Der Reservesatz des ESZB beträgt zurzeit 1,5 % bis 2,5 % der mindestreservepflichtigen Verbindlichkeiten. Ein Reservesatz in dieser Höhe ist notwendig, um zu gewährleisten, dass die gewünschten Geldmarktsteuerungs-Funktionen erfüllt werden können. Gleichzeitig ist dieser Satz so niedrig, dass er nicht zu einer unerwünschten Belastung auf der Aktivseite der Bilanzen der Kreditinstitute führt.

Das ESZB hat einen pauschalen **Freibetrag** in Höhe von 100 000,00 EUR festgesetzt, der vom Mindestreservesoll eines Kreditinstituts abgezogen wird, sodass Kreditinstitute mit einer kleinen Reservebasis keine Mindestreserven unterhalten müssen.

1.   Durch eine Erhöhung der Mindestreserve sinkt die Bankenliquidität. Das Kreditangebot wird verknappt, die Zinsen steigen, Investitionen gehen zurück und die gesamtwirtschaftliche Nachfrage wird gedämpft. Erläutern Sie die gleiche Wirkungskette für die
     a) Offenmarktpolitik,
     b) ständigen Fazilitäten.

2.   Der Zinssatz für die Spitzenrefinanzierungsfazilitäten ist der Zinssatz, zu dem sich die Kreditinstitute refinanzieren, also der „Einkaufspreis" für Geld. Der Zinssatz für Privatdarlehen ist der „Verkaufspreis" der Kredite an die privaten Haushalte.
     a) Ermitteln Sie bei Ihrem Kreditinstitut den Zinssatz für die Spitzenrefinanzierungsfazilitäten.
     b) Stellen Sie fest, wie hoch die Zinsen für Privatdarlehen sind.
     c) Diskutieren Sie, für welche Leistungen (Funktionen) die Kreditinstitute die Differenz zwischen dem „Einkaufs-" und „Verkaufspreis" für Geld bekommen.

3.   Beschreiben Sie, welches Instrumentarium die Europäische Zentralbank
     a) in der Hochkonjunktur,
     b) in der Rezession
     einsetzen wird und erläutern Sie die jeweils beabsichtigte Wirkungskette.

4.   Der Maastrichter Vertrag legt fest, dass die EZB institutionell, personell und operativ unabhängig ist. Diskutieren Sie das Für und Wider der Autonomie der Europäischen Zentralbank.

12.7 Überstaatliche Wirtschaftspolitik

Die Bürodesign GmbH hat zur Stromerzeugung eine Windenergie-Anlage angeschafft. Die Kosten der Energiegewinnung sind dadurch deutlich verringert worden, nicht zuletzt wegen der staatlichen Subventionen von 0,03 EUR je KW/h. „Trotzdem rechnet sich die Anlage immer noch nicht", sagt Frau Friedrich enttäuscht. „Wie wäre es, wenn Sie versuchen, Mittel aus dem Strukturfonds der EU zu beantragen", schlägt Sven Braun, der Assistent der Geschäftsleitung, vor. „Die EU zahlt doch keinem kleinen Möbelhersteller in Aurich die Stromrechnung, die haben Wichtigeres zu tun", erwidert Frau Friedrich unwillig.

Arbeitsaufträge

◆ Ermitteln Sie, welche Aufgaben die Europäische Union hat.
◆ Stellen Sie fest, wo Maßnahmen der Europäischen Union in Ihr persönliches Leben eingreifen.

Die Wirtschaftspolitik in der Bundesrepublik Deutschland wird zunehmend durch überstaatliche Wirtschaftspolitik bestimmt oder ersetzt. Träger überstaatlicher Wirtschaftspolitik sind z. B. die **Europäische Union (EU)**, die **Organisation für wirtschaftliche Zusammenarbeit und Entwicklung (OECD)** und internationale Organisationen wie der **Internationale Währungsfond (IWF)** oder die **Organisation Erdöl exportierender Länder (OPEC)**.
Ziel dieser Zusammenschlüsse ist das Bestreben nach wirtschaftlicher Integration, dem Abbau von Handelshemmnissen und dem Interessenausgleich zwischen den Industrieländern und den Entwicklungsländern (Nord-Süd-Konflikt). Unter dem Nord-Süd-Konflikt versteht man die Diskrepanz zwischen den reichen Ländern auf der nördlichen Halbkugel und den armen Ländern der Dritten Welt, die sich überwiegend auf der südlichen Halbkugel befinden.
Der **Nord-Süd-Konflikt** zwischen den reichen Industrieländern des Nordens und den armen Entwicklungsländern des Südens kann anhand von vier Zahlen verdeutlicht werden: Im Norden leben 15,1 % der Menschheit; sie erarbeiten 55,1 % der Weltwirtschaftsleistung und verfügen somit über ca. 80 % des Welteinkommens. In den Entwicklungs- und Schwellenländern des Südens leben 84,9 % der Weltbevölkerung. Sie teilen sich 44,9 % der Weltwirtschaftsleistung und 20 % des Welteinkommens.

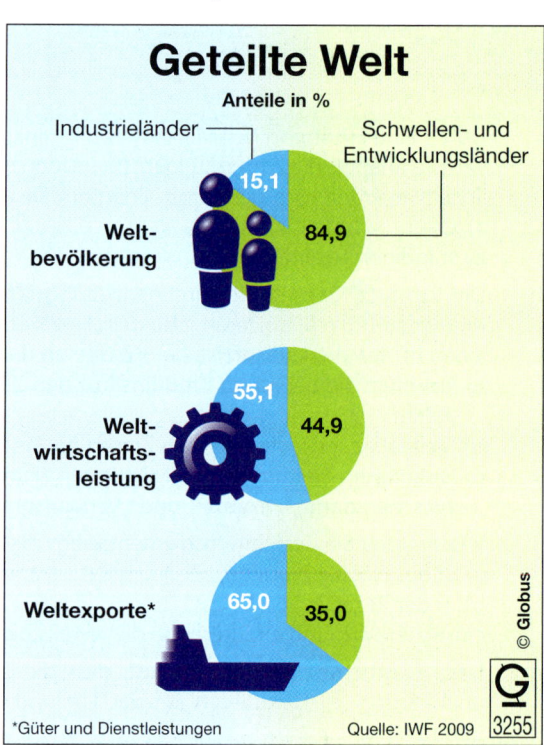

Geteilte Welt

Anteile in %

Industrieländer

Schwellen- und Entwicklungsländer

Weltbevölkerung 15,1 / 84,9

Weltwirtschaftsleistung 55,1 / 44,9

Weltexporte* 65,0 / 35,0

© Globus

*Güter und Dienstleistungen

Quelle: IWF 2009

3255

Als Folge des Nord-Süd-Konfliktes wächst die **Verschuldung der Entwicklungsländer** ständig und beansprucht einen immer größeren Teil Einnahmen aus dem Export. Die Industrieländer versuchen, dieses Ungleichgewicht durch **Entwicklungshilfe** zu mindern.

● Europäische Union (EU)

Die **Europäische Gemeinschaft** (EG) entstand 1965 aus der Europäischen Gemeinschaft für Kohle und Stahl (EGKS), der Europäischen Wirtschaftsgemeinschaft (EWG) und Euratom. Sie umfasst heute die Mitgliedsstaaten Belgien, Bulgarien, Bundesrepublik Deutschland, Dänemark, Frankreich, Griechenland, Großbritannien, Irland, Italien, Luxemburg, Niederlande, Österreich, Portugal, Rumänien, Spanien, Schweden und Finnland. 2004 traten die Länder Estland, Lettland, Litauen, Malta, Polen, Slowakei, Slowenien, Tschechien, Ungarn und Zypern der Europäischen Union bei. 1992 wurde in Maastricht der Vertrag der **Europäischen Union** (EU) unterzeichnet.

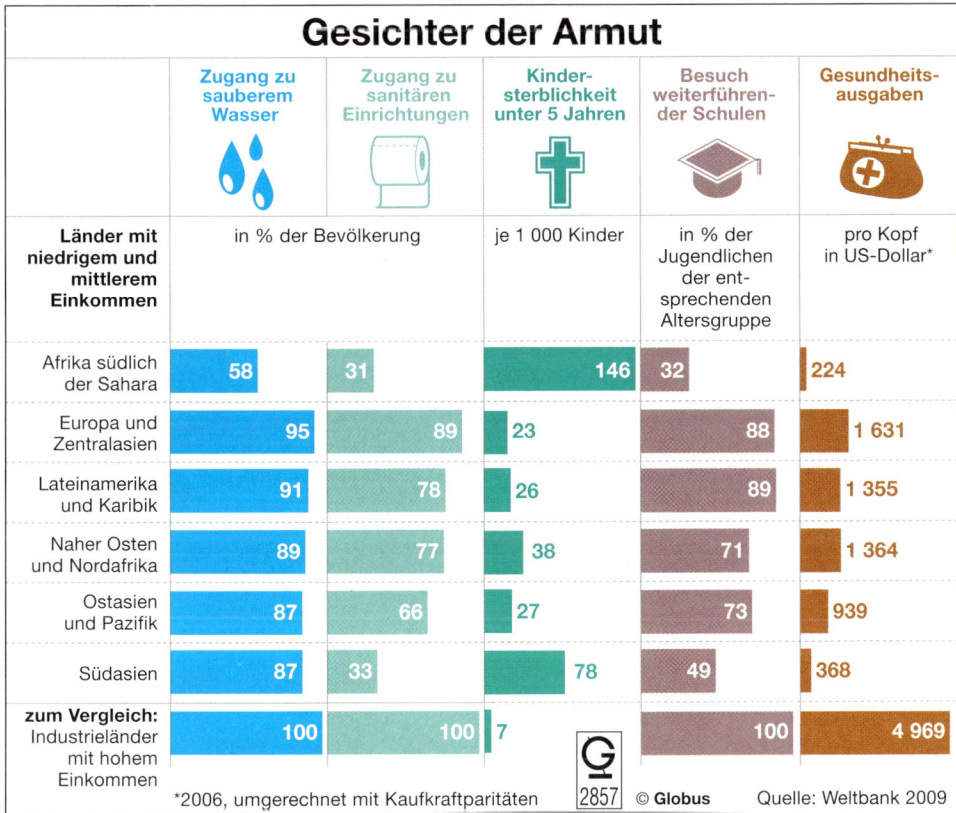

Gesichter der Armut

Länder mit niedrigem und mittlerem Einkommen	Zugang zu sauberem Wasser	Zugang zu sanitären Einrichtungen	Kindersterblichkeit unter 5 Jahren	Besuch weiterführender Schulen	Gesundheitsausgaben
	in % der Bevölkerung		je 1 000 Kinder	in % der Jugendlichen der entsprechenden Altersgruppe	pro Kopf in US-Dollar*
Afrika südlich der Sahara	58	31	146	32	224
Europa und Zentralasien	95	89	23	88	1 631
Lateinamerika und Karibik	91	78	26	89	1 355
Naher Osten und Nordafrika	89	77	38	71	1 364
Ostasien und Pazifik	87	66	27	73	939
Südasien	87	33	78	49	368
zum Vergleich: Industrieländer mit hohem Einkommen	100	100	7	100	4 969

*2006, umgerechnet mit Kaufkraftparitäten   2857   © Globus   Quelle: Weltbank 2009

◆ Die **Merkmale der Europäischen Union** sind ein gemeinsamer Binnenmarkt ohne Grenzen für den Verkehr von Personen, Waren, Dienstleistungen und Kapital, die europäische Unionsbürgerschaft, eine gemeinsame Außen- und Sicherheitspolitik und damit die politische Union der Mitgliedsstaaten.

Durch **Mobilkommunikation, Videokonferenzen**, die weltweite **informationstechnische Vernetzung (Internet)** und den Durchbruch der interaktiven Medien sowie eine globale Verkehrsinfrastruktur sind die räumlichen Entfernungen zwischen den Volkswirtschaften, den Anbietern und Verbrauchern aufgehoben worden. Unternehmen können diese **globale Vernetzung** von Individuen, Unternehmen und Institutionen zur Erschließung internationaler Produktions- und Vertriebsstandorte in allen Teilen der Erde nutzen. Dieser Vorgang wird auch als **Globalisierung** bezeichnet.

◆ Die wichtigsten **Organe der Europäischen Union** sind das Europäische Parlament, der Ministerrat und die Kommission.

   ◆ Das **Europäische Parlament** besteht aus den Abgeordneten der Mitgliedsländer. Es hat eine kontrollierende und beratende Funktion.

   ◆ Dem **Ministerrat** gehören die 27 Fachminister der einzelnen Länder an. Er beschließt über die Vorschläge der Kommission.

   ◆ Die **Kommission** besteht als eigentliche „Regierung" der EU aus 27 Mitgliedern. Sie arbeitet Vorschläge aus, die nach Zustimmung durch den Ministerrat für alle Mitgliedsländer verbindliche Rechtsnormen darstellen.

   ◆ Grundsatzentscheidungen der Europäischen Union werden vom **Europäischen Rat**, dem die Regierungschefs der Mitgliedsländer angehören, getroffen.

   ◆ Über die Einhaltung der durch die EU festgelegten Rechtsnormen wacht der **Europäische Gerichtshof**.

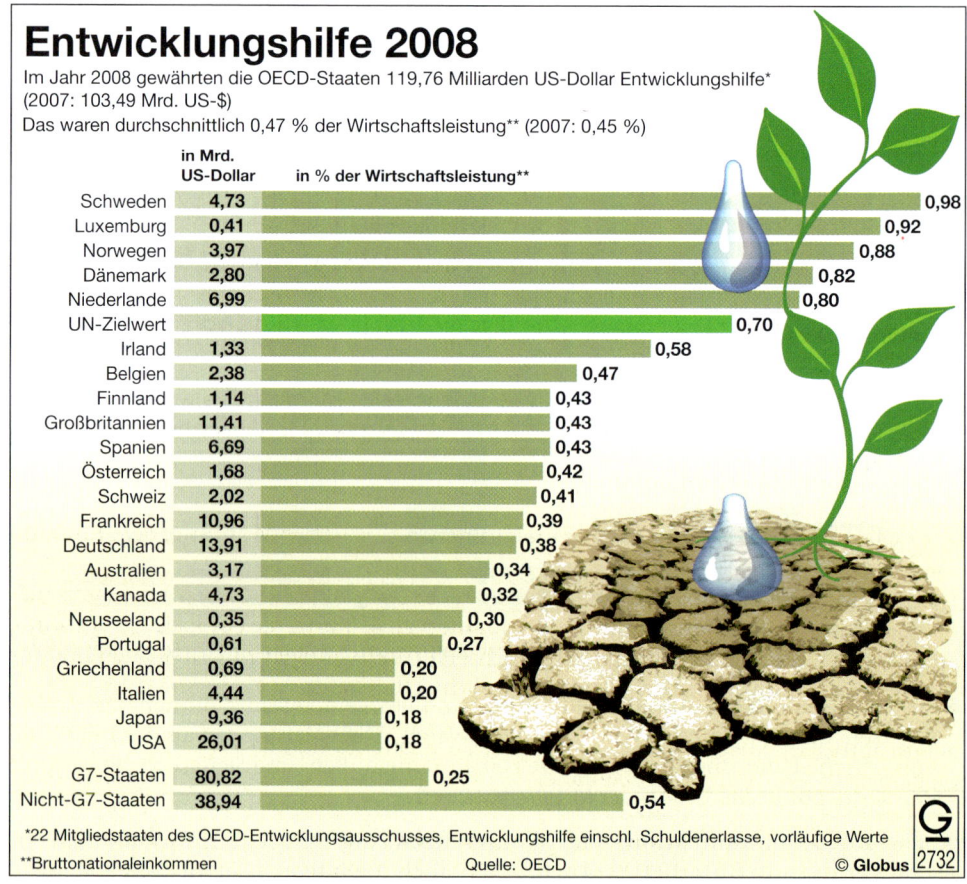

Entwicklungshilfe 2008

Im Jahr 2008 gewährten die OECD-Staaten 119,76 Milliarden US-Dollar Entwicklungshilfe* (2007: 103,49 Mrd. US-$)

Das waren durchschnittlich 0,47 % der Wirtschaftsleistung** (2007: 0,45 %)

	in Mrd. US-Dollar	in % der Wirtschaftsleistung**
Schweden	4,73	0,98
Luxemburg	0,41	0,92
Norwegen	3,97	0,88
Dänemark	2,80	0,82
Niederlande	6,99	0,80
UN-Zielwert		0,70
Irland	1,33	0,58
Belgien	2,38	0,47
Finnland	1,14	0,43
Großbritannien	11,41	0,43
Spanien	6,69	0,43
Österreich	1,68	0,42
Schweiz	2,02	0,41
Frankreich	10,96	0,39
Deutschland	13,91	0,38
Australien	3,17	0,34
Kanada	4,73	0,32
Neuseeland	0,35	0,30
Portugal	0,61	0,27
Griechenland	0,69	0,20
Italien	4,44	0,20
Japan	9,36	0,18
USA	26,01	0,18
G7-Staaten	80,82	0,25
Nicht-G7-Staaten	38,94	0,54

*22 Mitgliedstaaten des OECD-Entwicklungsausschusses, Entwicklungshilfe einschl. Schuldenerlasse, vorläufige Werte

**Bruttonationaleinkommen   Quelle: OECD   © Globus 2732

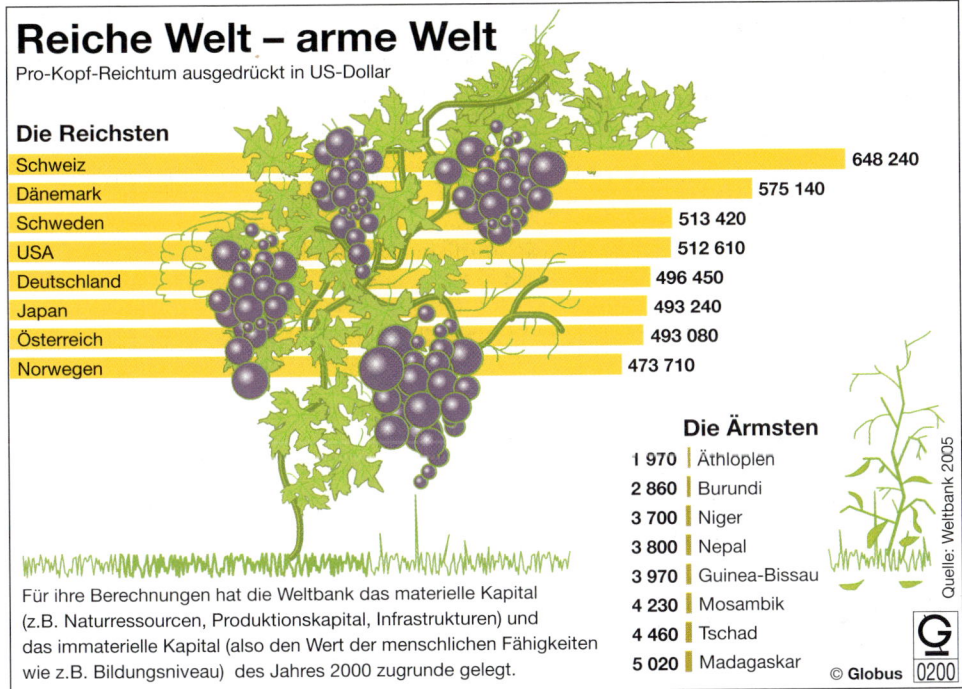

Reiche Welt – arme Welt

Pro-Kopf-Reichtum ausgedrückt in US-Dollar

Die Reichsten

Schweiz	648 240
Dänemark	575 140
Schweden	513 420
USA	512 610
Deutschland	496 450
Japan	493 240
Österreich	493 080
Norwegen	473 710

Die Ärmsten

1 970	Äthloplen
2 860	Burundi
3 700	Niger
3 800	Nepal
3 970	Guinea-Bissau
4 230	Mosambik
4 460	Tschad
5 020	Madagaskar

Für ihre Berechnungen hat die Weltbank das materielle Kapital (z.B. Naturressourcen, Produktionskapital, Infrastrukturen) und das immaterielle Kapital (also den Wert der menschlichen Fähigkeiten wie z.B. Bildungsniveau) des Jahres 2000 zugrunde gelegt.

Quelle: Weltbank 2005

© Globus 0200

Beispiel Geld allein ist nicht der einzige Maßstab für den Reichtum der Welt. Zur Berechnung hat die Weltbank weitere Faktoren herangezogen, 10 Bodenschätze, Energievorkommen, die Verkehrsinfrastruktur, das Bildungsniveau, die Regierungsführung und die Behördenqualität.

◆ 1979 wurde das **Europäische Währungssystem** (EWS) geschaffen, das als Kernpunkt die Einführung der Europäischen Währungseinheit **ECU** (European Currency Unit) vorsah. Der ECU war keine eigenständige Währung, er wurde lediglich als Verrechnungseinheit zwischen den Mitgliedsländern benutzt.

Beispiel Im Rahmen des Strukturprogramms der EU wurde die Windenergieanlage der Bürodesign GmbH gefördert. Der Betrag in dem entsprechenden Bewilligungsbescheid wurde in ECU ausgewiesen.

Der ECU war die Vorstufe zu einer gemeinsamen europäischen Währung, dem **Euro**, der im Jahre 2002 eingeführt wurde.
Damit der Euro auf Dauer stabil bleibt, überwacht die von politischen Weisungen unabhängige (autonome) **Europäische Zentralbank** (vgl. S. 434 ff) die europäische Währung.
Sie steuert die Geldmenge, überwacht Wechselkursbeziehungen zu Drittstaaten und fördert den Zahlungsverkehr im europäischen Wirtschaftsraum.

Seit dem 01.01.2009 gehören 16 Länder zur Eurozone. Es sind dies

Belgien	Griechenland	Malta	Spanien
Deutschland	Irland	Niederlande	Portugal
Finnland	Italien	Slowakei	Österreich
Frankreich	Luxemburg	Slowenien	Zypern

Die Europäische Union

DÄNEMARK	SCHWEDEN	FINNLAND	ESTLAND	LETTLAND
⭐ 1973	⭐ 1995	⭐ 1995	⭐ 2004	⭐ 2004
👤 5,5 Mio.	👤 9,3	👤 5,3	👤 1,3	👤 2,3
BIP: 30 500 Euro	BIP: 31 300	BIP: 29 000	BIP: 17 900	BIP: 14 400

DEUTSCHLAND
⭐ 1958*
👤 82,1 Mio.
BIP: 28 100 Euro

⭐ = Beitrittsjahr
👤 = Einwohnerzahl in Mio. (2009)
BIP = Bruttoinlandsprodukt je Einwohner in Euro (2007)

LITAUEN
⭐ 2004
👤 3,4
BIP: 15 000

GROSSBRITANNIEN
⭐ 1973
👤 61,6
BIP: 28 700

POLEN
⭐ 2004
👤 38,1
BIP: 13 300

IRLAND
⭐ 1973
👤 4,5
BIP: 36 300

TSCHECHIEN
⭐ 2004
👤 10,5
BIP: 20 200

NIEDERLANDE
⭐ 1958*
👤 16,5
BIP: 32 500

SLOWAKEI
⭐ 2004
👤 5,4
BIP: 17 000

BELGIEN
⭐ 1958*
👤 10,7
BIP: 29 300

UNGARN
⭐ 2004
👤 10,0
BIP: 15 700

LUXEMBURG
⭐ 1958*
👤 0,5
BIP: 68 500

RUMÄNIEN
⭐ 2007
👤 21,5
BIP: 10 100

FRANKREICH
⭐ 1958*
👤 64,1
BIP: 27 600

ÖSTERREICH
⭐ 1995
👤 8,4
BIP: 31 600

PORTUGAL
⭐ 1986
👤 10,6
BIP: 18 500

BULGARIEN
⭐ 2007
👤 7,6
BIP: 9 500

SLOWENIEN
⭐ 2004
👤 2,1
BIP: 22 000

*Gründungsjahr

© Globus
2816

SPANIEN	ITALIEN	MALTA	GRIECHENLAND	ZYPERN
⭐ 1986	⭐ 1958*	⭐ 2004	⭐ 1981	⭐ 2004
👤 45,9	👤 60,1	👤 0,4	👤 11,3	👤 0,8
BIP: 26 500	BIP: 25 200	BIP: 19 100	BIP: 24 300	BIP: 23 000

Quelle: Eurostat

Orte auf der Karte: NORWEGEN, Helsinki, Stockholm, Tallinn, Riga, RUSSLAND, Kopenhagen, Vilnius, ZU RUSSL., WEISS-RUSSLAND, Dublin, Berlin, Amsterdam, Warschau, London, Brüssel, Lux., Prag, Paris, Bratislava, Wien, UKRAINE, Budapest, MOLD., SCHW., Ljubljana, KROATIEN, Bukarest, BOSN. U. HERZEG., SERBIEN, Rom, MONT. KOS., Sofia, MAZ., Madrid, ALB., TÜRKEI, Athen, Lissabon, TU-NESIEN, Valletta, Nikosia, MAROKKO, ALGERIEN

◆ **Die EU-Erweiterung:** Das Europa der 27 Staaten von 2007 soll in den kommenden Jahren **erweitert** werden. Beitrittsverhandlungen werden unter anderem mit der Türkei und Serbien geführt.

● **Organisation für wirtschaftliche Zusammenarbeit und Entwicklung (OECD)**

◆ **Ziel** der OECD ist es, durch Koordination der Wirtschaftspolitik der Mitgliedsländer deren wirtschaftlichen Wohlstand zu fördern.

◆ **Mitglieder** sind neben den Staaten der Europäischen Union z. B. USA, Japan, Kanada, Australien, Neuseeland und die Schweiz.

◆ Zur Erreichung dieses Ziels wurden verschiedene **Ausschüsse** eingesetzt, die aus Vertretern der Mitgliedsländer bestehen.

Rangfolge der Wirtschaftskraft

Bruttoinlandsprodukt* der OECD-Länder je Einwohner (OECD-Durchschnitt = 100)

Luxemburg	205
Norwegen	144
USA	142
Irland	129
Schweiz	128
Dänemark	118
Niederlande	118
Österreich	118
Kanada	116
Island	115
Großbritannien	113
Belgien	112
Schweden	111
Australien	110
Finnland	109
Frankreich	109
Japan	107
Deutschland	105
Italien	105
Spanien	91
Neuseeland	86
Griechenland	75
Portugal	74
Südkorea	72
Tschechien	65
Ungarn	56
Slowakei	49
Polen	44
Mexiko	37
Türkei	26

Quelle: OECD-Veröffentlichung 2005   *real nach Kaufkraft, Stand 2002   © Globus
9718

◆ Der **wirtschaftspolitische Ausschuss** erarbeitet Vorhersagen und Empfehlungen zur Währungs-, Struktur- und Konjunkturpolitik der Mitgliedsländer. Auf der Grundlage einer von den jeweiligen Mitgliedsländern durchgeführten Analyse werden vergleichende Länderberichte erstellt und Vorschläge zur Lösung anstehender Probleme gemacht.

◆ Der **Entwicklungshilfeausschuss** koordiniert die Hilfe an die Entwicklungsländer und versucht so, ihren Nutzeffekt zu steigern.

◆ Die Förderung der internationalen Zusammenarbeit bei der friedlichen Nutzung der Kernenergie koordiniert die **Atomenergie-Agentur** in Wien.

● Internationaler Währungsfond (IWF)

◆ Der IWF ist eine Unterorganisation der Vereinten Nationen. Ihm gehören 186 Mitgliedsstaaten an. Seine Hauptaufgabe ist die **Überwachung der internationalen Währungs- und Wechselkurspolitik** mit dem Ziel stabiler Wechselkurse. Die Mitgliedsstaaten sind berechtigt, Kredite des IWF in Anspruch zu nehmen. Die Verrechnungseinheiten zwischen den Notenbanken der Mitgliedsländer werden als **Sonderziehungsrechte** bezeichnet.

◆ Gerade die **Entwicklungsländer** sind zunehmend auf Kredite des IWF angewiesen (vgl. Abbildung S. 441). Ihre Vergabe wird an harte Auflagen geknüpft, so müssen z. B. Haushaltsdefizite abgebaut und Subventionen gestrichen werden. Zur Förderung der Exporte wird z. B. die Forderung erhoben, die Landeswährung abzuwerten. Die Folge können Entlassungen im öffentlichen Dienst, Streichung von Subventionen bei Grundnahrungsmitteln und eine Verteuerung der Importe sein. Wegen dieser z. T. gravierenden Eingriffe in die Wirtschaftspolitik der Empfängerländer ist der IWF nicht unumstritten.

● Organisation der Erdöl exportierenden Länder (OPEC)

Zur **Beeinflussung des Weltmarktpreises von Rohöl** haben sich die zwölf führenden Erdöl exportierenden Länder (u.a. Algerien, Libyen, Saudi-Arabien, Kuwait, Venezuela, Indonesien und Nigeria) zur OPEC zusammengeschlossen. Sie sind am Exportvolumen der westlichen Welt mit über 90 % beteiligt und versuchen durch gemeinsame Vertragsverhandlungen und Steuerung des Angebotes, den Erdölpreis hoch zu halten. Durch Erschließung neuer Ölfelder, z. B. in der Nordsee, den sparsameren Verbrauch und die Nutzung neuer Energiequellen gelang es den Industrienationen, den Einfluss der OPEC zurückzudrängen.

Überstaatliche Wirtschaftspolitik

■ **Europäische Union (EU)**
   Merkmale: – gemeinsamer Binnenmarkt ohne Grenzen für den Verkehr von Personen, Waren, Dienstleistungen und Kapital
   – gemeinsame Europawährung (EUR)
   – Unionsbürgerschaft
   – gemeinsame Außen- und Sicherheitspolitik

■ **Organisation für wirtschaftliche Zusammenarbeit und Entwicklung (OECD)**
   Ziel: – Koordination der Wirtschaftspolitik der Mitgliedsländer, um deren Wohlstand zu fördern

■ **Internationaler Währungsfond (IWF)**
   Ziel: – Überwachung der internationalen Währungs- und Wechselkurspolitik zur Erreichung stabiler Wechselkurse

- **Organisation Erdöl exportierender Länder (OPEC)**
  Ziel: – Durch eine gemeinsame Angebots- und Vertragspolitik soll der Preis für Erdöl hoch gehalten werden.

1. Erläutern Sie Gemeinsamkeiten und Unterschiede der Träger überstaatlicher Wirtschaftspolitik.

2. Stellen Sie die wichtigsten Organe der Europäischen Union vor.

3. Endziel der Europäischen Union ist die politische Union der Mitgliedsstaaten.
   a) Erläutern Sie die Stationen auf dem Weg zur Erreichung dieses Ziels.
   b) Stellen Sie in einer Liste Vor- und Nachteile einer politischen Union gegenüber.
   c) Diskutieren Sie die Vor- und Nachteile in der Klasse.

4. Erläutern Sie die Ziele von IWF und OPEC.

Wiederholung: Grundzüge der Wirtschaftspolitik

Übungsaufgaben

1. Beschaffen Sie sich die aktuellen Arbeitsmarktzahlen und stellen Sie fest, wie hoch die Zahl der Arbeitslosen, der offenen Stellen, der Kurzarbeiter und der ABM-Stellen (= Arbeitsbeschaffungsmaßnahmen der Bundesagentur für Arbeit) ist. Diskutieren Sie die mit diesen Zahlen verbundenen Probleme.

2. „Arbeitslose sollten verstärkt im Rahmen von Arbeitsbeschaffungsmaßnahmen der Bundesagentur für Arbeit beschäftigt werden, da dies letztendlich günstiger ist, als ihnen Arbeitslosengeld zu zahlen."
   a) Sammeln Sie Argumente für und gegen diese Aussage. Denken Sie dabei insbesondere an die Folgen der Unterbeschäftigung (vgl. S. 416).
   b) Diskutieren Sie diese Forderung.

3. „Nullwachstum führt letztendlich zu Arbeitslosigkeit". Erläutern Sie diese These anhand eines Beispiels.

4. Stellen Sie Maßnahmen zusammen, wie der Staat wirtschaftliches Wachstum fördern kann. Erläutern Sie dabei immer den Bezug zur Ökologie.

5. Erläutern Sie am Beispiel Ihres Ausbildungsbetriebes, wie Wachstum und Umweltschutz gemeinsam zu verwirklichen sind.

6. Fertigen Sie eine Tabelle nach folgendem Muster an und beschreiben Sie die Konjunkturphasen anhand der Indikatoren.

	Phase			
	Aufschwung	Hochkonjunktur	Abschwung	Tiefstand
Indikator				

7. Erläutern Sie, welche Auswirkungen die Phasen der Konjunktur für die privaten Haushalte haben.

8. Aus volkswirtschaftlicher Sicht müssten die Löhne im Abschwung sinken. Erläutern Sie diesen Zusammenhang am Modell und stellen Sie dar, warum es in der Praxis i. d. R. nicht zu Lohnsenkungen kommt.

Prüfungsaufgaben

1. Welche Maßnahmen sind geeignet, die Konjunktur zu beleben?
    1) Erhöhung des RePo-Satzes
    2) Herabsetzung des RePo-Satzes
    3) Erhöhung der Mindestreservesätze
    4) Erhöhung der Einkommensteuer
    5) Senkung der Abschreibungssätze
    6) Erhöhung der Abschreibungssätze

2. Welche Maßnahmen der Europäischen Zentralbank sollen zu einer Erhöhung des Zinsniveaus führen?
    1) Erhöhung der Mindestreservesatze
    2) Senkung der Mindestreservesätze
    3) Erhöhung des RePo-Satzes
    4) Senkung des RePo-Satzes
    5) Offenmarktkäufe
    6) Offenmarktverkäufe

3. Welche Folgen hat eine Höherbewertung des EUR gegenüber anderen Währungen?
    1) Der Export wird erschwert.
    2) Der Export wird erleichtert.
    3) Der Import wird erschwert.
    4) Arbeitsplätze werden gesichert.
    5) Inflation wird gefördert.
    6) Wirtschaftswachstum wird gefördert.

4. In welchem der folgenden Fälle liegt ein wirtschaftspolitischer Zielkonflikt vor?
    1) Bei Vollbeschäftigung erhöht sich das Preisniveau.
    2) Bei Vollbeschäftigung bleiben die Gehälter stabil.
    3) Bei steigender Beschäftigung erhöht sich die Kaufkraft.
    4) Bei stabilen Preisen steigt die Kaufkraft.

5. Welche Maßnahme der Europäischen Zentralbank erhöht die Geldmenge?
    1) Erhöhung der Mindestreservesätze
    2) Erhöhung des Lombardsatzes
    3) Erhöhung des RePo-Satzes
    4) Verkauf von Devisen
    5) Verkauf von Offenmarktpapieren

6. Stellen Sie fest, welche der folgenden konjunkturpolitischen Maßnahmen zur Überwindung einer Rezession beitragen können.
    1) Der Bund streicht im Haushalt vorgesehene Maßnahmen im Umfang von 10 Mrd. EUR.
    2) Die Gehälter im Öffentlichen Dienst werden gekürzt.
    3) Die Europäische Zentralbank senkt den RePo-Satz.
    4) Die Mindestreservesätze werden gesenkt.

7. Welches der nachfolgenden Ziele ist ein Ziel des Stabilitätsgesetzes?
    1) Vollbeschäftigung
    2) Mitbestimmung
    3) gerechte Einkommensverteilung
    4) Schutz der Umwelt
    5) Chancengleichheit

8. Was ist unter Realeinkommen zu verstehen?
    1) Einkommen aus nichtselbstständiger Arbeit
    2) Einkommen nach Abzug von Steuern und Sozialabgaben
    3) Einkommen, das an der Kaufkraft gemessen wird
    4) Einkommen, das am Bruttoinlandsprodukt gemessen wird
    5) Existenzminimum

9. Welche der folgenden Maßnahmen dient dem Schutz der einheimischen Wirtschaft gegenüber ausländischer Konkurrenz?
   1) Exportsteuer
   2) Einfuhrzoll
   3) Ausfuhrzoll
   4) Konjunkturausgleichsabgabe
   5) Sondersteuer

10. Die Außenwirtschaft eines Staates weist ein Zahlungsbilanzgleichgewicht auf. Was ist darunter zu verstehen?
    1) Der Wert der Importe ist größer als der Wert der Exporte.
    2) Der Wert der Exporte ist größer als der Wert der Importe.
    3) Die Gold- und Devisenreserven sind im Vergleich zum Vorjahr gleich geblieben.
    4) Die Forderungen an das Ausland entsprechen den Verbindlichkeiten gegenüber dem Ausland.

11. Welches wirtschaftspolitische Ziel wird in erster Linie durch eine restriktive Geldpolitik erreicht?
    1) Hoher Beschäftigungsstand
    2) Außenwirtschaftliches Gleichgewicht
    3) Preisstabilität
    4) Wirtschaftswachstum
    5) Gerechte Einkommens- und Vermögensverteilung

12. Was ist unter Existenzminimum zu verstehen?
    1) Einkommen aus nichtselbstständiger Tätigkeit
    2) Einkommen, das an der Kaufkraft gemessen wird
    3) Einkommen nach Abzug der Sozialabgaben
    4) Einkommen, das am Bruttoinlandsprodukt gemessen wird
    5) Einkommen, das zur Bestreitung des Lebensunterhalts erforderlich ist

13. Prüfen Sie, welche der folgenden Feststellungen zum Konjunkturzyklus im Hinblick auf die Phasen richtig ist.
    1) Die Konjunkturphasen verlaufen linear.
    2) In der Phase III steigt die Arbeitslosigkeit, die Löhne und Zinsen dagegen fallen.
    3) Die Phase IV ist durch hohes Zinsniveau und eine hohe Güternachfrage gekennzeichnet.
    4) Die Phase III wird als Rezession bezeichnet.
    5) Der Konjunkturzyklus besteht aus fünf Phasen.
    6) Der Trend ist in der Abbildung nicht erkennbar.

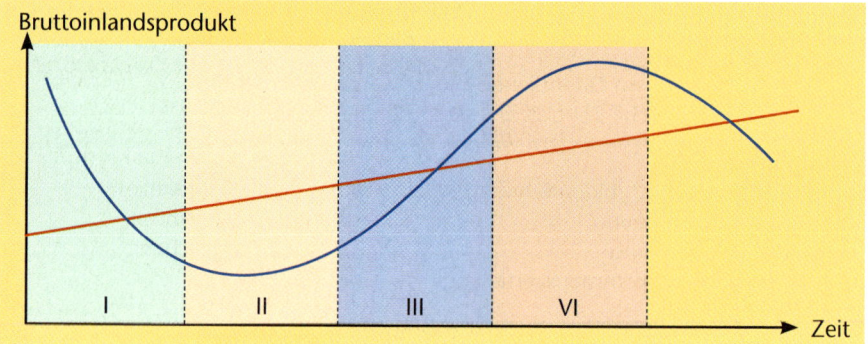

Sachwortverzeichnis